高等学校教材·航空、航天与航海科学技术

现代导航系统

王新龙　杨　洁　卢克文　编著

U0195157

西北工业大学出版社
西　安

【内容简介】 近年来，随着信息化、数字化、智能化技术的飞速发展，现代导航技术的发展日新月异，本书正是为满足导航领域高级专业人才以及创新型人才的培养需求而撰写的。

本书系统阐述现代导航系统的相关知识，包括绪论，新型惯性导航系统，捷联惯导系统数字实现方法，北斗接收机基带信号处理方法，北斗定位、测速与定姿方法，北斗软件接收机设计方法，天文定姿定位方法，新型天文导航系统，天文导航系统数字实现方法，物理场自主导航系统，捷联惯性/北斗组合导航系统设计理论与方法，捷联惯性/天文组合导航系统设计理论与方法，智能信息融合方法及其在组合导航中的应用等内容，并吸取国内外最新研究成果；在章节安排上循序渐进，物理概念清晰，内容新颖，紧跟时代前沿与学科发展趋势。为便于读者理解、掌握新概念、新原理、新方法的内涵，书中提供了大量的应用仿真实例。

本书可作为高等工科学校导航制导与控制、精密仪器及机械、电子信息等专业的研究生教材，也可供相关专业领域的研究者和工程技术人员阅读参考。

图书在版编目(CIP)数据

现代导航系统 / 王新龙，杨洁，卢克文编著.
西安：西北工业大学出版社，2024. 8. -- ISBN 978-7-5612-9407-9

Ⅰ. P228.4

中国国家版本馆 CIP 数据核字第 2024BL6088 号

XIANDAI DAOHANG XITONG

现 代 导 航 系 统

王新龙 杨洁 卢克文 编著

责任编辑：孙 倩 **策划编辑**：卢颖慧
责任校对：张 潼 **装帧设计**：高永斌 李 飞
出版发行：西北工业大学出版社
通信地址：西安市友谊西路 127 号 邮编：710072
电 话：(029)88493844，88491757
网 址：www.nwpup.com
印 刷 者：陕西奇彩印务有限责任公司
开 本：787 mm×1 092 mm 1/16
印 张：21 彩插：1
字 数：511 千字
版 次：2024 年 8 月第 1 版 2024 年 8 月第 1 次印刷
书 号：ISBN 978-7-5612-9407-9
定 价：89.00 元

如有印装问题请与出版社联系调换

前　言

现代导航是一门重要的综合性应用技术学科，它是飞机、舰船、火箭、导弹、卫星、车辆、机器人等运载体能够顺利完成任务的关键技术，也是国家科技发展水平的重要标志，不仅在军事领域具有极为重要的地位，而且在民用领域也有非常广泛的应用。

近年来，随着微电子技术、信息技术、纳米技术、人工智能等高新技术的飞速发展，现代导航技术的发展日新月异。随着新型惯性器件、智能信息技术的飞速发展，惯导系统的发展也出现了一些新的特点，如：捷联惯导系统以其体积小、成本低、结构简单等优势，有全面取代平台惯导系统的趋势；旋转调制技术通过适当的旋转调制方案，实现了惯性器件误差的自动补偿，大大提高了捷联惯导系统的长时导航精度；我国北斗卫星导航系统全面建成并投入使用，应用潜力不断挖掘和扩展，功能日益强大；星光折射间接敏感地平、X射线脉冲星导航、光谱红移测速等新型天文导航技术的相继出现，为自主天文导航的发展提供了新的测量手段；随着人工智能技术、信息融合技术的发展，智能信息融合及智能组合导航技术也得到了飞速发展。这些新概念、新思想、新方法、新技术对现代导航技术的发展也注入了新的活力。本书正是为满足导航领域高级专业技术人才以及创新型人才的培养需求而撰写的。

本书是一本研究生专业教材。笔者在编写本书过程中，吸取了多年来在教学与科研等方面的经验与研究成果，得到了国家自然科学基金（61673040、61233005、61074157、60304006、61111130198）、航空科学基金（20170151002、2015ZC51038）、天地一体化信息技术国家重点实验开放基金（2015－SGIIT－KFJJ－DH－01）、重点基础研究项目（2020－JCJQ－ZD－136－12）、试验技术项目（1700050405）、航天创新基金、航天支撑基金等项目的资助，并参考了国内外最新的相关文献资料，注重反映现代导航技术的最新进展及今后的发展趋向。在编写过程中，注重理论方法和工程应用相结合，在叙述上力求突出重点、概念明晰、深入浅出；同时，书中增加了大量图例，更形象地说明相关概念、原理如何实现和应用；另外，为顺应信息化、数字化的发展趋势，本书还系统介绍了捷联惯导系统数字实现方法、北斗软件接收机设计方法、天文导航系统数字实现方法等内容。因此，本书比较完整地阐述了现代导航系统的理论方法体系，适应了现代信息、控制科学以及数字化教学的应用需求。

本书共分 13 章。第 1 章为绪论，第 2 章为新型惯性导航系统，第 3 章为捷联惯导系统数字实现方法，第 4 章为北斗接收机基带信号处理方法，第 5 章为北斗定位、测速与定姿方法，第 6 章为北斗软件接收机设计方法，第 7 章为天文定姿定位方法，第 8 章为新型天文导航系统，第 9 章为天文导航系统数字实现方法，第 10 章为物理场自主导航系统，第 11 章为捷联惯性/北斗组合导航系统设计理论与方法，第 12 章为捷联惯性/天文组合导航系统设计理论与方法，第 13 章为智能信息融合方法及其在组合导航中的应用。

现代导航技术涉及多门学科前沿，其理论体系和应用领域仍在不断地扩展、更新。尽管笔者力求使本书能更好地满足读者的需求，但内容涉及面广，限于水平，书中缺漏之处在所难免，诚望读者批评指正。

编著者

2024 年 4 月

目　　录

第1章 绪 论

导航(Navigation)是一门古老而崭新、多学科交叉的技术，人类的文明史与其紧密相连。今天，随着力学、光学、电子学、计算机、控制理论、信息处理、空间科学、精密制造及工艺等科学技术的不断发展，新的导航元器件和导航系统不断出现，导航已深入应用到人们日常生活的各个方面，海、陆、空、天、地、军用、民用各种运载体的运动都离不开导航。

1.1 导航的概念及作用

一架飞机从一个机场起飞，希望准确地飞到另一个机场；一艘舰艇从一个港口出发，要顺利地行驶到另一个港口；一枚导弹从一个基地发射，要准确地命中所预定的目标……这些都必须依靠导航和制导技术。

导航，就是引导航行的意思，也就是正确地引导航行体沿着预定的航线，以要求的精度，在指定的时间内将航行体引导至目的地。要使飞机、舰船等成功地完成所预定的航行任务，除了起始点和目标的位置，还需要随时知道航行体的即时位置、航行速度、姿态等参数，这些参数通常称为导航参数。其中最主要的就是必须知道航行体所处的即时位置，因为只有确定了即时位置才能考虑怎样到达下一个目的地。如果连自己已经到了什么位置、下一步该到什么位置都不知道，那么完成预定的航行任务就无从谈起。可见，导航对航行体来说是极为重要的。导航工作开始是由领航员完成的，随着科学技术的发展，导航仪器及导航装置被越来越多地使用，代替领航员的工作而自动地执行导航任务。相应地，能实现导航功能的仪器、仪表及装置就称为导航系统。当导航系统作为独立装置并由航行体带着一起作任意运动时，其任务就是为驾驶人员提供即时位置、速度和姿态信息，使航行体能够到达预定的目的地。

以航空为例，测量飞机的位置、速度、姿态等导航参数，通过驾驶人员或飞行自动控制系统引导其按预定航线航行的整套设备(包括地面设备)称为飞机的导航系统。导航系统只提供各种导航参数，而不直接参与对航行体的控制，因此它是一个开环系统。在一定意义上，也可以说导航系统是一个信息处理系统，即把导航仪表所测量的航行信息处理成所需要的各种导航参数。

制导(Guidance),是控制引导的意思,是指按选定的规律对航行体进行引导和控制,调整其运动航迹直至以允许误差命中目标或到达目的地。例如弹道导弹、人造卫星的运载火箭等,为了击中目标或将目标体送入一定的轨道,就必须根据测量仪器所测得的信息,使运载器准确地按时间,或按所达到的预定高度、速度及要保持的方位关掉发动机,此后,运载器受引力的作用继续飞行。制导系统主要由导引系统和控制系统两部分组成。导引系统一般包括探测设备和计算机变换设备,其功能是测量航行体与目标的相对位置和速度,计算出航行体的实际运动航迹与理论航迹的偏差,并给出消除偏差的指令。控制系统主要由执行机构(伺服机构)组成。其功能是根据导引系统给出的制导指令和航行体的姿态参数形成综合控制信号,再由执行机构调整控制航行体的运动或姿态直至命中目标或到达目的地。

随着科学技术的发展,导航逐渐发展成为一门专门研究导航原理、方法和导航技术装置的学科。在舰船、飞机、导弹和宇宙飞行器等航行体上,导航系统是必不可少的重要设备。按照近代科技术语解释,导航的主要工作就是定位、定向、授时和测速。由于能够测得上述导航参数乃至完成导航任务的物理原理和技术方法有很多,所以,便出现了各种类型的导航系统,例如无线电导航系统、卫星导航系统、天文导航系统和惯性导航系统,还有地标导航灯、灯光导航、红外线导航、激光导航、声呐导航及地磁导航等系统。

1.2 常用现代导航系统简介

1.2.1 惯性导航系统

惯性导航系统(Inertial Navigation System,INS,简称惯导系统)是利用惯性敏感器(陀螺仪和加速度计)、基准方位以及初始位置信息来确定载体的实时方位、位置和速度的自主式航位推算导航系统。它工作时不受外部环境影响,具有全天候、全天时工作能力和很好的隐蔽性;而且能够及时跟踪和反映运载体的运动特性,产生的导航参数数据更新率高、短期精度高、稳定性好。因此,惯性导航系统被广泛应用于海、陆、空、天、地等各类运载体中。目前,惯性导航系统主要包括经典的平台式惯性导航系统(Platform Inertial Navigation System,PINS)与捷联式惯性导航系统(Strapdown Inertial Navigation System,SINS),以及新兴的旋转调制式惯性导航系统(Rotary-modulation Inertial Navigation System,RINS)与半捷联式惯性导航系统等四类。下面分别对这四类惯性导航系统进行介绍。

1. 平台式惯性导航系统

如图 1.1 所示,平台式惯性导航系统是将惯性测量元件安装在惯性平台(物理平台)的台体上。根据平台所模拟的坐标系不同,平台式惯性导航系统又分为空间稳定惯性导航系统和当地水平面惯性导航系统。前者的平台台体相对于惯性空间稳定,用来模拟某一惯性坐标系。重力加速度的分离和其他不需要的加速度的补偿全依靠计算机来完成。这种系统多用于运载火箭主动段的控制和一些航天器上。而后者的平台台体则模拟某一当地水平坐标系，即保证两个水平加速度计的敏感轴线所构成的基准平面始终跟踪当地水平面。这种系统多用于在地表附近运动的飞行器，如飞机和巡航导弹等。

图1.1　平台式惯性导航系统实物图

平台式惯导系统的平台能隔离载体的角振动，给惯性测量元件提供较好的工作环境。由于平台直接建立起导航坐标系，所以提取有用信号需要的计算量小，但平台结构复杂，尺寸大。平台式惯性导航系统的原理如图1.2所示。

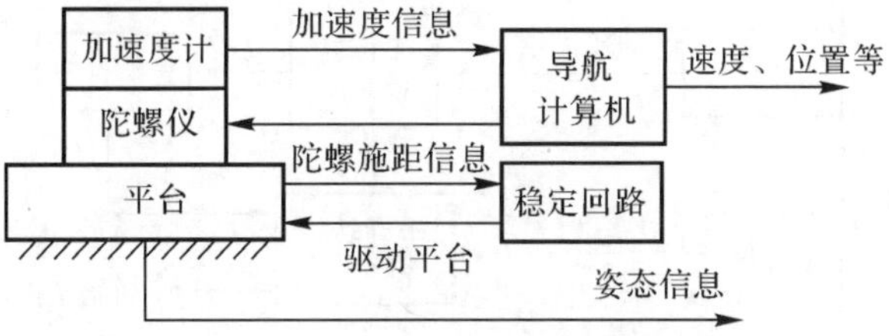

图1.2　平台式惯性导航系统原理

2. 捷联式惯性导航系统

捷联式惯性导航系统是将惯性测量元件直接安装在载体上，没有实体平台，惯性元件的敏感轴安置在载体坐标系的三轴方向上，如图1.3所示。它用存储在计算机中的“数学平台”代替平台式惯导系统中物理平台的台体。在运动过程中，陀螺仪测定载体相对于惯性参照系的运动角速度，并由此计算载体坐标系至导航（计算）坐标系的坐标变换矩阵。通过此矩阵，将加速度计测得的加速度信息变换至导航（计算）坐标系，然后进行导航计算，得到所需要的导航参数。由于省去了物理平台，所以与平台式惯性导航系统相比，捷联式惯性导航系统的结构简单，体积小，维护方便。但惯性测量元件直接安装在载体上，工作条件不佳，降低了仪表的测量精度。由于3个加速度计输出的加速度分量是沿载体坐标系轴向的，需经计算机转换成导航坐标系的加速度分量（这种转换起着“数学平台”的作用），所以计算量较平台式惯导系统大得多。

图 1.3　捷联式惯性导航系统实物图

捷联式惯性导航系统的原理如图 1.4 所示。可以看出，惯性测量元件直接固联到载体上，陀螺仪测得的角速度信息用于计算坐标变换矩阵（载体坐标系至导航坐标系）。利用该矩阵，可以将加速度计的量测量变换至导航（计算）坐标系，然后进行导航参数的计算。同时，利用坐标变换矩阵的元素，提取姿态信息。

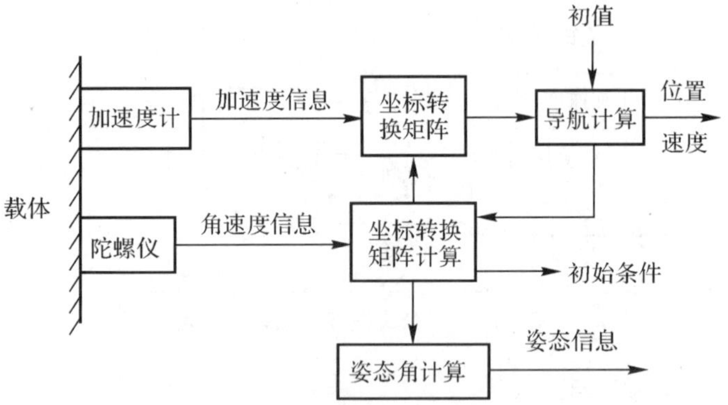

图 1.4　捷联式惯性导航系统原理

3. 旋转调制式惯性导航系统

旋转调制式惯性导航系统是将旋转调制技术与捷联式惯性导航系统相结合的产物。旋转调制式惯性导航系统是将惯性测量元件固联在一个可绕载体转动的转台上，设计合理的转台转动方案，使得惯性元件的测量误差尽可能地被调制成谐波项，进而利用导航解算中的积分运算环节，使得谐波项正负相消，正是这一特性，抑制了惯导误差随时间发散的趋势，从而在"系统级"实现了惯导系统误差的自补偿，提高了惯导系统的导航精度。根据转台转轴数目的不同，旋转调制式惯性导航系统通常可分为单轴旋转调制式惯性导航系统、双轴旋转调制式惯性导航系统和三轴旋转调制式惯性导航系统等三类。图 1.5 为旋转调制式惯性导航系统实物图。

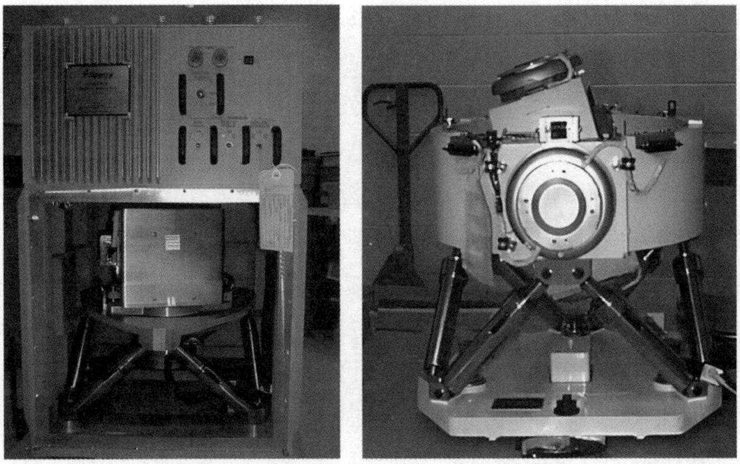

(a)　　(b)

图1.5　旋转调制式惯性导航系统实物图

(a)单轴旋转调制式惯性导航系统；(b)双轴旋转调制式惯性导航系统

综合来看，采用旋转调制技术的旋转调制式惯性导航系统能够有效提升捷联式惯导系统的导航精度，相较于平台式惯性导航系统，旋转调制式惯性导航系统具有体积小、成本低、易维护、可靠性强等优点，对于飞机、舰船、潜艇、武器发射车辆等需要长时间自主导航的运载尤为适用。

4. 半捷联式惯性导航系统

对于高过载、高旋转的导弹，会因弹体轴向转速过高而导致惯性测量元件的测量精度较低，进而影响惯性导航系统的导航精度。半捷联式惯性导航系统便是针对这一问题，而发展起来的一种具有滚转隔离功能的惯性导航系统，如图1.6所示。它可以看作一种综合捷联式惯性导航系统和平台式惯性导航系统特性的混合式特殊机械装置。半捷联式惯性导航系统与被测弹体在航向与俯仰轴向上捷联，在滚转轴向上不捷联，而是通过机械减旋装置使惯性测量元件在滚转轴向所敏感到的角速率远小于弹体实际滚转角速率。这样，系统能够有效抑制弹体滚转轴向高转速对惯性测量元件滚转角速率测量精度的影响。

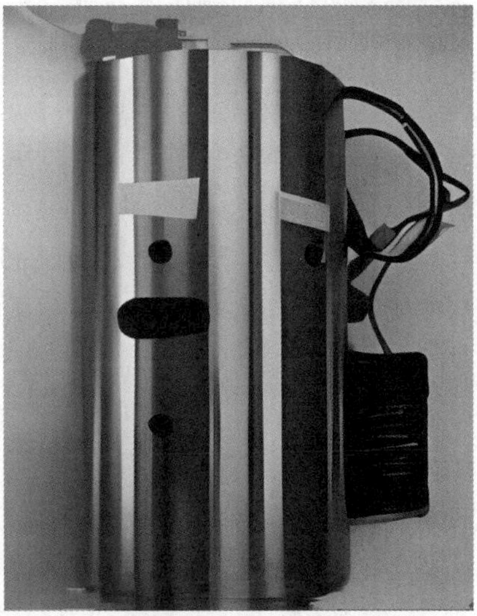

图1.6　半捷联式惯性导航系统实物图

半捷联式惯性导航系统采用机械减旋装置，使得系统的滚转轴不随导弹高速旋转，克服了陀螺仪动态测量范围与测量精度之间的矛盾。这样，系统便可采用低动态测量范围、高精度的陀螺仪对导航参数进行测量，从而提高惯性导航系统的导航精度。

由以上分析可见，惯性导航是利用惯性测量元件测量载体相对惯性空间的线运动和角运动，由导航计算机推算出载体的位置、速度和姿态等导航参数，从而引导运载体完成导航任务。惯性导航与其他导航技术相比，具有以下突出的优点：

(1)自主性：无需任何导航台站，导航功能完全可由惯性导航系统自身来完成。

(2)隐蔽性：不向载体以外发出任何信号，敌方无法搜索或发现它的工作信息。

(3)抗干扰：不受外部电磁环境影响，敌方也无法实施电磁干扰和控制。

(4)全球性：不受地域限制，具有全球导航能力。

(5)连续性：能够连续、实时地提供导航信息。

(6)完备性：既能提供载体的位置信息又能提供载体的姿态、速度和时间信息。

惯性导航的基本原理决定它必须利用加速度计从测量载体的加速度开始，要经过两次积分运算才能求得载体的位置。这样，加速度计测量的常值误差将会造成随时间二次方增大的位置误差，当其单独使用时存在着导航误差随时间积累的缺点。因此，通常需要采用其他的导航系统对其误差进行定期校正。

1.2.2 无线电导航系统

无线电导航是一种利用无线电波的传播特性来确定运载体的位置和速度，从而实现导航的技术与方法。无线电导航系统通过接收导航台发射的无线电信号，并测量信号的参数(如传播时间、相位、幅度、频率等)，进而根据这些参数计算得到运载体的位置和速度等导航参数。

无线电导航的发展始于20世纪初。1912年，世界上第一台无线电导航设备，即振幅式无线电测向仪被研制出来。无线电测向仪在第一次世界大战期间被广泛应用，通过在海岸上安装可发射375 kHz连续无线电波的信标台，并在船上借助可旋转的环形天线接收无线电波，进而采用定向接收机测出信标台的方位，或进一步测出两个不同信标台的方位，再根据两个信标台的方位对船只进行定位。20世纪20年代末，陆续研制出了四航道信标、无方向性信标(Non-Directional Beacon，NDB)及垂直指点信标(Marker Beacon，MB)等无线电导航设备，用于给飞机提供航道指引信息。1940年，美国海军开始设计一种脉冲波体制的双曲线型陆基中远程无线电导航系统——罗兰(Long Range Navigation，LORAN)系统，并于1945年正式投入使用。罗兰系统沿海岸线布台，每个台链被编成一个主台、两个或两个以上副台的形式。罗兰接收机(见图1.7)根据接收主、副台信号的时间差，得到以两个发射台为焦点的一条双曲线，再利用主台与另一副台组合得到另一条双曲线，进而通过确定两条双曲线的交点，即可得到载体位置。20世纪50年代，陆续出现了甚高频全向信标台(Very High Frequency Omni Directional Range，VOR)、距离测量仪(Distance Measuring Equipment，DME)等无线电导航设备。采用VOR/DME定位，能够获得比NDB更高的定位精度。图1.8所示为VOR/DME基站。在VOR/DME的基础上，美国空军研制了塔康(Tactical Air Navigation System，TACAN)战术空中导航系统。目前，LORAN、VOR、DME、TACAN等系统仍广泛应用于军用、民用航空领域，作为航路导航、终端区导航和非精密进近导航系统使用。随着多普勒VOR和精密DME等系统的出现，无线电导航系统在现代航空领域依然发挥着重要作用。

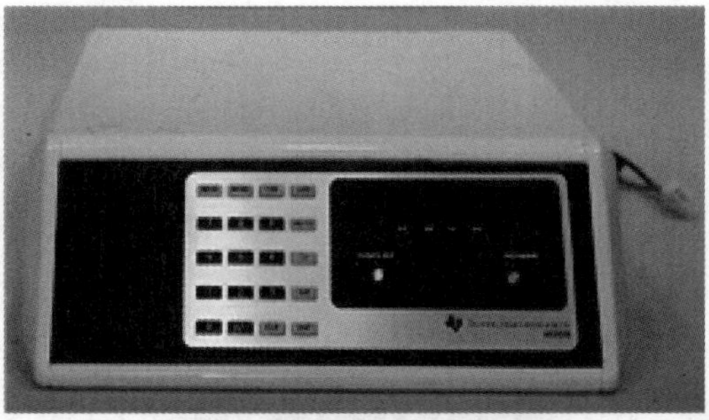

图 1.7 罗兰接收机实物图

图 1.8 VOR/DME 基站

20 世纪 90 年代至 21 世纪初，随着微电子技术、无线通信及网络技术的进步，为无线电导航系统的发展注入了新的活力。无线局域网络(Wireless Local Area Network，WLAN)、Wi-Fi(Wireless Fidelity)、无线个人局域网络[Wireless Personal Area Network，WPAN，如蓝牙(BlueTooth)和紫蜂(ZigBee)]、无线电时频标签(Radio Frequency Identification，RFID)、超宽带(Ultra Wideband，UWB)通信、电视信号等被广泛用于无线电导航系统中。这些新兴的无线电导航技术通常用于近程导航，其覆盖半径仅为几十米。图 1.9 为 UWB 定位基站。

图 1.9 UWB 定位基站

无线电导航是目前广为发展与应用的导航手段，它不受时间、天气条件的限制，定位精度高、定位时间短，可连续、实时地定位，并具有自动化程度高、操作简便等优点。但由于其辐射或接收无线电信号的工作方式，无线电导航在使用时易被发现、隐蔽性差。另外，由于无线电信号入水深度不够，所以在水下不易定位。

1.2.3 天文导航系统

天文导航是以太阳、月球、行星和恒星等自然天体作为导航信标，通过天体敏感器被动探测天体位置，从而确定运载体在空间的姿态、位置与速度等导航参数的技术与方法。从早期的航海六分仪(见图 1.10)到自动星体跟踪器，再到星敏感器(见图 1.11)与空间六分仪。天文导航以其自主性强、导航精度高、无时间累积误差、可靠性好等优点，得到了广泛应用。

由于天文导航是建立在天体惯性系框架基础之上，具有直接、自然、可靠、精确等优点，所以，拥有无线电导航无法比拟的独特优越性。概括来讲，天文导航具有如下优点。

图 1.10　六分仪实物图

图 1.11　星敏感器实物图

1. 被动式测量，自主性强，无误差积累

天文导航以天体作为导航信标，被动地接收天体自身辐射信号，进而获取导航信息，是一种完全自主的导航方式，工作安全，隐蔽性强，而且其定位误差和航向误差不随时间的增加而积累，也不会因航行距离的增大而增大。

2. 抗干扰能力强，可靠性高

天体辐射覆盖了 X 射线、紫外、可见光、红外等整个电磁波谱，具有极强的抗干扰能力。天体的空间运动规律不受人为因素和电磁波的干扰，这也从根本上保证了天文导航的可靠性。这是全球导航卫星系统(Global Navigation Satellite System，GNSS)、LR-C 等无线电导航系统无法比拟的。

3. 适用范围广，发展空间大

天文导航不受地域、空域和时域的限制，是一种在宇宙空间内处处适用的导航手段，技术成熟后可实现全球、全天候、全天时、全自动的天文导航。

4. 测姿精度高

星敏感器是目前应用最广泛的姿态测量敏感器之一，其测姿精度高，可达角秒级，而且其测量误差不随时间累积。

5. 设备简单，成本较低，工作可靠

天文导航不需要设立陆基台站，更不必向空中发射轨道航天器，设备简单，成本较低，而且不受人为因素影响，工作可靠，在战时是一种难得的高精度自主导航与校准手段。

近年来，新型天体敏感器件、高精度天文间接敏感地平、脉冲星天文导航技术、光谱红移测速导航理论、相对论导航以及信息处理技术等新技术、新理论的飞速发展，也为天文导航系统的发展注入了新的活力。

星光折射间接敏感地平定位方法是 20 世纪 80 年代发展起来的一种高精度、低成本的天文导航方法，其原理如图 1.12 所示。它是结合轨道动力学，利用高精度的星敏感器以及大气对星光折射的数学模型,精确敏感地平,从而实现精确定位。研究结果表明这种天文导航系统结构简单、成本低廉,能够达到较高的定位精度,是一种很有前途的天文导航定位方法。

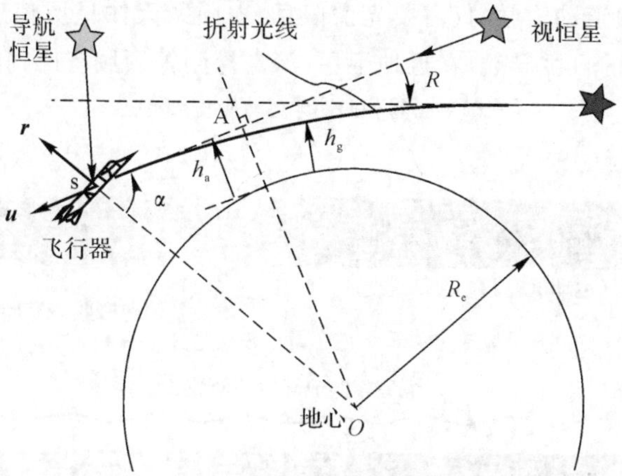

图 1.12 星光折射间接敏感地平定位原理

X 射线脉冲星(见图 1.13)是一种具有超高密度、超高温度、超强磁场、超强辐射和引力的天体,能够提供高度稳定的周期性脉冲信号,可作为天然的导航信标。X 射线脉冲星导航作为一种新兴的天文导航手段,逐渐受到了航天领域的广泛关注。这种导航方式是以 X 射线探测仪测得的脉冲到达航天器的时间,与脉冲星计时模型预测的相应脉冲到达太阳系质心的时间之差作为量测量,然后采用解析或滤波算法,计算或估计得到航天器的位置、速度、姿态以及时间等导航信息。这种导航方式能够为近地轨道、深空和星际空间航天器提供完备的导航参数,实现航天器高精度自主导航,具有广阔的应用前景。

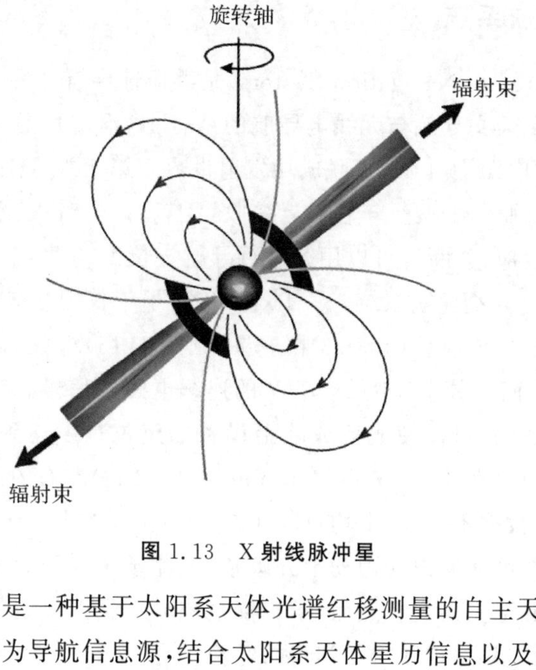

图 1.13 X 射线脉冲星

光谱红移测速导航是一种基于太阳系天体光谱红移测量的自主天文导航方法。它是以太阳系天体的光信号作为导航信息源,结合太阳系天体星历信息以及航天器的惯性姿态信息,根据光谱红移效应测量得到航天器在惯性坐标系中的飞行速度,进而通过积分获得航天器的位置参数。图 1.14 为光谱红移效应示意图。这种天文导航方法不依赖地面无线电信息,无须引入航天器轨道动力学,仅需要光谱信息、太阳系天体星历信息和航天器惯性姿态信息即可实现航天器的自主导航,在近地卫星、深空探测等领域有广阔的应用前景。

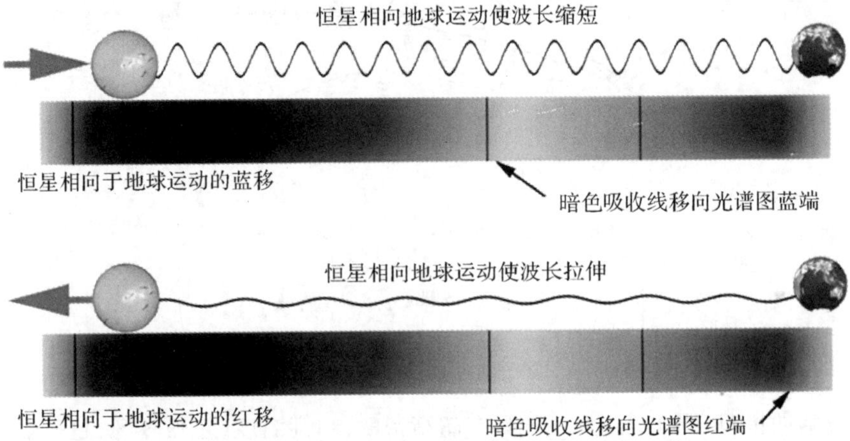
恒星相向地球运动使波长缩短
恒星相向于地球运动的蓝移
暗色吸收线移向光谱图蓝端
恒星相向地球运动使波长拉伸
恒星相向于地球运动的红移
暗色吸收线移向光谱图红端

图 1.14 光谱红移效应示意图

相对论导航是近年来提出的一种新型高精度天文自主导航方法,它是根据星光引力偏折和恒星光行差这两类相对论效应,建立恒星角距观测量与航天器位置、速度之间的关系模型,然后利用毫角秒星敏感器精确敏感高精度的恒星角距观测量,进而解算得到航天器位置、速度信息。随着未来甚高精度星敏感器技术的快速发展,这种导航方式有望将自主天文导航的精度提升到前所未有的水平,具有重要的研究意义与工程应用价值。

1.2.4 卫星导航系统

卫星导航系统(Satellite Navigation System)是继惯性导航之后导航技术的又一重大发展。可以说卫星导航是天文导航与无线电导航的结合,只不过是把无线电导航台放在人造地球卫星上了。1957 年 10 月 4 日,苏联成功发射世界上第 1 颗人造地球卫星,远在美国霍普金斯大学应用物理实验室的两个年轻学者接收该卫星信号时,发现卫星与接收机之间形成了运动多普勒频移效应,并断言可以用其进行导航定位。20 世纪 60 年代初,旨在服务于美国海军舰只的第一代卫星导航系统——TRANSIT 子午仪卫星导航系统出现了,它的全称为海军导航卫星系统。该系统用 5~6 颗卫星(见图 1.15)组成的星网工作,每颗卫星以 150 MHz 和 400 MHz 两个频率发射 1~5 W 的连续电磁波信号。导航接收机利用测量卫星信号多普勒频移的方法,可以使舰船或陆上设备的定位精度达到 500 m(单频)和 25 m(双频)。一方面由于卫星在 600 n mile(1 n mile≈1 852 m)左右的低高度且飞越南北极的轨道上运行,因此导航数据不连续,平均每隔 110 min(赤道)或 30 min(纬度 80°)才能定位一次;另一方面,定位精度对用户的运动十分敏感,因此子午仪系统主要用于低动态的海舰舰只、潜艇、商业船只和陆上用户。然而,子午仪系统显示了卫星定位在导航方面的巨大优越性,使得研发部门对卫星定位取得了初步的经验。

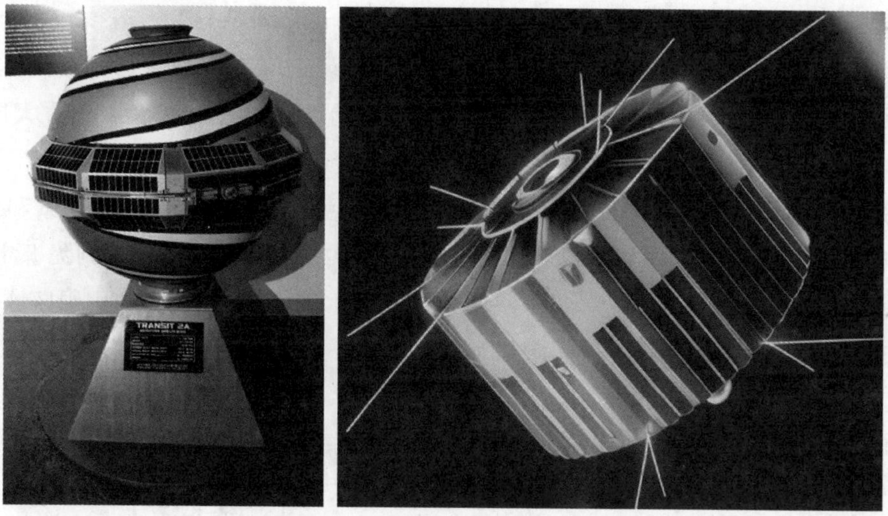

(a)　　(b)

图 1.15　子午仪系统卫星

(a) Transit - 2A 卫星；(b) Transit - 4B 卫星

以全球定位系统(Global Positioning System,GPS)为代表的GNSS是20世纪70年代由美国陆、海、空三军联合研制的新一代空间卫星导航定位系统。其主要目的是为陆、海、空三大领域提供实时、全天候、全球性的导航服务,并用于情报收集、核爆监测和应急通信等一些军事目的,是美国独霸全球战略的重要组成。经过20余年的研究实验,耗资300亿美元,到1994年3月,全球覆盖率高达98%的24颗GPS卫星星座已布设完成,如图1.16所示。GPS技术由于所具有的全天候、高精度和自动测量的特点,作为先进的测量手段,已经融入到国民经济建设、国防建设和社会发展的各个应用领域。

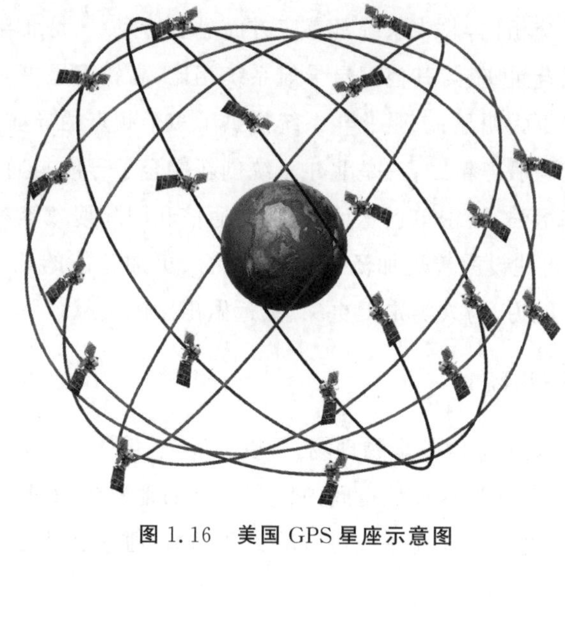

图 1.16　美国 GPS 星座示意图

目前，全世界有四套全球卫星导航系统：美国的 GPS、俄罗斯的格洛纳斯、欧洲的伽利略卫星导航系统、中国的北斗卫星导航系统(Beidou Navigation Satellite System，BDS，简称北斗系统)。卫星导航系统是信息时代国家的重要基础设施，在航空航天、大地测绘、军事战略、交通运输、日常生活等各个领域发挥着越来越重要的作用。因此，欧美及西方大国自 20 世纪 70 年代起就开始竞相发展独立自主的卫星导航系统。

为打破欧美大国对卫星导航系统的垄断，我国自 20 世纪 80 年代也开始探索和发展自己的北斗卫星导航系统，并按照“三步走”的发展战略，实现北斗由有源定位到无源定位、由区域组网到全球覆盖的系统建设。北斗一号系统于 2000 年底建成，开始向中国区域提供服务；2012 年底，北斗二号系统建成，并向亚太地区提供服务；我国自 2017 年开始建设北斗三号全球卫星导航系统，已于 2020 年 7 月 31 日正式开通，从而使我国成为世界上第四个拥有全球卫星导航系统的国家。图 1.17 为中国北斗卫星导航系统发展历程。

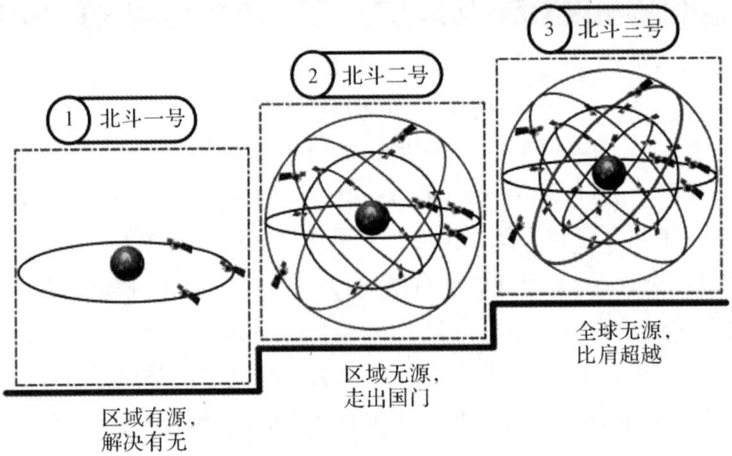

图 1.17　中国北斗卫星导航系统发展历程

与其他卫星导航系统相比，北斗系统具有三方面显著特点：一是北斗系统空间段采用了三种轨道卫星组成的混合星座，与其他卫星导航系统相比，高轨卫星更多，抗遮挡能力强，尤其低纬度地区性能优势更为明显；二是北斗系统提供了多个频点的导航信号，能够通过多频信号组合使用等方式提高服务精度；三是北斗系统创新融合了导航与通信能力，具备定位导航授时、星基增强、地基增强、精密单点定位、短报文通信和国际搜救等多种服务能力。

2035 年前，我国还将建设完善更加泛在、更加融合、更加智能的北斗综合时空体系，进一步提升时空信息服务能力，为人类走得更深、更远做出中国贡献。

1.2.5　地磁导航系统

地磁场(见图 1.18)是地球的基本物理场，可以为航空、航天、航海提供优良的天然坐标系。由于地磁场为矢量场，在地球近地空间内任意一点的地磁矢量都不同于其他地点的地磁矢量，并且与该地点的经纬度存在一一对应的关系，所以理论上只要确定该点的地磁矢量即可实现定位。地磁导航系统便是通过地磁传感器测得的地磁方向做指示，或者实时获得地磁数据与存储在计算机中的地磁基准图进行匹配来实现定位的导航系统。地磁导航系统具有无源、无辐射、全天时、全天候、全地域、能耗低等显著优点。

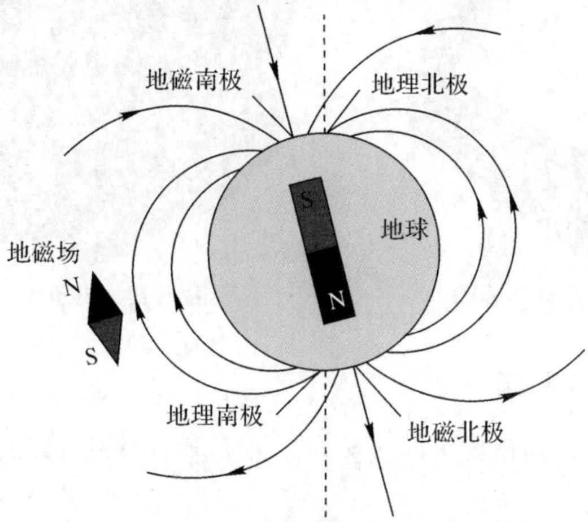

图 1.18 地磁场示意图

地磁导航的研究始于20世纪60年代，美国E-Systems公司通过采集地磁数据制作了地磁基准图；随后，以此为基础研制了地磁轮廓匹配(Magnetic Contour Matching，MAGCOM)系统并进行了性能验证。1980年，瑞典Lund学院完成了海上地磁定位实验，在考虑船只本身磁场的影响下，通过地磁实测数据与地磁序列数据库的匹配，确定船只位置。1994年，美国研制了一种水下运载体地磁定位系统，该系统由惯性导航系统和三轴矢量磁力计组成。当惯性导航系统需要位置重调时，利用三轴矢量磁力计探测磁标在运载体本体坐标系中的磁感应分量，经计算后获得运载体相对于磁标的位置，然后结合磁标的基准位置求得运载体的位置，并将该位置与惯导系统输出的位置进行比较，从而实现位置重调。2003年8月，美国国防部军事关键技术名单中提到地磁数据参考导航系统，该系统的地面和空中定位精度优于30 m(Circular Error Probability，CEP，圆概率误差)，水下定位精度优于500 m(CEP)。2004年2月，俄罗斯在“安全-2004”演习中试射了新型机动变轨的SS-19洲际导弹，该导弹使用地磁场等高线匹配制导技术，不按弹道曲线而沿稠密大气层边缘近乎水平飞行，使美国导弹防御系统无法准确预测来袭导弹弹道，大大增强了导弹的突防能力。作为一种自主导航系统，近年来，国内中国科学院等单位也重点对地磁导航技术开展了研究工作，主要集中在磁强计、电子磁罗盘等地磁传感器(见图1.19、图1.20)的研制、地磁匹配算法以及组合导航算法等方面，研究工作也取得了很大进展。

随着空间技术的飞速发展，地磁学和测绘学、空间物理学的交叉与综合不断加强，地磁测量技术发生了根本性变化。地磁导航系统将在导航定位、地球物理武器、战场电磁信息对抗等领域展现出巨大的应用前景和军事潜力。

图 1.19　磁强计实物图

图 1.20　电子磁罗盘实物图

1.2.6　重力导航系统

重力导航系统是一种利用重力敏感器获取重力数据，与存储在计算机中的数字重力图进行匹配来实现定位的导航系统。

重力导航的研究始于 20 世纪 70 年代美国海军的一项绝密军事计划，其目的是提高三叉戟弹道导弹潜艇性能。20 世纪 80 年代初，美国贝尔实验室的洛克希德·马丁公司在美国军方的资助下，研制了重力敏感器系统(Gravity Sensor System，GSS)，GSS 有一个当地水平的稳定平台，平台上装有一个重力仪和三个重力梯度仪。重力仪(见图 1.21)由一个竖直安装的高精度加速度计组成，而重力梯度仪(见图 1.22)则由安装在同一转轮上的四个加速度计组成，其输出两组正交的梯度分量。GSS 用于实时估计垂线偏差，以补偿惯性导航系统的误差，并于 20 世纪 80 年代末在垂线偏差图形技术上取得成功。20 世纪 90 年代初，洛克希德·马丁公司在重力敏感器系统、静电陀螺导航仪、重力图以及深度探测仪等技术的基础上，开发研制了重力辅助惯性导航系统(Gravity Aided Inertial Navigation System，GAINS)，美国海军于 1998 年和 1999 年分别在水面 USNS 先锋号舰和战略弹道导弹核潜艇上对该系统进行了演示验证，演示时使用的重力图数据来源于卫星数据和船测数据。实验结果表明，重力图形匹配技术可将惯性导航系统的经度误差和纬度误差降低至系统标称误差的 10%，能够有效延长惯性导航系统的重调周期。

基于重力导航显著的定位功能，美国将该技术应用在新一代核潜艇导航系统上。新一代核潜艇导航系统采用模块化结构，包括惯性导航模块、重力导航模块、地形匹配模块、精密声呐导航模块等。其中，惯性导航模块向其他模块提供导航参数数据，电磁计程仪用于阻尼惯性平台水平回路；重力敏感器可测量重力异常，将其与以数字形式存储的重力分布图进行比较，就可以估计出惯性导航模块的误差，并连续对惯性平台进行重调，即惯性导航模块和重力敏感器一起便可以实现无源导航功能。20 世纪 70 年代，俄罗斯开始研究地球重力异常场下的导航问题。图 1.23 为全球重力异常分布图。20 世纪 80 年代，彼得堡中央电气仪表所与俄罗斯地球物理所密切配合，重点开展海洋重力测量、舰艇海洋重力场导航研究。

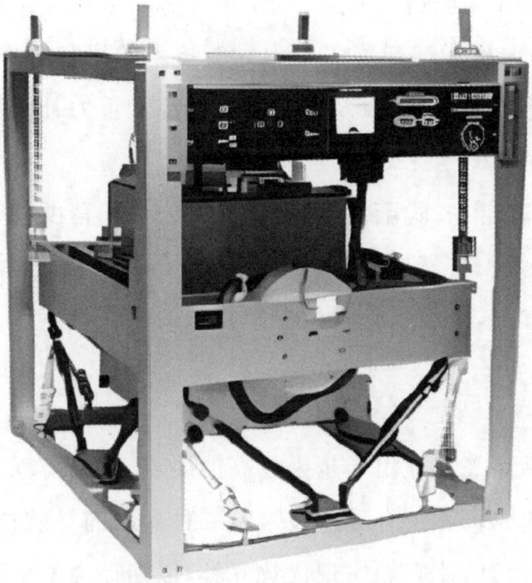

图 1.21 重力仪实物图

图 1.22 重力梯度仪实物图

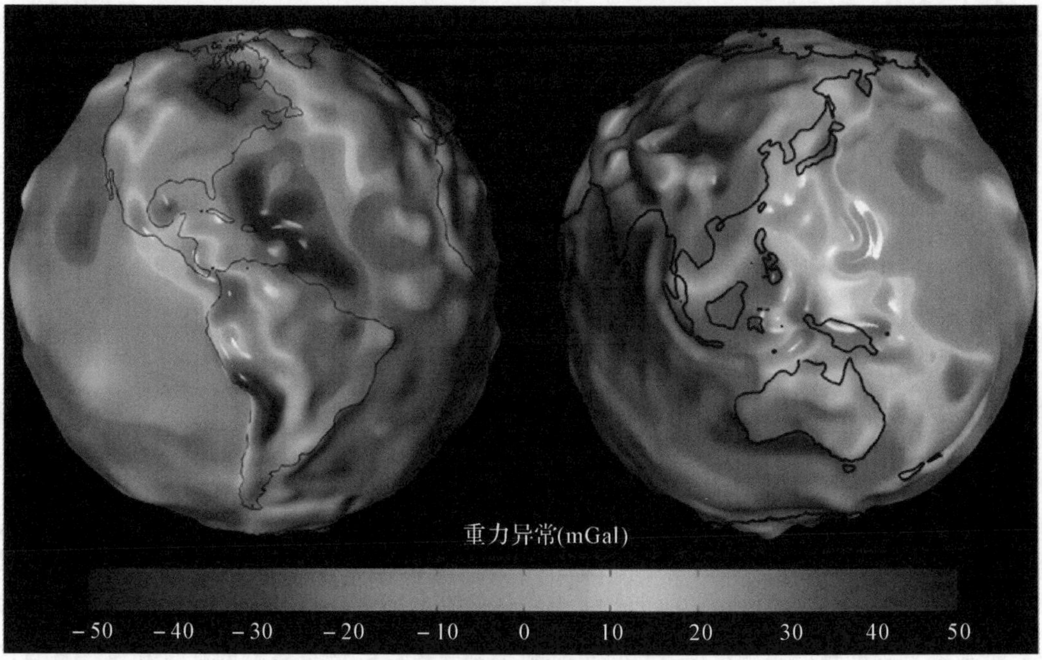

图 1.23 全球重力异常分布图

重力导航系统的精度取决于数字重力图的分辨率和精度，因此，必须建立高密度和高精度的重力数据库。目前，重力数据来自于卫星和船的测量。卫星测量是利用卫星测高来确定地球重力场，其优点是覆盖性好，缺点是精度低，并且还需要进行复杂的转换和计算；船测方法实测精度较高，但缺点是效率低、覆盖性差。美国从 20 世纪 70 年代开始进行了一系列的卫星测高计划，卫星测高数据密集覆盖了全球，其测量的重力场精度和分辨率已经接近于海上船测数据的水平。20 世纪 90 年代后，国内也相继开展了重力导航技术的研究工作，主要集中在重力梯度仪、重力仪等重力测量传感器的研制，以及重力匹配算法和重力补偿算法等方面。

重力导航系统由于具有长期、全天候、高度自主、隐蔽性好、抗干扰能力强和精度高等诸多优点，在航空、航海、陆地导航和地球遥感测绘、自然资源的勘探与发现等军事、民用领域都有着广阔的应用前景，越来越受到人们的重视，已经成为现代导航领域的研究热点。

1.2.7 组合导航系统

飞行器的发展对于导航系统的精度、可靠性等都提出了越来越高的要求，从国防现代化的要求来讲，单一的导航系统已难以满足这些要求。组合导航技术是一种崭新的导航技术，它指的是综合两个或两个以上导航传感器的信息，使它们实现优势互补，以期提高整个系统的导航性能，来满足各类用户的需求。

组合导航系统（Integrated Navigation System）可分为重调式和滤波处理式两大类。若从设备类型来分，组合导航系统又可分为无线电导航系统间的组合和惯性导航系统与无线电导航系统（或天文导航）组合两大类。这里简要阐述重调式和滤波处理式的实现方式。

早期的组合导航系统采用重调法，它直接用一种导航系统的输出去校正另一种导航系统的输出，因此实现起来较容易。重调法对抑制惯导随时间增大的定位误差十分有效。因此，早期的惯导与无线电导航系统组合的系统大多采用重调法。重调法的缺点是组合效果差，组合后的精度只能接近于被组合的精度较高的导航系统，而不可能比它更高。总之，组合的潜力远没有发挥出来。

自从 20 世纪 60 年代初出现了卡尔曼滤波技术，组合导航系统向更深层次发展成为可能。卡尔曼滤波是一种线性最小方差滤波方法，它根据信号（或称作状态）和测量值的统计特性，从测量中得出误差最小，也即“最优”的信号估计，因此，经过滤波处理后导航解的精度可以比组合前任一导航系统单独使用时的精度高。另外，卡尔曼滤波采用递推计算的方法，它不要求存储过去的测量值，只需根据当前时刻的测量值和前一时刻的估计值，按照一组递推公式，利用数字计算机就可实时地计算出所需信号的估值。由于可以进行传感器级的组合，滤波器处理的是原始测量值，所以，更有利于克服被组合设备各自的缺点和发挥各自的长处，从而达到最佳的组合效果。经卡尔曼滤波处理后的组合系统的精度要优于任一系统单独使用时的精度。

因此，导航技术向着组合方向发展是一个必然的趋势。当前，已经得到实际应用的组合导航系统主要有惯性/卫星组合导航系统（见图 1.24）、惯性/天文组合导航系统（见图 1.25）和惯性/卫星/天文组合导航系统等。

图1.24 惯性/卫星组合导航系统实物图

图1.25　惯性/天文组合导航系统实物图

1.3　现代导航技术的新要求

随着科学技术的发展，人们对导航技术也提出了越来越高的新要求。在这方面，除了一般的安全可靠、体积小、质量轻和造价低廉等要求外，在有些场合，尤其在军事上对导航设备提出的要求是十分严苛的。这些要求可以归纳为以下几个方面：

(1)从导航精度方面来说，在科学考察及军事侦察和作战上，为了准确地确定某些地标和攻击对象，要求导航设备具有相当高的定位精度。例如，美空军惯导系统的SNU84－3规范中就规定0.5 n mile/h的导航精度。有些地球物理调查方面更要求能达到几米或零点几米的定位精度。

(2)从作用范围来说，希望导航系统能满足全球导航的要求，也就是无论在地球上的任何地方，导航系统都能有效地工作。

(3)从自主性方面来讲，希望导航设备不依赖地面或其他方面的任何信息，而能独立自主地工作。这样，就可以扩大活动范围，在没有任何地面导航台的沙漠地区或海洋上空执行任务。此外，自主性尤其对军事上失去地面指挥及导航信息的“迷航”问题具有重要意义。

(4)从安全性来说，希望导航设备具有很好的抗干扰能力，也就是对磁场、电场、光、热以及核辐射等条件的变化不敏感；同时，飞行器本身也不向外界发射任何能量，用以避免被敌人发现而引来攻击和施加干扰。这一点对军用飞行器极为重要。

(5)从环境条件来讲，希望导航设备不受气象条件的限制，能满足全天候导航要求，也就是说，无论白天、黑夜和寒冬、酷暑，还是刮风、下雨和雷电、浓雾，都能保证导航设备正常工作。

(6)从发挥制导功能来讲，希望导航设备能够为飞行器的驾驶和控制提供符合要求的姿态、速度，甚至加速度等各种制导参数和信息，用以实现飞行器的自动化飞行，从而减轻地面人员的工作负担。

(7)从执行任务的准确性来说，希望导航设备能够为轰炸和空投提供除姿态、速度等信息以外的风速、风向、偏流角和加速度信息，以便计算准确的投放轨迹和投放时间。此外，对歼击机来说，还希望导航设备能够提供姿态变化率信息，以便配合雷达和平视仪构成“热线”瞄准系统，能更有效地发挥战斗威力。

(8)从使用方便来说，希望导航设备的反应时间最短，操作最简单，显示明确可靠，也就是希望导航设备一接到起飞命令就能投入正常工作。

(9)从可靠性和维护保养方面来讲，不仅希望导航设备的平均故障时间较长，还要求能抗盐雾、湿度，并且便于更换零件，使维护修理工作迅速简便。

(10)从飞行安全平稳方面讲，希望导航设备能够与仪表着陆系统组合，保证着陆不但安全可靠，而且很平稳，用以减轻乘坐人员的不适应性和增加舒适感。

在上述各方面的要求中，由于运载体种类与导航任务不同，对导航系统性能要求的侧重点也会有所区别，要使这些要求由某一种导航设备全面满足是不现实的。为了解决这个问题，比较可行的办法是将不同的导航设备组合起来，发挥它们各自的特点，以达到导航性能的要求。

思考与练习

1. 什么是导航？导航系统的主要作用是什么？
2. 以飞机为例，说明导航、制导与控制三个概念的区别与联系是什么。
3. 常用的现代导航系统可以分为哪几类？
4. 什么是惯性导航？简述惯性导航的基本工作原理及主要特点。
5. 惯性导航系统可以分为哪几类？简述每种惯性导航系统的工作原理及其特点。
6. 简述无线电导航、卫星导航、天文导航三种常用导航系统的工作原理及其特点。
7. 简述地磁导航系统和重力导航系统的工作原理及其特点。
8. 组合导航系统的实现方式有哪些？简述不同实现方式的特点。
9. 随着科学技术的发展，除了安全可靠、体积小、质量轻和造价低廉等这些一般性要求外，人们对现代导航技术还提出了哪些新要求？

第 2 章　新型惯性导航系统

惯性导航系统利用惯性器件(陀螺仪和加速度计)测量载体相对于惯性空间的角速度和加速度,进而通过积分运算实时获得载体的位置、速度和姿态等导航参数。由于惯性导航系统工作时不依赖任何外部信息、也不向外部辐射能量,具有自主性强、隐蔽性好、导航信息完备、短时精度高、数据输出率高等优点,所以,惯性导航系统被广泛应用于海、陆、空、天、地各种运载体中。惯性导航系统主要包括经典的平台式惯性导航系统与捷联式惯性导航系统,以及新兴的旋转调制式惯性导航系统与半捷联式惯性导航系统四类。

平台式惯性导航系统简称平台惯导系统,它利用陀螺仪稳定平台(惯性平台)跟踪当地水平面,并在该平台上分别安装东向、北向和天向加速度计,测量载体的运动加速度,进而通过积分运算便可得到载体的速度与位置信息;捷联式惯性导航系统简称捷联惯导系统,它是将惯性器件(陀螺仪和加速度计)直接安装在载体上的惯导系统。从结构上说,SINS 去掉了实体的惯性平台,而代之以存储在计算机里的"数学平台"。近年来,随着激光陀螺仪、光纤陀螺仪、MEMS 陀螺仪等新型惯性器件的广泛应用以及现代控制理论、计算机技术的飞速发展,SINS 以其体积小、质量轻及成本低等方面的优势已逐渐成为惯性导航系统发展的主流。

捷联惯导系统对惯性器件要求高,且系统长时间工作时,其导航误差随时间快速累积而发散。为提高捷联惯导系统的导航精度,在捷联惯导系统的基础上,研究者提出了一种新的惯性导航系统,即旋转调制式惯性导航系统,简称旋转调制惯导系统。它是将惯性测量单元(Inertial Measurement Unit,IMU)固联在一个可绕载体转动的转台上,通过设计合理的转台转动方案,使得惯性器件的测量误差尽可能被调制成谐波项,进而通过导航解算中的积分运算环节被自动补偿以提高导航解算精度。相较于平台惯导系统,旋转调制惯导系统组成简单、可靠性高、成本低;相对于捷联惯导系统,在器件水平相当的情况下旋转惯导系统精度明显提高。

在旋转调制惯导系统的基础上,针对高旋弹体具有高加速度和高转速的特点,研究者又提出了一种具有滚转隔离功能的半捷联惯导系统。半捷联惯导系统与被测弹体在航向与俯仰轴向上捷联,滚转轴向上不捷联,而是通过机械减旋装置使 IMU 在滚转轴向所敏感到的角速率远小于弹体实际滚转角速率。这样,系统能够有效抑制弹体滚转轴向高转速对 IMU

滚转角速率测量精度的影响。

本章在介绍捷联惯导系统原理与误差方程的基础上，重点介绍新兴的旋转调制惯导系统与半捷联惯导系统，并对这两种新型惯导系统的组成结构、工作原理、导航解算方程等进行详细介绍。

2.1 捷联惯导系统

在平台惯导系统中，实体的惯性平台成为系统结构的主体，其体积和质量约占整个系统的一半，而安装在平台上的陀螺仪和加速度计却只占平台质量的1/7左右。此外，该惯性平台是一个高精度、复杂的机电控制系统，它所需的加工制造成本大约要占整个系统费用的2/5。而且，惯性平台的结构复杂、故障率较高，大大影响了惯导系统工作的可靠性。正是出于这方面的考虑，在发展平台惯导系统的同时，人们就开始了对另一种惯导系统的研究，这就是捷联惯导系统。

捷联惯导系统是将惯性器件(陀螺仪和加速度计)直接安装在运载体上的一种惯导系统。捷联惯导系统中的陀螺仪和加速度计在运载体飞行时，要直接敏感过载、冲击、振动、温度变化等恶劣环境，从而产生动态误差。因此，与平台惯导系统相比，捷联惯导系统对使用的惯性器件有特殊的要求。运载体上直接安装的陀螺仪和加速度计，它们随运载体的运动必须能快速精确地测量并传输给计算机，计算机即时处理惯性器件的测量数据，从而在计算机内形成一个“数学平台”来取代平台惯导系统中的实体稳定平台的功能。

随着陀螺仪和加速度计技术的发展，特别是随着无活动部件的激光陀螺仪和光纤陀螺仪技术的发展成熟，捷联惯导系统的精度逐步接近或达到了平台惯导系统的精度。除此之外，捷联惯导系统还有其他突出的优点。由于它去掉了机械框架系统，结构大为简化，体积小，质量轻，成本低，可靠性高，功耗小，使用方便灵活，维护简便。因此，捷联技术得到迅速发展，使得捷联惯导系统在不同领域得到了广泛应用。

2.1.1 捷联惯导系统组成结构及工作原理

与平台惯导系统相比，捷联惯导系统利用存储在计算机里的“数学平台”代替了实体的惯性平台，进而完成姿态、速度与位置的解算，其工作原理如图2.1所示。

载体的姿态可以用本体坐标系(b系)相对导航坐标系(n系)的三个欧拉角确定，即用航向角ψ、俯仰角θ和滚转角γ确定。姿态角(ψ,θ,γ)与方向余弦矩阵$\boldsymbol{C}_{\mathrm{b}}^{\mathrm{n}}$具有一一对应关系，在确定方向余弦矩阵$\boldsymbol{C}_{\mathrm{b}}^{\mathrm{n}}$之后，姿态角便可根据$\boldsymbol{C}_{\mathrm{b}}^{\mathrm{n}}$中的相应元素求得。因此，方向余弦矩阵$\boldsymbol{C}_{\mathrm{b}}^{\mathrm{n}}$又被称为“姿态矩阵”。

计算机要提供随时间变化的姿态矩阵$\boldsymbol{C}_{\mathrm{b}}^{\mathrm{n}}$，就必须利用姿态角速度$\boldsymbol{\omega}_{\mathrm{nb}}^{\mathrm{b}}$求解姿态微分方程$\dot{\boldsymbol{C}}_{\mathrm{b}}^{\mathrm{n}}=\boldsymbol{C}_{\mathrm{b}}^{\mathrm{n}}\boldsymbol{\Omega}_{\mathrm{nb}}^{\mathrm{b}}$。在捷联惯导系统中，陀螺仪组件直接安装在载体上，它们的测量轴分别与载体坐标系的三个轴相重合。这样，陀螺仪组件可以测得载体相对于惯性空间的角速度$\boldsymbol{\omega}_{\mathrm{ib}}^{\mathrm{b}}$，而姿态角速度$\boldsymbol{\omega}_{\mathrm{nb}}^{\mathrm{b}}$便可由$\boldsymbol{\omega}_{\mathrm{ib}}^{\mathrm{b}}$、地球自转角速度$\boldsymbol{\omega}_{\mathrm{ie}}^{\mathrm{n}}$和位置角速度$\boldsymbol{\omega}_{\mathrm{en}}^{\mathrm{n}}$计算得到，即$\boldsymbol{\omega}_{\mathrm{nb}}^{\mathrm{b}}=\boldsymbol{\omega}_{\mathrm{ib}}^{\mathrm{b}}-$

$\boldsymbol{C}_{\mathrm{n}}^{\mathrm{b}}\boldsymbol{\omega}_{\mathrm{in}}^{\mathrm{n}}=\boldsymbol{\omega}_{\mathrm{ib}}^{\mathrm{b}}-\boldsymbol{C}_{\mathrm{n}}^{\mathrm{b}}(\boldsymbol{\omega}_{\mathrm{ie}}^{\mathrm{n}}+\boldsymbol{\omega}_{\mathrm{en}}^{\mathrm{n}})$。

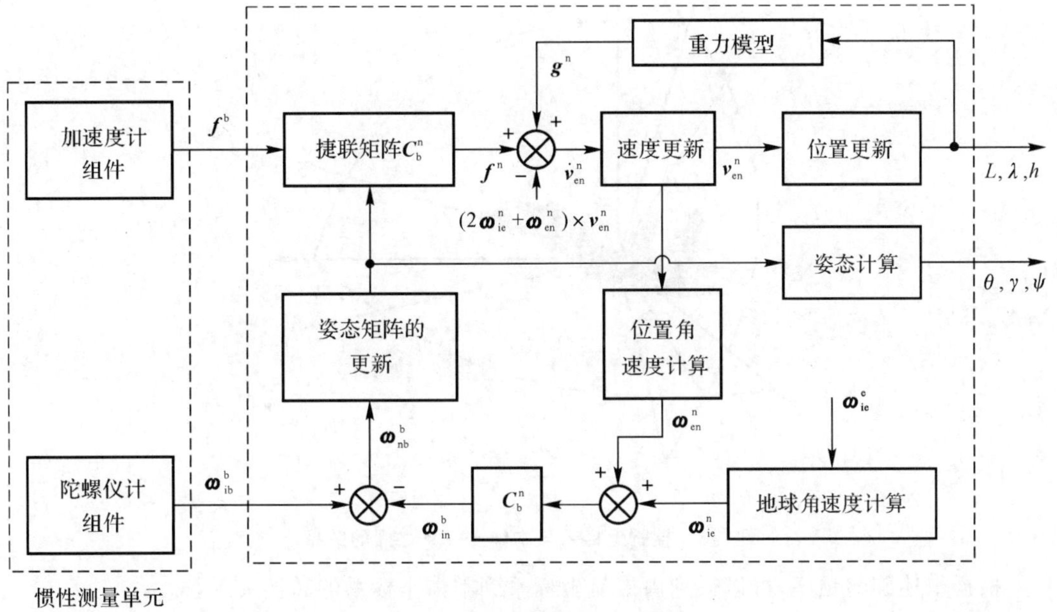

图 2.1　捷联惯导系统工作原理

捷联惯导系统的加速度计组件也是直接安装在载体上的，三个加速度计的测量轴分别与本体坐标系的横轴 ox_{b}、纵轴 oy_{b} 以及竖轴 oz_{b} 相重合。在捷联惯导系统中，加速度计测量的是本体坐标系(b 系)中的比力分量$\boldsymbol{f}^{\mathrm{b}}=[\boldsymbol{f}_x^{\mathrm{b}},\boldsymbol{f}_y^{\mathrm{b}},\boldsymbol{f}_z^{\mathrm{b}}]^{\mathrm{T}}$。由于 $\boldsymbol{f}^{\mathrm{n}}=\boldsymbol{C}_{\mathrm{b}}^{\mathrm{n}}\boldsymbol{f}^{\mathrm{b}}$，所以计算机必须能实时地提供方向余弦矩阵 $\boldsymbol{C}_{\mathrm{b}}^{\mathrm{n}}$，才能实时地把 $\boldsymbol{f}^{\mathrm{b}}$ 转换至导航坐标系(n 系)中得到比力 $\boldsymbol{f}^{\mathrm{n}}$，从而进行有效的导航计算。正是在这个意义上说，捷联惯导系统用计算机软件实现了一个“数学平台”并取代了原有的实体平台，因此方向余弦矩阵 $\boldsymbol{C}_{\mathrm{b}}^{\mathrm{n}}$ 也被称为“捷联矩阵”。

利用捷联矩阵 $\boldsymbol{C}_{\mathrm{b}}^{\mathrm{n}}$ 将加速度计测量的比力 $\boldsymbol{f}^{\mathrm{b}}$ 转换为 $\boldsymbol{f}^{\mathrm{n}}$ 后，补偿掉其中的有害加速度 $\boldsymbol{g}^{\mathrm{n}}-(2\boldsymbol{\omega}_{\mathrm{ie}}^{\mathrm{n}}+\boldsymbol{\omega}_{\mathrm{en}}^{\mathrm{n}})\times\boldsymbol{v}_{\mathrm{en}}^{\mathrm{n}}$，便可计算得到载体相对于地理系的加速度$\dot{\boldsymbol{v}}_{\mathrm{en}}^{\mathrm{n}}$；进而先后经过两次积分，便可完成速度更新和位置更新，并获得载体的实时速度$\boldsymbol{v}_{\mathrm{en}}^{\mathrm{n}}$ 和位置 L,λ,h。

2.1.2　捷联惯导系统导航解算方程

下面分别对捷联惯导系统的姿态方程、速度方程和位置方程进行介绍。

1. 姿态方程

设本体坐标系固连在载体上，其 ox_{b}、oy_{b}、oz_{b} 轴分别沿载体的横轴、纵轴与竖轴，选取东-北-天地理坐标系作为导航坐标系(即 n 系)，如图 2.2 所示。

图 2.2 还示出了由导航坐标系至本体坐标系的转换关系，导航坐标系进行三次旋转可以到达本体坐标系，其旋转顺序为

$$x_{\mathrm{n}}y_{\mathrm{n}}z_{\mathrm{n}}\xrightarrow[\psi]{\text{绕 } z_{\mathrm{n}} \text{ 轴}}x'_{\mathrm{n}}y'_{\mathrm{n}}z'_{\mathrm{n}}\xrightarrow[\theta]{\text{绕 } y'_{\mathrm{n}} \text{ 轴}}x''_{\mathrm{n}}y''_{\mathrm{n}}z''_{\mathrm{n}}\xrightarrow[\gamma]{\text{绕 } y''_{\mathrm{n}} \text{ 轴}}x_{\mathrm{b}}y_{\mathrm{b}}z_{\mathrm{b}}$$

式中：ψ、θ 和 γ 分别代表载体的航向角、俯仰角和滚转角。

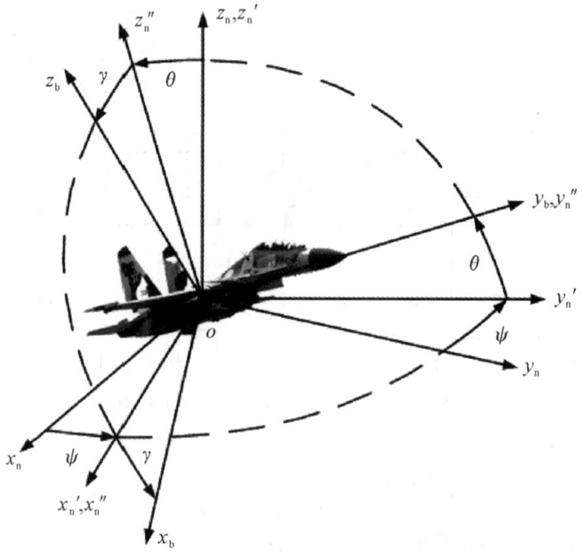

图 2.2　导航坐标系与本体坐标系之间的关系

根据上述旋转顺序，可以得到由导航坐标系到本体坐标系的转换关系，即

$$\begin{bmatrix} x_b \\ y_b \\ z_b \end{bmatrix} = \begin{bmatrix} \cos\gamma & 0 & -\sin\gamma \\ 0 & 1 & 0 \\ \sin\gamma & 0 & \cos\gamma \end{bmatrix} \begin{bmatrix} 1 & 0 & 0 \\ 0 & \cos\theta & \sin\theta \\ 0 & -\sin\theta & \cos\theta \end{bmatrix} \begin{bmatrix} \cos\psi & \sin\psi & 0 \\ -\sin\psi & \cos\psi & 0 \\ 0 & 0 & 1 \end{bmatrix} \begin{bmatrix} x_n \\ y_n \\ z_n \end{bmatrix} =$$

$$\begin{bmatrix} \cos\gamma\cos\psi - \sin\gamma\sin\theta\sin\psi & \cos\gamma\sin\psi + \sin\gamma\sin\theta\cos\psi & -\sin\gamma\cos\theta \\ -\cos\theta\sin\psi & \cos\theta\cos\psi & \sin\theta \\ \sin\gamma\cos\psi + \cos\gamma\sin\theta\sin\psi & \sin\gamma\sin\psi - \cos\gamma\sin\theta\cos\psi & \cos\gamma\cos\theta \end{bmatrix} \cdot \begin{bmatrix} x_n \\ y_n \\ z_n \end{bmatrix} \tag{2.1}$$

由于方向余弦矩阵 $\boldsymbol{C}_b^n$ 为正交矩阵，所以 $\boldsymbol{C}_b^n = [\boldsymbol{C}_n^b]^{-1} = [\boldsymbol{C}_n^b]^T$，于是

$$\boldsymbol{C}_b^n = \begin{bmatrix} \cos\gamma\cos\psi - \sin\gamma\sin\theta\sin\psi & -\cos\theta\sin\psi & \sin\gamma\cos\psi + \cos\gamma\sin\theta\sin\psi \\ \cos\gamma\sin\psi + \sin\gamma\sin\theta\cos\psi & \cos\theta\cos\psi & \sin\gamma\sin\psi - \cos\gamma\sin\theta\cos\psi \\ -\sin\gamma\cos\theta & \sin\theta & \cos\gamma\cos\theta \end{bmatrix} \tag{2.2}$$

由式(2.2)可以看出，捷联矩阵 $\boldsymbol{C}_b^n$ 是 ψ、θ、γ 的函数，故由 $\boldsymbol{C}_b^n$ 的元素可以唯一地确定 ψ、θ 和 γ，从而求得载体的姿态角。

姿态矩阵 $\boldsymbol{C}_b^n$ 中的元素也是时间的函数。为求 $\boldsymbol{C}_b^n$ 需要求解姿态矩阵微分方程

$$\dot{\boldsymbol{C}}_b^n = \boldsymbol{C}_b^n \boldsymbol{\Omega}_{nb}^b \tag{2.3}$$

式中：$\boldsymbol{\Omega}_{nb}^b$ 为姿态角速度 $\boldsymbol{\omega}_{nb}^b = [\omega_{nbx}^b, \omega_{nby}^b, \omega_{nbz}^b]^T$ 组成的反对称阵。

在解式(2.3)时，需要首先已知姿态角速度 $\boldsymbol{\omega}_{nb}^b$。捷联惯导系统的 $\boldsymbol{\omega}_{nb}^b$ 可以利用陀螺仪测得的角速度 $\boldsymbol{\omega}_{ib}^b$、地球自转角速度 $\boldsymbol{\omega}_{ie}^n$ 和位置角速度 $\boldsymbol{\omega}_{en}^n$ 来求取，即

$$\boldsymbol{\omega}_{nb}^b = \boldsymbol{\omega}_{ib}^b - \boldsymbol{\omega}_{in}^b = \boldsymbol{\omega}_{ib}^b - \boldsymbol{C}_n^b(\boldsymbol{\omega}_{ie}^n + \boldsymbol{\omega}_{en}^n) \tag{2.4}$$

式中：$\boldsymbol{\omega}_{ie}^n = [0, \omega_{ie}\cos L, \omega_{ie}\sin L]^T$；$\boldsymbol{\omega}_{en}^n = [-v_N/(R_M + h), v_E/(R_N + h), v_E\tan L/(R_N + h)]^T$；$L$ 和 h 分别为载体所在位置的纬度和高度，v_E 和 v_N 分别为载体的东向和北向速度，子午圈半径为 $R_M = R_e(1 - 2e + 3e\sin^2 L)$，卯酉圈半径为 $R_N = R_e(1 + e\sin^2 L)$，R_e 为地球

参考椭球的长半轴，e 为地球的椭圆度。

2. 速度方程

根据惯性导航系统的比力方程

$$\boldsymbol{f}^{b}=\boldsymbol{C}_{n}^{b}[\dot{\boldsymbol{v}}_{en}^{n}+(2\boldsymbol{\omega}_{ie}^{n}+\boldsymbol{\omega}_{en}^{n})\times\boldsymbol{v}_{en}^{n}-\boldsymbol{g}^{n}] \tag{2.5}$$

可得载体的运动加速度在地理系下的分量 $\dot{\boldsymbol{v}}_{en}^{n}$，可表示为

$$\dot{\boldsymbol{v}}_{en}^{n}=\boldsymbol{C}_{b}^{n}\boldsymbol{f}^{b}-(2\boldsymbol{\omega}_{ie}^{n}+\boldsymbol{\omega}_{en}^{n})\times\boldsymbol{v}_{en}^{n}+\boldsymbol{g}^{n} \tag{2.6}$$

式中：$\boldsymbol{g}^{n}=[0,0,-g]^{T}$，为重力加速度。

式(2.6)为捷联惯导系统的速度微分方程。对式(2.6)进行积分便可求得载体的速度 $\boldsymbol{v}_{en}^{n}$。

3. 位置方程

载体所在位置的地理纬度 L、经度 λ 和高度 h 的时间导数可表示为

$$\left.\begin{aligned}\dot{L}&=\frac{v_{N}}{R_{M}+h}\\ \dot{\lambda}&=\frac{v_{E}\sec L}{R_{N}+h}\\ \dot{h}&=v_{U}\end{aligned}\right\} \tag{2.7}$$

式中：$\boldsymbol{v}_{en}^{n}=[v_{E},v_{N},v_{U}]^{T}$，为载体速度在地理坐标系下的分量。

式(2.7)为捷联惯导系统的位置微分方程组，对其进行积分便可求得载体的位置 L、λ 和 h。

2.1.3　捷联惯导系统误差方程

捷联惯导系统的误差方程常作为惯性基组合导航系统的状态模型，是捷联惯导系统与其他导航系统进行信息融合的基础。因此，本节将推导建立捷联惯导系统的误差方程。

1. 姿态误差方程

在捷联惯导系统中，载体的姿态角是通过姿态矩阵（“数学平台”）计算出来的。理想情况下，导航计算机计算的地理坐标系（用 $\hat{n}$ 表示）应与真地理坐标系（n 系）一致，即计算姿态矩阵 $\boldsymbol{C}_{b}^{\hat{n}}$ 与理想姿态矩阵 $\boldsymbol{C}_{b}^{n}$ 相同。然而，系统存在测量误差、计算误差和干扰误差等误差源，使得计算姿态矩阵 $\boldsymbol{C}_{b}^{\hat{n}}$ 与理想姿态矩阵 $\boldsymbol{C}_{b}^{n}$ 之间会产生偏差，即“数学平台”存在误差。显然，“数学平台”的误差反映了计算地理系 $\hat{n}$ 和真地理系 n 之间的姿态误差（其大小用平台失准角 $\boldsymbol{\varphi}$ 表示）。因此，捷联惯导系统的姿态误差方程也称为“数学平台”的误差方程。

在捷联惯导系统中，姿态矩阵 $\boldsymbol{C}_{b}^{n}$ 是通过姿态微分方程 $\dot{\boldsymbol{C}}_{b}^{n}=\boldsymbol{C}_{b}^{n}\boldsymbol{\Omega}_{nb}^{b}$ 计算出来的，而反对称矩阵 $\boldsymbol{\Omega}_{nb}^{b}$ 是由姿态角速度 $\boldsymbol{\omega}_{nb}^{b}$ 决定的，$\boldsymbol{\omega}_{nb}^{b}$ 又是通过姿态角速度方程 $\boldsymbol{\omega}_{nb}^{b}=\boldsymbol{\omega}_{ib}^{b}-\boldsymbol{C}_{n}^{b}(\boldsymbol{\omega}_{ie}^{n}+\boldsymbol{\omega}_{en}^{n})$ 得到的。这样，当陀螺仪存在测量误差、计算的纬度和高度存在误差时，姿态角速度 $\boldsymbol{\omega}_{nb}^{b}$ 必然存在误差，从而使计算的姿态矩阵 $\boldsymbol{C}_{b}^{\hat{n}}$ 与理想姿态矩阵 $\boldsymbol{C}_{b}^{n}$ 存在偏差，也就是计算的地理坐标系 $\hat{n}$ 和真地理坐标系 n 之间存在平台失准角 $\boldsymbol{\varphi}$。

设真地理坐标系 n 到计算地理坐标系 $\hat{n}$ 的方向余弦矩阵为 $\boldsymbol{C}_{n}^{\hat{n}}$，由于真地理坐标系与计算地理坐标系之间仅相差一个小角度 $\boldsymbol{\varphi}=[\phi_{E}\quad\phi_{N}\quad\phi_{U}]^{T}$，所以有

$$\boldsymbol{C}_{\mathrm{n}}^{\hat{\mathrm{n}}}=\begin{bmatrix}1 & \phi_{\mathrm{U}} & -\phi_{\mathrm{N}}\\ -\phi_{\mathrm{U}} & 1 & \phi_{\mathrm{E}}\\ \phi_{\mathrm{N}} & -\phi_{\mathrm{E}} & 1\end{bmatrix}=\boldsymbol{I}-\boldsymbol{\Phi}^{\mathrm{n}} \tag{2.8}$$

根据真地理坐标系的姿态矩阵微分方程,可类推出计算地理坐标系的姿态矩阵微分方程为

$$\dot{\boldsymbol{C}}_{\mathrm{b}}^{\hat{\mathrm{n}}}=\boldsymbol{C}_{\mathrm{b}}^{\hat{\mathrm{n}}}\boldsymbol{\Omega}_{\hat{\mathrm{n}}\mathrm{b}}^{\mathrm{b}} \tag{2.9}$$

式中:$\boldsymbol{\Omega}_{\hat{\mathrm{n}}\mathrm{b}}^{\mathrm{b}}$ 是 $\boldsymbol{\omega}_{\hat{\mathrm{n}}\mathrm{b}}^{\mathrm{b}}$ 的反对称矩阵。

由于

$$\boldsymbol{C}_{\mathrm{b}}^{\hat{\mathrm{n}}}=\boldsymbol{C}_{\mathrm{n}}^{\hat{\mathrm{n}}}\boldsymbol{C}_{\mathrm{b}}^{\mathrm{n}} \tag{2.10}$$

对式(2.10)求导可得

$$\dot{\boldsymbol{C}}_{\mathrm{b}}^{\hat{\mathrm{n}}}=\dot{\boldsymbol{C}}_{\mathrm{n}}^{\hat{\mathrm{n}}}\boldsymbol{C}_{\mathrm{b}}^{\mathrm{n}}+\boldsymbol{C}_{\mathrm{n}}^{\hat{\mathrm{n}}}\dot{\boldsymbol{C}}_{\mathrm{b}}^{\mathrm{n}} \tag{2.11}$$

对式(2.8)求导,可得

$$\dot{\boldsymbol{C}}_{\mathrm{n}}^{\hat{\mathrm{n}}}=-\dot{\boldsymbol{\Phi}}^{\mathrm{n}} \tag{2.12}$$

将$\dot{\boldsymbol{C}}_{\mathrm{b}}^{\hat{\mathrm{n}}}=\boldsymbol{C}_{\mathrm{b}}^{\hat{\mathrm{n}}}\boldsymbol{\Omega}_{\hat{\mathrm{n}}\mathrm{b}}^{\mathrm{b}}$、$\dot{\boldsymbol{C}}_{\mathrm{b}}^{\mathrm{n}}=\boldsymbol{C}_{\mathrm{b}}^{\mathrm{n}}\boldsymbol{\Omega}_{\mathrm{n}\mathrm{b}}^{\mathrm{b}}$ 及式(2.8)与式(2.12)代入式(2.11),整理可得

$$\boldsymbol{C}_{\mathrm{b}}^{\hat{\mathrm{n}}}\boldsymbol{\Omega}_{\hat{\mathrm{n}}\mathrm{b}}^{\mathrm{b}}=-\dot{\boldsymbol{\Phi}}^{\mathrm{n}}\boldsymbol{C}_{\mathrm{b}}^{\mathrm{n}}+(\boldsymbol{I}-\boldsymbol{\Phi}^{\mathrm{n}})\boldsymbol{C}_{\mathrm{b}}^{\mathrm{n}}\boldsymbol{\Omega}_{\mathrm{n}\mathrm{b}}^{\mathrm{b}} \tag{2.13}$$

两边同时右乘 $\boldsymbol{C}_{\mathrm{n}}^{\mathrm{b}}$,整理可得

$$\begin{aligned}\dot{\boldsymbol{\Phi}}^{\mathrm{n}}&=\boldsymbol{C}_{\mathrm{b}}^{\mathrm{n}}\boldsymbol{\Omega}_{\mathrm{n}\mathrm{b}}^{\mathrm{b}}\boldsymbol{C}_{\mathrm{n}}^{\mathrm{b}}-\boldsymbol{\Phi}^{\mathrm{n}}\boldsymbol{C}_{\mathrm{b}}^{\mathrm{n}}\boldsymbol{\Omega}_{\mathrm{n}\mathrm{b}}^{\mathrm{b}}\boldsymbol{C}_{\mathrm{n}}^{\mathrm{b}}-\boldsymbol{C}_{\mathrm{b}}^{\hat{\mathrm{n}}}\boldsymbol{\Omega}_{\hat{\mathrm{n}}\mathrm{b}}^{\mathrm{b}}\boldsymbol{C}_{\mathrm{n}}^{\mathrm{b}}=\\&\boldsymbol{C}_{\mathrm{b}}^{\mathrm{n}}\boldsymbol{\Omega}_{\mathrm{n}\mathrm{b}}^{\mathrm{b}}\boldsymbol{C}_{\mathrm{n}}^{\mathrm{b}}-\boldsymbol{\Phi}^{\mathrm{n}}\boldsymbol{C}_{\mathrm{b}}^{\mathrm{n}}\boldsymbol{\Omega}_{\mathrm{n}\mathrm{b}}^{\mathrm{b}}\boldsymbol{C}_{\mathrm{n}}^{\mathrm{b}}-\boldsymbol{C}_{\mathrm{b}}^{\mathrm{n}}\boldsymbol{\Omega}_{\hat{\mathrm{n}}\mathrm{b}}^{\mathrm{b}}\boldsymbol{C}_{\mathrm{n}}^{\mathrm{b}}+\boldsymbol{\Phi}^{\mathrm{n}}\boldsymbol{C}_{\mathrm{b}}^{\mathrm{n}}\boldsymbol{\Omega}_{\hat{\mathrm{n}}\mathrm{b}}^{\mathrm{b}}\boldsymbol{C}_{\mathrm{n}}^{\mathrm{b}}\end{aligned} \tag{2.14}$$

根据相似变换法则,有

$$\left.\begin{aligned}\boldsymbol{\Omega}_{\mathrm{n}\mathrm{b}}^{\mathrm{n}}&=\boldsymbol{C}_{\mathrm{b}}^{\mathrm{n}}\boldsymbol{\Omega}_{\mathrm{n}\mathrm{b}}^{\mathrm{b}}\boldsymbol{C}_{\mathrm{n}}^{\mathrm{b}}\\ \boldsymbol{\Omega}_{\hat{\mathrm{n}}\mathrm{b}}^{\mathrm{n}}&=\boldsymbol{C}_{\mathrm{b}}^{\mathrm{n}}\boldsymbol{\Omega}_{\hat{\mathrm{n}}\mathrm{b}}^{\mathrm{b}}\boldsymbol{C}_{\mathrm{n}}^{\mathrm{b}}\end{aligned}\right\} \tag{2.15}$$

可将式(2.14)变换为

$$\dot{\boldsymbol{\Phi}}^{\mathrm{n}}=\boldsymbol{\Omega}_{\mathrm{n}\mathrm{b}}^{\mathrm{n}}-\boldsymbol{\Omega}_{\hat{\mathrm{n}}\mathrm{b}}^{\mathrm{n}}-\boldsymbol{\Phi}^{\mathrm{n}}\boldsymbol{\Omega}_{\mathrm{n}\mathrm{b}}^{\mathrm{n}}+\boldsymbol{\Phi}^{\mathrm{n}}\boldsymbol{\Omega}_{\hat{\mathrm{n}}\mathrm{b}}^{\mathrm{n}} \tag{2.16}$$

根据式(2.16)可知,推导$\boldsymbol{\Omega}_{\hat{\mathrm{n}}\mathrm{b}}^{\mathrm{n}}$ 与$\boldsymbol{\Omega}_{\mathrm{n}\mathrm{b}}^{\mathrm{n}}$ 的差值,即可得到捷联惯导系统的姿态误差方程。$\boldsymbol{\Omega}_{\hat{\mathrm{n}}\mathrm{b}}^{\mathrm{n}}$ 与$\boldsymbol{\Omega}_{nb}^{n}$ 分别由 $\boldsymbol{\omega}_{\hat{\mathrm{n}}\mathrm{b}}^{\mathrm{n}}$ 与 $\boldsymbol{\omega}_{\mathrm{n}\mathrm{b}}^{\mathrm{n}}$ 确定,可以分别写作

$$\left.\begin{aligned}\boldsymbol{\omega}_{\hat{\mathrm{n}}\mathrm{b}}^{\mathrm{n}}&=\boldsymbol{C}_{\mathrm{b}}^{\mathrm{n}}(\boldsymbol{\omega}_{\mathrm{ib}}^{\mathrm{b}}+\delta\boldsymbol{\omega}_{\mathrm{ib}}^{\mathrm{b}})-\boldsymbol{C}_{\hat{\mathrm{n}}}^{\mathrm{n}}(\boldsymbol{\omega}_{\mathrm{ie}}^{\hat{\mathrm{n}}}+\boldsymbol{\omega}_{\mathrm{en}}^{\hat{\mathrm{n}}})\\ \boldsymbol{\omega}_{\mathrm{n}\mathrm{b}}^{\mathrm{n}}&=\boldsymbol{C}_{\mathrm{b}}^{\mathrm{n}}\boldsymbol{\omega}_{\mathrm{ib}}^{\mathrm{b}}-(\boldsymbol{\omega}_{\mathrm{ie}}^{\mathrm{n}}+\boldsymbol{\omega}_{\mathrm{en}}^{\mathrm{n}})\end{aligned}\right\} \tag{2.17}$$

式中:$\delta\boldsymbol{\omega}_{\mathrm{ib}}^{\mathrm{b}}$ 为陀螺仪的测量误差;$\boldsymbol{\omega}_{\mathrm{ie}}^{\hat{\mathrm{n}}}$ 与 $\boldsymbol{\omega}_{\mathrm{en}}^{\hat{\mathrm{n}}}$ 均为计算地理系下的计算角速度。

考虑到计算值 $\boldsymbol{\omega}_{\mathrm{ie}}^{\hat{\mathrm{n}}}$ 和 $\boldsymbol{\omega}_{\mathrm{en}}^{\hat{\mathrm{n}}}$ 与对应真值间存在误差小量,即有

$$\left.\begin{aligned}\boldsymbol{\omega}_{\mathrm{ie}}^{\hat{\mathrm{n}}}&=\boldsymbol{\omega}_{\mathrm{ie}}^{\mathrm{n}}+\delta\boldsymbol{\omega}_{\mathrm{ie}}^{\mathrm{n}}\\ \boldsymbol{\omega}_{\mathrm{en}}^{\hat{\mathrm{n}}}&=\boldsymbol{\omega}_{\mathrm{en}}^{\mathrm{n}}+\delta\boldsymbol{\omega}_{\mathrm{en}}^{\mathrm{n}}\end{aligned}\right\} \tag{2.18}$$

将式(2.17)和式(2.18)代入矩阵微分方程式(2.16),并将式(2.16)中的元素写成列向量形式,忽略二阶小量后可得捷联惯导系统的姿态误差方程为

$$\dot{\boldsymbol{\varphi}}=\begin{bmatrix}\dot{\phi}_{\mathrm{E}}\\ \dot{\phi}_{\mathrm{N}}\\ \dot{\phi}_{\mathrm{U}}\end{bmatrix}=-\boldsymbol{\omega}_{\mathrm{in}}^{\mathrm{n}}\times\boldsymbol{\varphi}+\delta\boldsymbol{\omega}_{\mathrm{in}}^{\mathrm{n}}-\boldsymbol{C}_{\mathrm{b}}^{\mathrm{n}}\delta\boldsymbol{\omega}_{\mathrm{ib}}^{\mathrm{b}} \tag{2.19}$$

式中:

$$\boldsymbol{\omega}_{\mathrm{in}}^{\mathrm{n}}=\boldsymbol{\omega}_{\mathrm{ie}}^{\mathrm{n}}+\boldsymbol{\omega}_{\mathrm{en}}^{\mathrm{n}}=\begin{bmatrix}0\\ \omega_{\mathrm{ie}}\cos L\\ \omega_{\mathrm{ie}}\sin L\end{bmatrix}+\begin{bmatrix}-\dfrac{v_{\mathrm{N}}}{R_{\mathrm{M}}+h}\\ \dfrac{v_{\mathrm{E}}}{R_{\mathrm{N}}+h}\\ \dfrac{v_{\mathrm{E}}\tan L}{R_{\mathrm{N}}+h}\end{bmatrix}$$

$$\delta\boldsymbol{\omega}_{\mathrm{in}}^{\mathrm{n}}=\delta\boldsymbol{\omega}_{\mathrm{ie}}^{\mathrm{n}}+\delta\boldsymbol{\omega}_{\mathrm{en}}^{\mathrm{n}}=\begin{bmatrix}0\\ -\omega_{\mathrm{ie}}\sin L\,\delta L\\ \omega_{\mathrm{ie}}\cos L\,\delta L\end{bmatrix}+\begin{bmatrix}-\dfrac{1}{R_{\mathrm{M}}+h}\delta v_{\mathrm{N}}+\dfrac{v_{\mathrm{N}}}{(R_{\mathrm{M}}+h)^2}\delta h\\ \dfrac{1}{R_{\mathrm{N}}+h}\delta v_{\mathrm{E}}-\dfrac{v_{\mathrm{E}}}{(R_{\mathrm{N}}+h)^2}\delta h\\ \dfrac{\tan L}{R_{\mathrm{N}}+h}\delta v_{\mathrm{E}}+\dfrac{v_{\mathrm{E}}\sec^2 L}{R_{\mathrm{N}}+h}\delta L-\dfrac{v_{\mathrm{E}}\tan L}{(R_{\mathrm{N}}+h)^2}\delta h\end{bmatrix}$$

2. 速度误差方程

载体相对于地球系的加速度在地理系下分量 $\dot{\boldsymbol{v}}_{\mathrm{en}}^{\mathrm{n}}$ 可表示

$$\dot{\boldsymbol{v}}_{\mathrm{en}}^{\mathrm{n}}=\boldsymbol{C}_{\mathrm{b}}^{\mathrm{n}}\boldsymbol{f}^{\mathrm{b}}-(2\boldsymbol{\omega}_{\mathrm{ie}}^{\mathrm{n}}+\boldsymbol{\omega}_{\mathrm{en}}^{\mathrm{n}})\times\boldsymbol{v}_{\mathrm{en}}^{\mathrm{n}}+\boldsymbol{g}^{\mathrm{n}} \tag{2.20}$$

而在捷联惯导系统实际解算的过程中，只能利用加速度计输出 $\tilde{\boldsymbol{f}}^{\mathrm{b}}$ 近似代替 $\boldsymbol{f}^{\mathrm{b}}$，由地球重力场模型确定的当地重力加速度 $\hat{\boldsymbol{g}}^{\mathrm{n}}$ 近似代替 $\boldsymbol{g}^{\mathrm{n}}$，并利用惯导系统解算得到的 $\boldsymbol{\omega}_{\mathrm{ie}}^{\hat{\mathrm{n}}}$、$\boldsymbol{\omega}_{\mathrm{e}\hat{\mathrm{n}}}^{\hat{\mathrm{n}}}$ 和 $\boldsymbol{C}_{\mathrm{b}}^{\hat{\mathrm{n}}}$ 分别近似代替 $\boldsymbol{\omega}_{\mathrm{ie}}^{\mathrm{n}}$、$\boldsymbol{\omega}_{\mathrm{en}}^{\mathrm{n}}$ 和 $\boldsymbol{C}_{\mathrm{b}}^{\mathrm{n}}$ 来确定载体的对地加速度，则有

$$\dot{\boldsymbol{v}}_{\mathrm{e}\hat{\mathrm{n}}}^{\hat{\mathrm{n}}}=\boldsymbol{C}_{\mathrm{b}}^{\hat{\mathrm{n}}}\tilde{\boldsymbol{f}}^{\mathrm{b}}-(2\boldsymbol{\omega}_{\mathrm{ie}}^{\hat{\mathrm{n}}}+\boldsymbol{\omega}_{\mathrm{e}\hat{\mathrm{n}}}^{\hat{\mathrm{n}}})\times\boldsymbol{v}_{\mathrm{e}\hat{\mathrm{n}}}^{\hat{\mathrm{n}}}+\hat{\boldsymbol{g}}^{\mathrm{n}} \tag{2.21}$$

考虑到各测量值和解算值与对应真值间存在误差小量，即有

$$\left.\begin{aligned}&\tilde{\boldsymbol{f}}^{\mathrm{b}}=\boldsymbol{f}^{\mathrm{b}}+\delta\boldsymbol{f}^{\mathrm{b}},\quad \hat{\boldsymbol{g}}^{\mathrm{n}}=\boldsymbol{g}^{\mathrm{n}}+\delta\boldsymbol{g}^{\mathrm{n}}\\&\boldsymbol{v}_{\mathrm{e}\hat{\mathrm{n}}}^{\hat{\mathrm{n}}}=\boldsymbol{v}_{\mathrm{en}}^{\mathrm{n}}+\delta\boldsymbol{v}_{\mathrm{en}}^{\mathrm{n}},\quad \boldsymbol{\omega}_{\mathrm{ie}}^{\hat{\mathrm{n}}}=\boldsymbol{\omega}_{\mathrm{ie}}^{\mathrm{n}}+\delta\boldsymbol{\omega}_{\mathrm{ie}}^{\mathrm{n}}\\&\dot{\boldsymbol{v}}_{\mathrm{e}\hat{\mathrm{n}}}^{\hat{\mathrm{n}}}=\dot{\boldsymbol{v}}_{\mathrm{en}}^{\mathrm{n}}+\delta\dot{\boldsymbol{v}}_{\mathrm{en}}^{\mathrm{n}},\quad \boldsymbol{\omega}_{\mathrm{e}\hat{\mathrm{n}}}^{\hat{\mathrm{n}}}=\boldsymbol{\omega}_{\mathrm{en}}^{\mathrm{n}}+\delta\boldsymbol{\omega}_{\mathrm{en}}^{\mathrm{n}}\end{aligned}\right\} \tag{2.22}$$

式中：$\delta\boldsymbol{f}^{\mathrm{b}}$ 为加速度计的测量误差；$\delta\boldsymbol{g}^{\mathrm{n}}$ 为重力加速度补偿残余误差项，其影响通常可忽略。

将式(2.22)代入式(2.21)，可得

$$\dot{\boldsymbol{v}}_{\mathrm{e}\hat{\mathrm{n}}}^{\hat{\mathrm{n}}}=(\boldsymbol{I}-\boldsymbol{\Phi}^{\mathrm{n}})\boldsymbol{C}_{\mathrm{b}}^{\mathrm{n}}(\boldsymbol{f}^{\mathrm{b}}+\delta\boldsymbol{f}^{\mathrm{b}})-[2(\boldsymbol{\omega}_{\mathrm{ie}}^{\mathrm{n}}+\delta\boldsymbol{\omega}_{\mathrm{ie}}^{\mathrm{n}})+(\boldsymbol{\omega}_{\mathrm{en}}^{\mathrm{n}}+\delta\boldsymbol{\omega}_{\mathrm{en}}^{\mathrm{n}})]\times(\boldsymbol{v}_{\mathrm{en}}^{\mathrm{n}}+\delta\boldsymbol{v}_{\mathrm{en}}^{\mathrm{n}})+\boldsymbol{g}^{\mathrm{n}} \tag{2.23}$$

将式(2.23)与式(2.20)作差，并略去二阶及以上高阶小量，可得

$$\delta\dot{\boldsymbol{v}}_{\mathrm{en}}^{\mathrm{n}}\approx\boldsymbol{f}^{\mathrm{n}}\times\boldsymbol{\varphi}-(2\boldsymbol{\omega}_{\mathrm{ie}}^{\mathrm{n}}+\boldsymbol{\omega}_{\mathrm{en}}^{\mathrm{n}})\times\delta\boldsymbol{v}_{\mathrm{en}}^{\mathrm{n}}+\boldsymbol{v}_{\mathrm{en}}^{\mathrm{n}}\times(2\delta\boldsymbol{\omega}_{\mathrm{ie}}^{\mathrm{n}}+\delta\boldsymbol{\omega}_{\mathrm{en}}^{\mathrm{n}})+\boldsymbol{C}_{\mathrm{b}}^{\mathrm{n}}\delta\boldsymbol{f}^{\mathrm{b}} \tag{2.24}$$

式(2.24)为捷联惯导系统的速度误差方程。

3. 位置误差方程

对式(2.7)求微分可得

$$\left.\begin{aligned}&\delta\dot{L}=\frac{\delta v_{\mathrm{N}}}{R_{\mathrm{M}}+h}-\frac{v_{\mathrm{N}}}{(R_{\mathrm{M}}+h)^2}\delta h\\&\delta\dot{\lambda}=\frac{\sec L}{R_{\mathrm{N}}+h}\delta v_{\mathrm{E}}+\frac{v_{\mathrm{E}}\sec L\tan L}{R_{\mathrm{N}}+h}\delta L-\frac{v_{\mathrm{E}}\sec L}{(R_{\mathrm{N}}+h)^2}\delta h\\&\delta\dot{h}=\delta v_{\mathrm{U}}\end{aligned}\right\} \tag{2.25}$$

式(2.25)为捷联惯导系统的位置误差方程。

2.2 旋转调制惯导系统

捷联惯导系统直接将惯性测量单元(IMU)固联于载体上,而旋转调制惯导系统则是将IMU固联于一个可绕载体转动的转台上。因此,在SINS中IMU测量坐标系s与载体本体坐标系b之间的转换关系是定常的,而在RINS中s系与b系之间的转换关系受转台的转动影响而往往是时变的。旋转调制技术通过设计合理的转台转动方案,使得惯性器件的测量误差尽可能地被调制成谐波项;然后,利用导航解算中的积分运算环节,使得谐波项正负相消,抑制了惯导误差随时间发散的趋势,在"系统级"实现了惯导系统的误差自补偿,从而提高了系统的导航解算精度。

2.2.1 旋转调制惯导系统组成结构及工作原理

旋转调制惯导的工作原理如图2.3所示。可以看出RINS相当于在SINS的基础上增加了转位机构和测角装置。转位机构按照导航计算机给定的指令控制IMU转动,使得IMU测量坐标系s相对于本体系b的方向余弦矩阵$\boldsymbol{C}_s^b$(即旋转调制矩阵)随之发生变化;IMU中陀螺仪和加速度计分别输出s系相对于惯性系i的角速度和比力在s系下的三轴分量,分别记作$\boldsymbol{\omega}_{is}^s$和$\boldsymbol{f}^s$;由测角装置测得IMU相对于载体的旋转角速度$\boldsymbol{\omega}_{bs}^s$,然后对旋转角速度$\boldsymbol{\omega}_{bs}^s$进行实时积分从而计算得到旋转调制矩阵$\boldsymbol{C}_s^b$,进而根据相应转换关系得到SINS导航解算模块的输入信息$\boldsymbol{\omega}_{ib}^b$和$\boldsymbol{f}^b$;随后即可按SINS解算流程进行导航解算,以获得载体的位置、速度和姿态参数。

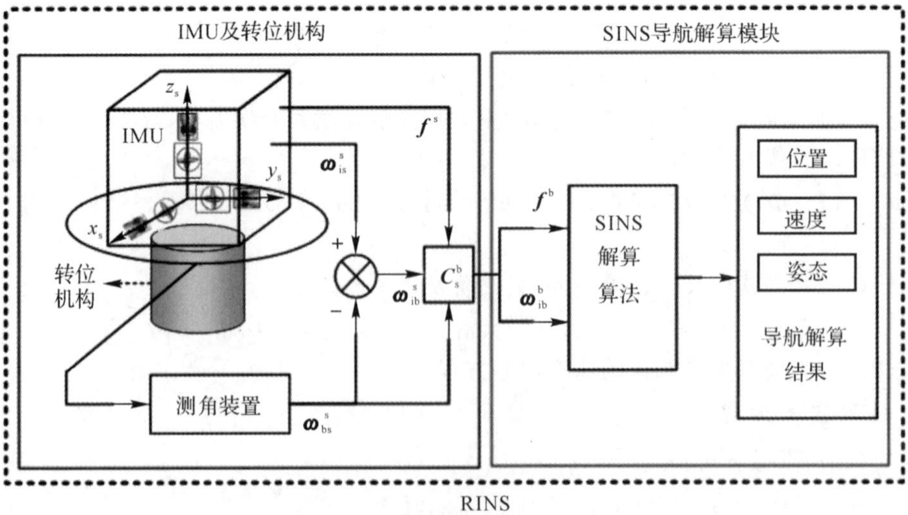

图2.3 旋转调制惯导系统工作原理

根据转位机构的转轴数目,旋转调制惯导系统通常可分为单轴、双轴和三轴旋转调制惯导系统三类。图2.4和图2.5分别为单轴旋转调制惯导系统和双轴旋转调制惯导系统的实物图。

图 2.4　单轴旋转调制惯导系统实物图

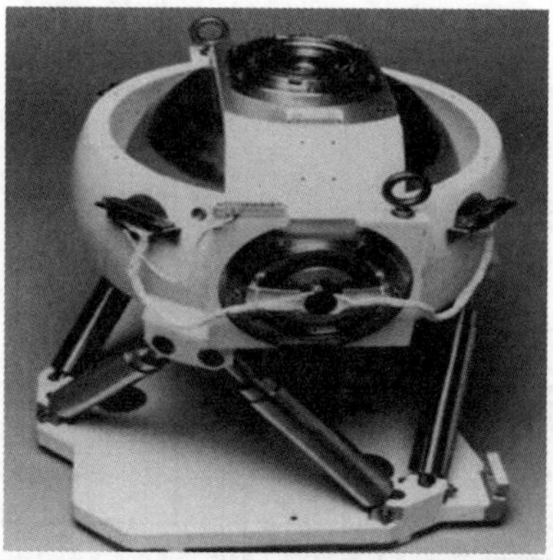

图 2.5　双轴旋转调制惯导系统实物图

根据转轴的转向是否发生变化，旋转调制惯导系统还可分为单向旋转调制惯导系统和双向正反旋转调制惯导系统两类。图 2.6 和图 2.7 分别为这两种旋转调制惯导系统的示意图。

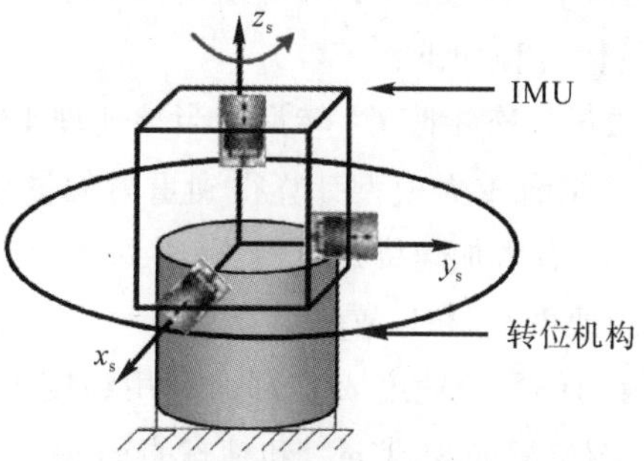

图 2.6　单向旋转调制惯导系统

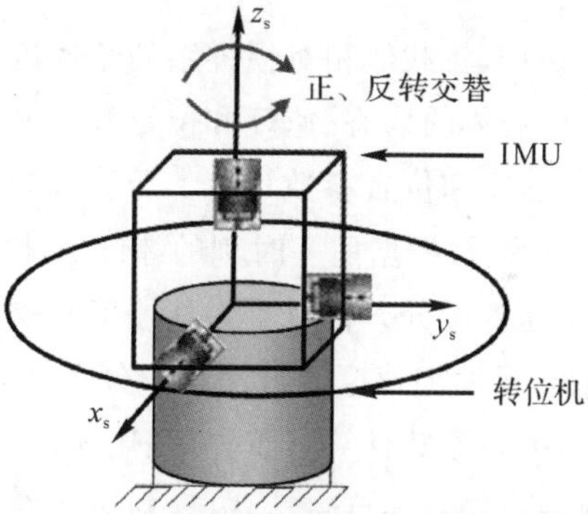

图 2.7　双向正反旋转调制惯导系统

此外，根据转台是否连续旋转，旋转调制惯导系统还可分为连续旋转调制惯导系统和“旋转＋停止”旋转调制惯导系统两类。

虽然 RINS 的旋转模式多样，但各模式本质上均可视作单轴单向连续旋转模式的分段组合，所以单轴单向连续旋转是最基本也是最重要的一种旋转模式。

2.2.2　旋转调制惯导系统导航解算方程

旋转调制惯导系统的计算流程如图 2.8 所示。

在 RINS 中，陀螺仪测量的角速度为 IMU 测量坐标系 s 相对于惯性系 i 的角速度 $\boldsymbol{\omega}_{is}^{s}$，而加速度计测量的是比力在 s 系下的分量 $\boldsymbol{f}^{s}$。因此，利用测角装置测得的角速度 $\boldsymbol{\omega}_{bs}^{s}$，以及根据 $\boldsymbol{\omega}_{bs}^{s}$ 计算得到的旋转调制矩阵 $\boldsymbol{C}_{s}^{b}$，可将陀螺仪和加速度计测量值转换为载体相对惯性系的角速度 $\boldsymbol{\omega}_{ib}^{b}$ 和比力 $\boldsymbol{f}^{b}$，即

$$\boldsymbol{\omega}_{ib}^{b}=\boldsymbol{C}_{s}^{b}\omega_{ib}^{s}=\boldsymbol{C}_{s}^{b}(\boldsymbol{\omega}_{is}^{s}-\boldsymbol{\omega}_{bs}^{s}) \tag{2.26}$$

$$\boldsymbol{f}^{b}=\boldsymbol{C}_{s}^{b}\boldsymbol{f}^{s} \tag{2.27}$$

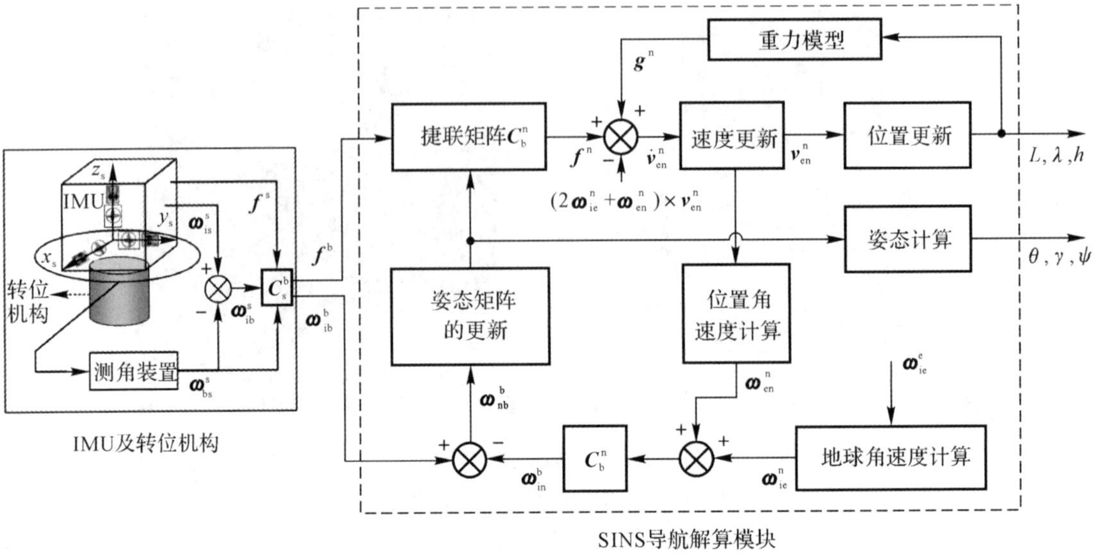

图 2.8　旋转调制惯导系统计算流程

进一步,将载体相对惯性系的角速度 $\boldsymbol{\omega}_{ib}^{b}$ 和比力 $\boldsymbol{f}^{b}$ 输入至 SINS 导航解算算法中,便可解算得到载体的姿态、速度和位置等导航参数。具体过程如下:

(1)速度和位置参数计算。首先,将比力 $\boldsymbol{f}^{b}$ 通过姿态矩阵 $\boldsymbol{C}_{b}^{n}$ 转换到当地地理坐标系,得到 $\boldsymbol{f}^{n}$;然后,根据前一时刻的纬度 L 和高度 h,并结合重力模型计算得到重力矢量 $\boldsymbol{g}^{n}$;其次,利用速度微分方程对重力加速度和哥氏加速度等有害加速度进行修正,得到运动加速度 $\dot{\boldsymbol{v}}_{en}^{n}$;进而,运动加速度经过两次积分运算,先后得到速度$\boldsymbol{v}_{en}^{n}$ 和位置 L,λ,h。

(2)姿态参数计算。首先,利用速度$\boldsymbol{v}_{en}^{n}$ 计算得到位置角速度 $\boldsymbol{\omega}_{en}^{n}$,同时利用纬度 L 计算得到地球自转角速度 $\boldsymbol{\omega}_{ie}^{n}$;然后,利用姿态矩阵 $\boldsymbol{C}_{b}^{n}$ 将位置角速度 $\boldsymbol{\omega}_{en}^{n}$ 和地球自转角速度 $\boldsymbol{\omega}_{ie}^{n}$ 转换至本体系;其次,将角速度 $\boldsymbol{\omega}_{ib}^{b}$ 与本体系下的位置角速度和地球自转角速度作差,便可计算本体系相对导航系的姿态角速度 $\boldsymbol{\omega}_{nb}^{b}$;进一步,对姿态角速度 $\boldsymbol{\omega}_{nb}^{b}$ 进行实时积分便可计算得到姿态矩阵;进而,利用姿态矩阵 $\boldsymbol{C}_{b}^{n}$ 便可求解得到载体的俯仰角 θ、滚转角 γ 和航向角 ψ。

2.2.3　旋转调制对惯性器件误差的影响

下面以 IMU 绕 z 轴单轴单向连续旋转为例,分析旋转调制对惯性器件误差的影响。

惯性器件(陀螺仪和加速度计)的测量误差项通常包括常值误差、随机噪声、标度因数误差和安装误差,则在角速度 $\boldsymbol{\omega}_{is}$ 和比力 $\boldsymbol{f}^{s}$ 的激励下,陀螺仪和加速度计的输出分别为

$$\left.\begin{aligned}\tilde{\boldsymbol{\omega}}_{is}^{s}&=(\boldsymbol{I}+\delta\boldsymbol{K}_{g})(\boldsymbol{I}+\delta\boldsymbol{G}_{g})\boldsymbol{\omega}_{is}^{s}+\boldsymbol{\varepsilon}^{s}+\boldsymbol{n}_{g}^{s}\\\tilde{\boldsymbol{f}}^{s}&=(\boldsymbol{I}+\delta\boldsymbol{K}_{a})(\boldsymbol{I}+\delta\boldsymbol{G}_{a})\boldsymbol{f}^{s}+\nabla^{s}+\boldsymbol{n}_{a}^{s}\end{aligned}\right\}\tag{2.28}$$

式中:$\tilde{\boldsymbol{\omega}}_{is}^{s}$ 和$\tilde{\boldsymbol{f}}^{s}$ 分别为陀螺仪和加速度计的实际输出值;$\boldsymbol{\omega}_{is}^{s}$ 和 $\boldsymbol{f}^{s}$ 分别为陀螺仪和加速度计敏感的输入值,即无测量误差时的理论输出值;$\boldsymbol{I}$ 为单位矩阵;$\delta\boldsymbol{K}_{g}$ 和 $\delta\boldsymbol{K}_{a}$ 分别为陀螺仪和

加速度计的标度因数误差；$\delta \boldsymbol{G}_{g}$ 和 $\delta \boldsymbol{G}_{a}$ 分别为陀螺仪和加速度计的安装误差；$\boldsymbol{\varepsilon}^{s}$ 和∇^{s}分别为陀螺仪常值漂移和加速度计零偏；$\boldsymbol{n}_{g}^{s}$ 和 $\boldsymbol{n}_{a}^{s}$ 分别为陀螺仪和加速度计的随机测量噪声。

将式(2.28)展开，由于惯性器件的标度因数误差和安装误差的乘积项为 2 阶小量，略去 2 阶小量，便可得到陀螺仪和加速度计的测量误差模型为

$$\left.\begin{aligned}\delta\boldsymbol{\omega}_{is}^{s}&=(\delta\boldsymbol{K}_{g}+\delta\boldsymbol{G}_{g})\boldsymbol{\omega}_{is}^{s}+\boldsymbol{\varepsilon}^{s}+\boldsymbol{n}_{g}^{s}\\ \delta\boldsymbol{f}^{s}&=(\delta\boldsymbol{K}_{a}+\delta\boldsymbol{G}_{a})\boldsymbol{f}^{s}+\nabla^{s}+\boldsymbol{n}_{a}^{s}\end{aligned}\right\}\tag{2.29}$$

从式(2.29)可以看出，陀螺仪与加速度计的测量误差模型具有相似的结构形式，均包含标度因数误差、安装误差、常值误差和随机噪声。

假设初始时刻 IMU 测量坐标系 s_0 系与本体系 b 系重合，则当 IMU 以恒定角速率 ω_{bs} 绕 z 轴连续旋转时间 t 后，s 系相对 b 系的方向余弦矩阵(即旋转调制矩阵)为

$$\boldsymbol{C}_{s}^{b}(t)=\begin{bmatrix}\cos(\omega_{bs}t) & -\sin(\omega_{bs}t) & 0\\ \sin(\omega_{bs}t) & \cos(\omega_{bs}t) & 0\\ 0 & 0 & 1\end{bmatrix}\tag{2.30}$$

由式(2.30)可知，引入 IMU 旋转运动后，使得 s 系与 b 系之间的位置关系发生周期性变化。利用旋转调制矩阵 $\boldsymbol{C}_{s}^{b}$，将式(2.29)中各项测量误差在 s 系下的分量转换到 b 系，可得

$$\left.\begin{aligned}\delta\boldsymbol{\omega}_{is}^{b}&=\boldsymbol{C}_{s}^{b}\delta\boldsymbol{\omega}_{is}^{s}=\boldsymbol{C}_{s}^{b}(\delta\boldsymbol{K}_{g}+\delta\boldsymbol{G}_{g})\boldsymbol{\omega}_{is}^{s}+\boldsymbol{C}_{s}^{b}\varepsilon^{s}+\boldsymbol{C}_{s}^{b}\boldsymbol{n}_{g}^{s}\\ \delta\boldsymbol{f}^{b}&=\boldsymbol{C}_{s}^{b}\delta\boldsymbol{f}^{s}=\boldsymbol{C}_{s}^{b}(\delta\boldsymbol{K}_{a}+\delta\boldsymbol{G}_{a})\boldsymbol{f}^{s}+\boldsymbol{C}_{s}^{b}\nabla^{s}+\boldsymbol{C}_{s}^{b}\boldsymbol{n}_{a}^{s}\end{aligned}\right\}\tag{2.31}$$

可见，引入旋转运动后惯性器件在 b 系下的测量误差得到调制。下面分别分析单轴单向连续旋转模式对惯性器件常值误差、标度因数误差、安装误差和随机噪声调制后的影响情况。

1. 惯性器件常值误差的调制影响

陀螺仪与加速度计输出的常值误差形式完全相同，因而只以陀螺仪为例进行分析。

假设陀螺仪常值漂移$\boldsymbol{\varepsilon}^{s}=[\varepsilon_{x}^{s},\varepsilon_{y}^{s},\varepsilon_{z}^{s}]^{T}$ 在 s 系下为常值，即

$$\left.\begin{aligned}\dot{\varepsilon}_{x}^{s}&=0\\ \dot{\varepsilon}_{y}^{s}&=0\\ \dot{\varepsilon}_{z}^{s}&=0\end{aligned}\right\}\tag{2.32}$$

经过转位机构转动后，陀螺仪常值漂移在 b 系下的投影可表示为

$$\boldsymbol{\varepsilon}^{b}=\boldsymbol{C}_{s}^{b}(t)\boldsymbol{\varepsilon}^{s}\tag{2.33}$$

将式(2.30)代入式(2.33)，则有

$$\left.\begin{aligned}\varepsilon_{x}^{b}&=\cos(\omega_{bs}t)\varepsilon_{x}^{s}-\sin(\omega_{bs}t)\varepsilon_{y}^{s}\\ \varepsilon_{y}^{b}&=\sin(\omega_{bs}t)\varepsilon_{x}^{s}+\cos(\omega_{bs}t)\varepsilon_{y}^{s}\\ \varepsilon_{z}^{b}&=\varepsilon_{z}^{s}\end{aligned}\right\}\tag{2.34}$$

由式(2.34)可见，引入转位机构的转动后，陀螺仪常值漂移在 b 系下的投影被调制为谐

波项。将式(2.34)在一个旋转周期 $T_r=2\pi/\omega_{bs}$ 内进行积分,则有

$$\left.\begin{aligned}\int_0^{T_r}\varepsilon_x^b dt&=\int_0^{T_r}[\cos(\omega_{bs}t)\varepsilon_x^s-\sin(\omega_{bs}t)\varepsilon_y^s]dt=0\\\int_0^{T_r}\varepsilon_y^b dt&=\int_0^{T_r}[\sin(\omega_{bs}t)\varepsilon_x^s+\cos(\omega_{bs}t)\varepsilon_y^s]dt=0\\\int_0^{T_r}\varepsilon_z^b dt&=\int_0^{T_r}\varepsilon_z^s dt=\varepsilon_z^s T_r\end{aligned}\right\}\tag{2.35}$$

式(2.35)表明:每当转位机构带动 IMU 转过整周时,ε_x^b 和 ε_y^b 的积分结果为零,而 ε_z^b 则未受调制影响,其积分结果仍为时间 t 的一次项。可见,在单轴旋转模式下,垂直于旋转轴向的惯性器件常值误差被调制成一次谐波项,而旋转轴向的惯性器件常值误差无法得到调制,仍然会引起导航参数误差随时间累积。所以,可采用双轴或三轴旋转模式。通过绕不同转轴交替旋转,惯性器件常值误差在 b 系下的三个分量都可得到调制。

2. 惯性器件标度因数误差的调制影响

陀螺仪与加速度计的标度因数误差均与各自敏感输入量耦合,由于转位机构的旋转运动对两种惯性器件敏感输入的影响不同,因此对两种惯性器件标度因数误差的调制影响也不完全相同,主要以陀螺仪为例进行分析,并单独指出两者的区别。

陀螺仪标度因数误差矩阵可表示为

$$\delta\boldsymbol{K}_g=\begin{bmatrix}\delta K_{gx}&0&0\\0&\delta K_{gy}&0\\0&0&\delta K_{gz}\end{bmatrix}\tag{2.36}$$

标度因数误差通常包括对称性和非对称性两部分,则 $\delta\boldsymbol{K}_g$ 的主对角元素的具体形式为

$$\left.\begin{aligned}\delta K_{gx}&=\delta K_{gx}^{+}+\delta K_{gx}^{-}\operatorname{sign}(\omega_{isx}^s)\\\delta K_{gy}&=\delta K_{gy}^{+}+\delta K_{gy}^{-}\operatorname{sign}(\omega_{isy}^s)\\\delta K_{gz}&=\delta K_{gz}^{+}+\delta K_{gz}^{-}\operatorname{sign}(\omega_{isz}^s)\end{aligned}\right\}\tag{2.37}$$

式中:δK_{gx}^{+}、δK_{gy}^{+} 和 δK_{gz}^{+} 分别表示三个轴向的对称性标度因数误差;δK_{gx}^{-}、δK_{gy}^{-} 和 δK_{gz}^{-} 分别表示三个轴向的非对称性标度因数误差;sign(·)为符号算子;ω_{isx}^s、ω_{isy}^s 和 ω_{isz}^s 分别表示陀螺仪敏感输入角速度 $\boldsymbol{\omega}_{is}^s$ 的三个分量,而 $\boldsymbol{\omega}_{is}^s$ 又可表示为

$$\boldsymbol{\omega}_{is}^s=\boldsymbol{C}_b^s\boldsymbol{\omega}_{ib}^b+\boldsymbol{\omega}_{bs}^s\tag{2.38}$$

式中:$\boldsymbol{\omega}_{bs}^s=[0\quad 0\quad \omega_{bs}]^T$ 表示旋转角速度在 s 系下的分量;$\boldsymbol{\omega}_{ib}^b=\boldsymbol{C}_n^b(\boldsymbol{\omega}_{ie}^n+\boldsymbol{\omega}_{en}^n)+\boldsymbol{\omega}_{nb}^b$ 与旋转运动无关,可称其为非旋转角速度项。其中:$\boldsymbol{\omega}_{ie}^n=[0\quad \omega_{ie}\cos L\quad \omega_{ie}\sin L]^T$ 与地球自转角速率 $\boldsymbol{\omega}_{ie}$ 有关;$\boldsymbol{\omega}_{nb}^b$ 与载体姿态角速度有关;$\boldsymbol{\omega}_{en}^n=[-\dot{L}\quad \dot{\lambda}\cos L\quad \dot{\lambda}\sin L]^T$ 与载体位置变化有关,L 和 λ 分别表示地理纬度和地理经度。

将式(2.30)代入式(2.38),可得三轴陀螺仪的敏感输入分别为

$$\left.\begin{aligned}\omega_{isx}^s&=\cos(\omega_{bs}t)\omega_{ibx}^b+\sin(\omega_{bs}t)\omega_{iby}^b\\\omega_{isy}^s&=\cos(\omega_{bs}t)\omega_{iby}^b-\sin(\omega_{bs}t)\omega_{ibx}^b\\\omega_{isz}^s&=\omega_{ibz}^b+\omega_{bs}\end{aligned}\right\}\tag{2.39}$$

则经过旋转调制后，陀螺仪标度因数误差 $\delta\boldsymbol{K}_{g}$ 与敏感输入角速度 $\boldsymbol{\omega}_{is}^{s}$ 的耦合项 $\delta\overline{\boldsymbol{K}}$ 在 b 系下的投影为

$$\delta\overline{\boldsymbol{K}}^{b}=\boldsymbol{C}_{s}^{b}\delta\boldsymbol{K}_{g}\boldsymbol{\omega}_{is}^{s} \tag{2.40}$$

将式(2.40)展开，可得

$$\left.\begin{aligned}
\delta\overline{K}_{x}^{b}&=\frac{\sqrt{(\omega_{ibx}^{b})^{2}+(\omega_{iby}^{b})^{2}}}{2}(\delta\overline{K}_{gx}-\delta\overline{K}_{gy})\sin(2\omega_{bs}t+\gamma)+\frac{1}{2}(\delta\overline{K}_{gx}+\delta\overline{K}_{gy})\omega_{ibx}^{b}\\
\delta\overline{K}_{y}^{b}&=-\frac{\sqrt{(\omega_{ibx}^{b})^{2}+(\omega_{iby}^{b})^{2}}}{2}(\delta\overline{K}_{gx}-\delta\overline{K}_{gy})\cos(2\omega_{bs}t+\gamma)+\frac{1}{2}(\delta\overline{K}_{gx}+\delta\overline{K}_{gy})\omega_{iby}^{b}\\
\delta\overline{K}_{z}^{b}&=\delta\overline{K}_{gz}(\omega_{ibz}^{b}+\omega_{bs})
\end{aligned}\right\} \tag{2.41}$$

式中：$\delta\overline{K}_{gx}$、$\delta\overline{K}_{gy}$ 和 $\delta\overline{K}_{gz}$ 为陀螺仪等效标度因数误差；γ 与 ω_{isx}^{b}、ω_{isy}^{b} 有关，它们的具体形式分别为：

$$\left.\begin{aligned}
\delta\overline{K}_{gx}&=\delta K_{gx}^{+}+\delta K_{gx}^{-}\operatorname{sign}[\sin(\omega_{bs}t+\gamma)]\\
\delta\overline{K}_{gy}&=\delta K_{gy}^{+}+\delta K_{gy}^{-}\operatorname{sign}[\cos(\omega_{bs}t+\gamma)]\\
\delta\overline{K}_{gz}&=\delta K_{gz}^{+}+\delta K_{gz}^{-}\operatorname{sign}(\omega_{ibz}^{b}+\omega_{bs})
\end{aligned}\right\} \tag{2.42}$$

$$\left.\begin{aligned}
\sin\gamma&=\frac{\omega_{ibx}^{b}}{\sqrt{(\omega_{ibx}^{b})^{2}+(\omega_{iby}^{b})^{2}}}\\
\cos\gamma&=\frac{\omega_{iby}^{b}}{\sqrt{(\omega_{ibx}^{b})^{2}+(\omega_{iby}^{b})^{2}}}
\end{aligned}\right\} \tag{2.43}$$

由于角速度 $\boldsymbol{\omega}_{ib}^{b}$ 的变化率通常远小于 ω_{bs}，所以 $\boldsymbol{\omega}_{ib}^{b}$ 在一个旋转周期内可视为常数。由式(2.41)可知，$\delta\overline{\boldsymbol{K}}$ 在 b 系下垂直于旋转轴向的两个分量 $\delta\overline{K}_{x}^{b}$ 和 $\delta\overline{K}_{y}^{b}$ 被调制成二次谐波项和常数项；另结合式(2.42)可知，其中常数项中的非对称性标度因数误差 δK_{gx}^{-}，δK_{gy}^{-} 和符号算子 sign(・)是乘积关系，且符号算子的内层函数被调制成一次谐波项，所以每当转位机构带动 IMU 转过整周时，这些谐波项的积分结果为零，从而实现了相应误差项的自动补偿；而常数项中对称性标度因数误差部分的积分结果仍为时间 t 的一次项。

此外，由式(2.41)可知，$\delta\overline{\boldsymbol{K}}$ 在 b 系下旋转轴向的分量 $\delta\overline{K}_{z}^{b}$ 只含常数项，故该分量的积分结果为时间 t 的一次项；而且旋转运动的引入会造成旋转轴方向的标度因数误差与旋转角速率 ω_{bs} 耦合，由于 ω_{bs} 通常远大于 ω_{ibz}^{b}，所以旋转运动往往会严重放大陀螺仪旋转轴向的标度因数误差。

进一步，对加速度计标度因数误差进行分析。由于旋转角速度不会被加速度计所直接敏感，所以旋转运动并不会影响加速度计旋转轴向的标度因数误差，而只会对加速度计垂直于旋转轴向的标度因数误差产生与陀螺仪相类似的调制效果。

3. 惯性器件安装误差的调制影响

转位机构的旋转运动对陀螺仪与加速度计安装误差的调制影响完全相同，因而下面以陀螺仪为例进行分析。

陀螺仪的安装误差矩阵可表示为

$$\delta \boldsymbol{G}_{\mathrm{g}}=\begin{bmatrix}0 & \delta G_{\mathrm{g}xy} & \delta G_{\mathrm{g}xz}\\ \delta G_{\mathrm{g}yx} & 0 & \delta G_{\mathrm{g}yz}\\ \delta G_{\mathrm{g}zx} & \delta G_{\mathrm{g}zy} & 0\end{bmatrix} \tag{2.44}$$

式中：$\delta \boldsymbol{G}_{\mathrm{g}}$ 表示陀螺仪实际测量坐标系 s 与其理想安装条件下的测量坐标系 s′之间的转换关系，其中，元素 $\delta G_{\mathrm{g}xy}$ 表示 s 系 x 向与 s′系 y 向夹角的余弦，其他元素的含义与之类似。

经过旋转调制后，陀螺仪安装误差 $\delta \boldsymbol{G}_{\mathrm{g}}$ 与敏感输入角速度 $\boldsymbol{\omega}_{\mathrm{is}}^{\mathrm{s}}$ 的耦合项 $\delta \overline{\boldsymbol{G}}$ 在 b 系下的投影为

$$\delta \overline{\boldsymbol{G}}^{\mathrm{b}}=\boldsymbol{C}_{\mathrm{s}}^{\mathrm{b}}\delta \boldsymbol{G}_{\mathrm{g}}\boldsymbol{\omega}_{\mathrm{is}}^{\mathrm{s}} \tag{2.45}$$

将式(2.45)展开，可得

$$\left.\begin{aligned}
\delta \overline{G}_x^{\mathrm{b}}&=\delta \overline{G}_{\mathrm{g}3}(\omega_{\mathrm{ib}z}^{\mathrm{b}}+\omega_{\mathrm{bs}})-\delta \overline{G}_{\mathrm{g}5}\sin(2\omega_{\mathrm{bs}}t)\omega_{\mathrm{ib}x}^{\mathrm{b}}+[\delta \overline{G}_{\mathrm{g}5}\cos(2\omega_{\mathrm{bs}}t)+\delta \overline{G}_{\mathrm{g}6}]\omega_{\mathrm{ib}y}^{\mathrm{b}}\\
\delta \overline{G}_y^{\mathrm{b}}&=\delta \overline{G}_{\mathrm{g}4}(\omega_{\mathrm{ib}z}^{\mathrm{b}}+\omega_{\mathrm{bs}})+[\delta \overline{G}_{\mathrm{g}5}\cos(2\omega_{\mathrm{bs}}t)-\delta \overline{G}_{\mathrm{g}6}]\omega_{\mathrm{ib}x}^{\mathrm{b}}+\delta \overline{G}_{\mathrm{g}5}\sin(2\omega_{\mathrm{bs}}t)\omega_{\mathrm{ib}y}^{\mathrm{b}}\\
\delta \overline{G}_z^{\mathrm{b}}&=\delta \overline{G}_{\mathrm{g}1}\omega_{\mathrm{ib}x}^{\mathrm{b}}+\delta \overline{G}_{\mathrm{g}2}\omega_{\mathrm{ib}y}^{\mathrm{b}}
\end{aligned}\right\} \tag{2.46}$$

式中：$\delta \overline{G}_{\mathrm{g}1}\sim\delta \overline{G}_{\mathrm{g}6}$ 为等效安装误差；ξ 和 ζ 均为与 $\delta \boldsymbol{G}_{\mathrm{g}}$ 中元素有关的常数，具体形式分别为

$$\left.\begin{aligned}
\delta \overline{G}_{\mathrm{g}1}&=\sqrt{\delta G_{\mathrm{g}zx}^2+\delta G_{\mathrm{g}zy}^2}\cos(\omega_{\mathrm{bs}}t+\xi)\\
\delta \overline{G}_{\mathrm{g}2}&=\sqrt{\delta G_{\mathrm{g}zx}^2+\delta G_{\mathrm{g}zy}^2}\sin(\omega_{\mathrm{bs}}t+\xi)\\
\delta \overline{G}_{\mathrm{g}3}&=\sqrt{\delta G_{\mathrm{g}xz}^2+\delta G_{\mathrm{g}yz}^2}\cos(\omega_{\mathrm{bs}}t+\zeta)\\
\delta \overline{G}_{\mathrm{g}4}&=\sqrt{\delta G_{\mathrm{g}xz}^2+\delta G_{\mathrm{g}yz}^2}\sin(\omega_{\mathrm{bs}}t+\zeta)\\
\delta \overline{G}_{\mathrm{g}5}&=(\delta G_{\mathrm{g}xy}+\delta G_{\mathrm{g}yx})/2\\
\delta \overline{G}_{\mathrm{g}6}&=(\delta G_{\mathrm{g}xy}-\delta G_{\mathrm{g}yx})/2
\end{aligned}\right\} \tag{2.47}$$

$$\left.\begin{aligned}
\sin\xi&=\frac{\delta G_{\mathrm{g}zy}}{\sqrt{\delta G_{\mathrm{g}zx}^2+\delta G_{\mathrm{g}zy}^2}}\\
\cos\xi&=\frac{\delta G_{\mathrm{g}zx}}{\sqrt{\delta G_{\mathrm{g}zx}^2+\delta G_{\mathrm{g}zy}^2}}
\end{aligned}\right\} \tag{2.48}$$

$$\left.\begin{aligned}
\sin\zeta&=\frac{\delta G_{\mathrm{g}yz}}{\sqrt{\delta G_{\mathrm{g}xz}^2+\delta G_{\mathrm{g}yz}^2}}\\
\cos\zeta&=\frac{\delta G_{\mathrm{g}xz}}{\sqrt{\delta G_{\mathrm{g}xz}^2+\delta G_{\mathrm{g}yz}^2}}
\end{aligned}\right\} \tag{2.49}$$

由式(2.47)可知，等效安装误差中只有 $\delta \overline{G}_{\mathrm{g}5}$ 和 $\delta \overline{G}_{\mathrm{g}6}$ 为常数，而其余四项全部为一次谐波项。将式(2.47)代入式(2.46)，并且 $\boldsymbol{\omega}_{\mathrm{ib}}^{\mathrm{b}}$ 在一个旋转周期内仍可视为常数，可知 $\delta \overline{\boldsymbol{G}}$ 在 b 系下的旋转轴向分量 $\delta \overline{G}_z^{\mathrm{b}}$ 被调制成一次谐波项；而 $\delta \overline{\boldsymbol{G}}$ 在 b 系下垂直于旋转轴向的两个分量$\delta \overline{G}_x^{\mathrm{b}}$ 和 $\delta \overline{G}_y^{\mathrm{b}}$ 则同时包含一次谐波项、二次谐波项和常数项。因此，每当转位机构带动 IMU 转过整周时，这些谐波项的积分结果为零，因此实现了误差自补偿，而只有常数项的积

分结果为时间 t 的一次项；又由于这些常数项中不含旋转角速率 ω_{bs} 与安装误差的耦合项，所以旋转运动不会放大安装误差。

4. 惯性器件随机噪声的调制影响

将惯性器件随机噪声视为零均值高斯白噪声，以陀螺仪为例分析随机噪声的调制影响。陀螺仪三个敏感轴上测量噪声 n_{gx}^{s}、n_{gy}^{s} 和 n_{gz}^{s} 的期望和协方差阵 $\boldsymbol{N}$ 满足以下统计特性

$$\left.\begin{aligned}E[n_{gx}^{s}]=0\\E[n_{gy}^{s}]=0\\E[n_{gz}^{s}]=0\end{aligned}\right\}\tag{2.50}$$

$$\boldsymbol{N}=\begin{bmatrix}(\sigma_{gx}^{s})^2 & 0 & 0\\0 & (\sigma_{gy}^{s})^2 & 0\\0 & 0 & (\sigma_{gz}^{s})^2\end{bmatrix}\tag{2.51}$$

则经过旋转调制后，陀螺仪随机噪声在 b 系下的投影为

$$\boldsymbol{n}_{g}^{b}=\boldsymbol{C}_{s}^{b}\boldsymbol{n}_{g}^{s}\tag{2.52}$$

将式(2.52)展开，可得

$$\left.\begin{aligned}n_{gx}^{b}&=\cos(\omega_{bs}t)n_{gx}^{s}-\sin(\omega_{bs}t)n_{gy}^{s}\\n_{gy}^{b}&=\sin(\omega_{bs}t)n_{gx}^{s}+\cos(\omega_{bs}t)n_{gy}^{s}\\n_{gz}^{b}&=n_{gz}^{s}\end{aligned}\right\}\tag{2.53}$$

可知，陀螺仪随机噪声在 b 系下各分量仍然是服从正态分布的随机信号，其统计特性为

$$\left.\begin{aligned}E[n_{gx}^{b}]=0\\E[n_{gy}^{b}]=0\\E[n_{gz}^{b}]=0\end{aligned}\right\}\tag{2.54}$$

$$\left.\begin{aligned}(\sigma_{gx}^{b})^2&=\cos^2(\omega_{bs}t)(\sigma_{gx}^{s})^2+\sin^2(\omega_{bs}t)(\sigma_{gy}^{s})^2\\(\sigma_{gy}^{b})^2&=\sin^2(\omega_{bs}t)(\sigma_{gx}^{s})^2+\cos^2(\omega_{bs}t)(\sigma_{gy}^{s})^2\\(\sigma_{gz}^{b})^2&=\sigma_{gz}^{s\ 2}\end{aligned}\right\}\tag{2.55}$$

通过比较旋转调制前后陀螺仪随机噪声的统计特性，可以发现旋转调制并没有对惯性器件随机噪声产生实质影响，这主要是由于随机噪声属于高频噪声，其频率远远高于旋转运动频率，因而无法通过旋转调制技术进行自补偿。

综合来看，旋转调制的核心是一种系统级的误差自补偿技术，可以在不引进任何外部信息的条件下，自动补偿陀螺仪和加速度计零偏引起的导航误差。在现有惯性器件精度条件下，RINS 采用旋转调制技术为提高导航精度提供了一条有效途径。采用旋转调制技术，可以将本体系中的惯性器件误差调制成周期性变化的谐波信号。这样，便可利用惯性导航解算中的积分环节，使这些谐波项正负相抵消，从而提高惯导系统在长时间工作时的导航精度。此外，不同的旋转调制方案对于系统性能有着重要影响，通过巧妙设计旋转调制方案可以有效提升系统性能。

2.3 半捷联惯导系统

对于高过载、高旋转的导弹，会因弹体轴向转速过高而导致惯性器件的测量精度较低。半捷联惯导系统便是针对这一问题，而研发的一种结构特殊的惯性导航系统，它可看作是一种综合捷联式惯导系统和平台式惯导系统特性的混合式特殊机械装置。下面介绍半捷联惯导系统的组成结构及工作原理。

2.3.1 半捷联惯导系统的组成结构及工作原理

半捷联惯导系统主要由IMU、滚转稳定平台、轴承减旋装置、承载结构、导航解算电路及捷联外筒组成，其组成结构如图2.9所示。

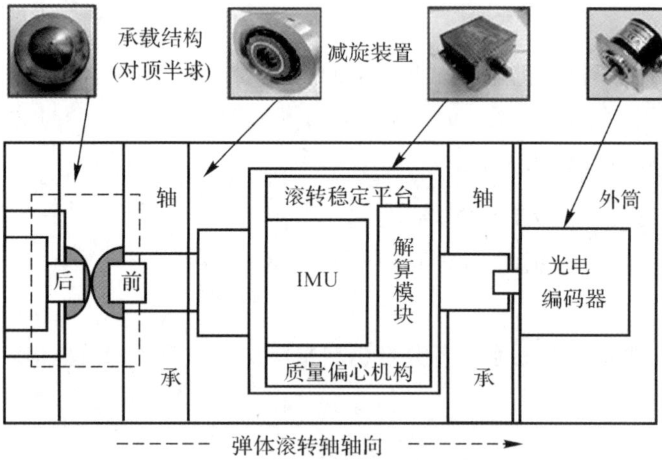

图2.9 半捷联惯导系统组成结构

半捷联惯导系统安装于弹体内，两者轴向重合，IMU安装在不与弹体固连的滚转稳定平台中。滚转稳定平台的设计利用了复摆运动原理，采用质量偏心机构获得重力回复力矩，来平衡由弹体的滚转运动引起的对平台的摩擦力矩，从而让平台达到动态稳定状态。平台前后端利用轴承减旋装置连接外部结构。轴承装置部分起着支撑滚转稳定平台的作用，从而隔离了外部弹体的高速滚转运动。这样，当弹体在空中高速旋转时，滚转稳定平台在重力回复力矩与轴承摩擦力矩的共同作用下，绕滚转轴保持小幅度稳定摆动。此时，平台与弹体滚转轴保持隔离，而在航向与俯仰方向仍和弹体保持捷联。

滚转稳定平台内部安装有IMU和导航解算电路模块。滚转稳定平台和弹体之间的相对转速信息通过捷联外筒中的光电编码器测量得到。该转速信息传输至平台内部的导航解算模块，从而解算出弹体的滚转角速率以及滚转角。在靠近弹尾端设计有过载承载结构，当炮弹发射时可用于保护滚转稳定平台，确保在制导炮弹发射过程中，轴承装置正常运转及平台正常工作。这样的特殊结构可以有效地避免弹体的高速滚转运动直接作用在稳定平台上，从而等效减小了弹载高旋环境对平台内部滚转轴向陀螺仪的量程要求。因此，弹体沿滚转轴向的高速旋转运动便可使用较高精度、小量程的陀螺仪进行测量。

2.3.2　半捷联惯导系统导航解算方程

相对于传统的捷联式惯导系统，半捷联惯导系统在弹体滚转轴上采用了平台式的安装方法，而在俯仰和航向轴上采用了捷联式的惯性导航方案。因此，在原理和力学编排上，与捷联式和平台式惯导系统都有所不同。半捷联惯导系统的工作原理如图 2.10 所示。在获取初始信息后，结合三轴正交安装的加速度计输出的比力信息，以及陀螺仪输出的角速率信息，得到速度、位置、俯仰角和航向角信息；另外，通过光电编码器测量得到平台与弹体之间的相对转动角速率信息，综合滚转轴向的陀螺仪所测得的平台旋转姿态信息，便可获得弹体的滚转角信息。

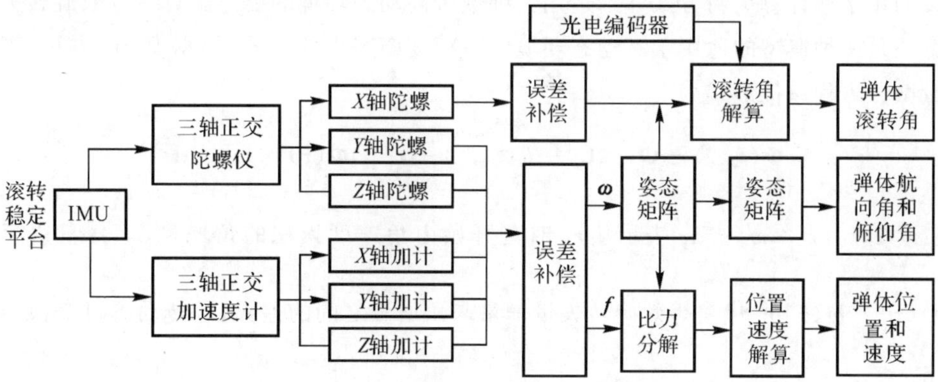

图 2.10　半捷联惯导系统工作原理

由上述半捷联惯导系统组成及原理可知，由于滚转稳定平台在滚转方向上的隔离作用，在不改变系统与弹体滚转轴向一致性的前提下，系统隔离了弹体的高速旋转运动。因此，半捷联惯导系统的测量方式与传统捷联惯导系统的最大区别在于：其滚转轴向上的陀螺仪输出并不直接反映弹体的滚转运动。半捷联惯导系统中滚转稳定平台所解算出的航向角、俯仰角、加速度、速度、位置等导航参数，就是弹体的相应导航信息；而弹体滚转角是在滚转稳定平台所输出的滚转角基础上，进一步结合光电编码器所测的相对滚转角得到的。因此，半捷联惯导系统在导航算法编排上，与捷联惯导系统稍有不同。

下面分别对姿态更新、速度更新和位置更新算法进行介绍。

1. *姿态更新算法*

系统的姿态更新是指惯导系统利用陀螺仪测量的载体角速率信息，对载体的姿态信息进行积分计算。本质上就是对本体坐标系到导航坐标系的方向余弦矩阵（即姿态矩阵）的实时求解。姿态更新是惯性导航算法中的关键环节和核心部分，也为速度、位置更新提供所需的必要数据。

等效旋转矢量法是建立在刚体矢量旋转思想的基础上，充分考虑到了刚体的有限转动不是矢量，其转动次序不可交换。利用旋转矢量描述载体的姿态变化，采用多子样算法对不可交换误差进行补偿，能够有效抑制圆锥运动所产生的不可交换性误差。该方法运算关系简单，便于操作，适用于高动态载体的姿态更新。因此，针对弹体的高动态工作环境，采用多子样等效旋转矢量法作为弹载半捷联惯导系统的姿态更新算法。

旋转矢量法实现姿态更新分为两步完成，即先利用旋转矢量计算姿态变化四元数，再根据递推方程计算姿态四元数，实现姿态更新。姿态四元数微分方程的离散形式为

$$\boldsymbol{Q}_{\mathrm{b}}^{\mathrm{n}}(t_{k+1})=\boldsymbol{Q}_{\mathrm{b}}^{\mathrm{n}}(t_k)\circ\boldsymbol{Q}_{\mathrm{b}(k+1)}^{\mathrm{b}(t)} \tag{2.56}$$

式中：$\boldsymbol{Q}_{\mathrm{b}}^{\mathrm{n}}(t_k)$和$\boldsymbol{Q}_{\mathrm{b}}^{\mathrm{n}}(t_{k+1})$分别表示$t_k$时刻和$t_{k+1}$时刻本体坐标系 b 到导航坐标系 n 的姿态四元数；$\boldsymbol{Q}_{\mathrm{b}(k+1)}^{\mathrm{b}(t)}$表示本体坐标系 b 在$t_k$时刻到$t_{k+1}$时刻更新周期内的姿态变化四元数。

由式(2.56)可以看出，$\boldsymbol{Q}_{\mathrm{b}(k+1)}^{\mathrm{b}(t)}$的求解精度决定了姿态解算精度。在高动态条件下，一个更新周期内载体的转动不一定是定轴的，并且角速率变化可能呈现为非线性，因此，基于定轴假设的单子样计算更新方式并不适用于弹载等高动态环境的姿态解算。等效旋转矢量三子样算法是一种典型的适用于高动态环境的高精度姿态更新方式，根据 Bortz 方程，等效旋转矢量微分方程递推形式为

$$\boldsymbol{\Phi}(t_{k+1})=\boldsymbol{\Phi}(t_k)+\Delta\boldsymbol{\theta}(t,t_k)+\frac{1}{2}\int_{t_k}^{t}\boldsymbol{\Phi}(\tau)\times\boldsymbol{\omega}(\tau)\mathrm{d}\tau \tag{2.57}$$

式中：$\Delta\boldsymbol{\theta}(t,t_k)=\int_{t_k}^{t}\boldsymbol{\omega}(\tau)\mathrm{d}\tau$ 表示从t_k时刻开始由角速度累积的角增量，等号右边第三项$\frac{1}{2}\int_{t_k}^{t}\boldsymbol{\Phi}(\tau)\times\boldsymbol{\omega}(\tau)\mathrm{d}\tau$代表等效旋转矢量增量与角增量之间的差异，即转动不可交换误差的修正量。

设$\boldsymbol{\Phi}(T)$为t_k时刻到t_{k+1}时刻更新周期内的等效旋转矢量，即$T=t_{k+1}-t_k$，陀螺角速度输出采用二次抛物线拟合

$$\boldsymbol{\omega}(\tau)=\boldsymbol{a}+2\boldsymbol{b}\tau+3\boldsymbol{c}\tau,\quad 0\leqslant\tau\leqslant T \tag{2.58}$$

在采样周期[0,T]内进行三次等时间间隔的角增量采样，则[0,$T/3$]，[$T/3$,$2T/3$]，[$2T/3$,T]三个时间段内的角增量分别为

$$\left.\begin{aligned}\Delta\boldsymbol{\theta}_1&=\int_0^{T/3}\boldsymbol{\omega}(\tau)\mathrm{d}\tau\\ \Delta\boldsymbol{\theta}_2&=\int_{T/3}^{2T/3}\boldsymbol{\omega}(\tau)\mathrm{d}\tau\\ \Delta\boldsymbol{\theta}_3&=\int_{2T/3}^{T}\boldsymbol{\omega}(\tau)\mathrm{d}\tau\end{aligned}\right\} \tag{2.59}$$

由此，可求得等效旋转矢量三子样算法中相应的等效旋转矢量增量为

$$\boldsymbol{\Phi}(T)=(\Delta\boldsymbol{\theta}_1+\Delta\boldsymbol{\theta}_2+\Delta\boldsymbol{\theta}_3)+\frac{33}{80}\Delta\boldsymbol{\theta}_1\times\Delta\boldsymbol{\theta}_3+\frac{57}{80}(\Delta\boldsymbol{\theta}_1\times\Delta\boldsymbol{\theta}_2+\Delta\boldsymbol{\theta}_2\times\Delta\boldsymbol{\theta}_3) \tag{2.60}$$

利用此等效旋转矢量增量，即可构造相应的姿态变化四元数$\boldsymbol{Q}_{\mathrm{b}(k+1)}^{\mathrm{b}(t)}$为

$$\boldsymbol{Q}_{\mathrm{b}(k+1)}^{\mathrm{b}(t)}=\cos\left[\frac{\Phi(T)}{2}\right]\boldsymbol{I}+\frac{\boldsymbol{\Phi}(T)}{\Phi(T)}\sin\left[\frac{\Phi(T)}{2}\right] \tag{2.61}$$

式中：$\Phi(T)=|\boldsymbol{\Phi}(T)|$。

对四元数进行周期性规范化处理后，根据式(2.61)即可实现载体的姿态更新。

2. 速度更新算法

速度更新算法以 n 系下的速度微分方程为基础，即

$$\dot{\boldsymbol{v}}_{\mathrm{en}}^{\mathrm{n}}(t)=\boldsymbol{C}_{\mathrm{b}}^{\mathrm{n}}(t)\boldsymbol{f}^{\mathrm{b}}(t)-[2\boldsymbol{\omega}_{\mathrm{ie}}^{\mathrm{n}}(t)+\boldsymbol{\omega}_{\mathrm{en}}^{\mathrm{n}}(t)]\times\boldsymbol{v}_{\mathrm{en}}^{\mathrm{n}}(t)+\boldsymbol{g}^{\mathrm{n}}(t) \tag{2.62}$$

对式(2.62)在更新周期时间段$[t_k, t_{k+1}]$内进行积分，可得离散形式的速度更新方程为

$$\boldsymbol{v}_{\mathrm{en}}^{\mathrm{n}}(t_{k+1})=\boldsymbol{v}_{\mathrm{en}}^{\mathrm{n}}(t_k)+\int_{t_k}^{t}\boldsymbol{C}_{\mathrm{b}}^{\mathrm{n}}\boldsymbol{f}^{\mathrm{b}}\mathrm{d}t+\int_{t_k}^{t}[\boldsymbol{g}^{\mathrm{n}}-(2\boldsymbol{\omega}_{\mathrm{ie}}^{\mathrm{n}}+\boldsymbol{\omega}_{\mathrm{en}}^{\mathrm{n}})\times\boldsymbol{v}_{\mathrm{en}}^{\mathrm{n}}]\mathrm{d}\tau \tag{2.63}$$

这样，根据式(2.63)即可实现载体的速度更新。

3. 位置更新算法

惯导系统的位置微分方程为

$$\left.\begin{aligned}\dot{L}&=\frac{v_{\mathrm{N}}}{R_{\mathrm{M}}+h}\\ \dot{\lambda}&=\frac{v_{\mathrm{E}}\sec L}{R_{\mathrm{N}}+h}\\ \dot{h}&=v_{\mathrm{U}}\end{aligned}\right\} \tag{2.64}$$

通过对式(2.64)进行积分即可实现载体的位置更新。

2.3.3 半捷联惯导系统导航参数解算

导航解算的目的是获取弹体的三维姿态、速度和位置等导航参数。由半捷联惯导系统工作原理可知，在根据捷联惯性导航解算方法，求取半捷联惯导系统中滚转稳定平台的姿态、速度和位置信息后，即可通过简单的计算关系求取基于半捷联惯导系统的弹体导航参数。

与传统的捷联惯导系统固联于弹体上，并对弹体导航参数进行直接测量的方法不同，半捷联惯导系统通过滚转稳定平台隔离了弹体高速旋转，从而有效地缓解了高旋转弹载环境下传感器量程覆盖与测量精度要求之间的矛盾。通过滚转稳定平台的隔离作用，旋转弹体的高速滚转角速率可被分解为两部分，一部分是由滚转稳定平台内小量程陀螺仪测量得到的平台角速率，另一部分是由光电编码器测得的滚转稳定平台相对于弹体的角速率。因此，半捷联惯导系统的滚转稳定平台相对于弹体仅在滚转轴向上存在角位移之差。

利用滚转稳定平台上加速度计测得的稳定平台运动比力信息 $\boldsymbol{f}^{\mathrm{p}}$、陀螺仪测得的稳定平台相对惯性系的角速度 $\boldsymbol{\omega}_{\mathrm{ip}}^{\mathrm{p}}$，按照常规的捷联惯性导航解算方法进行解算，便可解算出半捷联惯导系统中滚转稳定平台的姿态、速度和位置信息。在半捷联惯导系统中，由于滚转稳定平台与弹体只在滚转轴向有相对旋转运动，所以二者具有相同的线速度和位置信息；而且，除在滚转轴向上二者运动姿态不一致外，滚转稳定平台与弹体在航向和俯仰方向的姿态角也一致，即滚转稳定平台与弹体具有相同的航向角和俯仰角。因此，只需重点关注弹体滚转角的获取方法。

半捷联惯导系统的滚转稳定平台与弹体在滚转轴向上的相对角度 $\Delta\gamma_{\mathrm{bp}}$，可由光电编码器直接测量的相对角速率 $\Delta\dot{\gamma}_{\mathrm{bp}}$ 计算得到：

$$\Delta\gamma_{bp}=\int_0^t \Delta\dot{\gamma}_{bp}\mathrm{d}t \tag{2.65}$$

又因为滚转轴向的相对角度 $\Delta\gamma_{bp}$ 是滚转稳定平台的滚转角 γ_p 与弹体的滚转角 γ_b 之差，即

$$\Delta\gamma_{bp}=\gamma_p-\gamma_b \tag{2.66}$$

所以，弹体的滚转角可表示为

$$\gamma_b=\gamma_p-\Delta\gamma_{bp} \tag{2.67}$$

综上，利用半捷联惯导系统中滚转稳定平台上加速度计和陀螺仪测量的比力和角速度信息，解算出滚转稳定平台的姿态、速度和位置信息；再结合光电编码器所测得的相对滚转角速率信息，即可获得弹体的姿态、速度和位置等导航信息。

半捷联惯导系统采用机械减旋装置，使得系统的滚转轴不随载体高速旋转，克服了陀螺仪动态测试范围与测试精度之间的矛盾。这样，系统便可采用低动态测试范围、高精度的陀螺仪对导航参数进行测量，从而提高了惯导系统的导航精度。

思考与练习

1. 捷联惯导系统与平台惯导系统相比，具有哪些主要特点？
2. 捷联惯导系统中“数学平台”的作用是什么？“数学平台”是如何建立起来的？
3. 在捷联惯导系统中，如何由姿态矩阵获取载体的姿态角？
4. 在捷联惯导系统中，如何由位置矩阵获取载体的经、纬度信息？
5. 分析说明欧拉角法、四元数法和方向余弦法三种捷联矩阵即时修正算法各自的特点。
6. 捷联惯导系统误差方程是如何建立的？
7. 请说明旋转调制惯导系统和捷联惯导系统的相同点和不同点。
8. 试建立旋转调制惯导系统的姿态更新方程、速度更新方程和位置更新方程。
9. 试建立旋转调制惯导系统的姿态误差方程、速度误差方程和位置误差方程。
10. 旋转调制对常值误差、标度因数误差、安装误差和随机噪声等惯性器件误差分别具有什么影响？
11. 半捷联惯导系统与捷联惯导系统相比，具有哪些主要特点？
12. 试建立半捷联惯导系统的姿态误差方程、速度误差方程和位置误差方程。

第3章 捷联惯导系统数字实现方法

计算机技术的飞速发展，使得可以首先在计算机上进行捷联惯导系统的设计、性能验证及评估工作。在此基础上，再进行惯导系统的硬件（包括陀螺仪、加速度计与导航计算机等）以及软件算法（包括各种导航算法及不同迭代周期的选择等）的设计或选择。

通过捷联惯导系统的数字仿真，可以实现如下功能。

1. 检验数学模型的正确性

在进行数字仿真时，首先要为系统的数学模型选择机上执行算法，编制好相应的主程序与子程序，并进行数字仿真。当数学模型有错误时，仿真的结果就会出现异常。当所选用的数学模型不够精确时，系统的误差将不能满足要求，从而应采用更精确的数学模型。

2. 系统软件算法的仿真

这时可将惯性器件看成无误差的理想器件，单独研究由于计算机执行算法所造成的误差，其中包括对数值积分算法的选取、各种迭代周期的选取、字长的选取以及单精度或双精度的选取等。

3. 系统硬件的选取

这时可在计算机中人为地设置惯性器件的误差，通过采用高精度的算法来减小算法误差的影响，从而确定硬件对系统误差的影响。这样就可以根据导航精度的要求，对惯性器件提出相应的要求，进而设计或选用适当的惯性器件。接下来，在系统软件仿真的基础上，确定所选用的器件类型与输出形式，选用适宜的计算机，以满足系统对计算机接口、计算速度及计算机字长等方面的要求。

4. 捷联惯导系统的仿真

在上述仿真的基础上，进而可对整个系统进行数字仿真。数字仿真可以采用以下几种方式进行。

（1）对于给定的飞行任务，进行一次完整飞行过程的全数字仿真，确定总的系统误差。

（2）对典型的工作状态（包括最不利的工作状态）进行仿真，确定系统在典型工作状态下的误差。典型的工作状态包括爬升、转弯、俯冲和加减速运动等。

（3）系统的初始对准仿真，根据选用的惯性器件以及计算机的性能对初始对准误差进行仿真，从而判断系统的初始对准是否满足给定的要求。

（4）与初步的飞行试验配合进行的数字仿真。将捷联惯导系统的惯性器件安装在飞行器上进行飞行试验，并通过飞行器的记录装置将陀螺仪与加速度计的输出记录下来，然后在地面上再进行离线的数字仿真，从而为捷联惯导系统的实际飞行试验提供前期准备。

由此可见，数字仿真手段对于捷联惯导系统中惯性器件误差模型、导航解算和初始对准等算法测试和性能验证具有重要意义。基于此，本章将介绍捷联惯导数字仿真系统的设计方法，并基于数字仿真系统对捷联惯导的性能进行验证。

3.1 捷联惯导数字仿真系统的结构与工作原理

捷联惯导数字仿真系统的工作过程为：首先，根据飞行器的飞行任务特点设计一段轨迹，并生成飞行器的位置、速度和姿态等导航参数的理想值；其次，根据生成的导航参数的理想值，并结合陀螺仪和加速度计的数学模型，生成惯性器件的测量信息；然后，将惯性器件的测量信息输出到 SINS 导航解算算法中，得到导航结果；最后，将解算的导航结果与导航参数的理想值相比较，得到导航误差，进而验证惯性器件误差模型和导航解算算法的性能。可见，捷联惯导数字仿真系统应由以下四部分组成，总体结构如图 3.1 所示。

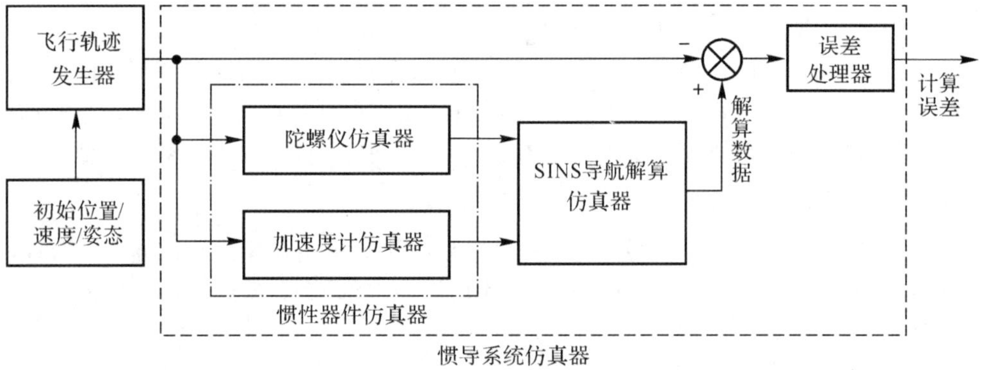

图 3.1 捷联惯导数字仿真系统总体结构

1. 飞行轨迹发生器

飞行轨迹发生器对飞行器的轨迹进行模拟，为后续进行惯性器件测量数据生成、SINS 导航解算以及导航误差处理与性能评估提供依据。该模块是根据飞行器的飞行任务特点，生成包含爬升、转弯、俯冲或加减速等飞行状态在内的一条完整轨迹，然后再根据不同飞行状态的数学模型，实时输出飞行器对应时刻的位置、速度和姿态等导航参数的理想值。

2. 惯性器件仿真器

惯性器件仿真器模拟生成陀螺仪和加速度计的测量信息，供 SINS 导航解算仿真器使用。该模块以飞行轨迹发生器输出的导航参数的理想值为输入信息，根据陀螺仪和加速度计的数学模型，生成包含惯性器件误差的角速度和比力。

3. SINS 导航解算仿真器

SINS 导航解算仿真器是根据 SINS 的导航解算方程设计而成的，它以惯性器件仿真器输出的测量结果为输入信息，通过位置、速度和姿态更新解算，得到飞行器的位置、速度和姿态等导航结果。

4. 误差处理器

误差处理器将SINS导航解算仿真器计算得到的包含解算误差的导航结果，与飞行轨迹发生器输出的导航参数的理想值进行比较，从而得到SINS解算的位置、速度和姿态等参数的导航误差。在此基础上，对惯性器件误差模型和导航解算算法的性能进行分析和评估。

3.2　飞行轨迹发生器

对于给定的飞行任务，可以先设计出相应的飞行轨迹，然后利用飞行轨迹发生器计算出不同时刻的位置、速度和姿态等导航参数的理想值。下面从不同飞行状态的数学模型、导航参数的求取方法等方面，对飞行轨迹发生器的设计方法进行介绍。

3.2.1　导航用坐标系

以飞机的飞行轨迹设计为例，对本节所涉及的坐标系做简单介绍：

导航坐标系($OX_nY_nZ_n$)：原点为机体质心，X_n 指向东，Y_n 指向北，Z_n 指向天；

机体坐标系($OX_bY_bZ_b$)：X_b 沿机体横轴指向右，Y_b 沿机体纵轴指向前，Z_b 与 X_b、Y_b 构成右手直角坐标系沿机体竖轴指向上；

轨迹坐标系($OX_tY_tZ_t$)：X_t 保持水平向右，Y_t 与轨迹相切指向轨迹前进方向，Z_t 与 X_t、Y_t 构成右手直角坐标系；

水平轨迹坐标系($OX_hY_hZ_h$)：该坐标系是t系在水平面内的投影。X_h 与 X_t 重合，Y_h 是 Y_t 在水平面内的投影，Z_h 与 X_h、Y_h 构成右手直角坐标系。

设 ψ、θ、γ 分别为飞机的航向角、俯仰角和横滚角，则导航坐标系(n系)、轨迹水平坐标系(h系)、轨迹坐标系(t系)、机体坐标系(b系)之间的转换关系为：n系绕 Z_n 轴转 ψ 角得h系；h系绕 X_h 转 θ 角得t系；t系绕 Y_t 轴转 γ 角得b系。相应的坐标转换矩阵为

$$\boldsymbol{C}_n^h=\boldsymbol{C}_Z(\psi)=\begin{bmatrix}\cos\psi & \sin\psi & 0\\ -\sin\psi & \cos\psi & 0\\ 0 & 0 & 1\end{bmatrix} \tag{3.1}$$

$$\boldsymbol{C}_h^t=\boldsymbol{C}_X(\theta)=\begin{bmatrix}1 & 0 & 0\\ 0 & \cos\theta & \sin\theta\\ 0 & -\sin\theta & \cos\theta\end{bmatrix} \tag{3.2}$$

$$\boldsymbol{C}_t^b=\boldsymbol{C}_Y(\gamma)=\begin{bmatrix}\cos\gamma & 0 & -\sin\gamma\\ 0 & 1 & 0\\ \sin\gamma & 0 & \cos\gamma\end{bmatrix} \tag{3.3}$$

$$\boldsymbol{C}_n^b=\boldsymbol{C}_t^b\boldsymbol{C}_h^t\boldsymbol{C}_n^h=\begin{bmatrix}\cos\gamma\cos\psi-\sin\gamma\sin\theta\sin\psi & \cos\gamma\sin\psi+\sin\gamma\sin\theta\cos\psi & -\sin\gamma\cos\theta\\ -\cos\theta\sin\psi & \cos\theta\cos\psi & \sin\theta\\ \sin\gamma\cos\psi+\cos\gamma\sin\theta\sin\psi & \sin\gamma\sin\psi-\cos\gamma\sin\theta\cos\psi & \cos\gamma\cos\theta\end{bmatrix} \tag{3.4}$$

3.2.2　典型机动动作的数学模型

为使飞行轨迹发生器生成的飞行轨迹尽可能接近实际情况，需要建立各种典型机动动

作的数学模型，并做成相应的模块。在测试时，可以将任意几种机动动作组合成一条飞行轨迹，从而充分反映捷联惯导系统在各种机动情况下的性能。下面分别建立爬升、转弯和俯冲这三种典型机动动作的数学模型。

1. 爬升

飞行器的爬升可分为3个阶段，即改变俯仰角的拉起阶段、等俯仰角爬升阶段和结束爬升后的改平阶段。

(1) 改变俯仰角的拉起阶段。在该阶段，飞行器的俯仰角以等角速率 $\dot{\theta}_0$ 逐渐增加到等角爬升的角度。设该阶段的初始时刻为 t_{01}，则有

$$\dot{\theta}=\dot{\theta}_0, \quad \theta=\dot{\theta}(t-t_{01}) \tag{3.5}$$

(2)等俯仰角爬升阶段。在该阶段，飞行器以恒定的俯仰角 θ_c 爬升到需要的高度，则有

$$\dot{\theta}=0, \quad \theta=\theta_c \tag{3.6}$$

(3)结束爬升后的改平阶段。在该阶段，飞行器以等角速率 $-\dot{\theta}_0$ 逐渐减小俯仰角。设该阶段的初始时刻为 t_{02}，则有

$$\dot{\theta}=-\dot{\theta}_0, \quad \theta=\theta_c+\dot{\theta}(t-t_{02}) \tag{3.7}$$

2. 转弯

设飞行器为协调转弯，转弯过程无侧滑，飞行轨迹在水平面内。以右转弯为例分析协调转弯过程中的转弯半径和转弯角速率。

设转弯过程中飞行器的速度为 V_y^b、转弯半径为 R、转弯角速率为 ω_z^h，转弯所需的向心力 A_x^h 由升力因倾斜产生的水平分量来提供，则有

$$\left.\begin{aligned}
&A_x^h=R\cdot(\omega_z^h)^2=\frac{(V_y^b)^2}{R}=g\tan\gamma \\
&R=\frac{(V_y^b)^2}{g\tan\gamma} \\
&\omega_z^h=\frac{V_y^b}{R}=\frac{g\tan\gamma}{V_y^b}
\end{aligned}\right\} \tag{3.8}$$

飞行器的转弯分为3个阶段：由平飞改变滚转角进入转弯阶段、保持滚转角以等角速率转弯阶段和转完后的改平阶段。

(1)进入转弯阶段。在该阶段，飞行器以等角速率 $\dot{\gamma}_0$ 将滚转角调整到所需的值。设该阶段的初始时刻为 t_{03}，则有

$$\left.\begin{aligned}
&\dot{\gamma}=\dot{\gamma}_0 \\
&\gamma=\dot{\gamma}(t-t_{03}) \\
&\omega_z^h=\frac{g\tan\gamma}{V_y^b}=\frac{g\tan[\dot{\gamma}(t-t_{03})]}{V_y^b} \\
&\Delta\psi=\int_{t_{03}}^{t}\omega_z^h\,\mathrm{d}t
\end{aligned}\right\} \tag{3.9}$$

(2)等角速率转弯阶段。在该阶段，飞行器保持滚转角 γ_c 并绕 z 轴以等角速率 ω_0 转

弯，则有

$$\gamma=\gamma_{c}, \quad \omega_{z}^{h}=\omega_{0} \tag{3.10}$$

(3)改平阶段。在该阶段，飞行器以等角速率 $-\dot{\gamma}_0$ 逐渐减小滚转角。设该阶段的初始时刻为 t_{04}，则有

$$\dot{\gamma}=-\dot{\gamma}_{0}, \quad \gamma=\gamma_{c}+\dot{\gamma}(t-t_{04}) \tag{3.11}$$

3. 俯冲

俯冲过程的飞行轨迹在地垂面内，俯仰角的改变方向与爬升过程相反，分为改变俯仰角进入俯冲阶段、等俯仰角持续俯冲阶段和俯冲后的改平 3 个阶段。

(1)进入俯冲阶段。在该阶段，飞行器以等角速率 $\dot{\theta}_1$ 逐渐减小到所需的俯冲角。设该阶段的初始时刻为 t_{05}，则有

$$\dot{\theta}=-\dot{\theta}_{1}, \quad \theta=\dot{\theta}(t-t_{05}) \tag{3.12}$$

(2)等俯仰角俯冲阶段。在该阶段，飞行器以恒定的俯仰角 θ_{c1} 俯冲到需要的高度。则有

$$\dot{\theta}=0, \quad \theta=\theta_{c1} \tag{3.13}$$

(3)改平阶段。在该阶段，飞行器以等角速率 $\dot{\theta}_1$ 逐渐增加俯仰角。设该阶段的初始时刻为 t_{06}，则有

$$\dot{\theta}=\dot{\theta}_{1}, \quad \theta=\theta_{c1}+\dot{\theta}(t-t_{06}) \tag{3.14}$$

3.2.3　导航参数的求取

除上述三种典型机动动作外，飞行器的一段完整轨迹中通常还可能包含起飞、加速、减速、平飞和降落等飞行状态。下面进一步介绍不同飞行状态下导航参数精确值的求取。

1. 加速度

(1)飞行器机动飞行时在轨迹坐标系中的加速度如下：

飞行器以加速度 a 作直线加速飞行时：$a_x^t=a_z^t=0, a_y^t=a$；

飞行器以滚转角 γ 作无侧滑转弯时：$a_y^t=a_z^t=0, a_x^t=g\cdot\tan\gamma$；

飞行器爬升或俯冲时：$a_x^t=a_y^t=0, a_z^t=\dot{\theta}\cdot V_y^t$；

飞行器爬升改平或俯冲改平时：$a_x^t=a_y^t=0, a_z^t=\dot{\theta}\cdot V_y^t$；

飞行器匀速等角爬升或等角俯冲时：$a_x^t=a_y^t=a_z^t=0$。

(2)飞行器在导航坐标系中的加速度为

$$\begin{bmatrix} a_x^n \\ a_y^n \\ a_z^n \end{bmatrix}=\boldsymbol{C}_t^n\begin{bmatrix} a_x^t \\ a_y^t \\ a_z^t \end{bmatrix} \tag{3.15}$$

(3)飞行器在本体坐标系中的加速度为

$$\begin{bmatrix} a_x^b \\ a_y^b \\ a_z^b \end{bmatrix}=\boldsymbol{C}_t^{b^*}\begin{bmatrix} a_x^t \\ a_y^t \\ a_z^t \end{bmatrix} \tag{3.16}$$

2. 速度

(1)飞行器在导航坐标系中的速度为

$$\begin{bmatrix} V_x^n \\ V_y^n \\ V_z^n \end{bmatrix} = \begin{bmatrix} V_{x0}^n \\ V_{y0}^n \\ V_{z0}^n \end{bmatrix} + \begin{bmatrix} \int_{t_0}^{t} a_x^n \mathrm{d}t \\ \int_{t_0}^{t} a_y^n \mathrm{d}t \\ \int_{t_0}^{t} a_z^n \mathrm{d}t \end{bmatrix} \tag{3.17}$$

(2)飞行器在轨迹坐标系中的速度为

$$\begin{bmatrix} V_x^t \\ V_y^t \\ V_z^t \end{bmatrix} = \boldsymbol{C}_n^t \begin{bmatrix} V_x^n \\ V_y^n \\ V_z^n \end{bmatrix} \tag{3.18}$$

(3)飞行器在本体坐标系中的速度为

$$\begin{bmatrix} V_x^b \\ V_y^b \\ V_z^b \end{bmatrix} = \boldsymbol{C}_n^b \begin{bmatrix} V_x^n \\ V_y^n \\ V_z^n \end{bmatrix} \tag{3.19}$$

3. 飞行器的位置

$$\begin{bmatrix} L \\ \lambda \\ h \end{bmatrix} = \begin{bmatrix} L_0 \\ \lambda_0 \\ h_0 \end{bmatrix} + \begin{bmatrix} \int_{t_0}^{t} \dfrac{V_y^n}{(R_M + h)} \mathrm{d}t \\ \int_{t_0}^{t} \dfrac{V_x^n \sec L}{(R_N + h)} \mathrm{d}t \\ \int_{t_0}^{t} V_z^n \mathrm{d}t \end{bmatrix} \tag{3.20}$$

式中:$R_M = R_e(1-2e+3e\sin^2 L)$;$R_N = R_e(1+e\sin^2 L)$;$e$ 为地球椭圆度;R_e 为地球参考椭球的长半轴;L 为即时纬度,λ 为即时经度,h 为即时高度。

3.3 惯性器件仿真器

惯性器件仿真器包括陀螺仪仿真器和加速度计仿真器两部分构成。陀螺仪仿真器和加速度计仿真器输出仿真数据的过程,实质为 SINS 导航解算仿真器的逆过程,是已知姿态角、速度、位置信息,求陀螺仪和加速度计输出的过程。

陀螺仪、加速度计模型的输入量是由飞行轨迹发生器产生的。经过运算和处理之后,陀螺仪和加速度计可输出 SINS 导航解算所需的角速度和比力信息。当只研究导航算法误差时,则不考虑惯性器件的误差;当研究惯性器件的误差时,其误差也可通过惯性器件仿真器给出。

3.3.1　陀螺仪仿真器

陀螺仪是敏感载体角运动的器件，实际输出中包含理想输出量和器件误差两部分。角速度陀螺仪测量的理想输出量是本体坐标系（b 系）相对于惯性坐标系（i 系）的转动角速度在本体坐标系中的投影 $\boldsymbol{\omega}_{ib}^{b}$。下面介绍陀螺仪理想输出量的计算方法，并在此基础上考虑陀螺仪的误差，进而建立陀螺仪仿真器的数学模型。

1. 陀螺仪理想输出量的计算

对于飞行器，通过飞行轨迹数据中的姿态角和姿态角速率，可以得到本体坐标系相对于导航坐标系（n 系）的转动角速度在本体坐标系中的投影 $\boldsymbol{\omega}_{nb}^{b}$；通过飞行轨迹数据中的水平速度、纬度、高度，可以计算出导航坐标系相对于惯性坐标系的转动角速度在地理坐标系中的投影 $\boldsymbol{\omega}_{in}^{n}$，通过姿态角可以计算出导航坐标系和本体坐标系之间的转换矩阵 $\boldsymbol{C}_{n}^{b}$，$\boldsymbol{\omega}_{in}^{n}$ 与转换矩阵 $\boldsymbol{C}_{n}^{b}$ 相乘即可得到 $\boldsymbol{\omega}_{in}^{b}$；然后将 $\boldsymbol{\omega}_{nb}^{b}$ 与 $\boldsymbol{\omega}_{in}^{b}$ 相加，即可得到陀螺仪的理想输出量 $\boldsymbol{\omega}_{ib}^{b}$。具体求解过程如下：

（1）求本体坐标系相对于导航坐标系的转动角速度在本体坐标系中的投影 $\boldsymbol{\omega}_{nb}^{b}$ 为

$$\begin{bmatrix}\omega_{nbx}^{b}\\ \omega_{nby}^{b}\\ \omega_{nbz}^{b}\end{bmatrix}=\boldsymbol{C}_{y}(\gamma)\boldsymbol{C}_{x}(\theta)\begin{bmatrix}0\\0\\ \dot{\psi}\end{bmatrix}+\boldsymbol{C}_{y}(\gamma)\begin{bmatrix}\dot{\theta}\\0\\0\end{bmatrix}+\begin{bmatrix}0\\ \dot{\gamma}\\0\end{bmatrix}=\begin{bmatrix}\cos\gamma & 0 & -\sin\gamma\cos\theta\\ 0 & 1 & \sin\theta\\ \sin\gamma & 0 & \cos\gamma\cos\theta\end{bmatrix}\begin{bmatrix}\dot{\theta}\\ \dot{\gamma}\\ \dot{\psi}\end{bmatrix} \tag{3.21}$$

（2）求导航坐标系相对于惯性坐标系的转动角速度在本体坐标系中的投影 $\boldsymbol{\omega}_{in}^{b}$。

导航坐标系相对于惯性坐标系的转动角速度在导航坐标系中的投影 $\boldsymbol{\omega}_{in}^{n}$ 可以表示为

$$\boldsymbol{\omega}_{in}^{n}=\boldsymbol{\omega}_{ie}^{n}+\boldsymbol{\omega}_{en}^{n} \tag{3.22}$$

式中：$\boldsymbol{\omega}_{ie}^{n}$、$\boldsymbol{\omega}_{en}^{n}$ 分别为地球自转角速度和导航坐标系相对于地球坐标系的转动角速度在导航坐标系中的投影，其表达式分别为

$$\left.\begin{aligned}\boldsymbol{\omega}_{ie}^{n}&=\begin{bmatrix}0\\ \omega_{ie}\cos L\\ \omega_{ie}\sin L\end{bmatrix}\\ \boldsymbol{\omega}_{en}^{n}&=\begin{bmatrix}\dfrac{-V_{y}^{n}}{R_{M}+h}\\ \dfrac{V_{x}^{n}}{R_{N}+h}\\ \dfrac{V_{x}^{n}\tan L}{R_{N}+h}\end{bmatrix}\end{aligned}\right\} \tag{3.23}$$

式中：ω_{ie} 为地球自转角速率。

根据式（3.22）、式（3.23）以及姿态转换矩阵 $\boldsymbol{C}_{n}^{b}$，可以得到

$$\boldsymbol{\omega}_{in}^{b}=\boldsymbol{C}_{n}^{b}\boldsymbol{\omega}_{in}^{n}=\boldsymbol{C}_{n}^{b}(\boldsymbol{\omega}_{ie}^{n}+\boldsymbol{\omega}_{en}^{n}) \tag{3.24}$$

(3)求陀螺仪仿真器的理想输出量 $\boldsymbol{\omega}_{ib}^{b}$ 为

$$\boldsymbol{\omega}_{ib}^{b}=\boldsymbol{\omega}_{in}^{b}+\boldsymbol{\omega}_{nb}^{b} \tag{3.25}$$

因此,陀螺仪的理想输出量可根据式(3.21)～式(3.25)求出。

2. 陀螺仪仿真器的数学模型

陀螺仪是敏感载体角运动的器件,由于陀螺仪本身存在误差,所以陀螺仪的实际输出为

$$\tilde{\boldsymbol{\omega}}_{ib}^{b}=\boldsymbol{\omega}_{ib}^{b}+\boldsymbol{\varepsilon}^{b} \tag{3.26}$$

式中:$\tilde{\boldsymbol{\omega}}_{ib}^{b}$ 为陀螺仪实际测得的角速度;$\boldsymbol{\varepsilon}^{b}$ 为陀螺仪的测量误差。

在陀螺仪仿真器中,仅考虑陀螺仪的常值漂移、时间相关漂移和随机误差的影响,则$\boldsymbol{\varepsilon}^{b}$ 的计算公式可以表示为

$$\boldsymbol{\varepsilon}^{b}=\boldsymbol{\varepsilon}_{b}+\boldsymbol{\varepsilon}_{r}+\boldsymbol{w}_{g} \tag{3.27}$$

式中:$\boldsymbol{\varepsilon}_{b}$ 为常值漂移;$\boldsymbol{\varepsilon}_{r}$ 为时间相关漂移,可用一阶马尔可夫过程来描述;$\boldsymbol{w}_{g}$ 为白噪声。$\boldsymbol{\varepsilon}_{b}$、$\boldsymbol{\varepsilon}_{r}$ 的数学模型为

$$\left.\begin{aligned}\dot{\boldsymbol{\varepsilon}}_{b}&=0\\ \dot{\boldsymbol{\varepsilon}}_{r}&=-\frac{1}{T_{r}}\boldsymbol{\varepsilon}_{r}+\boldsymbol{w}_{r}\end{aligned}\right\} \tag{3.28}$$

式中:T_{r} 为相关时间;$\boldsymbol{w}_{r}$ 为驱动白噪声,其方差为 σ_{r}^{2}。

陀螺仪仿真器的结构如图 3.2 所示。

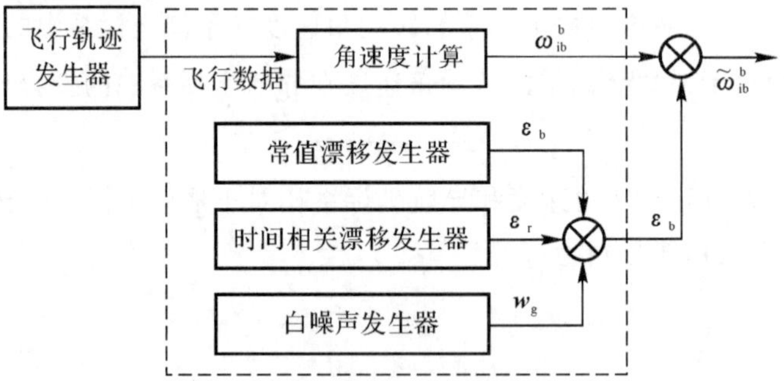

图 3.2　陀螺仪仿真器结构图

3.3.2　加速度计仿真器

加速度计是敏感载体线运动的器件,它测量的物理量是比力,实际输出中同样包含理想输出量和器件误差两部分。下面介绍加速度计理想输出量的计算方法,并在此基础上考虑加速度计的误差,进而建立加速度计仿真器的数学模型。

1. 加速度计理想输出量的计算

以东-北-天地理坐标系为导航坐标系,比力与飞行器相对地球加速度之间的关系可以表示为

$$\boldsymbol{f}^{n}=\boldsymbol{a}^{n}+(2\boldsymbol{\omega}_{ie}^{n}+\boldsymbol{\omega}_{en}^{n})\times\boldsymbol{V}^{n}-\boldsymbol{g}^{n} \tag{3.29}$$

式中：$\boldsymbol{a}^{\mathrm{n}}$ 为飞行器相对于地球的加速度在导航坐标系中的投影；$\boldsymbol{\omega}_{\mathrm{en}}^{\mathrm{n}}\times\boldsymbol{V}^{\mathrm{n}}$ 为飞行器相对于地球转动所引起的向心加速度；$2\boldsymbol{\omega}_{\mathrm{ie}}^{\mathrm{n}}\times\boldsymbol{V}^{\mathrm{n}}$ 为飞行器相对地球速度与地球自转角速度的相互影响而形成的哥氏加速度；$\boldsymbol{g}^{\mathrm{n}}$ 为地球的重力加速度在导航坐标系的投影。

$\boldsymbol{a}^{\mathrm{n}}$、$\boldsymbol{V}^{\mathrm{n}}$ 可以从飞行轨迹数据中获得；根据式(3.23)可知，$\boldsymbol{\omega}_{\mathrm{ie}}^{\mathrm{n}}$、$\boldsymbol{\omega}_{\mathrm{en}}^{\mathrm{n}}$ 可以通过飞行轨迹数据中的水平速度、纬度和高度算出。利用式(3.29)算出导航坐标系下的比力 $\boldsymbol{f}^{\mathrm{n}}$，将其乘上转换矩阵 $\boldsymbol{C}_{\mathrm{n}}^{\mathrm{b}}$，就可以得到本体坐标系下的比力为

$$\boldsymbol{f}^{\mathrm{b}}=\boldsymbol{C}_{\mathrm{n}}^{\mathrm{b}}\boldsymbol{f}^{\mathrm{n}} \tag{3.30}$$

式中：$\boldsymbol{C}_{\mathrm{n}}^{\mathrm{b}}$ 可通过飞行轨迹数据中的姿态角计算得到。

$\boldsymbol{f}^{\mathrm{b}}$ 就是捷联惯导系统中加速度计仿真器的理想输出量，它可根据式(3.29)～式(3.30)计算得到。

2. 加速度计仿真器的数学模型

加速度计是敏感载体线运动的器件。由于加速度计本身存在误差，所以，加速度计的实际输出为

$$\tilde{\boldsymbol{f}}^{\mathrm{b}}=\boldsymbol{f}^{\mathrm{b}}+\nabla_{\mathrm{a}}^{\mathrm{b}} \tag{3.31}$$

式中：$\tilde{\boldsymbol{f}}^{\mathrm{b}}$ 为加速度计实际输出的比力；$\nabla_{\mathrm{a}}^{\mathrm{b}}$为加速度计的误差。

在加速度计仿真器中，仅考虑加速度计的常值零偏、时间相关误差和随机误差的影响，则加速度计误差$\nabla_{\mathrm{a}}^{\mathrm{b}}$的计算公式为

$$\nabla_{\mathrm{a}}^{\mathrm{b}}=\nabla_{\mathrm{a}}+\nabla_{\mathrm{r}}+\boldsymbol{w}_{\mathrm{a}} \tag{3.32}$$

式中：∇_{a}为加速度计的常值零偏；∇_{r}为时间相关误差，可用一阶马尔可夫过程来描述；$\boldsymbol{w}_{\mathrm{a}}$ 为白噪声。∇_{b}、∇_{r}的数学模型为

$$\left.\begin{aligned}\dot{\nabla}_{\mathrm{a}}&=\boldsymbol{0}\\ \dot{\nabla}_{\mathrm{r}}&=-\frac{1}{T_{\mathrm{a}}}\nabla_{\mathrm{r}}+\boldsymbol{w}_{\mathrm{a}}\end{aligned}\right\} \tag{3.33}$$

式中：T_{a} 为相关时间；$\boldsymbol{w}_{\mathrm{a}}$ 为白噪声，其方差为 σ_{a}^{2}。

加速度计仿真器的结构如图 3.3 所示。

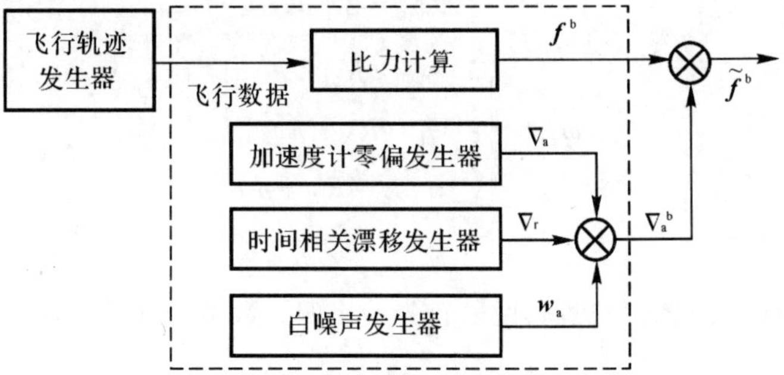

图 3.3　加速度计仿真器结构图

3.4 捷联惯性导航解算仿真器

在捷联惯性导航解算仿真器内，可以利用陀螺仪和加速度计的输出进行捷联惯性导航解算，进而得到载体相对于导航坐标系的位置、速度和姿态等导航参数。图 3.4 为捷联惯性导航解算仿真器的结构图。

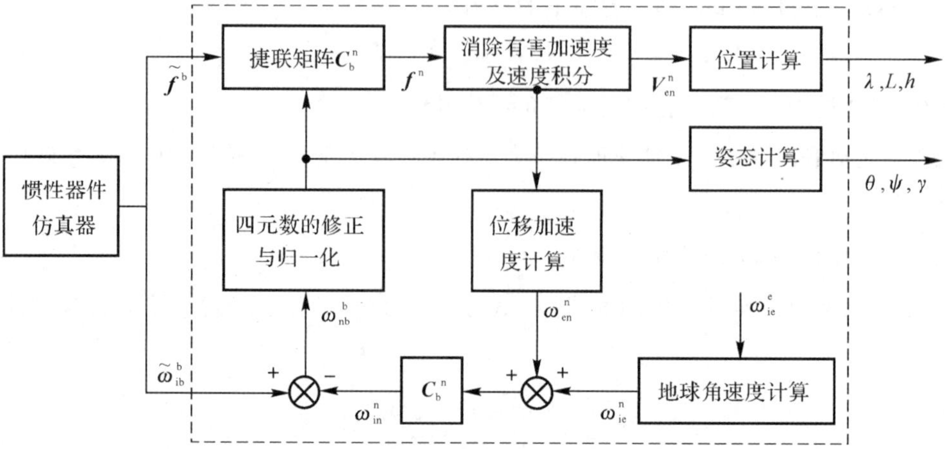

图 3.4 捷联惯性导航解算仿真器的结构图

下面分别从姿态更新、速度更新和位置更新等方面对捷联惯性导航解算仿真器进行介绍。

1. 姿态角速度计算

捷联惯导系统的姿态角速度 $\boldsymbol{\omega}_{nb}^b$，可以利用陀螺仪测得的角速度 $\boldsymbol{\omega}_{ib}^b$、地球自转角速度 $\boldsymbol{\omega}_{ie}^n$、位置角速度 $\boldsymbol{\omega}_{en}^n$ 以及姿态矩阵 $\boldsymbol{C}_b^n$ 来求取。由于整个捷联算法是一个迭代算法，如果用 k 表示当前这一次循环，则 $\boldsymbol{\omega}_{nb,k}^b$ 的表达式为

$$\boldsymbol{\omega}_{nb,k}^b = \boldsymbol{\omega}_{ib,k}^b - (\boldsymbol{C}_{b,k}^n)^T(\boldsymbol{\omega}_{en,k}^n + \boldsymbol{\omega}_{ie,k}^n) \tag{3.34}$$

式中：$\boldsymbol{\omega}_{ie}^n$、$\boldsymbol{\omega}_{en}^n$ 的表达式如下：

$$\left.\begin{aligned} \boldsymbol{\omega}_{ie}^n &= \begin{bmatrix} 0 \\ \omega_{ie}\cos L \\ \omega_{ie}\sin L \end{bmatrix} \\ \boldsymbol{\omega}_{en}^n &= \begin{bmatrix} -V_y^n/(R_M+h) \\ V_x^n/(R_N+h) \\ V_x^n \tan L/(R_N+h) \end{bmatrix} \end{aligned}\right\} \tag{3.35}$$

2. 四元数计算

由四元数对姿态矩阵进行更新计算，首先给出四元数微分方程的表达式为

$$\dot{\boldsymbol{q}} = \frac{1}{2}\boldsymbol{q} \circ \boldsymbol{\omega}_{nb}^b \tag{3.36}$$

式中：$\boldsymbol{q}=[q_0\quad q_1\quad q_2\quad q_3]^{\mathrm{T}}$ 表示姿态四元数；$\boldsymbol{\omega}_{\mathrm{nb}}^{\mathrm{b}}$ 表示以 0 为实部、姿态角速度 $\boldsymbol{\omega}_{\mathrm{nb}}^{\mathrm{b}}$ 为虚部的四元数；$\boldsymbol{q}\circ\boldsymbol{\omega}_{\mathrm{nb}}^{\mathrm{b}}$ 表示姿态四元数 $\boldsymbol{q}$ 和四元数 $\boldsymbol{\omega}_{\mathrm{nb}}^{\mathrm{b}}$ 的四元数乘法运算。

式(3.36)可进一步展开为

$$\begin{bmatrix}\dot{q}_0\\ \dot{q}_1\\ \dot{q}_2\\ \dot{q}_3\end{bmatrix}=\frac{1}{2}\begin{bmatrix}0 & -\omega_{\mathrm{nb}x}^{\mathrm{b}} & -\omega_{\mathrm{nb}y}^{\mathrm{b}} & -\omega_{\mathrm{nb}z}^{\mathrm{b}}\\ \omega_{\mathrm{nb}x}^{\mathrm{b}} & 0 & \omega_{\mathrm{nb}z}^{\mathrm{b}} & -\omega_{\mathrm{nb}y}^{\mathrm{b}}\\ \omega_{\mathrm{nb}y}^{\mathrm{b}} & -\omega_{\mathrm{nb}z}^{\mathrm{b}} & 0 & \omega_{\mathrm{nb}x}^{\mathrm{b}}\\ \omega_{\mathrm{nb}z}^{\mathrm{b}} & \omega_{\mathrm{nb}y}^{\mathrm{b}} & -\omega_{\mathrm{nb}x}^{\mathrm{b}} & 0\end{bmatrix}\begin{bmatrix}q_0\\ q_1\\ q_2\\ q_3\end{bmatrix}\tag{3.37}$$

四元数微分方程的解的迭代形式为

$$\boldsymbol{q}(k+1)=\left\{\cos\frac{\Delta\theta_0}{2}\boldsymbol{I}+\frac{\sin\dfrac{\Delta\theta_0}{2}}{\Delta\theta_0}[\Delta\boldsymbol{\theta}]\right\}\boldsymbol{q}(k)\tag{3.38}$$

式中：

$$\Delta\boldsymbol{\theta}=\begin{bmatrix}0 & -\Delta\theta_x & -\Delta\theta_y & -\Delta\theta_z\\ \Delta\theta_x & 0 & \Delta\theta_z & -\Delta\theta_y\\ \Delta\theta_y & -\Delta\theta_z & 0 & \Delta\theta_x\\ \Delta\theta_z & \Delta\theta_y & -\Delta\theta_x & 0\end{bmatrix}\tag{3.39}$$

设采样间隔为 Δt，则 $\Delta\theta_i=\omega_{\mathrm{nb}i}^{\mathrm{b}}\Delta t(i=x,y,z)$，$\Delta\theta_0$ 的表达式为

$$\Delta\theta_0=\sqrt{\Delta\theta_x^2+\Delta\theta_y^2+\Delta\theta_z^2}\tag{3.40}$$

根据式(3.38)实时地求出姿态四元数，便可以唯一确定姿态矩阵中的各个元素，将式中的 $\cos(\Delta\theta_0/2)$、$\sin(\Delta\theta_0/2)$ 展成级数并取有限项。据此得到的四元数更新算法为

一阶算法：

$$\boldsymbol{q}(k+1)=\left\{\boldsymbol{I}+\frac{1}{2}[\Delta\boldsymbol{\theta}]\right\}\boldsymbol{q}(k)\tag{3.41}$$

二阶算法：

$$\boldsymbol{q}(k+1)=\left\{\left(1-\frac{(\Delta\theta_0)^2}{8}\right)\boldsymbol{I}+\frac{1}{2}[\Delta\boldsymbol{\theta}]\right\}\boldsymbol{q}(k)\tag{3.42}$$

三阶算法：

$$\boldsymbol{q}(k+1)=\left\{\left(1-\frac{(\Delta\theta_0)^2}{8}\right)\boldsymbol{I}+\left(\frac{1}{2}-\frac{(\Delta\theta_0)^2}{48}\right)[\Delta\boldsymbol{\theta}]\right\}\boldsymbol{q}(k)\tag{3.43}$$

四阶算法：

$$\boldsymbol{q}(k+1)=\left\{\left(1-\frac{(\Delta\theta_0)^2}{8}+\frac{(\Delta\theta_0)^4}{384}\right)\boldsymbol{I}+\left(\frac{1}{2}-\frac{(\Delta\theta_0)^2}{48}\right)[\Delta\boldsymbol{\theta}]\right\}\boldsymbol{q}(k)\tag{3.44}$$

3. 姿态矩阵计算

设 q_0、q_1、q_2 和 q_3 为更新后的姿态四元数，则姿态矩阵 $\boldsymbol{C}_{\mathrm{b}}^{\mathrm{n}}$ 可表示为

$$C_{\mathrm{b},k+1}^{\mathrm{n}}=\begin{bmatrix} q_0^2+q_1^2-q_2^2-q_3^2 & 2(q_1q_2-q_0q_3) & 2(q_1q_3+q_0q_2) \\ 2(q_1q_2+q_0q_3) & q_0^2-q_1^2+q_2^2-q_3^2 & 2(q_2q_3-q_0q_1) \\ 2(q_1q_3-q_0q_2) & 2(q_2q_3+q_0q_1) & q_0^2-q_1^2-q_2^2+q_3^2 \end{bmatrix}=\begin{bmatrix} T_{11} & T_{12} & T_{13} \\ T_{21} & T_{22} & T_{23} \\ T_{31} & T_{32} & T_{33} \end{bmatrix} \tag{3.45}$$

4. 姿态角计算

根据式(3.41)求得的姿态矩阵 $C_{\mathrm{b}}^{\mathrm{n}}$,可以进一步求出 $k+1$ 时刻的姿态角主值分别为

$$\left.\begin{aligned} \psi&=\arctan\left(-\frac{T_{12}}{T_{22}}\right) \\ \theta&=\arcsin(T_{32}) \\ \gamma&=\arctan\left(-\frac{T_{31}}{T_{33}}\right) \end{aligned}\right\} \tag{3.46}$$

进一步,根据姿态矩阵 $C_{\mathrm{b}}^{\mathrm{n}}$ 中元素的正负号可得到姿态角的真值。

5. 速度计算

速度计算在仿真器中分为两步进行:

(1)导航坐标系中的比力计算,即比力坐标变换。根据加速度计输出的 k 时刻的比力 f^{b} 和姿态转换矩阵 $C_{\mathrm{b}}^{\mathrm{n}}$,计算出此时比力在导航系中的投影为

$$f^{\mathrm{n}}=C_{\mathrm{b}}^{\mathrm{n}}f^{\mathrm{b}} \tag{3.47}$$

(2)速度微分方程求解。利用 k 时刻地球自转角速度 $\omega_{\mathrm{ie},k}^{\mathrm{n}}$、位置角速度 $\omega_{\mathrm{en},k}^{\mathrm{n}}$ 以及导航系中的比力 f_k^{n} 可以求出速度的微分方程为

$$\begin{bmatrix} \dot V_x^{\mathrm{n}} \\ \dot V_y^{\mathrm{n}} \\ \dot V_z^{\mathrm{n}} \end{bmatrix}=\begin{bmatrix} f_x^{\mathrm{n}} \\ f_y^{\mathrm{n}} \\ f_z^{\mathrm{n}} \end{bmatrix}-\begin{bmatrix} 0 & -(2\omega_{\mathrm{iez}}^{\mathrm{n}}+\omega_{\mathrm{enz}}^{\mathrm{n}}) & 2\omega_{\mathrm{iey}}^{\mathrm{n}}+\omega_{\mathrm{eny}}^{\mathrm{n}} \\ 2\omega_{\mathrm{iez}}^{\mathrm{n}}+\omega_{\mathrm{enz}}^{\mathrm{n}} & 0 & -(2\omega_{\mathrm{iex}}^{\mathrm{n}}+\omega_{\mathrm{enx}}^{\mathrm{n}}) \\ -(2\omega_{\mathrm{iey}}^{\mathrm{n}}+\omega_{\mathrm{eny}}^{\mathrm{n}}) & 2\omega_{\mathrm{iex}}^{\mathrm{n}}+\omega_{\mathrm{enx}}^{\mathrm{n}} & 0 \end{bmatrix}\begin{bmatrix} V_x^{\mathrm{n}} \\ V_y^{\mathrm{n}} \\ V_z^{\mathrm{n}} \end{bmatrix}+\begin{bmatrix} 0 \\ 0 \\ -g_k \end{bmatrix} \tag{3.48}$$

式中:g_k 为地球重力加速度,其表达式可近似写成

$$g_k=g_0\left(1-\frac{2h}{R_{\mathrm{e}}}\right) \tag{3.49}$$

式中:$g_0=9.780\ 49\ \mathrm{m/s^2}$。

6. 位置计算

飞行器所在位置的经度、纬度和高度可以根据下列方程求得

$$\left.\begin{aligned} \dot L&=\frac{V_y^{\mathrm{n}}}{R_{\mathrm{M}}+h} \\ \dot\lambda&=\frac{V_x^{\mathrm{n}}\sec L}{R_{\mathrm{N}}+h} \\ \dot h&=V_z^{\mathrm{n}} \end{aligned}\right\} \tag{3.50}$$

由于高度通道是发散的，所以一般不单纯对垂直加速度计输出进行积分来计算高度，而是使用高度计(如气压式高度表、无线电高度表、大气数据系统等)的信息对惯导系统的高度通道进行阻尼。

7. 初始条件的设定

为了进行导航解算，需要事先知道两类数据：一类是开始计算时给定的初始条件，另一类是通过计算而获得的初始数据。

(1)初始条件的给定。在进行惯导解算之前，需要给定的初始条件包括：初始位置 L_0、λ_0、h_0，初始速度 V_{x0}^{n}、V_{y0}^{n}、V_{z0}^{n}；初始姿态角 ψ_0、θ_0、γ_0。

(2)初始条件的计算。

1)初始四元数计算。根据四元数与欧拉角的关系，并利用给定的初始姿态角，可以求出初始四元数为

$$\left.\begin{aligned} q_0 &= \cos\frac{\psi_0}{2}\cos\frac{\theta_0}{2}\cos\frac{\gamma_0}{2} - \sin\frac{\psi_0}{2}\sin\frac{\theta_0}{2}\sin\frac{\gamma_0}{2} \\ q_1 &= \cos\frac{\psi_0}{2}\sin\frac{\theta_0}{2}\cos\frac{\gamma_0}{2} - \sin\frac{\psi_0}{2}\cos\frac{\theta_0}{2}\sin\frac{\gamma_0}{2} \\ q_2 &= \cos\frac{\psi_0}{2}\cos\frac{\theta_0}{2}\sin\frac{\gamma_0}{2} + \sin\frac{\psi_0}{2}\sin\frac{\theta_0}{2}\cos\frac{\gamma_0}{2} \\ q_3 &= \cos\frac{\psi_0}{2}\sin\frac{\theta_0}{2}\sin\frac{\gamma_0}{2} + \sin\frac{\psi_0}{2}\cos\frac{\theta_0}{2}\cos\frac{\gamma_0}{2} \end{aligned}\right\} \tag{3.51}$$

利用初始的姿态四元数，还可以根据式(3.45)获得初始姿态矩阵 $\boldsymbol{C}_{b0}^{n}$。

2)初始地球自转角速度和位置角速度计算。根据式(3.35)，并利用给定的初始位置和速度，可以求出初始时刻的地球自转角速度 $\boldsymbol{\omega}_{ie0}^{n}$、位置角速度 $\boldsymbol{\omega}_{en0}^{n}$。

3)重力加速度的初始值计算。重力加速度 g 的初始值可以根据 h_0 的初始值由式(3.49)计算得到。

4)子午圈、卯酉圈半径初始值的计算。子午圈半径 R_M、卯酉圈半径 R_N 的表达式分别为

$$\left.\begin{aligned} R_M &= R_e(1-2e+3e\sin^2 L) \\ R_N &= R_e(1+e\sin^2 L) \end{aligned}\right\} \tag{3.52}$$

利用给定的初始纬度 L_0 即可求出 R_{M0}、R_{N0}。

3.5　误差处理器

根据捷联惯性导航解算仿真器计算出的带误差的导航参数，与飞行轨迹发生器产生的理想的导航参数进行比较，从而得到计算的位置、速度和姿态等导航参数误差，误差处理器的结构如图 3.5 所示。

进一步，根据计算的导航误差，便可对惯性器件误差模型和导航解算算法的性能进行验证与评估。

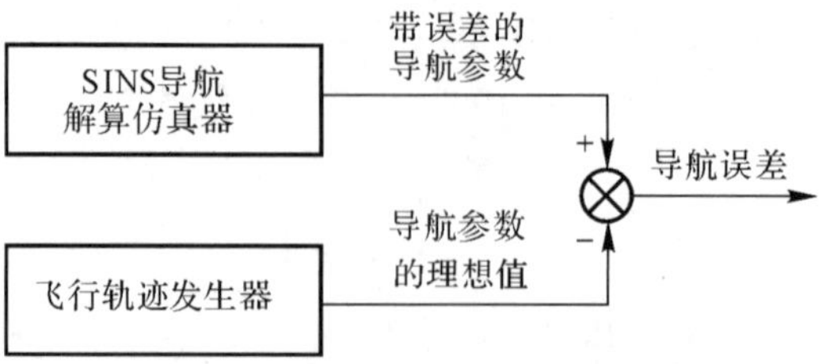

图 3.5　误差处理器的结构图

3.6　捷联惯导系统数字仿真实例

图 3.6 为捷联惯导数字仿真系统的结构图。下面以飞机为例，进行捷联惯导数字仿真系统的设计及其性能的验证。

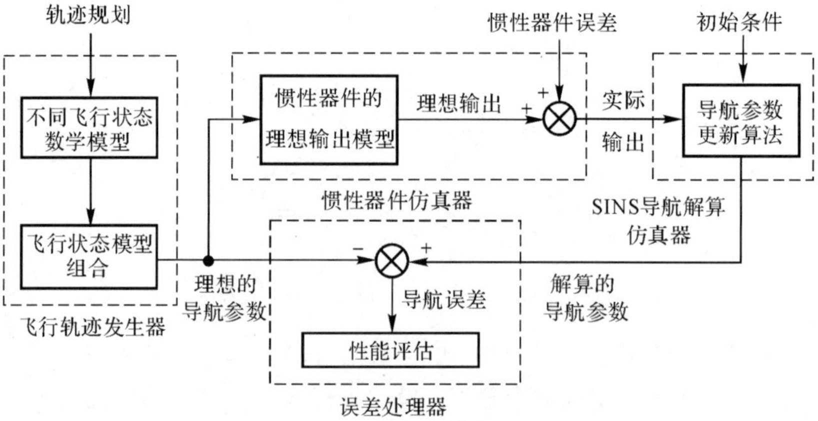

图 3.6　捷联惯导数字仿真系统的结构图

1. 飞行轨迹仿真设计

利用飞行轨迹发生器设计一条飞机的飞行轨迹，该轨迹包含起飞、爬升、转弯、连续转弯、俯冲和加减速等典型机动动作。其中爬升包含拉起、等角爬升和改平三个阶段；转弯包含进入转弯、等角转弯和转弯改平三个阶段；连续转弯由多次转弯组成，呈现为 S 形轨迹；俯冲包含进入俯冲、等角俯冲和俯冲改平三个阶段。

飞机的初始位置为 40°N、116°E、高度 500 m，初始速度和姿态角均为零。飞机在加减速时的加速度大小均为 4 m/s^2，在爬升和俯冲时的俯仰角速率均为 0.15 °/s，在转弯时的滚转角速率均为 0.15 °/s，在连续转弯时的滚转角速率均为 0.35 °/s。系统的仿真步长设定为 0.01 s，仿真总时间为 120 min，具体的飞行状态见表 3.1。

表 3.1　飞行状态

序　号	时间/s	状　态	序　号	时间/s	状　态
1	0～100	匀加速直线行驶	10	1891～1991	匀加速直线行驶
2	100～700	匀速直线行驶	11	1 991～2 700	匀速直线行驶

续表

序　号	时间/s	状　态	序　号	时间/s	状　态
3	700～750	进入爬升	12	2 700～4 808	连续转弯
4	750～800	等角爬升	13	4 808～5 500	匀速直线行驶
5	800～850	爬升改平	14	5 500～5 600	匀减速直线行驶
6	850～1 550	匀速直线行驶	15	5600～6200	匀速直线行驶
7	1 550～1 650	进入转弯	16	6 200～6 300	进入转弯
8	1 650～1 791	等角转弯	17	6 300～6 441	等角转弯
9	1 791～1 891	转弯改平	18	6 441～6 541	转弯改平
19	6 541～7 200	匀速直线行驶			

利用飞行轨迹发生器得到的速度和姿态曲线分别如图 3.7 和图 3.8 所示。

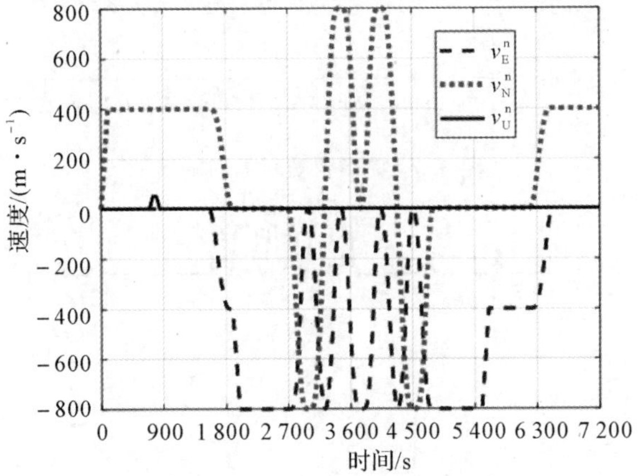

图 3.7　**轨迹发生器输出的速度**

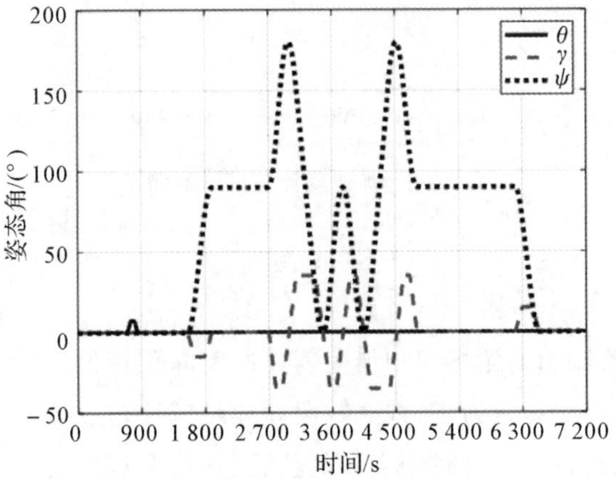

图 3.8　**轨迹发生器输出的姿态角**

通过将飞行轨迹发生器输出的速度和姿态结果与预先设计的各个飞行阶段的参数进行对比，可以发现飞行轨迹发生器的输出结果与预先设定的飞行轨迹参数是一致的。

2. 惯性器件仿真器的输出

将飞行轨迹发生器产生的理想的导航参数输入到惯性器件仿真器中，同时考虑惯性器件受常值误差和随机噪声的影响,设置陀螺仪常值漂移和高斯白噪声的标准差均为 0.01°/h,加速度计零偏和高斯白噪声的标准差均为 10 μg,得到陀螺仪和加速度计仿真器输出的实际测量值(即角速度和比力)分别如图 3.9 和图 3.10 所示。

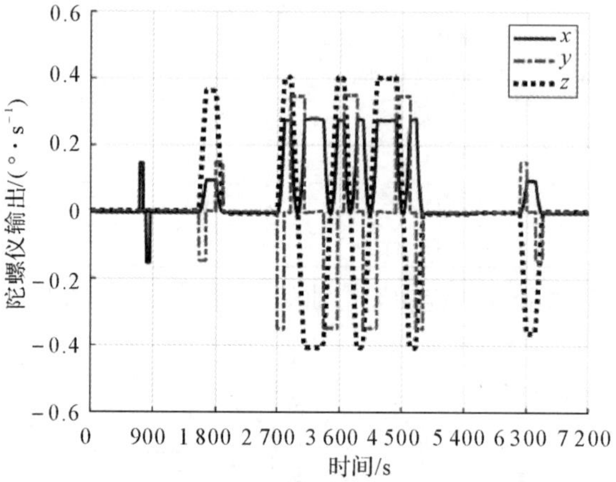

图 3.9 陀螺仪仿真器的输出

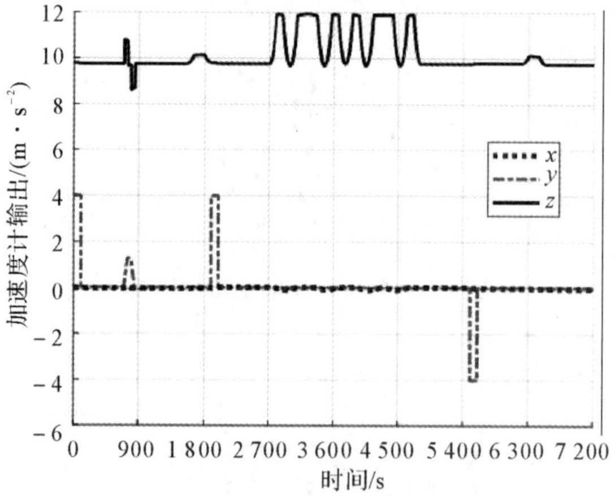

图 3.10 加速度计仿真器的输出

3. 捷联惯导系统解算结果

将惯性器件仿真器输出的陀螺仪和加速度计的实际测量值,输入到捷联惯性导航解算仿真器中,并设置初始对准误差为零,则捷联惯性导航解算仿真器通过位置、速度和姿态更新解算,便可得到飞机在各个飞行时刻实际的位置、速度和姿态等导航参数。图 3.11 为捷联惯性导航解算仿真器解算的实际轨迹与飞行轨迹发生器生成的理论轨迹的对比结果。

从图 3.11 可以看出,捷联惯性导航解算仿真器解算得到的实际轨迹与飞行轨迹发生器生成的理论轨迹基本吻合,但是受惯性器件误差的影响,两者的差异(即导航解算误差)随着时间的累积而逐渐增大。

进一步,将捷联惯性导航解算仿真器解算得到的包含计算误差的导航结果输入到误差处理器中,则误差处理器便可将捷联惯性导航解算仿真器解算得到的导航结果与飞行轨迹发生器输出的导航参数的理想值进行比较,进而得到捷联惯导解算的位置、速度和姿态等参数的导航误差,从而实现对捷联惯导系统性能的仿真验证。

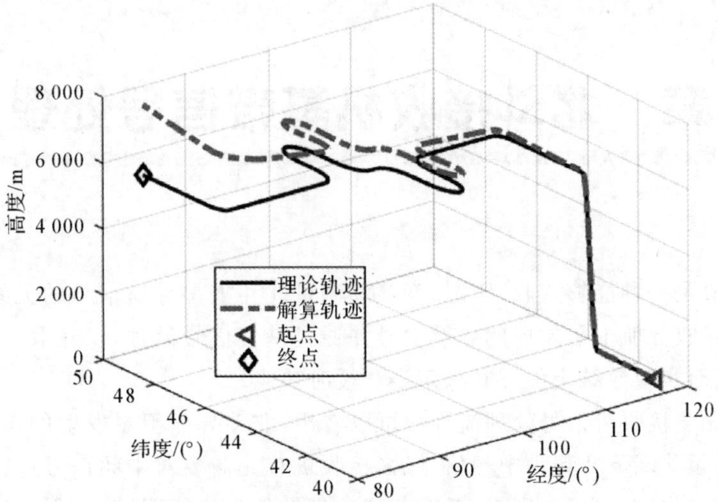

图 3.11　解算轨迹与理论轨迹的对比

思考与练习

1. 阐述捷联惯导数字仿真系统的结构与工作原理。

2. 什么是飞行轨迹发生器? 其作用是什么?

3. 简述陀螺仪仿真器、加速度计仿真器与飞行轨迹发生器的关系。

4. 简述捷联惯性导航解算仿真器与陀螺仪仿真器、加速度计仿真器的关系。

5. 任意选定一种巡航式飞行器,设计一段飞行轨迹(至少包含起飞、巡航、降落 3 个飞行阶段),编程仿真实现飞行轨迹发生器的功能。

6. 按照题 5 中所设计的轨迹,根据惯性器件(陀螺仪和加速度计)的数学模型,编程实现陀螺仪和加速计仿真器的功能。

7. 利用题 6 中惯性器件仿真器的输出数据,编程实现 SINS 导航解算功能,并结合题 5 中轨迹发生器输出的飞行器理想导航参数,进一步计算 SINS 的导航解算误差。

第 4 章　北斗接收机基带信号处理方法

北斗接收机是一种能够接收、跟踪、变换和测量北斗卫星导航信号的无线电接收设备，其主要功能是接收导航卫星发射的导航信号并通过基带信号处理，以获取导航电文和必要的观测信息，从而实现导航定位、测速、定姿和授时功能。

图 4.1 为北斗接收机信号处理流程。可以看出，北斗导航卫星发射的信号传播到接收机天线，并经射频前端下变频为中频信号后，接收机首先需要对中频信号进行捕获，以确定可见卫星，并初始化信号参数；进而，对捕获到的导航信号进行跟踪，以保证连续进行测距，同时从导航信号中解调出导航电文；然后，对导航电文进行解析，以获得信号发射时间、卫星时钟钟差校正参数、卫星星历等导航电文参数，再利用这些导航电文参数实现连续地定位、测速和定姿。可见，北斗接收机需要具备捕获、跟踪、导航电文解析等基带信号处理功能。

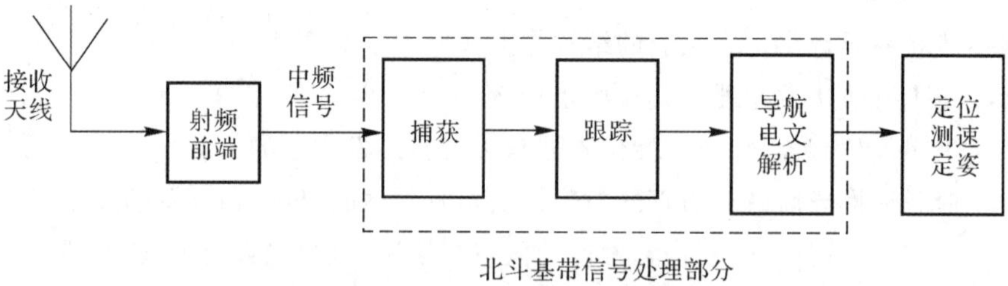

图 4.1　北斗接收机信号处理流程

因此，本章简要介绍北斗全球时代的新能力和北斗信号的结构，在此基础上，重点介绍北斗接收机的基带信号处理方法，主要包括信号捕获、跟踪和导航电文解析等。

4.1　北斗全球时代的新能力

4.1.1　混合星座

北斗卫星导航系统立足我国国情，创新性地采用混合星座设计，即由多个轨道类型的卫星组成导航星座，包括地球静止轨道（Geostationary Orbit，GEO）卫星、倾斜地球同步轨道（Inclined Geosynchronous Orbit，IGSO）卫星和中圆地球轨道（Medium Earth Orbit，MEO）卫星，北斗卫星星座如图 4.2 所示。北斗卫星星座由 3 颗 GEO 卫星、3 颗 IGSO 卫星以及

24 颗 MEO 卫星组成，并根据星座运行情况部署在轨备份卫星。其中，GEO 卫星轨道高度为 35 786 km，分别定点于东经 80°、110.5°和 140°；IGSO 卫星轨道高度为 35 786 km，轨道倾角为 55°；MEO 卫星轨道高度为 21 528 km，轨道倾角为 55°。

北斗卫星导航系统通过在重点服务区上空布设 GEO 和 IGSO 卫星，实现特定区域范围内良好的覆盖性能；同时，利用 MEO 卫星，实现全球覆盖的均匀性和对称性。相较于仅采用 MEO 卫星的卫星导航系统，北斗卫星导航系统增加了 GEO 和 IGSO 两类高轨卫星。由于地球自转的影响，地面用户每天平均只有 5 h 可观测到 MEO 卫星。GEO 卫星定点在赤道上空，其服务范围内的用户可全天 24 h 观测到该卫星。IGSO 卫星的星下点轨迹（卫星运行轨道在地面上的投影）呈南北对称的“8”字形，如图 4.3 所示。IGSO 卫星服务范围内的用户每天约有 18 h 可观测到该卫星。3 颗均匀分布且重复轨迹的 IGSO 卫星，即可实现覆盖区连续不间断服务。换言之，通过合理设计，少数几颗 GEO 卫星和 IGSO 卫星就可以对区域用户实现全天时覆盖。

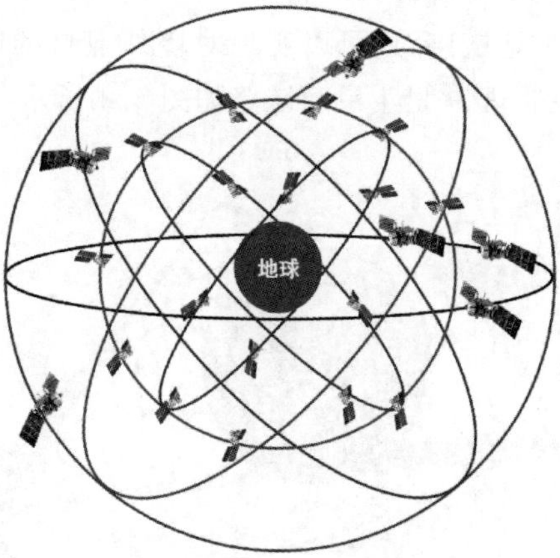

图 4.2　北斗卫星星座

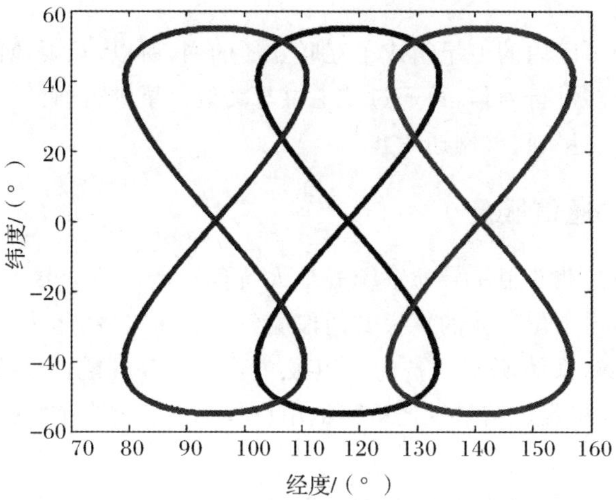

图 4.3　IGSO 卫星星下点轨迹

对于低纬度用户，由于GEO卫星和IGSO卫星处于用户头顶的正上方（即天顶方向），所以，这两类卫星可避开周围建筑、树木或高地等遮挡，具有抗遮挡能力强的优点。

综上所述，北斗卫星导航系统通过增加GEO卫星和IGSO卫星，使得该系统在重点区域、遮挡区域以及低纬度区域获得了更好的观测几何构型，从而显著增强了其在重点服务区域内的导航性能。

4.1.2 星间链路

北斗卫星导航系统配置了星间链路，可以实现星座内卫星之间的高精度距离测量和相关信息的通信与交换，其主要用途如下：

(1)利用星间测量信息自主计算并修正卫星的轨道位置和时钟系统，实现星座不依赖地面的自主运行能力。

(2)通过星间和星地联合测量，实现星—星—地联合精密定轨，提高卫星定轨和时间同步的精度，进而提高整个系统的定位和授时精度。

与此同时，通过星间和星地链路，还可以实现对境外卫星的监测和注入功能，以及对境外卫星"一站式测控"的测控管理。北斗星间链路如图4.4所示。

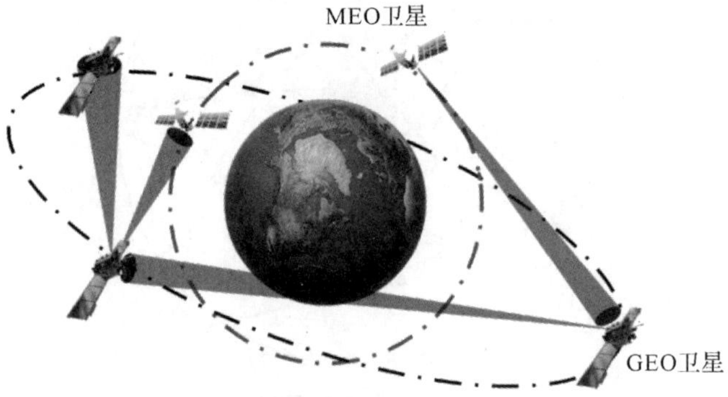

图4.4 北斗星间链路

由于星间链路将星座内的卫星组成了互联互通的网，所以，只要地面上有一个观测站与空间中的一颗卫星能够进行通信，再通过该卫星与其他卫星进行通信，就可以实现地面与整个卫星网的通信，即"一星通、整网通"。

4.1.3 短报文通信服务

短报文通信服务是北斗卫星导航系统的最大特色。从北斗一号开始，北斗卫星导航系统就为用户提供通信与定位一体的短报文通信服务。北斗二号、北斗三号继续提供该服务，这一点是其他卫星导航系统所不具备的。短报文通信服务既能传输文字，又可传输图片。用户进行定位后，可以将定位结果发送给其他用户。这不仅解决了"我在哪"的问题，还可以"告诉别人我在哪"。

对于两个都具备短报文通信终端的用户来说，其通信流程为用户A将发送的信息经北斗卫星传输到主控站，主控站根据接收目标用户的位置，通过北斗卫星发送给目标用户B，反之亦然。不仅如此，短报文通信服务还支持一对多的通信服务，即指北斗卫星可同时播发给用户 B、用户 C 等，如图 4.5 所示。

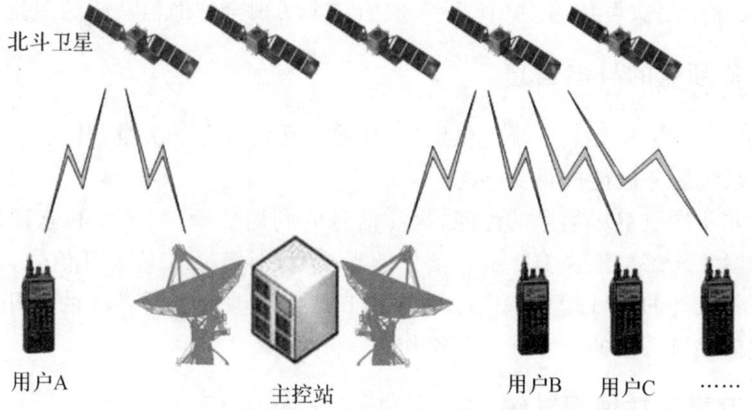

图 4.5　**用户终端短报文通信**

另外，根据覆盖范围的不同，北斗卫星导航系统的短报文通信服务可分为区域短报文通信和全球短报文通信。

(1)区域短报文通信服务，顾名思义，有一定的地理范围，目前为亚太地区，也就是我国及周边地区。北斗卫星导航系统通过 3 颗 GEO 卫星，转发短报文信息给目标用户。GEO 卫星的轨道特点决定了其播发的信号只能覆盖一部分区域，即在经度范围为 75°～135°，纬度范围为 10°～55°的区域内，提供短报文通信服务。

(2)全球短报文通信服务采用星上处理方式，MEO 卫星是提供该服务的载体，卫星通过星间链路互联，形成星间信息传输网，进行全球短报文数据的传递。北斗三号已经实现全球覆盖，用户只需将消息通过短报文终端成功发送给卫星，消息在星间链路传递，当某一颗卫星与地面运控中心通信时，卫星把消息带给地面运控中心，无须在全球建立地面站，就可实现全球用户全时段使用，如图 4.6 所示。

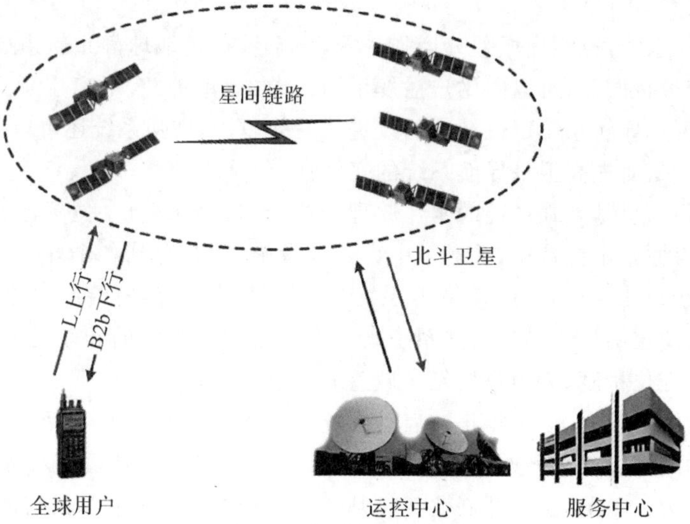

图 4.6　**全球短报文通信**

从北斗一号到北斗三号，北斗区域短报文通信服务能力不断升级拓展，区域短报文通信能力由每次120个汉字升级到1 000个汉字，传输文字和图片更加高效便捷；在北斗三号中，全球短报文通信每次可传输40个汉字，成为首个实现全球通信功能的卫星导航系统。

4.1.4 多频点的导航信息

卫星导航信号是卫星导航系统提供定位、导航与授时服务的关键，其质量是衡量导航卫星水平和工程系统服务性能的重要标志。

为了改善北斗导航卫星信号的性能，提高信号的利用效率、兼容性和互操作性，北斗三号在继承和保留北斗二号卫星B1I、B3I信号的基础上，新增了B1C公开信号，并对B2信号进行了升级。新设计的B2a信号替代原来的B2I信号，实现了信号性能的提升，同时充分考虑了与其他卫星导航系统的兼容性与互操作性。

4.1.5 卫星导航增强系统

目前卫星导航系统提供的标准服务可实现的实时导航定位精度一般是10 m数量级，虽然能够满足大部分应用领域的需求，但还远远无法满足如物联网、测绘、地壳板块运动检测和实时空间信息服务等领域对亚米级、厘米级甚至毫米级定位精度的需求。如果要增强卫星导航系统的服务能力，提高定位精度及系统的完好性，就需要对卫星导航系统的各种误差进行观测和修正。

卫星导航增强系统是卫星导航系统的“能力倍增器”，它通过大量分布极广、位置已知的差分站，对导航卫星进行监测，获得原始定位数据(包括伪距、载波相位观测数据等)，并将数据送给中心站。中心站通过处理和计算，得到各导航卫星的各种定位修正信息，并通过地面系统或空间卫星搭载的卫星导航增强信号转发器，向用户播发星历误差、卫星钟差、电离层延迟等多种修正信息，从而实现对原卫星导航系统所提供的定位精度、完好性的改进。

从信号发射系统所处的位置类型来看，卫星导航增强系统可以分为星基增强系统和地基增强系统两大类。

(1)星基增强系统，也叫广域差分增强系统，该系统通过地球静止轨道(GEO)卫星搭载卫星导航增强信号转发器，可以向用户播发星历误差、卫星钟差、电离层延迟等多种修正信息，以实现对原卫星导航系统定位精度的改进。另外，星基增强系统还可以为用户终端提供完好性报警信息，从而提高卫星导航系统的完好性。

如图4.7所示，星基增强系统的工作原理为：由大量分布极广、位置已知的基准站对卫星进行监测，获得原始定位数据，并送至中央处理设施，计算得到各个导航卫星的各项误差改正信息，发送给地球静止轨道GEO卫星，卫星将改正信息播发给用户终端，用户终端解算得到高精度的定位结果。星基增强系统既可作为用户可观测的导航卫星，同时又可提高卫星导航系统的定位精度，为用户提供区域差分改正信息。

北斗星基增强系统于2012年正式启动系统方案体制论证工作，随后开展单频星基增强试验测试工作，并在2020年开始为中国及周边区域用户提供星基增强服务，具备星基增强系统初始运行能力。目前，正在开展北斗星基增强系统的性能提升和民航测试认证工作，并计划在2025年左右使北斗星基增强系统具备完整运行能力。

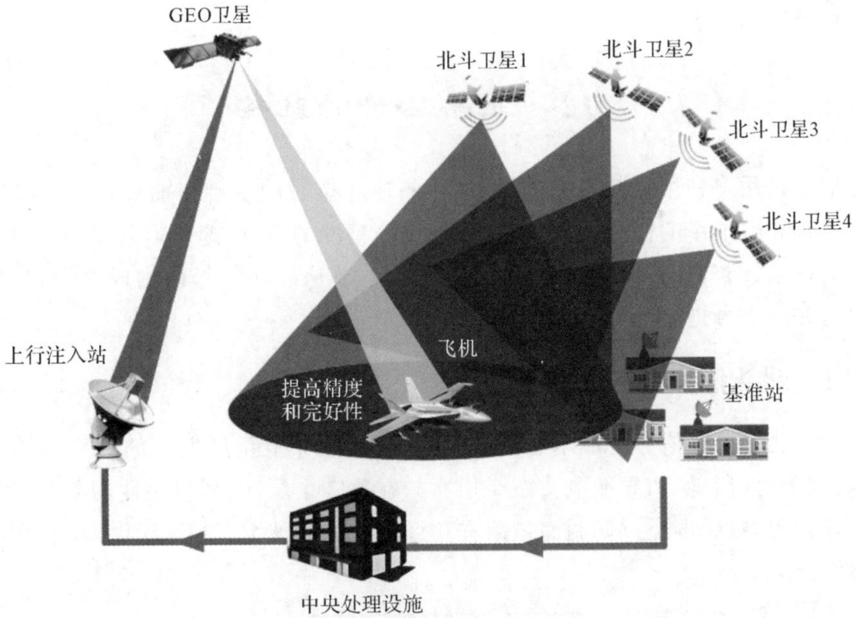

图 4.7　星基增强系统工作原理

(2)地基增强系统，是指通过在地面建设地基增强站，依托这些站点和通信网络，将地基增强站的差分数据播发给各类需要高精度定位的用户终端，从而辅助用户终端通过差分定位算法获得高精度定位的系统，其原理如图 4.8 所示。

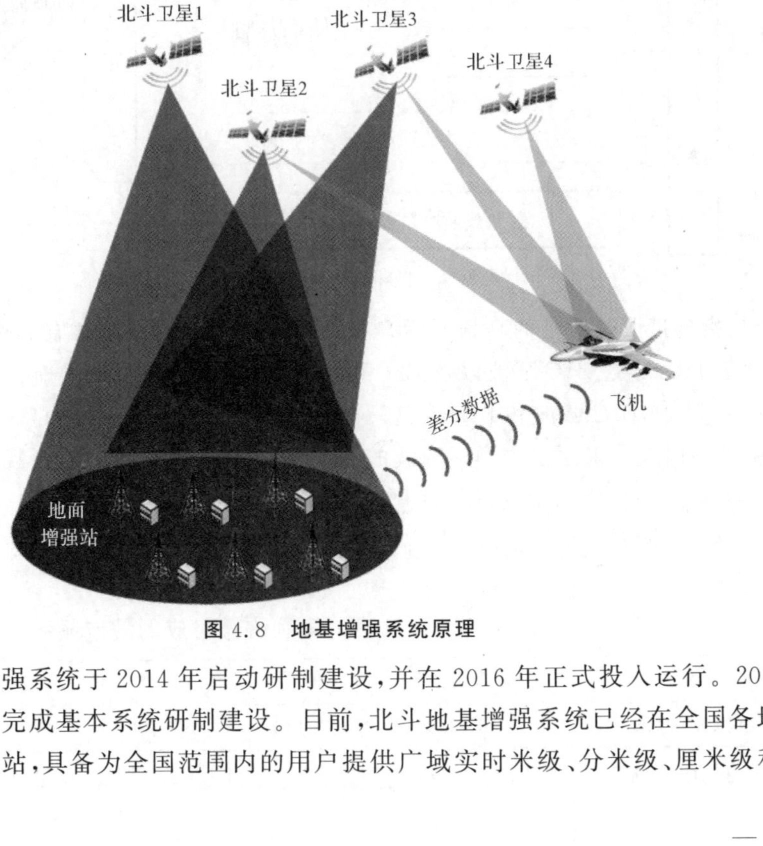

图 4.8　地基增强系统原理

北斗地基增强系统于 2014 年启动研制建设，并在 2016 年正式投入运行。2018 年，北斗地基增强系统完成基本系统研制建设。目前，北斗地基增强系统已经在全国各地建设了上千个地基增强站，具备为全国范围内的用户提供广域实时米级、分米级、厘米级和后处理毫米级定位精度的能力。

4.2 北斗信号的结构

北斗信号是用户利用导航卫星进行定位、测速和授时的基础与前提。北斗接收机通过处理至少 4 颗导航卫星的信号,可以为用户提供高精度的位置、速度以及时间信息。为了对北斗信号的产生、结构和特点有一个基本的了解,本节从北斗信号的构成、伪码和导航电文三个方面对北斗信号进行介绍。

4.2.1 北斗信号的构成

图 4.9 为北斗导航信号生成示意图。可以看出,北斗卫星所发射的信号从结构上可以分为载波、测距码(伪码)和导航电文三个层次。在这 3 个层次中,首先使用测距码对导航电文进行扩频调制,然后再经过调制而依附在正弦形式的载波上,最后北斗卫星将调制后的载波信号播发出去。

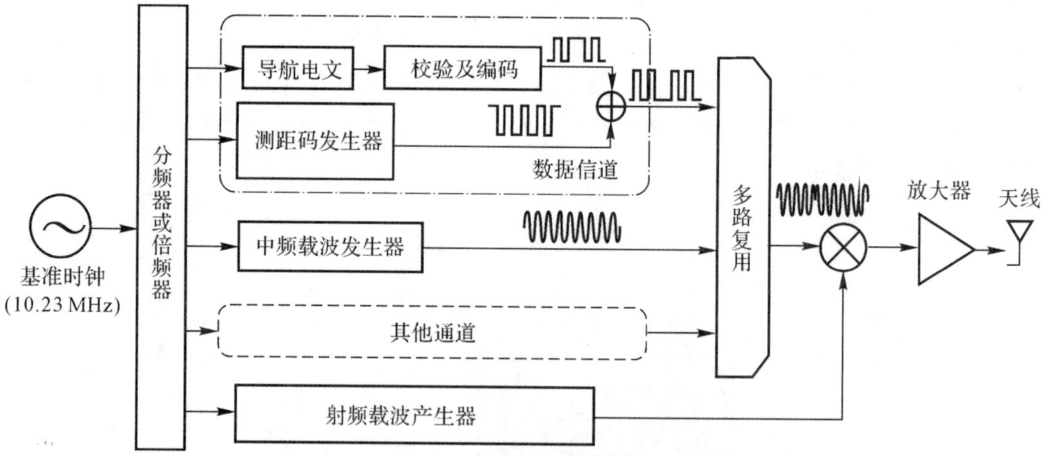

图 4.9 北斗导航信号生成示意图

载波是指携带调制信号的高频振荡波。北斗卫星所用的载波共有五个,分别为 B1I 载波、B2I 载波、B3I 载波、B1C 载波以及 B2a 载波,北斗卫星导航系统导航信号对应的载波频率见表 4.1。其中,B1C 载波和 B2a 载波只在北斗三号 MEO 卫星和 IGSO 卫星上播发,在 GEO 卫星上不播发。采用多个频率载波的目的是便于应用双频或多频观测技术计算电离层延迟改正,以提高定位的精度;而采用高频率载波是为了更精确地测定多普勒频移,从而提高测速的精度;同时,也是为了减小信号的电离层延迟,因为电离层延迟与信号频率 f 的二次方成反比。

表 4.1 北斗卫星导航系统导航信号对应的载波频率

北斗导航信号	B1I 载波	B2I 载波	B3I 载波	B1C 载波	B2a 载波
载波频率/MHz	1 561.098	1 207.140	1 268.520	1 575.420	1 176.450

测距码是用于测定从卫星到接收机之间距离的二进制码。北斗卫星中所用的测距码从

性质上讲属于伪随机噪声(Pseudo Random Noise,PRN)码,即伪码。伪码可以增强信号传输过程中的抗干扰能力,降低导航电文解码的误码率。另外,伪码相移可以反映信号的传输时间,从而计算出伪距、伪距率等参数。图 4.10 为一种伪随机码的表述形式。图中的 τ_0 为一个码元对应的时间,以 s 为单位,称为码元宽度;L_p 为一个周期内的码元数,称为码长,常用 bit 作为码长的单位,如 $L_p=7$ bit;T_p 为以 s 为单位的时间周期,即 $T_p=L_p\tau_0$。

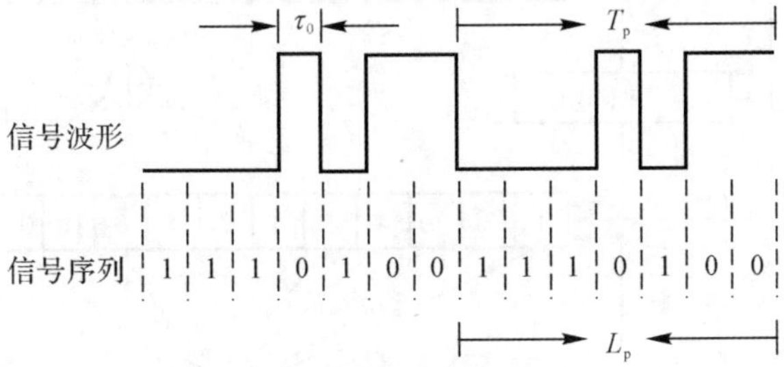

图 4.10　伪随机码的表述形式

导航电文也称数据码(D 码),是北斗卫星以二进制码的形式发送给用户的导航定位数据,主要包括卫星星历、卫星星钟改正、电离层延迟改正、卫星工作状态信息、全部卫星的概略星历、差分及完好性信息和格网点电离层信息等。导航电文是北斗定位的数据基础。

当前,北斗卫星导航系统中常用的观测值有码相位观测值(伪距观测值)和载波相位观测值两种。伪距观测值指的是导航卫星到接收机之间含有误差的距离,是通过测定卫星信号从导航卫星传播到接收机所需的时间而得到的;载波相位观测值实际上是卫星信号与接收机的本地信号之间的相位差。理论和实践均表明,各种观测值的精度是对应波长或者码元长度的 1%。由于北斗信号中载波的波长远小于伪码的码元长度,因此载波相位观测值远比伪距观测值的精度高。载波相位观测值由于具有精度高的优点,因此常用于精密定位和多天线定姿系统中。

4.2.2　北斗信号的伪码

北斗卫星导航系统本质上是一个基于码分多址的扩频通信系统,而其中的码就是指伪码,它是北斗信号结构中位于载波之上的第二个层次。伪码是北斗卫星导航系统实现码分多址的基础与前提,是北斗信号的重要组成部分。

1. 伪码的产生

在北斗卫星导航系统中,B1I 信号和 B2I 信号伪码(以下简称 C_{B1I} 码和 C_{B2I} 码)的码速率为 2.046 Mc/s(码片每秒,chips per second),码长为 2 046。图 4.11 所示为 C_{B1I} 码和 C_{B2I} 码发生器的结构。C_{B1I} 码和 C_{B2I} 码是由线性序列 G_1 与 G_2 模 2 和(模 2 加)后截短最后 1 码片生成的截短码。

G_1 序列和 G_2 序列均由 11 位的线性移位寄存器生成,其生成多项式为

$$G_1(X)=1+X+X^7+X^8+X^9+X^{10}+X^{11} \tag{4.1}$$

$$G_2(X)=1+X+X^2+X^3+X^4+X^5+X^8+X^9+X^{11} \tag{4.2}$$

G_1 序列的初始相位为 01010101010,G_2 序列的初始相位为 01010101010。通过对产生 G_2 序列的移位寄存器不同抽头的模 2 和,可以实现 G_2 序列相位的不同偏移,再与 G_1 序列

模 2 和后可以生成不同卫星的伪码。

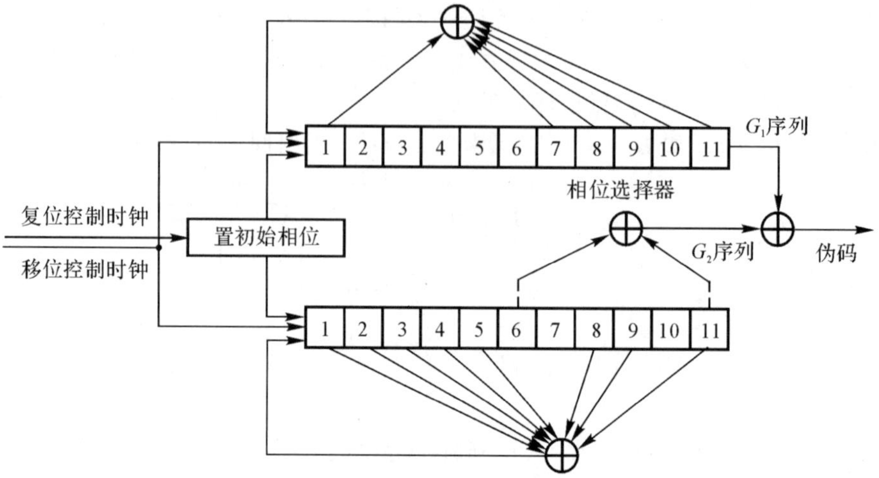

图 4.11　C_{B1I} 码和 C_{B2I} 码发生器结构

B3I 信号伪码(以下简称 C_{B3I} 码)的码速率为 10.23 Mc/s,码长为 10 230。图 4.12 为 C_{B3I} 码发生器的结构。C_{B3I} 码由两个线性序列 G_1 与 G_2 截短、模 2 和后再截短产生。G_1 序列与 G_2 序列均由 13 位的线性移位寄存器生成,周期为 8 191 码片,其生成多项式为

$$G_1(X)=1+X+X^3+X^4+X^{13} \tag{4.3}$$

$$G_2(X)=1+X+X^5+X^6+X^7+X^9+X^{10}+X^{12}+X^{13} \tag{4.4}$$

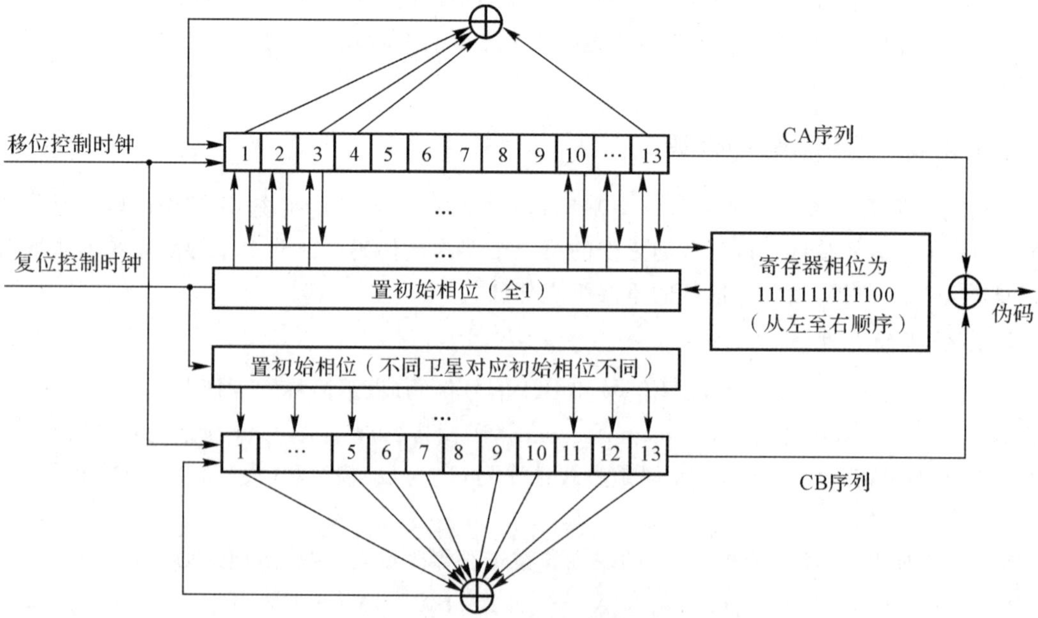

图 4.12　C_{B3I} 码发生器结构

将 G_1 序列产生的码序列截短 1 码片,使其变成周期为 8 190 码片的 CA 序列;G_2 序列产生周期为 8 191 码片的 CB 序列。CA 序列与 CB 序列模 2 和,产生周期为 10 230 码片的

C_{B3I} 码。G_1 序列在每个伪码周期(1 ms)起始时刻或 G_1 序列寄存器相位为 1111111111100 时设置为初始相位，G_2 序列在每个伪码周期(1 ms)起始时刻设置为初始相位。G_1 序列的初始相位为 1111111111111，G_2 序列的初始相位由 1111111111111 经过不同的移位次数形成，不同的初始相位对应着不同卫星。表 4.2 为北斗卫星导航系统三个频点信号的伪码特征。

表 4.2　北斗卫星导航系统三个频点信号的伪码特征

信　号	码　长	周期/ms	码速率/(Mc/s^{-1})
B1I 信号	2 046	1	2.046
B2I 信号	2 046	1	2.046
B3I 信号	10 230	1	10.23

2. 伪码的特性

由于北斗卫星信号采用码分多址技术，所以采用不同的伪码对不同卫星的导航数据进行扩频调制。北斗接收机为了跟踪其视野内的导航卫星，其内部必须在复现载波信号(包括多普勒效应)的同时，也复现所跟踪卫星的伪码信号。将复现的伪码同输入伪码在不同相位误差上进行相关运算，使二者同步，从而完成对输入信号的解扩。伪码的同步通过捕获和跟踪完成。伪码最主要的特性是它的相关性，高的自相关值和低的互相关值为伪码的捕获和跟踪提供了大的动态域。

伪码的相关特性主要包括互相关特性和自相关特性。

(1)互相关特性。每颗卫星使用的伪码与其他卫星的伪码有最小的互相关值。也就是说，假定卫星 i 和卫星 k 的伪码分别为 C^i 和 C^k，则它们的互相关函数可以写为

$$R_{ik}(\tau)=\sum_{l=0}^{1\,022}C^i(l)\cdot C^k(l+\tau)\approx 0 \tag{4.5}$$

(2)自相关特性。所有的伪码在相位对齐的情况下有最大的自相关值，当相位差超过一个码元时，自相关输出几乎为零，即

$$R_{kk}(\tau)=\sum_{l=0}^{1\,022}C^k(l)\cdot C^k(l+\tau)\approx 0,\quad |\tau|\geqslant 1 \tag{4.6}$$

图 4.13 为伪码的自相关特性曲线，图中的 T_c 为一个码元的宽度，当复现伪码与输入伪码的相位误差为零时，达到完全相关，出现相关峰；当二者之间的相位误差在一个码元内时，出现部分相关；当二者的相位误差大于一个码元时，出现完全不相关。

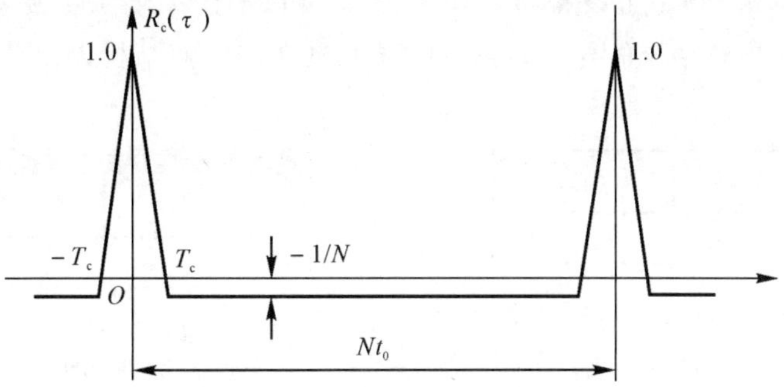

图 4.13　伪码的自相关特性曲线

4.2.3 北斗信号的导航电文

导航电文主要包括卫星星历、卫星星钟改正、电离层延迟改正、卫星工作状态信息、全部卫星的概略星历、差分及完好性信息和格网点电离层信息等。下面以典型的北斗二号导航电文为例进行介绍。

根据速率和结构的不同，北斗二号导航电文可以分为 D1 导航电文和 D2 导航电文。

1. D1 导航电文

D1 导航电文由 MEO/IGSO 卫星的 B1I 信号和 B2I 信号播发，速率为 50 bit/s，并调制有速率为 1 bit/s 的二次编码。图 4.14 为 D1 导航电文帧结构。D1 导航电文由超帧、主帧和子帧组成。每个超帧为 36 000 bit，历时 12 min，由 24 个主帧组成；每个主帧为 1 500 bit，历时 30 s，由 5 个子帧组成；每个子帧为 300 bit，历时 6 s，由 10 个字组成；每个字为 30 bit，历时 0.6 s，由导航电文数据及校验码两部分组成。每个子帧的第 1 个字有 26 bit 的信息位和 4 bit 的校验码，其他 9 个字均有 22 bit 的信息位和 8 bit 的校验码。

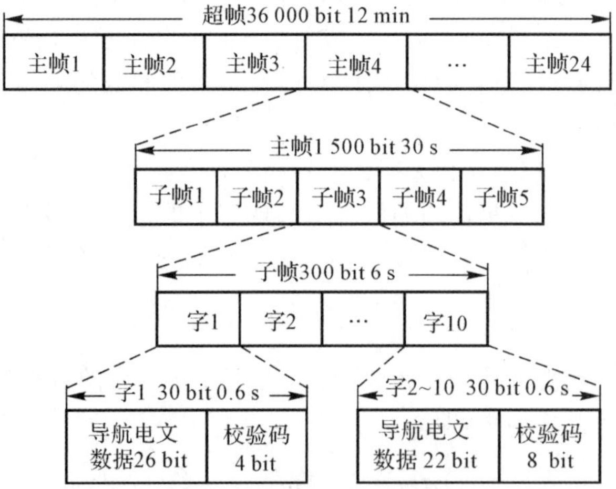

图 4.14 D1 导航电文帧结构

D1 导航电文包含基本导航信息，包括本卫星基本导航信息（包括周内秒计数、整周计数、用户距离精度、卫星自主健康标识、电离层延迟改正参数、卫星星历参数及数据龄期、卫星钟差参数及数据龄期、星上设备时延差）、全部卫星历书以及与其他系统时间同步信息（UTC 或其他卫星导航系统的导航时）。D1 导航电文的主帧结构以及信息内容如图 4.15 所示。

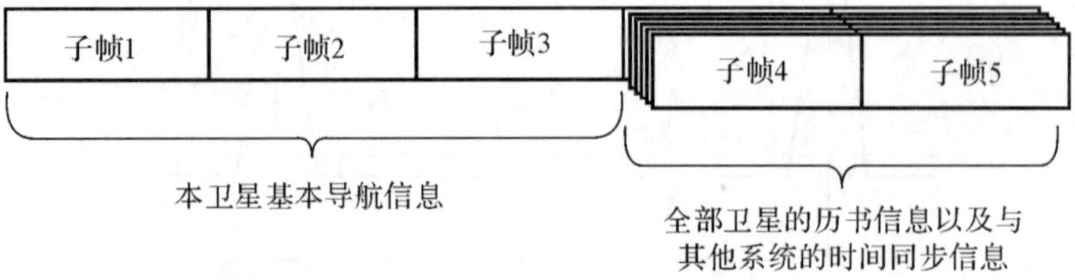

图 4.15 D1 导航电文的主帧结构及信息内容

可以看出，子帧 1～子帧 3 播发本卫星基本导航信息；子帧 4 和子帧 5 的信息内容由 24 个页面分时发送，其中子帧 4 的页面 1～24 和子帧 5 的页面 1～10 播发全部卫星的历书信息以及与其他系统的时间同步信息；子帧 5 的页面 11～24 为预留页面。

2. D2 导航电文

D2 导航电文由 GEO 卫星的 B1I 信号和 B2I 信号播发，速率为 500 bit/s。图 4.16 为 D2 导航电文帧结构。D2 导航电文由超帧、主帧和子帧组成。每个超帧为 180 000 bit，历时 6 min，由 120 个主帧组成；每个主帧为 1 500 bit，历时 3 s，由 5 个子帧组成；每个子帧为 300 bit，历时 0.6 s，由 10 个字组成；每个字为 30 bit，历时 0.06 s，由导航电文数据以及校验码两部分组成。每个子帧的第 1 个字有 26 bit 的信息位和 4 bit 的校验码，其他 9 个字均有 22 bit 的信息位和 8 bit 的校验码。

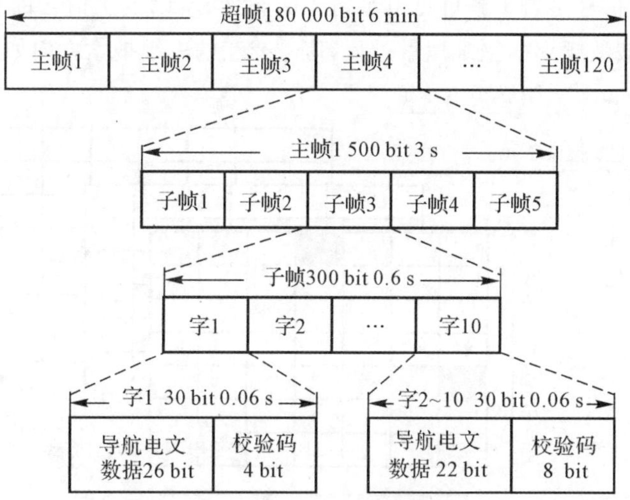

图 4.16　D2 导航电文帧结构

D2 导航电文包含本卫星基本导航信息、全部卫星历书、与其他系统时间同步信息、北斗系统完好性及差分信息、格网点电离层信息。D2 导航电文的主帧结构以及信息内容如图 4.17 所示。

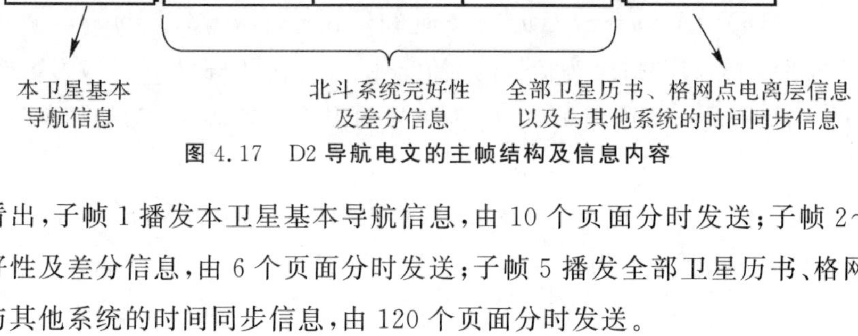

图 4.17　D2 导航电文的主帧结构及信息内容

可以看出，子帧 1 播发本卫星基本导航信息，由 10 个页面分时发送；子帧 2～4 播发北斗系统完好性及差分信息，由 6 个页面分时发送；子帧 5 播发全部卫星历书、格网点电离层信息以及与其他系统的时间同步信息，由 120 个页面分时发送。

4.3 北斗信号捕获

北斗信号捕获是接收机基带信号处理的第一步。接收机在进行信号捕获时，首先快速搜索可见卫星，然后粗略地确定出这些可见卫星信号的码相位及多普勒频移参数，并利用这些参数初始化信号跟踪环路。此外，如果跟踪环路失锁，捕获环节需要及时地进行信号重捕获。可见，北斗信号捕获性能直接影响接收机的首次定位时间和灵敏度等关键指标。因此，本节主要介绍北斗信号捕获的基本原理及其实现方法。

4.3.1 北斗信号捕获模型

信号捕获的目的是确定可见卫星及卫星信号码相位、载波频率的粗略值。由于北斗接收机接收到的卫星信号是若干颗可见卫星信号的叠加，所以卫星信号的捕获实际上是对可见卫星、码相位和载波频率的三维搜索过程，信号捕获的三维搜索方向如图 4.18 所示。

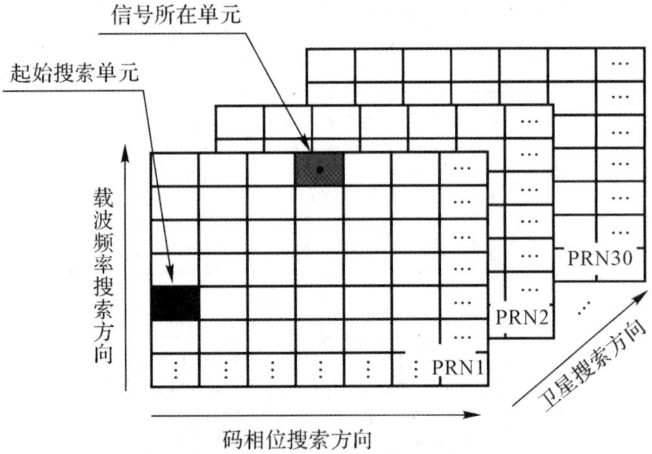

图 4.18 信号捕获的三维搜索方向

由于不同卫星的伪随机码是近似正交的，所以接收机可以对不同卫星信号进行并行独立处理。这样，在对某颗卫星信号进行捕获时，三维搜索过程便降为对载波频率和码相位的二维搜索过程。因此，当接收机接收到某颗北斗卫星的信号后，经射频前端下变频和采样处理得到数字中频信号，其模型为

$$r(n)=Ac(n-\tau)d(n-\tau)\cos[2\pi(f_{\mathrm{IF}}+f_{\mathrm{d}})n+\phi_0]+\eta(n) \tag{4.7}$$

式中：n 为信号的采样点序号；A 为信号的幅值；$c(\cdot)$为伪随机码；$d(\cdot)$为数据码；τ 为码相位延迟；f_{IF} 为信号的标称中频频率；f_{d} 为信号的多普勒频移；ϕ_0 为初始载波相位；$\eta(n)$为高斯白噪声。

在对数字中频信号 $r(n)$进行捕获时，接收机先根据码相位和多普勒频移的估计值生成对应的本地信号 $\hat{r}(n)$，其模型为

$$\hat{r}(n)=\hat{c}(n-\hat{\tau})\cdot\exp[-\mathrm{j}2\pi(f_{\mathrm{IF}}+\hat{f}_{\mathrm{d}})n] \tag{4.8}$$

式中：$\hat{\tau}$ 为信号码相位的估计值；$\hat{f}_{\rm d}$ 为信号多普勒频移的估计值。

之后，将数字中频信号 $r(n)$ 与本地信号 $\hat{r}(n)$ 进行相关运算，并滤除其中的高频分量；进而，可得到第 n 个采样点的相关结果为

$$r(n)\cdot\hat{r}(n)=\frac{Ac(n-\tau)\hat{c}(n-\hat{\tau})d(n-\tau)}{2}\exp[\mathrm{j}2\pi\delta f_{\rm d}n+\mathrm{j}\phi_0] \tag{4.9}$$

式中：$\delta f_{\rm d}=f_{\rm d}-\hat{f}_{\rm d}$ 为信号多普勒频移的估计误差。

对式(4.9)所得的相关结果进行累积运算，当累积时间段内的导航数据位不发生翻转时，则可得到累积结果 Z 为

$$Z=\sum_{n=0}^{N-1}\frac{Ac(n-\tau)\hat{c}(n-\hat{\tau})d(n-\tau)}{2}\exp[\mathrm{j}2\pi\delta f_{\rm d}n+\mathrm{j}\phi_0]=$$

$$\frac{AR(\delta\tau)d}{2}N\,\mathrm{sinc}(\pi\delta f_{\rm d}N)\cdot\exp[\mathrm{j}\pi\delta f_{\rm d}(N-1)+\mathrm{j}\phi_0] \tag{4.10}$$

式中：N 为信号的总采样点数；$R(\delta\tau)$为伪随机码的自相关函数，$\delta\tau=\tau-\hat{\tau}$ 为本地估计码相位与实际码相位的偏差。

式(4.10)为北斗信号的基本捕获模型。可以看出，相关累积结果 Z 与多普勒频移估计误差 $\delta f_{\rm d}$ 和码相位估计误差 $\delta\tau$ 有关。当 $\delta f_{\rm d}$ 和 $\delta\tau$ 均不为零时，Z 的幅值会产生衰减；而当 $\delta f_{\rm d}$ 和 $\delta\tau$ 均为零时，Z 取得峰值。可见，北斗信号捕获是通过对本地信号和接收信号进行相关累积运算，进而根据累积结果中的峰值位置获得码相位和多普勒频移的估计值。信号捕获基本原理如图 4.19 所示。

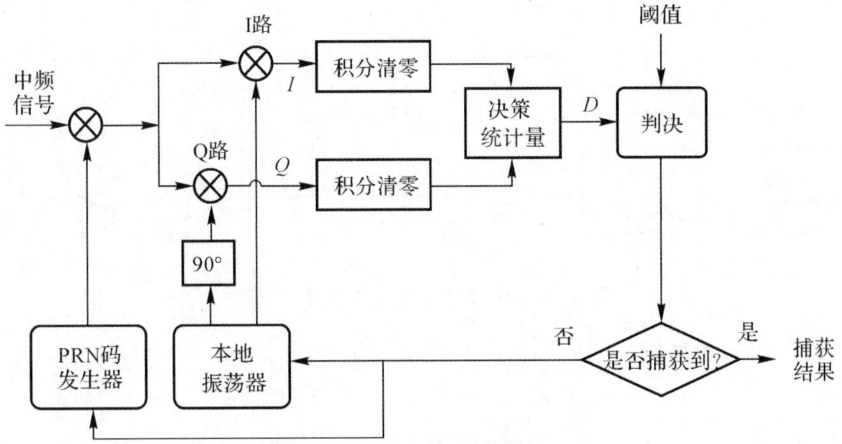

图 4.19　信号捕获基本原理

首先，将北斗中频信号与本地信号进行相关处理，然后将同相(In-Phase，I)和正交(Quara-Phase，Q)两路的相关结果分别进行累积运算，并利用两路的相关累积结果构造决策统计量 D；进而，将决策统计量 D 与设定的阈值进行比较，判断其是否超过阈值。若超过阈值，则完成信号捕获，决策统计量中峰值对应的码相位和多普勒频移即为捕获结果；若没有超过阈值，则说明未捕获到信号，需要改变本地信号的码相位和多普勒频移，再次进行相关累积运算，直至搜索完整个码相位和多普勒频移范围。

4.3.2 北斗信号捕获方法

北斗信号捕获方法可以分为硬件捕获法和软件捕获法。传统的接收机一般使用硬件捕获法，但随着芯片技术的发展和微处理器速度的提高，软件捕获法日益成熟，已经成为北斗信号捕获的发展趋势。按照信号捕获的实现方式，软件捕获法又可以分为时域串行搜索捕获方法、频域并行载波频率搜索捕获方法、频域并行码相位搜索捕获方法。下面对这三种主要的捕获方法进行简要介绍。

1. 时域串行搜索捕获方法

时域串行搜索捕获方法是一种最常用的北斗信号捕获方法，其原理如图 4.20 所示。可以看出，在时域串行搜索捕获过程中，输入的中频信号先后与伪随机噪声(Pseudo Random Noise，PRN)码发生器产生的本地码信号，以及本地振荡器产生的同相和正交两路本地载波信号进行相关运算，以实现码剥离和载波剥离；进而分别对同相和正交两路的相关结果进行累积运算，并将累积结果构成一个复信号，即

$$Z=I+\mathrm{j}Q=\sum_{n=0}^{N-1} r(n)\cdot \hat{c}(n-\hat{\tau})\cdot \exp[-\mathrm{j}2\pi(f_{\mathrm{IF}}+\hat{f}_{\mathrm{d}})n] \tag{4.11}$$

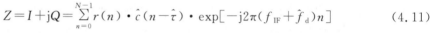

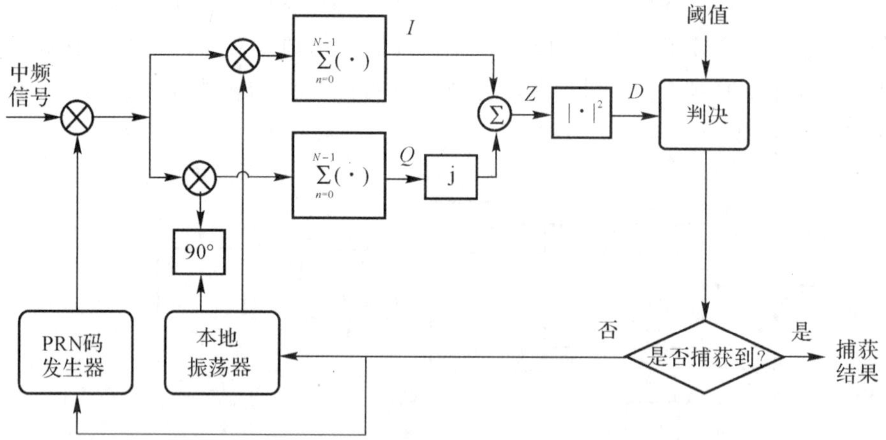

图 4.20 时域串行搜索捕获方法原理

进一步，利用所得复信号模的二次方构造决策统计量，即

$$D(\hat{\tau},\hat{f}_{\mathrm{d}})=|Z|^2=I^2+Q^2 \tag{4.12}$$

将决策统计量 $D(\hat{\tau},\hat{f}_{\mathrm{d}})$ 与设定的阈值进行比较，判断其是否超过阈值。若超过阈值，则说明已捕获到信号，输出码相位估计值 $\hat{\tau}$ 和多普勒频移估计值 $\hat{f}_{\mathrm{d}}$；若没有超过阈值，则说明未捕获到信号，需要改变本地信号的码相位和多普勒频移，再次进行相关累积运算，直至遍历搜索完整个码相位和多普勒频移范围。

时域串行搜索捕获方法实现过程简单，便于工程应用。但由于该方法需要采用串行的方式对整个码相位和多普勒频移范围进行二维遍历搜索，所以计算量比较大，会对接收机的实时性产生一定的影响。

2. 频域并行载波频率搜索捕获方法

频域并行载波频率搜索捕获方法是利用傅里叶变换将信号从时域转换到频域，进而根据频域中峰值所在位置得到载波频率估计值，从而实现对载波频率的并行搜索，使得总搜索过程降为对码相位的一维搜索过程，大大减少计算量。频域并行载波频率搜索捕获方法的原理如图 4.21 所示。

可以看出，在频域并行载波频率搜索捕获过程中，通过将 PRN 码发生器产生的本地码信号与中频信号进行相关处理，并对相关结果进行傅里叶变换，便可得到频域相关结果，即

$$Z=\mathrm{FFT}[r(n)\hat{c}(n-\hat{\tau})] \tag{4.13}$$

式中：FFT(·)表示快速傅里叶变换。

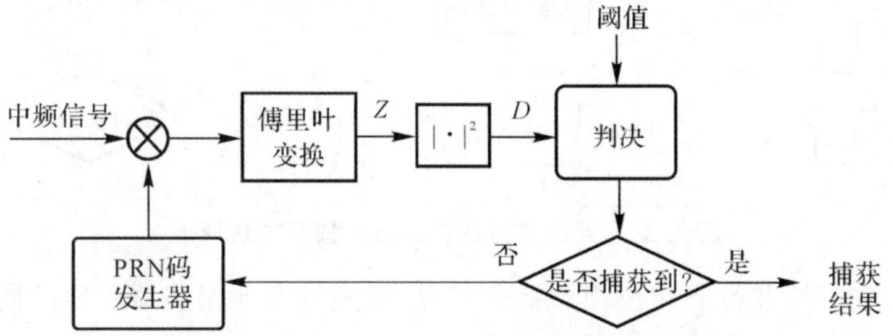

图 4.21　频域并行载波频率搜索捕获方法原理

进一步，利用频域相关结果模的二次方构造决策统计量，即

$$D(\hat{\tau})=|Z|^2 \tag{4.14}$$

当本地码信号与输入中频信号中的码信号完全对齐时，本地码信号与中频信号的相关结果为一个连续的载波信号，其频率即为待估计的载波频率，这一过程也就是码剥离过程，如图 4.22 所示。因此，对决策统计量 $D(\hat{\tau})$进行峰值检验，并判断是否存在明显的峰值输出。若存在，则说明已捕获到信号，输出码相位估计值 $\hat{\tau}$ 和信号的载波频率 $\hat{f}_d$(峰值处对应的频率)；若不存在，则说明未捕获到信号，这时需要改变本地信号的码相位，再次进行相关累积运算，直至遍历搜索完整个码相位范围。

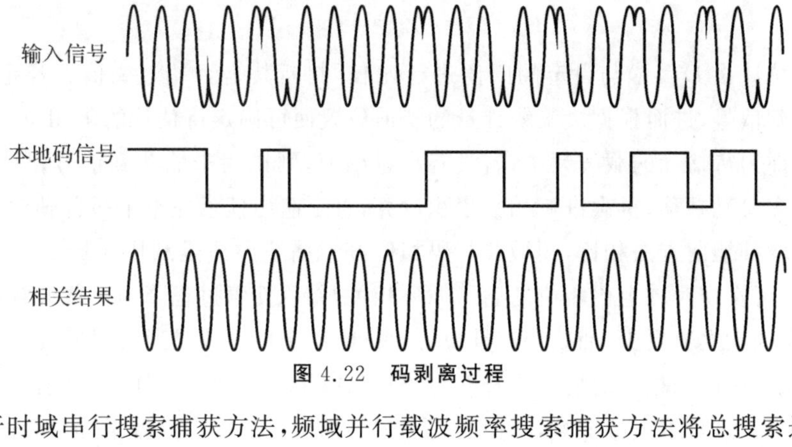

图 4.22　码剥离过程

相较于时域串行搜索捕获方法，频域并行载波频率搜索捕获方法将总搜索过程降为对码相位的一维搜索过程，有效地减少了搜索次数，显著提高了信号捕获的快速性。

3. 频域并行码相位搜索捕获方法

频域并行码相位搜索捕获方法是基于时域码相位循环相关等价于频域码相位共轭相乘的基本思想，一次性完成对码相位这一维的搜索，从而使得总搜索过程降为对载波频率的一维搜索过程。频域并行码相位搜索捕获方法的原理如图 4.23 所示。

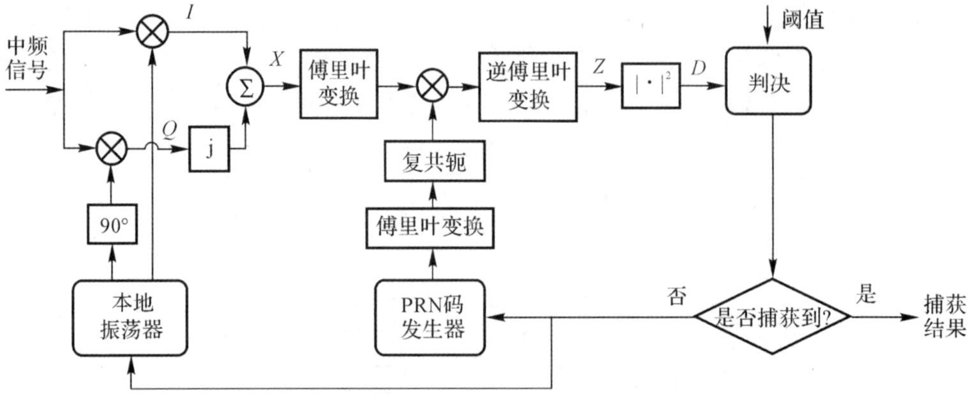

图 4.23　频域并行码相位搜索捕获方法原理

可以看出，在频域并行码相位搜索捕获过程中，先将本地振荡器产生的同相和正交两路本地载波信号与中频信号进行相关处理，进而将同相和正交两路的相关结果构成一个复信号，即

$$x(n)=I(n)+\mathrm{j}Q(n)=r(n)\exp[-\mathrm{j}2\pi(f_{\mathrm{IF}}+\hat{f}_{\mathrm{d}})n] \tag{4.15}$$

进一步，将 PRN 码发生器产生的本地码信号经过傅里叶变换和复共轭处理后，与复信号 $x(n)$ 的傅里叶变换结果相乘，并将所得结果经过逆傅里叶变换后，获得时域相关结果，即

$$Z=I_Z^2+\mathrm{j}Q_Z^2=\mathrm{IFFT}\{\overline{\mathrm{FFT}[\hat{c}(n-\hat{\tau})]}\cdot\mathrm{FFT}[x(n)]\} \tag{4.16}$$

式中：IFFT(·)表示快速傅里叶逆变换；$\overline{(\cdot)}$表示取复共轭值；$\hat{c}(n-\hat{\tau})$表示 PRN 码发生器产生的本地码信号。

利用时域相关结果模的二次方构造决策统计量，即

$$D(\hat{f}_{\mathrm{d}})=|Z|^2=I_Z^2+Q_Z^2 \tag{4.17}$$

将决策统计量 $D(\hat{f}_{\mathrm{d}})$与设定的阈值进行比较，判断其是否超过阈值。若超过阈值，则说明已捕获到信号，进而根据决策统计量的峰值位置便可确定待估计的码相位，而本地载波信号的频率即为待估计的载波频率；若没有超过阈值，则说明未捕获到信号，只需改变本地载波信号的多普勒频移，再次进行相关累积运算，直至遍历搜索完整个多普勒频移范围。

与前述两种捕获方法相比，频域并行码相位搜索捕获方法是利用频域上码相位的一次共轭相乘，便可实现时域上码相位的遍历循环相关，将总搜索过程降为对载波频率的一维搜索过程，所需搜索次数更少，捕获快速性更好；另外，由于该方法是通过对所有采样点进行遍历循环相关的，所以码相位的搜索步长即为码长除以采样点数。这样，便将前两种方法一个码片的搜索步长进行了大幅缩减，从而实现了对码相位更加精细的搜索，因此对于码相位参数的估计精度更高。换言之，对于码长为 2 046 码片(chip)的北斗伪码，若采样频率为

10 MHz，则一个码周期(即 1 ms)的本地码序列包含 10 000 个采样点，频域并行码相位搜索捕获方法的码相位搜索步长即为 2 046/10 000 chip，远小于 1 chip，因此该方法最终会得到更加精确的码相位参数估计值。

4.3.3　北斗信号捕获性能指标

北斗信号捕获的性能主要由捕获时间、灵敏度、检测概率、虚警概率等指标来衡量。捕获时间决定了捕获的快速性，捕获时间越短，捕获快速性越好；灵敏度决定了能够捕获到信号的最低载噪比，接收机的灵敏度越高，能够捕获到信号的载噪比越低；检测概率和虚警概率决定了信号捕获的可靠性，检测概率越大，虚警概率越小，则捕获的可靠性越好。实际上，一旦接收机的灵敏度和检测概率确定了，则虚警概率也就确定了。工程应用中需要设计捕获时间短、灵敏度高、可靠性好的接收机。但实际上，这些性能指标之间存在一定的相互制约关系，如捕获时间和灵敏度二者是一对矛盾体，必须折中考虑进行设计，以得到相对高性能的捕获方案。

1. 检测概率和虚警概率

在图 4.18 的搜索方格中，每个方格均存在以下两种情况：一种情况是包含信号和噪声，另一种情况是只包含噪声而没有信号。信号捕获就是对所有待搜索方格进行检测，判断出存在信号的方格，该方格对应的码相位和载波频率即为待估计参数。可见，信号捕获实际上是一个假设检验问题。因此，可以定义如下两个假设：

零假设 H_0：假设只有噪声存在；

非零假设 H_1：假设既有信号，又有噪声存在。

检测概率 P_d 定义为当信号和噪声均存在时，决策统计量 D 超过阈值 V_t 的概率；而虚警概率 P_{fa} 定义为当仅存在噪声时，决策统计量 D 超过阈值 V_t 的概率。因此，捕获过程中单次检测的检测概率和虚警概率为

$$P_d = \int_{V_t}^{\infty} p(D \mid H_1)\mathrm{d}D \tag{4.18}$$

$$P_{fa} = \int_{V_t}^{\infty} p(D \mid H_0)\mathrm{d}D \tag{4.19}$$

式中：$p(D|H_1)$表示在非零假设 H_1 成立时，决策统计量 D 的概率密度函数；$p(D|H_0)$表示在零假设 H_0 成立时，决策统计量 D 的概率密度函数。

2. 捕获灵敏度及捕获时间

捕获灵敏度是指能够满足信号捕获虚警概率和检测概率要求的载噪比最小值。因此，捕获灵敏度通常用信噪比(SNR)或载噪比(C/N_0)的最小值来表示。

在信号捕获过程中，捕获驻留时间定义为给出一次判决结果的捕获处理时间，而捕获时间 T_a 是指搜索并捕获到卫星信号所需要的时间。由于 T_a 为随机变量，一般用捕获时间的期望 $\overline{T}_a$(即平均捕获时间)来表示捕获特性。在满足捕获可靠性的前提下，平均捕获时间决定了捕获性能的好坏，它是评价接收机性能的一项重要指标。

在一定的载噪比环境中，对捕获性能的评定通常基于两个准则：

(1)给定(P_d,P_{fa})后，要求捕获驻留时间尽量短；

(2)在一定的捕获驻留时间和虚警概率条件下，要求检测概率尽量大。

其中，第二个准则通常称为 Neyman-Pearson 准则。

4.4 北斗信号跟踪

捕获仅能提供对卫星信号载波频率和码相位参数的粗略估计，但由于参数的估计精度较差，不足以完成对导航电文的解调；另外，由于受卫星与接收机之间的相对运动，以及卫星时钟与接收机晶体振荡器的频率漂移等因素的影响，接收到的卫星信号的载波频率和码相位会随着时间的推移而变化，并且这些变化通常是不可预测的，因此，信号跟踪环路的主要作用是逐步精细对载波频率和码相位参数的估计，并以闭环反馈的形式实现对卫星信号的持续锁定；然后，从跟踪到的卫星信号中解调出导航电文，同时输出伪距、伪距率和载波相位等测量值。可见，信号跟踪的精度和稳定性从根本上决定了接收机的导航性能。因此，本节主要介绍北斗信号跟踪的基本原理及其实现方法。

4.4.1 导航电文的解调

跟踪的目的是使捕获所得的码相位和载波频率参数估计值精确化，以获得伪距、伪距率和载波相位等原始测量信息，并保持对卫星信号的锁定，然后从跟踪到的卫星信号中解调出导航电文。图 4.24 为导航电文解调过程。

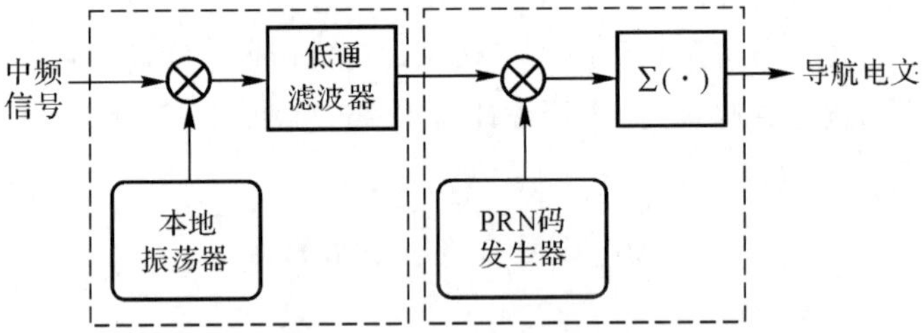

图 4.24 导航电文解调过程

可以看出，利用本地振荡器和 PRN 码发生器产生的本地载波及本地码信号分别对中频信号进行载波和伪码剥离，即可解调出导航电文。在考虑单个卫星信号的情况下，经接收机射频前端下变频和采样处理后，得到的中频信号可表示为

$$r(n)=Ac(n-\tau)d(n-\tau)\cos[2\pi(f_{IF}+f_d)n]+\eta(n) \tag{4.20}$$

式中：A 为信号的幅值；$c(\cdot)$为伪随机码；$d(\cdot)$为数据码；τ 为码相位延迟；f_{IF} 为信号的标称中频频率；f_d 为信号的多普勒频移；$\eta(n)$为高斯白噪声。

为了从中频信号 $r(n)$中解调出导航电文，必须先通过载波剥离将中频信号变为基带信号。如图 4.24 所示，载波的剥离是通过中频信号与本地载波信号的相关来实现的。假定本地载波信号的频率及相位与中频信号完全一致，则它们的相关结果为

$$x(n)=r(n)\cdot\cos[2\pi(f_{\mathrm{IF}}+f_{\mathrm{d}})n]=$$
$$\frac{1}{2}Ac(n-\tau)d(n-\tau)+\frac{1}{2}Ac(n-\tau)d(n-\tau)\cos[4\pi(f_{\mathrm{IF}}+f_{\mathrm{d}})n] \quad (4.21)$$

式中,相关结果的高频分量可以通过低通滤波器去除,经低通滤波器处理后的信号为

$$x'(n)=\frac{1}{2}Ac(n-\tau)d(n-\tau) \quad (4.22)$$

进一步,需要从信号 $x'(n)$ 中剥离伪码,这一步是通过将信号 $x'(n)$ 与本地码信号进行相关来实现的。

假定本地码信号与信号 $x'(n)$ 中的码相位完全一致,则它们的相关结果为

$$y(n)=\sum_{n=0}^{N-1}x'(n)c(n-\tau)=\frac{1}{2}ANd(n-\tau) \quad (4.23)$$

式中:N 为信号的总采样点数。

由以上分析可知,导航电文解调过程中需要产生两个本地信号,即本地载波信号和本地码信号。因此,为了产生精确的本地信号,需要采用某种类型的反馈回路。其中,用于产生本地码信号的反馈回路称为码跟踪环,主要采用超前-滞后形式的延迟锁定环(Delay Lock Loop,DLL);用于产生本地载波信号的反馈回路称为载波跟踪环,其实现方式通常有两类:一类是锁相环(Phase Lock Loop,PLL),另一类是锁频环(Frequency Lock Loop,FLL)。

4.4.2　北斗接收机跟踪环路

1. 锁相环

由于载波跟踪环和码跟踪环共同遵循锁相环的基本原理,所以,可以利用锁相环路结构模型对跟踪环的特性进行分析。

(1)锁相环结构。锁相环是一个基于相位误差负反馈的闭环控制系统,由鉴相器、环路滤波器和压控振荡器三部分组成,其结构如图 4.25 所示。锁相环通过鉴相器比较输出相位和输入相位得到误差信号;环路滤波器具有低通特性,可以滤除误差信号中的高频分量和宽带噪声,得到的控制信号用于控制压控振荡器,使输出相位能够跟踪输入相位的变化。

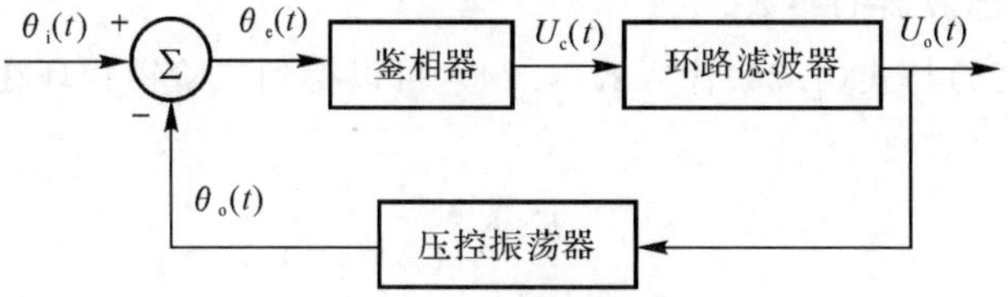

图 4.25　锁相环结构

鉴相器是一个相位比较装置,用来检测输入信号相位 $\theta_{\mathrm{i}}(t)$ 与反馈信号相位 $\theta_{\mathrm{o}}(t)$ 之间的相位差 $\theta_{\mathrm{e}}(t)$,其检测输出为 $U_{\mathrm{c}}(t)$。鉴相器是锁相环中最灵活的部分,不同的鉴相器具有不同的鉴相特性。由于鉴相器的非线性特性,锁相环为一个非线性系统。但是,当环路处于锁定跟踪状态时,由于相位误差较小,鉴相特性近似于线性,环路也近似为线性系统,所以可采用线性系统分析方法来分析环路的各种性能。

环路滤波器具有低通特性,滤除误差信号中的高频分量和宽带噪声,其输出信号用于控制压控振荡器。环路滤波器的形式和参数的选取是锁相环设计的关键,其阶数决定了锁相环的阶数,并在很大程度上决定了环路的噪声特性和跟踪性能。

压控振荡器是一个电压-频率变换装置,在其有效工作范围内,输出频率随输入电压呈线性变化。通过对输出频率进行积分,可得到压控振荡器的输出相位。这样,将其与输入相位在鉴相器中进行比较,便可获得相位误差。

(2)锁相环数学模型。若将输入信号的相位 θ_i 作为输入,压控振荡器输出信号的相位 θ_o 作为输出,则锁相环的复频域结构如图 4.26 所示。

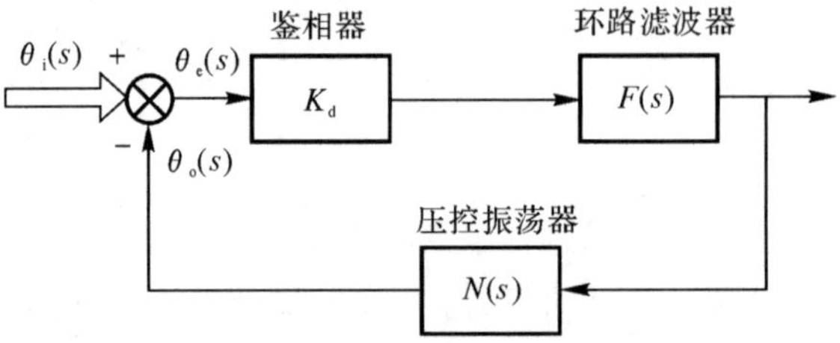

图 4.26　锁相环的复频域结构

可以看出,锁相环的闭环传递函数为

$$H(s)=\frac{\theta_o(s)}{\theta_i(s)}=\frac{K_d F(s)N(s)}{1+K_d F(s)N(s)} \tag{4.24}$$

式中:$F(s)$和 $N(s)$分别为环路滤波器与压控振荡器的传递函数;K_d 为鉴相器增益。

压控振荡器可视为一个载波频率积分器,其传递函数为

$$N(s)=\frac{K_o}{s} \tag{4.25}$$

式中:K_o 为压控振荡器增益。

下面对常用的二阶锁相环模型进行分析。在二阶锁相环中,环路滤波器的传递函数为

$$F(s)=\frac{1+\tau_2 s}{\tau_1 s} \tag{4.26}$$

式中:τ_1、τ_2 为环路滤波器的参数。

因此,将式(4.25)与式(4.26)代入式(4.24),可以得到二阶锁相环在复频域中的闭环传递函数为

$$H(s)=\frac{\dfrac{K_o K_d}{\tau_1}(\tau_2 s+1)}{s^2+s\left(\dfrac{K_o K_d \tau_2}{\tau_1}\right)+\dfrac{K_o K_d}{\tau_1}} \tag{4.27}$$

若将二阶锁相环路的固有频率和阻尼系数分别记为 ω_n 和 ξ,则环路的闭环传递函数可表示为

$$H(s)=\frac{2\xi\omega_n s+\omega_n^2}{s^2+2\xi\omega_n s+\omega_n^2} \tag{4.28}$$

式中：$\omega_n=\sqrt{\frac{K_oK_d}{\tau_1}}$，$\xi=\frac{\tau_2}{2}\sqrt{\frac{K_oK_d}{\tau_1}}$。

环路带宽又称噪声带宽，是影响跟踪环路性能的重要指标，它控制着进入环路的噪声数量。环路带宽的定义为

$$B_L=\int_0^{\infty}|H(j2\pi f)|^2 df \tag{4.29}$$

因此，根据式(4.28)和式(4.29)可以求得二阶锁相环的环路带宽为

$$B_L=\int_0^{\infty}|H(j2\pi f)|^2 df=\frac{\omega_n}{2\pi}\int_0^{\infty}\frac{1+\left(2\xi\frac{\omega}{\omega_n}\right)^2}{\left[1-\left(\frac{\omega}{\omega_n}\right)^2\right]^2+\left(2\xi\frac{\omega}{\omega_n}\right)^2}d\omega=$$

$$\frac{\omega_n}{2\pi}\int_0^{\infty}\frac{1+\left(2\xi\frac{\omega}{\omega_n}\right)^2}{\left(\frac{\omega}{\omega_n}\right)^4+2(2\xi^2-1)\left(\frac{\omega}{\omega_n}\right)^2+1}d\omega=$$

$$\frac{\omega_n}{8\xi}(1+4\xi^2) \tag{4.30}$$

采用双线性变换法将二阶锁相环的传递函数从复频域变换到数字域，根据双线性变换公式 $s=\frac{2}{T}\frac{1-z^{-1}}{1+z^{-1}}$，对式(4.28)进行双线性变换后，可得

$$H(z)=\frac{[4\xi\omega_nT+(\omega_nT)^2]+2(\omega_nT)^2z^{-1}+[(\omega_nT)^2-4\xi\omega_nT]z^{-2}}{[4+4\xi\omega_nT+(\omega_nT)^2]+[2(\omega_nT)^2-8]z^{-1}+[4+4\xi\omega_nT+(\omega_nT)^2]z^{-2}} \tag{4.31}$$

式中：T 为采样时间间隔。

二阶环路滤波器的数字域结构如图 4.27 所示。

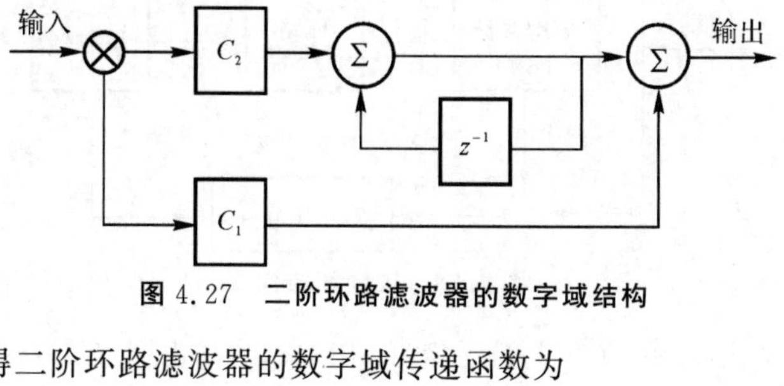

图 4.27　二阶环路滤波器的数字域结构

由图 4.27 可得二阶环路滤波器的数字域传递函数为

$$F(z)=C_1+\frac{C_2}{1-z^{-1}} \tag{4.32}$$

式中：C_1、C_2 分别为二阶环路滤波器的数字域模型参数。

压控振荡器的数字域形式为数控振荡器(Numerically Controlled Oscillator，NCO)，其传递函数 $N(z)$为

$$N(z)=\frac{K_{\mathrm{o}}z^{-1}}{1-z^{-1}} \tag{4.33}$$

因此,根据式(4.32)与式(4.33),可得离散化的二阶锁相环闭环传递函数为

$$H'(z)=\frac{K_{\mathrm{d}}F(z)N(z)}{1+K_{\mathrm{d}}F(z)N(z)}=\frac{K_{\mathrm{o}}K_{\mathrm{d}}(C_1+C_2)z^{-1}-K_{\mathrm{o}}K_{\mathrm{d}}C_1z^{-2}}{1+[K_{\mathrm{o}}K_{\mathrm{d}}(C_1+C_2)-2]z^{-1}+(1-K_{\mathrm{o}}K_{\mathrm{d}}C_1)z^{-2}} \tag{4.34}$$

令式(4.31)和式(4.34)的分子和分母均相等,则可求得二阶锁相环的数字域模型参数 C_1 和 C_2 分别为

$$\left.\begin{aligned} C_1&=\frac{1}{K_{\mathrm{o}}K_{\mathrm{d}}}\frac{8\xi\omega_{\mathrm{n}}T}{4+4\xi\omega_{\mathrm{n}}T+(\omega_{\mathrm{n}}T)^2}\\ C_2&=\frac{1}{K_{\mathrm{o}}K_{\mathrm{d}}}\frac{4(\omega_{\mathrm{n}}T)^2}{4+4\xi\omega_{\mathrm{n}}T+(\omega_{\mathrm{n}}T)^2}\end{aligned}\right\} \tag{4.35}$$

式(4.35)将二阶锁相环的复频域与数字域联系起来,由二阶锁相环复频域模型的参数,进而可以计算出数字域模型的参数。

2. 锁频环

与锁相环相比,锁频环通过复现输入中频信号的准确频率,以完成对载波的剥离。它在多普勒频移较大的情况下仍能较好地对载波频率进行跟踪,对动态信号具有较强的跟踪能力,从而可以弥补锁相环在跟踪动态信号方面的不足。

锁频环实际上是对载波相位的差分跟踪,它通过测量一定时间内本地载波与输入载波相位差的变化量,计算得到二者的频率差,进而对本地载波的频率进行调节,以实现对载波频率的跟踪,锁频环的结构如图 4.28 所示。

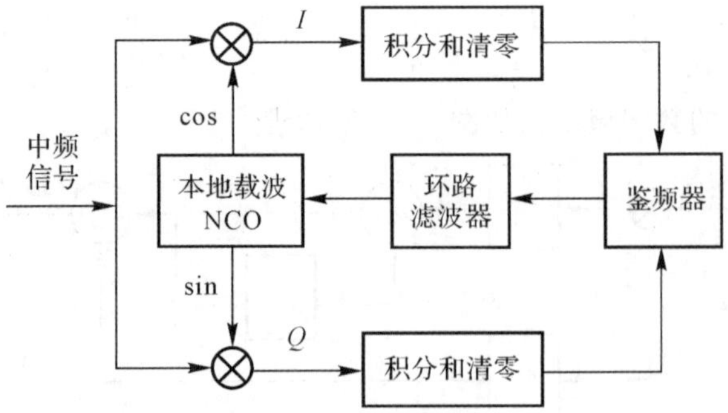

图 4.28 锁频环结构

输入信号与本地载波 NCO 产生的同相(In-Phase,I)和正交(Quara-Phase,Q)两路本地载波进行相关后,经过积分清零处理,得到 I 支路和 Q 支路的相关能量;鉴频器根据相应的鉴频算法对 I 支路和 Q 支路在相邻时刻的相关能量进行计算,得到输入载波与本地载波的频率差,然后送到环路滤波器后输出控制信号,控制本地载波发生器,使其产生与输入信号频率同步的本地复现信号。

锁频环相对锁相环的主要特点在于,它采用了检测频率差的鉴频器。鉴频器是锁频环

最灵活的部分,不同类型的鉴频器使得锁频环具有不同的跟踪性能。鉴频器的频率牵引范围与预检测积分时间成反比,缩短预检测积分时间可以有效地改善鉴频器的频率牵引范围。在锁频环的初始工作阶段,由于载波多普勒频移较大,可选取较小的预检测积分时间,以增大鉴频器的频率牵引范围,从而增强锁频环的动态跟踪能力。

3. 载波跟踪环路

载波跟踪环路简称载波环,其主要目的是使其所复制的载波信号与接收到的卫星载波信号尽量保持一致,从而通过混频机制彻底地剥离卫星信号中的载波。图 4.29 为一种典型载波跟踪环——Costas 锁相环的结构。

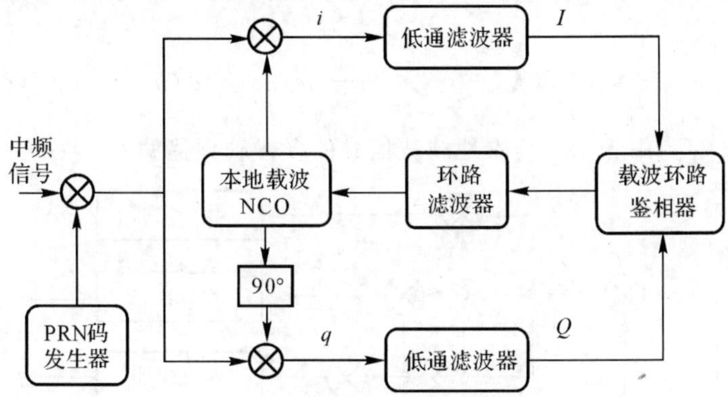

图 4.29　Costas **锁相环结构**

经过接收机射频前端下变频以及采样处理后,数字中频信号可表示为

$$r(n)=Ac(n-\tau)d(n-\tau)\cos[2\pi(f_{\mathrm{IF}}+f_{\mathrm{d}})n]+\eta(n) \tag{4.36}$$

由图 4.29 可知,将中频信号 $r(n)$ 与 PRN 码发生器产生的本地码信号相关,以剥离中频信号中的伪码,则相关结果为

$$x(n)=r(n)\hat{c}(n-\hat{\tau})=AR(\delta\tau)d(n-\tau)\cos[2\pi(f_{\mathrm{IF}}+f_{\mathrm{d}})n]+\eta(n)\hat{c}(n-\hat{\tau}) \tag{4.37}$$

式中:$R(\delta\tau)$ 为伪码的自相关函数,$\delta\tau=\tau-\hat{\tau}$ 为本地码相位与实际码相位的偏差。

进而,将相关结果 $x(n)$ 分别与本地载波 NCO 产生的同相和正交载波信号混频,并利用低通滤波器滤除高频成分和噪声,得到同相相关分量 I 和正交相关分量 Q,即

$$I=x(n)\cos[2\pi(f_{\mathrm{IF}}+\hat{f}_{\mathrm{d}})n]=\frac{1}{2}AR(\delta\tau)d(n-\tau)\cos\varphi \tag{4.38}$$

$$Q=x(n)\sin[2\pi(f_{\mathrm{IF}}+\hat{f}_{\mathrm{d}})n]=\frac{1}{2}AR(\delta\tau)d(n-\tau)\sin\varphi \tag{4.39}$$

式中:$\varphi=2\pi(f_{\mathrm{d}}-\hat{f}_{\mathrm{d}})n$ 为本地载波信号与实际信号的相位误差。

进一步,载波环路鉴相器根据同相相关分量 I 和正交相关分量 Q 计算相位误差,即

$$\varphi=\arctan\left(\frac{Q}{I}\right) \tag{4.40}$$

之后,将载波环路鉴相器所输出的相位误差 φ 经环路滤波器滤除其中的高频噪声后,

再反馈给本地载波 NCO，以完成对接收信号载波的跟踪。

4. 码跟踪环路

码跟踪环路简称码环，其主要作用是使本地复制伪码信号与接收伪码信号之间的相位保持一致，从而得到接收信号的码相位及其伪距测量值。码环主要采用超前-滞后形式的延迟锁定环，其结构如图 4.30 所示。

可以看出，将中频信号 $r(n)$ 分别与本地载波 NCO 产生的同相和正交载波信号混频，并利用低通滤波器滤除高频成分和噪声，可得

$$x_{\mathrm{I}}(n)=r(n)\cos[2\pi(f_{\mathrm{IF}}+\hat{f}_{\mathrm{d}})n]=\frac{1}{2}Ac(n-\tau)d(n-\tau)\cos(2\pi\delta f_{\mathrm{d}}n) \tag{4.41}$$

$$x_{\mathrm{Q}}(n)=r(n)\sin[2\pi(f_{\mathrm{IF}}+\hat{f}_{\mathrm{d}})n]=\frac{1}{2}Ac(n-\tau)d(n-\tau)\sin(2\pi\delta f_{\mathrm{d}}n) \tag{4.42}$$

式中：$\delta f_{\mathrm{d}}=f_{\mathrm{d}}-\hat{f}_{\mathrm{d}}$ 为中频信号与本地载波信号的多普勒频移偏差。

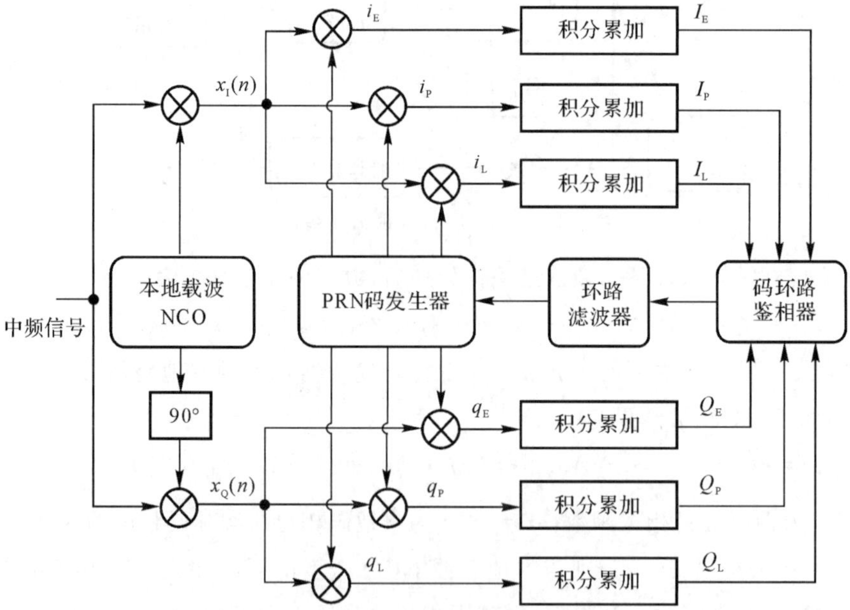

图 4.30 超前-滞后延迟锁定环结构

进而，将混频后的同相支路信号 $x_{\mathrm{I}}(n)$ 和正交支路信号 $x_{\mathrm{Q}}(n)$ 分别与 PRN 码发生器产生的本地超前(Early，E)、即时(Prompt，P)、滞后(Late，L)码信号(三路本地码信号的间距为 1/2 个码片)相关，并进行积分累加，则相关积分累加结果为

$$I_m(n)=\frac{1}{N}\sum_{n=0}^{N-1}x_{\mathrm{I}}(n)\hat{c}(n-\hat{\tau}_m)=\frac{1}{2}AR(\delta\tau_m)d(n-\tau)\mathrm{sinc}(\pi\delta f_{\mathrm{d}}N)\cos\phi_{\mathrm{e}} \tag{4.43}$$

$$Q_m(n)=\frac{1}{N}\sum_{n=0}^{N-1}x_{\mathrm{Q}}(n)\hat{c}(n-\hat{\tau}_m)=\frac{1}{2}AR(\delta\tau_m)d(n-\tau)\mathrm{sinc}(\pi\delta f_{\mathrm{d}}N)\sin\phi_{\mathrm{e}} \tag{4.44}$$

式中：下标 m 取 E、P、L，分别代表超前、即时、滞后；$\delta\tau_m=\tau_m-\hat{\tau}_m$ 为本地码相位与实际码相

位的偏差；$\phi_e=\pi\delta f_d(N-1)$为载波环相位跟踪误差。

由式(4.43)和式(4.44)可知，相关积分累加结果 $I_m(n)$ 和 $Q_m(n)$ 的大小与载波环相位跟踪误差 ϕ_e 的余弦值和正弦值成正比。若载波环未达到稳态，则 ϕ_e 不等于零，因此相关累积能量会分散在 I 支路和 Q 支路上，从而影响码相位的鉴别结果。因此，为了消除 ϕ_e 的影响，可以将 I 和 Q 两支路上的相关积分累加结果进行二次方后再相加，则有

$$Z_m=\sqrt{I_m^2+Q_m^2}=\frac{1}{2}AR(\delta\tau_m)d(n-\tau)\mathrm{sinc}(\pi\delta f_d N) \tag{4.45}$$

进一步，码环鉴相器根据 Z_m 即可检测出本地即时码与接收码之间的相位差 δ_{cp}。图 4.31 为码环鉴相原理。

可以看出，鉴相器通过将不同码相位延时支路的自相关结果与主峰呈三角形的伪码自相关曲线进行对照，便可检测出码相位误差 δ_{cp}。若超前与滞后码的自相关结果相等，则即时码相位必然与接收码相位一致；若超前与滞后码的自相关结果不等，则可以根据超前与滞后码自相关结果的差异，鉴别出即时码与接收码之间的相位差 δ_{cp}。

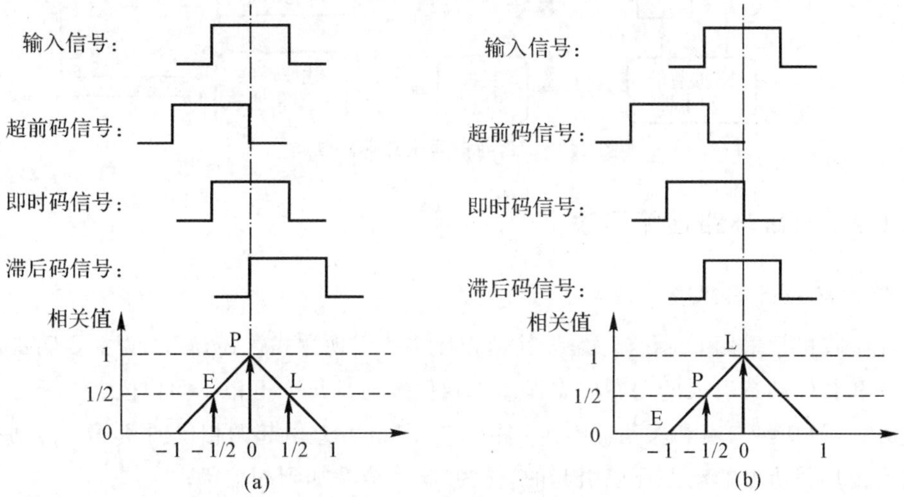

图 4.31　码环鉴相原理

(a)超前与滞后的自相关结果相等；(b)超前与滞后的自相关结果不等

因此，可以得到即时码与接收码之间的相位差 δ_{cp} 为

$$\delta_{cp}=\frac{1}{2}\frac{Z_E-Z_L}{Z_E+Z_L}=\frac{1}{2}\frac{R(\delta\tau_E)-R(\delta\tau_L)}{R(\delta\tau_E)+R(\delta\tau_L)} \tag{4.46}$$

之后，将码环鉴相器所输出的码相位误差 δ_{cp} 经环路滤波器滤除其中的高频噪声后，再反馈给 PRN 码发生器，以完成对接收信号伪码的跟踪。

5. 北斗接收机跟踪环路

在北斗接收机中，载波跟踪环路与码跟踪环路相互耦合在一起，共同构成一个完整的信号跟踪环路，以完成对卫星信号的跟踪与测量。北斗信号跟踪环路的结构如图 4.32 所示。

可以看出，载波跟踪环路中用来剥离伪码的本地码信号来自于码跟踪环路，而码跟踪环

路中用来剥离载波的两路本地载波信号均来自于载波跟踪环路。可见,北斗信号跟踪环路是载波跟踪环路和码跟踪环路的有机组合。

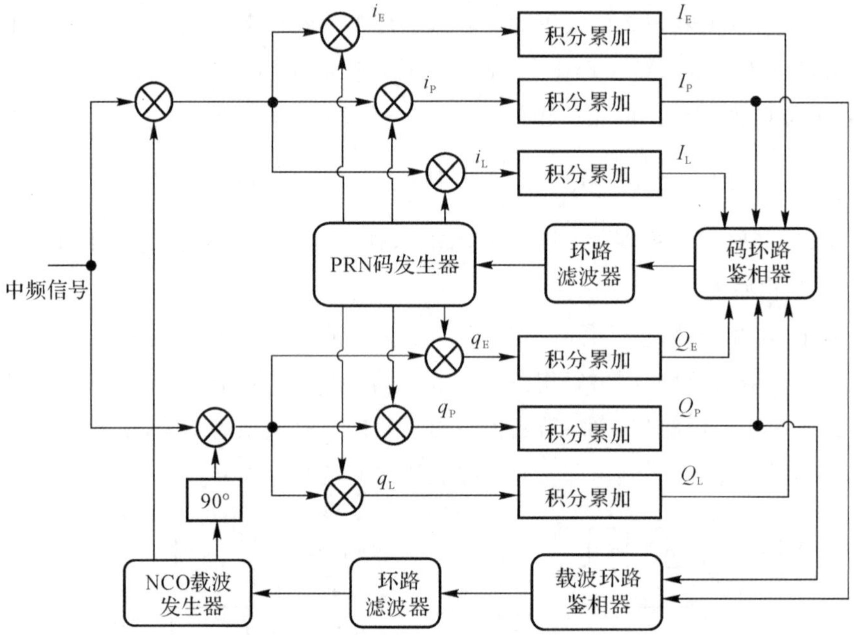

图 4.32 北斗信号跟踪环路结构

4.4.3 跟踪环路性能门限

1. 锁相环跟踪门限

北斗接收机常采用 Costas 环作为其锁相环路的实现方式,Costas 环的主要测量误差为相位颤动和载体动态引入的动态应力误差。相位颤动是每个不相关的相位误差源二次方和的二次方根,包括热噪声和振荡器噪声(振动和 Allan 方差引起的相位颤动)等;而动态应力误差则是由环路所处的动态环境引起的,作为 3σ 效应叠加到相位颤动上。

Costas 环保持跟踪状态的经验判别方法为:测量误差的 3σ 相位颤动不能超过 Costas 环鉴相器相位牵引范围的 1/4。对于二象限反正切鉴相器,其相位牵引范围是 180°,因而 Costas 环的 3σ 经验门限值可以表示为

$$3\sigma_{\mathrm{PLL}}=3\sigma_{\mathrm{jPLL}}+\theta_e\leqslant 180^\circ/4=45^\circ \tag{4.47}$$

式中:σ_{PLL} 为相位颤动的标准差;$3\sigma_{\mathrm{jPLL}}$ 为除动态应力误差外所有误差源造成的 3σ 相位颤动,包括热噪声、振荡器相位噪声和 Allan 方差;θ_e 为载波跟踪环的动态应力误差。

将式(4.47)展开,可得 Costas 环的 1σ 经验门限值为

$$\sigma_{\mathrm{PLL}}=\sigma_{\mathrm{jPLL}}+\theta_e/3=\sqrt{\sigma_{\mathrm{tPLL}}^2+\sigma_V^2+\theta_A^2}+\theta_e/3\leqslant 15^\circ \tag{4.48}$$

式中:σ_{tPLL} 为 1σ Costas 环热噪声;σ_V 为由振动引起的振荡器颤动;θ_A 为由 Allan 方差引起的振荡器颤动。

由于 σ_V 和 θ_A 与热噪声 σ_{tPLL} 相比很小,可忽略不计,因而实际上热噪声 σ_{tPLL} 和动态应

力误差 θ_e 对相位颤动起决定作用。其中，热噪声的计算公式为

$$\sigma_{tPLL}=\frac{360}{2\pi}\sqrt{\frac{B_L}{C/N_0}\left(1+\frac{1}{2TC/N_0}\right)} \tag{4.49}$$

式中：B_L 是载波跟踪环的等效噪声带宽；C/N_0 是载波功率与噪声功率谱密度之比；T 为预检测积分时间。

而动态应力误差则是根据跟踪环路的稳态误差得到的，它取决于环路带宽和阶数，二阶 Costas 环的动态应力误差为

$$\theta_{e2}=\frac{\mathrm{d}^2R/\mathrm{d}t^2}{\omega_n^2}=\frac{\mathrm{d}^2R/\mathrm{d}t^2}{\left(\frac{8\xi B_L}{4\xi^2+1}\right)^2}=\frac{a\times 360\times f_{carr}}{c\left(\frac{8\xi B_L}{4\xi^2+1}\right)^2} \tag{4.50}$$

式中：$\mathrm{d}^2R/\mathrm{d}t^2$ 为最大视距的二阶导数；ω_n 为环路固有频率；ξ 为阻尼系数；a 为最大视距方向加速度；f_{carr} 为载波频率；c 为光速。

三阶 Costas 环的动态应力误差为

$$\theta_{e3}=\frac{\mathrm{d}^3R/\mathrm{d}t^3}{\omega_n^3}=\frac{\mathrm{d}^3R/\mathrm{d}t^3}{\left(\frac{B_L}{0.784\,5}\right)^3}=\frac{b\times 360\times f_{carr}}{c\left(\frac{B_L}{0.784\,5}\right)^3} \tag{4.51}$$

式中：$\mathrm{d}^3R/\mathrm{d}t^3$ 为最大视距的三阶导数；b 为最大视距方向加加速度。

1σ 相位颤动曲线与 15°跟踪门限交点处的载噪比值称为载噪比门限值，它随着环路参数的不同而不同。载噪比门限值决定了接收机跟踪环路能够正常跟踪信号的最低载噪比。载噪比门限值越低，则跟踪环路能够在更低的载噪比条件下工作，环路相应的抗干扰性能就越好。

2. 码跟踪环跟踪门限

码跟踪环(DLL)的主要误差源是热噪声相位颤动误差和动态应力误差，其跟踪门限值满足：所有误差源造成的 3σ 相位颤动，不能超过相关器的间隔。因此，码跟踪环的 3σ 跟踪门限值可表示为

$$3\sigma_{DLL}=3\sigma_{tDLL}+R_e\leqslant d \tag{4.52}$$

式中：σ_{DLL} 为码跟踪环相位颤动的标准差；σ_{tDLL} 为 1σ 的热噪声相位颤动误差(码片数)；R_e 为码跟踪环的动态应力误差(码片数)；d 为相关器的间隔(码片数)。

作为码跟踪环主要的误差源，热噪声相位颤动误差 σ_{tDLL} 的计算公式为

$$\sigma_{tDLL}=\sqrt{\frac{4F_1d^2B_C}{C/N_0}\left[2(1-d)+\frac{4F_2d}{TC/N_0}\right]} \tag{4.53}$$

式中：F_1 为鉴相器相关因子(对于专用超前滞后相关器取值为 1/2)；B_C 为码跟踪环的等效噪声带宽；C/N_0 为载波噪声功率谱密度比；F_2 为码跟踪环鉴相器类型因子(对于超前滞后型鉴相器取值为 1，对于点积型鉴相器取值为 1/2)；T 为预检测积分时间。

当采用载波环辅助码环时，可消除码环中的动态应力误差，但是这却增加了系统设计实现的复杂性。而对于未受辅助的码跟踪环，不能忽略载体动态引起的动态应力误差，二阶码跟踪环的动态应力误差为

$$R_{e2}=\frac{\mathrm{d}^2R/\mathrm{d}t^2}{\omega_n^2}=\frac{\mathrm{d}^2R/\mathrm{d}t^2}{\left(\frac{8\xi B_C}{4\xi^2+1}\right)^2}=\frac{af_P}{c\left(\frac{8\xi B_L}{4\xi^2+1}\right)^2} \tag{4.54}$$

式中：$\mathrm{d}^2R/\mathrm{d}t^2$ 为最大视距的二阶导数；ξ 为阻尼系数；a 为最大视距方向加速度；f_P 为伪码的码速率；c 为光速。

三阶码跟踪环的动态应力误差为

$$R_{e3}=\frac{\mathrm{d}^3R/\mathrm{d}t^3}{\omega_n^3}=\frac{\mathrm{d}^3R/\mathrm{d}t^3}{\left(\frac{B_L}{0.784\,5}\right)^3}=\frac{bf_P}{c\left(\frac{B_L}{0.784\,5}\right)^3} \tag{4.55}$$

式中：$\mathrm{d}^3R/\mathrm{d}t^3$ 为最大视距的三阶导数；ω_n 为环路固有频率；b 为最大视距方向加加速度。

3. 锁频环跟踪门限

锁频环(FLL)的主要误差源是热噪声频率颤动和动态应力误差。FLL 的跟踪门限是其误差源所造成的 3σ 频率颤动，在一个预检测积分时间内不能超过 FLL 鉴频器牵引范围的 1/4。对于四象限反正切鉴频器，FLL 的频率牵引范围为 $1/T$。因此，FLL 的 3σ 跟踪门限值可表示为

$$3\sigma_{FLL}=3\sigma_{tFLL}+f_e\leqslant 1/(4T) \tag{4.56}$$

式中：σ_{FLL} 为锁频环频率颤动的标准差；σ_{tFLL} 为 1σ 的热噪声频率颤动；f_e 为锁频环的动态应力误差；T 为预检测积分时间。

锁频环热噪声频率颤动 σ_{tFLL} 的计算公式为

$$\sigma_{tFLL}=\frac{1}{2\pi T}\sqrt{\frac{4FB_F}{C/N_0}\left(1+\frac{1}{TC/N_0}\right)} \tag{4.57}$$

式中：当载噪比较高时，$F=1$，当载噪比接近门限值时，$F=2$；B_F 为锁频环的等效噪声带宽；C/N_0 为载噪比。

由于 FLL 比同阶的 PLL 多包含一个积分器，所以 FLL 的动态应力误差为

$$f_e=\frac{\mathrm{d}}{\mathrm{d}t}\left(\frac{\mathrm{d}^nR/\mathrm{d}t^n}{360\omega_n^n}\right)=\frac{1}{360\omega_n^n}\frac{\mathrm{d}^{n+1}R}{\mathrm{d}t^{n+1}} \tag{4.58}$$

式中：n 为 FLL 的阶数；$\mathrm{d}^nR/\mathrm{d}t^n$ 为载体与卫星之间最大视距的 n 阶导数；ω_n 为 FLL 环路的固有频率。

4.5 北斗信号导航电文解析

在北斗接收机捕获、跟踪到卫星信号后，需要进一步对信号进行位同步和帧同步处理，从而从接收信号中获得导航电文，并通过对导航电文的解析来获得信号发射时间、卫星时钟钟差校正参数、卫星星历等导航电文参数，最终利用这些导航电文参数实现北斗定位。可见，导航电文解析是实现北斗定位的关键一步。因此，本节主要介绍位同步、帧同步、导航电文译码的基本原理和实现方法。

4.5.1　位同步

位同步又称比特同步，其主要作用是确定接收信号中数据比特的起始边缘位置。正确的位同步是实现卫星信号导航电文解析的前提与基础。

假定北斗信号跟踪环路的相关累积时间为 1 ms，那么它在跟踪接收信号的同时，还会解调出宽为 1 ms 的数据比特电平。随着信号跟踪环路的运行，它将输出一串码率为 1 000 Hz 的二进制数。考虑到北斗导航电文的每一个数据比特持续 20 ms(以 D1 导航电文为例)，因此接收机需要将 1 000 Hz 的数据流转换为 50 Hz(即 50 bit/s)，即将每 20 个 1 ms 宽的数据合并起来组成一个 20 ms 宽的数据比特。

然而在位同步之前，接收机无法确定每个数据比特的起始边缘时刻，也就无法判断哪 20 个连续的数据属于同一数据比特。位同步的首要任务是确定每个数据比特的起始边缘位置。由于信号跟踪环路输出的相邻两个 1 ms 宽的数据电平，只可能在数据比特边沿处发生跳变，所以可通过检测数据电平过零点，即数据电平由 1 变为 −1 或由 −1 变为 1 的位置，来确定每个数据比特的起始边缘时刻。另外，所有数据比特的起始边缘时刻应相互间隔 20 ms。图 4.33 为确定数据比特起始边缘时刻的示意图。

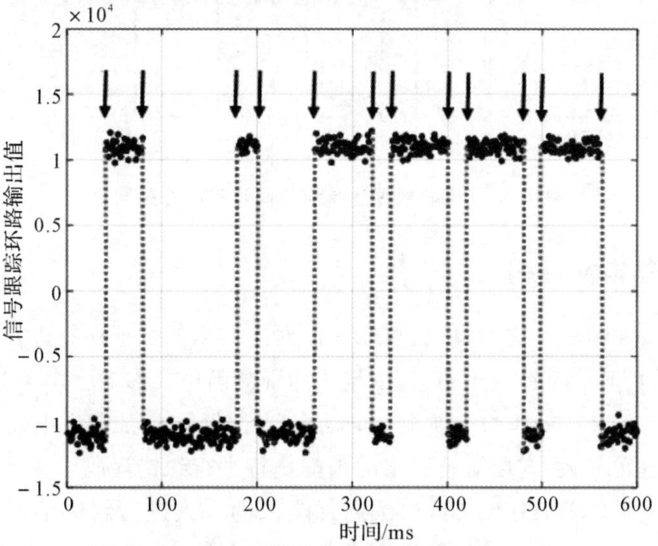

图 4.33　确定数据比特起始边缘时刻示意图

4.5.2　帧同步

在实现了位同步之后，还需要进一步对接收信号进行帧同步。帧同步的主要作用是确定接收信号中子帧的起始边缘位置，从而将数据比特流正确地划分为一个接一个的字，最终实现对导航电文的解析。

由北斗卫星信号的导航电文格式可知(以 B - CHAV2 导航电文为例)，导航电文中每一子帧的首 24 个比特均是固定在 111000100100110111101000 的同步码。由于无法确定北斗信号的载波初相位，信号跟踪环路输出的数据比特流可能存在 180°的相位翻转，即子帧同步码会以 000111011011001000010111 的形式出现。因此，通过逐个搜索数据比特流，从中找到与同步码完全相匹配或全部反相的 24 个连续比特，即可确定子帧的起始边缘位置。

同步码的搜索是利用相关操作实现的。将 24 bit 的同步码(用 1 和－1 表示)与接收到的数据比特流(用 1 和－1 表示)进行相关，则同步码出现时的相关输出为 24，同步码反码出现时的相关输出为－24。因此，通过寻找＋24 或－24 的相关输出，即可确定同步码或同步码反码的位置，进而确定子帧的起始边缘位置。另外，所有子帧的起始边缘位置应相互间隔 3 s。图 4.34 为接收数据比特流与同步码相关结果。

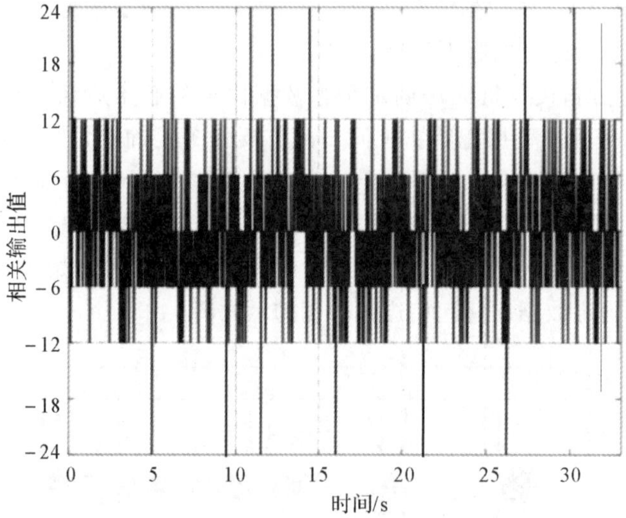

图 4.34　接收数据比特流与同步码的相关结果

4.5.3　导航电文译码

在实现位同步和帧同步之后，接收机便可以对解调出的数据比特进行导航电文译码，以获得信号发射时间、卫星时钟校正参数、卫星星历等导航电文参数。由于北斗卫星导航系统采用循环码 BCH(15,11,1)作为导航电文的前向纠错码，以增加导航电文的准确性，所以为了获得北斗导航电文参数，需要对解调出的数据比特进行纠错译码。

北斗导航电文采取 BCH(15,11,1)编码加交织的方式进行纠错编码，其编码结构如图 4.35 所示。BCH 码长为 15 bit，信息位为 11 bit，纠错能力为 1 bit，其生成多项式为

$$g(X)=X^4+X+1 \tag{4.59}$$

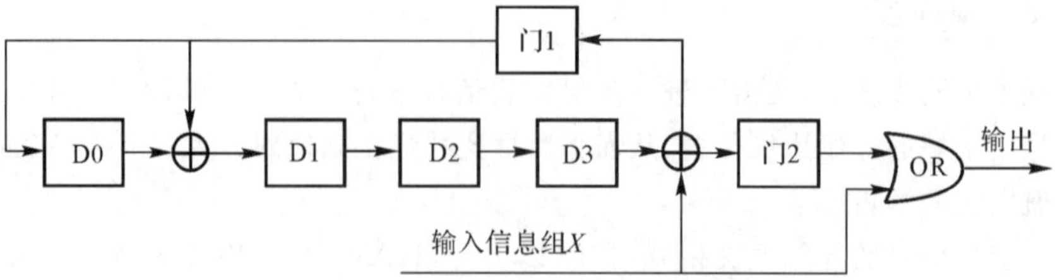

图 4.35　BCH(15,11,1)编码结构

在接收机接收到解调出的数据比特后，先按每 1 bit 的顺序进行串/并变换，进而进行

BCH(15,11,1)纠错译码，最终对交织部分按 11 bit 的顺序进行并/串变换，以组成 22 bit 信息码。图 4.36 为导航电文纠错译码过程。

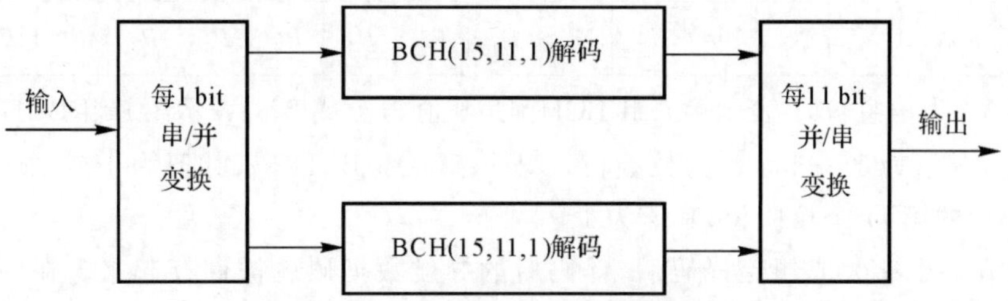

图 4.36　导航电文纠错译码过程

BCH(15,11,1)译码结构如图 4.37 所示。其中，初始时移位寄存器清零，BCH 码组逐位输入到除法电路和 15 级纠错缓存器中。在 BCH 码的 15 bit 全部输入后，纠错信号 ROM 表利用除法电路的 4 级移位寄存器的状态 D3、D2、D1、D0 查表，得到 15 bit 纠错信号，与 15 级纠错缓存器里的值进行模 2 和，最后输出纠错后的导航数据码。纠错信号的 ROM 表见表 4.3。

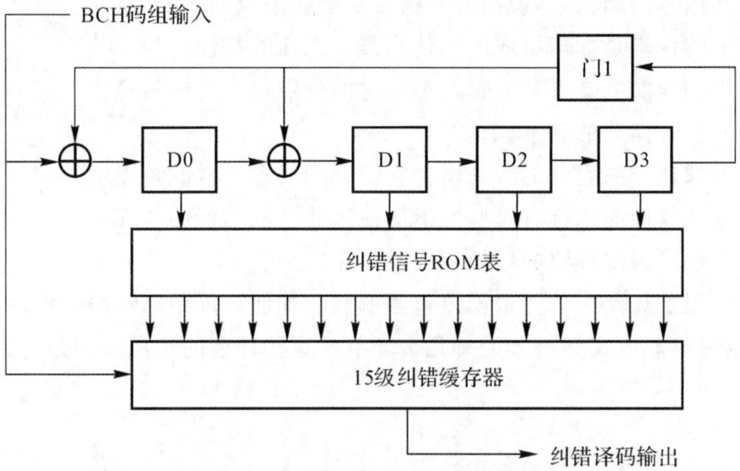

图 4.37　BCH(15,11,1)译码结构

表 4.3　纠错信号的 ROM 表

D3D2D1D0	15 bit 纠错信号	D3D2D1D0	15 bit 纠错信号
0000	000000000000000	1000	000000000001000
0001	000000000000001	1001	100000000000000
0010	000000000000010	1010	000001000000000
0011	000000000010000	1011	000000010000000
0100	000000000000100	1100	000000001000000
0101	000000100000000	1101	010000000000000
0110	000000000100000	1110	000100000000000
0111	000010000000000	1111	001000000000000

每两组 BCH(15,11,1)码按比特交错的方式组成 30 bit 码长的交织码,30 bit 码长的交织码编码结构为

X_1^1	X_2^1	X_1^2	X_2^2	…	X_1^{11}	X_2^{11}	P_1^1	P_2^1	P_1^2	P_2^2	P_1^3	P_2^3	P_1^4	P_2^4

其中:X_i^j 为信息位,i 表示第 i 组 BCH 码,其值为 1 或 2;j 表示第 i 组 BCH 码中的第 j 个信息位,其值为 1~11;P_i^m 为校验位,i 表示第 i 组 BCH 码,其值为 1 或 2;m 表示第 i 组 BCH 码中的第 m 个校验位,其值为 1~4。

这样,在一个字完成纠错译码后,译码后的导航数据码就被储存起来。在一个子帧的 10 个字被全部储存完毕后,接收机便可按照《北斗卫星导航系统空间信号接口控制文件》给出的数据比特格式,翻译出信号发射时间、卫星时钟校正参数、卫星星历等导航电文参数。

思考与练习

1. 与其他全球卫星导航系统相比,北斗卫星导航系统的特色和优势体现在哪几方面?
2. 简述北斗信号的结构,并说明北斗信号是怎样生成的。
3. 北斗信号的伪码是如何生成的?伪码具有怎样的特性?
4. 北斗二号的导航电文可分为哪几类?它们分别包含哪些信息?
5. 简述北斗信号捕获的基本原理。
6. 北斗信号捕获方法可分为哪几类?它们分别具有怎样的特点?
7. 北斗信号捕获性能指标有哪些?请简述这些性能指标的含义。
8. 简述北斗信号跟踪环路的结构组成及工作原理。
9. 北斗信号跟踪环路中的测量误差包含哪些?如何计算跟踪环路的性能门限?
10. 北斗信号导航电文解析分为哪几个环节?这些环节的作用分别是什么?

第 5 章　北斗定位、测速与定姿方法

北斗卫星导航系统是在已知北斗卫星位置和速度的基础上，以卫星为空间基准点，通过用户接收设备，测定用户与卫星之间的距离、多普勒频移或载波相位等观测量，从而确定用户的位置、速度和姿态信息。按定位方式，北斗定位可以分为单点定位和差分定位。单点定位就是根据一台接收机的观测数据来确定接收机位置的方式；而差分定位则是根据两台或两台以上接收机的观测数据来确定观测点之间相对位置的方式，它既可采用伪距观测量，也可采用载波相位观测量。由于在北斗观测量中不仅包含了卫星和接收机的钟差、大气传播延迟、多路径效应等误差，在定位解算时还会受到卫星广播星历误差的影响，通过差分定位可以抵消或削弱大部分公共误差，使得定位精度得到大幅提高。

北斗卫星导航系统除了可以向用户提供位置和时间信息，还可以向用户提供速度信息。由于多普勒频移观测量可以直接转换为伪距变化率，所以在已知北斗卫星即时速度的情况下，利用接收机提供的伪距变化率进行实时解算，便可进一步得到用户的速度信息。

另外，北斗卫星导航系统利用接收机所接收到的载波相位信息也可实现载体姿态的测量与确定。它是基于载波相位干涉测量原理，利用载波相位差分观测信息解算基线矢量，并结合各天线之间的安装关系，进而确定载体的姿态信息。北斗定姿具有精度高、成本低、体积小、功耗低、无误差积累等显著优点，是北斗应用发展的一个新领域，也是当前北斗卫星导航技术研究的热点和难点之一。

因此，本章介绍伪距定位、伪距测速、载波相位定位和载波相位定姿等北斗导航解算方面的理论与方法。

5.1　伪距定位方法

5.1.1　伪距单点定位

北斗伪距单点定位是以卫星的空间位置坐标为基准，通过伪码信号测量载体到卫星之间的伪距，并构建伪距观测方程；进而，通过对伪距观测方程的解算，从而获得载体的三维位置信息。图 5.1 为伪距单点定位原理示意图。在定位解算过程中，除了三个位置坐标外，将

接收机钟差也作为一个待解参数。因此，至少需要同时观测 4 颗卫星，便可以解算出载体的位置坐标。

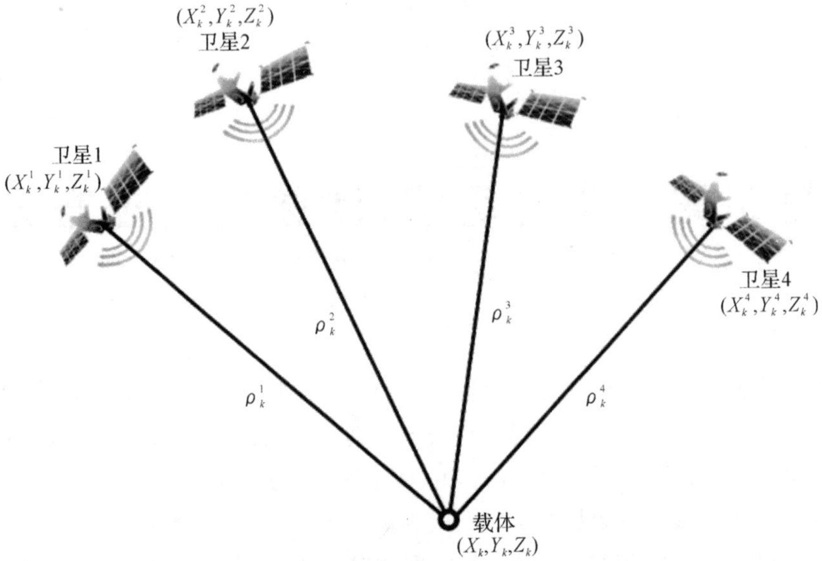

图 5.1 伪距单点定位原理示意图

假设载体 k 时刻在 CGSC2000 坐标系中的三维位置坐标为 $[X_k,Y_k,Z_k]^{\mathrm{T}}$，$k$ 时刻所观测的第 j 颗卫星的三维位置坐标为 $[X_k^j,Y_k^j,Z_k^j]^{\mathrm{T}}(j\geqslant 4)$，测得的载体到卫星之间的伪距为 ρ_k^j，接收机钟差造成的测距误差为 $b_k=c\delta t_k$，c 为光速，δt_k 为 k 时刻的接收机钟差，卫星钟差为 δt^j。则可得到以下 j 个方程，即

$$\rho_k^j=[(X_k^j-X_k)^2+(Y_k^j-Y_k)^2+(Z_k^j-Z_k)^2]^{1/2}+b_k-c\delta t^j,\quad j\geqslant 4 \tag{5.1}$$

将上述 j 个方程组成一个方程组，对该方程组进行求解便可得到 4 个未知数 X_k,Y_k,Z_k,b_k，解算方程组的具体步骤如下。

1. 组成观测误差方程

根据伪距基本方程式(5.1)，进一步考虑电离层延迟 $\delta\rho_{k,\mathrm{Ion}}^j$、对流层延迟 $\delta\rho_{k,\mathrm{Tro}}^j$ 和观测随机误差 v_k^j，组成观测误差方程：

$$\rho_k^j=[(X_k^j-X_k)^2+(Y_k^j-Y_k)^2+(Z_k^j-Z_k)^2]^{1/2}+b_k-c\delta t^j+\delta\rho_{k,\mathrm{Ion}}^j+\delta\rho_{k,\mathrm{Tro}}^j+v_k^j \tag{5.2}$$

在实际定位中，根据待求点的概略坐标 $[X_k^0,Y_k^0,Z_k^0]$，将 $X_k=X_k^0+\delta X_k$，$Y_k=Y_k^0+\delta Y_k$，$Z_k=Z_k^0+\delta Z_k$ 代入式(5.2)中，用泰勒级数将其展开，并将观测误差方程线性化，得到：

$$v_k^j=l_k^j\delta X_k+m_k^j\delta Y_k+n_k^j\delta Z_k-b_k+\rho_k^j-\widetilde{R}_k^j+c\delta t^j-\delta\rho_{k,\mathrm{Ion}}^j-\delta\rho_{k,\mathrm{Tro}}^j \tag{5.3}$$

式中：$[l_k^j,m_k^j,n_k^j]$表示待求点至卫星 S_j 的视线矢量的方向余弦，即

$$l_k^j=\frac{X^j-X_k^0}{\widetilde{R}_k^j},\quad m_k^j=\frac{Y^j-Y_k^0}{\widetilde{R}_k^j},\quad n_k^j=\frac{Z^j-Z_k^0}{\widetilde{R}_k^j}$$

$\widetilde{R}_k^j$ 表示待求点至卫星 S_j 的距离的近似值，即

$$\widetilde{R}_k^j=[(X^j-X_k^0)^2+(Y^j-Y_k^0)^2+(Z^j-Z_k^0)^2]^{1/2}$$

2. 计算卫星 S_j 在 t^{S_j} 时刻的坐标和钟差

首先，根据观测时刻 t_k 和观测时刻的伪距 ρ_k^j，计算卫星 S_j 发射信号的时刻：

$$t^{S_j}=t_k-\frac{\rho_k^j}{c} \tag{5.4}$$

然后，根据卫星星历计算卫星 S_j 在 t^{S_j} 时刻的坐标和钟差。

3. 电离层与对流层延迟改正

电离层延迟改正采用 Klobuchar 模型：

$$\delta\rho_{k,\mathrm{Tro}}^j=\begin{cases}5\times10^{-9}+A\cos\left(2\pi\dfrac{t-50\,400}{T}\right), & |t-50\,400|<\dfrac{T}{4}\\ 5\times10^{-9}, & |t-50\,400|\geqslant\dfrac{T}{4}\end{cases} \tag{5.5}$$

式中：$\delta\rho_{k,\mathrm{Tro}}^j$ 的单位是 s；A、T 分别为余弦函数的幅值和周期，接收机可根据导航电文提供的电离层改正参数 α_1、α_2、α_3 和 α_4 来确定 A，再根据参数 β_1、β_2、β_3 和 β_4 来确定 T。

对流层延迟改正模型为

$$\delta\rho_{k,\mathrm{Ion}}^j=\frac{2.47}{\sin\theta+0.012\,1} \tag{5.6}$$

式中：θ 为卫星高度角；对流层延迟 $\delta\rho_{k,\mathrm{Ion}}^j$ 的单位为 m。

4. 定位解算

首先，根据卫星坐标和待求点的概略坐标，计算$[l_k^j,m_k^j,n_k^j]$和 $\widetilde{R}_k^j$，并将观测误差方程式(5.3)中的已知项用 L_k^j 表示，可得

$$v_k^j=l_k^j\delta X_k+m_k^j\delta Y_k+n_k^j\delta Z_k-b_k-L_k^j \tag{5.7}$$

式中：L_k^j 表示观测误差方程中的已知项，或称自由项，即

$$L_k^j=\widetilde{R}_k^j-\rho_k^j-c\,\delta t^j+\delta\rho_{k,\mathrm{Ion}}^j+\delta\rho_{k,\mathrm{Tro}}^j \tag{5.8}$$

将式(5.7)写成矩阵形式，为

$$\boldsymbol{V}=\boldsymbol{AX}-\boldsymbol{L} \tag{5.9}$$

式中：$\boldsymbol{X}$ 表示待定参数矢量，即

$$\boldsymbol{X}=[\delta X_k\quad\delta Y_k\quad\delta Z_k\quad b_k]^{\mathrm{T}} \tag{5.10}$$

$\boldsymbol{A}$ 表示系数矩阵，即

$$\boldsymbol{A}=\begin{bmatrix}l_k^1 & m_k^1 & k_k^1 & -1\\ l_k^2 & m_k^2 & k_k^2 & -1\\ \vdots & \vdots & \vdots & \vdots\\ l_k^n & m_k^n & k_k^n & -1\end{bmatrix} \tag{5.11}$$

$\boldsymbol{L}$ 表示已知项矢量，即

$$\boldsymbol{L}=[L_k^1\quad L_k^2\quad\cdots\quad L_k^n]^{\mathrm{T}} \tag{5.12}$$

$\boldsymbol{V}$ 表示观测随机误差矢量，即

$$\boldsymbol{V}=[v_k^1 \quad v_k^2 \quad \cdots \quad v_k^n]^{\mathrm{T}} \tag{5.13}$$

根据观测卫星个数，定位解算有两种情况。

(1)当观测 4 颗卫星时($n=4$)。此时只能忽略观测随机误差，求得代数解，即式(5.9)写成

$$\boldsymbol{AX}-\boldsymbol{L}=\boldsymbol{0} \tag{5.14}$$

式(5.14)代数解为

$$\boldsymbol{X}=\boldsymbol{A}^{-1}\boldsymbol{L} \tag{5.15}$$

(2)当观测 4 颗以上卫星时($n>4$)。此时，需根据观测误差方程，用最小二乘法求解，即组成法方程

$$\boldsymbol{A}^{\mathrm{T}}\boldsymbol{AX}=\boldsymbol{A}^{\mathrm{T}}\boldsymbol{L} \tag{5.16}$$

进而解法方程，求得未知参数矢量 $\boldsymbol{X}$：

$$\boldsymbol{X}=(\boldsymbol{A}^{\mathrm{T}}\boldsymbol{A})^{-1}\boldsymbol{A}^{\mathrm{T}}\boldsymbol{L} \tag{5.17}$$

求解出 $\boldsymbol{X}=[\delta X_k \quad \delta Y_k \quad \delta Z_k \quad b_k]^{\mathrm{T}}$ 后，即可按

$$\begin{bmatrix} X_k \\ Y_k \\ Z_k \end{bmatrix}=\begin{bmatrix} X_k^0+\delta X_k \\ Y_k^0+\delta Y_k \\ Z_k^0+\delta Z_k \end{bmatrix} \tag{5.18}$$

求得待求点坐标。

北斗单点定位又可以分为静态定位和动态定位。在静态定位中，接收机的天线是处于待求点上固定不动的；而动态定位中，接收机天线始终处于运动状态。静态定位与动态定位都是在连续锁定信号的情况下进行测量的，其定位解算原理是相同的。因此，理论上讲这两种定位方式可以获得相同的定位精度。但实际上，由于静态定位在一次定位中可以通过多次测量，然后经过事后数据处理，这样可以将绝大部分随机误差吸收到平差后的残差中，从而保证了定位的精度；而动态定位时，由于每一时刻只能利用每个历元的观测值，使得大部分随机误差被吸收到定位结果中，所以，通常动态定位精度较静态定位精度要低。而为了保证动态定位精度，可以通过选用多通道接收机，以便在每个观测历元，观测尽可能多的北斗卫星，从而增加冗余观测，提高定位精度。

5.1.2 单点定位精度分析与精度因子

1. 单点定位精度分析

考虑由伪距观测随机误差引起的定位误差 ε_x，ε_y，ε_z 和定时误差 ε_b，将北斗单点定位方程式(5.9)改写为

$$\boldsymbol{A}\begin{bmatrix} \delta X_k+\varepsilon_x \\ \delta Y_k+\varepsilon_y \\ \delta Z_k+\varepsilon_z \\ b_k+\varepsilon_b \end{bmatrix}=\boldsymbol{L}+\boldsymbol{V} \tag{5.19}$$

则式(5.19)的最小二乘解为

$$\begin{bmatrix} \delta X_k+\varepsilon_x \\ \delta Y_k+\varepsilon_y \\ \delta Z_k+\varepsilon_z \\ b_k+\varepsilon_b \end{bmatrix}=(\boldsymbol{A}^{\mathrm{T}}\boldsymbol{A})^{-1}\boldsymbol{A}^{\mathrm{T}}\boldsymbol{L}+(\boldsymbol{A}^{\mathrm{T}}\boldsymbol{A})^{-1}\boldsymbol{A}^{\mathrm{T}}\boldsymbol{V} \tag{5.20}$$

将式(5.17)与式(5.20)联立，可得

$$\begin{bmatrix} \varepsilon_x \\ \varepsilon_y \\ \varepsilon_z \\ \varepsilon_b \end{bmatrix}=(\boldsymbol{A}^{\mathrm{T}}\boldsymbol{A})^{-1}\boldsymbol{A}^{\mathrm{T}}\boldsymbol{V} \tag{5.21}$$

为了简化单点定位精度的分析过程，假设各个卫星的测量随机误差 v_k^j 均呈均值为 0、方差为 σ^2 的正态分布，并且不同卫星之间的测量随机误差互不相关。因此，观测随机误差矢量 $\boldsymbol{V}$ 的协方差矩阵$\boldsymbol{\sigma}^2$ 为对角阵，即

$$\boldsymbol{\sigma}^2=E\Big([\boldsymbol{V}-E(\boldsymbol{V})][\boldsymbol{V}-E(\boldsymbol{V})]^{\mathrm{T}}\Big)=E(\boldsymbol{V}\boldsymbol{V}^{\mathrm{T}})=\begin{bmatrix} \sigma^2 & 0 & \cdots & 0 \\ 0 & \sigma^2 & \cdots & 0 \\ \vdots & \vdots & & \vdots \\ 0 & 0 & \cdots & \sigma^2 \end{bmatrix}=\sigma^2\boldsymbol{I} \tag{5.22}$$

则根据式(5.21)和式(5.22)可以求出定位、定时误差的协方差矩阵，即

$$\begin{aligned} \operatorname{cov}\left(\begin{bmatrix} \varepsilon_x \\ \varepsilon_y \\ \varepsilon_z \\ \varepsilon_b \end{bmatrix}\right)&=E\left(\begin{bmatrix} \varepsilon_x \\ \varepsilon_y \\ \varepsilon_z \\ \varepsilon_b \end{bmatrix}\begin{bmatrix} \varepsilon_x & \varepsilon_y & \varepsilon_z & \varepsilon_b \end{bmatrix}\right)= \\ &E\{(\boldsymbol{A}^{\mathrm{T}}\boldsymbol{A})^{-1}\boldsymbol{A}^{\mathrm{T}}\boldsymbol{V}\cdot[(\boldsymbol{A}^{\mathrm{T}}\boldsymbol{A})^{-1}\boldsymbol{A}^{\mathrm{T}}\boldsymbol{V}]^{\mathrm{T}}\}= \\ &(\boldsymbol{A}^{\mathrm{T}}\boldsymbol{A})^{-1}\boldsymbol{A}^{\mathrm{T}}E(\boldsymbol{V}\boldsymbol{V}^{\mathrm{T}})\boldsymbol{A}(\boldsymbol{A}^{\mathrm{T}}\boldsymbol{A})^{-1}= \\ &(\boldsymbol{A}^{\mathrm{T}}\boldsymbol{A})^{-1}\sigma^2 \end{aligned} \tag{5.23}$$

定义权逆矩阵

$$\boldsymbol{H}=(\boldsymbol{A}^{\mathrm{T}}\boldsymbol{A})^{-1}=\begin{bmatrix} H_{11} & H_{12} & H_{13} & H_{14} \\ H_{21} & H_{22} & H_{23} & H_{24} \\ H_{31} & H_{32} & H_{33} & H_{34} \\ H_{41} & H_{42} & H_{43} & H_{44} \end{bmatrix}$$

则可将式(5.23)展开为

$$\begin{bmatrix} \sigma_x^2 & \sigma_{xy} & \sigma_{xz} & \sigma_{xb} \\ \sigma_{yx} & \sigma_y^2 & \sigma_{yz} & \sigma_{yb} \\ \sigma_{zx} & \sigma_{zy} & \sigma_z^2 & \sigma_{zb} \\ \sigma_{bx} & \sigma_{by} & \sigma_{bz} & \sigma_b^2 \end{bmatrix}=\begin{bmatrix} H_{11} & H_{12} & H_{13} & H_{14} \\ H_{21} & H_{22} & H_{23} & H_{24} \\ H_{31} & H_{32} & H_{33} & H_{34} \\ H_{41} & H_{42} & H_{43} & H_{44} \end{bmatrix}\sigma^2 \tag{5.24}$$

式中：σ_x^2，σ_y^2，σ_z^2，σ_b^2 表示定位、定时误差的方差；σ_{xy}，σ_{xz}，σ_{xb}，σ_{yx}，σ_{yz}，σ_{yb}，σ_{zx}，σ_{zy}，σ_{zb}，σ_{bx}，

σ_{by},σ_{bz} 表示定位、定时误差之间的协方差。

因此,根据式(5.24),可得到单点定位、定时的精度(均方差)为

$$\left.\begin{aligned}&\boldsymbol{H}=(\boldsymbol{A}^{\mathrm{T}}\boldsymbol{A})^{-1}\\&\sigma_x=\sigma\sqrt{H_{11}},\quad \sigma_y=\sigma\sqrt{H_{22}}\\&\sigma_z=\sigma\sqrt{H_{33}},\quad \sigma_{\mathrm{b}}=\sigma\sqrt{H_{44}}\end{aligned}\right\}\tag{5.25}$$

由式(5.25)可知,由于权逆矩阵 $\boldsymbol{H}$ 与系数矩阵 $\boldsymbol{A}$ 有关,而 $\boldsymbol{A}$ 是由接收机至观测卫星的视线矢量的方向余弦$[l_k^j \quad m_k^j \quad n_k^j]$所构成的,它取决于观测卫星的几何构型,因此,权逆矩阵 $\boldsymbol{H}$ 的各元素 H_{11},H_{22},H_{33},H_{44} 是由观测卫星的几何构型所决定的。可见,定位、定时精度取决于两个因素:①伪距观测值的精度 σ;②观测卫星的几何构型。

2.精度因子

为了表征观测卫星的几何构型对单点定位、定时精度的影响,引入精度因子。

(1)空间位置精度因子。用户接收机三维位置的定位精度(均方差 σ_{P})可表示为

$$\sigma_{\mathrm{P}}=\sqrt{\sigma_x^2+\sigma_y^2+\sigma_z^2}\tag{5.26}$$

则将式(5.25)代入式(5.26),可得

$$\sigma_{\mathrm{P}}=\sigma\sqrt{H_{11}+H_{22}+H_{33}}\tag{5.27}$$

将式(5.27)中与观测卫星几何构型有关的量$\sqrt{H_{11}+H_{22}+H_{33}}$,定义为空间位置精度因子,用符号 PDOP 表示,即

$$\mathrm{PDOP}=\sqrt{H_{11}+H_{22}+H_{33}}$$

则式(5.27)可改写为

$$\sigma_{\mathrm{P}}=\mathrm{PDOP}\sigma\tag{5.28}$$

由式(5.28)可以看出,三维位置的定位精度 σ_{P} 取决于空间位置精度因子 PDOP 和伪距观测值的精度 σ。

(2)钟差精度因子。将定时精度表达式

$$\sigma_{\mathrm{b}}=\sigma\sqrt{H_{44}}\tag{5.29}$$

中的$\sqrt{H_{44}}$ 定义为钟差精度因子,用符号 TDOP 表示,即

$$\mathrm{TDOP}=\sqrt{H_{44}}$$

则式(5.29)可改写为

$$\sigma_{\mathrm{b}}=\mathrm{TDOP}\sigma\tag{5.30}$$

式(5.30)表明,定时精度 σ_{b} 取决于钟差精度因子 TDOP 和伪距观测值的精度 σ。

(3)几何精度因子。将描述观测卫星几何构型对单点定位、定时精度的综合影响定义为几何精度因子,用符号 GDOP 表示,即

$$\left.\begin{aligned}&\mathrm{GDOP}=\sqrt{H_{11}+H_{22}+H_{33}+H_{44}}\\&\mathrm{GDOP}=\sqrt{\mathrm{PDOP}^2+\mathrm{TDOP}^2}\end{aligned}\right\}\tag{5.31}$$

综合来看,精度因子表示了观测卫星几何构型对单点定位、定时精度的影响程度。在相同伪距观测精度的情况下,精度因子越小,定位、定时精度越高;反之则越低。在实际应用

中，可通过改善卫星的几何构型来减小精度因子，从而提高接收机的定位、定时精度。

5.1.3　最佳星座的选择

由于北斗定位至少需要同时观测 4 颗卫星，才能解算出载体的位置坐标。另外，接收机受跟踪能力的限制，通常无法跟踪所有的可见卫星信号，而只能跟踪有限颗（如 4 颗或更多）卫星的信号，所以接收机可能不得不考虑如何在所有可见卫星中挑选出 4 颗（或更多颗）作为信号跟踪对象。因此，通常从所有可见星中选择能取得最佳定位精度的 4 颗卫星进行观测，这个过程便称为最佳星座的选择。

最佳星座的选择有两条基本原则：一是观测卫星的仰角不得小于 5°～10°，以减小大气折射误差的影响；二是 4 颗卫星的几何精度因子 GDOP 值最小，以保证获得最高的定位和授时精度。

选择几何精度因子 GDOP 值最小的方法有两种：

（1）根据用户接收机的概略坐标和卫星的概略星历，对所有可能观测到的 4 颗卫星进行计算，以选择 GDOP 值最小的卫星作为定位观测卫星。这种方法需要较大的计算量，而且由于卫星位置是随时间变化的，通常每 15 min 就要进行一次选星计算。

（2）按卫星的几何构型选星。根据大量统计计算结果可知，GDOP 值与接收机至卫星单位视线矢量端点所形成的四面体体积 V 成反比，即 $\mathrm{GDOP} \propto 1/V$。因此，可依据这条原则进行选星。具体方法是，先选一颗沿天顶（垂线）方向的卫星，其余 3 颗卫星相距约 120°时其所构成的四面体体积接近最大，如图 5.2 所示。

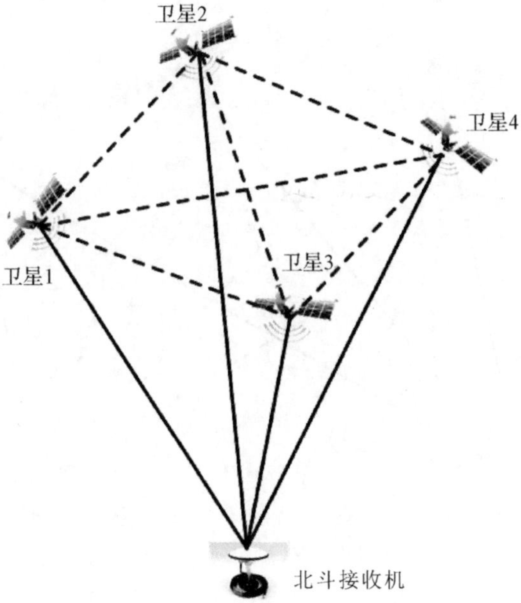

图 5.2　北斗最佳星座示意图

当用户接收机跟踪的卫星多于 4 颗时，通过最佳星座的选择，便可选择其中能使 GDOP 值最小的 4 颗卫星进行观测，从而能够在保证接收机定位精度的同时，减少接收机的负担。

5.1.4 伪距差分定位

北斗伪距单点定位精度通常在 100 m(2 drms, 95%)左右,对于许多需要实时定位的应用场合,如海上和空中导航测量,这种定位精度是远远不够的。为了提高北斗实时定位精度并改善其性能,在北斗系统试验阶段人们就开始对差分定位技术进行研究。尽管现在很多国家都在研究高精度的单点定位技术,但是单点定位的精度仍不能满足高精度实时定位的需求,目前高精度定位广泛采用的仍是差分定位技术。

在高动态差分定位中,动态接收机不仅接收北斗卫星信号,同时还接收基准站发送来的差分改正信息或原始观测值。动态接收机利用差分改正信息对自身的观测值进行改正,或者利用基准站的原始观测值与自身观测值构成差分观测值,然后实时解算出动态接收机的位置信息。由于某些误差存在空间和时间上的相关性,所以观测值之间作差可以消除或削弱这些误差,从而提高动态用户的定位精度。利用差分技术,可以完全消除北斗误差中的公共误差,同时消除大部分传播误差,并且其消除程度主要取决于基准站和用户接收机之间的距离,而接收机的固有误差则无法消除。

伪距差分定位是目前应用最广的一种差分定位技术,因此,下面主要介绍伪距差分定位的原理。地面基准站接收机对所有可见卫星进行观测,并测量得到其与这些可见卫星之间的伪距,然后根据星历数据和基准站已知位置计算基准站到卫星的距离,两者相减得到伪距误差;将伪距误差作为改正信息发送给用户接收机,用户接收机用来改正自身测量的伪距,进而进行定位解算。图 5.3 为北斗差分定位原理示意图。

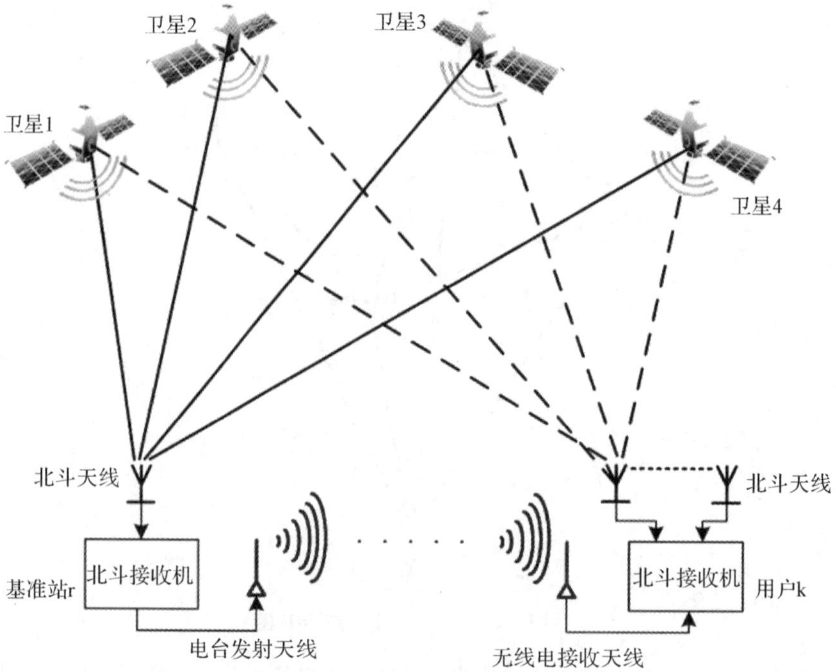

图 5.3 北斗差分定位原理示意图

在基准站 r 上，基准站接收机测得基准站至第 j 颗北斗卫星的伪距为

$$\rho_{r}^{j}=\rho_{rt}^{j}+c(dt^{j}-dT_{rr})+d\rho_{r}^{j}+d_{r,Ion}^{j}+d_{r,Tro}^{j} \tag{5.32}$$

式中：ρ_{r}^{j} 为基准站接收机在历元 t 测得的基准站至第 j 颗北斗卫星的伪距；ρ_{rt}^{j} 为基准站在历元 t 到第 j 颗北斗卫星的真实距离；dt^{j} 为第 j 颗北斗卫星时钟相对于北斗标准时的偏差；dT_{rr} 为基准站接收机时钟相对于北斗标准时的偏差；$d\rho_{r}^{j}$ 为北斗卫星星历误差引起的距离偏差；$d_{r,Ion}^{j}$ 为电离层延迟引起的距离偏差；$d_{r,Tro}^{j}$ 为对流层延迟引起的距离偏差；c 为光在真空中的传播速度。

依据已知的基准站三维坐标和北斗卫星星历，可以精确地计算出真实距离 ρ_{rt}^{j}，则根据式(5.32)可得伪距改正值为

$$\Delta\rho_{r}^{j}=\rho_{rt}^{j}-\rho_{r}^{j}=-c(dt^{j}-dT_{rr})-d\rho_{r}^{j}-d_{r,Ion}^{j}-d_{r,Tro}^{j} \tag{5.33}$$

对于动态用户而言，动态接收机也对第 j 颗北斗卫星进行伪距测量，其观测值为

$$\rho_{k}^{j}=\rho_{kt}^{j}+c(dt^{j}-dT_{kr})+d\rho_{k}^{j}+d_{k,Ion}^{j}+d_{k,Tro}^{j} \tag{5.34}$$

式(5.34)中各个符号的含义与式(5.32)类似，只是式(5.34)中的下标 k 表示动态用户。

动态接收机在测量伪距的同时，接收来自基准站接收机的伪距改正值，用来改正其自身测得的伪距：

$$\rho_{k}^{j}+\Delta\rho_{r}^{j}=\rho_{kt}^{j}+c(dT_{rr}-dT_{kr})+(d\rho_{k}^{j}-d\rho_{r}^{j})+(d_{k,Ion}^{j}-d_{r,Ion}^{j})+(d_{k,Tro}^{j}-d_{r,Tro}^{j}) \tag{5.35}$$

比较式(5.34)和式(5.35)可知，通过对伪距进行改正，消除了北斗卫星时钟偏差引起的距离误差。当站间距离在 100 km 以内时，可以认为

$$d\rho_{k}^{j}=d\rho_{r}^{j},\quad d_{k,Ion}^{j}=d_{r,Ion}^{j},\quad d_{k,Tro}^{j}=d_{r,Tro}^{j}$$

则有

$$\rho_{k}^{j}+\Delta\rho_{r}^{j}=\rho_{kt}^{j}+c(dT_{rr}-dT_{kr})=\sqrt{(X^{j}-X_{k})^{2}+(Y^{j}-Y_{k})^{2}+(Z^{j}-Z_{k})^{2}}+d \tag{5.36}$$

式中：$d=c(dT_{rr}-dT_{kr})$；$[X^{j},Y^{j},Z^{j}]$为第 j 颗北斗卫星在历元 t 的在轨位置；$[X_{k},Y_{k},Z_{k}]$为动态用户 k 在历元 t 的三维位置。

在观测到 4 颗北斗卫星后，可列出 4 个类似式(5.36)的方程。对其线性化，则动态用户在历元 t 的三维位置解为

$$[\Delta X_{k}(t)\quad \Delta Y_{k}(t)\quad \Delta Z_{k}(t)\quad d(t)]^{T}=\boldsymbol{A}^{-1}(t)\cdot\boldsymbol{B}(t) \tag{5.37}$$

式中：$[\Delta X_{k}(t),\Delta Y_{k}(t),\Delta Z_{k}(t)]$为动态用户在历元 t 三维位置的改正数，而动态用户在历元 t 的三维位置为

$$\left.\begin{aligned}X_{k}(t)&=X_{k0}+\Delta X_{k}(t)\\Y_{k}(t)&=Y_{k0}+\Delta Y_{k}(t)\\Z_{k}(t)&=Z_{k0}+\Delta Z_{k}(t)\end{aligned}\right\} \tag{5.38}$$

式中，$[X_{k0},Y_{k0},Z_{k0}]$为动态用户的初始三维位置。

$$\boldsymbol{B}(t)=\begin{bmatrix}D_{10}-\rho_{k}^{1}-\Delta\rho_{r}^{1}\\D_{20}-\rho_{k}^{2}-\Delta\rho_{r}^{2}\\D_{30}-\rho_{k}^{3}-\Delta\rho_{r}^{3}\\D_{40}-\rho_{k}^{4}-\Delta\rho_{r}^{4}\end{bmatrix} \tag{5.39}$$

$$
\boldsymbol{A}(t)=\begin{bmatrix}
\dfrac{X^1(t)-X_{k0}}{D_{10}(t)} & \dfrac{Y^1(t)-Y_{k0}}{D_{10}(t)} & \dfrac{Z^1(t)-Z_{k0}}{D_{10}(t)} & -1 \\
\dfrac{X^2(t)-X_{k0}}{D_{20}(t)} & \dfrac{Y^2(t)-Y_{k0}}{D_{20}(t)} & \dfrac{Z^2(t)-Z_{k0}}{D_{20}(t)} & -1 \\
\dfrac{X^3(t)-X_{k0}}{D_{30}(t)} & \dfrac{Y^3(t)-Y_{k0}}{D_{30}(t)} & \dfrac{Z^3(t)-Z_{k0}}{D_{30}(t)} & -1 \\
\dfrac{X^4(t)-X_{k0}}{D_{40}(t)} & \dfrac{Y^4(t)-Y_{k0}}{D_{40}(t)} & \dfrac{Z^4(t)-Z_{k0}}{D_{40}(t)} & -1
\end{bmatrix} \tag{5.40}
$$

$$
D_{j0}=\sqrt{[X^j(t)-X_{k0}]^2+[Y^j(t)-Y_{k0}]^2+[Z^j(t)-Z_{k0}]^2} \tag{5.41}
$$

当站间距离为 100 km 时，伪距的单点定位和差分定位的误差见表 5.1。

表 5.1 伪距的单点定位和差分定位的误差

类型	误差名称	单点定位	差分定位
空间段	卫星时钟误差/m	3.0	0.0
	卫星摄动误差/m	1.0	0.0
	其他误差/m	0.5	0.0
控制段	星历预报误差/m	4.2	0.0
	其他误差/m	0.9	0.0
	电离层延迟误差/m	5.0	0.0
	对流层延迟误差/m	1.5	0.0
用户段	接收机噪声误差/m	1.5	2.1
	多路径误差/m	2.5	2.5
	其他误差/m	0.5	0.5
用户测距误差	总误差(RMS)/m	8.1	3.3
用户二维位置误差(2 DRMS,HDOP=1.5)/m		24.3	9.9

可以看出，在水平位置精度因子(HDOP)等于 1.5 时，动态用户使用差分定位方法的二维位置精度，比使用单点定位方法的二维位置精度提高了一个数量级，这是由于：

(1)差分定位的用户位置消除了北斗卫星时钟偏差造成的精度损失；

(2)差分定位的用户位置能够显著地减小甚至消除电离层/对流层延迟和星历误差造成的精度损失。

综合来看，由于伪距差分定位通过在基准站和用户之间求伪距观测值的一次差分，消除了两伪距观测值中所含有的公共系统误差，因此可以取得比伪距单点定位更高的定位精度。

5.2 伪距测速方法

北斗伪距测速原理与北斗信号的多普勒效应有关，如图 5.4 所示。多普勒效应是指当北斗卫星与接收机之间沿两者连线方向存在着相对运动时，北斗信号的接收频率与发射频率并不相同，这一频率差即多普勒频移。因此，北斗接收机可以根据卫星和接收机相对运动引起的多普勒频移实现速度的测量。

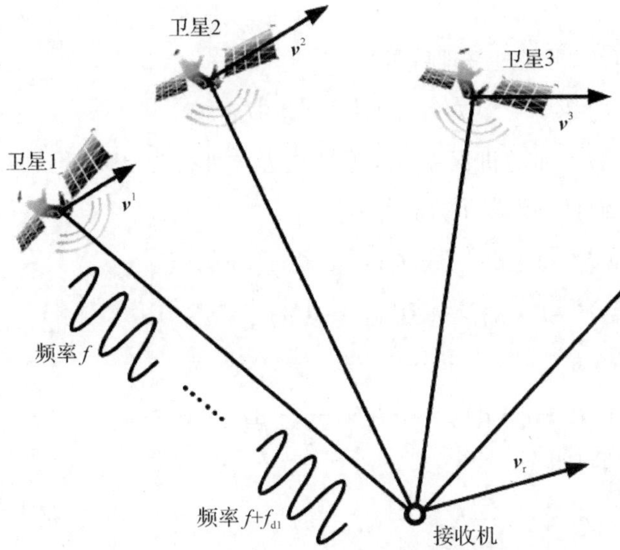

图 5.4　北斗测速原理示意图

设接收机在 CGSC2000 坐标系中的三维空间位置为$[X,Y,Z]^T$，观测到的第 j 颗北斗卫星的三维空间位置为$[X^j,Y^j,Z^j]^T$，则伪距观测量为

$$\rho_r^j=\rho_{rt}^j+c(dt^j-dT_{rr})+d_{r,Ion}^j+d_{r,Tro}^j+v_r^j \tag{5.42}$$

式中：ρ_r^j 为接收机至第 j 颗卫星的伪距；$\rho_{rt}^j=\sqrt{(X-X^j)^2+(Y-Y^j)^2+(Z-Z^j)^2}$ 为接收机到第 j 颗卫星的真实距离；dt^j 为卫星时钟钟差；dT_{rr} 为接收机时钟钟差；$d_{r,Ion}^j$ 为电离层延迟引起的距离偏差；$d_{r,Tro}^j$ 为对流层延迟引起的距离偏差；v_r^j 为观测随机误差。

将式(5.42)对时间求导，可得

$$\dot{\rho}_r^j=\dot{\rho}_{rt}^j+c(df^j-df_{rr})+\dot{v}_r^j \tag{5.43}$$

式中：df^j 为卫星 j 的时钟频漂；df_{rr} 为接收机的时钟频漂。考虑到电离层延迟变化率 $\dot{d}_{r,Ion}^j$ 和对流层延迟变化率 $\dot{d}_{r,Tro}^j$ 一般很小，因此可忽略不计。对于接收机与卫星之间的几何距离变化率 $\dot{\rho}_{rt}^j$，其与接收机速度之间的关系为

$$\dot{\rho}_{rt}^j=(\boldsymbol{v}^j-\boldsymbol{v}_r)\cdot\boldsymbol{l}_r^j \tag{5.44}$$

式中：$\boldsymbol{v}^j=[V_x^j,V_y^j,V_z^j]^T$ 为卫星的运行速度；$\boldsymbol{v}_r=[V_x,V_y,V_z]^T$ 为待求解的接收机速度；$\boldsymbol{l}_r^j$ 为接收机至卫星的单位视线矢量，即

$$\boldsymbol{l}_r^j=\frac{1}{\rho_{rt}^j}[(X^j-X)\quad(Y^j-Y)\quad(Z^j-Z)]^T \tag{5.45}$$

式(5.44)表明，伪距变化率 $\dot{\rho}_{rt}^j$ 可以反映卫星与接收机之间的相对运动速度。因此，在获得多个卫星伪距变化率测量值的条件下，接收机可从中解算出其自身的速度$\boldsymbol{v}_r$。由于伪距测量值比较粗糙，所以伪距变化率通常并不是通过对相邻时刻的伪距进行差分得到的。北斗接收机的多普勒频移测量值 f_d^j 能更精确地反映伪距变化率 $\dot{\rho}_{rt}^j$ 的大小，两者的关系为

$$\dot{\rho}_{\mathrm{rt}}^{j}=-\lambda f_{\mathrm{d}}^{j} \tag{5.46}$$

式中:λ 为北斗信号的波长。

将式(5.44)代入式(5.43),再经过整理后可得

$$\dot{\rho}_{\mathrm{r}}^{j}-\boldsymbol{v}^{j}\boldsymbol{l}_{\mathrm{r}}^{j}-c\cdot \mathrm{d}f^{j}=-\boldsymbol{v}_{\mathrm{r}}\boldsymbol{l}_{\mathrm{r}}^{j}-c\cdot \mathrm{d}f_{\mathrm{rr}}+\dot{v}_{\mathrm{r}}^{j} \tag{5.47}$$

式中:等号右边为未知量$\boldsymbol{v}_{\mathrm{r}}$、$\mathrm{d}f_{\mathrm{rr}}$ 和随机误差 $\dot{v}_{\mathrm{r}}^{j}$,等号左边均可视为已知量。因此,如果接收机观测到 N 个北斗卫星,便可得到以下方程组:

$$\left.\begin{aligned}
&\dot{\rho}_{\mathrm{r}}^{1}-\boldsymbol{v}^{1}\boldsymbol{l}_{\mathrm{r}}^{1}-c\cdot \mathrm{d}f^{1}=-\boldsymbol{l}_{\mathrm{r}}^{1}\boldsymbol{v}_{\mathrm{r}}-c\cdot \mathrm{d}f_{\mathrm{rr}}+\dot{v}_{\mathrm{r}}^{1}\\
&\dot{\rho}_{\mathrm{r}}^{2}-\boldsymbol{v}^{2}\boldsymbol{l}_{\mathrm{r}}^{2}-c\cdot \mathrm{d}f^{2}=-\boldsymbol{l}_{\mathrm{r}}^{2}\boldsymbol{v}_{\mathrm{r}}-c\cdot \mathrm{d}f_{\mathrm{rr}}+\dot{v}_{\mathrm{r}}^{2}\\
&\qquad\cdots\cdots\\
&\dot{\rho}_{\mathrm{r}}^{N}-\boldsymbol{v}^{N}\boldsymbol{l}_{\mathrm{r}}^{N}-c\cdot \mathrm{d}f^{N}=-\boldsymbol{l}_{\mathrm{r}}^{N}\boldsymbol{v}_{\mathrm{r}}-c\cdot \mathrm{d}f_{\mathrm{rr}}+\dot{v}_{\mathrm{r}}^{N}
\end{aligned}\right\} \tag{5.48}$$

将上述方程组进行联立,可得

$$\begin{bmatrix}\dot{\rho}_{\mathrm{r}}^{1}-\boldsymbol{v}^{1}\boldsymbol{l}_{\mathrm{r}}^{1}-c\cdot \mathrm{d}f^{1}\\ \dot{\rho}_{\mathrm{r}}^{2}-\boldsymbol{v}^{2}\boldsymbol{l}_{\mathrm{r}}^{2}-c\cdot \mathrm{d}f^{2}\\ \vdots\\ \dot{\rho}_{\mathrm{r}}^{N}-\boldsymbol{v}^{N}\boldsymbol{l}_{\mathrm{r}}^{N}-c\cdot \mathrm{d}f^{N}\end{bmatrix}=\begin{bmatrix}-l_{\mathrm{r}x}^{1} & -l_{\mathrm{r}y}^{1} & -l_{\mathrm{r}z}^{1} & -c\\ -l_{\mathrm{r}x}^{2} & -l_{\mathrm{r}y}^{2} & -l_{\mathrm{r}z}^{2} & -c\\ \vdots & \vdots & \vdots & \vdots\\ -l_{\mathrm{r}x}^{N} & -l_{\mathrm{r}y}^{N} & -l_{\mathrm{r}z}^{N} & -c\end{bmatrix}\begin{bmatrix}V_{x}\\ V_{y}\\ V_{z}\\ \mathrm{d}f_{\mathrm{rr}}\end{bmatrix}+\begin{bmatrix}\dot{v}_{\mathrm{r}}^{1}\\ \dot{v}_{\mathrm{r}}^{2}\\ \vdots\\ \dot{v}_{\mathrm{r}}^{N}\end{bmatrix} \tag{5.49}$$

令

$$\boldsymbol{X}=\begin{bmatrix}V_{x} & V_{y} & V_{z} & \mathrm{d}f_{\mathrm{rr}}\end{bmatrix}^{\mathrm{T}}$$

$$\boldsymbol{Y}=\begin{bmatrix}\dot{\rho}_{\mathrm{r}}^{1}-\boldsymbol{v}^{1}\boldsymbol{l}_{\mathrm{r}}^{1}-c\cdot \mathrm{d}f^{1} & \dot{\rho}_{\mathrm{r}}^{2}-\boldsymbol{v}^{2}\boldsymbol{l}_{\mathrm{r}}^{2}-c\cdot \mathrm{d}f^{2} & \cdots & \dot{\rho}_{\mathrm{r}}^{N}-\boldsymbol{v}^{N}\boldsymbol{l}_{\mathrm{r}}^{N}-c\cdot \mathrm{d}f^{N}\end{bmatrix}^{\mathrm{T}}$$

$$\boldsymbol{\varepsilon}=\begin{bmatrix}\dot{v}_{\mathrm{r}}^{1} & \dot{v}_{\mathrm{r}}^{2} & \cdots & \dot{v}_{\mathrm{r}}^{N}\end{bmatrix}^{\mathrm{T}}$$

$$\boldsymbol{H}=\begin{bmatrix}-l_{\mathrm{r}x}^{1} & -l_{\mathrm{r}y}^{1} & -l_{\mathrm{r}z}^{1} & -c\\ -l_{\mathrm{r}x}^{2} & -l_{\mathrm{r}y}^{2} & -l_{\mathrm{r}z}^{2} & -c\\ \vdots & \vdots & \vdots & \vdots\\ -l_{\mathrm{r}x}^{N} & -l_{\mathrm{r}y}^{N} & -l_{\mathrm{r}z}^{N} & -c\end{bmatrix}$$

则式(5.49)可化简为

$$\boldsymbol{Y}=\boldsymbol{H}\boldsymbol{X}+\boldsymbol{\varepsilon} \tag{5.50}$$

因此,式(5.50)的最小二乘估计结果为

$$\hat{\boldsymbol{X}}=(\boldsymbol{H}^{\mathrm{T}}\boldsymbol{H})^{-1}\boldsymbol{H}^{\mathrm{T}}\boldsymbol{Y} \tag{5.51}$$

综上所述,在接收机对北斗信号进行跟踪锁定后,便可利用跟踪环路输出的信号多普勒频移,计算出反映卫星与接收机之间相对运动速度的伪距变化率。进而,根据伪距变化率测量值,采用最小二乘法可解算出接收机的三维速度信息。在解算接收机速度的过程中,除了三维速度信息,将造成伪距变化率测量误差的接收机时钟频漂也作为一个待解参数。因此至少需要同时观测 4 颗卫星,便可解算出接收机的速度。

5.3　载波相位定位方法

5.3.1　载波相位差分

伪码相位的测量精度在 1 m 左右，而载波相位测量值的精度可达毫米级。因此，对于定位精度要求为厘米级或毫米级的精密定位系统来说，伪码测量值显然不能满足要求，而载波相位测量值就成了必需品。精密定位实际上是指基于载波相位测量值的精密相对定位，它是差分定位的另一种形式。在精密相对定位系统中，基准站并不是播发北斗测量值的差分改正量，而是直接播发基准站的北斗测量值，然后让用户接收机将这些测量值与其自身对卫星的测量值经差分运算组合起来，最后利用组合后的测量值求解出基线矢量而完成相对定位。基于载波相位测量值的精密相对定位是北斗定位中精度最高的一种定位方式，它在大地测量和海空导航等方面有着十分重要的应用前景。

作为差分系统的一种形式，相对定位系统通过对用户接收机和基准站接收机的载波相位测量值进行线性组合(包括差分组合)，来消除测量值中的公共误差部分，而单差、双差、三差这三种组合方式能依次消除更多的测量误差成分。图 5.5 为单差、双差和三差所涉及的接收机数目、卫星数目以及测量历元数目的情况。

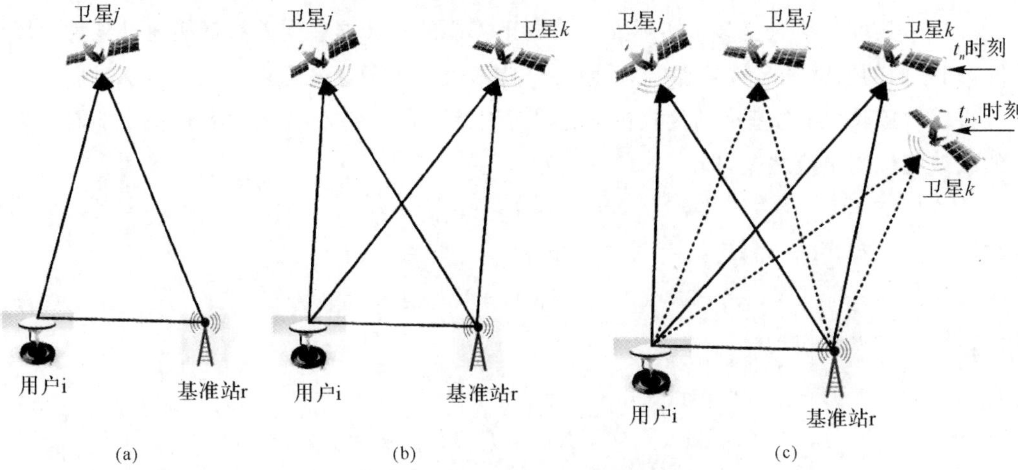

图 5.5　单差、双差和三差示意图

(a)单差；(b)双差；(c)三差

1. 单差

如图 5.5(a)所示，每个单差测量值只涉及两个接收机在单个时刻对同一颗卫星的测量值，它是站间(即接收机之间)对同一颗卫星测量值的一次差分。单差不但可以用来根除测量值中的卫星钟差，而且在短基线情形下，也可以基本消除大气延迟误差。

如图 5.6 所示，两个相距不远的用户接收机 i 和基准站接收机 r 同时观测一颗编号为 j 的卫星。以波长为单位的接收机 i 和 r 对卫星 j 的载波相位测量值 φ_i^j 和 φ_r^j 分别可表示为

$$\varphi_{\mathrm{i}}^{j}=\lambda^{-1}(r_{\mathrm{i}}^{j}+I_{\mathrm{i}}^{j}+T_{\mathrm{i}}^{j})+fc(\delta t_{\mathrm{i}}-\delta t^{j})-N_{\mathrm{i}}^{j}+\varepsilon_{\mathrm{i}}^{j} \tag{5.52}$$

$$\varphi_{\mathrm{r}}^{j}=\lambda^{-1}(r_{\mathrm{r}}^{j}+I_{\mathrm{r}}^{j}+T_{\mathrm{r}}^{j})+fc(\delta t_{\mathrm{r}}-\delta t^{j})-N_{\mathrm{r}}^{j}+\varepsilon_{\mathrm{r}}^{j} \tag{5.53}$$

式中：λ 为北斗信号的波长；r_{i}^{j}，r_{r}^{j} 分别为接收机 i 和 r 到卫星 j 的真实距离；I_{i}^{j}，I_{r}^{j} 为电离层延迟引起的距离偏差；T_{i}^{j}，T_{r}^{j} 为对流层延迟引起的距离偏差；f 为北斗信号的频率；δt_{i}，δt_{r} 分别为接收机 i 和 r 的时钟钟差；δt^{j} 为卫星 j 的时钟钟差；N_{i}^{j}，N_{r}^{j} 为整周模糊度；$\varepsilon_{\mathrm{i}}^{j}$，$\varepsilon_{\mathrm{r}}^{j}$ 为测量随机误差。

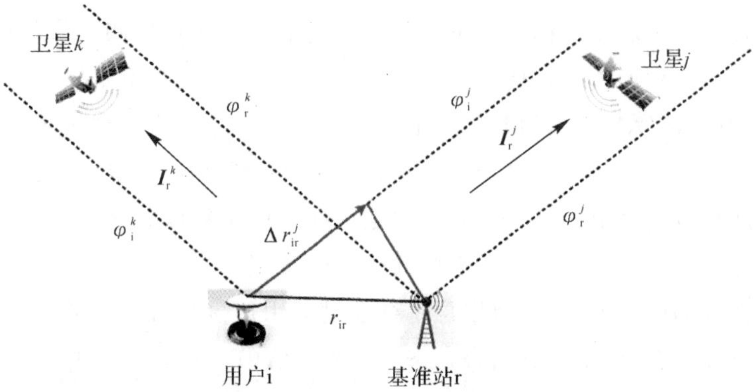

图 5.6　单差与双差的形成

式(5.52)和式(5.53)中，等号右边除了 r_{i}^{j}，r_{r}^{j} 中包含着所希望求解的信息(即接收机的位置)之外，其余各项误差参量实际上不是真正关心的。若这些误差参量能通过某种手段而消除，则它们的值就不必被求解出来，而差分技术就是基于这一思路。

将用户接收机 i 与基准站接收机 r 之间对卫星 j 的单差载波相位测量值 $\varphi_{\mathrm{ir}}^{j}$，定义为两者的载波相位测量值之差，即

$$\varphi_{\mathrm{ir}}^{j}=\varphi_{\mathrm{i}}^{j}-\varphi_{\mathrm{r}}^{j} \tag{5.54}$$

则将式(5.52)和式(5.53)代入式(5.54)，可得

$$\varphi_{\mathrm{ir}}^{j}=\lambda^{-1}(r_{\mathrm{ir}}^{j}+I_{\mathrm{ir}}^{j}+T_{\mathrm{ir}}^{j})+fc\delta t_{\mathrm{ir}}-N_{\mathrm{ir}}^{j}+\varepsilon_{\mathrm{ir}}^{j} \tag{5.55}$$

式中：r_{ir}^{j}，I_{ir}^{j}，T_{ir}^{j}，δt_{ir}，N_{ir}^{j}，$\varepsilon_{\mathrm{ir}}^{j}$ 定义为

$$r_{\mathrm{ir}}^{j}=r_{\mathrm{i}}^{j}-r_{\mathrm{r}}^{j},\ I_{\mathrm{ir}}^{j}=I_{\mathrm{i}}^{j}-I_{\mathrm{r}}^{j},\ T_{\mathrm{ir}}^{j}=T_{\mathrm{i}}^{j}-T_{\mathrm{r}}^{j}$$

$$\delta t_{\mathrm{ir}}=\delta t_{\mathrm{i}}-\delta t_{\mathrm{r}},\ N_{\mathrm{ir}}^{j}=N_{\mathrm{i}}^{j}-N_{\mathrm{r}}^{j},\ \varepsilon_{\mathrm{ir}}^{j}=\varepsilon_{\mathrm{i}}^{j}-\varepsilon_{\mathrm{r}}^{j}$$

显然，由两个整周模糊度(整数)相减得到的单差整周模糊度 N_{ir}^{j} 仍是个整数，而一旦 N_{ir}^{j} 的值被正确地求解出来，那么单差载波相位 $\varphi_{\mathrm{ir}}^{j}$ 就成为没有模糊度的高精度单差距离测量值。

式(5.55)表明，卫星钟差 δt^{j} 在单差后被彻底消除，然而单差测量噪声 $\varepsilon_{\mathrm{ir}}^{j}$ 的标准差却增大到原载波相位测量噪声 $\varepsilon_{\mathrm{i}}^{j}$(或 $\varepsilon_{\mathrm{r}}^{j}$)标准差的$\sqrt{2}$倍。接收机钟差 δt_{i} 对不同卫星来说是相同的，它将通过下面介绍的双差而被消除。

若用户与基准站相距不远，则单差电离层延迟 I_{ir}^{j} 约等于零；而当两者又位于同一高度时，单差对流层延迟 T_{ir}^{j} 也会接近于零。这样，对于短基线系统来说，式(5.55)可进一步简化为

$$\varphi_{\mathrm{ir}}^{j}=\lambda^{-1}r_{\mathrm{ir}}^{j}+fc\delta t_{\mathrm{ir}}-N_{\mathrm{ir}}^{j}+\varepsilon_{\mathrm{ir}}^{j} \tag{5.56}$$

虽然卫星星历误差没有出现在以上对单差载波相位观测方程式的推导过程中，但是这一误差成分经单差后实际上也被基本消除。由此可见，单差可以消除卫星星历误差、卫星钟差、电离层延迟和对流层延迟。

2. 双差

如图 5.5(b)所示，每个双差测量值涉及两个接收机在同一时刻对两颗卫星的测量值，它对两颗不同卫星的单差进行差分，即在站间和星间各求一次差分。双差能进一步消除测量值中的接收机钟差。

如图 5.6 所示，假设用户接收机 i 和基准站接收机 r 同时观测卫星 j 和卫星 k，则式(5.56)已经给出了这两个接收机对卫星 j 的单差载波相位测量值 $\varphi_{\mathrm{ir}}^{j}$，而它们对卫星 k 的单差载波相位测量值 $\varphi_{\mathrm{ir}}^{k}$ 为

$$\varphi_{\mathrm{ir}}^{k}=\lambda^{-1}r_{\mathrm{ir}}^{k}+fc\cdot\delta t_{\mathrm{ir}}-N_{\mathrm{ir}}^{k}+\varepsilon_{\mathrm{ir}}^{k} \tag{5.57}$$

给定在同一测量时刻的单差载波相位测量值 $\varphi_{\mathrm{ir}}^{j}$ 和 $\varphi_{\mathrm{ir}}^{k}$，则由它们所组成的双差载波相位测量值 $\varphi_{\mathrm{ir}}^{jk}$ 定义为

$$\varphi_{\mathrm{ir}}^{jk}=\varphi_{\mathrm{ir}}^{j}-\varphi_{\mathrm{ir}}^{k} \tag{5.58}$$

则将式(5.56)和式(5.57)代入式(5.58)，可得双差载波相位测量值 $\varphi_{\mathrm{ir}}^{jk}$ 的观测方程为

$$\varphi_{\mathrm{ir}}^{jk}=\lambda^{-1}r_{\mathrm{ir}}^{jk}-N_{\mathrm{ir}}^{jk}+\varepsilon_{\mathrm{ir}}^{jk} \tag{5.59}$$

式中

$$r_{\mathrm{ir}}^{jk}=r_{\mathrm{ir}}^{j}-r_{\mathrm{ir}}^{k},\quad N_{\mathrm{ir}}^{jk}=N_{\mathrm{ir}}^{j}-N_{\mathrm{ir}}^{k},\quad \varepsilon_{\mathrm{ir}}^{jk}=\varepsilon_{\mathrm{ir}}^{j}-\varepsilon_{\mathrm{ir}}^{k}$$

虽然由式(5.59)所定义的双差是通过先求站间差分再求星间差分得到的，但是这与通过先求星间差分再求站间差分所得到的双差在数值上相等。式(5.59)表明，双差能彻底消除接收机钟差和卫星钟差，然而它的代价是使双差测量噪声 $\varepsilon_{\mathrm{ir}}^{jk}$ 的标准差增加到原单差测量噪声 $\varepsilon_{\mathrm{ir}}^{j}$(或 $\varepsilon_{\mathrm{ir}}^{k}$)标准差的$\sqrt{2}$倍，一般在 1 cm 左右。

3. 三差

双差消除了单差中的接收机钟差，然而双差载波相位测量值 $\varphi_{\mathrm{ir}}^{jk}$ 中仍存在一个并不是相对定位所关心的双差整周模糊度 N_{ir}^{jk}。当用户与基准站两端的接收机均持续锁定卫星信号时，这些未知的双差整周模糊度值会保持不变，因此不同时刻的双差载波相位测量值之差可抵消掉双差整周模糊度。如图 5.5(c)所示，每个三差测量值涉及两个接收机在两个时刻对两颗卫星的载波相位测量值，它对两个测量时刻的双差再进行差分，从而消除整周模糊度这一未知参量。

假设将 t_2 测量时刻的双差载波相位测量值 $\varphi_{\mathrm{ir}}^{jk}$ 记为 $\varphi_{\mathrm{ir}}^{jk}(t_2)$，则该时刻的三差 $\delta\varphi_{\mathrm{ir}}^{jk}(t_2)$ 定义为 t_2 与 t_1 时刻的双差的差分，即

$$\delta\varphi_{\mathrm{ir}}^{jk}(t_2)=\varphi_{\mathrm{ir}}^{jk}(t_2)-\varphi_{\mathrm{ir}}^{jk}(t_1) \tag{5.60}$$

则根据双差载波相位观测方程式(5.59)，可得

$$\delta\varphi_{\mathrm{ir}}^{jk}(t_2)=\lambda^{-1}\delta r_{\mathrm{ir}}^{jk}(t_2)+\delta\varepsilon_{\mathrm{ir}}^{jk}(t_2) \tag{5.61}$$

式中：$\delta r_{\mathrm{ir}}^{jk}(t_2)$和$\delta\varepsilon_{\mathrm{ir}}^{jk}(t_2)$定义为

$$\delta r_{\mathrm{ir}}^{jk}(t_2)=r_{\mathrm{ir}}^{jk}(t_2)-r_{\mathrm{ir}}^{jk}(t_1),\quad \delta\varepsilon_{\mathrm{ir}}^{jk}(t_2)=\varepsilon_{\mathrm{ir}}^{jk}(t_2)-\varepsilon_{\mathrm{ir}}^{jk}(t_1)$$

由式(5.61)可知，载波相位测量值中的所有误差和整周模糊度经过三次差分后被全部消除，然而这也导致差分测量噪声变强的问题。若综合考虑测量误差和测量噪声等方面的因素，则由高阶差分定位方程得到的定位精度，未必一定高于由低阶差分定位方程得到的定位精度。因此，在实际应用中，通常采用双差载波相位测量值来实现相对定位。

5.3.2 实时动态差分定位方法

实时动态差分定位(Real Time Kinematic，RTK)系统，是北斗测量技术与数据传输技术相结合而构成的组合系统，它是北斗测量技术发展中的一个新的突破。

RTK技术是一项以载波相位观测量为基础的实时差分精密相对定位技术，它能获得厘米级的定位精度，在高精度导航定位领域得到了广泛的应用。众所周知，北斗测量工作的模式有多种，如静态、快速静态、准动态和动态相对定位等。但是，如果不与数据传输系统相结合，这些测量模式的定位结果均需通过对观测数据的测后处理而获得。由于观测数据需要在测后处理，所以上述各种测量模式，无法实时地给出用户接收机的定位结果。

RTK系统主要由基准站、用户接收机和无线电传输设备三部分组成，如图5.7所示。RTK的基本原理是，在基准站安装一台北斗接收机，对所有可见北斗卫星进行连续观测，并将其观测数据通过无线电传输设备，实时地发送给用户接收机；而用户接收机在接收卫星信号的同时，还通过无线电接收设备接收基准站传输的观测数据，进而根据相对定位的原理，实时地计算并显示用户接收机的三维坐标及其精度，其定位精度可达1～2 cm。

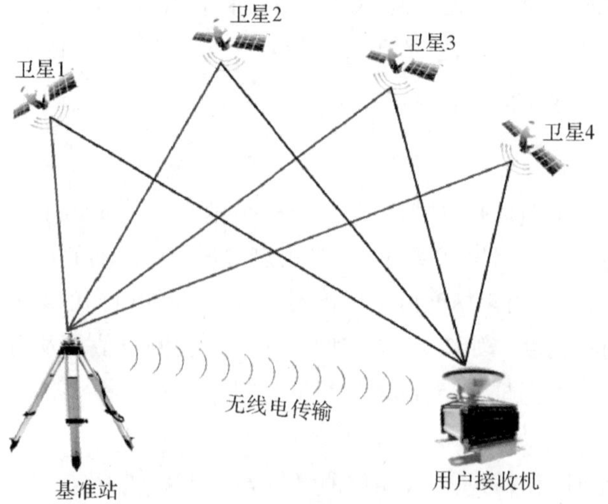

图5.7 RTK系统的组成

下面对RTK用户接收机的相对定位方法进行介绍。

已知基准站r的坐标为$[X_{\mathrm{r}},Y_{\mathrm{r}},Z_{\mathrm{r}}]$，设用户接收机u的坐标为$[X_{\mathrm{u}},Y_{\mathrm{u}},Z_{\mathrm{u}}]$，卫星$j$和

k 的坐标分别为$[X^j, Y^j, Z^j]$和$[X^k, Y^k, Z^k]$，则用户接收机 u 与基准站 r 之间对卫星 j 和 k 的双差载波相位观测方程为

$$\varphi_{\mathrm{ur}}^{jk}=\lambda^{-1}[(r_{\mathrm{u}}^{j}-r_{\mathrm{r}}^{j})-(r_{\mathrm{u}}^{k}-r_{\mathrm{r}}^{k})]-N_{\mathrm{ur}}^{jk}+\varepsilon_{\mathrm{ur}}^{jk} \tag{5.62}$$

式(5.62)为非线性方程，在用户接收机近似坐标$[X_{\mathrm{u0}}, Y_{\mathrm{u0}}, Z_{\mathrm{u0}}]$处进行泰勒展开，并忽略二阶及以上误差项，相应的坐标改正数为$[\delta X_{\mathrm{u}}, \delta Y_{\mathrm{u}}, \delta Z_{\mathrm{u}}]$，则 r_{u}^{j} 和 r_{u}^{k} 可线性化为

$$r_{\mathrm{u}}^{j}=r_{\mathrm{u0}}^{j}-(l_{\mathrm{u}}^{j}\delta X_{\mathrm{u}}+m_{\mathrm{u}}^{j}\delta Y_{\mathrm{u}}+n_{\mathrm{u}}^{j}\delta Z_{\mathrm{u}}) \tag{5.63}$$

$$r_{\mathrm{u}}^{k}=r_{\mathrm{u0}}^{k}-(l_{\mathrm{u}}^{k}\delta X_{\mathrm{u}}+m_{\mathrm{u}}^{k}\delta Y_{\mathrm{u}}+n_{\mathrm{u}}^{k}\delta Z_{\mathrm{u}}) \tag{5.64}$$

式中

$$\begin{cases} r_{\mathrm{r}}^{j}=\sqrt{(X^j-X_{\mathrm{r}})^2+(Y^j-Y_{\mathrm{r}})^2+(Z^j-Z_{\mathrm{r}})^2} \\ r_{\mathrm{r}}^{k}=\sqrt{(X^k-X_{\mathrm{r}})^2+(Y^k-Y_{\mathrm{r}})^2+(Z^k-Z_{\mathrm{r}})^2} \\ r_{\mathrm{u0}}^{j}=\sqrt{(X^j-X_{\mathrm{u0}})^2+(Y^j-Y_{\mathrm{u0}})^2+(Z^j-Z_{\mathrm{u0}})^2} \\ r_{\mathrm{u0}}^{k}=\sqrt{(X^k-X_{\mathrm{u0}})^2+(Y^k-Y_{\mathrm{u0}})^2+(Z^k-Z_{\mathrm{u0}})^2} \end{cases}$$

将式(5.63)、式(5.64)代入式(5.62)，可得到双差载波相位观测方程的线性化形式为

$$\varphi_{\mathrm{ur}}^{jk}=\lambda^{-1}[(r_{\mathrm{u0}}^{j}-r_{\mathrm{r}}^{j})-(r_{\mathrm{u0}}^{k}-r_{\mathrm{r}}^{k})]-\lambda^{-1}\begin{bmatrix} l_{\mathrm{u}}^{j}-l_{\mathrm{u}}^{k} \\ m_{\mathrm{u}}^{j}-m_{\mathrm{u}}^{k} \\ n_{\mathrm{u}}^{j}-n_{\mathrm{u}}^{k} \end{bmatrix}[\delta X_{\mathrm{u}} \quad \delta Y_{\mathrm{u}} \quad \delta Z_{\mathrm{u}}]-N_{\mathrm{ur}}^{jk}+\varepsilon_{\mathrm{ur}}^{jk} \tag{5.65}$$

令

$$\begin{bmatrix} l_{\mathrm{u}}^{jk} \\ m_{\mathrm{u}}^{jk} \\ n_{\mathrm{u}}^{jk} \end{bmatrix}=\begin{bmatrix} l_{\mathrm{u}}^{j}-l_{\mathrm{u}}^{k} \\ m_{\mathrm{u}}^{j}-m_{\mathrm{u}}^{k} \\ n_{\mathrm{u}}^{j}-n_{\mathrm{u}}^{k} \end{bmatrix}=\begin{bmatrix} \dfrac{X^j-X_{\mathrm{u0}}}{r_{\mathrm{u0}}^{j}}-\dfrac{X^k-X_{\mathrm{u0}}}{r_{\mathrm{u0}}^{k}} \\ \dfrac{Y^j-Y_{\mathrm{u0}}}{r_{\mathrm{u0}}^{j}}-\dfrac{Y^k-Y_{\mathrm{u0}}}{r_{\mathrm{u0}}^{k}} \\ \dfrac{Z^j-Z_{\mathrm{u0}}}{r_{\mathrm{u0}}^{j}}-\dfrac{Z^k-Z_{\mathrm{u0}}}{r_{\mathrm{u0}}^{k}} \end{bmatrix} \tag{5.66}$$

$$L_{\mathrm{ur}}^{jk}=\varphi_{\mathrm{ur}}^{jk}-\lambda^{-1}[(r_{\mathrm{u0}}^{j}-r_{\mathrm{r}}^{j})-(r_{\mathrm{u0}}^{k}-r_{\mathrm{r}}^{k})] \tag{5.67}$$

则双差载波相位观测方程式(5.65)可改写为

$$L_{\mathrm{ur}}^{jk}=-\lambda^{-1}[l_{\mathrm{u}}^{jk} \quad m_{\mathrm{u}}^{jk} \quad n_{\mathrm{u}}^{jk}]\begin{bmatrix} \delta X_{\mathrm{u}} \\ \delta Y_{\mathrm{u}} \\ \delta Z_{\mathrm{u}} \end{bmatrix}-N_{\mathrm{ur}}^{jk}+\varepsilon_{\mathrm{ur}}^{jk} \tag{5.68}$$

若观测到 $n+1$ 个编号为 0,1,2,…,n 的北斗卫星，并选取 0 号卫星作为基准卫星，则可组成一个单历元的双差载波相位观测方程组为

$$\begin{bmatrix} L_{\mathrm{ur}}^{01} \\ L_{\mathrm{ur}}^{02} \\ \vdots \\ L_{\mathrm{ur}}^{0n} \end{bmatrix}=-\frac{1}{\lambda}\begin{bmatrix} l_{\mathrm{u}}^{01} & m_{\mathrm{u}}^{01} & n_{\mathrm{u}}^{01} \\ l_{\mathrm{u}}^{02} & m_{\mathrm{u}}^{02} & n_{\mathrm{u}}^{02} \\ \vdots & \vdots & \vdots \\ l_{\mathrm{u}}^{0n} & m_{\mathrm{u}}^{0n} & n_{\mathrm{u}}^{0n} \end{bmatrix}\begin{bmatrix} \delta X_{\mathrm{u}} \\ \delta Y_{\mathrm{u}} \\ \delta Z_{\mathrm{u}} \end{bmatrix}-\begin{bmatrix} 1 & 0 & \cdots & 0 \\ 0 & 1 & \cdots & 0 \\ \vdots & \vdots & & \vdots \\ 0 & 0 & \cdots & 1 \end{bmatrix}\begin{bmatrix} N_{\mathrm{ur}}^{01} \\ N_{\mathrm{ur}}^{02} \\ \vdots \\ N_{\mathrm{ur}}^{0n} \end{bmatrix}+\begin{bmatrix} \varepsilon_{\mathrm{ur}}^{01} \\ \varepsilon_{\mathrm{ur}}^{02} \\ \vdots \\ \varepsilon_{\mathrm{ur}}^{0n} \end{bmatrix} \tag{5.69}$$

从单历元的双差载波相位观测方程组式(5.69)可以看出,其中包含的方程个数为 n,未知量个数为 $3+n$,未知量包括 3 个坐标改正数和 n 个双差整周模糊度。由于未知量个数多于方程个数,所以仅利用单个历元的双差载波相位观测方程组,无法求解出未知量;而由于在不发生周跳和失锁的情况下,双差整周模糊度保持不变,所以当采用多个历元(如 m 个历元)的观测数据组成观测方程组时,方程个数为 mn,未知量个数为 $3m+n$,未知量包括 $3m$ 个坐标改正数和 n 个双差整周模糊度,此时只需满足条件 $mn\geqslant 3m+n$,即可对坐标改正数和双差整周模糊度等未知量进行求解。

设历元时刻为 t,则式(5.69)可写为

$$\boldsymbol{L}(t)=\boldsymbol{H}(t)\delta\boldsymbol{P}_{\mathrm{u}}(t)+\boldsymbol{A}(t)\boldsymbol{N}+\boldsymbol{V}(t) \tag{5.70}$$

式中

$$\boldsymbol{L}(t)=\begin{bmatrix}L_{\mathrm{ur}}^{01}(t) & L_{\mathrm{ur}}^{02}(t) & \cdots & L_{\mathrm{ur}}^{0n}(t)\end{bmatrix}^{\mathrm{T}}$$

$$\boldsymbol{H}(t)=-\lambda^{-1}\begin{bmatrix}l_{\mathrm{u}}^{01}(t) & m_{\mathrm{u}}^{01}(t) & n_{\mathrm{u}}^{01}(t)\\ l_{\mathrm{u}}^{02}(t) & m_{\mathrm{u}}^{02}(t) & n_{\mathrm{u}}^{02}(t)\\ \vdots & \vdots & \vdots\\ l_{\mathrm{u}}^{0n}(t) & m_{\mathrm{u}}^{0n}(t) & n_{\mathrm{u}}^{0n}(t)\end{bmatrix}$$

$$\delta\boldsymbol{P}_{\mathrm{u}}(t)=\begin{bmatrix}\delta X_{\mathrm{u}}(t) & \delta Y_{\mathrm{u}}(t) & \delta Z_{\mathrm{u}}(t)\end{bmatrix}^{\mathrm{T}}$$

$$\boldsymbol{A}(t)=-\begin{bmatrix}1 & 0 & \cdots & 0\\ 0 & 1 & \cdots & 0\\ \vdots & \vdots & & \vdots\\ 0 & 0 & \cdots & 1\end{bmatrix}$$

$$\boldsymbol{N}=\begin{bmatrix}N_{\mathrm{ur}}^{01} & N_{\mathrm{ur}}^{02} & \cdots & N_{\mathrm{ur}}^{0n}\end{bmatrix}^{\mathrm{T}}$$

$$\boldsymbol{V}(t)=\begin{bmatrix}\varepsilon_{\mathrm{ur}}^{01} & \varepsilon_{\mathrm{ur}}^{02} & \cdots & \varepsilon_{\mathrm{ur}}^{0n}\end{bmatrix}^{\mathrm{T}}$$

若同步观测的历元个数为 m,则相应的观测方程组为

$$\boldsymbol{L}_1=\begin{bmatrix}\boldsymbol{H}_1 & \boldsymbol{A}_1\end{bmatrix}\begin{bmatrix}\delta\boldsymbol{P}_{\mathrm{u},1}\\ \boldsymbol{N}\end{bmatrix}+\boldsymbol{V}_1 \tag{5.71}$$

式中

$$\boldsymbol{L}_1=\begin{bmatrix}\boldsymbol{L}(t_1) & \boldsymbol{L}(t_2) & \cdots & \boldsymbol{L}(t_m)\end{bmatrix}^{\mathrm{T}}$$

$$\boldsymbol{H}_1=\begin{bmatrix}\boldsymbol{H}(t_1) & \boldsymbol{H}(t_2) & \cdots & \boldsymbol{H}(t_m)\end{bmatrix}^{\mathrm{T}}$$

$$\boldsymbol{A}_1=\begin{bmatrix}\boldsymbol{A}(t_1) & \boldsymbol{A}(t_2) & \cdots & \boldsymbol{A}(t_m)\end{bmatrix}^{\mathrm{T}}$$

$$\delta\boldsymbol{P}_{\mathrm{u},1}=\begin{bmatrix}\delta\boldsymbol{P}_{\mathrm{u}}(t_1) & \delta\boldsymbol{P}_{\mathrm{u}}(t_2) & \cdots & \delta\boldsymbol{P}_{\mathrm{u}}(t_m)\end{bmatrix}^{\mathrm{T}}$$

$$\boldsymbol{V}_1=\begin{bmatrix}\boldsymbol{V}(t_1) & \boldsymbol{V}(t_2) & \cdots & \boldsymbol{V}(t_m)\end{bmatrix}^{\mathrm{T}}$$

设

$$\boldsymbol{G}=\begin{bmatrix}\boldsymbol{H}_1 & \boldsymbol{A}_1\end{bmatrix}$$

$$\delta\boldsymbol{X}=\begin{bmatrix}\delta\boldsymbol{P}_{\mathrm{u},1}\\ \boldsymbol{N}\end{bmatrix}$$

则式(5.71)的最小二乘估计结果为

$$\delta \boldsymbol{X}=(\boldsymbol{G}^{\mathrm{T}}\boldsymbol{G})^{-1}\boldsymbol{G}^{\mathrm{T}}\boldsymbol{L}_1 \tag{5.72}$$

这样，便可得到历元时刻 k 用户接收机的精确坐标为

$$\begin{bmatrix} X_{\mathrm{u}}(k) \\ Y_{\mathrm{u}}(k) \\ Z_{\mathrm{u}}(k) \end{bmatrix}=\begin{bmatrix} X_{\mathrm{u0}}(k) \\ Y_{\mathrm{u0}}(k) \\ Z_{\mathrm{u0}}(k) \end{bmatrix}+\begin{bmatrix} \delta X_{\mathrm{u}}(k) \\ \delta Y_{\mathrm{u}}(k) \\ \delta Z_{\mathrm{u}}(k) \end{bmatrix} \tag{5.73}$$

式中，$\delta X_{\mathrm{u}}(k)$，$\delta Y_{\mathrm{u}}(k)$，$\delta Z_{\mathrm{u}}(k)$可通过式(5.72)估计得到。

综上所述，在北斗接收机的 RTK 模式下，基准站通过无线电传输设备将其观测值和基准站坐标信息一起传送给用户接收机。而用户接收机通过无线电接收设备接收来自基准站的观测值，同时接收北斗卫星信号，这样，便可利用基准站的观测值与用户接收机的观测值组成差分观测值进行实时处理，最终可实现厘米级甚至毫米级的高精度定位。

5.3.3　精密单点定位方法

精密单点定位(Precise Point Positioning，PPP)技术集成了标准单点定位和差分定位的优点，它的出现改变了以往只能使用双差载波相位定位模式才能达到较高定位精度的现状，是继 RTK 技术后的又一次技术革命。精密单点定位技术的出现，为进行长距离、高精度的事后动态定位提供了新的解决方案。

1. 精密单点定位原理

精密单点定位技术，是指利用全球分布的若干地面跟踪站的观测数据计算出精密卫星轨道参数和卫星钟差，再利用所求得的卫星轨道参数和卫星钟差，处理单台接收机采集的非差载波相位数据，从而得到厘米级精度的用户接收机坐标。它与一般的单点定位类似，但后者采用广播星历提供的卫星轨道参数和钟差，而不使用精密卫星星历和卫星钟差，并且没有利用载波相位观测值。精密单点定位的解算过程如下：从 IGS 等官方网站下载精密卫星星历和卫星钟差，根据精密星历和卫星钟差，利用非差载波相位观测值解算用户接收机的位置参数，同时解算出非差整周模糊度、接收机钟差以及对流层延迟等参数。

在精密单点定位中，所用到的观测量包括伪距和载波相位两种。对于接收机 r 观测到的第 s 颗卫星，其伪距和载波相位观测方程分别为

$$\rho_{\mathrm{r},j}^{s}=r_{\mathrm{r}}^{s}+c(\delta t_{\mathrm{r}}-\delta t^{s})+T_{\mathrm{r}}^{s}+I_{\mathrm{r},j}^{s}+b_{\mathrm{r},j}-b_{j}^{s}+e_{\mathrm{r},j}^{s} \tag{5.74}$$

$$L_{\mathrm{r},j}^{s}=\lambda_{j}\varphi_{\mathrm{r},j}^{s}=r_{\mathrm{r}}^{s}+c(\delta t_{\mathrm{r}}-\delta t^{s})+T_{\mathrm{r}}^{s}-I_{\mathrm{r},j}^{s}+\lambda_{j}(N_{\mathrm{r},j}^{s}+B_{\mathrm{r},j}-B_{j}^{s})+\varepsilon_{\mathrm{r},j}^{s} \tag{5.75}$$

式中：f_j 表示第 j 个北斗信号的频率；r_{r}^{s} 表示卫星与接收机之间的真实距离；c 表示真空中的光速；δt_{r} 和 δt^{s} 分别表示接收机和卫星钟差；T_{r}^{s} 表示倾斜路径上的对流层延迟；$I_{\mathrm{r},j}^{s}$ 表示信号频率为 f_j 时对应的倾斜路径上的电离层延迟；$N_{\mathrm{r},j}^{s}$ 表示整周模糊度；$B_{\mathrm{r},j}$ 表示信号频率为 f_j 时对应的接收机内部的载波相位硬件延迟；B_{j}^{s} 表示信号频率为 f_j 时对应的卫星内部的载波相位硬件延迟；λ_j 表示信号的载波波长；$b_{\mathrm{r},j}$ 表示信号频率为 f_j 时对应的接收机内部的伪距硬件延迟；b_{j}^{s} 表示信号频率为 f_j 时对应的卫星内部的伪距硬件延迟；$e_{\mathrm{r},j}^{s}$ 表示伪距测量随机误差；$\varepsilon_{\mathrm{r},j}^{s}$ 表示载波相位测量随机误差。

无电离层组合模型是精密单点定位中最为常用的模型，该模型通过构造无电离层组合

观测值，消除了伪距和载波相位观测量中的电离层延迟。无电离层组合观测值的观测方程为

$$\rho_{\mathrm{r,IF}}^{s}=r_{\mathrm{r}}^{s}+c(\delta t_{\mathrm{r}}-\delta t^{s})+T_{\mathrm{r}}^{s}+b_{\mathrm{r,IF}}-b_{\mathrm{IF}}^{s}+e_{\mathrm{r,IF}}^{s} \tag{5.76}$$

$$L_{\mathrm{r,IF}}^{s}=r_{\mathrm{r}}^{s}+c(\delta t_{\mathrm{r}}-\delta t^{s})+T_{\mathrm{r}}^{s}+\lambda_{\mathrm{IF}}(N_{\mathrm{r,IF}}^{s}+B_{\mathrm{r,IF}}-B_{\mathrm{IF}}^{s})+\varepsilon_{\mathrm{r,IF}}^{s} \tag{5.77}$$

式中

$$b_{\mathrm{r,IF}}=(f_j^2 b_{\mathrm{r},j}-f_k^2 b_{\mathrm{r},k})/(f_j^2-f_k^2)$$

$$b_{\mathrm{IF}}^{s}=(f_j^2 b_j^s-f_k^2 b_k^s)/(f_j^2-f_k^2)$$

$$N_{\mathrm{r,IF}}^{s}=c(f_k f_j^2 N_{\mathrm{r},j}^{s}-f_j f_k^2 N_{\mathrm{r},k}^{s})/f_j f_k(f_j^2-f_k^2)/\lambda_{\mathrm{IF}}$$

$$B_{\mathrm{r,IF}}=c(f_k f_j^2 B_{\mathrm{r},j}-f_j f_k^2 B_{\mathrm{r},k})/f_j f_k(f_j^2-f_k^2)/\lambda_{\mathrm{IF}}$$

$$B_{\mathrm{IF}}^{s}=c(f_k f_j^2 B_j^s-f_j f_k^2 B_k^s)/f_j f_k(f_j^2-f_k^2)/\lambda_{\mathrm{IF}}$$

根据 IGS 处理规范可知，IGS 提供的精密卫星钟差改正数 $c\delta t^s$ 是利用无电离层组合观测值估计出来的，其中已经包含了卫星内部的无电离层组合伪距硬件延迟 b_{IF}^{s}。而在用户接收机端，接收机内部的无电离层组合伪距硬件延迟 $b_{\mathrm{r,IF}}$ 可与接收机钟差 $c\delta t_{\mathrm{r}}$ 进行合并。另外，由于载波相位延迟通常具有极高的时间稳定性，所以在 PPP 数据处理中，载波相位延迟 $B_{\mathrm{r,IF}}$ 和 B_{IF}^{s} 可与整周模糊度 $N_{\mathrm{r,IF}}^{s}$ 合并。

这样，在改正精密卫星钟差及对流层干延迟分量后，式(5.76)和式(5.77)可改写为

$$\rho_{\mathrm{r,IF}}^{s}=r_{\mathrm{r}}^{s}+c\bar{\delta}t_{\mathrm{r}}+m\cdot T_z+e_{\mathrm{r,IF}}^{s} \tag{5.78}$$

$$L_{\mathrm{r,IF}}^{s}=r_{\mathrm{r}}^{s}+c\bar{\delta}t_{\mathrm{r}}+m\cdot T_z+\lambda_{\mathrm{IF}}\bar{N}_{\mathrm{r,IF}}^{s}+\varepsilon_{\mathrm{r,IF}}^{s} \tag{5.79}$$

式中：m 为对流层延迟映射函数；T_z 为对流层天顶延迟，单位为 m；$\bar{\delta}t_{\mathrm{r}}$ 和 $\bar{N}_{\mathrm{r,IF}}^{s}$ 分别为重参数化后的接收机钟差和整周模糊度，具体为

$$c\bar{\delta}t_{\mathrm{r}}=c\delta t_{\mathrm{r}}+b_{\mathrm{r,IF}} \tag{5.80}$$

$$\bar{N}_{\mathrm{r,IF}}^{s}=N_{\mathrm{r,IF}}^{s}+B_{\mathrm{r,IF}}-B_{\mathrm{IF}}^{s} \tag{5.81}$$

由于 PPP 采用精密卫星星历与卫星钟差，所以改正精密卫星钟差后的无电离层组合观测模型式(5.78)和式(5.79)已经消除了卫星轨道误差和卫星钟差。对流层延迟可以分为干延迟分量和湿延迟分量两部分。其中，天顶对流层干延迟分量可以用 Saastamoinen 模型进行改正，而天顶对流层湿延迟分量则是需要作为待估参数进行估计，同时需要使用投影函数将其投影至斜路径方向上。另外，由于重参数化后的整周模糊度 $\bar{N}_{\mathrm{r,IF}}^{s}$ 通常具有较高的时间稳定性，所以在 PPP 中，$\bar{N}_{\mathrm{r,IF}}^{s}$ 也被作为待估参数进行估计。

当北斗接收机观测到一颗可见卫星时，式(5.78)和式(5.79)中的未知参数共有 6 个，即 $\boldsymbol{X}=[x_{\mathrm{r}},y_{\mathrm{r}},z_{\mathrm{r}},\bar{\delta}t_{\mathrm{r}},T_z,\bar{N}_{\mathrm{r,IF}}^{s}]^{\mathrm{T}}$，分别对应于接收机坐标、重参数化后的接收机钟差、对流层天顶延迟和重参数化后的整周模糊度。将式(5.78)和式(5.79)在 $\boldsymbol{X}_0=[x_{\mathrm{r0}},y_{\mathrm{r0}},z_{\mathrm{r0}},\bar{\delta}t_{\mathrm{r0}},T_{z0},\bar{N}_{\mathrm{r,IF0}}^{s}]^{\mathrm{T}}$ 处泰勒展开，并忽略二阶及以上的误差项，可得

$$\rho_{\mathrm{r,IF}}^{s}=\rho_{\mathrm{r,IF}}^{s}|_{\boldsymbol{X}=\boldsymbol{X}_0}+e_{\mathrm{r,IF}}^{s} \tag{5.82}$$

$$L_{\mathrm{r,IF}}^{s}=L_{\mathrm{r,IF}}^{s}|_{\boldsymbol{X}=\boldsymbol{X}_0}+\varepsilon_{\mathrm{r,IF}}^{s} \tag{5.83}$$

式中

$$\rho_{\mathrm{r,IF}}^{s}\big|_{\boldsymbol{X}=\boldsymbol{X}_0}=r_{\mathrm{r0}}^{s}+c\bar{\delta}t_{\mathrm{r0}}+mT_{z0}+\frac{x_{\mathrm{r0}}-X^s}{r_{\mathrm{r0}}^{s}}\mathrm{d}x+\frac{y_{\mathrm{r0}}-Y^s}{r_{\mathrm{r0}}^{s}}\mathrm{d}y+\frac{z_{\mathrm{r0}}-X^s}{r_{\mathrm{r0}}^{s}}\mathrm{d}z+\mathrm{d}\bar{\delta}t_{\mathrm{r}}+m\,\mathrm{d}T_z$$

$$L_{\mathrm{r,IF}}^{s}\big|_{\boldsymbol{X}=\boldsymbol{X}_0}=r_{\mathrm{r0}}^{s}+c\bar{\delta}t_{\mathrm{r0}}+mT_{z0}+\lambda_{\mathrm{IF}}\overline{N}_{\mathrm{r,IF0}}^{s}+\frac{x_{\mathrm{r0}}-X^s}{r_{\mathrm{r0}}^{s}}\mathrm{d}x+\frac{y_{\mathrm{r0}}-Y^s}{r_{\mathrm{r0}}^{s}}\mathrm{d}y+$$

$$\frac{z_{\mathrm{r0}}-X^s}{r_{\mathrm{r0}}^{s}}\mathrm{d}z+\mathrm{d}\bar{\delta}t_{\mathrm{r}}+m\,\mathrm{d}T_z+\lambda_{\mathrm{IF}}\mathrm{d}\overline{N}_{\mathrm{r,IF}}^{s}$$

$$r_{\mathrm{r0}}^{s}=\sqrt{(x_{\mathrm{r0}}-X^s)^2+(y_{\mathrm{r0}}-Y^s)^2+(z_{\mathrm{r0}}-Z^s)^2}$$

将式(5.82)和式(5.83)写成矩阵形式，则有

$$\boldsymbol{L}=\boldsymbol{H}\delta\boldsymbol{X}+\boldsymbol{V}\tag{5.84}$$

式中

$$\boldsymbol{L}=\left[\rho_{\mathrm{r,IF}}^{s}-\rho_{\mathrm{r,IF}}^{s}\big|_{\boldsymbol{X}=\boldsymbol{X}_0}\quad L_{\mathrm{r,IF}}^{s}-L_{\mathrm{r,IF}}^{s}\big|_{\boldsymbol{X}=\boldsymbol{X}_0}\right]^{\mathrm{T}}$$

$$\boldsymbol{H}=\begin{bmatrix}\dfrac{x_{\mathrm{r0}}-X^s}{r_{\mathrm{r0}}^{s}} & \dfrac{y_{\mathrm{r0}}-Y^s}{r_{\mathrm{r0}}^{s}} & \dfrac{z_{\mathrm{r0}}-Z^s}{r_{\mathrm{r0}}^{s}} & 1 & m & 0\\ \dfrac{x_{\mathrm{r0}}-X^s}{r_{\mathrm{r0}}^{s}} & \dfrac{y_{\mathrm{r0}}-Y^s}{r_{\mathrm{r0}}^{s}} & \dfrac{z_{\mathrm{r0}}-Z^s}{r_{\mathrm{r0}}^{s}} & 1 & m & \lambda_{\mathrm{IF}}\end{bmatrix}$$

$$\delta\boldsymbol{X}=\left[\mathrm{d}x_{\mathrm{r}}\quad \mathrm{d}y_{\mathrm{r}}\quad \mathrm{d}z_{\mathrm{r}}\quad \mathrm{d}\bar{\delta}t_{\mathrm{r}}\quad \mathrm{d}T_z\quad \mathrm{d}\overline{N}_{\mathrm{r,IF}}^{s}\right]^{\mathrm{T}}$$

$$\boldsymbol{V}=\left[e_{\mathrm{r,IF}}^{s}\quad \varepsilon_{\mathrm{r,IF}}^{s}\right]^{\mathrm{T}}$$

如果某一历元同时观测到 n 颗北斗卫星，则相应的观测方程组为

$$\boldsymbol{L}_1=\boldsymbol{H}_1\cdot\delta\boldsymbol{X}_1+\boldsymbol{V}_1\tag{5.85}$$

式中

$$\boldsymbol{L}=\left[\rho_{\mathrm{r,IF}}^{1}-\rho_{\mathrm{r,IF}}^{1}\big|_{\boldsymbol{X}=\boldsymbol{X}_0}\quad L_{\mathrm{r,IF}}^{1}-L_{\mathrm{r,IF}}^{1}\big|_{\boldsymbol{X}=\boldsymbol{X}_0}\quad\cdots\quad \rho_{\mathrm{r,IF}}^{n}-\rho_{\mathrm{r,IF}}^{n}\big|_{\boldsymbol{X}=\boldsymbol{X}_0}\quad L_{\mathrm{r,IF}}^{n}-L_{\mathrm{r,IF}}^{n}\big|_{\boldsymbol{X}=\boldsymbol{X}_0}\right]^{\mathrm{T}}$$

$$\boldsymbol{H}=\begin{bmatrix}\dfrac{x_{\mathrm{r0}}-X^1}{r_{\mathrm{r0}}^{1}} & \dfrac{y_{\mathrm{r0}}-Y^1}{r_{\mathrm{r0}}^{1}} & \dfrac{z_{\mathrm{r0}}-Z^1}{r_{\mathrm{r0}}^{1}} & 1 & m & 0\\ \dfrac{x_{\mathrm{r0}}-X^1}{r_{\mathrm{r0}}^{1}} & \dfrac{y_{\mathrm{r0}}-Y^1}{r_{\mathrm{r0}}^{1}} & \dfrac{z_{\mathrm{r0}}-Z^1}{r_{\mathrm{r0}}^{1}} & 1 & m & \lambda_{\mathrm{IF}}\\ \vdots & \vdots & \vdots & \vdots & \vdots & \vdots\\ \dfrac{x_{\mathrm{r0}}-X^n}{r_{\mathrm{r0}}^{1}} & \dfrac{y_{\mathrm{r0}}-Y^n}{r_{\mathrm{r0}}^{n}} & \dfrac{z_{\mathrm{r0}}-Z^n}{r_{\mathrm{r0}}^{n}} & 1 & m & 0\\ \dfrac{x_{\mathrm{r0}}-X^n}{r_{\mathrm{r0}}^{1}} & \dfrac{y_{\mathrm{r0}}-Y^n}{r_{\mathrm{r0}}^{n}} & \dfrac{z_{\mathrm{r0}}-Z^n}{r_{\mathrm{r0}}^{n}} & 1 & m & \lambda_{\mathrm{IF}}\end{bmatrix}$$

$$\delta\boldsymbol{X}_1=\left[\mathrm{d}x_{\mathrm{r}}\quad \mathrm{d}y_{\mathrm{r}}\quad \mathrm{d}z_{\mathrm{r}}\quad \mathrm{d}\bar{\delta}t_{\mathrm{r}}\quad \mathrm{d}T_z\quad \mathrm{d}\overline{N}_{\mathrm{r,IF}}^{1}\quad \mathrm{d}\overline{N}_{\mathrm{r,IF}}^{2}\quad\cdots\quad \mathrm{d}\overline{N}_{\mathrm{r,IF}}^{n}\right]^{\mathrm{T}}$$

$$\boldsymbol{V}=\left[e_{\mathrm{r,IF}}^{1}\quad \varepsilon_{\mathrm{r,IF}}^{1}\quad\cdots\quad e_{\mathrm{r,IF}}^{n}\quad \varepsilon_{\mathrm{r,IF}}^{n}\right]^{\mathrm{T}}$$

因此，式(5.85)的最小二乘估计结果为

$$\delta\boldsymbol{X}_1=(\boldsymbol{H}_1^{\mathrm{T}}\boldsymbol{H}_1)^{-1}\boldsymbol{H}_1^{\mathrm{T}}\boldsymbol{L}_1\tag{5.86}$$

这样,便可得到用户接收机 r 的精确坐标为

$$\begin{bmatrix} x_{\mathrm{r}} \\ y_{\mathrm{r}} \\ z_{\mathrm{r}} \end{bmatrix} = \begin{bmatrix} x_{\mathrm{r0}} \\ y_{\mathrm{r0}} \\ z_{\mathrm{r0}} \end{bmatrix} + \begin{bmatrix} \mathrm{d}x_{\mathrm{r}} \\ \mathrm{d}y_{\mathrm{r}} \\ \mathrm{d}z_{\mathrm{r}} \end{bmatrix} \tag{5.87}$$

式中:$\mathrm{d}x_{\mathrm{r}}$,$\mathrm{d}y_{\mathrm{r}}$,$\mathrm{d}z_{\mathrm{r}}$ 可通过式(5.86)估计得到。

综上所述,精密单点定位技术采用单台双频北斗接收机,利用 IGS 提供的精密卫星星历和卫星钟差,基于伪距和载波相位观测值实现了厘米级的高精度定位。

2.精密单点定位的误差改正模型

影响北斗定位精度的主要误差源可分为三类:①与卫星相关的误差,主要包括卫星轨道误差、卫星钟差、卫星天线相位中心偏差、相对论效应和相位缠绕;②与信号传播相关的误差,主要包括对流层延迟误差、电离层延迟误差和多路径效应;③与接收机相关的误差,主要包括接收机钟差、接收机天线相位中心偏差、地球潮汐等。

为了实现厘米级的定位精度,精密单点定位必须对影响定位精度的各种误差进行消除或降低。目前,对于影响定位精度的各种误差,精密单点定位主要通过两种途径来解决:

1)对于不能精确模型化的误差,作为待估参数进行估计或通过构造组合观测值进行消除。如对流层天顶湿延迟,目前还难以用模型精确描述,则将其作为待估参数进行估计;而电离层延迟误差,可通过构造双频组合观测值进行消除。

2)对于能精确模型化的误差,采用模型进行改正,如卫星天线相位中心偏差、接收机天线相位中心偏差、相位缠绕和各种潮汐的影响等都可以采用现有的模型精确改正。

下面对几种能精确模型化的误差及其改正模型进行介绍。

(1)卫星天线相位中心偏差改正模型。卫星天线相位中心偏差是指卫星质心和卫星发射信号的天线相位中心之间的偏差。卫星定轨中的轨道模型是以卫星质心为参考的,换言之,IGS 等组织提供的精密星历所计算的卫星位置是卫星质心的位置,而北斗信号是从卫星的天线相位中心发射的,利用北斗接收机所测量的卫星到接收机的观测距离(载波相位或伪距)是卫星天线相位中心到地面北斗接收天线之间的距离。因此,卫星质心与卫星天线相位中心的不一致,会引起卫星天线相位中心偏差,该偏差通常分为两部分:①天线参考点与天线平均相位中心的偏差,称为天线相位中心偏移(Phase Center Offset,PCO);②天线瞬时相位中心与平均相位中心的偏差,称为天线相位中心变化(Phase Center Variation,PCV),如图 5.8 所示。北斗卫星天线 PCO 和 PCV 改正信息由 IGS 等组织提供。

IGS 等组织给出的北斗卫星天线 PCO 改正信息通常表示在以卫星质心为原点的星固坐标系中,因此,需要将在星固坐标系中表示的卫星天线 PCO 改正信息$[\Delta X,\Delta Y,\Delta Z]^{\mathrm{T}}$ 转换到地心地固坐标系中,具体的转换公式如下:

$$\Delta \boldsymbol{r}_{\mathrm{s,sant}} = \begin{bmatrix} \Delta x \\ \Delta y \\ \Delta z \end{bmatrix} = \boldsymbol{E}_{\mathrm{s}} \begin{bmatrix} \Delta X \\ \Delta Y \\ \Delta Z \end{bmatrix} \tag{5.88}$$

式中：$\boldsymbol{E}_{\mathrm{s}}$ 为星固坐标系至地心地固坐标系的转换矩阵，具体为

$$\boldsymbol{e}_{\mathrm{s},z}=-\frac{\boldsymbol{r}_{\mathrm{s}}}{|\boldsymbol{r}_{\mathrm{s}}|},\quad \boldsymbol{e}_{\mathrm{s}}=\frac{\boldsymbol{r}_{\mathrm{sun}}-\boldsymbol{r}_{\mathrm{s}}}{|\boldsymbol{r}_{\mathrm{sun}}-\boldsymbol{r}_{\mathrm{s}}|},\quad \boldsymbol{e}_{\mathrm{s},y}=\frac{\boldsymbol{e}_{\mathrm{s},z}\times\boldsymbol{e}_{\mathrm{s}}}{|\boldsymbol{e}_{\mathrm{s},z}\times\boldsymbol{e}_{\mathrm{s}}|}$$

$$\boldsymbol{e}_{\mathrm{s},x}=\boldsymbol{e}_{\mathrm{s},y}\times\boldsymbol{e}_{\mathrm{s},z},\quad \boldsymbol{E}_{\mathrm{s}}=(\boldsymbol{e}_{\mathrm{s},x},\boldsymbol{e}_{\mathrm{s},y},\boldsymbol{e}_{\mathrm{s},z})$$

式中：$\boldsymbol{r}_{\mathrm{s}}$ 为卫星在地心地固坐标系中的位置矢量；$\boldsymbol{r}_{\mathrm{sun}}$ 为太阳在地心地固坐标系中的位置矢量。

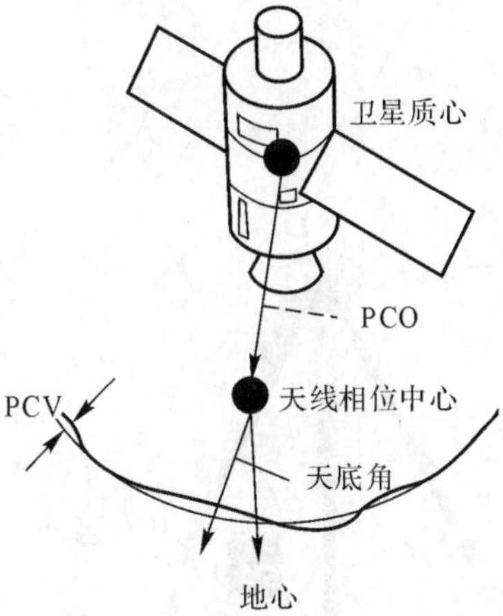

图 5.8　卫星天线相位中心偏差

进而，在地心地固坐标系中将天线相位中心偏差投影到接收机与卫星之间的视线矢量上，则可得到卫星天线相位中心偏差引起的伪距误差为

$$\Delta\rho_{\mathrm{s}}=\frac{(\boldsymbol{r}_{\mathrm{s}}-\boldsymbol{r}_{\mathrm{E}})\cdot\Delta\boldsymbol{r}_{\mathrm{s,sant}}}{|\boldsymbol{r}_{\mathrm{s}}-\boldsymbol{r}_{\mathrm{R}}|}\tag{5.89}$$

式中：$\boldsymbol{r}_{\mathrm{R}}$ 为接收机天线相位中心在地心地固坐标系中的位置矢量。

(2)接收机天线相位中心偏差改正模型。在北斗测量中，载波相位观测值是以接收机天线接收相位的实际相位中心为参考的。理论上讲，接收机天线理论设计相位中心与载波相位观测值的实际相位中心应该保持一致。而实际上，接收机天线观测载波相位时的实际相位中心，会随着卫星信号输入的强度、方向及高度角的变化而变化，即在进行载波相位观测时，天线的实际相位中心与理论设计的相位中心不重合，两者的偏差值可达数毫米，甚至数厘米，这项误差称为接收机天线相位中心偏差。在精密单点定位中，如果要实现厘米级甚至更高的定位精度，就需要对这项偏差进行改正。接收机天线相位中心偏差也可分为 PCO 和 PCV 两部分，如图 5.9 所示。接收机天线 PCO 和 PCV 改正信息由 IGS 等组织提供。

IGS 等组织给出的北斗接收机天线 PCO 改正信息通常表示在当地水平坐标系中，因此需要将在当地水平坐标系中表示的接收机天线 PCO 改正信息$[\Delta E,\Delta N,\Delta U]^{\mathrm{T}}$ 转换到地心地固坐标系中，具体的转换公式如下

$$\Delta \boldsymbol{r}_{\mathrm{r,sant}}=\begin{bmatrix}\Delta x\\ \Delta y\\ \Delta z\end{bmatrix}=\boldsymbol{R}_z(270^\circ-\lambda)\boldsymbol{R}_x(L-90^\circ)\begin{bmatrix}\Delta E\\ \Delta N\\ \Delta H\end{bmatrix} \tag{5.90}$$

式中：$\boldsymbol{R}_i$，$i=x$，z 表示基元旋转矩阵；λ 和 L 分别为接收机所在位置的大地经度和纬度。

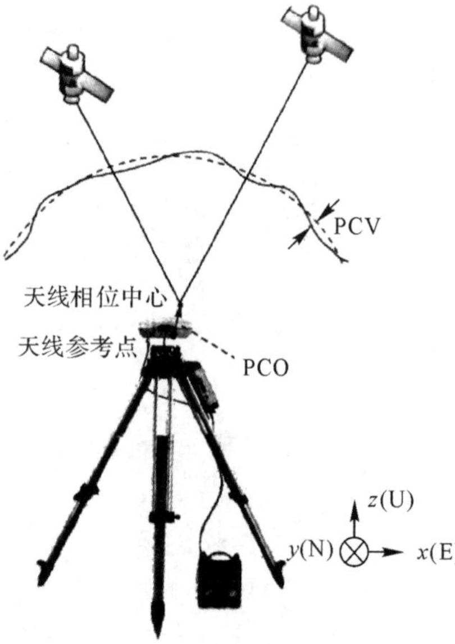

图 5.9　接收机天线相位中心偏差

进而，在地心地固坐标系中将天线相位中心偏差投影到接收机与卫星之间的视线矢量上，则可得到接收机天线相位中心偏差引起的伪距误差为

$$\Delta\rho_{\mathrm{r}}=\frac{(\boldsymbol{r}_{\mathrm{s}}-\boldsymbol{r}_{\mathrm{R}})\cdot\Delta\boldsymbol{r}_{\mathrm{r,sant}}}{|\boldsymbol{r}_{\mathrm{s}}-\boldsymbol{r}_{\mathrm{R}}|} \tag{5.91}$$

式中：$\boldsymbol{r}_{\mathrm{s}}$ 为卫星质心在地心地固坐标系中的位置矢量；$\boldsymbol{r}_{\mathrm{R}}$ 为接收机天线相位中心在地心地固坐标系中的位置矢量。

(3)相位缠绕。由于北斗卫星发射的是右旋极化(Right Circular Polarization，RCP)的电磁波信号，所以接收机观测到的载波相位值依赖于卫星天线与接收机天线之间的相互方位关系。接收机天线或卫星天线绕极化轴向的旋转会改变载波相位观测值，最大可达一周(天线旋转一周)，这种效应就称为“相位缠绕”。对于接收机天线来讲，如果是静态观测，则天线不会发生旋转。但是对于卫星天线，卫星为了保持其太阳能翼板面向太阳，卫星天线相应地会发生缓慢的旋转。此外，在卫星进出地影区域时，为了使其太阳能翼板面向太阳而快速旋转，卫星在 0.5 h 内就可旋转一周，在这段时间，载波相位观测数据需要进行相位改正。

对于短基线(几百千米以内)的高精度相对定位，通过双差可以消除相位缠绕对定位精度的影响，但在采用非差载波相位观测值的精密单点定位中，相位缠绕不能被消除，其影响量级可达半周，必须加以改正。相位缠绕的改正模型为

$$\Delta\varphi=\mathrm{sign}(\xi)\arccos(\boldsymbol{D}'\cdot\boldsymbol{D}/|\boldsymbol{D}'|\cdot|\boldsymbol{D}|) \tag{5.92}$$

式中：$\xi=\hat{\boldsymbol{k}}\cdot(\boldsymbol{D}'\times\boldsymbol{D})$，$\hat{\boldsymbol{k}}$ 是卫星到接收机的单位视线矢量；$\boldsymbol{D}'$、$\boldsymbol{D}$ 分别是卫星和接收机天线的有效偶极矢量，其计算公式为

$$\boldsymbol{D}'=\hat{\boldsymbol{x}}'-\hat{\boldsymbol{k}}(\hat{\boldsymbol{k}}\cdot\hat{\boldsymbol{x}})-\hat{\boldsymbol{k}}\times\hat{\boldsymbol{y}}' \tag{5.93}$$

$$\boldsymbol{D}=\hat{\boldsymbol{x}}-\hat{\boldsymbol{k}}(\hat{\boldsymbol{k}}\cdot\hat{\boldsymbol{x}})+\hat{\boldsymbol{k}}\times\hat{\boldsymbol{y}} \tag{5.94}$$

式中：$\hat{\boldsymbol{x}}'$、$\hat{\boldsymbol{y}}'$分别表示星固坐标系 x、y 轴方向的单位矢量；$\hat{\boldsymbol{x}}$、$\hat{\boldsymbol{y}}$ 分别表示接收机站心坐标系 x、y 轴方向的单位矢量。

（4）地球固体潮改正。摄动天体（月球、太阳）对地球的引力作用使地球表面产生周期性的涨落，称为固体潮现象。固体潮改正在径向可达 30 cm，水平方向可达 5 cm。固体潮包括与纬度有关的长期偏移项和主要由日周期和半日周期组成的周期项。通过 24 h 的静态观测，可平均掉大部分的周期项影响。但是对于长期偏移项部分，即使利用长时间的观测（如 24 h），该偏移项仍包含在用户接收机坐标中。在短基线北斗相对定位中，两个用户接收机的固体潮影响几乎是相同的，在差分过程中可以被抵消，因此可不考虑此项改正。但是，对于采用非差载波相位观测值的精密单点定位来讲，固体潮的影响不能通过差分被消除，必须利用模型进行改正。固体潮对用户接收机位置影响的近似公式为

$$\Delta\boldsymbol{r}=\sum_{j=2}^{3}\frac{GM_j}{GM}\frac{r^4}{R_j^3}\left\{[3l_2(\hat{\boldsymbol{R}}_j\cdot\hat{\boldsymbol{r}})]\hat{\boldsymbol{R}}_j+\left[3\cdot\left(\frac{h_2}{2}-l_2\right)\cdot(\hat{\boldsymbol{R}}_j\cdot\hat{\boldsymbol{r}})^2-\frac{h_2}{2}\right]\hat{\boldsymbol{r}}\right\}+$$
$$[-0.025\cdot\sin L\cos L\sin(\theta_g+\lambda)]\cdot\hat{\boldsymbol{r}} \tag{5.95}$$

式中：GM_j 为摄动天体（$j=2$ 为月球，$j=3$ 为太阳）的引力常数；GM 为地球引力常数；r 为用户接收机到地心的距离；$\hat{\boldsymbol{r}}$ 为用户接收机到地心的单位矢量；R_j 为摄动天体到地心的距离；$\hat{\boldsymbol{R}}_j$ 为摄动天体到地心的单位矢量；l_2、h_2 为二阶 Love 数和 Shida 数（$l_2=0.609\,0$，$h_2=0.085\,2$）；L、λ 为用户接收机所在位置的纬度和经度；θ_g 为格林尼治平恒星时。

综上所述，只要获得精密卫星星历和卫星钟差，并根据上述模型进行误差改正，便可获得实时分米级、事后厘米级的单点精密定位结果。

5.4　载波相位定姿方法

北斗定姿技术利用接收机所接收到的载波相位信息来实现载体姿态的测量与确定，它是基于载波相位干涉测量原理，通过配置至少三个非共线接收天线，构成至少两条非共线基线矢量，进而利用载波相位差分观测信息确定各基线矢量在导航坐标系下的指向，并结合各天线在载体坐标系下的安装关系，从而确定出载体相对于导航坐标系的姿态。本节依次介绍基于基线矢量的北斗定姿原理和基线矢量确定原理，在此基础上，系统阐述常用的北斗定姿方法及其特点。

5.4.1　载波相位定姿基本原理

载体的姿态可以用载体坐标系（b 系）相对导航坐标系（n 系）的三个姿态角确定，即用

航向角 ψ、俯仰角 θ 和滚转角 γ 确定。此外，载体的姿态还可以用 b 系到 n 系的坐标转换矩阵 $\boldsymbol{C}_b^n$ 来确定。矩阵 $\boldsymbol{C}_b^n$ 又称姿态矩阵，它与三个姿态角 ψ、θ 和 γ 之间满足如下关系：

$$
\begin{aligned}
\boldsymbol{C}_b^n &= (\boldsymbol{C}_n^b)^T = [\boldsymbol{R}_y(\gamma)\boldsymbol{R}_x(\theta)\boldsymbol{R}_z(\psi)]^T = \\
&\left\{\begin{bmatrix} \cos\gamma & 0 & -\sin\gamma \\ 0 & 1 & 0 \\ \sin\gamma & 0 & \cos\gamma \end{bmatrix}\begin{bmatrix} 1 & 0 & 0 \\ 0 & \cos\theta & \sin\theta \\ 0 & -\sin\theta & \cos\theta \end{bmatrix}\begin{bmatrix} \cos\psi & \sin\psi & 0 \\ -\sin\psi & \cos\psi & 0 \\ 0 & 0 & 1 \end{bmatrix}\right\}^T = \\
&\begin{bmatrix} \cos\gamma\cos\psi-\sin\gamma\sin\theta\sin\psi & \cos\gamma\sin\psi+\sin\gamma\sin\theta\cos\psi & -\sin\gamma\cos\theta \\ -\cos\theta\sin\psi & \cos\theta\cos\psi & \sin\theta \\ \sin\gamma\cos\psi+\cos\gamma\sin\theta\sin\psi & \sin\gamma\sin\psi-\cos\gamma\sin\theta\cos\psi & \cos\gamma\cos\theta \end{bmatrix}^T = \\
&\begin{bmatrix} \cos\gamma\cos\psi-\sin\gamma\sin\theta\sin\psi & -\cos\theta\sin\psi & \sin\gamma\cos\psi+\cos\gamma\sin\theta\sin\psi \\ \cos\gamma\sin\psi+\sin\gamma\sin\theta\cos\psi & \cos\theta\cos\psi & \sin\gamma\sin\psi-\cos\gamma\sin\theta\cos\psi \\ -\sin\gamma\cos\theta & \sin\theta & \cos\gamma\cos\theta \end{bmatrix}
\end{aligned} \tag{5.96}
$$

式中：$\boldsymbol{R}_i$，$i=x,y,z$ 表示基元旋转矩阵。

1. 姿态解算方法

在利用北斗接收机确定载体的姿态信息时，北斗接收天线的安装位置如图 5.10 所示。其中，天线 A 位于载体质心 O，天线 B 位于 Y_b 轴正向，天线 C 位于 X_b 轴正向。

图 5.10　北斗接收天线安装位置

首先，利用点 A（天线 A 在坐标系中的位置）和点 B（天线 B 在坐标系中的位置）组成的基线矢量 $\boldsymbol{S}_1$ 确定载体的俯仰角 θ 和航向角 ψ。如图 5.11 所示，将天线 B 在水平面 OX_nY_n 内的投影点记为点 D，点 D 在 OY_n 轴上的投影点记为点 E，则在直角三角形 ABD 和 AED 中，θ 和 ψ 分别为

$$
\left.\begin{aligned}
\theta &= \arctan\left(\frac{|BD|}{|AD|}\right) = \arctan\left(\frac{z_{1n}}{\sqrt{x_{1n}^2+y_{1n}^2}}\right) \\
\psi &= \arctan\left(\frac{|DE|}{|AE|}\right) = \arctan\left(\frac{-x_{1n}}{y_{1n}}\right)
\end{aligned}\right\} \tag{5.97}
$$

式中：$\boldsymbol{S}_1^{\mathrm{n}}=[x_{1\mathrm{n}},y_{1\mathrm{n}},z_{1\mathrm{n}}]^{\mathrm{T}}$ 为 $\boldsymbol{S}_1$ 在 n 系中的坐标。

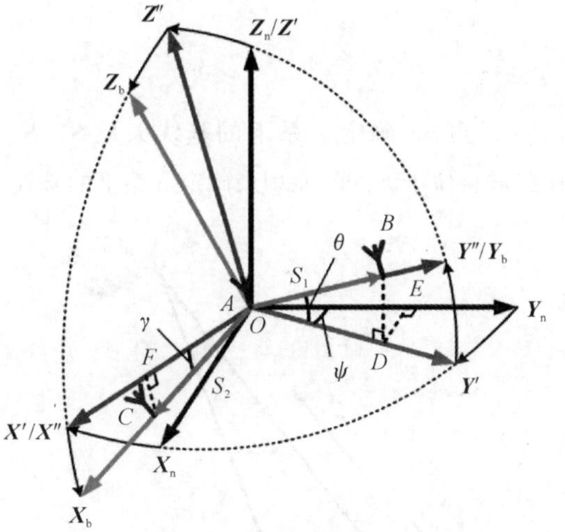

图 5.11 姿态角关系

进而，利用天线 A 和天线 C 组成的基线矢量 $\boldsymbol{S}_2$ 确定载体的滚转角 γ。如图 5.11 所示，将点 C(天线 C 在坐标系中的位置)在 OX'' 轴上的投影点记为点 F，则在直角三角形 ACF 中，γ 为

$$\gamma=\arctan\left(\frac{|CF|}{|AF|}\right)=\arctan\left(\frac{-z_2''}{x_2''}\right) \tag{5.98}$$

式中：$\boldsymbol{S}_2''=[x_2'',y_2'',z_2'']^{\mathrm{T}}$ 为 $\boldsymbol{S}_2$ 在 $OX''Y''Z''$ 系中的坐标，可以利用 $\boldsymbol{S}_2$ 在 n 系中的坐标 $\boldsymbol{S}_2^{\mathrm{n}}$ 经过坐标转换得到，即

$$\boldsymbol{S}_2''=\boldsymbol{R}_x(\theta)\boldsymbol{R}_z(\psi)\boldsymbol{S}_2^{\mathrm{n}}=$$

$$\begin{bmatrix}1 & 0 & 0\\0 & \cos\theta & \sin\theta\\0 & -\sin\theta & \cos\theta\end{bmatrix}\begin{bmatrix}\cos\psi & \sin\psi & 0\\-\sin\psi & \cos\psi & 0\\0 & 0 & 1\end{bmatrix}\begin{bmatrix}x_{2\mathrm{n}}\\y_{2\mathrm{n}}\\z_{2\mathrm{n}}\end{bmatrix}=$$

$$\begin{bmatrix}\cos\psi & \sin\psi & 0\\-\cos\theta\sin\psi & \cos\theta\cos\psi & \sin\theta\\\sin\theta\sin\psi & -\sin\theta\cos\psi & \cos\theta\end{bmatrix}\begin{bmatrix}x_{2\mathrm{n}}\\y_{2\mathrm{n}}\\z_{2\mathrm{n}}\end{bmatrix} \tag{5.99}$$

展开后可得

$$\left.\begin{aligned}x_2''&=x_{2\mathrm{n}}\cos\psi+y_{2\mathrm{n}}\sin\psi\\y_2''&=(y_{2\mathrm{n}}\cos\psi-x_{2\mathrm{n}}\sin\psi)\cos\theta+z_{2\mathrm{n}}\sin\theta\\z_2''&=(x_{2\mathrm{n}}\sin\psi-y_{2\mathrm{n}}\cos\psi)\sin\theta+z_{2\mathrm{n}}\cos\theta\end{aligned}\right\} \tag{5.100}$$

式中：$x_{2\mathrm{n}}$、$y_{2\mathrm{n}}$、$z_{2\mathrm{n}}$ 为 $\boldsymbol{S}_2$ 在 n 系中的坐标。

将式(5.100)代入式(5.98)，可得

$$\gamma=\arctan\left(\frac{y_{2\mathrm{n}}\cos\psi\sin\theta-x_{2\mathrm{n}}\sin\psi\sin\theta-z_{2\mathrm{n}}\cos\theta}{x_{2\mathrm{n}}\cos\psi+y_{2\mathrm{n}}\sin\psi}\right) \tag{5.101}$$

式(5.97)和式(5.101)即为利用基线矢量$\boldsymbol{S}_1$、$\boldsymbol{S}_2$在n系中的坐标解算载体俯仰角、航向角和滚转角的方法。

2.基线矢量确定方法

由式(5.97)和式(5.101)可知,确定n系下的基线矢量$\boldsymbol{S}_1^{\mathrm{n}}$、$\boldsymbol{S}_2^{\mathrm{n}}$是实现北斗定姿的关键。而北斗定姿方法便是根据载波相位干涉测量原理来确定n系下的基线矢量的,如图5.12所示。

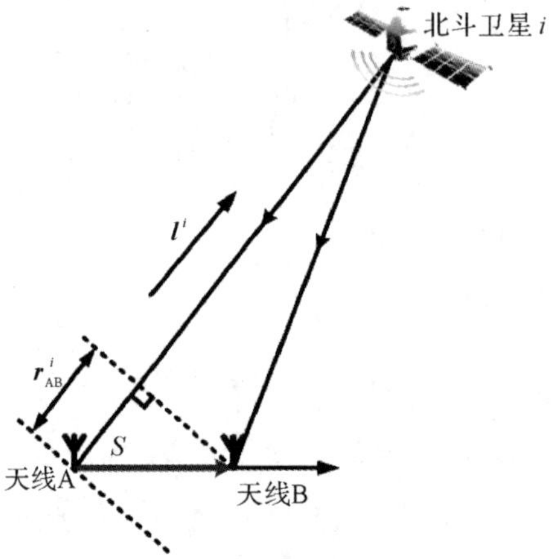

图5.12 载波相位干涉测量原理

可以看出,天线A和天线B同时接收北斗卫星i发射的信号,则天线A和天线B对卫星i的载波相位测量值φ_{A}^i与φ_{B}^i可分别表示为

$$\varphi_{\mathrm{A}}^i=\lambda^{-1}(r_{\mathrm{A}}^i-d_{\mathrm{A,Ion}}^i+d_{\mathrm{A,Tro}}^i)+f(\mathrm{d}T_{\mathrm{A,rr}}-\mathrm{d}t^i)+N_{\mathrm{A}}^i+v_{\mathrm{A}}^i \tag{5.102}$$

$$\varphi_{\mathrm{B}}^i=\lambda^{-1}(r_{\mathrm{B}}^i-d_{\mathrm{B,Ion}}^i+d_{\mathrm{B,Tro}}^i)+f(\mathrm{d}T_{\mathrm{B,rr}}-\mathrm{d}t^i)+N_{\mathrm{B}}^i+v_{\mathrm{B}}^i \tag{5.103}$$

式中:λ为北斗信号的载波波长;r_{A}^i和r_{B}^i分别为天线A和天线B到卫星i的真实距离;$d_{\mathrm{A,Ion}}^i$和$d_{\mathrm{B,Ion}}^i$为电离层延迟引起的距离偏差;$d_{\mathrm{A,Tro}}^i$和$d_{\mathrm{B,Tro}}^i$为对流层延迟引起的距离偏差;f为北斗信号的载波频率;$\mathrm{d}T_{\mathrm{A,rr}}$和$\mathrm{d}T_{\mathrm{B,rr}}$分别为接收机A和接收机B的钟差;$\mathrm{d}t^i$为卫星$i$的钟差;$N_{\mathrm{A}}^i$和$N_{\mathrm{B}}^i$为整周模糊度;$v_{\mathrm{A}}^i$和$v_{\mathrm{B}}^i$为测量随机误差。

将天线A和天线B对卫星i的载波相位测量值φ_{A}^i和φ_{B}^i作差,则可得到单差载波相位测量值φ_{AB}^i,即

$$\varphi_{\mathrm{AB}}^i=\varphi_{\mathrm{A}}^i-\varphi_{\mathrm{B}}^i \tag{5.104}$$

将式(5.102)和式(5.103)代入式(5.104),可得

$$\varphi_{\mathrm{AB}}^i=\lambda^{-1}r_{\mathrm{AB}}^i+f\mathrm{d}T_{\mathrm{AB,rr}}+N_{\mathrm{AB}}^i+v_{\mathrm{AB}}^i \tag{5.105}$$

式中:$r_{\mathrm{AB}}^i=r_{\mathrm{A}}^i-r_{\mathrm{B}}^i$为天线A和天线B到卫星$i$真实距离的单差值;$\mathrm{d}T_{\mathrm{AB,rr}}=\mathrm{d}T_{\mathrm{A,rr}}-\mathrm{d}T_{\mathrm{B,rr}}$为接收机钟差的单差值;$N_{\mathrm{AB}}^i=N_{\mathrm{A}}^i-N_{\mathrm{B}}^i$为整周模糊度的单差值;$v_{\mathrm{AB}}^i=v_{\mathrm{A}}^i-v_{\mathrm{B}}^i$为测量随机误差的单差值。考虑到天线A和天线B相距不远,由电离层延迟和对流层延迟引起的距离偏差单差值$d_{\mathrm{AB,Ion}}^i$和$d_{\mathrm{AB,Tro}}^i$一般很小,故它们在式(5.105)中已被略去。

此外,由于天线A(或天线B)到卫星i的距离远大于天线A和天线B之间的距离,故天

线A到卫星i的单位视线矢量和天线B到卫星i的单位视线矢量可视为同一矢量$\boldsymbol{l}^i$。因此，天线A和天线B到卫星i真实距离的单差值r_{AB}^i可表示为

$$r_{\mathrm{AB}}^i=\boldsymbol{S}\cdot\boldsymbol{l}^i \tag{5.106}$$

这样，将式(5.106)代入式(5.105)，并将其投影在n系中，可得

$$\varphi_{\mathrm{AB}}^i=\lambda^{-1}[\boldsymbol{S}^{\mathrm{n}}\cdot(\boldsymbol{l}^i)_{\mathrm{n}}]+f\mathrm{d}T_{\mathrm{AB,rr}}+N_{\mathrm{AB}}^i+v_{\mathrm{AB}}^i \tag{5.107}$$

式中：$\boldsymbol{S}^{\mathrm{n}}$为由天线A和天线B组成的基线矢量$\boldsymbol{S}$在n系中的坐标；$(\boldsymbol{l}^i)_{\mathrm{n}}$为天线A(或天线B)到卫星$i$的单位视线矢量在n系中的坐标。

通过将式(5.102)～式(5.103)和式(5.107)进行对比可知，站间单差可基本消除空间相关性较强的卫星钟差、星历误差和大气延迟等公共误差。但从式(5.107)可以看出，单差测量值φ_{AB}^i中仍然含有接收机钟差的单差值$\mathrm{d}T_{\mathrm{AB,rr}}$。为了进一步消除$\mathrm{d}T_{\mathrm{AB,rr}}$，对卫星$i$和卫星$j$的单差载波相位测量值再次差分，则可得到双差载波相位测量值$\varphi_{\mathrm{AB}}^{ij}$，即

$$\varphi_{\mathrm{AB}}^{ij}=\lambda^{-1}[(\boldsymbol{l}^i)_{\mathrm{n}}-(\boldsymbol{l}^j)_{\mathrm{n}}]\cdot\boldsymbol{S}^{\mathrm{n}}+N_{\mathrm{AB}}^{ij}+v_{\mathrm{AB}}^{ij} \tag{5.108}$$

式中：$(\boldsymbol{l}^j)_{\mathrm{n}}$为天线A(或天线B)到卫星$j$的单位视线矢量在n系中的坐标；$N_{\mathrm{AB}}^{ij}$为整周模糊度的双差值；$v_{\mathrm{AB}}^{ij}$为测量随机误差的双差值。

在整周模糊度解算完成后，双差载波相位测量方程式(5.108)中，只有$\boldsymbol{S}^{\mathrm{n}}=[x_{\mathrm{n}},y_{\mathrm{n}},z_{\mathrm{n}}]^{\mathrm{T}}$为未知量。因此，将同一历元的三个或以上的双差载波相位测量方程进行联立，可以求解出n系下的基线矢量$\boldsymbol{S}^{\mathrm{n}}$。之后，便可以利用求解得到的$\boldsymbol{S}^{\mathrm{n}}$计算载体的姿态信息，实现北斗定姿。

5.4.2　北斗定姿方法

由北斗定姿原理可知，北斗定姿技术的关键在于观测方程中未知整周模糊度的求解，根据整周模糊度求解所需历元数的不同，可将北斗定姿方法分为单历元定姿方法和多历元定姿方法两类。

1. 北斗单历元定姿方法

北斗单历元定姿方法就是根据单个历元的多天线测量信息完成整周模糊度的实时解算，进而实现单历元实时姿态确定，其流程如图5.13所示。

可以看出，北斗单历元定姿方法无须进行周跳检测与修复，仅利用单个历元的观测信息即可实现定姿。但是该方法面临的最大困难就是单个历元的可用观测信息不足，当只利用载波相位观测信息时，整周模糊度和基线矢量的同时确定会使观测方程面临亏秩问题，无法给出唯一解。因此该方法需要利用其他辅助信息才能实现真正意义上的单历元定姿，根据所用辅助信息的不同又可将单历元定姿方法分为以下三类。

(1)利用伪码观测信息的单历元定姿方法。利用伪码观测信息的单历元定姿方法是借助测量精度较差的伪码观测量来解决观测方程亏秩问题。伪码观测量中不存在整周模糊度，因此它的加入不会带来未知量的增加。但伪码观测量的低精度会使得整周模糊度解算成功率不高，进而造成定姿精度下降。

(2)利用多频信息的单历元定姿方法。利用多频信息的单历元定姿方法是借助多频载波相位观测量来增加观测信息的冗余度。该方法通过多频载波相位测量值的线性组合，组成波长更长的超宽巷、宽巷组合测量值，并结合伪码测量值进行逐级模糊度的确定，进而完成单历元定姿。这种方法在求解整周模糊度的过程中无需复杂的搜索过程，运算流程简单，但是这种方法对观测信息精度要求较高，否则求解成功率将大大降低，甚至产生错误的姿态信息。另外，多频接收机的使用会使定姿成本增加，这也是一般用户需要考虑的问题。

(3)利用共线基线信息的单历元定姿方法。利用共线基线信息的单历元定姿方法是将三天线共线配置成一条基线，通过这种方式来提供更多的约束信息，用以简化整周模糊度的求解。通过合理配置共线三天线的相对位置，直接或间接构造出长度小于半个载波波长的"短基线"，这样便消除了"短基线"模糊度的影响。通过共线长、短基线间的长度关系可以确定出"长基线"的模糊度，进而实现单历元定姿。"短基线"可以消除模糊度影响，而"长基线"受测量误差的影响更小，定姿精度更高，这种方法融合长、短基线各自优势，通过它们之间的共线定长约束实现快速定姿。但这种方法的缺点除了增加硬件成本、对共线安装要求高之外，"短基线"矢量的确定受测量误差影响较大，这样会导致"长基线"模糊度确定成功率不高，进而影响定姿精度。

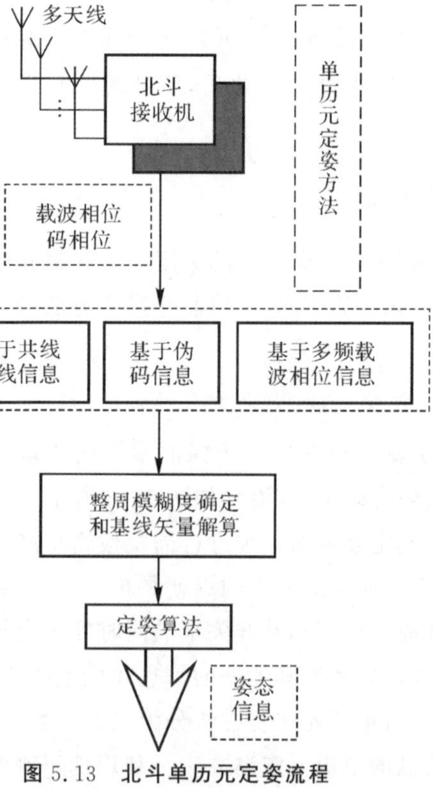

图 5.13　北斗单历元定姿流程

单历元定姿方法的最大优势就是不受周跳的影响，尤其适合动态实时定姿场合，但单历元的整周模糊度求解成功率较低，可靠性难以保证，仍是当前的研究热点和难点之一。

2. 北斗多历元定姿方法

北斗多历元定姿方法就是根据多个历元的多天线测量信息完成整周模糊度的解算并实现姿态确定，其流程如图 5.14 所示。

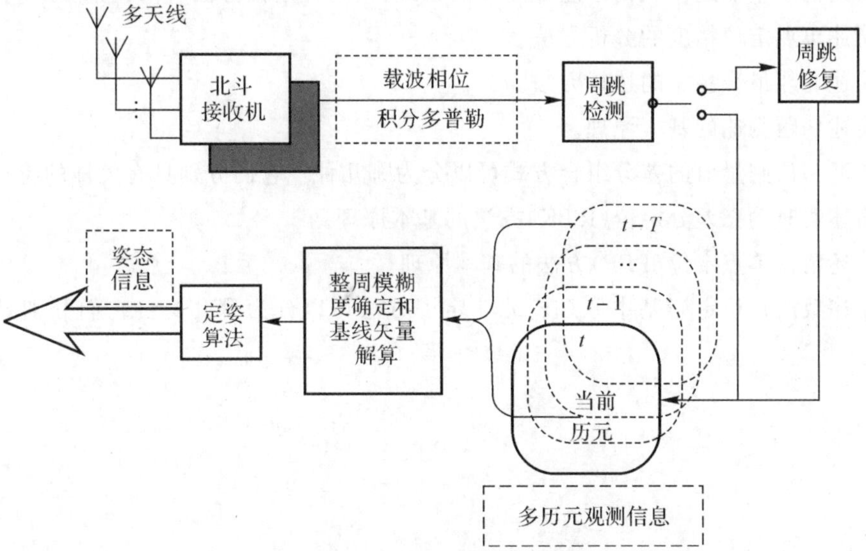

图 5.14　北斗多历元定姿流程

可以看出，北斗多历元定姿方法需要设置周跳检测与修复环节，流程更为复杂，并且需要多个历元的载波相位和积分多普勒来完成姿态确定。积分多普勒是将北斗接收机对载波锁定后的多普勒频移进行积分后得到的载波整周计数值。以双差载波相位观测方程为例，含有积分多普勒计数值的观测方程可表示为

$$\varphi_{AB}^{ij}=\lambda^{-1}[(\boldsymbol{l}^{i})_{n}-(\boldsymbol{l}^{j})_{n}]\cdot\boldsymbol{S}^{n}+(N_{AB,0}^{ij}+I_{AB}^{ij})+v_{AB}^{ij} \tag{5.109}$$

式中：$N_{AB,0}^{ij}$ 为载波锁定历元的双差整周模糊度；I_{AB}^{ij} 为从载波锁定历元到当前历元的双差积分多普勒。

积分多普勒建立了载波锁定后各历元整周模糊度之间的联系，通过联立多个历元的观测方程，在增加观测信息的同时并未引起待求解未知量个数的增加，因此，可以解决单历元载波相位观测方程的亏秩问题。另外，与北斗单历元定姿方法相比，北斗多历元定姿方法只利用了高精度的载波相位观测量，因此解算得到的初始历元整周模糊度以及定姿结果也更加精确。

但是，北斗多历元定姿方法也有其不足之处。首先，通过多个历元的观测信息才能确定初始历元的整周模糊度，这样显然无法满足实时定姿要求；其次，上述理论是建立在积分多普勒计数值正确，即接收机对载波持续锁定的基础上，而实际应用中，由于卫星信号被暂时遮挡或外界干扰等因素，经常引起卫星跟踪的暂时中断，这时积分多普勒计数值可能发生错误，产生周跳现象，所以，北斗多历元定姿方法需要借助周跳的检测与修复技术，而该技术本身就具有一定的挑战性，这样也就加剧了北斗多历元定姿方法的复杂性。

思考与练习

1.简述伪距单点定位和伪距差分定位的原理,这两种定位方法有何区别?

2.简述单点定位精度的分析方法。

3.简述北斗最佳星座的选择方法。

4.简述伪距测速的基本原理。

5.载波相位测量值的差分组合方式可以分为哪几种?它们分别具有怎样的特点?

6.简述实时动态差分定位(RTK)方法的基本原理。

7.简述精密单点定位(PPP)方法的基本原理。

8.简述载波相位定姿基本原理。北斗定姿方法可以分为哪几类?它们分别具有什么特点?

第6章　北斗软件接收机设计方法

随着数字信号处理技术的发展，北斗卫星信号的接收处理越来越趋向于采用软件的方法来实现。基于软件无线电的北斗软件接收机是将接收到的卫星射频信号下变频后生成的中频信号，全部采用软件手段进行信号捕获、跟踪等处理，而不是像传统接收机一样采用硬件来实现。因此，软件接收机在信号处理算法实现方面，相较于传统接收机具有不可比拟的灵活性，并且实现简单、适应性强、成本低。

和硬件接收机类似，北斗软件接收机也包括信号捕获、跟踪、导航电文解析、伪距计算以及用户位置计算等处理环节。北斗卫星发射的信号被天线接收，通过射频(Radio Frequency，RF)前端将输入信号放大到合适的幅度，并将射频频率转换到需要的输出频率上，通常为几MHz到十几MHz的中频信号，再通过模数转换器(Analog to Digital Converter，ADC)将输出信号变成数字信号。在信号数字化之后，就可以用软件进行处理。根据导航数据位的极性变化，得到子帧和导航数据，再通过对导航数据解析就可获得星历数据以及原始伪距观测量。利用星历数据获取卫星的位置，通过卫星的位置和伪距就可以计算出用户的位置信息。

本章首先介绍北斗软件接收机的结构与功能；进而，系统地介绍软件接收机相关模块的设计方法，包括北斗信号捕获、码环和载波环跟踪、子帧同步、星历解析、伪距和伪距率计算、接收机的定位与测速等功能模块；最后，给出接收机的工作流程，并基于实测中频信号对北斗软件接收机进行全功能测试。

6.1　北斗软件接收机的结构与功能

6.1.1　软件接收机的特点

随着北斗系统的发展，北斗卫星发射的信号结构将会有较大改变。依照现有硬件北斗接收机的模式，使用这些新的信号必须更换内部的相关器芯片，用户向下一代北斗接收机的过渡将面临着很高的升级费用。另外，世界上已有多个GNSS，多个GNSS的融合能够提供更可靠的服务，因此北斗接收机还面临着与不同GNSS相兼容的问题。这些问题都是传统以硬件为主的接收机难以解决的。基于软件无线电的北斗软件接收机采用相对通用的硬件平台或PC机,通过加载不同的应用程序来实现不同的设计思想,可以很好地解决上述问题。另外,软件接收机的相关运算是由软件来完成,处理新的信号无须增加新的相关器芯片;处理新频率和新伪随机码的信号只需简单地更换不同的程序软件就能实现,具有很好的灵活性。相对于传统的硬件接收机,北斗软件接收机具有如下优势。

(1)软件的长效性:软件消除了硬件接收机元器件的非线性、温度限制和寿命限制等缺点。

(2)灵活性:可以随时调整和修改参数,或根据环境使用不同的门限值等,来保证接收机在任何情况下都能快速准确地实现定位的目的;同时,北斗软件接收机还可以处理使用各种硬件收集的数据和各种频率的采样信号。

(3)快速开发和实现:由于没有硬件部分,在需要改造或升级时,不需要开发新的硬件电路,而只需要使用新的软件便可实现改造或升级,所以相比硬件电路而言周期大大缩短了。

(4)强适应性:若新的卫星导航系统出现后,只要对软件稍做调整,便可适应不同的导航系统,因而可以在不开发硬件、不另外购买新接收机的情况下,非常方便地实现对新卫星信号的接收和解算功能。

(5)模块化设计:部分软件模块可以进行复用,从而可以降低开发的成本。

(6)测试的便捷性:在不开发任何硬件的条件下,软件接收机为开发人员提供了便利的评价和测试方法,即可供教育、研究机构来研究、测试新的软件算法、评估接收机的性能等,有利于将最新理论研究成果应用于北斗接收机。

因此,软件接收机是当前卫星导航定位领域的一个发展趋势。

6.1.2 软件接收机的结构

典型的北斗接收机主要由天线、射频前端模块、接收通道和接收机处理器组成。接收通道包括信号的捕获和跟踪;接收机处理器主要进行卫星导航电文解析和导航解算处理。传统硬件接收机的接收通道是利用专用集成电路(Application Specific Integrated Circuit, ASIC)来实现的,它不仅完成诸如环路鉴别器、环路滤波器、锁定检测器等基带信号处理功能,而且完成与控制每个接收机通道的信号处理有关的决策功能。一旦设计定型,硬件接收机的信号捕获、跟踪环路等方式及其参数就难以改变了。

软件接收机(Software-defined Receiver,SDR)源于软件无线电的概念。作为软件无线电的一个重要分支,SDR是指在接收机设计中按照软件无线电的思想,尽量在靠近天线处进行灵活可配置的软件化数字处理。现阶段,SDR主要是利用射频前端进行下变频得到数字中频信号后,信号的捕获、跟踪与导航解算均由软件实现,而真正的全数字化SDR应是省略下变频过程,对射频信号放大采样后的工作全部由软件实现。但是在当前技术条件下,直接对射频信号进行放大并采样的技术难度较大,而且研发成本很高。随着集成电路(Integrated Circuit,IC)技术的快速发展,全数字化SDR将是未来卫星导航接收机发展的方向。图6.1给出了三种不同的北斗接收机结构。

图6.2为典型的SDR结构,输入接收机的数据可以从射频前端采集得到,也可以由北

斗中频信号模拟器产生，后续处理过程全部由软件实现。SDR 结构与传统硬件接收机的最大区别在于生成数字中频信号后，信号存储、捕获、跟踪、导航电文解析、导航解算等功能都是通过软件来实现的，从而代替了传统接收机使用硬件电路完成通道设计的方案，用户可以灵活改变信号捕获和跟踪方法而不改变硬件电路。

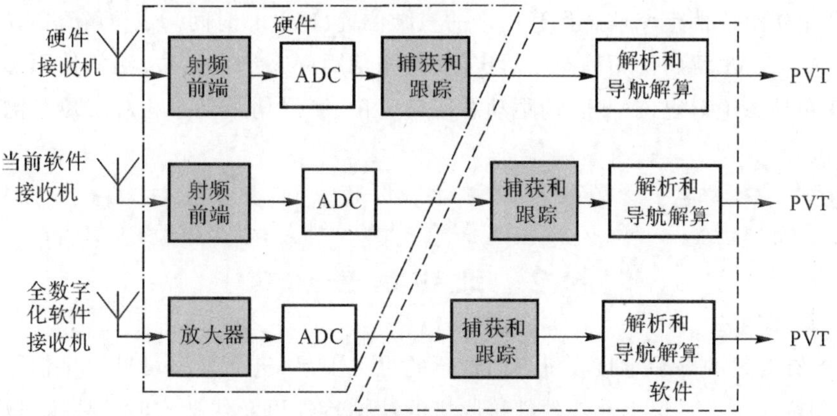

图 6.1　三种不同的北斗接收机结构

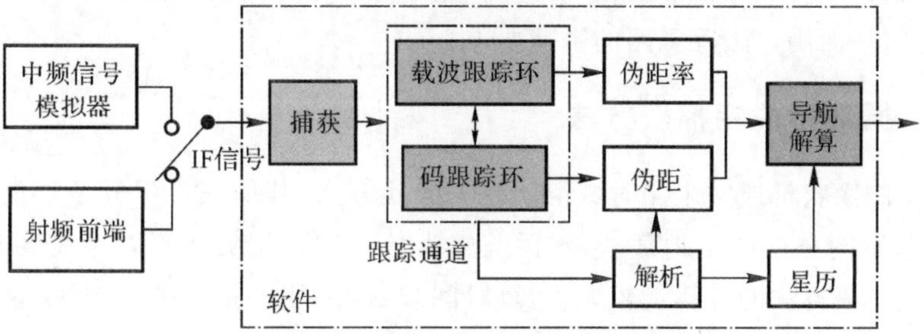

图 6.2　典型的软件接收机结构

6.1.3　软件接收机的功能

北斗软件接收机最显著的特点是数字信号处理功能全部使用软件的方法来完成，充分发挥了软件方法的灵活性。北斗软件接收机关键组成环节及其功能如下。

(1)捕获。信号的捕获是一个码相位、载波频率和卫星伪随机码的三维搜索过程。信号搜索是通过卫星信号和本地信号进行相关运算来完成的。搜索过程中，对所搜索的卫星移动本地码和本地载波频率。当本地码、本地载波频率和输入信号中的伪随机码、载波频率对准时，可以得到最大的相关功率。捕获程序对相关功率进行判断，判定卫星信号是否存在。如果卫星信号存在，捕获程序便输出卫星信号的码相位和载波频率，它们是跟踪环初始化的条件。

(2)跟踪。捕获完毕后进入跟踪模式。使用延迟锁定环跟踪码相位或者码频率，使用相位锁定环或者频率锁定环分别跟踪载波相位或者载波频率。信号在保持跟踪的条件下，跟踪环输出导航数据位以及精确的码相位和载波频率，根据精确的码相位和载波频率可以得到精确的伪距测量值和伪距率测量值，这两个信息用于后面的定位和测速解算。

(3)导航电文解析。当跟踪环处于锁定状态时就可以解析导航电文了。导航电文解析的过程就是将跟踪环输出的数据转化为导航数据,完成子帧匹配并获取各个子帧中导航电文参数的过程。

(4)定位解算。定位解算就是根据导航电文提供的精确星历计算卫星的精确位置和速度,然后利用伪距或伪距率信息计算用户的三维位置、速度和时间。定位解算方法分为测码伪距静态绝对定位、测码伪距静态相对定位、测相伪距静态绝对定位、测相伪距静态相对定位、测码伪距动态绝对定位、测相伪距动态绝对定位、测码伪距动态相对定位和测相伪距动态相对定位等。

6.2 北斗信号捕获

捕获的首要目的是确定接收机当前位置的可见卫星,进而搜索可见卫星信号的载波频率和伪码相位起始点。根据北斗软件接收机的数据特性以及快速实时性要求,以循环相关算法作为粗捕获方法,并在粗捕获基础上加入基于相位估计的精细捕获环节,以获得较高的频率捕获精度,从而满足跟踪环路的带宽要求。

6.2.1 循环相关粗捕获方法

传统的硬件接收机通常采用时域滑动相关捕获方法,其捕获过程就是复现不同码相位的本地伪码和不同频率的本地载波,然后与输入信号进行相关运算以寻找最大值的过程。时域滑动相关捕获方法的计算量较大,运行时间长;循环相关是一种频域快速捕获算法,它通过快速傅里叶变换(Fast Fourier Transform,FFT)将时域中大量的相关运算变换为频域中简单的乘法运算,然后再通过逆快速傅里叶变换(Inverse Fast Fourier Transform,IFFT)得到时域的相关运算结果。循环相关法可以极大地减少运算量,提高捕获速度,并且不要求输入数据是连续的,可以采取数据块操作方式,适用于软件接收机。图 6.3 为循环相关捕获方法的原理。

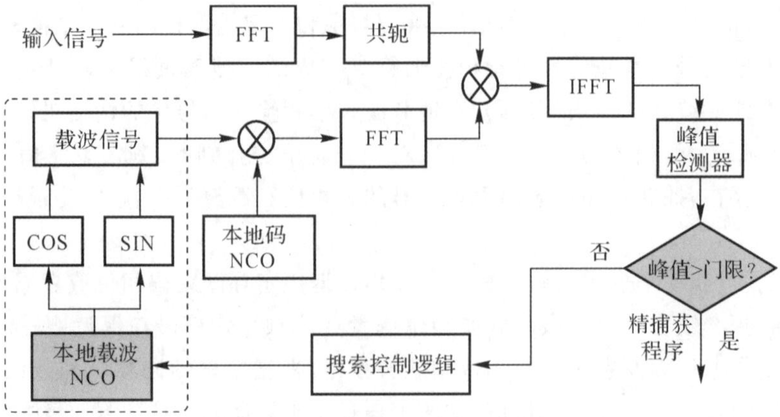

图 6.3 循环相关捕获方法原理

循环相关方法需要使用 1 ms 的中频信号数据确定伪码的起始位置，频率搜索分辨率为 1 kHz。对输入信号进行捕获的步骤如下：

(1)对 1 ms 的输入数据 $x(k)$进行 FFT 操作得到 $X(k)$，取其复共轭 $X(k)^*$；

(2)产生 21 个本地信号，其表达式为

$$l_{si}=C_s\exp(\mathrm{j}\cdot 2\pi f_i t) \tag{6.1}$$

式中：下标 s 代表卫星编号，$i=1,2,\cdots,21$；f_i 为中心频率± 10 kHz 范围内对应的频率值，频率间隔为 1 kHz。本地信号是卫星的伪码和复载波信号的乘积，其采样频率与信号模拟器的采样频率相同；

(3)对本地信号进行 FFT，变换到频域 $L_{si}(k)$；

(4)$X(k)^*$ 与 $L_{si}(k)$逐点相乘，结果为 $R_{si}(k)$；

(5)对 $R_{si}(k)$进行 IFFT，将其变换到时域 $r_{si}(k)$，并求其绝对值；

(6)比较$|r_{si}(k)|$找到最大值所在的位置 k 和频率点 i，从而得到一个采样周期分辨率的伪码起始位置和 1 kHz 频率分辨率的载波频率。

按照以上步骤对射频前端输出的中频信号进行捕获，在 21 个频率分量中寻找超过阈值且幅度值最大的点，由此可以得到 1 kHz 分辨率的载波频率。但 1 kHz 的频率分辨率往往无法满足跟踪环路的带宽要求，因此需要引入精细捕获环节，获取更为精确的载波频率值。

6.2.2　基于相位估计的精细捕获方法

载波跟踪环的带宽通常为几赫兹，而循环相关捕获方法得到的频率分辨率为 1 kHz，其捕获精度无法满足跟踪环路的带宽要求。采用离散傅里叶变换(Discrete Fourier Transform，DFT)方法计算精细频率非常耗时，对于软件接收机来说是不可取的。因此，可以考虑通过载波的相位关系获取精细频率(精频)。

将输入信号中的伪码剥离，可以得到连续波信号。如果 1 ms 数据中的最大频率在 m 时刻，对应的 DFT 变换为 $X_m(k)$，由此可知在这 1 ms 数据中本地信号与输入信号的相位差为

$$\theta_m(k)=\arctan\left(\frac{\mathrm{Im}[X_m(k)]}{\mathrm{Re}[X_m(k)]}\right) \tag{6.2}$$

输入信号的频率在短时间内变化不大，假设 m 时刻之后间隔不长的 n 时刻，1 ms 数据的 DFT 变换为 $X_n(k)$，可以得到该段数据中对应的相位差为

$$\theta_n(k)=\arctan\left(\frac{\mathrm{Im}[X_n(k)]}{\mathrm{Re}[X_n(k)]}\right) \tag{6.3}$$

利用这两段数据对应的相位差，可以得到载波频率的精细值：

$$f=\frac{\theta_n(k)-\theta_m(k)}{2\pi(n-m)} \tag{6.4}$$

基于相位估计的精细捕获方法的实现步骤为：

(1)利用循环相关的捕获算法对 1 ms 的数据进行粗捕获，得到伪码的起始相位点以及

1 kHz 分辨率的载波频率 f_k。

(2)对同一段 1 ms 输入数据剥离伪码后进行 DFT 操作，得到 f_k、(f_k+500) Hz、(f_k-500) Hz 三个频率对应的 DFT 值 $X(k)$、$X(k-1)$ 和 $X(k+1)$，找出三者中的最大值作为新的 $X(k)$，并以此确定精细频率。

(3)从伪码的起始相位点开始，在输入信号中取 5 ms 数据，将这些数据剥离伪码，得到包含导航数据的载波可近似看作连续波信号，但在任意两段 1 ms 数据之间都可能存在 π 相移。

(4)对每个数据段求取对应的 DFT 值，并根据式(6.3)确定相位角 $\theta_i\,(i=1,2,\cdots,5)$，进而对相邻的相位值作差，得到四个相位差 $\Delta\theta_i=\theta_{i+1}-\theta_i$。

(5)判断相位差的绝对值是否小于阈值。如果不满足条件，对 $\Delta\theta$ 进行周期调整，如果仍没有在阈值范围内，就需要对 $\Delta\theta$ 加或减 π，进行 π 相移调整。如果需要再进行一次周期调整，便将相位差值调整到阈值范围内，得到最终的相位差。

(6)根据式(6.4)计算精细频率。由 5 组数据可以得到 4 组频率校正量，求取频率校正量的平均值，并对步骤(2)中的精细频率值进行调整，从而可提高频率捕获精度。

6.2.3 SINS 辅助北斗信号捕获方法

在 SINS 辅助北斗信号捕获中，接收机可以利用 SINS 提供的载体位置信息，结合卫星星历数据，确定可视卫星状况，进而将捕获过程从原先对卫星伪随机码、码相位和载波频率的三维搜索降为对码相位和载波频率的二维搜索；另外，还可以利用 SINS 提供的载体位置和速度信息，结合卫星星历数据，计算得到粗略的初始伪码偏移和初始载波频率，以减少信号的二维搜索空间，进一步缩短捕获时间。图 6.4 为 SINS 辅助接收机进行信号捕获方法的原理。

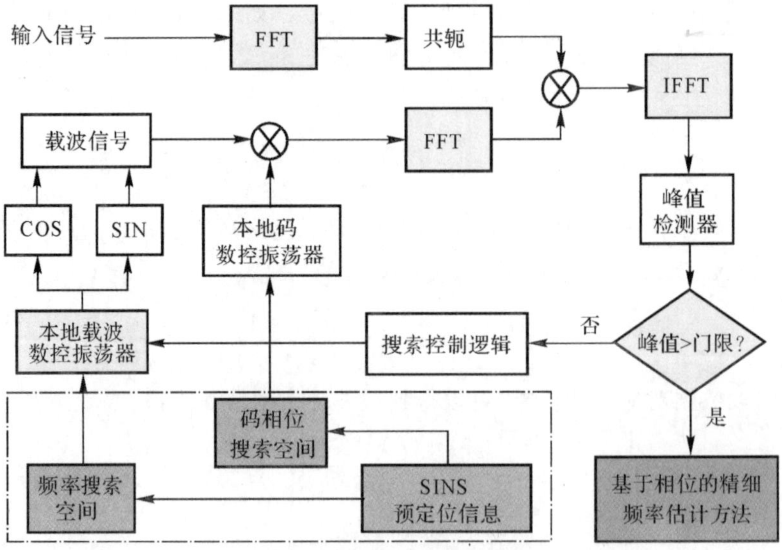

图 6.4　SINS 辅助接收机进行信号捕获方法原理

6.3　北斗信号跟踪

信号捕获过程中得到的载波频率和伪码相位是导航电文解调必需的参数。然而，由于接收机与卫星之间的相对运动，在信号接收的过程中，往往存在着频率偏移和码相位偏移的问题，所以需要设计跟踪环路，以跟踪信号多普勒频移和码相位的变化，实现接收机本地产生的载波和伪码与北斗信号中的载波和伪码同步，从而持续地解调出导航电文。

实现北斗信号的跟踪需要两个环路，即用于跟踪伪码相位变化的码跟踪环和用于跟踪载波频率变化的载波跟踪环。两个跟踪环耦合在一起构成完整的北斗信号跟踪环路，同时引入 SINS 的频率辅助信息，用来降低载体动态对跟踪环路的影响。完整的 SINS 辅助北斗信号跟踪的环路结构如图 6.5 所示。

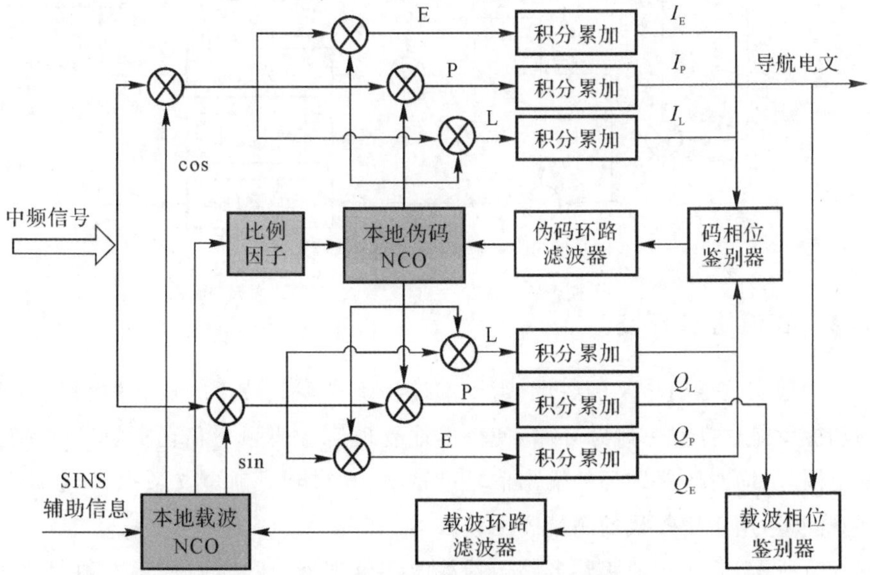

图 6.5　SINS 辅助北斗信号跟踪的环路结构

6.3.1　伪码跟踪环路

在跟踪过程中，有两方面原因引起伪码相位变化，一方面是环路因输入高斯白噪声而引起的伪码相位的颤动，另一方面是因卫星与接收机之间的相对运动（即载体动态）而引起的输入信号自身伪码相位的动态变化。跟踪环路的主要目的在于协调这两方面的影响，从而使得伪码相位跟踪误差最小。码跟踪环通常采用超前-滞后延迟锁定环。

图 6.6 为伪码跟踪环路的结构。码跟踪环由码相关器、码相位鉴别器、环路滤波器和本地码发生器四部分组成。在伪码跟踪环中，用本地复现的三种码：超前码（E）、即时码（P）和滞后码（L）与输入信号相关，累加后的输出送入码相位鉴别器，并经环路滤波器滤除噪声后，得到本地信号与输入信号的码相位差值，然后反馈给伪码相位调节器，用来调节本地伪

码的相位值。其中的码相位鉴别器选择归一化的超前减去滞后包络鉴别器，去除对幅度的敏感性，以改善在信噪比快速改变条件下延迟锁定环的跟踪性能；而环路滤波器则是用于降低噪声以输出误差信号的精确估计结果。本地伪码发生器根据鉴别结果不断调整伪码相位，最终稳定跟踪输入信号的伪码相位时，输出的 I_P 信号就是 1 000 b/s 的原始导航电文。

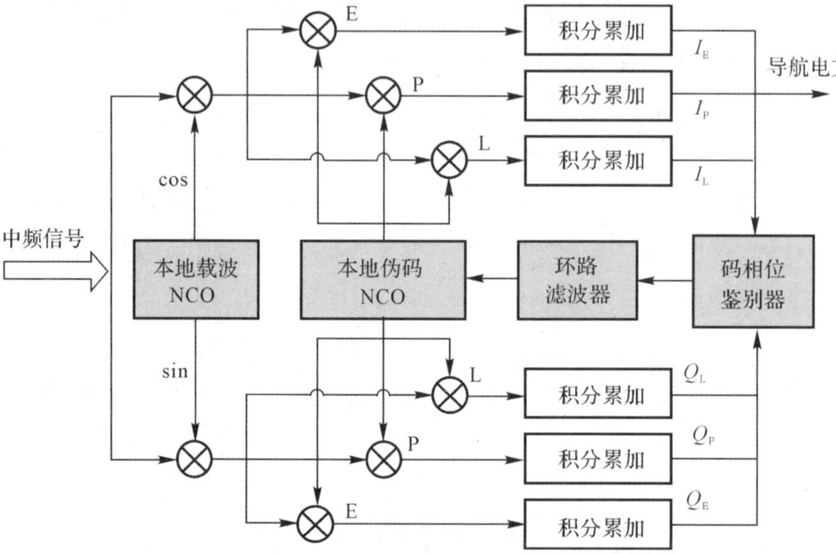

图 6.6　伪码跟踪环路结构

6.3.2　载波跟踪环路

为了成功地实现导航电文的解调，需要本地精确复现载波以完成载波剥离功能。载波跟踪环的功能就是建立频率跟踪环路，使得本地复现信号的频率和真实信号频率的差保持在很小的范围，从而对码跟踪环的输出信号进行解调，得到导航电文数据，同时得到载波多普勒频移观测量，用于接收机的高精度测速。

如图 6.7 所示，北斗载波跟踪环路包括载波环鉴别器、环路滤波器、本地载波数控振荡器(NCO)三部分。其中，载波环鉴别器的选择确定了跟踪环的类型：锁相环(PLL)、科斯塔斯锁相环(Costas PLL)、锁频环(FLL)。由于对输入的北斗信号进行载波和伪码剥离之后，50 Hz 的导航电文调制信号还保留在信号中，所以当导航数据位发生跳变时，输入信号的相位也会发生 180°的翻转，这样可能会导致相位跟踪误差超过环路的跟踪门限值，进而致使环路失锁。Costas PLL 采用二象限反正切鉴相器作为鉴别器，由于该鉴相器不受导航数据位跳变的影响，所以，北斗接收机的载波跟踪环通常采用 Costas PLL，以解决导航数据位跳变引起的输入信号相位翻转问题。

在北斗信号跟踪过程中，将剥离了伪码的连续信号传送给载波跟踪环路，并将精细频率捕获得到的载波频率作为本地载波数控振荡器的初始频率。鉴相器输出的本地信号与输入信号之间的载波相位差，经过环路滤波器的滤波处理后，作为载波环数控振荡器的控制信号，调整本地载波频率，最终稳定跟踪输入信号中的载波频率及相位。

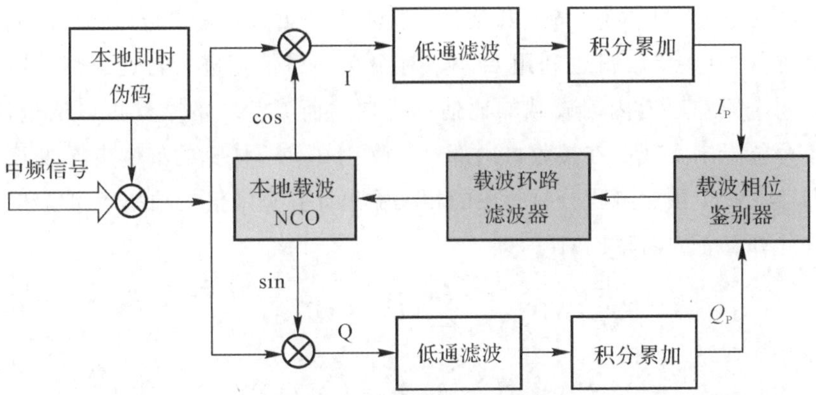

图 6.7　北斗载波环结构

6.3.3　载波辅助码跟踪环路

在高动态环境中，载体的动态不仅会导致北斗载波产生较大的多普勒频移，还会使伪码产生动态延时，从而导致码相位跟踪环路失锁；而利用载波跟踪信息辅助码环，不仅可以消除码环上的动态效应，而且能够有效提高码环的跟踪精度。

由于信号的多普勒效应与信号频率成正比，所以载波多普勒频移与伪码多普勒频移之间存在确定的比例关系，而载波环对码环的辅助正是利用这一特性来实现的。通过将北斗伪码速率与载波频率之比乘上载波环跟踪得到的多普勒频移即可得到伪码多普勒频移，从而可以在载波多普勒的辅助下方便地抵消伪码多普勒频移。其具体实现方法是根据载波环的环路滤波器输出，按照比例因子调整后转换为伪码多普勒速率，作为辅助量加到伪码跟踪环的本地伪码 NCO 上，以调整本地伪码的码速率。

为保证接收机能够正常工作，码跟踪环和载波跟踪环必须保持同步跟踪。由于载波跟踪环输出的多普勒频移，能够准确及时地反映接收机在其与卫星连线方向上的相对运动速度，所以利用载波跟踪环输出的多普勒频移来辅助码环，可以消除码环所需承受的大部分动态应力，而码环自身仅需跟踪剩余缓慢变化的码环初始跟踪误差和电离层延迟误差。这样，接收机便可采用一个较窄的码环带宽，从而降低码环的测量噪声，提高伪距的测量精度，进而提高北斗导航定位的精度。

6.4　载噪比估计和锁定检测

北斗中频信号的载噪比 C/N_0 定义为接收机所接收载波信号功率 C 与噪声功率谱密度 N_0 的比值。载噪比是影响北斗信号捕获、跟踪以及定位解算的一个重要参数。具有较高 C/N_0 的北斗信号将减少接收机跟踪环路所产生的相位颤动，获得更好的导航定位精度。与信噪比 SNR 不同的是，C/N_0 在描述北斗卫星信号与噪声信号能量的强弱关系时，不涉及具体的接收机带宽。从这个意义上讲，用 C/N_0 来衡量噪声的能量，具有比 SNR 更广泛的意义。

C/N_0 不仅是表征中频信号强弱、估计干扰水平的重要质量参数，还是北斗接收机工作模式的控制参数，有些接收机也利用 C/N_0 对跟踪环路带宽进行自适应调节，因而大多数接收机都在每个跟踪通道内附设载噪比估计模块。而 C/N_0 的估计可以通过比较两个不同带宽的信号能量来实现。在接收机内部对载噪比 C/N_0 估算的具体步骤如下：

(1)用连续 M 个预检测积分时间段的相关输出计算宽带信号功率WBP_k 和窄带信号功率NBP_k，并计算二者的功率比MP_k，即

$$\mathrm{WBP}_k = \left[\sum_{i=1}^{M}(I_{\mathrm{P},i}^2 + Q_{\mathrm{P},i}^2)\right]_k \tag{6.5}$$

$$\mathrm{NBP}_k = \left(\sum_{i=1}^{M} I_{\mathrm{P},i}\right)_k^2 + \left(\sum_{i=1}^{M} Q_{\mathrm{P},i}\right)_k^2 \tag{6.6}$$

$$\mathrm{MP}_k = \frac{\mathrm{NBP}_k}{\mathrm{WBP}_k} \tag{6.7}$$

式中：$I_{\mathrm{P},i}$ 和 $Q_{\mathrm{P},i}$ 是第 i 次预检测积分 $\mathrm{I_P}$ 支路和 $\mathrm{Q_P}$ 支路的相关输出。

(2)连续重复步骤(1)K 次，得到$\mathrm{MP}_k(k=1,2,\cdots,K)$的均值后，再计算 KM 个预检测积分时间段的载噪比均值$(C/N_0)_{\mathrm{eq}}$，即

$$\mu_{\mathrm{NP}} = \frac{1}{K}\sum_{i=1}^{K}\mathrm{MP}_k \tag{6.8}$$

$$(C/N_0)_{\mathrm{eq}} = \frac{1}{T_{\mathrm{coh}}}\frac{\mu_{\mathrm{NP}}-1}{M-\mu_{\mathrm{NP}}} \tag{6.9}$$

式中：T_{coh} 表示预检测积分时间。

在信号跟踪过程中，由于动态、干扰及其他难以预知的原因，可能会发生跟踪失锁。为了保证接收机输出信息的可靠性以及在必要时切换到更可靠的工作模式，接收机跟踪通道必须实时给出跟踪状态指示信息，即需要设计跟踪环的锁定检测器。

PLL 锁定检测值 Lc 的计算公式为

$$\mathrm{Lc} = \frac{\mathrm{NBD}_k}{\mathrm{NBP}_k} \approx \cos(2\delta\varphi_k) \tag{6.10}$$

式中：$\delta\varphi_k$ 为相位跟踪误差，NBD_k 的具体表达式为

$$\mathrm{NBD}_k = \left(\sum_{i=1}^{M} I_{\mathrm{P},i}\right)_k^2 - \left(\sum_{i=1}^{M} Q_{\mathrm{P},i}\right)_k^2 \tag{6.11}$$

可见，锁定检测值是相位跟踪误差的函数，跟踪误差越小，Lc 越接近于 1，跟踪误差越大，Lc 则越接近于−1。设计时可通过锁定检测值来判定 PLL 的锁定状态：若 Lc 大于阈值，则表明信号跟踪精度满足预期要求，否则即可认为环路失锁。

按照式(6.10)计算得到的锁定检测值因受信号噪声的影响，实际输出幅度抖动较大。为了提高锁定检测的稳定性，可设计一个简单的平滑滤波器(见图 6.8)，对计算得到的锁定检测值进行即时滤波，从而获得更加平滑的锁定检测值。图中，$\mathrm{Lc_{in}}(n)$表示当前时刻的计算值，$\mathrm{Lc_{out}}(n)$表示当前时刻的滤波输出值，$\mathrm{Lc_{out}}(n-1)$表示上一时刻的滤波输出值，α 表示滤波系数，通常取 0.01。

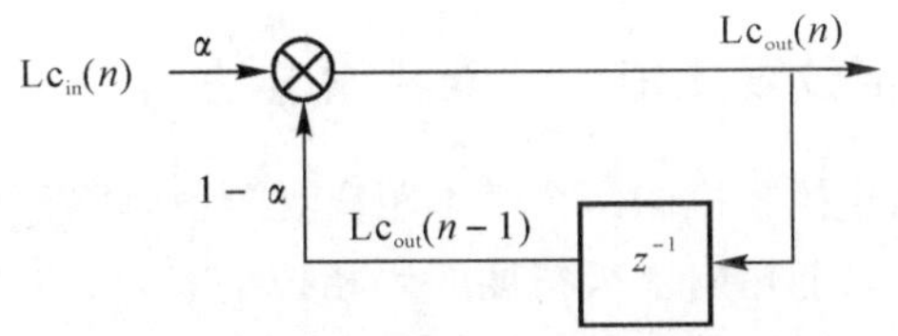

图 6.8　锁定检测值平滑滤波器结构

6.5　导航电文解析及观测信息提取

北斗伪码和载波跟踪环路保持锁定后，可以输出 1 000 b/s 的原始导航电文数据，对该数据进行位同步后能够得到 50 b/s 的导航电文（以北斗 D1 导航电文为例）；进而，对导航电文进行帧同步和纠错译码，并从中提取轨道摄动参数、时间参数、开普勒参数等信息，用于计算北斗卫星的位置和速度参数。

除了原始导航电文信息之外，码环和载波环还输出伪码相位和载波频率信息，这些信息经过转换就可以得到伪码延时和多普勒频移，用于计算伪距和伪距率观测信息。卫星与接收机之间的伪距由跟踪环所输出的码相位信息、位同步位信息和帧同步位信息计算得到，而伪距率则是通过载波跟踪环输出的多普勒频移计算得到。图 6.9 为导航电文解析及观测信息提取过程的原理。

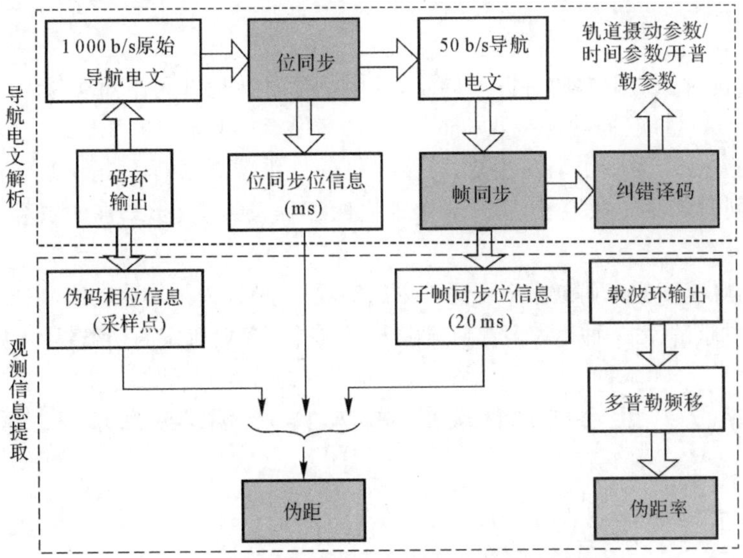

图 6.9　导航电文解析及观测信息提取过程原理

6.6　导航定位解算

为了确定接收机的位置、速度，首先需要根据导航电文解析得到的星历参数，求解卫星的位置和速度参数。在对 4 颗以上的北斗卫星信号成功实现捕获、跟踪后，即可采用最小二乘法对伪距、伪距率观测方程进行解算，从而得到接收机的位置和速度信息。

6.6.1 基于载波相位观测值的伪距平滑方法

伪距和载波相位是北斗接收机的两个基本距离观测值，两者既有明显区别，又呈互补特性。由于码跟踪环路通常只能输出米级精度的码相位信息，所以由码相位信息构造得到的伪距观测值比较粗糙，精度较差，但它没有类似于载波相位观测值中的模糊度问题；而尽管载波相位观测值含有整周模糊度，但是它非常平滑，精度很高。载波 B1 的波长仅为 19 cm 左右，而载波跟踪环路对载波相位的测量精度一般不低于载波波长的 1/4（即 4.75 cm），甚至高达毫米量级。为了实现伪距观测值和载波相位观测值的优势互补，北斗接收机通常会利用平滑、精确的载波相位观测值来对粗糙但无模糊度的伪距观测值进行不同程度的平滑，即通过某种方式将两种距离观测值整合起来，而合成出一种既无模糊度又相对平滑的距离观测值，从而利用平滑后的伪距观测值实现高精度的导航定位解算。

利用载波相位观测值对伪距观测值进行平滑的公式为

$$\left.\begin{aligned}\hat{\rho}_k&=\frac{1}{M}\tilde{\rho}_k+\frac{M-1}{M}[\hat{\rho}_{k-1}+\lambda(\tilde{\varphi}_k+\tilde{\varphi}_{k-1})]\\\hat{\rho}_1&=\tilde{\rho}_1\end{aligned}\right\}\tag{6.12}$$

式中：k 表示时间历元；$\hat{\rho}_k$ 为历元 k 的伪距平滑值；$\tilde{\rho}_k$ 为历元 k 的伪距观测值；$\tilde{\varphi}_k$ 为历元 k 的载波相位观测值；λ 为北斗载波信号的波长；M 表示平滑时间常数。

6.6.2 PVT 解算

由于接收机时钟与卫星时钟并不同步，其中卫星时钟是以北斗标准时为参考时间，其频率稳定度为 10^{-13} 量级，而普通接收机时钟的频率稳定度只有 10^{-5} 左右。因此，通常将接收机的时钟偏差也作为一个未知参数，与接收机的三维位置坐标一起求解。由于有 4 个未知量，就需要同时观测 4 颗卫星，建立 4 个独立的方程，通过最小二乘法解算出接收机的实时动态位置。

北斗接收机速度的求解通常采用两种方法实现：一种称为平均速度法，主要用于对低动态载体运动速度的求解；另一种称为多普勒频移法，主要用于实时确定高动态载体的运动速度。

6.7 北斗软件接收机工作流程与性能测试

6.7.1 工作流程

北斗接收机开机时，首先对初始参数进行设置，选择冷启动或热启动模式。

在冷启动模式下，接收机无法确定当前的时间及其所处的位置，并且在它的存储器上也没有保存任何有效的卫星星历与历书。因此，冷启动后的接收机只能处于盲捕状态，即它只能在整个北斗星座中逐个依次地搜索所有卫星，并对每颗卫星信号的载波频率和码相位进行最大范围的二维搜索。在完成卫星信号捕获后，接收机还需要从接收到的卫星信号中实时地解调出星历参数。在获得了至少 4 颗卫星的测量值及其星历参数后，接收机才能完成定位。

而在热启动模式下，接收机上保存着误差小于 5 min 的当前时间、误差小于 100 km 的当地位置以及有效的卫星星历。因此，热启动后的接收机不但可以粗略地计算出各颗卫星的可见性，并获得相对较小的二维搜索范围，而且在完成信号捕获后，接收机不必等到从接收信号中解调出完整的一套卫星星历参数，就可以凭借已有的卫星星历实现定位。热启动模式有两个要求，首先要求接收机当前位置离上次定位位置不能过远，否则根据存储信息计算出的可见卫星与当前位置可见卫星不一致，从而不能达到快速定位的效果；其次卫星星历应处于有效期内，否则不能正确计算卫星星座的分布情况。以上任何一种情况不满足，接收机都要进行冷启动。

根据选择的不同启动模式，北斗软件接收机的工作流程如图 6.10 所示。

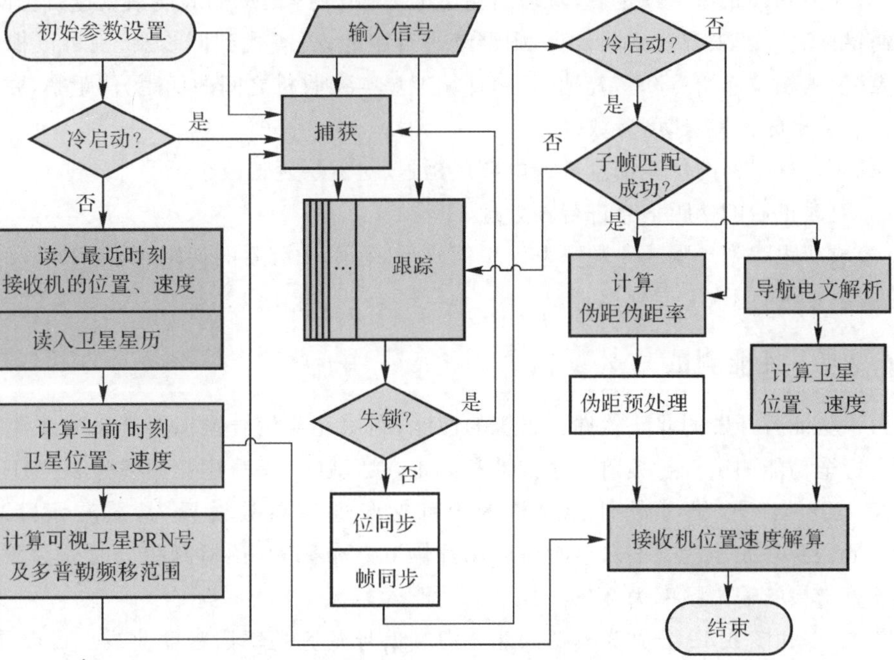

图 6.10　北斗软件接收机工作流程

1. 热启动模式

(1)读入最近时刻接收机的位置、速度以及卫星星历，根据卫星星历计算卫星的位置、速度。通过接收机的粗略位置、速度信息以及卫星的位置、速度信息，估算当前时刻可见星号以及接收机相对于该卫星的多普勒频移范围。将估计的可见星号以及多普勒频移范围送入卫星捕获程序，以辅助卫星信号的捕获。在热启动模式下，卫星信号的捕获时间相对于冷启动会大大减小。

(2)将捕获得到的初始码相位点以及多普勒频移参数送入跟踪环路，进而对各通道的卫星信号进行跟踪，并根据跟踪结果判断跟踪环路是否失锁，若失锁则返回捕获程序，进行重捕获。

(3)在热启动模式下，可以根据接收机存储的星历信息判断导航电文的同步头位置。因此可以不进行帧同步，而只需根据环路跟踪结果计算卫星与接收机之间的伪距、伪距率，并利用导航电文计算卫星的位置、速度。

(4)对计算得到的伪距信息进行电离层延迟、对流层延迟改正。

(5)对改正后的伪距信息进行预处理(平滑)。

(6)根据平滑后的伪距、伪距率量测信息以及卫星的位置、速度信息计算接收机的位置和速度。

2.冷启动模式

(1)将北斗中频信号输入到卫星信号捕获程序中,在所有多普勒频移搜索范围内对所有卫星信号进行搜索。

(2)将捕获得到的初始码相位点以及多普勒频移参数送入跟踪环路,进而对各通道的卫星信号进行跟踪,并根据跟踪结果判断跟踪环是否失锁,若失锁则进行重捕获。

(3)在跟踪环路保持锁定后,对环路输出的1 000 b/s的原始导航数据进行位同步、帧同步和纠错译码。若未查找到同步头,则继续进行跟踪;若查找到同步头,则可以根据环路跟踪结果(伪码相位起始点和多普勒频移)计算卫星与接收机之间的伪距、伪距率,并根据导航电文计算卫星的位置、速度参数。

(4)对计算得到的伪距信息进行电离层延迟、对流层延迟改正。

(5)对改正后的伪距信息进行预处理(平滑)。

(6)成功跟踪到4颗或4颗以上卫星信号后,利用平滑后的伪距、伪距率以及卫星的位置、速度参数进行PVT导航解算。

6.7.2 性能测试

为了验证所开发的北斗软件接收机的性能,利用北斗信号模拟器产生的北斗中频信号对其进行全功能测试。射频前端通带带宽为4.092 MHz,信号中频频率为20 MHz,采样频率为38.192 MHz。北斗软件接收机的内部接收通道参数设置为:载波跟踪环带宽为20 Hz,码跟踪环带宽为2 Hz,超前滞后码片为0.5个码片,预检测积分时间为1 ms,导航定位解算结果的输出频率为2 Hz。

图6.11和图6.12分别为模拟的北斗中频信号及其功率谱密度曲线。可以看出,北斗中频信号受噪声的影响,不再具有正弦波的特征。但从信号的功率谱密度曲线可以看出,标称中频附近具有明显的尖峰,该尖峰对应伪码信号的主瓣,且其宽度与理论值相符。另外,还可以看出中频信号的功率谱密度呈规则的钟形,其边沿较为陡峭,表明所用的射频前端具有良好的带通滤波特性。

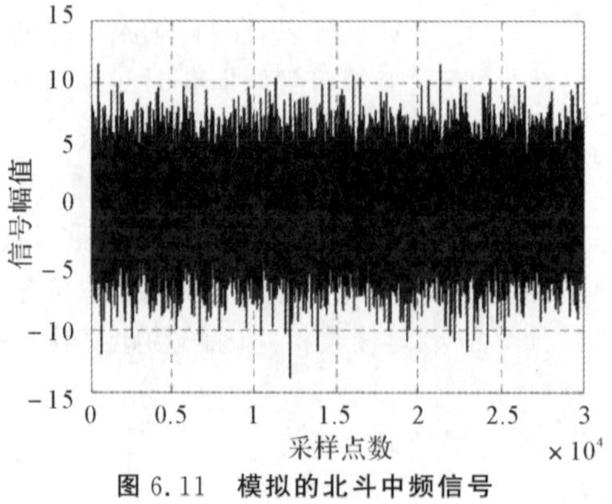

图6.11 模拟的北斗中频信号

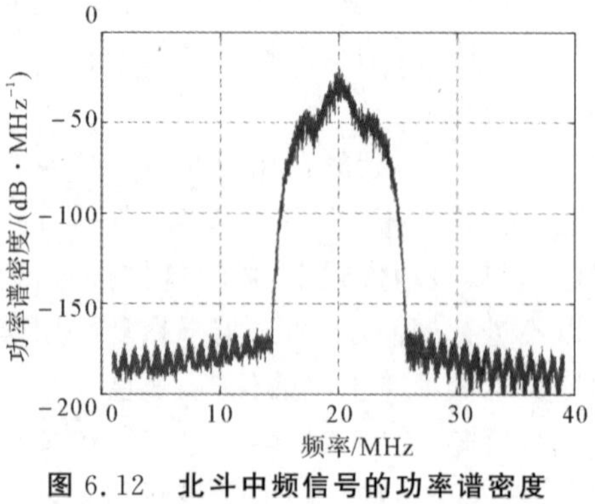

图6.12 北斗中频信号的功率谱密度

图 6.13 为北斗信号捕获结果。可见，北斗中频信号中共含有 8 颗卫星信号，分别为 3 号、6 号、9 号、15 号、18 号、21 号、22 号和 26 号北斗卫星信号。图 6.14 为对北斗 15 号卫星信号捕获时的相关输出。可以看出，信号捕获相关输出中的相关峰较为明显，这表明信号捕获的可信度较高。

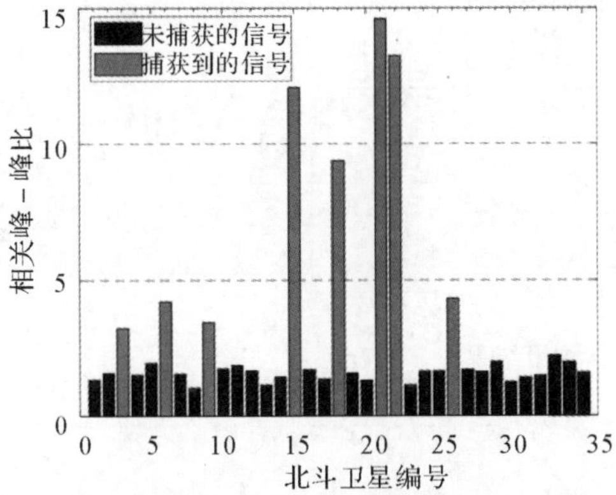

图 6.13　北斗信号捕获结果

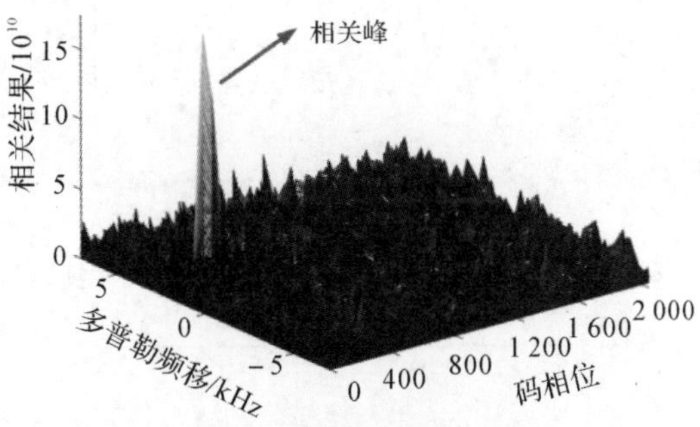

图 6.14　信号捕获的相关输出(北斗 15 号)

图 6.15 为对北斗 15 号卫星信号跟踪时的跟踪环路输出结果。可以看出，当对北斗 15 号卫星信号进行跟踪锁定后，信号能量集中于 I 支路，其输出是正负变化的导航电文；而 Q 支路则只剩下能量接近于 0 的噪声。图 6.16 为 8 个跟踪通道所对应的锁定检测器的输出结果。可见，当锁定检测阈值设为 0.7 时，接收机所有跟踪通道在最长约 3 s 的时间内均实现了对载波频率的锁定，并在后续跟踪过程中保持了良好的锁定状态。

图 6.17 和图 6.18 分别为载波跟踪环和码跟踪环鉴别器输出的载波频率残差和码相位残差。可见，载波频率残差和码相位残差始终在零附近波动，这也表明载波跟踪环和码跟踪环始终保持着对载波频率和码相位的跟踪锁定。

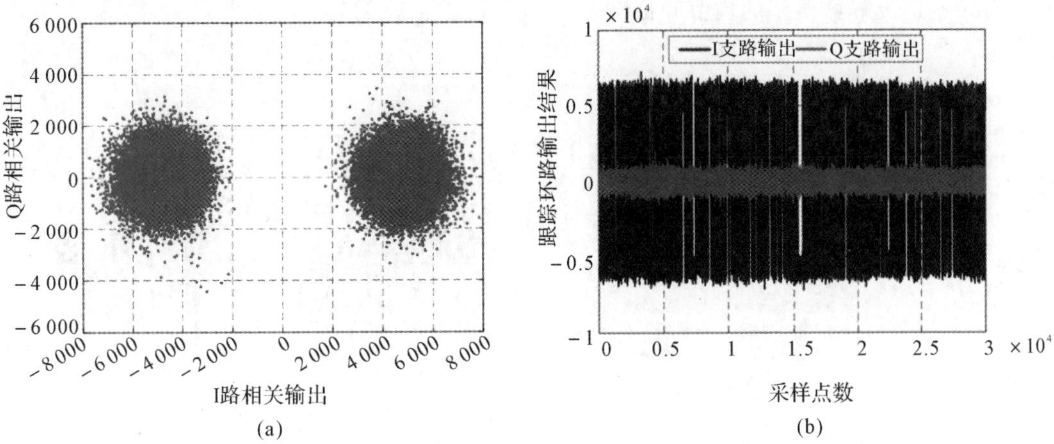

图 6.15　对北斗 15 号卫星信号跟踪时的跟踪环路输出

(a)跟踪环路输出散点图；(b)跟踪环路输出曲线

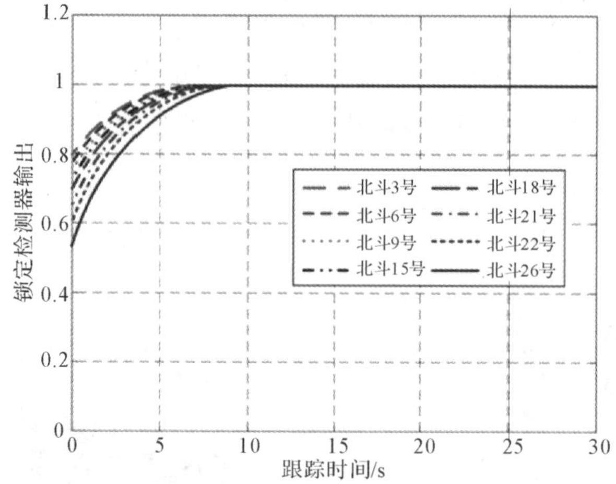

图 6.16　锁定检测器输出结果

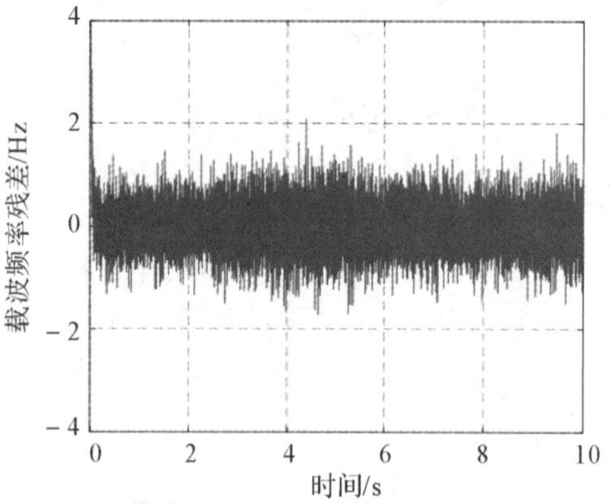

图 6.17　载波频率残差

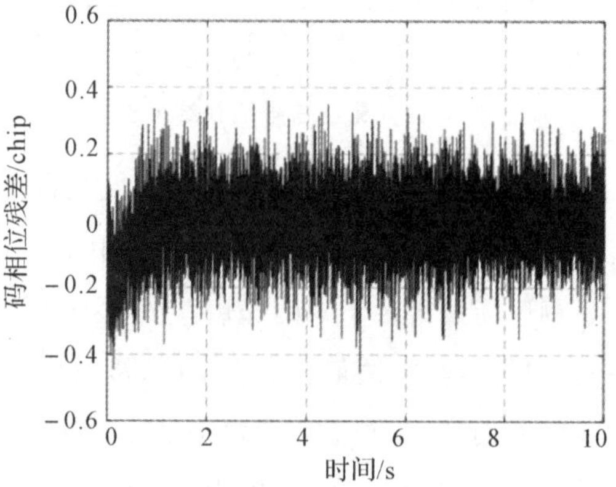

图 6.18　码相位残差

图 6.19 为北斗可见卫星的分布情况。可以看出，北斗可见卫星的数量较多，并且分布较为分散。利用所有北斗可见卫星进行导航定位解算，所得定位误差如图 6.20 所示。表 6.1 为导航定位解算误差的均值和标准差。

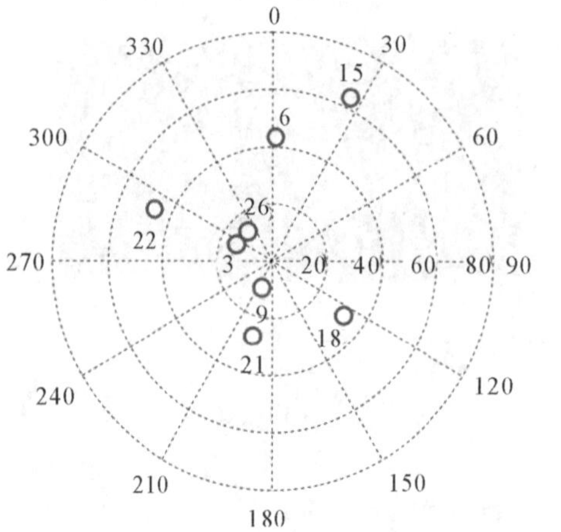

图 6.19　北斗可见卫星分布情况

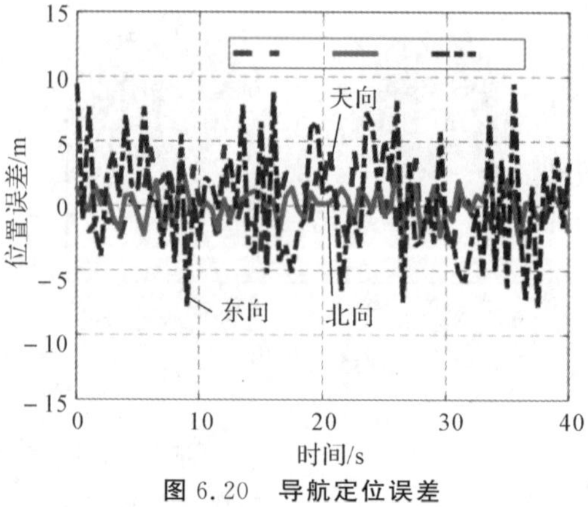

图 6.20　导航定位误差

表 6.1　导航定位解算误差的均值和标准差

位置误差	均　值	标准差
东向/m	0.032 9	1.876 2
北向/m	0.315 3	1.551 0
天向/m	−0.444 3	4.806 3

由图 6.20 和表 6.1 中所列数据可知，北斗接收机北向（对应纬度）和东向（对应经度）的定位误差比天向（对应高度）小，这是由于星座垂直方向的几何精度衰减因子（VDOP）通常大于水平方向的几何精度衰减因子（HDOP）。

思考与练习

1. 简述北斗软件接收机的组成以及各部分的功能。

2. 编程实现循环相关粗捕获、基于相位估计的精细捕获和 SINS 辅助北斗信号捕获这三种北斗信号捕获方法，进而对比分析这三种捕获方法的特点。

3. 编程实现伪码跟踪环路、载波跟踪环路和载波辅助码跟踪环路，对比分析这三种跟踪环路的跟踪精度、抗干扰性以及动态性能。

4. 编程实现载噪比估计算法，并利用不同载噪比的北斗中频信号对该算法的估计精度进行评估。

5. 编程实现导航电文解析算法，然后利用模拟或实测的北斗中频信号对该算法进行测试。

6. 编程实现基于多普勒频移观测值的伪距平滑方法及最小二乘定位测速算法，然后利用模拟或实测的北斗中频信号对该算法进行测试。

7. 设计并开发搭建一套北斗软件接收机，能够对模拟的北斗中频信号进行捕获、跟踪、导航电文解析，并最终输出定位测速结果。

第 7 章　天文定姿定位方法

天文导航是以太阳、月球、行星和恒星等自然天体作为导航信标，通过天体敏感器被动探测天体位置，以确定运载体在空间的姿态、位置与速度等导航参数的技术与方法。

天文定姿是利用天体敏感器测量自然天体(如恒星、太阳、地球等)相对于载体本体坐标系的方位，然后结合这些自然天体在参考坐标系中的方位信息，计算得到本体坐标系相对于参考坐标系的转换关系，进而获得载体相对于参考坐标系的姿态信息。

天文定位主要通过天体敏感器测量得到已知天体的矢量方向，利用几何关系或将轨道动力学方程与最优估计方法相结合，以获得载体的位置信息。因此，目前天文定位方法主要包括基于几何关系的定位方法和基于轨道动力学方程的定位方法两大类。基于几何关系的定位方法主要利用测得的高度角构造等高圆，或利用测得的星光角距构造锥面，这些等高圆或锥面的交点就是载体所在的位置，如高度差法和纯天文几何解析法，这类方法主要应用于航海、航空及深空探测等领域；基于轨道动力学方程的定位方法主要根据载体运行规律建立状态模型，并以天文观测信息建立量测模型，进而结合最优估计方法获得载体的运动参数，该方法主要应用于各类轨道航天器中。对于近地航天器而言，根据敏感地平方式的不同，天文定位方法又可以分为直接敏感地平和星光折射间接敏感地平两类方法。

本章介绍星敏感器天文定姿方法、高度差天文定位方法、纯天文几何解析定位方法、直接敏感地平定位方法、星光折射间接敏感地平定位方法等天文导航方法。

7.1　星敏感器天文定姿方法

基于星敏感器的天文定姿方法不需要借助任何外部辅助信息，便可自主确定载体相对于惯性空间的姿态，且星敏感器输出的惯性姿态精度可达角秒级，是目前精度最高的姿态测量器件。因此，下面介绍基于星敏感器的天文定姿方法。

7.1.1　星敏感器定姿原理

星敏感器通过对拍摄星图进行预处理(星图去噪、阈值分割、质心提取等)和星图识别，可获得所观测恒星在星敏感器测量坐标系下的星光矢量 $\boldsymbol{W}$，以及这些观测恒星在地心惯性坐标系下的星光矢量 $\boldsymbol{V}$。在此基础上，结合星敏感器的安装矩阵 $\boldsymbol{C}_s^b$，便可最终确定载体相对于地心惯性坐标系的姿态矩阵 $\boldsymbol{C}_b^i$。基于星敏感器的天文定姿原理如图 7.1 所示。

可以看出，基于星敏感器的天文定姿方法主要依赖以下信息：

(1)星敏感器视场范围内的恒星在星敏感器测量坐标系 s 中的星光矢量 $\boldsymbol{W}$，可根据星图中提取的星点位置确定；

(2)星敏感器视场范围内的恒星在地心惯性坐标系 i 中的星光矢量 $\boldsymbol{V}$，可根据星图识别出的星历信息(赤经和赤纬)确定；

(3)星敏感器测量坐标系 s 相对于载体本体坐标系 b 的安装矩阵 $\boldsymbol{C}_s^b$，可通过事先标定得到。

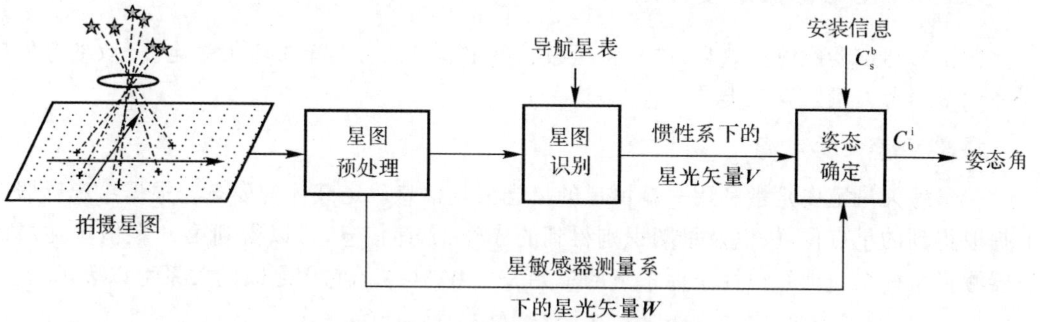

图 7.1　基于星敏感器的天文定姿

如图 7.2 所示，设星敏感器测量坐标系为 $O_sX_sY_sZ_s$，在 CCD 面阵内有成像坐标系 $OXYZ$，星敏感器光学系统的焦距为 f。通过对星图进行质心提取，可以得到第 k 颗恒星在成像坐标系中的星点位置为 $P(x_{ks}, y_{ks})$。进一步，根据图中所示的几何关系，可以得到该恒星在星敏感器测量坐标系中的星光矢量

$$\boldsymbol{W}_k = \frac{1}{\sqrt{x_{ks}^2 + y_{ks}^2 + f^2}} \begin{bmatrix} -x_{ks} \\ -y_{ks} \\ f \end{bmatrix} \tag{7.1}$$

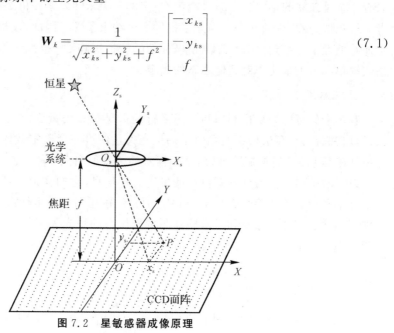

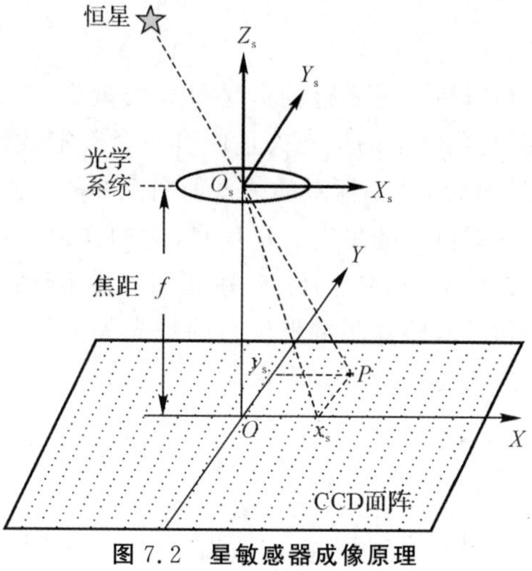

图 7.2　星敏感器成像原理

对经过预处理后的星图进行识别，可以得到该恒星对应的星历信息，包括赤经 α_k 和赤纬 δ_k，进而得到该恒星在地心惯性坐标系中的星光矢量

$$\boldsymbol{V}_k=\begin{bmatrix}\cos\alpha_k\cos\delta_k\\ \sin\alpha_k\cos\delta_k\\ \sin\delta_k\end{bmatrix} \tag{7.2}$$

最后，根据多颗恒星在星敏感器测量坐标系与地心惯性坐标系下的星光矢量 $\boldsymbol{W}_k$ 与 $\boldsymbol{V}_k$，结合星敏感器的安装矩阵 $\boldsymbol{C}_{\mathrm{s}}^{\mathrm{b}}$，选用合适的定姿方法，即可解算出载体相对于地心惯性坐标系的姿态矩阵 $\boldsymbol{C}_{\mathrm{b}}^{\mathrm{i}}$，进而得到载体的姿态信息。

7.1.2 星敏感器定姿方法

根据参与定姿的恒星数目，可以将星敏感器定姿方法分为单参考矢量定姿、双参考矢量定姿和多参考矢量定姿三类。

1. 单参考矢量定姿

单参考矢量定姿是指利用一颗恒星的星光矢量信息确定载体的姿态。根据星敏感器质心提取得到的星点位置，以及星图识别得到的赤经、赤纬信息，可以得到第 k 颗恒星在星敏感器测量坐标系与地心惯性坐标系下的星光矢量 $\boldsymbol{W}_k$ 与 $\boldsymbol{V}_k$，它们之间的关系可以表示为

$$\boldsymbol{W}_k=\begin{bmatrix}w_x\\ w_y\\ w_z\end{bmatrix}=\boldsymbol{C}_{\mathrm{i}}^{\mathrm{s}}\boldsymbol{V}_k=\begin{bmatrix}C_{11} & C_{12} & C_{13}\\ C_{21} & C_{22} & C_{23}\\ C_{31} & C_{32} & C_{33}\end{bmatrix}\begin{bmatrix}v_x\\ v_y\\ v_z\end{bmatrix} \tag{7.3}$$

$\boldsymbol{C}_{\mathrm{i}}^{\mathrm{s}}$ 为正交矩阵，它的 9 个未知元素[即 $C_{ij}(i=1,2,3;j=1,2,3)$]本身满足 6 个约束条件；而星光矢量 $\boldsymbol{W}_k$ 与 $\boldsymbol{V}_k$ 均满足模长为 1 的约束条件(即为单位矢量)，它们的 3 个分量中只有 2 个是独立的，故式(7.3)只能为 $\boldsymbol{C}_{\mathrm{i}}^{\mathrm{s}}$ 中的 9 个未知元素提供 2 个约束条件。可见，单参考矢量只能为 $\boldsymbol{C}_{\mathrm{i}}^{\mathrm{s}}$ 中的 9 个未知元素提供 8 个约束条件。因此，仅根据式(7.3)，无法唯一确定地心惯性坐标系到星敏感器测量坐标系的转换矩阵 $\boldsymbol{C}_{\mathrm{i}}^{\mathrm{s}}$，也无法得到姿态矩阵 $\boldsymbol{C}_{\mathrm{b}}^{\mathrm{i}}$，也就无法依据单参考矢量实现对载体姿态的确定。

2. 双参考矢量定姿

双参考矢量定姿是指利用两个不平行的恒星星光矢量确定载体的姿态。其中 TRAID 法最具代表性，该算法根据两颗恒星的星光矢量便可完全确定载体本体坐标系 b 相对于地心惯性坐标系 i 的转换矩阵，这两个坐标系的关系如图 7.3 所示。

设星敏感器测量得到两颗恒星的星光矢量信息，它们在地心惯性坐标系中可以表示为两个互不平行的单位参考矢量 $\boldsymbol{V}_1$ 和 $\boldsymbol{V}_2$，而在星敏感器测量坐标系中可以表示为 $\boldsymbol{W}_1$ 和 $\boldsymbol{W}_2$。分别利用地心惯性坐标系和星敏感器测量坐标系的星光矢量构建新的正交坐标系 C 和 S，这两个坐标系中各坐标轴的单位矢量可以表示为

$$\left.\begin{aligned}\boldsymbol{c}_1=\boldsymbol{V}_1,\quad \boldsymbol{c}_2=\frac{\boldsymbol{V}_1\times\boldsymbol{V}_2}{|\boldsymbol{V}_1\times\boldsymbol{V}_2|},\quad \boldsymbol{c}_3=\boldsymbol{c}_1\times\boldsymbol{c}_2\\ \boldsymbol{s}_1=\boldsymbol{W}_1,\quad \boldsymbol{s}_2=\frac{\boldsymbol{W}_1\times\boldsymbol{W}_2}{|\boldsymbol{W}_1\times\boldsymbol{W}_2|},\quad \boldsymbol{s}_3=\boldsymbol{s}_1\times\boldsymbol{s}_2\end{aligned}\right\} \tag{7.4}$$

则存在唯一的正交矩阵：

$$C_{\mathrm{i}}^{\mathrm{s}} = \sum_{k=1}^{3} \boldsymbol{c}_k \boldsymbol{s}_k^{\mathrm{T}} \tag{7.5}$$

再结合星敏感器的安装矩阵 $C_{\mathrm{s}}^{\mathrm{b}}$，即可得到载体本体坐标系 b 相对于地心惯性坐标系 i 的坐标转换矩阵 $C_{\mathrm{b}}^{\mathrm{i}}$，进而实现对载体姿态的确定。

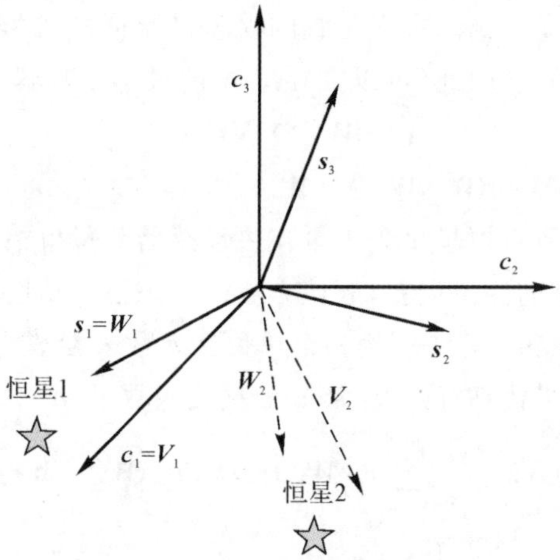

图 7.3　TRAID 法示意图

TRIAD 算法简单高效，计算量小，且只需要观测两颗恒星，对星敏感器视场、灵敏度等结构和性能参数要求较低。然而，由于量测信息有限，所以 TRIAD 算法的定姿精度较低，且两个参考矢量越接近平行，姿态测量精度就越低。

3. 多参考矢量定姿

多参考矢量定姿是指利用三个及以上不平行的恒星星光矢量确定载体的姿态。随着大视场、高灵敏度星敏感器的出现，星敏感器可以同时获得多颗恒星星光矢量信息用于定姿，即恒星星光矢量信息存在冗余。因此，多参考矢量定姿方法的核心就是如何充分利用这些恒星星光矢量信息，以得到更高精度的定姿结果。多参考矢量定姿方法包括确定性算法与状态估计算法。其中，确定性算法主要包括最小二乘法、Euler-q 算法和 QUEST 算法等；状态估计算法通常是在建立状态模型与量测模型的基础上，采用卡尔曼滤波器估计得到载体的姿态信息。这里重点介绍多参考矢量定姿的确定性算法。

设某时刻星敏感器视场内观测到多颗恒星，经过星图处理后共获得 n 个不共线的恒星星光矢量。这些星光矢量在地心惯性坐标系中表示为 $\boldsymbol{V}_k(k=1,2,\cdots,n)$，在星敏感器测量坐标系中表示为 $\boldsymbol{W}_k(k=1,2,\cdots,n)$。考虑星敏感器的测量误差，则有

$$\boldsymbol{W}_k = \boldsymbol{A}\boldsymbol{V}_k + \boldsymbol{n}_k \tag{7.6}$$

式中：$\boldsymbol{A}$ 为待求解的地心惯性坐标系相对于星敏感器测量坐标系的坐标转换矩阵 $C_{\mathrm{i}}^{\mathrm{s}}$；$\boldsymbol{n}_k$ 为星敏感器的测量误差。据此，即可建立 Wahba 损失函数 $L(\boldsymbol{A})$：

$$L(\boldsymbol{A}) = \frac{1}{2}\sum_{k=1}^{n} a_k \left| \boldsymbol{W}_k - \boldsymbol{A}\boldsymbol{V}_k \right|^2$$

式中：$a_k(k=1,2,\cdots,n)$ 是一组加权系数。使损失函数 $L(\boldsymbol{A})$ 最小的正交矩阵 $\boldsymbol{A}$ 即为 $C_{\mathrm{i}}^{\mathrm{s}}$ 的

最优估计结果。

进一步，结合星敏感器的安装矩阵 $\boldsymbol{C}_{s}^{b}$，即可得到姿态矩阵 $\boldsymbol{C}_{b}^{i}$，进而可获得载体的姿态信息。

而对坐标转换矩阵 $\boldsymbol{A}$ 的求解通常可以采用最小二乘法、Euler-q 算法与 QUEST 算法。

(1)最小二乘法。最小二乘法是一种使得估计误差二次方和最小的多参考矢量定姿方法。考虑到同一星敏感器提取到的星点位置的误差满足同一种概率分布，即不同的恒星参考矢量的权重应该是相等的。因此，可以推导出 $\boldsymbol{A}$ 的最小二乘解为

$$\boldsymbol{A}=(\boldsymbol{W}\boldsymbol{V}^{\mathrm{T}})(\boldsymbol{V}\boldsymbol{V}^{\mathrm{T}})^{-1} \tag{7.7}$$

式中：$\boldsymbol{V}=(\boldsymbol{V}_1,\boldsymbol{V}_2,\cdots,\boldsymbol{V}_n)$，$\boldsymbol{W}=(\boldsymbol{W}_1,\boldsymbol{W}_2,\cdots,\boldsymbol{W}_n)$。

最小二乘法可以使得所有恒星星光矢量在星敏感器测量坐标系中的估计误差二次方和达到最小，兼顾了所有恒星的测量误差，故该方法的姿态估计精度较高、稳定性较好。

(2)Euler-q 算法。Euler-q 算法利用一个单位四元数来参数化姿态矩阵，进而求得最小方差意义下姿态四元数的最优估计。将 Wahba 损失函数 $L(\boldsymbol{A})$，即式(7.6)展开，可得：

$$L(\boldsymbol{A})=\frac{1}{2}\sum_{k=1}^{n}a_k(\boldsymbol{W}_k-\boldsymbol{A}\boldsymbol{V}_k)^{\mathrm{T}}(\boldsymbol{W}_k-\boldsymbol{A}\boldsymbol{V}_k)=$$
$$\frac{1}{2}\sum_{k=1}^{n}a_k(2-2\boldsymbol{W}_k^{\mathrm{T}}\boldsymbol{A}\boldsymbol{V}_k)=\sum_{k=1}^{n}a_k(1-\boldsymbol{W}_k^{\mathrm{T}}\boldsymbol{A}\boldsymbol{V}_k) \tag{7.8}$$

显然，损失函数 $L(\boldsymbol{A})$ 最小化等价于增益函数 $G(\boldsymbol{A})$ 最大化：

$$G(\boldsymbol{A})=\sum_{k=1}^{n}a_k\boldsymbol{W}_k^{\mathrm{T}}\boldsymbol{A}\boldsymbol{V}_k \tag{7.9}$$

用 Euler-q 算法求解该问题的关键是用四元数 $\boldsymbol{q}=[q_0\quad q_1\quad q_2\quad q_3]^{\mathrm{T}}$ 来表示增益函数 $G(\boldsymbol{A})$，即

$$G(\boldsymbol{q})=\boldsymbol{q}^{\mathrm{T}}\boldsymbol{K}\boldsymbol{q} \tag{7.10}$$

式中

$$\boldsymbol{K}=\begin{bmatrix}\sigma & \boldsymbol{Z}^{\mathrm{T}}\\ \boldsymbol{Z} & \boldsymbol{s}-\sigma\boldsymbol{I}\end{bmatrix} \tag{7.11}$$

其中，$\boldsymbol{s}=\boldsymbol{B}+\boldsymbol{B}^{\mathrm{T}}$，$\boldsymbol{B}=\sum_{k=1}^{n}a_k(\boldsymbol{W}_k\boldsymbol{V}_k^{\mathrm{T}})$，$\boldsymbol{Z}=[B_{23}-B_{32}\quad B_{31}-B_{13}\quad B_{12}-B_{21}]^{\mathrm{T}}$，$\sigma=\mathrm{tr}(\boldsymbol{B})$。

考虑到单位四元数满足约束条件 $\boldsymbol{q}^{\mathrm{T}}\boldsymbol{q}=1$，故引入一个拉格朗日乘子后，可得到条件增益函数：

$$G_1(\boldsymbol{q})=\boldsymbol{q}^{\mathrm{T}}\boldsymbol{K}\boldsymbol{q}+\lambda(1-\boldsymbol{q}^{\mathrm{T}}\boldsymbol{q}) \tag{7.12}$$

对式(7.12)关于 $\boldsymbol{q}$ 求偏导并令偏导等于零，得到：

$$\boldsymbol{K}\boldsymbol{q}=\lambda\boldsymbol{q} \tag{7.13}$$

由式(7.13)可知，姿态四元数的最优估计是矩阵 $\boldsymbol{K}$ 的一个特征向量。由于

$$G(\boldsymbol{q})=\boldsymbol{q}^{\mathrm{T}}\boldsymbol{K}\boldsymbol{q}=\boldsymbol{q}^{\mathrm{T}}\lambda\boldsymbol{q}=\lambda\boldsymbol{q}^{\mathrm{T}}\boldsymbol{q}=\lambda \tag{7.14}$$

故矩阵 $\boldsymbol{K}$ 的最大特征值 $\lambda_{\max}$ 可以使增益矩阵函数 $G(\boldsymbol{q})$ 达到最大。根据最大特征值对应的特征向量(即最优姿态四元数 $\boldsymbol{q}_{\mathrm{opt}}$)，即可估计得到姿态矩阵 $\boldsymbol{A}$，进而确定载体的姿态信息。

由于 Eular-q 算法是将姿态矩阵 $\boldsymbol{A}$ 的最优估计问题转换为求解矩阵 $\boldsymbol{K}$ 的最大特征值及其对应的特征向量问题，所以，当矩阵 $\boldsymbol{K}$ 的最大特征值所对应的特征向量不唯一时，这时姿态四元数的最优估计结果也就不唯一。可见，Euler-q 算法应用时存在一定的局限性。

(3)QUEST 法。为解决 Eular-q 算法计算速度慢的问题，M. D. Shuster 对 Eular-q 算法在保证精度的前提下进行了简化处理，这种简化算法被称为 QUEST 算法。QUEST 算法将求解矩阵 $\boldsymbol{K}$ 的特征值问题转换为求解一个四阶方程根的问题，从而加快计算速度，是迄今为止解决 Wahba 问题最常用的算法。

Euler-q 算法中根据 $\boldsymbol{Kq}=\lambda_{\max}\boldsymbol{q}$ 求得的四元数 $\boldsymbol{q}_{\text{opt}}$ 可以写成以下形式：

$$\boldsymbol{q}_{\text{opt}}=\frac{1}{\sqrt{u^2+|\boldsymbol{x}|^2}}\begin{bmatrix}u\\ \boldsymbol{x}\end{bmatrix} \tag{7.15}$$

式中：$\boldsymbol{x}=(\alpha\boldsymbol{I}+\beta\boldsymbol{s}+\boldsymbol{s}^2)\boldsymbol{Z}$，$\alpha=\lambda_{\max}^2-\sigma^2+\kappa$，$\beta=\lambda_{\max}-\sigma$，$\kappa=\text{tr}[\text{adj}(\boldsymbol{s})]$，$u=(\lambda_{\max}+\sigma)\alpha-\Delta$，$\Delta=\det(\boldsymbol{s})$，$\text{adj}(\boldsymbol{s})$ 是 $\boldsymbol{s}$ 的伴随矩阵。

可见，$\boldsymbol{q}_{\text{opt}}$ 只与矩阵 $\boldsymbol{K}$ 的最大特征值 $\lambda_{\max}$ 有关。为简化运算，可根据矩阵 $\boldsymbol{K}$ 的特征方程来直接求解 $\lambda_{\max}$，而矩阵 $\boldsymbol{K}$ 的特征方程可表示为

$$\lambda^4-(a+b)\lambda^2-c\lambda+(ab+c\sigma-d)=0 \tag{7.16}$$

式中：$a=\sigma^2-\kappa$，$b=\sigma^2+\boldsymbol{Z}^{\mathrm{T}}\boldsymbol{Z}$，$c=\Delta+\boldsymbol{Z}^{\mathrm{T}}\boldsymbol{sZ}$，$d=\boldsymbol{Z}^{\mathrm{T}}\boldsymbol{s}^2\boldsymbol{Z}$。

联立式(7.8)、式(7.9)和式(7.14)可知，损失函数 $L(\boldsymbol{A})$ 可以简化为

$$L(\boldsymbol{A})=\lambda_0-\lambda_{\max} \tag{7.17}$$

式中：$\lambda_0=\sum_{k=1}^{n}a_k$，通常可取 $\lambda_0=1$。

由于 $\lambda_{\max}$ 应使损失函数 $L(\boldsymbol{A})$ 尽量小，而损失函数 $L(\boldsymbol{A})$ 又是一个非负数，所以 $\lambda_{\max}$ 非常接近 λ_0。根据这一特点，便可利用 Newton-Raphson 迭代法对式(7.16)进行求解，从而直接得到 $\lambda_{\max}$。Newton-Raphson 迭代法的具体迭代公式为

$$\lambda_{i+1}=\lambda_i-\frac{\lambda_i^4-(a+b)\lambda_i^2-c\lambda_i+(a+b-c\sigma-d)}{4\lambda_i^3-2(a+b)\lambda_i-c} \tag{7.18}$$

式中：迭代初值取为 $\lambda_0=1$。在工程应用中，通常迭代一次便可满足定姿精度的要求。

QUEST 算法通过迭代求解特征方程的最大特征根来解决 Wahba 问题，计算简单且速度快，又能保证精度，已经成为星敏感器软件设计中应用最为广泛的算法。

7.2　高度差天文定位方法

高度差天文定位方法是利用地平仪或惯导系统提供的地平信息，通过星敏感器测量恒星的高度角与方位角信息，并根据高度角、方位角与载体经纬度信息之间的几何关系，进而确定载体经纬度的方法。该方法最早应用于水面舰船和水下潜艇，后来又进一步拓展应用于飞机和导弹中。下面介绍高度差天文定位的原理及其实现方法。

7.2.1 定位原理

1. 恒星的高度角、天顶角和方位角

如图 7.4 所示，恒星的高度角 H 定义为星光矢量 $\boldsymbol{s}$ 与当地地理水平面 $X_nO_nY_n$ 之间的夹角；恒星的天顶角 D 定义为星光矢量 $\boldsymbol{s}$ 与当地地理垂线 O_nZ_n 之间的夹角，与高度角互为余角，即 $D=90°-H$；恒星的方位角 A 定义为星光矢量 $\boldsymbol{s}$ 在当地地理水平面 $X_nO_nY_n$ 内的投影 O_nS' 与地理北向 O_nY_n 之间的夹角。

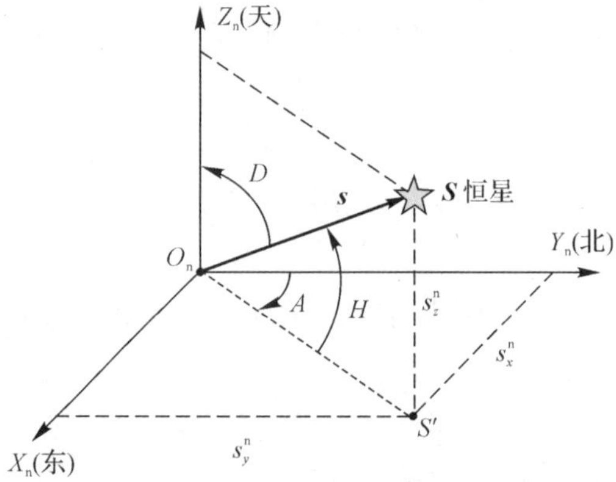

图 7.4 恒星的高度角、天顶角和方位角

星敏感器观测到恒星在星敏感器测量坐标系 s 下的星光矢量 $\boldsymbol{s}^s$ 后，利用星敏感器测量坐标系 s 相对于本体坐标系 b 的安装矩阵 $\boldsymbol{C}_s^b$，以及本体坐标系 b 相对于地理坐标系 n 的姿态矩阵 $\boldsymbol{C}_b^n$，可以计算得到地理坐标系下的星光矢量 $\boldsymbol{s}^n$，即

$$\boldsymbol{s}^n=\boldsymbol{C}_b^n\boldsymbol{C}_s^b\boldsymbol{s}^s \tag{7.19}$$

则根据图 7.4 中的几何关系可知，恒星高度角 H 和方位角 A 可分别表示为

$$\left.\begin{aligned} H&=\arcsin(s_z^n) \\ A&=\arctan(s_x^n/s_y^n) \end{aligned}\right\} \tag{7.20}$$

式中：s_x^n、s_y^n、s_z^n 分别表示星光矢量 $\boldsymbol{s}^n$ 沿东、北、天三个方向的分量。

2. 天文定位几何关系

设载体的经纬度为 (λ, L)，则在天球坐标系下，天文定位几何关系如图 7.5 所示。其中，涉及的一些角度概念如下：

(1)赤经。恒星的赤经 α(Right Ascension，RA)是指从春分点向东到恒星所在子午圈的最短弧距，α 的取值范围为 $0°\sim+360°$。

(2)赤纬。恒星的赤纬 δ(Declination，DE)是指从恒星到天赤道之间的最短弧距，δ 的取值范围为 $-90°\sim+90°$。

(3)春分点格林时角 GHA_γ。春分点格林时角 GHA_γ(Greenwich Hour Angle Of The Equinox)是指从春分点向东到格林尼治子午圈的最短弧距。

(4)地方时角。恒星的地方时角 LHA(Local Hour Angle)是指从载体子午圈向西到恒星子午圈所夹的弧距，LHA 的取值范围为 $0°\sim+360°$。根据图 7.5 所示的几何关系可知，

地方时角 LHA 可表示为

$$\mathrm{LHA}=\mathrm{GHA}_{\gamma}+\lambda-\alpha \tag{7.21}$$

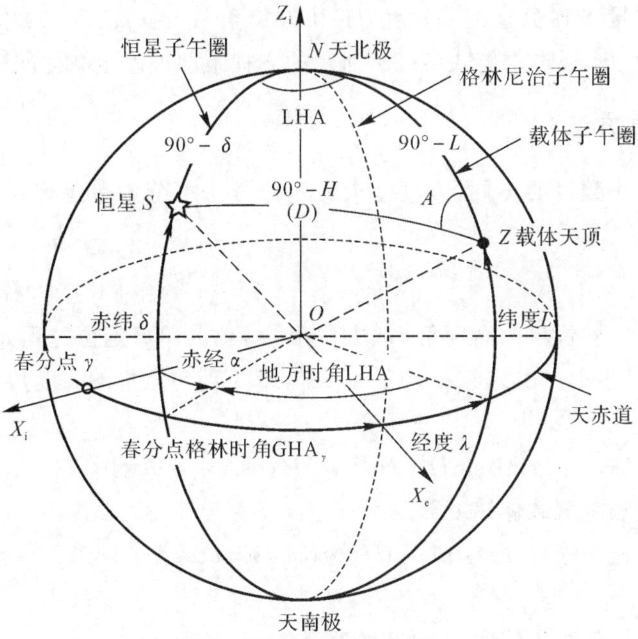

图 7.5　天文定位几何关系

由载体天顶 Z、恒星 S 和天北极 N 组成的球面三角形 ZSN 称为天文三角形，如图 7.6 所示。

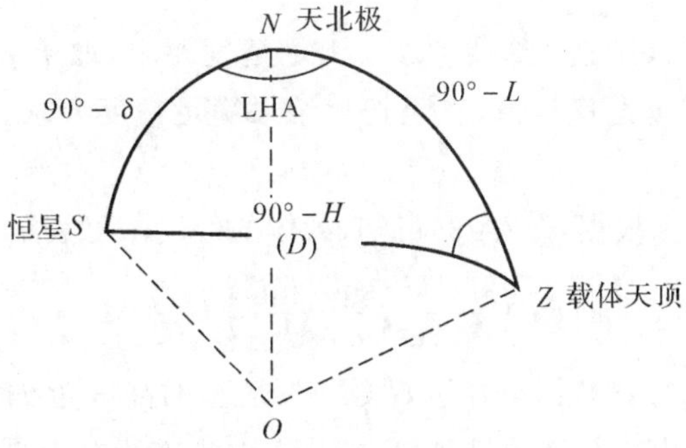

图 7.6　天文三角形

在天文三角形 ZSN 中，根据球面三角形的余弦定理，有

$$\left.\begin{aligned}\cos(90^\circ-\delta)&=\cos(90^\circ-L)\cos(90^\circ-H)+\\&\quad\sin(90^\circ-L)\sin(90^\circ-H)\cos A\\\cos(90^\circ-H)&=\cos(90^\circ-L)\cos(90^\circ-\delta)+\\&\quad\sin(90^\circ-L)\sin(90^\circ-\delta)\cos(\mathrm{LHA})\end{aligned}\right\} \tag{7.22}$$

将式(7.21)代入式(7.22)，并化简可得

$$\left.\begin{aligned}\sin\delta&=\sin L\sin H+\cos L\cos H\cos A\\\sin H&=\sin L\sin\delta+\cos L\cos\delta\cos(\mathrm{GHA}_{\gamma}+\lambda-\alpha)\end{aligned}\right\} \tag{7.23}$$

式中：α 和 δ 分别为恒星的赤经和赤纬，可通过查询导航星表得到；GHA_γ 为春分点格林时角，可根据当前精确时间，通过查询天文年历得到。

当星敏感器测量得到恒星的高度角 H 和方位角 A 后，式(7.23)中仅载体的经纬度(λ,L)为未知量，因此，通过求解式(7.23)所示的方程组即可确定载体的二维位置。

7.2.2 定位方法

根据所用导航星数目的不同，高度差天文定位方法可分为单星定位与双星/多星定位两类。

1. 单星定位

星敏感器测量一颗恒星的高度角 H、方位角 A 后，其单星定位过程如下：

(1)求解载体纬度 L。由式(7.23)可知，载体纬度 L 与恒星的高度角 H、方位角 A 之间满足：

$$\sin L\sin H+\cos L\cos H\cos A-\sin\delta=0 \tag{7.24}$$

则可通过牛顿迭代法求解载体纬度 L：

1)将式(7.24)记为 $f(L)=\sin L\sin H+\cos L\cos H\cos A-\sin\delta=0$，选取载体粗略纬度 L_0 为迭代初值；

2)牛顿迭代法求解载体纬度 L 的过程为

$$L_{k+1}=L_k-\frac{f(L_k)}{f'(L_k)}=L_k-\frac{\sin L_k\sin H+\cos L_k\cos H\cos A-\sin\delta}{\cos L_k\sin H-\sin L_k\cos H\cos A},\quad k=0,1,2,\cdots \tag{7.25}$$

3)若 $|L_{k+1}-L_k|<\varepsilon$，则迭代结果 L_{k+1} 满足精度要求，取 $L=L_{k+1}$ 作为纬度输出结果；否则返回式(7.25)继续迭代计算，直至迭代结果满足精度要求。其中，ε 为设定的迭代精度阈值。

(2)求解载体经度 λ。根据式(7.23)可知，载体的经度 λ 可表示为

$$\lambda=\arccos\left(\frac{\sin H-\sin L\sin\delta}{\cos L\cos\delta}\right)-GHA_\gamma+\alpha \tag{7.26}$$

联合式(7.25)和式(7.26)，即可通过观测一颗恒星的高度角 H 和方位角 A，确定载体的经纬度(λ,L)。但是，由于利用的量测信息有限，因此这种方法的定位精度较低。

2. 双星/多星定位

星敏感器观测到 $N(N\geqslant 2)$ 颗恒星的高度角 $H_1,H_2,\cdots,H_N$ 后，联立这些高度角与载体经纬度(λ,L)之间的关系表达式，可得

$$\left.\begin{aligned}\sin H_1&=\sin L\sin\delta_1+\cos L\cos\delta_1\cos(GHA_\gamma+\lambda-\alpha_1)\\\sin H_2&=\sin L\sin\delta_2+\cos L\cos\delta_2\cos(GHA_\gamma+\lambda-\alpha_2)\\&\cdots\cdots\\\sin H_N&=\sin L\sin\delta_N+\cos L\cos\delta_N\cos(GHA_\gamma+\lambda-\alpha_N)\end{aligned}\right\} \tag{7.27}$$

通过求解式(7.27)所示的方程组即可确定载体经纬度(λ,L)。在实际应用中，双星/多

星定位通常使用高度差法，高度差法的具体步骤如下：

(1)利用星敏感器观测恒星，获得恒星的观测高度角 $\tilde{H}$；

(2)选取载体的粗略经纬度(λ_c, L_c)作为初始迭代位置，则根据式(7.23)可得到恒星的计算高度角 $\hat{H}$ 为

$$\hat{H}=\arcsin\left[\sin L_c \sin\delta+\cos L_c \cos\delta \cos(\mathrm{GHA}_\gamma+\lambda_c-\alpha)\right] \tag{7.28}$$

(3)计算恒星观测高度角 $\tilde{H}$ 与计算高度角 $\hat{H}$ 的差值，即高度差 ΔH 为

$$\Delta H=\tilde{H}-\hat{H} \tag{7.29}$$

(4)根据式(7.23)得到恒星的计算方位角 $\hat{A}$ 为

$$\hat{A}=\arccos\left(\frac{\sin\delta-\sin\hat{H}\sin L_c}{\cos\hat{H}\cos L_c}\right) \tag{7.30}$$

(5)同时观测 N 颗恒星，并计算得到这 N 颗恒星的高度差 $\Delta H_1, \Delta H_2, \cdots, \Delta H_N$ 以及计算方位角 $\hat{A}_1, \hat{A}_2, \cdots, \hat{A}_N$，则可迭代计算载体的经纬度$(\lambda, L)$：

$$\left.\begin{aligned}\lambda&=\lambda_c+\frac{ae-bd}{f\cos L_c}\\ L&=L_c+\frac{cd-be}{f}\end{aligned}\right\} \tag{7.31}$$

式中：a、b、c、d、e、f 为计算辅助量，其值为

$$\begin{cases}a=\sum_{i=1}^{N}\cos^2\hat{A}_i, \quad b=\sum_{i=1}^{N}\sin\hat{A}_i\cos\hat{A}_i, \quad c=\sum_{i=1}^{N}\sin^2\hat{A}_i\\ d=\sum_{i=1}^{N}\Delta H_i\cos\hat{A}_i, \quad e=\sum_{i=1}^{N}\Delta H_i\sin A_i, \quad f=ac-b^2\end{cases}$$

通常，经过 1～2 次迭代后，高度差法即可实现较高的定位精度。

综合来看，单星定位算法只需要观测一颗恒星的高度角和方位角，即可确定载体的经纬度；而双星/多星定位算法通过引入多颗恒星的量测信息，进一步提高了天文定位的精度。

7.3 纯天文几何解析定位方法

纯天文几何解析定位法是通过测量恒星与近天体之间的夹角，并利用飞行器与近天体之间的几何关系，进而直接求解得到载体位置的一种天文定位方法。下面对这种天文定位方法进行具体介绍。

7.3.1 定位原理

由于天体的运动遵循其轨道特性，它们的位置可以通过查询太阳历、星历等来确定，所以通过观测天体的方位信息可以确定载体的姿态。但恒星距离载体较远，在载体上观测到的两颗恒星之间的夹角不会随着载体位置的改变而变化，而恒星和近天体之间的夹角会随着载体位置的改变而变化。因此，若测得恒星相对于已知位置的近天体的方位信息(即恒星

和近天体之间的夹角),就可以确定载体在空间中的位置。

纯天文几何解析定位法是利用一颗已知近天体和三颗恒星之间的夹角确定一条位置线,再结合该近天体的视角或另一已知近天体与恒星确定的位置线,得到载体的位置信息。如图 7.7 所示,该方法的基本原理如下:

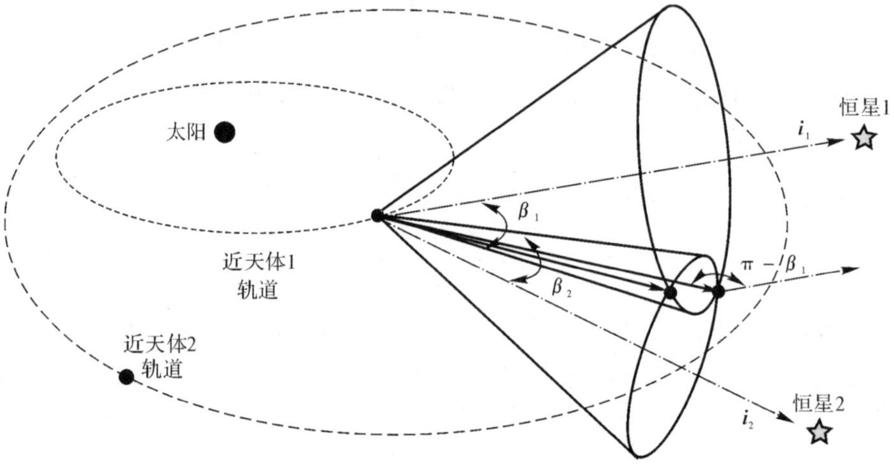

图 7.7　纯天文几何解析定位法的基本原理

首先,利用天体敏感器测量得到某一颗恒星矢量和某一颗已知近天体矢量之间的夹角(即星光角距),并计算其补角(即载体与恒星相对近天体的张角)β_1。

其次,以近天体中心为顶点,以恒星方向为轴线,以 β_1 为锥心角,在空间画一个圆锥,则载体位于该圆锥面上。

然后,测量第二颗恒星与同一近天体之间的夹角以确定第二个圆锥,这两个圆锥的顶点重合,并且相交后得到两条位置线。

接着,观测第三颗恒星得到第三个圆锥或利用载体的概略位置信息排除一条位置线,即可得到唯一的一条位置线。

最后,确定载体在位置线上的具体位置时,通常采用两种方法:①根据该近天体的视角,计算得到载体与该近天体之间的距离,由该距离和已知的位置线即可确定载体的位置;②选取另一个已知近天体,按照同样的方法得到另一条位置线,两条位置线的交点即为载体的位置。

7.3.2　定位方法

1. 利用近天体的星光角距定位法

载体的位置线单位矢量 $\boldsymbol{L}_1$ 可以通过观测一个已知近天体和三颗恒星之间的星光角距来确定,即通过求解以下线性方程组得到

$$\left.\begin{aligned} \boldsymbol{s}_1^{\mathrm{T}}\boldsymbol{L}_1 &= \cos\beta_1 \\ \boldsymbol{s}_2^{\mathrm{T}}\boldsymbol{L}_1 &= \cos\beta_2 \\ \boldsymbol{s}_3^{\mathrm{T}}\boldsymbol{L}_1 &= \cos\beta_3 \end{aligned}\right\} \tag{7.32}$$

式中:$\boldsymbol{s}_i$ 表示恒星 i 的星光矢量;β_i 表示观测得到的近天体与恒星 i 之间星光角距的补角。

将式(7.32)写成矩阵形式，则有

$$\begin{bmatrix} \boldsymbol{s}_1^{\mathrm{T}} \\ \boldsymbol{s}_2^{\mathrm{T}} \\ \boldsymbol{s}_3^{\mathrm{T}} \end{bmatrix} \boldsymbol{L}_1 = \begin{bmatrix} \cos\beta_1 \\ \cos\beta_2 \\ \cos\beta_3 \end{bmatrix} \tag{7.33}$$

可以解得位置线单位矢量 $\boldsymbol{L}_1$ 为

$$\boldsymbol{L}_1 = \begin{bmatrix} \boldsymbol{s}_1^{\mathrm{T}} \\ \boldsymbol{s}_2^{\mathrm{T}} \\ \boldsymbol{s}_3^{\mathrm{T}} \end{bmatrix}^{-1} \begin{bmatrix} \cos\beta_1 \\ \cos\beta_2 \\ \cos\beta_3 \end{bmatrix} \tag{7.34}$$

当观测到的恒星多于 3 颗时，可利用最小二乘法求解得到 $\boldsymbol{L}_1$。

同理，选择另一个近天体可以得到另一条位置线单位矢量 $\boldsymbol{L}_2$，则载体必位于两条位置线的交点上，即

$$\boldsymbol{r} = \boldsymbol{R}_1 + \rho_1 \boldsymbol{L}_1 = \boldsymbol{R}_2 + \rho_2 \boldsymbol{L}_2 \tag{7.35}$$

式中：$\boldsymbol{r}$ 为载体的位置矢量；$\boldsymbol{R}_1$、$\boldsymbol{R}_2$ 分别为两个近天体的位置矢量；ρ_1、ρ_2 分别为载体到两个近天体的距离。

由式(7.35)可得

$$\rho_1 \boldsymbol{L}_1 - \rho_2 \boldsymbol{L}_2 = \boldsymbol{R}_2 - \boldsymbol{R}_1 \tag{7.36}$$

整理为矩阵形式，则有

$$\begin{bmatrix} L_{1x} & -L_{2x} \\ L_{1y} & -L_{2y} \\ L_{1z} & -L_{2z} \end{bmatrix} \begin{bmatrix} \rho_1 \\ \rho_2 \end{bmatrix} = \begin{bmatrix} R_{2x} - R_{1x} \\ R_{2y} - R_{1y} \\ R_{2z} - R_{1z} \end{bmatrix} \tag{7.37}$$

式(7.37)是关于 ρ_1 和 ρ_2 的超定方程，利用最小二乘法求解可得

$$\begin{bmatrix} \rho_1 \\ \rho_2 \end{bmatrix} = (\boldsymbol{H}^{\mathrm{T}} \boldsymbol{H})^{-1} \boldsymbol{H}^{\mathrm{T}} \begin{bmatrix} R_{2x} - R_{1x} \\ R_{2y} - R_{1y} \\ R_{2z} - R_{1z} \end{bmatrix} \tag{7.38}$$

式中

$$\boldsymbol{H} = \begin{bmatrix} L_{1x} & -L_{2x} \\ L_{1y} & -L_{2y} \\ L_{1z} & -L_{2z} \end{bmatrix} \tag{7.39}$$

将求解得到的 ρ_1 或 ρ_2 代入式(7.35)，即可得到载体的位置坐标。

事实上，当观测到的恒星少于 3 颗时，利用两个近天体和两颗恒星也可以确定载体的位置，如图 7.8 所示。

定义一组不共面的基础矢量 $\boldsymbol{s}_1$、$\boldsymbol{s}_2$ 和 $\boldsymbol{s}_1 \times \boldsymbol{s}_2$，即任意一个矢量均可以表示为这组基础矢量的线性组合，故载体的位置线单位矢量 $\boldsymbol{L}_1$ 可以表示为

$$\boldsymbol{L}_1 = a_1 \boldsymbol{s}_1 + b_1 \boldsymbol{s}_2 + c_1 (\boldsymbol{s}_1 \times \boldsymbol{s}_2) \tag{7.40}$$

式中，线性组合系数 a_1、b_1 和 c_1 待定。

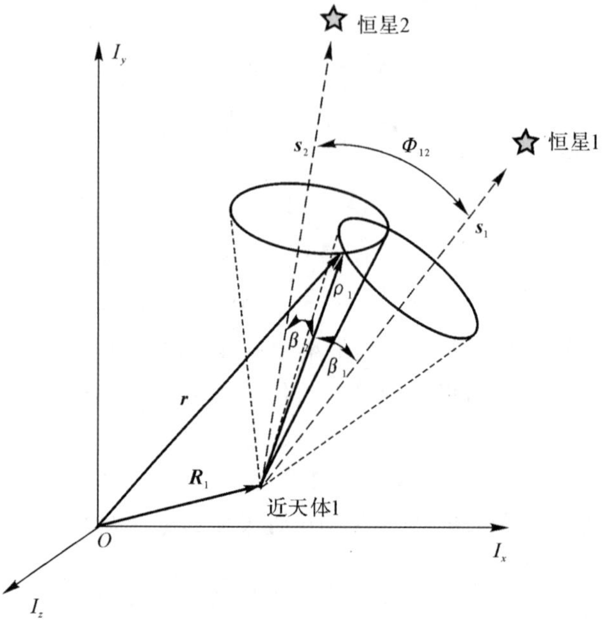

图 7.8 相对惯性坐标系的夹角圆锥

根据几何关系，建立关于 $\boldsymbol{L}_1$ 的一组方程为

$$\left.\begin{aligned}&\boldsymbol{L}_1\cdot\boldsymbol{L}_1=1\\&\boldsymbol{L}_1\cdot\boldsymbol{s}_1=\cos\beta_1\\&\boldsymbol{L}_1\cdot\boldsymbol{s}_2=\cos\beta_2\\&\boldsymbol{s}_1\cdot\boldsymbol{s}_2=\cos\Phi_{12}\\&|\boldsymbol{s}_1\times\boldsymbol{s}_2|=\sin\Phi_{12}\end{aligned}\right\}\tag{7.41}$$

式中：Φ_{12} 表示两个星光矢量 $\boldsymbol{s}_1$ 和 $\boldsymbol{s}_2$ 之间的夹角，可由星历信息计算得到。

将式(7.40)代入式(7.41)，解得

$$\left.\begin{aligned}&a_1=\frac{\cos\beta_1-\cos\beta_2(\cos\Phi_{12})}{\sin^2\Phi_{12}}\\&b_1=\frac{\cos\beta_2-\cos\beta_1(\cos\Phi_{12})}{\sin^2\Phi_{12}}\\&c_1=\pm\sqrt{1-(a_1^2+b_1^2+2a_1b_1\cos\Phi_{12})}/\sin\Phi_{12}\end{aligned}\right\}\tag{7.42}$$

式中：c_1 有正负两个解，对应于近天体 1 与两颗恒星构成的两个位置锥相交得到的两条位置线。将求得的线性组合系数 a_1、b_1 和 c_1 代入式(7.40)，可以得到 $\boldsymbol{L}_1$ 的两个解。

同理，将载体的位置线单位矢量 $\boldsymbol{L}_2$ 表示为基础矢量组 $\boldsymbol{s}_1$、$\boldsymbol{s}_2$ 和 $\boldsymbol{s}_1\times\boldsymbol{s}_2$ 的线性组合：

$$\boldsymbol{L}_2=a_2\boldsymbol{s}_1+b_2\boldsymbol{s}_2+c_2(\boldsymbol{s}_1\times\boldsymbol{s}_2)\tag{7.43}$$

那么，同样可以得到线性组合系数 a_2、b_2 和 c_2 的解，解的形式与式(7.42)类似，并且 c_2 仍有正负两个解。将求得的线性组合系数 a_2、b_2 和 c_2 代入式(7.43)，可以得到 $\boldsymbol{L}_2$ 的两个解。

最后，再根据载体相对于所观测近天体的几何关系确定 $\boldsymbol{L}_1$ 和 $\boldsymbol{L}_2$。在 $\boldsymbol{L}_1$ 和 $\boldsymbol{L}_2$ 的 4 种可能组合中，只有一个组合使得 $\boldsymbol{L}_1$、$\boldsymbol{L}_2$ 和 $\boldsymbol{R}_1-\boldsymbol{R}_2$ 共面。因此，通过检验 $\boldsymbol{L}_1$ 和 $\boldsymbol{L}_2$ 的可能组合是否满足

$$(\boldsymbol{R}_1-\boldsymbol{R}_2)\cdot(\boldsymbol{L}_1\times\boldsymbol{L}_2)=0 \tag{7.44}$$

即可确定 $\boldsymbol{L}_1$ 和 $\boldsymbol{L}_2$，进而利用式(7.35)～式(7.39)最终确定载体的位置坐标。

2. 利用近天体的星光角距及视角定位法

首先，利用一个近天体和三颗或以上恒星之间的星光角距，得到载体相对于该近天体的方位信息；然后，通过该近天体的视角计算得到载体与该近天体的距离；进而，通过计算即可得到载体的位置。具体步骤如下：

(1)观测一个已知近天体和三颗恒星之间的星光角距，并根据式(7.34)求得载体的位置线单位矢量 $\boldsymbol{L}_1$。

(2)利用测量得到的近天体视角，可以计算出载体与该近天体的距离 ρ_1：

$$\rho_1=\frac{\dfrac{D}{2}}{\sin\dfrac{A}{2}} \tag{7.45}$$

式中：A 为测量得到的近天体视角；D 为已知近天体的直径。

(3)将求得的 $\boldsymbol{L}_1$ 和 ρ_1 代入式(7.35)，便可确定载体的位置坐标。

这种纯天文几何解析定位方法不需要轨道动力学方程，可以对轨道模型误差较大或无法建立轨道动力学方程的载体进行定位。但是由于这种方法并未对星光角距、视角等量测信息中的噪声进行滤波处理，所以其定位精度随量测噪声的变化起伏较大。

7.4　直接敏感地平定位方法

直接敏感地平定位方法主要利用星敏感器、红外地平仪等天体敏感器测量得到天文量测信息(如星光角距、星光仰角等)，并结合轨道动力学和滤波方法估计出载体的位置与速度。

直接敏感地平定位方法简单、可靠、易于实现，且通过滤波方法处理量测噪声，故定位精度受量测噪声影响较小；但受限于红外地平仪精度，这种方法精度较低。

7.4.1　定位原理

如图 7.9 所示，直接敏感地平定位方法的基本原理如下：利用星敏感器观测导航星，得到星光矢量在星敏感器测量坐标系中的方向，通过安装矩阵转换，计算得到星光矢量在载体本体坐标系中的方向；利用红外地平仪或者空间六分仪测量载体垂线方向或载体至地球边缘的切线方向，得到地心矢量在载体本体坐标系中的方向；根据载体、所测导航星和地球之间的几何关系，并使用滤波方法估计得到载体的位置信息。

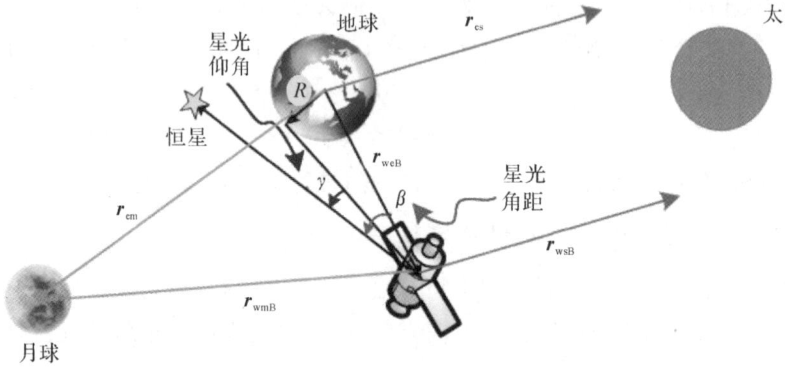

图 7.9　直接敏感地平定位原理示意图

7.4.2　定位方法

直接敏感地平定位方法是基于轨道动力学方程，将星敏感器与红外地平仪测量得到的恒星星光、地平信息等作为观测量，结合扩展卡尔曼滤波或其他非线性滤波算法估计载体的位置、速度信息。下面以卫星为例，介绍直接敏感地平天文导航系统的状态方程与量测方程。

1. 状态方程

选择卫星在地心惯性坐标系下位置、速度作为状态矢量 $\boldsymbol{X}=[x,y,z,v_x,v_y,v_z]^{\mathrm{T}}$，选取历元 J2000.0 地心赤道惯性坐标系建立轨道动力学模型，则系统的状态方程式为

$$\dot{\boldsymbol{X}}(t)=f(\boldsymbol{X},t)+\boldsymbol{w}(t) \tag{7.46}$$

具体可以写作

$$\left.\begin{aligned}
\dot{x}&=v_x\\
\dot{y}&=v_y\\
\dot{z}&=v_z\\
\dot{v}_x&=-\frac{\mu}{r^3}x\left[1-J_2\frac{R_e}{r}\left(7.5\frac{z^2}{r^2}-1.5\right)\right]+w_x\\
\dot{v}_y&=-\frac{\mu}{r^3}y\left[1-J_2\frac{R_e}{r}\left(7.5\frac{z^2}{r^2}-1.5\right)\right]+w_y\\
\dot{v}_z&=-\frac{\mu}{r^3}z\left[1-J_2\frac{R_e}{r}\left(7.5\frac{z^2}{r^2}-4.5\right)\right]+w_z
\end{aligned}\right\} \tag{7.47}$$

式中：r 表示卫星至地心的距离，$r=\sqrt{x^2+y^2+z^2}$；μ 为地球引力常数；J_2 为二阶带谐项系数，R_e 为地球半径；$[w_x,w_y,w_z]^{\mathrm{T}}$ 为地球非球形摄动的高阶摄动、日月摄动、太阳光压摄动和大气摄动等摄动力引起的系统噪声。

2. 量测方程

(1)星光角距。星光角距是天文导航中常用的一种观测量，是从卫星上观测到的导航恒

星的星光矢量方向与地心矢量方向之间的夹角。由图 7.10 可知，星光角距 β 的表达式及其对应的量测方程为

$$\beta=\arccos\left(-\frac{\boldsymbol{r}\cdot\boldsymbol{s}}{r}\right) \tag{7.48}$$

$$Z=\beta+v_{\beta}=\arccos\left(-\frac{\boldsymbol{r}\cdot\boldsymbol{s}}{r}\right)+v_{\beta} \tag{7.49}$$

式中：$\boldsymbol{r}$ 是卫星在地心惯性坐标系中的位置矢量；$\boldsymbol{s}$ 是导航恒星的星光矢量；v_{β} 为星光角距的量测噪声。

利用地球的星光角距信息只能求得卫星相对于地球的位置矢量方向，而无法得到卫星相对于地心的距离信息，也就是说，单纯依靠地球的星光角距信息无法完全确定卫星的位置。因此，星光角距通常与其他量测信息配合使用，如地球视角、轨道高度、星光仰角等观测量，或者结合高精度的轨道动力学模型，以得到卫星的位置、速度信息。

(2)星光仰角。星光仰角是指从卫星上观测到的导航恒星的星光矢量方向与地球边缘切线方向之间的夹角，根据图 7.10 所示的几何关系，可得星光仰角 γ 的表达式及其对应的量测方程为

$$\gamma=\arccos\left(-\frac{\boldsymbol{s}\cdot\boldsymbol{r}}{r}\right)-\arcsin\left(\frac{R_{\mathrm{e}}}{r}\right) \tag{7.50}$$

$$Z=\gamma+v_{\gamma}=\arccos\left(-\frac{\boldsymbol{s}\cdot\boldsymbol{r}}{r}\right)-\arcsin\left(\frac{R_{\mathrm{e}}}{r}\right)+v_{\gamma} \tag{7.51}$$

式中：v_{γ} 为星光仰角的量测噪声。

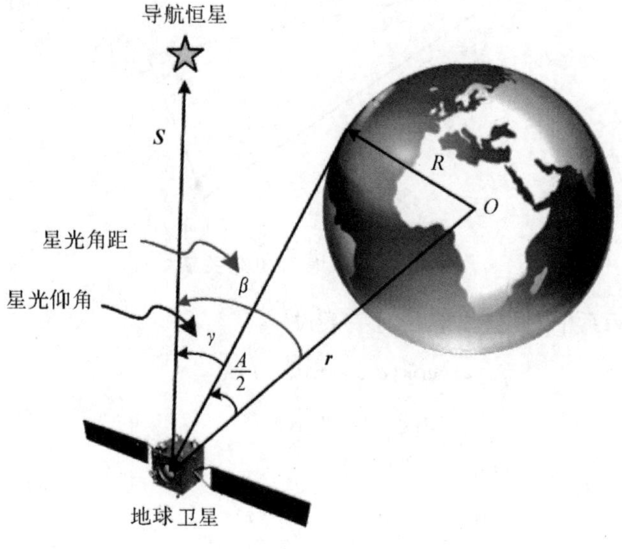

图 7.10　星光角距以及星光仰角示意图

利用地球的星光仰角信息可以得到卫星的位置，这是因为星光仰角本质上包含了星光角距和地球视角两项信息，可以同时获得卫星相对于地球的位置矢量方向和地心距。因此，

利用星光仰角可以通过解析方法求得卫星的位置，也可以结合状态方程进行滤波得到卫星的位置，且这种方法对状态方程的依赖性较低。

(3)日-地-月信息。通过观测"日-地-月"信息，可以确定出地心赤道惯性坐标系下的卫星位置矢量。在日月可见弧段，利用日、地、月敏感器可以分别测得卫-日、卫-地、卫-月方向矢量在卫星本体坐标系 $O_Bx_By_Bz_B$ 中的坐标 $\boldsymbol{u}_{wsB}$，$\boldsymbol{u}_{weB}$，$\boldsymbol{u}_{wmB}$；由卫星高度仪可以测得卫星距离地球表面的高度 H；另外，根据日月星历表可以得到当前测量时刻太阳、月球矢量在地心赤道惯性坐标系中的坐标 $\boldsymbol{r}_{esI}$，$\boldsymbol{r}_{emI}$。在星蚀阶段(包括日、月蚀和朔月)，则通过轨道预报的方式进行导航。卫星与这些天体的几何关系如图 7.11 所示。地月距离的有限性使得卫-月矢量和地-月矢量不平行。假设地球为球体，月-地-卫几何关系如图 7.12 所示。

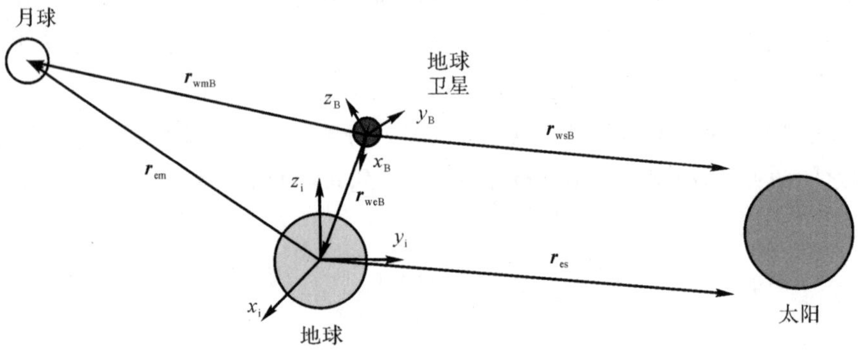

图 7.11　卫星与天体的几何关系

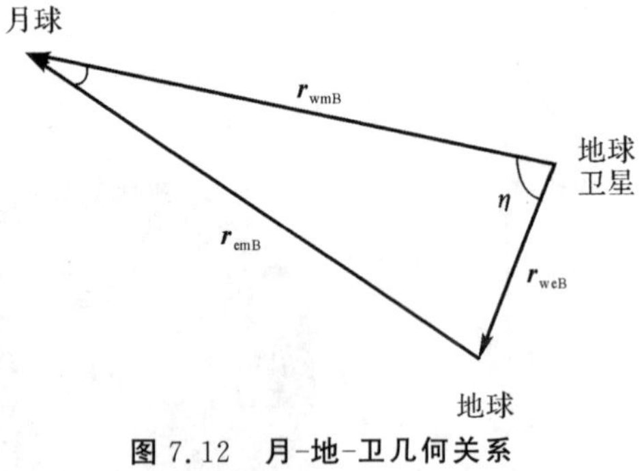

图 7.12　月-地-卫几何关系

在卫星本体坐标系中，根据如下几何关系式

$$\left.\begin{aligned}&\eta=\arccos(\boldsymbol{u}_{wmB}\cdot\boldsymbol{u}_{weB})\\&\boldsymbol{r}_{weB}=(R_e+H)\boldsymbol{u}_{weB}\\&|\boldsymbol{r}_{emB}|=|\boldsymbol{r}_{emI}|\\&\frac{\sin\eta}{|\boldsymbol{r}_{emB}|}=\frac{\sin\chi}{|\boldsymbol{r}_{weB}|}=\frac{\sin(\pi-\eta-\chi)}{|\boldsymbol{r}_{wmB}|}\\&\boldsymbol{r}_{wmB}=\boldsymbol{r}_{weB}+\boldsymbol{r}_{emB}\end{aligned}\right\}\tag{7.52}$$

可以得到本体坐标系中的地-月矢量 $\boldsymbol{r}_{emB}$。同理，可以求得本体坐标系中的地-日矢

量 $\boldsymbol{r}_{\mathrm{esB}}$。

已知在非星蚀阶段，地-月矢量 $\boldsymbol{r}_{\mathrm{emI}}$ 和地-日矢量 $\boldsymbol{r}_{\mathrm{esI}}$ 两者不平行。利用这一性质，在地心赤道惯性坐标系中建立新的正交坐标系 M，该坐标系各坐标轴的单位矢量为

$$\left.\begin{aligned} \boldsymbol{M}_1 &= \frac{\boldsymbol{r}_{\mathrm{emI}}}{|\boldsymbol{r}_{\mathrm{emI}}|} \\ \boldsymbol{M}_2 &= \frac{\boldsymbol{r}_{\mathrm{emI}} \times \boldsymbol{r}_{\mathrm{esI}}}{|\boldsymbol{r}_{\mathrm{emI}} \times \boldsymbol{r}_{\mathrm{esI}}|} \\ \boldsymbol{M}_3 &= \boldsymbol{M}_1 \times \boldsymbol{M}_2 \end{aligned}\right\} \tag{7.53}$$

同理，在卫星本体坐标系中建立一个正交坐标系 N，该坐标系各坐标轴的单位矢量为

$$\left.\begin{aligned} \boldsymbol{N}_1 &= \frac{\boldsymbol{r}_{\mathrm{emB}}}{|\boldsymbol{r}_{\mathrm{emB}}|} \\ \boldsymbol{N}_2 &= \frac{\boldsymbol{r}_{\mathrm{emB}} \times \boldsymbol{r}_{\mathrm{esB}}}{|\boldsymbol{r}_{\mathrm{emB}} \times \boldsymbol{r}_{\mathrm{esB}}|} \\ \boldsymbol{N}_3 &= \boldsymbol{N}_1 \times \boldsymbol{N}_2 \end{aligned}\right\} \tag{7.54}$$

设地心赤道惯性坐标系与卫星本体坐标系之间的转换矩阵为 $\boldsymbol{C}_{\mathrm{b}}^{\mathrm{i}}$，则有

$$\boldsymbol{r}_{\mathrm{emI}} = \boldsymbol{C}_{\mathrm{b}}^{\mathrm{i}} \boldsymbol{r}_{\mathrm{emB}}, \quad \boldsymbol{r}_{\mathrm{esI}} = \boldsymbol{C}_{\mathrm{b}}^{\mathrm{i}} \boldsymbol{r}_{\mathrm{esB}} \tag{7.55}$$

将式(7.53)、式(7.54)代入式(7.55)，可得：

$$\boldsymbol{U}_{\mathrm{M}} = \boldsymbol{C}_{\mathrm{b}}^{\mathrm{i}} \boldsymbol{V}_{\mathrm{N}} \tag{7.56}$$

式中：$\boldsymbol{U}_{\mathrm{M}} = [\boldsymbol{M}_1 \quad \boldsymbol{M}_2 \quad \boldsymbol{M}_3]$，$\boldsymbol{V}_{\mathrm{N}} = [\boldsymbol{N}_1 \quad \boldsymbol{N}_2 \quad \boldsymbol{N}_3]$。

进而，可得

$$\boldsymbol{C}_{\mathrm{b}}^{\mathrm{i}} = \boldsymbol{U}_{\mathrm{M}} \boldsymbol{V}_{\mathrm{N}}^{-1} = \boldsymbol{U}_{\mathrm{M}} \boldsymbol{V}_{\mathrm{N}}^{\mathrm{T}} \tag{7.57}$$

因此，在地心赤道惯性坐标系中卫星的位置矢量及其对应的量测方程为

$$\boldsymbol{r} = \boldsymbol{C}_{\mathrm{b}}^{\mathrm{i}} \boldsymbol{r}_{\mathrm{ewB}} = -\boldsymbol{C}_{\mathrm{b}}^{\mathrm{i}} \boldsymbol{r}_{\mathrm{weB}} \tag{7.58}$$

$$\boldsymbol{Z} = \boldsymbol{r} + \boldsymbol{v}_r \tag{7.59}$$

量测方程式(7.49)、式(7.51)与式(7.59)可统一简写成如下非线性方程的形式：

$$\boldsymbol{Z}(t) = h(\boldsymbol{X}, t) + \boldsymbol{v}(t) \tag{7.60}$$

由于直接敏感地平天文导航系统的状态方程与量测方程都是非线性的，所以，通常采用扩展卡尔曼滤波或无迹卡尔曼滤波等非线性滤波算法对状态量进行估计。

7.5　间接敏感地平定位方法

间接敏感地平定位方法是利用星敏感器观测穿过大气层的恒星星光，通过测量恒星星光经过大气折射后的星光矢量方向的变化，再结合大气折射模型，得到折射光线的视高度，从而精确计算出载体当前的位置矢量。该方法利用折射星光精确敏感地平，导航精度高；但是由于折射星的折射高度限制，可利用的观测量较少，所以无法提供连续的观测信息。

7.5.1 定位原理

星光折射间接敏感地平定位方法是利用发生了折射的星光矢量，并结合几何关系与大气数据，进而计算出载体位置矢量 $\boldsymbol{r}_s$ 的一种天文定位方法。

如图 7.13 所示，从载体上敏感到的折射后恒星光线相对于地球的视高度为 h_a，而实际上真实恒星光线的切向高度为 h_g，而折射角 R 为恒星视方向与折射前真实方向的夹角。

其中，大气密度可表示为

$$\rho_g=\rho_0\exp\left(-\frac{h_g-h_0}{H}\right) \tag{7.61}$$

式中：ρ_g 为高度 h_g 处的大气密度；ρ_0 为高度 h_0 处的大气密度；H 是密度标尺高度，其定义式为

$$H=\frac{R_g T_m}{M_0 g+R_g\left(\frac{\mathrm{d}T_m}{\mathrm{d}h}\right)} \tag{7.62}$$

式中：g 为重力加速度；T_m 为分子标尺温度；M_0 为大气相对分子质量；R_g 为气体常数。g 和 T_m 是与高度有关的函数，因此 H 也是与高度有关的函数。

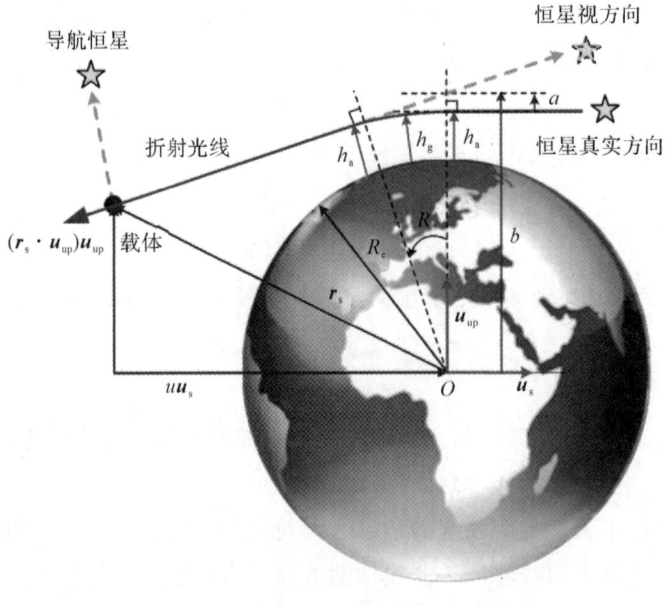

图 7.13　间接敏感地平定位原理示意图

虽然 H 随着高度的变化而变化，但是在有限范围内，H 可近似认为是常数，在这种情况下，折射角 R 的近似表达式为

$$R=(\mu_g-1)\left[\frac{2\pi(R_e+h_g)}{H_g}\right]^{\frac{1}{2}} \tag{7.63}$$

式中：R_e 为地球半径；μ_g 为高度 h_g 处的折射指数；H_g 为高度 h_g 处的密度标尺高度。

Gladstone-Dale 定律表明了 μ 与 ρ 的函数关系：

$$\mu-1=k(\lambda)\rho \tag{7.64}$$

式中：$k(\lambda)$是仅与波长λ有关的散射参数。因此，折射角R也可以表示为

$$R=k(\lambda)\rho_g\left[\frac{2\pi(R_e+h_g)}{H_g}\right]^{\frac{1}{2}} \tag{7.65}$$

由于$R_e \gg h_g$，因此，将式(7.61)代入式(7.65)可以简化为

$$R=k(\lambda)\rho_g\left(\frac{2\pi R_e}{H}\right)^{\frac{1}{2}}=k(\lambda)\rho_0\left(\frac{2\pi R_e}{H}\right)^{\frac{1}{2}}\exp\left(-\frac{h_g-h_0}{H}\right) \tag{7.66}$$

将式(7.66)进行变形，可得

$$h_g=h_0-H\ln(R)+H\ln\left[k(\lambda)\rho_0\left(\frac{2\pi R_e}{H}\right)^{\frac{1}{2}}\right] \tag{7.67}$$

如果发生折射处的大气可视为球状分层结构，那么根据 Snell 定律，在光路上的任何一点s，都有

$$\mu_s r_s \sin(Z_s)=C \tag{7.68}$$

式中：μ_s为给定的折射指数；r_s为该点距地心的径向距离；Z_s为该点的径向与光线方向的夹角；C为常数。对于光线距地球表面的最近点h_g处，有$Z_s=90°$，$r_s=R_e+h_g$，$\mu_s=\mu_g$，故有

$$C=\mu_g(R_e+h_g) \tag{7.69}$$

假设$\mu_s=1$，将常值C代入式(7.68)，可得

$$\sin(Z_s)=\mu_g(R_e+h_g)/r_s \tag{7.70}$$

又由图 7.13 的几何关系，可得

$$\sin(Z_s)=(R_e+h_a)/r_s \tag{7.71}$$

因此，联立式(7.70)和式(7.71)可得

$$h_a=R_e(\mu_g-1)+\mu_g h_g \tag{7.72}$$

将式(7.64)代入式(7.72)，即可得到折射光线的切向高度h_g与视高度h_a之间的关系：

$$h_a=[1+k(\lambda)\rho_g]h_g+k(\lambda)\rho_g R_e \tag{7.73}$$

对于高度在 20 km 以上的大气，由于$k(\lambda)\rho_g \ll 1$，通常可以忽略，因此有

$$h_a \approx h_g+k(\lambda)\rho_g R_e \tag{7.74}$$

又由式(7.66)可得

$$k(\lambda)\rho_g=R\left(\frac{H}{2\pi R_e}\right)^{\frac{1}{2}} \tag{7.75}$$

将式(7.67)、式(7.75)代入式(7.74)，可得

$$h_a=h_0-H\ln(R)+H\ln\left[k(\lambda)\rho_0\left(\frac{2\pi R_e}{H}\right)^{\frac{1}{2}}\right]+R\left(\frac{HR_e}{2\pi}\right)^{\frac{1}{2}} \tag{7.76}$$

由图 7.13 中的几何关系，可得：

$$h_a=\sqrt{|\boldsymbol{r}_s|^2-u^2}+u\tan(R)-R_e-a \tag{7.77}$$

式中：$u=|\boldsymbol{r}_s \cdot \boldsymbol{u}_s|$，$\boldsymbol{u}_s$为折射星发生折射前的星光矢量，$a$可由$b=(R_e+h_a)/\cos R=R_e+h_a+$

a 得到，即

$$a=\left(\frac{1}{\cos R}-1\right)(R_{\mathrm{e}}+h_{\mathrm{a}}) \tag{7.78}$$

a 的量值较小，通常可以忽略；R、h_g 与 $\boldsymbol{r}_s$ 本身没有直接相互关系，但是通过式(7.76)与式(7.77)，利用 h_a 把 R 和 $\boldsymbol{r}_s$ 联系起来，即折射视高度 h_a 是连接折射角 R 和载体位置矢量 $\boldsymbol{r}_s$ 的桥梁。

7.5.2 定位方法

间接敏感地平天文定位方法通常以轨道动力学方程为状态方程，将星敏感器测量得到的星光折射视高度、星光折射角等作为量测量，并选择适当的非线性滤波算法确定载体的位置。以卫星为例，其系统状态方程如式(7.47)，其量测方程如下。

1. 折射视高度 h_a

取星光的折射视高度 h_a 为量测量，其对应的量测方程为

$$h_{\mathrm{a}}=\sqrt{|\boldsymbol{r}_{\mathrm{s}}|^2-u^2}+u\tan(R)-R_{\mathrm{e}}-a+\nu \tag{7.79}$$

式中：ν 为折射视高度量测噪声。

2. 载体位置矢量 $\boldsymbol{r}_s$ 在 $\boldsymbol{u}_{up}$ 方向上的投影 $\boldsymbol{r}_s\cdot\boldsymbol{u}_{up}$

矢量 $\boldsymbol{u}_{up}$ 定义为在星光矢量与载体位置矢量组成的平面内垂直于折射前星光矢量的单位矢量，即

$$\boldsymbol{u}_{\mathrm{up}}=\frac{(\boldsymbol{u}_{\mathrm{s}}\times\boldsymbol{r}_{\mathrm{s}})\times\boldsymbol{u}_{\mathrm{s}}}{|(\boldsymbol{u}_{\mathrm{s}}\times\boldsymbol{r}_{\mathrm{s}})\times\boldsymbol{u}_{\mathrm{s}}|} \tag{7.80}$$

根据 $\boldsymbol{u}_{up}$ 的定义，载体的位置矢量 $\boldsymbol{r}_s$ 可以表示为两个正交矢量的和：

$$\boldsymbol{r}_{\mathrm{s}}=(\boldsymbol{r}_{\mathrm{s}}\cdot\boldsymbol{u}_{\mathrm{s}})\boldsymbol{u}_{\mathrm{s}}+(\boldsymbol{r}_{\mathrm{s}}\cdot\boldsymbol{u}_{\mathrm{up}})\boldsymbol{u}_{\mathrm{up}} \tag{7.81}$$

取 $\boldsymbol{r}_s\cdot\boldsymbol{u}_{up}$ 为观测量，当星敏感器观测到折射角 R 时，可以根据式(7.76)计算出相应的视高度 h_a，从而得到量测方程：

$$\boldsymbol{r}_{\mathrm{s}}\cdot\boldsymbol{u}_{\mathrm{up}}=R_{\mathrm{e}}+h_{\mathrm{a}}-|\boldsymbol{r}_{\mathrm{s}}\cdot\boldsymbol{u}_{\mathrm{s}}|\tan(R) \tag{7.82}$$

量测方程式(7.79)和式(7.82)都是非线性的，可统一简写为

$$\boldsymbol{Z}(t)=h(\boldsymbol{X},t)+\boldsymbol{v}(t) \tag{7.83}$$

与直接敏感地平定位相似，间接敏感地平天文导航系统的状态方程与量测方程也都是非线性的，故同样需要采用扩展卡尔曼滤波或无迹卡尔曼滤波等非线性滤波算法得到状态量的最优估计结果。

7.5.3 定位误差传递模型

基于星光折射间接敏感地平定位原理，将式(7.76)代入式(7.77)可得其定位模型：

$$\sqrt{|\boldsymbol{r}_{\mathrm{s}}|^2-u^2}=h_0-H\ln(R)+H\ln\left[k(\lambda)\rho_0\left(\frac{2\pi R_{\mathrm{e}}}{H}\right)^{\frac{1}{2}}\right]+R\left(\frac{HR_{\mathrm{e}}}{2\pi}\right)^{\frac{1}{2}}-u\tan(R)+R_{\mathrm{e}} \tag{7.84}$$

式中：大气密度 ρ_0、折射角 R 及密度标尺高度 H 为变量，这些变量包含较大的误差；而其余参数在星光折射间接敏感地平定位模型中都可视为定值，其数值较为准确，造成的误差较小。基于星光折射间接敏感地平定位模型，可以得知大气密度 ρ_0、折射角 R、密度标尺高度 H 是影响定位精度的三个主要因素。因此，下面就从这三方面建立误差传递模型。

1. 大气密度误差传递模型

大气密度的误差主要来源于平流层 20～50 km 的大气密度模型误差。平流层的大气密度变化取决于纬度和季节等诸多因素，所以大气数据随时间、空间的改变而变化。受已知观测数据的限制，准确的平流层大气密度模型还无法建立。因此，根据大气密度模型计算得到的大气密度与实际的大气密度存在误差。

为了定量分析大气密度误差对定位精度的影响，将式(7.84)等式两边对大气密度 ρ_0 求偏导，可得

$$\mathrm{d}\sqrt{\boldsymbol{r}_s^2-\boldsymbol{u}^2}(\rho_0)=H\,\frac{\mathrm{d}\rho_0}{\rho_0} \tag{7.85}$$

由式(7.85)可知，大气密度误差对定位误差的影响只取决于折射高度处的密度标尺高度 H 和大气密度误差百分比。其中，密度标尺高度 H 可拟合为折射高度 h_g 的二次函数，故其值取决于折射星的折射高度 h_g。

选定 25 km、30 km、40 km、50 km 的折射高度，大气密度误差为 1%～10%，采用 MSIS 大气数据，代入式(7.85)，计算得到大气密度误差对定位精度的影响，计算结果见表 7.1。其中，MSIS 大气数据是美国科研人员在美国标准大气的基础上，根据最新的大气分析提出的全球大气环流结果，准确度较高。

表 7.1 不同折射高度处大气密度误差产生的定位误差 单位：m

折射高度/km	大气密度误差									
	1%	2%	3%	4%	5%	6%	7%	8%	9%	10%
25	63.7	127.3	190.9	254.6	318.3	381.9	445.6	509.3	572.9	636.6
30	64.4	128.6	193.0	257.4	321.7	386.1	450.4	514.7	579.1	643.5
40	68.7	137.3	206.0	274.7	343.2	412.1	480.7	549.4	618.1	686.8
50	75.3	150.6	225.9	301.2	376.5	451.9	527.2	602.5	677.8	753.1

由表 7.1 可知：

(1)当大气密度误差确定时，折射高度在 25～50 km 范围内，定位误差随着折射高度的增加而缓慢增大；

(2)当折射高度确定时，定位误差随大气密度误差的增大而增大，且大气密度误差与定位误差成正比关系。

因此，应尽量选择折射高度较低的折射星，以降低定位误差；与此同时，也应该选择更加接近实际的大气密度数据以减小大气密度误差，从而减小定位误差。

2. 折射角误差传递模型

基于星光折射间接敏感地平定位的天文导航系统在实际工作时，折射角是通过将星敏

感器测得的折射星视位置与真实位置求差获得的。因此，折射角 R 的误差主要源于星敏感器的安装误差、器件误差、星图匹配识别算法误差等。

为了定量分析折射角误差对定位精度的影响，将式(7.84)等式两边对折射角 R 求偏导，可得

$$\mathrm{d}\sqrt{|\boldsymbol{r}_{\mathrm{s}}|^{2}-u^{2}(R)}=-\frac{H\,\mathrm{d}R}{R}+\left(\frac{HR_{\mathrm{e}}}{2\pi}\right)^{\frac{1}{2}}\mathrm{d}R-u\sec^{2}(R)\mathrm{d}R \tag{7.86}$$

由式(7.86)可知，折射角误差对定位精度的影响，主要取决于折射高度处的密度标尺高度 H、折射角 R 以及折射角误差 $\mathrm{d}R$。其中，密度标尺高度 H 越小，则定位误差越小；折射角 R 越大，则定位误差越小。由式(7.66)可知，折射星的折射高度 h_{g} 越低，折射角 R 就越大，故应选取折射高度较低的折射星进行定位。同时还应考虑到，在计算过程中 $u\approx\sqrt{|\boldsymbol{r}_{\mathrm{s}}|^{2}-R_{\mathrm{e}}^{2}}$，故载体飞行高度对定位误差也有影响，载体飞行高度越高，定位误差越大。

选定 25 km、30 km、40 km、50 km 的折射高度，折射角误差为 1″～10″，轨道高度为 120 km，采用 MSIS 大气数据，代入式(7.86)，求解折射角误差对定位精度的影响，计算结果见表 7.2。

表 7.2　不同折射高度处折射角误差产生的定位误差　　单位：m

折射高度/km	折射角误差								
	1″	2″	3″	4″	5″	6″	7″	8″	9″
25	48.6	97.2	145.9	194.53	243.16	291.79	340.42	389.06	437.69
30	103.7	207.4	311.18	414.90	518.63	622.36	726.08	829.81	933.54
40	491.47	982.95	1 474.4	1 965.9	2 457.4	2 948.8	3 440.3	3 931.8	4 423.3
50	2 096.3	4 192.5	6 288.8	8 385.0	10 481	12 578	1 4 674	1 6 770	18 866

由表 7.2 可知：

(1)当折射角误差确定时，折射高度在 25～50 km 范围内，定位误差随着折射高度的升高而显著增大；

(2)当折射高度确定时，定位误差随着折射角误差的增大而增大；折射角误差与定位误差近似成正比关系；折射角误差与定位误差的关系曲线斜率随折射高度变化，折射高度越高，斜率越大。

由式(7.67)可知，折射高度为密度标尺高度 H 与该处折射角 R 的函数，因此折射高度变化引起的定位误差变化，反映了密度标尺高度 H 与该处折射角 R 的大小对定位精度的共同影响，其中折射角 R 的影响更加明显。这是由于随着折射高度的增大，大气密度减小，折射现象不明显，折射角也显著减小，从计算结果可得到进一步验证。

因此，应尽量选择折射高度较低的折射星进行定位。折射高度较低时，折射角误差与定位误差的关系曲线斜率较小，即折射角误差的增大对定位误差的影响较小。也就是说，若折射星的折射高度较低，对星敏感器的精度要求可以适当降低。

(3)密度标尺高度误差传递模型。密度标尺高度 H 在传统模型中都采用 25 km 处的取值，通常被视为常量。然而，由式(7.62)可以看出，密度标尺高度 H 与分子标尺温度 T_m 及其随高度的变化率有关，而 T_m 及其随高度的变化率都可以写作随折射高度变化的函数。因此，密度标尺高度是随折射高度变化的。利用 MSIS 大气数据，可以对密度标尺高度进行拟合：

$$H=6.51820458-0.0373553602\,h+0.0011521701\,h^2 \tag{7.87}$$

由于所采用的大气数据和二次曲线形式的大气模型均与大气的实际情况存在偏差，故拟合得到的密度标尺高度模型式(7.87)存在误差。

为了进一步定量分析密度标尺高度误差对定位精度的影响，将式(7.84)等式两边对 H 求偏导，可得：

$$\begin{aligned}\mathrm{d}\sqrt{|r_s|^2-u^2(H)}=&-\ln(R)\,\mathrm{d}H-\frac{1}{2}\mathrm{d}H+\frac{1}{2}R\left(\frac{R_e}{2\pi H}\right)^{\frac{1}{2}}\mathrm{d}H+\\&\ln\left[k(\lambda)\rho_0\left(\frac{2\pi R_e}{H}\right)^{\frac{1}{2}}\right]\mathrm{d}H\end{aligned} \tag{7.88}$$

由式(7.88)可知，密度标尺高度误差对定位精度的影响主要取决于折射角 R、密度标尺高度 H 及密度标尺高度误差 $\mathrm{d}H$。选定 25 km、30 km、40 km、50 km 的折射高度，密度标尺高度误差为 10～100 m，采用 MSIS 大气数据，代入式(7.88)，求解密度标尺高度误差对定位精度的影响，计算结果见表 7.3。

表 7.3　不同折射高度处密度标尺高度误差产生的定位误差　　单位：m

折射高度/km	密度标尺高度误差									
	10 m	20 m	30 m	40 m	50 m	60 m	70 m	80 m	90 m	100 m
25	4.95	9.90	14.86	19.81	24.77	29.72	34.68	39.63	44.59	49.54
30	4.98	9.96	14.94	19.92	24.90	29.88	34.86	39.84	44.82	49.80
40	4.99	9.99	14.98	19.98	24.97	29.97	34.97	39.96	44.96	49.95
50	4.99	9.99	14.99	19.99	24.99	29.99	34.99	39.99	44.99	49.98

由表 7.3 可知：

(1)当密度标尺高度误差确定时，折射高度在 25～50 km 范围内，定位误差随着折射高度的升高近乎不变，因此在密度标尺高度误差确定时，可以将其引起的定位误差看作常数；

(2)当折射高度确定时，定位误差随着密度标尺高度误差的增大而增大，且密度标尺高度误差与定位误差近似成正比关系。

综合式(7.85)、式(7.86)、式(7.88)可知，对定位模型即式(7.84)求全微分可得

$$\begin{aligned}\mathrm{d}\sqrt{|\boldsymbol{r}_s|^2-u^2}=&H\frac{\mathrm{d}\rho_0}{\rho_0}-\ln(R)\,\mathrm{d}H-\frac{1}{2}\mathrm{d}H+\ln\left[k(\lambda)\rho_0\left(\frac{2\pi R_e}{H}\right)^{\frac{1}{2}}\right]\mathrm{d}H+\\&\frac{1}{2}R\left(\frac{R_e}{2\pi H}\right)^{\frac{1}{2}}\mathrm{d}H-H\frac{\mathrm{d}R}{R}+\left(\frac{HR_e}{2\pi}\right)^{\frac{1}{2}}\mathrm{d}R-u\sec^2(R)\,\mathrm{d}R\end{aligned} \tag{7.89}$$

式(7.89)直观地表示出星光折射间接敏感地平定位模型的定位误差与大气密度误差、折射角误差、密度标尺高度误差之间的关系，反映了 ρ_0、R、H 对定位精度的共同影响。

若大气密度模型不能精确描述实际大气数据的规律，则会引起较大的定位误差，并直接限制了星光折射间接敏感地平的定位精度。考虑到星敏感器的成本及面临的技术难题，因此，建立准确的大气折射模型是提高星光折射间接敏感地平定位精度的关键。

7.5.4 星光大气折射模型

式(7.67)与式(7.76)分别描述了折射星的折射切向高度 h_g、折射视高度 h_a 与星光折射角 R 之间的关系，即大气折射模型。然而，由于式(7.67)与式(7.76)中密度标尺高度 H 的大小与折射切向高度 h_g 有关，所以根据星光折射角直接确定折射星的折射切向高度与视高度的求解过程复杂、计算量大，难以直接应用于星光折射间接敏感地平天文导航方法。因此，需要在分析大气分布特性和星光折射特性的基础上，结合实测大气数据，建立精确的大气折射模型。下面介绍一种平流层 20～50 km 连续高度范围内的星光大气折射模型。

1. 连续高度大气温度模型

大气温度随高度的变化非常复杂，在 20～50 km 的高度范围内，随着高度的增加，气温逐步升高；而且在高层由于臭氧较多，能有效吸收太阳紫外线，气温升高的速度加快，因此大气温度随高度的变化也不是均匀的。根据这一变化规律，在 20～50 km 的高度范围内，用 $T(h)=c+\mathrm{d}h+eh^2$ 的二次曲线形式拟合大气温度随高度变化的模型，设 $x=h$，$y=T$，根据曲线拟合算法，相应的拟合方程为

$$\begin{bmatrix} m & \sum_{i=1}^{m} x_i & \sum_{i=1}^{m} x_i^2 \\ \sum_{i=1}^{m} x_i & \sum_{i=1}^{m} x_i^2 & \sum_{i=1}^{m} x_i^3 \\ \sum_{i=1}^{m} x_i^2 & \sum_{i=1}^{m} x_i^3 & \sum_{i=1}^{m} x_i^4 \end{bmatrix} \begin{bmatrix} c \\ d \\ e \end{bmatrix} = \begin{bmatrix} \sum_{i=1}^{m} y_i \\ \sum_{i=1}^{m} x_i y_i \\ \sum_{i=1}^{m} x_i^2 y_i \end{bmatrix} \tag{7.90}$$

代入《标准大气：美国，1976》给出的高度、温度数据，解得

$$\begin{bmatrix} c \\ d \\ e \end{bmatrix} = \begin{bmatrix} 218.920\,149\,950\,034 \\ -\,1.015\,290\,587\,019 \\ 0.044\,178\,804\,045 \end{bmatrix} \tag{7.91}$$

则可得到大气温度随高度变化的模型为

$$T(h)=218.920\,149\,950\,034-1.015\,290\,587\,019\,h+0.044\,178\,804\,045\,h^2 \tag{7.92}$$

式中，h 的单位为 km，T 的单位为 K。

2. 连续高度大气压强模型

大气压强随高度的增加而减小，且减小程度逐渐变缓。根据这一变化规律，对大气压强

数据建模以获得大气压强模型。根据《标准大气:美国,1976》可知,大气压强随高度变化的模型符合 $P(h)=a\times\exp(bh)$ 的指数曲线形式,设 $x=h$,$y=\ln P$,$A=\ln a$,$B=b$,根据曲线拟合算法,相应的拟合方程为

$$\begin{bmatrix} m & \sum_{i=1}^{m} x_i \\ \sum_{i=1}^{m} x_i & \sum_{i=1}^{m} x_i^2 \end{bmatrix}\begin{bmatrix} A \\ B \end{bmatrix}=\begin{bmatrix} \sum_{i=1}^{m} y_i \\ \sum_{i=1}^{m} x_i y_i \end{bmatrix} \tag{7.93}$$

代入《标准大气:美国,1976》给出的高度、压强数据,可得

$$\begin{bmatrix} A \\ B \end{bmatrix}=\begin{bmatrix} 11.414\ 620\ 974 \\ -0.143\ 8481\ 333 \end{bmatrix} \tag{7.94}$$

则有

$$\left.\begin{aligned} a&=\exp(A)=90\ 637.287\ 961\ 187\ 5 \\ b&=B=-\ 0.143\ 848\ 133\ 3 \end{aligned}\right\} \tag{7.95}$$

进而,得到大气压强随高度变化的模型为

$$P(h)=90\ 637.287\ 961\ 187\ 5\exp(-\ 0.143\ 848\ 133\ 3h) \tag{7.96}$$

式中:h 的单位为 km,P 的单位为 Pa。

3.连续高度大气密度模型

大气密度与大气复杂的状态(气压、温度、高度等)变化有关。由于空气中气体分子间的作用力和分子本身的大小可以忽略不计,即通常把空气当作理想气体来处理,所以可以采用理想气体的状态方程来研究空气的状态变化。根据大气压强模型、大气温度模型及理想气体状态方程,可得到大气密度随高度变化的模型。

由理想气体的状态方程,可以得到大气密度模型的一般函数表达式为

$$\rho(h)=\frac{P(h)}{R_0 T(h)} \tag{7.97}$$

式中:$R_0=287$ 为比气体常数。

将大气温度模型式(7.92)和大气压强模型式(7.96)代入理想气体的状态方程式(7.97),进而可得到 20～50 km 高度范围内的大气密度随高度变化的模型为

$$\rho(h)=\frac{90\ 637.287\ 961\ 187\ 5\ \exp(-\ 0.143\ 848\ 133\ 3h)}{287\times(218.920\ 149\ 950\ 034-\ 1.015\ 290\ 587\ 019h+0.044\ 178\ 804\ 045h^2)} \tag{7.98}$$

然而,式(7.98)所表示的大气密度与高度的关系复杂,不方便应用。

由于在 20～50 km 的高度范围内,大气密度模型可以被描述为高度的指数函数形式,因此,将式(7.98)近似写作:

$$\rho(h)=1.762\ 161\ 807\ 939\ 7\times\exp(-0.152\ 220\ 385\ 856\ 59h) \tag{7.99}$$

式中:h 的单位为 km,ρ 的单位为 kg/m^3。

4. 连续高度大气密度标尺高度模型

传统的星光大气折射模型将折射星的选取范围限制在 25 km 星光折射切向高度附近，这是由于传统模型采用固定的 25 km 处的密度标尺高度。但是，由于重力加速度 $g(h)$ 和分子标尺温度 $T_m(h)$ 均随高度发生变化，所以密度标尺高度也相应地随高度发生变化。《标准大气：美国，1976》没有给出大气密度标尺高度数据，而给出的是大气压强标高数据，因此，根据大气密度标尺高度与大气压强标高之间的关系式(7.62)以及温度数据，可计算得到大气密度标尺高度数据。

根据大气密度标尺高度的变化规律，在 20～50 km 的高度范围内，用 $H(h)=C+Dh+Eh^2$ 的二次曲线形式拟合密度标尺高度模型，设 $x=h$，$y=H$，根据曲线拟合算法，相应的拟合方程为

$$\begin{bmatrix} m & \sum_{i=1}^{m} x_i & \sum_{i=1}^{m} x_i^2 \\ \sum_{i=1}^{m} x_i & \sum_{i=1}^{m} x_i^2 & \sum_{i=1}^{m} x_i^3 \\ \sum_{i=1}^{m} x_i^2 & \sum_{i=1}^{m} x_i^3 & \sum_{i=1}^{m} x_i^4 \end{bmatrix} \begin{bmatrix} C \\ D \\ E \end{bmatrix} = \begin{bmatrix} \sum_{i=1}^{m} y_i \\ \sum_{i=1}^{m} x_i y_i \\ \sum_{i=1}^{m} x_i^2 y_i \end{bmatrix} \tag{7.100}$$

代入《标准大气：美国，1976》给出的高度数据和计算得到的密度标尺高度数据，可得

$$\begin{bmatrix} C \\ D \\ E \end{bmatrix} = \begin{bmatrix} 6.518\ 205\ 045\ 786\ 09 \\ -0.037\ 355\ 360\ 217\ 96 \\ 0.001\ 152\ 170\ 052\ 78 \end{bmatrix} \tag{7.101}$$

因此，可得到大气密度标尺高度模型为

$$\begin{aligned} H(h)=&6.518\ 205\ 045\ 786\ 09-0.037\ 355\ 360\ 217\ 96h+ \\ &0.001\ 152\ 170\ 052\ 78h^2 \end{aligned} \tag{7.102}$$

式中：h 和 H 的单位均为 km。当折射高度从 20 km 增加到 50 km 时，密度标尺高度则从 6.232 km 逐渐增加到 7.531 km，因此在建立大气折射模型时把密度标尺高度视为常值，会降低模型的精度。

5. 连续高度星光大气折射模型

星光大气折射模型式(7.65)说明了星光折射角的大小受大气密度、密度标尺高度和星光折射切向高度等因素的影响。根据《标准大气：美国，1976》数据，对各影响因素在 20～50 km 高度范围内进行了精确的建模，把由大气温度模型式(7.92)和大气压强模型式(7.96)得到的大气密度模型式(7.99)，以及大气密度标尺高度模型式(7.102)代入到星光大气折射模型式(7.65)，可得到在 20～50 km 高度范围内的星光折射角随星光折射切向高度变化的模型：

$$\begin{aligned} R=&k(\lambda)\rho(h)\left[\frac{2\pi(R_e+h)}{H(h)}\right]^{\frac{1}{2}}=2.25\times10^7\times1.762\ 2\times\exp(0.152\ 22h)\times \\ &\left[\frac{2\pi(R_e+h)}{6.518\ 2-0.037\ 35h+0.001\ 152h^2}\right]^{\frac{1}{2}} \end{aligned} \tag{7.103}$$

在基于星光折射间接敏感地平定位的天文导航系统中，需要由星光折射角计算星光折射切向高度，式(7.103)所表示的星光折射角与高度的关系复杂，不方便应用。因此，根据该模型得到的星光折射角数据，通过模型拟合可得到星光大气折射模型为

$$\left.\begin{aligned} R &= 7\,056.436\,416\,680\,20\times\exp(-0.155\,247\,544\,76h) \\ h &= 57.081\,066\,627\,558\,98-6.441\,325\,700\,486\,40\ln R \end{aligned}\right\} \tag{7.104}$$

式中：R 的单位为角秒，h 的单位为 km。

该模型拟合了大气温度、大气压强随高度变化的曲线，同时也拟合了密度标尺高度随高度变化的函数，模型精度高，且形式简单、应用方便。

7.5.5 最小二乘微分校正天文解析定位方法

传统的基于轨道动力学方程的间接敏感地平定位方法需要首先建立准确的状态模型与量测模型，进而通过非线性滤波算法完成载体位置与速度的估计，在实际应用中会遇到诸多问题：

(1)系统状态模型需要精确建立。航天器在运动过程中受到各种轨道摄动因素的影响，对各种轨道摄动因素进行精确建模是一个十分复杂的问题，即使能够对各种摄动因素进行精确建模，模型也会变得十分复杂，计算量大，无法满足系统的实时性要求。

(2)对于大多数飞行器，它们的运动特性不满足轨道动力学方程；另外，当航天器受到外力机动飞行时，航天器的运动特性不再满足轨道动力学方程，使得基于轨道动力学方程的间接敏感地平定位方法不再适用。

(3)基于轨道动力学方程的间接敏感地平定位方法，是采用卡尔曼滤波技术递推估计系统状态的。基于该定位方法的天文导航系统属于非线性系统，需要采用扩展卡尔曼滤波、无迹卡尔曼滤波、粒子滤波等非线性滤波算法，但是这些滤波算法计算量大、稳定性差，在工程实践中应用还有一定困难。

为了解决以上问题，下面介绍一种新的基于最小二乘微分校正的天文导航定位方法，完成载体位置的解算。

1. 最小二乘微分校正定位算法

星光折射间接敏感地平定位方法的观测方程式(7.77)描述了视高度 $h_a(\boldsymbol{r}_s)$ 与载体位置矢量 $\boldsymbol{r}_s$ 之间的关系。方程中含有3个未知数(x, y, z)，即载体在空间中的三维位置。当同时观测到3颗或以上的折射星时，就可以组成方程组，进而通过求解该方程组即可直接计算得到载体位置。这样，基于星光折射间接敏感地平的天文定位方法就可以归结为求解由多个折射星光矢量信息得到的非线性方程组，可以采用最小二乘微分校正方法完成解算。该方法通过迭代不断修正载体的位置矢量，使折射视高度的计算值在最小二乘意义下逐渐逼近折射视高度的观测值，最终得到载体在允许误差范围内的精确位置，其原理如图7.14所示。

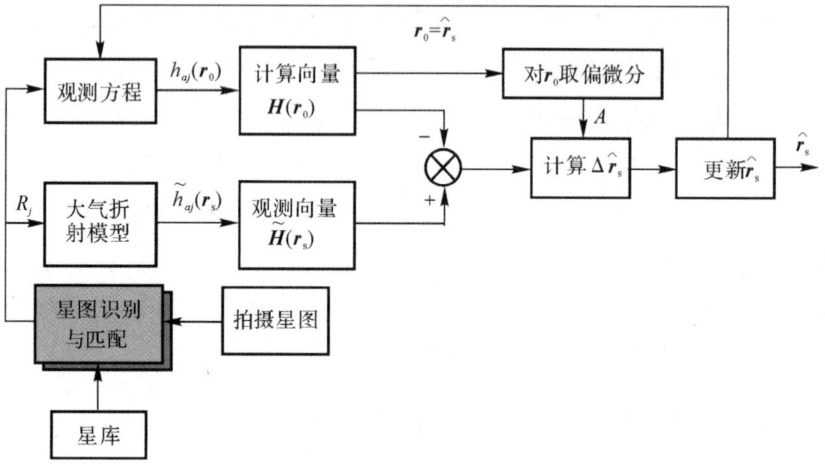

图 7.14　最小二乘微分校正定位原理

最小二乘微分校正定位法的流程如下：

(1)根据大气折射模型，利用折射视高度与折射高度之间的关系模型式(7.74)，求解出 n 个量测值 $\tilde{h}_{a1}(\boldsymbol{r}_s)$，$\tilde{h}_{a2}(\boldsymbol{r}_s)$，…，$\tilde{h}_{an}(\boldsymbol{r}_s)$，并组成折射视高度的观测矢量：

$$\tilde{\boldsymbol{H}}(\boldsymbol{r}_s)=\begin{bmatrix}\tilde{h}_{a1}(\boldsymbol{r}_s)\\ \tilde{h}_{a2}(\boldsymbol{r}_s)\\ \vdots\\ \tilde{h}_{an}(\boldsymbol{r}_s)\end{bmatrix}=\begin{bmatrix}h_{g1}(R_1)+k(\lambda)\rho_{g1}(h_{g1})\cdot(R_e+h_{g1})\\ h_{g2}(R_2)+k(\lambda)\rho_{g2}(h_{g2})\cdot(R_e+h_{g2})\\ \vdots\\ h_{gn}(R_n)+k(\lambda)\rho_{gn}(h_{gn})\cdot(R_e+h_{gn})\end{bmatrix}\tag{7.105}$$

式中：R_j、h_{gj}、ρ_{gj} 分别为第 j 颗折射星的折射角、折射高度及对应的大气密度，通常选定波长 $\lambda=0.7\ \mu\text{m}$，则散射参数 $k(\lambda)=2.25\times10^{-7}$。

(2)估计载体的概略位置 $\boldsymbol{r}_0$，并将其作为循环迭代的初值，进而根据星光折射间接敏感地平定位方法的观测方程式(7.77)，求得 n 个折射视高度的解算值 $h_{a1}(\boldsymbol{r}_0)$，$h_{a2}(\boldsymbol{r}_0)$，…，$h_{an}(\boldsymbol{r}_0)$，并组成折射视高度的计算矢量：

$$\boldsymbol{H}(\boldsymbol{r}_0)=\begin{bmatrix}h_{a1}(\boldsymbol{r}_0)\\ h_{a2}(\boldsymbol{r}_0)\\ \vdots\\ h_{an}(\boldsymbol{r}_0)\end{bmatrix}=\begin{bmatrix}\sqrt{r_0^2-u_1^2}+u_1\tan R_1-R_e\\ \sqrt{r_0^2-u_2^2}+u_2\tan R_2-R_e\\ \vdots\\ \sqrt{r_0^2-u_n^2}+u_n\tan R_n-R_e\end{bmatrix}\tag{7.106}$$

式中：$r_0=|\boldsymbol{r}_0|$，$\boldsymbol{u}_{sj}=[s_{jx}\quad s_{jy}\quad s_{jz}]^{\mathrm{T}}$ 和 $u_j=|\boldsymbol{r}_0\cdot\boldsymbol{u}_{sj}|=|xs_{jx}+ys_{jy}+zs_{jz}|$ 分别为第 j 颗折射星发生折射前在地心惯性坐标系下的方向矢量及载体位置在该方向矢量上的投影。

(3)对非线性观测方程组进行线性化。将折射视高度的观测矢量 $\tilde{\boldsymbol{H}}(\boldsymbol{r}_s)$ 在计算矢量 $\boldsymbol{H}(\boldsymbol{r}_0)$ 处进行一阶泰勒展开，得到

$$\tilde{\boldsymbol{H}}(\boldsymbol{r}_s)=\boldsymbol{H}(\boldsymbol{r}_0)+\boldsymbol{A}\cdot\Delta\boldsymbol{r}_s+\boldsymbol{V}\tag{7.107}$$

式中：$\Delta\boldsymbol{r}_s=\boldsymbol{r}_s-\boldsymbol{r}_0$ 为概略位置矢量 $\boldsymbol{r}_0$ 的微分校正量；$\boldsymbol{V}$ 为残差序列；矩阵 $\boldsymbol{A}$ 为计算矢量

$\boldsymbol{H}(\boldsymbol{r}_0)$对概略位置矢量$\boldsymbol{r}_0$的偏微分，即

$$\boldsymbol{A}=\frac{\partial \boldsymbol{H}(\boldsymbol{r}_0)}{\partial \boldsymbol{r}_0}=\begin{bmatrix}\dfrac{\partial h_{a1}(\boldsymbol{r}_0)}{\partial x} & \dfrac{\partial h_{a1}(\boldsymbol{r}_0)}{\partial y} & \dfrac{\partial h_{a1}(\boldsymbol{r}_0)}{\partial z}\\ \dfrac{\partial h_{a2}(\boldsymbol{r}_0)}{\partial x} & \dfrac{\partial h_{a2}(\boldsymbol{r}_0)}{\partial y} & \dfrac{\partial h_{a2}(\boldsymbol{r}_0)}{\partial z}\\ \vdots & \vdots & \vdots\\ \dfrac{\partial h_{an}(\boldsymbol{r}_0)}{\partial x} & \dfrac{\partial h_{an}(\boldsymbol{r}_0)}{\partial y} & \dfrac{\partial h_{an}(\boldsymbol{r}_0)}{\partial z}\end{bmatrix} \tag{7.108}$$

式中

$$\left.\begin{aligned}\frac{\partial h_{aj}(\boldsymbol{r}_0)}{\partial x}&=[x-(xs_{jx}+ys_{jy}+zs_{jz})s_{jx}]/\sqrt{|\boldsymbol{r}_s|^2-u_j^2}+\tan R_j(xs_{jx}+ys_{jy}+zs_{jz})s_{jx}/u_j\\ \frac{\partial h_{aj}(\boldsymbol{r}_0)}{\partial y}&=[y-(xs_{jx}+ys_{jy}+zs_{jz})s_{jy}]/\sqrt{|\boldsymbol{r}_s|^2-u_j^2}+\tan R_j(xs_{jx}+ys_{jy}+zs_{jz})s_{jy}/u_j\\ \frac{\partial h_{aj}(\boldsymbol{r}_0)}{\partial z}&=[z-(xs_{jx}+ys_{jy}+zs_{jz})s_{jz}]/\sqrt{|\boldsymbol{r}_s|^2-u_j^2}+\tan R_j(xs_{jx}+ys_{jy}+zs_{jz})s_{jz}/u_j\end{aligned}\right\} \tag{7.109}$$

(4)求微分校正量$\Delta\boldsymbol{r}_s$的最小二乘解，就是求$\Delta\boldsymbol{r}_s$使残差$\mathbf{V}$的二次方和最小，即极小化目标函数：

$$\begin{aligned}J&=\mathbf{V}^{\mathrm{T}}\mathbf{V}=[\tilde{\boldsymbol{H}}(\boldsymbol{r}_s)-\boldsymbol{H}(\boldsymbol{r}_0)-\boldsymbol{A}\cdot\Delta\boldsymbol{r}_s]^{\mathrm{T}}[\tilde{\boldsymbol{H}}(\boldsymbol{r}_s)-\boldsymbol{H}(\boldsymbol{r}_0)-\boldsymbol{A}\cdot\Delta\boldsymbol{r}_s]=\\ &\quad[\tilde{\boldsymbol{H}}(\boldsymbol{r}_s)-\boldsymbol{H}(\boldsymbol{r}_0)]^{\mathrm{T}}[\tilde{\boldsymbol{H}}(\boldsymbol{r}_s)-\boldsymbol{H}(\boldsymbol{r}_0)]-\Delta\boldsymbol{r}_s^{\mathrm{T}}\boldsymbol{A}^{\mathrm{T}}[\tilde{\boldsymbol{H}}(\boldsymbol{r}_s)-\boldsymbol{H}(\boldsymbol{r}_0)]-\\ &\quad[\tilde{\boldsymbol{H}}(\boldsymbol{r}_s)-\boldsymbol{H}(\boldsymbol{r}_0)]^{\mathrm{T}}\boldsymbol{A}\Delta\boldsymbol{r}_s+\Delta\boldsymbol{r}_s^{\mathrm{T}}\boldsymbol{A}^{\mathrm{T}}\boldsymbol{A}\Delta\boldsymbol{r}_s\end{aligned} \tag{7.110}$$

将目标函数J对微分校正量$\Delta\boldsymbol{r}_s$求偏微分，并令偏导数为零，即

$$\frac{\partial J}{\partial\Delta\boldsymbol{r}_s}=-\boldsymbol{A}^{\mathrm{T}}[\tilde{\boldsymbol{H}}(\boldsymbol{r}_s)-\boldsymbol{H}(\boldsymbol{r}_0)]-\boldsymbol{A}^{\mathrm{T}}[\tilde{\boldsymbol{H}}(\boldsymbol{r}_s)-\boldsymbol{H}(\boldsymbol{r}_0)]+2\boldsymbol{A}^{\mathrm{T}}\boldsymbol{A}\Delta\boldsymbol{r}_s=0 \tag{7.111}$$

由式(7.111)可得正则方程：

$$\boldsymbol{A}^{\mathrm{T}}\boldsymbol{A}\Delta\boldsymbol{r}_s=\boldsymbol{A}^{\mathrm{T}}[\tilde{\boldsymbol{H}}(\boldsymbol{r}_s)-\boldsymbol{H}(\boldsymbol{r}_0)] \tag{7.112}$$

解方程式(7.112)，可得微分校正量的最小二乘估计解$\Delta\hat{\boldsymbol{r}}_s$：

$$\Delta\hat{\boldsymbol{r}}_s=(\boldsymbol{A}^{\mathrm{T}}\boldsymbol{A})^{-1}\boldsymbol{A}^{\mathrm{T}}[\tilde{\boldsymbol{H}}(\boldsymbol{r}_s)-\boldsymbol{H}(\boldsymbol{r}_0)] \tag{7.113}$$

(5)利用计算得到的$\Delta\hat{\boldsymbol{r}}_s$校正载体的位置矢量，即

$$\hat{\boldsymbol{r}}_s=\boldsymbol{r}_0+\Delta\hat{\boldsymbol{r}}_s \tag{7.114}$$

(6)设置门限$d_{\min}$，并以$[\boldsymbol{H}(\hat{\boldsymbol{r}}_s)-\boldsymbol{H}(\boldsymbol{r}_0)]^{\mathrm{T}}[\boldsymbol{H}(\hat{\boldsymbol{r}}_s)-\boldsymbol{H}(\boldsymbol{r}_0)]\leqslant d_{\min}$为迭代终止条件，当满足终止条件时，停止迭代；如果不满足，则将结果$\hat{\boldsymbol{r}}_s$作为下一次计算的初值$\boldsymbol{r}_0$，重复步骤(2)～步骤(6)，直到满足终止条件，就可以得到天文导航的定位解算结果。

2.最小二乘微分校正定位精度影响因素

假设载体的迭代初始位置为$\boldsymbol{X}_0=[x_0\quad y_0\quad z_0]^{\mathrm{T}}$，而载体真实位置为$\boldsymbol{X}=$

$[x\quad y\quad z]^{\mathrm{T}}$。通过最小二乘微分校正得到的载体位置为 $\hat{\boldsymbol{X}}=[\hat{x}\quad \hat{y}\quad \hat{z}]^{\mathrm{T}}$，真实微分校正量为 $\Delta\boldsymbol{r}_{\mathrm{s}}$，而最小二乘微分校正得到的校正量为 $\Delta\hat{\boldsymbol{r}}_{\mathrm{s}}$，即

$$\left.\begin{aligned}\boldsymbol{X}&=\boldsymbol{X}_0+\Delta\boldsymbol{r}_{\mathrm{s}}\\ \hat{\boldsymbol{X}}&=\boldsymbol{X}_0+\Delta\hat{\boldsymbol{r}}_{\mathrm{s}}\end{aligned}\right\}\tag{7.115}$$

则位置估计误差为

$$\Delta\boldsymbol{X}=\hat{\boldsymbol{X}}-\boldsymbol{X}=(\boldsymbol{X}_0+\Delta\hat{\boldsymbol{r}}_{\mathrm{s}})-(\boldsymbol{X}_0+\Delta\boldsymbol{r}_{\mathrm{s}})=\Delta\hat{\boldsymbol{r}}_{\mathrm{s}}-\Delta\boldsymbol{r}_{\mathrm{s}}\tag{7.116}$$

将 $\Delta\boldsymbol{r}_{\mathrm{s}}$ 写成 $\Delta\boldsymbol{r}_{\mathrm{s}}=(\boldsymbol{A}^{\mathrm{T}}\boldsymbol{A})^{-1}\boldsymbol{A}^{\mathrm{T}}\boldsymbol{A}\Delta\boldsymbol{r}_{\mathrm{s}}$，并与式(7.113)一并代入式(7.116)，可得

$$\begin{aligned}\Delta\boldsymbol{X}&=\Delta\hat{\boldsymbol{r}}_{\mathrm{s}}-\Delta\boldsymbol{r}_{\mathrm{s}}=(\boldsymbol{A}^{\mathrm{T}}\boldsymbol{A})^{-1}\boldsymbol{A}^{\mathrm{T}}[\boldsymbol{H}(\hat{\boldsymbol{r}}_{\mathrm{s}})-\boldsymbol{H}(\boldsymbol{r}_0)]-(\boldsymbol{A}^{\mathrm{T}}\boldsymbol{A})^{-1}\boldsymbol{A}^{\mathrm{T}}\boldsymbol{A}\Delta\boldsymbol{r}_{\mathrm{s}}=\\&(\boldsymbol{A}^{\mathrm{T}}\boldsymbol{A})^{-1}\boldsymbol{A}^{\mathrm{T}}[\boldsymbol{H}(\hat{\boldsymbol{r}}_{\mathrm{s}})-\boldsymbol{H}(\boldsymbol{r}_0)-\boldsymbol{A}\Delta\boldsymbol{r}_{\mathrm{s}}]=(\boldsymbol{A}^{\mathrm{T}}\boldsymbol{A})^{-1}\boldsymbol{A}^{\mathrm{T}}\boldsymbol{V}\end{aligned}\tag{7.117}$$

则定位误差方差阵为

$$\begin{aligned}\boldsymbol{P}&=\mathrm{E}(\Delta\boldsymbol{X}\cdot\Delta\boldsymbol{X}^{\mathrm{T}})=\mathrm{E}\{[(\boldsymbol{A}^{\mathrm{T}}\boldsymbol{A})^{-1}\boldsymbol{A}^{\mathrm{T}}\boldsymbol{V}][(\boldsymbol{A}^{\mathrm{T}}\boldsymbol{A})^{-1}\boldsymbol{A}^{\mathrm{T}}\boldsymbol{V}]^{\mathrm{T}}\}=\\&\mathrm{E}[(\boldsymbol{A}^{\mathrm{T}}\boldsymbol{A})^{-1}\boldsymbol{A}^{\mathrm{T}}\boldsymbol{V}\boldsymbol{V}^{\mathrm{T}}\boldsymbol{A}(\boldsymbol{A}^{\mathrm{T}}\boldsymbol{A})^{-1}]=(\boldsymbol{A}^{\mathrm{T}}\boldsymbol{A})^{-1}\boldsymbol{A}^{\mathrm{T}}\mathrm{E}(\boldsymbol{V}\boldsymbol{V}^{\mathrm{T}})\boldsymbol{A}(\boldsymbol{A}^{\mathrm{T}}\boldsymbol{A})^{-1}\end{aligned}\tag{7.118}$$

假设残差序列为相互独立的高斯白噪声，则其协方差阵为

$$\boldsymbol{Q}=\mathrm{E}(\boldsymbol{V}\boldsymbol{V}^{\mathrm{T}})=\begin{bmatrix}\sigma_1^2&&&\\&\sigma_2^2&&\\&&\ddots&\\&&&\sigma_n^2\end{bmatrix}\tag{7.119}$$

则最小二乘解的定位误差协方差阵可以写作：

$$\boldsymbol{P}=(\boldsymbol{A}^{\mathrm{T}}\boldsymbol{A})^{-1}\boldsymbol{A}^{\mathrm{T}}\boldsymbol{Q}\boldsymbol{A}(\boldsymbol{A}^{\mathrm{T}}\boldsymbol{A})^{-1}\tag{7.120}$$

特别地，如果残差序列的方差相等，即 $\sigma_1^2=\sigma_1^2=\cdots=\sigma_n^2=\sigma^2$，则有 $\boldsymbol{Q}=\sigma^2\boldsymbol{I}$，那么最小二乘解的定位误差方差阵为

$$\begin{aligned}\boldsymbol{P}&=(\boldsymbol{A}^{\mathrm{T}}\boldsymbol{A})^{-1}\boldsymbol{A}^{\mathrm{T}}\boldsymbol{Q}\boldsymbol{A}(\boldsymbol{A}^{\mathrm{T}}\boldsymbol{A})^{-1}=(\boldsymbol{A}^{\mathrm{T}}\boldsymbol{A})^{-1}\boldsymbol{A}^{\mathrm{T}}\sigma^2\boldsymbol{I}\boldsymbol{A}(\boldsymbol{A}^{\mathrm{T}}\boldsymbol{A})^{-1}=\\&\sigma^2(\boldsymbol{A}^{\mathrm{T}}\boldsymbol{A})^{-1}\boldsymbol{A}^{\mathrm{T}}\boldsymbol{A}(\boldsymbol{A}^{\mathrm{T}}\boldsymbol{A})^{-1}=\sigma^2(\boldsymbol{A}^{\mathrm{T}}\boldsymbol{A})^{-1}=\sigma^2\boldsymbol{Q}_{xx}\end{aligned}\tag{7.121}$$

由式(7.121)可知，最小二乘微分校正定位算法的精度主要受两方面的影响，一是残差序列(即视高度量测噪声)方差 σ^2，二是权系数矩阵(或称为协调因素阵)$\boldsymbol{Q}_{xx}=(\boldsymbol{A}^{\mathrm{T}}\boldsymbol{A})^{-1}$。

(1)视高度量测噪声方差 σ^2 的大小取决于星敏感器的精度，星敏感器精度和视高度量测噪声均方差 σ 的对应关系见表 7.4。

表 7.4　星敏感器精度与视高度量测噪声均方差 σ 的关系

星敏感器精度 σ	0.5″	1″	2″	3″	4″
视高度量测噪声均方差 σ/m	70	80	115	142	195

因此，选择的星敏感器精度越高，视高度量测噪声方差就越小，相应的定位精度就会越高。

(2)引入几何精度因子(Geometric Dilution of Precision，GDOP)来描述权系数矩阵 $\boldsymbol{Q}_{xx}=(\boldsymbol{A}^{\mathrm{T}}\boldsymbol{A})^{-1}$。几何精度因子可以衡量观测恒星的几何构型对定位精度的影响，在相同的观测精度(即量测噪声方差 σ^2 相等)情况下，几何精度因子越小，定位精度越高。

思考与练习

1. 简述星敏感器天文定姿的基本原理。

2. 星敏感器天文定姿方法可分为哪几类？它们分别具有什么特点？

3. 简述高度差天文定位方法的基本原理及其实现步骤。

4. 简述纯天文几何解析定位的基本原理。

5. 纯天文几何解析定位方法可分为哪几类？它们分别具有什么特点？

6. 简述直接敏感地平定位方法的基本原理，该方法中量测信息可分为哪几种？这些量测信息分别具有什么特点？

7. 简述间接敏感地平定位方法的基本原理，该方法包含哪些误差源？这些误差是如何传递的？

8. 简述星光大气折射模型的建模过程。

9. 简述最小二乘微分校正天文解析定位方法的基本原理。与基于轨道动力学方程的间接敏感地平定位方法相比，该方法具有哪些优点？

第8章 新型天文导航系统

X射线脉冲星是一种具有超高密度、超高温度、超强磁场、超强辐射和超强引力场的天体，能够提供高度稳定的周期性脉冲信号，可作为天然的导航信标。X射线脉冲星导航作为一种新兴的天文导航手段，受到了航天领域的广泛关注。这种导航方式是以X射线探测仪测得的脉冲到达航天器的时间，与脉冲星计时模型预测的相应脉冲到达太阳系质心的时间之差作为量测量，然后采用解析或滤波算法，计算或估计得到航天器的位置、速度、姿态以及时间等导航信息。这种导航方式能够为近地轨道、深空和星际空间航天器提供完备的导航信息，从而实现航天器的高精度自主导航，具有广阔的应用前景。

光谱红移测速导航是一种基于太阳系天体光谱红移测量的自主天文导航方法。它是以太阳系天体的光信号作为导航信息源，结合太阳系天体星历信息以及航天器的惯性姿态信息，根据光谱红移效应测量得到航天器在惯性坐标系中的飞行速度，进而通过积分获得航天器的位置信息。这种天文导航方法不依赖地面无线电信息，无须引入航天器轨道动力学，仅需要光谱信息、太阳系天体星历信息和航天器惯性姿态信息即可实现航天器的自主导航，在近地卫星、深空探测等领域有广阔的应用前景。

相对论导航是近年来提出的一种新型高精度天文自主导航方法，它是根据星光引力偏折和恒星光行差这两类相对论效应，建立恒星角距观测量与航天器位置、速度之间的关系模型，并利用毫角秒星敏感器精确敏感得到高精度的恒星角距观测量，进而通过解算得到航天器位置、速度信息。随着未来甚高精度星敏感器技术的快速发展，这种导航方式有望将自主天文导航的精度提升到前所未有的水平，具有重要的工程应用价值。

本章围绕天文导航技术的发展前沿，主要从基本原理及实现方法方面，分别介绍新型X射线脉冲星导航方法、光谱红移测速导航方法以及相对论导航方法。

8.1 X射线脉冲星导航方法

X射线脉冲星导航是采用X射线脉冲星的脉冲信号作为时钟源进行定位、测速、定姿、授时的一种导航方法。下面首先介绍脉冲星的基本特征，在此基础上，系统介绍基于X射线脉冲星的导航原理与方法。

8.1.1　脉冲星的基本特征

如图 8.1 所示，脉冲星是一种高速自转的中子星，它的质量为太阳的 0.2～3.2 倍，半径为 10 km 左右，表面磁场强度可达 $10^4 \sim 10^{13}$ Gs，是一种具有超高密度、超高温度、超强磁场、超强辐射和超强引力场的天体，能够提供高度稳定的周期性脉冲信号，可作为天然的导航信标。它具有以下基本特征。

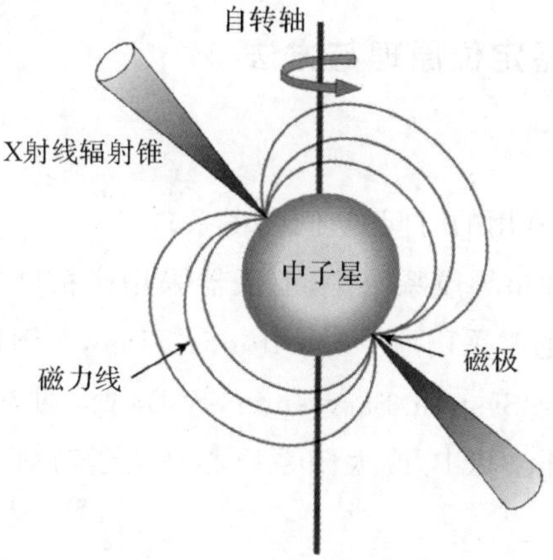

图 8.1　X 射线脉冲星示意图

1. 脉冲周期极其稳定

脉冲星的自转轴与磁轴之间存在一个夹角，两个磁极会辐射特定的电磁波束，当脉冲星自转时其磁场会周期性地扫过宇宙空间。脉冲星具有良好的周期稳定性，特别是毫秒级脉冲星，它的自转周期稳定性高达 $10^{-19} \sim 10^{-21}$，定时稳定性为 10^{-14}/年，远优于目前国际上最先进的星载铷钟和氢钟(周期稳定性约 10^{-15})。因此，脉冲星也被誉为自然界最精准的天文时钟。

2. 脉冲星辐射包含多个波段范围

脉冲星通常在光学、射电、红外、X 射线和 γ 射线等多个波段辐射电磁波。其中，射电和红外波段可以穿过地球大气层，故可利用大口径望远镜进行地面观测；而 X 射线、γ 射线波段的辐射容易被大气层吸收，因此只能在地球大气层之外进行观测。由于 X 射线能量高、抗干扰性能好、脉冲到达时间的测量分辨率高，所以，通常采用 X 射线脉冲星进行自主导航。

3. 位置参数和物理参数近乎不变

脉冲星的位置参数包括赤经、赤纬、到太阳系质心的距离、自行速度等。脉冲星的赤经、赤纬刻画了脉冲星的方向信息，自行参数描述了脉冲星的运动信息，而到太阳系质心的距离通常在几千光年到几万光年之间。由于脉冲星自行引起的赤经、赤纬变化非常小，且脉冲星距离太阳系十分遥远，所以，通常认为脉冲星的方向与距离在一定时期内近乎保持不变。

脉冲星的物理参数主要包括脉冲轮廓、辐射流量、脉冲比例与宽度等。脉冲轮廓是脉冲星的标识符，通过长期观测数据处理、大量脉冲周期整合而成，具有极高的信噪比，且长期保持稳定；辐射流量以光子计数率的形式表示，即单位时间单位面积内光子到达的数量或能量，反映了脉冲辐射强度的大小，其值相对稳定。

X射线脉冲星的脉冲周期、位置参数与物理参数稳定，不存在人为破坏与干扰，安全可靠，容易被探测与识别，也不需要任何地面技术维持，是一种绝佳的导航星。因此，航天飞行器可以搭载X射线探测器来敏感X射线脉冲星，进而实现自主导航。

8.1.2 X射线脉冲星定位原理与方法

1. 时空参考系

首先介绍脉冲星导航中常用的时间、空间参考系。

(1)时间参考系。在脉冲星导航系统中，航天器采用高精度的原子钟记录X射线光子到达X射线探测器的时间，通常采用原子时(Atomic Time，AT)进行表示；而脉冲星计时模型建立在太阳系质心(Solar System Barycenter，SSB)处，通常采用太阳系质心坐标时(Barycentric Coordinate Time，TCB)或太阳系质心动力学时(Barycentric Dynamic Time，TDB)进行表示。

(2)空间参考系。在基于X射线脉冲星的自主导航系统中，通常以太阳系质心惯性坐标系作为空间参考坐标系。太阳系质心惯性坐标系的原点在太阳系质心，X轴指向J2000.0太阳系质心力学时的平春分点，Z轴垂直于J2000.0太阳系质心力学时平赤道，并指向平北极，Y轴与X轴、Z轴构成右手坐标系。

2. 定位原理

图8.2为X射线脉冲星定位原理图，图中$\boldsymbol{r}_s$为航天器相对于太阳系质心的位置矢量，Q点为航天器位置矢量$\boldsymbol{r}_s$在X射线脉冲星视线方向$\boldsymbol{n}$的投影点。在航天器上安装X射线探测器和原子钟，当脉冲星自转其磁极辐射的电磁波束扫过航天器所在位置时，X射线探测器就能接收到X射线脉冲信号，并利用原子钟测量脉冲信号的到达时间t_{SC}；而同一个脉冲信号到达太阳系质心的时间t_{SSB}，则可利用脉冲星计时模型预测得到。由于X射线脉冲星距离太阳系十分遥远，所以对整个太阳系来说，脉冲星辐射的电磁波束可视为平面波，因此同一个脉冲信号到达航天器的时间与到达Q点的时间是相同的。这样，根据三角投影关系可知，脉冲到达太阳系质心的时间t_{SSB}与同一脉冲到达航天器的时间t_{SC}之差，再乘以光速c，即为航天器位置矢量$\boldsymbol{r}_s$在脉冲星视线方向$\boldsymbol{n}$的投影。由于航天器位置矢量$\boldsymbol{r}_s$中含有3个未知坐标分量x,y,z，即$\boldsymbol{r}_s=[x,y,z]^T$，所以同时观测3颗脉冲星，便可建立3个方程来求解这3个未知坐标分量，从而实现X射线脉冲星定位。

X射线脉冲星定位原理的实施过程主要包括以下步骤：

(1)光子到达时间的转换。利用航天器搭载的X射线探测器与原子钟，可以测得X射线脉冲星辐射的X射线光子到达载体的时间，该时间通常采用原子时(AT)表示。然而，由于脉冲星模型数据库是在 SSB 处，以 TDB 或 TCB 为时间尺度建立的。因此，必须对光子到达载体的时间进行转换，才能提取脉冲轮廓，进而得到载体处的脉冲到达时间。

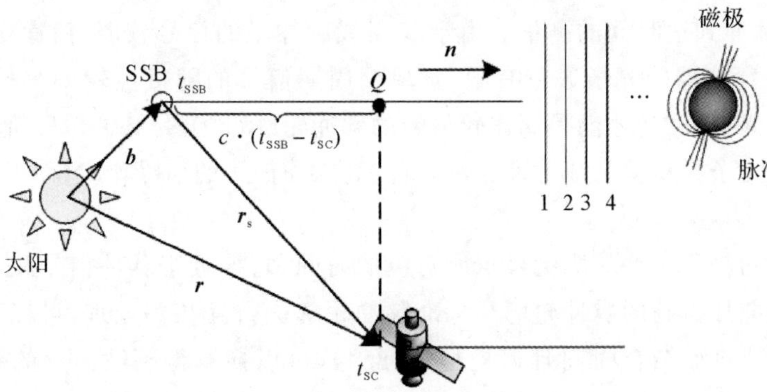

图 8.2　X 射线脉冲星定位原理

以原子时(AT)与太阳系质心坐标时(TCB)的时间尺度转换为例进行分析。根据 AT 与 TCB 的时间尺度转换关系，可以完成时间尺度转换，得到 X 射线光子到达载体的 TCB 时间 $t_{\text{photon\_SC}}$。AT 与 TCB 的转换关系为

$$\mathrm{TT}=\mathrm{AT}+32.184\mathrm{s} \tag{8.1}$$

$$\mathrm{TCG}=\mathrm{TT}+L_{\mathrm{G}}\times(\mathrm{JD}-2\,443\,144.5)\times 86\,400 \tag{8.2}$$

$$\begin{aligned}\mathrm{TCB}=\mathrm{TCG}+&\frac{1}{c^2}\left[\int_{t_0}^{t}\left(\frac{1}{2}v_{\mathrm{E}}^2+\omega_{0\mathrm{ext}}(\boldsymbol{x}_{\mathrm{E}})\right)\mathrm{d}t+\boldsymbol{v}_{\mathrm{E}}\cdot(\boldsymbol{x}-\boldsymbol{x}_{\mathrm{E}})\right]-\\&\frac{1}{c^4}\int_{t_0}^{t}\left[-\frac{1}{8}v_{\mathrm{E}}^4-\frac{3}{2}v_{\mathrm{E}}^2\omega_{0\mathrm{ext}}(\boldsymbol{x}_{\mathrm{E}})+4v_{\mathrm{E}}^i\omega_{\mathrm{ext}}^i(\boldsymbol{x}_{\mathrm{E}})+\frac{1}{2}\omega_{0\mathrm{ext}}^2(\boldsymbol{x}_{\mathrm{E}})\right]\mathrm{d}t+\\&\frac{1}{c^4}\left[3\omega_{0\mathrm{ext}}(\boldsymbol{x}_{\mathrm{E}})+\frac{1}{2}v_{\mathrm{E}}^2\right]\left[\boldsymbol{v}_{\mathrm{E}}\cdot(\boldsymbol{x}-\boldsymbol{x}_{\mathrm{E}})\right]\end{aligned} \tag{8.3}$$

式中：TT 为地球时，TCG 为地心坐标时，$L_{\mathrm{G}}=6.969\,290\,134\times10^{-10}$ 为 LERS2000 规范定义的天文常数；JD 为当前观测历元的儒略日；$\boldsymbol{x}_{\mathrm{E}}$ 和 $\boldsymbol{v}_{\mathrm{E}}$ 分别为地球质心在太阳系质心惯性坐标系中的位置矢量和速度矢量；v_{E} 为速度矢量 $\boldsymbol{v}_{\mathrm{E}}$ 的模；$\omega_{0\mathrm{ext}}(\boldsymbol{x}_{\mathrm{E}})$为除地球之外的太阳系其他天体在地心处的牛顿引力位之和；$\omega_{\mathrm{ext}}^i(\boldsymbol{x}_{\mathrm{E}})$为除地球之外的太阳系其他天体在地心处的矢量位之和；积分上限 t 表示 TCB，下限 t_0 为 1977 年 1 月 1 日 0 h 0 min 0 s(AT)。

进而，利用时间延迟模型，可由光子到达载体的时间 $t_{\text{photon\_SC}}$，得到光子到达太阳系质心的时间 $t_{\text{photon\_SSB}}$。考虑空间几何距离修正、相对论效应、载体运动速度等因素的影响，时间延迟模型可以表示为

$$\begin{aligned}t_{\text{photon\_SSB}}=t_{\text{photon\_SC}}+&\frac{\tilde{\boldsymbol{r}}-\boldsymbol{b}}{c}\cdot\boldsymbol{n}+\frac{1}{2cD}\left[-\|\tilde{\boldsymbol{r}}\|^2+(\tilde{\boldsymbol{r}}\cdot\boldsymbol{n})^2+\|\boldsymbol{b}\|^2-(\boldsymbol{b}\cdot\boldsymbol{n})^2\right]+\\&\frac{2\mu_{\mathrm{S}}}{c^3}\ln\left|\frac{(\tilde{\boldsymbol{r}}-\boldsymbol{b})\cdot\boldsymbol{n}+\|\tilde{\boldsymbol{r}}-\boldsymbol{b}\|}{\boldsymbol{b}\cdot\boldsymbol{n}+\|\boldsymbol{b}\|}+1\right|+\frac{T_P\cdot\boldsymbol{n}\cdot\tilde{\boldsymbol{v}}}{2(c+\boldsymbol{n}\cdot\tilde{\boldsymbol{v}})}\end{aligned} \tag{8.4}$$

式中：$\boldsymbol{b}$ 为太阳系质心相对于日心的位置矢量；μ_{S} 为太阳引力常数；D 为脉冲星到 SSB 的距

离；T_P 为观测周期；$\tilde{\boldsymbol{r}}$、$\tilde{\boldsymbol{v}}$ 分别为轨道动力学模型或其他导航方式给出的载体相对于日心的位置与速度矢量，为粗略值。

(2)载体处脉冲到达时间的测量。由于X射线脉冲星的信号较弱，信噪比较低，一个周期内到达X射线探测器的光子数量有限，且单个周期信号的随机性较大。因此，需要通过多个周期信号的累积叠加，才能得到比较清晰的脉冲轮廓，这就是脉冲轮廓折叠。将一定观测时段内记录的光子累积叠加成脉冲轮廓，可提高脉冲信号的信噪比，进而得到精确的脉冲到达时间。

脉冲到达时间是指脉冲轮廓尖峰点所对应的时间，它接近于脉冲信号积分时间的中间时刻。利用累积叠加得到的脉冲轮廓与标准脉冲轮廓进行互相关处理，可以得到脉冲到达SSB的时间 $t_{\mathrm{SSB/M}}$，进而结合时间延迟模型式(8.4)，可以换算得到载体处的脉冲到达时间 t_{SC}。其中，标准脉冲轮廓是由脉冲星模型数据库提供的，而该数据库是通过长期观测数据处理、大量脉冲周期整合和同步平均后建立的，具有极高的信噪比。

(3)SSB处脉冲到达时间的预测。脉冲星作为高速自转的中子星，其自转周期极其稳定，因此可以采用脉冲星计时模型来预测SSB处的脉冲达到时间 t_{SSB}。在太阳系质心惯性坐标系中，脉冲星计时模型可以表示为

$$\Phi(t)=\Phi(t_0)+f(t-t_0)+\sum_{n=2}^{n=+\infty}\frac{f^{(n-1)}}{n!}(t-t_0)^n \tag{8.5}$$

式中：t_0 为参考时间原点；f 为脉冲信号频率；$f^{(n)}$ 为脉冲信号频率的 n 阶导数，$\Phi(t)$ 与 $\Phi(t_0)$ 分别为 t 和 t_0 时刻的脉冲信号相位。

由式(8.5)可知，脉冲星计时模型描述了脉冲信号相位与时间的一一对应关系。因此，基于该模型，并根据脉冲信号到达SSB处的相位 $\Phi(t_{\mathrm{SSB}})$，可以预测得到脉冲信号到达SSB处的时间 t_{SSB} 为

$$t_{\mathrm{SSB}}=\Phi^{-1}(t_{\mathrm{SSB}}) \tag{8.6}$$

式中：$\Phi^{-1}(t)$表示 $\Phi(t)$的反函数。

(4)导航参数的解算。根据测量得到的脉冲到达载体的时间 t_{SC}，以及由脉冲星计时模型预测得到的脉冲到达SSB的时间 t_{SSB}，可以构造脉冲星导航定位的量测方程：

$$c(t_{\mathrm{SSB}}-t_{\mathrm{SC}})=\boldsymbol{r}_s\cdot\boldsymbol{n} \tag{8.7}$$

由于航天器相对于太阳系质心的位置矢量 $\boldsymbol{r}_s$ 中包含有三个未知分量，所以，当观测到三颗及以上脉冲星时便可根据式(8.7)构造方程组进行解析求解；此外，也可以利用卡尔曼滤波器，结合状态方程对载体位置进行估计。

3.定位方法

(1)X射线脉冲星直接定位。采用X射线脉冲星的脉冲到达时间直接定位的原理如图8.3所示。

对于观测到的第 i 颗脉冲星，根据脉冲到达时间延迟模型式(8.4)，并考虑到脉冲星的视线方向误差 $\delta\boldsymbol{n}^i$、太阳系质心相对于日心的位置误差 $\delta\boldsymbol{b}$ 以及航天器搭载的原子钟钟差 δt_{SC}，可以得到脉冲到达时间量测模型为

$$Z_{t0}=t_{\mathrm{SSB}}^{i}-t_{\mathrm{SC}}^{i}=\frac{\boldsymbol{r}-\boldsymbol{b}}{c}\cdot\boldsymbol{n}^{i}+\frac{T_{P}\cdot\boldsymbol{n}^{i}\cdot\boldsymbol{v}}{2(c+\boldsymbol{n}^{i}\cdot\boldsymbol{v})}+$$
$$\frac{1}{2cD^{i}}\left[-\|\boldsymbol{r}\|^{2}+(\boldsymbol{r}\cdot\boldsymbol{n}^{i})^{2}+\|\boldsymbol{b}\|^{2}-(\boldsymbol{b}\cdot\boldsymbol{n}^{i})^{2}\right]+$$
$$\frac{2\mu_{\mathrm{S}}}{c^{3}}\ln\left|\frac{(\boldsymbol{r}-\boldsymbol{b})\cdot\boldsymbol{n}^{i}+\|\boldsymbol{r}-\boldsymbol{b}\|}{\boldsymbol{b}\cdot\boldsymbol{n}^{i}+\|\boldsymbol{b}\|}+1\right|+B(\delta\boldsymbol{n}^{i})+B(\delta\boldsymbol{b})+\delta t_{\mathrm{SC}}+V_{t0}=$$
$$\frac{\boldsymbol{r}-\boldsymbol{b}}{c}\cdot\boldsymbol{n}^{i}+\frac{T_{P}\cdot\boldsymbol{n}^{i}\cdot\boldsymbol{v}}{2(c+\boldsymbol{n}^{i}\cdot\boldsymbol{v})}+t_{\mathrm{R}}^{i}+t_{\mathrm{S}}^{i}+B(\delta\boldsymbol{n}^{i})+B(\delta\boldsymbol{b})+\delta t_{\mathrm{SC}}+V_{t0}\tag{8.8}$$

式中：t_{R}^{i} 表示 X 射线平行到达太阳系所引起的时间延迟量；t_{S}^{i} 表示在太阳引力场作用下光线弯曲引起的时间延迟量，它们的具体表达式分别为

$$t_{\mathrm{R}}^{i}=\frac{1}{2cD^{i}}\left[-\|\boldsymbol{r}\|^{2}+(\boldsymbol{r}\cdot\boldsymbol{n}^{i})^{2}+\|\boldsymbol{b}\|^{2}-(\boldsymbol{b}\cdot\boldsymbol{n}^{i})^{2}\right]\tag{8.9}$$

$$t_{\mathrm{S}}^{i}=\frac{2\mu_{\mathrm{S}}}{c^{3}}\ln\left|\frac{(\boldsymbol{r}-\boldsymbol{b})\cdot\boldsymbol{n}^{i}+\|\boldsymbol{r}-\boldsymbol{b}\|}{\boldsymbol{b}\cdot\boldsymbol{n}^{i}+\|\boldsymbol{b}\|}+1\right|\tag{8.10}$$

式中：V_{t0} 为该脉冲星的时间量测噪声，其标准差为

$$\sigma_{i}=\frac{W\sqrt{[B_{\mathrm{X}}+F_{\mathrm{X}}(1-P_{F})]AT_{P}d+F_{\mathrm{X}}AP_{F}T_{P}}}{2F_{\mathrm{X}}AP_{F}T_{P}}\tag{8.11}$$

式中：W 为脉冲带宽；B_{X} 为 X 射线背景辐射流量；F_{X} 为 X 射线脉冲星的辐射光子流量；P_{F} 是一个脉冲周期内脉冲辐射流量与平均辐射流量的比率；A 为 X 射线探测器的面积；T_{P} 是观测周期；d 为脉冲带宽与脉冲周期的比值。

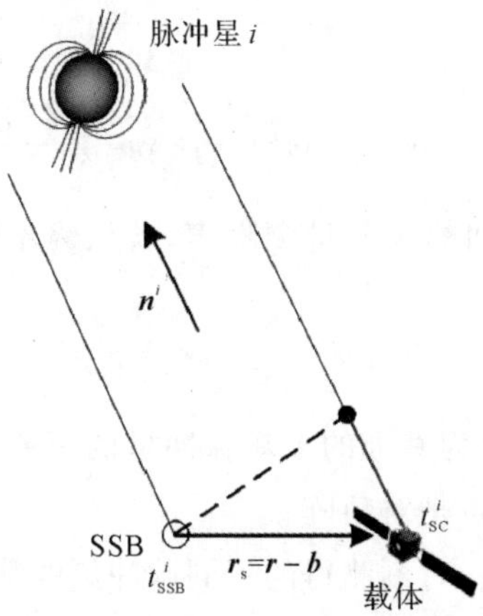

图 8.3　脉冲到达时间定位原理示意图

若某历元时刻 t 能同时观测到 3 颗及以上的脉冲星，则可以通过解析法求解式(8.8)组成的非线性方程组，进而确定位置矢量 $\boldsymbol{r}$；也可以将式(8.8)作为量测方程，利用非线性滤波算法进行状态估计，即可估计出航天器的位置矢量 $\boldsymbol{r}$，这种状态估计法不需要同时观测三颗及以上脉冲星，只要观测到脉冲星信息即可对位置矢量等状态进行量测更新。

然而，式(8.8)中包含系统误差 $B(\delta\boldsymbol{n}^{i})$、$B(\delta\boldsymbol{b})$ 与 δt_{SC}，采用解析法或状态估计法都无法消除这些系统误差对定位精度的影响，会大大降低脉冲星导航的精度。因此，为了消除脉

冲到达时间测量值中的公共误差部分，可通过不同形式的差分来提高导航精度。

(2)单差分定位。脉冲到达时间单差分定位是以X射线探测器在同一时刻对两颗脉冲星的测量值之差作为量测量，如图8.4所示。

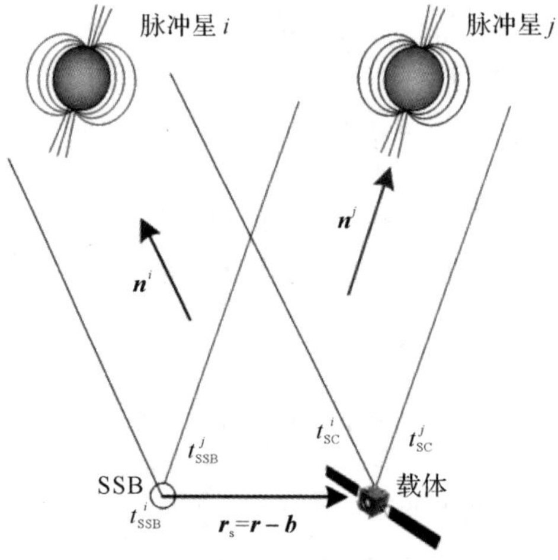

图8.4　脉冲到达时间单差分定位原理示意图

对不同脉冲星的脉冲到达时间进行差分，可以消除两颗脉冲星测量值之间的公共误差，如原子钟钟差 δt_{SC}。

假设同时观测到 i 和 j 两颗脉冲星，则其单差量测模型可以表示为

$$Z_{t1}=(t^i_{SSB}-t^i_{SC})-(t^j_{SSB}-t^j_{SC})=\frac{\boldsymbol{r}-\boldsymbol{b}}{c}\cdot(\boldsymbol{n}^i-\boldsymbol{n}^j)+\frac{T_P\cdot c\cdot\boldsymbol{v}\cdot(\boldsymbol{n}^i-\boldsymbol{n}^j)}{2(c+\boldsymbol{n}^i\cdot\boldsymbol{v})(c+\boldsymbol{n}^j\cdot\boldsymbol{v})}+$$

$$(t^i_R-t^j_R)+(t^i_S-t^j_S)+[B(\delta\boldsymbol{n}^i)-B(\delta\boldsymbol{n}^j)]-\frac{\delta\boldsymbol{b}}{c}(\boldsymbol{n}^i-\boldsymbol{n}^j)+V_{t1} \tag{8.12}$$

式中：V_{t1} 为脉冲到达时间的单差量测噪声，若认为不同脉冲星的量测噪声互相独立，则其标准差为

$$\sigma_{t1}=\sqrt{\sigma_i^2+\sigma_j^2} \tag{8.13}$$

若量测量是以某颗脉冲星为基准的多颗脉冲星的单差信息，则需要考虑量测噪声的相关性，即其量测噪声方差阵不再是对角阵。

式(8.12)表明，通过对同一时刻测得的不同脉冲星的脉冲到达时间进行差分，能彻底消除原子钟钟差的影响。与直接定位方法类似，单差分定位时解析法与状态估计法都可以得到航天器的位置信息。然而，由于需要两颗脉冲星的量测信息才能构成一个单差量测量，所以，采用解析法时，至少需要观测4颗脉冲星，才能解算得到载体的三维位置坐标。此外，当以某颗脉冲星为基准构造单差量测量时，则各单差分量测量在同一历元时刻是相关的。因此，当采用基于状态估计的滤波算法或者带加权矩阵的解析法时，需要考虑这种相关性。

(3)双差分定位。脉冲到达时间双差分定位是将相邻时刻的两个单差分量测之差构成量测量，如图8.5所示。

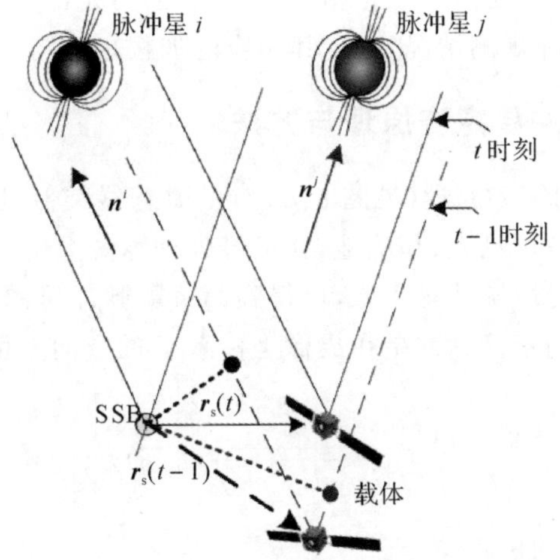

图 8.5　脉冲到达时间双差分定位原理示意图

双差分处理可以消除与时间不相关的误差，如太阳系质心相对于日心的位置误差 $B(\delta\boldsymbol{b})$。假设在 $t-1$ 与 t 这两个相邻时刻观测得到 i 和 j 两颗脉冲星的脉冲到达时间，则其双差量测模型可以表示为

$$
\begin{aligned}
Z_{t2}=Z_{t1}(t)-Z_{t1}(t-1)\approx&\frac{\boldsymbol{r}(t)-\boldsymbol{r}(t-1)}{c}\cdot(\boldsymbol{n}^i-\boldsymbol{n}^j)+\\
&\frac{T_P\cdot c\cdot\boldsymbol{v}(t)\cdot(\boldsymbol{n}^i-\boldsymbol{n}^j)}{2[c+\boldsymbol{n}^i\cdot\boldsymbol{v}(t)][c+\boldsymbol{n}^j\cdot\boldsymbol{v}(t)]}-\\
&\frac{T_P\cdot c\cdot\boldsymbol{v}(t-1)\cdot(\boldsymbol{n}^i-\boldsymbol{n}^j)}{2[c+\boldsymbol{n}^i\cdot\boldsymbol{v}(t-1)][c+\boldsymbol{n}^j\cdot\boldsymbol{v}(t-1)]}+\\
&[t_{\mathrm{R}}^i(t)-t_{\mathrm{R}}^j(t)]-[t_{\mathrm{R}}^i(t-1)-t_{\mathrm{R}}^j(t-1)]+\\
&[t_{\mathrm{S}}^i(t)-t_{\mathrm{S}}^j(t)]-[t_{\mathrm{S}}^i(t-1)-t_{\mathrm{S}}^j(t-1)]+\\
&\frac{\boldsymbol{r}(t)-\boldsymbol{r}(t-1)}{c}\cdot(\delta\boldsymbol{n}^i-\delta\boldsymbol{n}^j)+V_{t2}
\end{aligned}
\tag{8.14}
$$

式中：V_{t2} 为脉冲到达时间的双差量测噪声。

由于相邻时刻的相对论效应变化很小，所以，经双差分处理后，认为相对论效应的影响可忽略，即 t_{R} 与 t_{S} 有关项的量级非常小，可以忽略不计，则式(8.14)可以写为

$$
\begin{aligned}
Z_{t2}\approx&\frac{\boldsymbol{r}(t)-\boldsymbol{r}(t-1)}{c}\cdot(\boldsymbol{n}^i-\boldsymbol{n}^j)+\frac{T_P\cdot c\cdot\boldsymbol{v}(t)\cdot(\boldsymbol{n}^i-\boldsymbol{n}^j)}{2[c+\boldsymbol{n}^i\cdot\boldsymbol{v}(t)][c+\boldsymbol{n}^j\cdot\boldsymbol{v}(t)]}-\\
&\frac{T_P\cdot c\cdot\boldsymbol{v}(t-1)\cdot(\boldsymbol{n}^i-\boldsymbol{n}^j)}{2[c+\boldsymbol{n}^i\cdot\boldsymbol{v}(t-1)][c+\boldsymbol{n}^j\cdot\boldsymbol{v}(t-1)]}+\frac{\boldsymbol{r}(t)-\boldsymbol{r}(t-1)}{c}\cdot(\delta\boldsymbol{n}^i-\delta\boldsymbol{n}^j)+V_{t2}
\end{aligned}
\tag{8.15}
$$

式(8.15)表明，通过对脉冲星的脉冲到达时间进行双差分处理，可以将原子钟钟差、太阳系质心相对于日心的位置误差彻底消除；而且，由于相邻时刻的相对论效应变化很小，所以双差分后相对论效应的影响可以忽略，这样可以降低量测模型的复杂程度，提高计算效率。与单差分定位方法类似，双差分定位时解析法与状态估计法都可以得到航天器的位置

信息。而双差分量测量除了在同一历元相关外，在相邻历元也是相关的。因此，在使用这一定位方法时，需要根据实际观测情况，确定其相应的加权矩阵与滤波算法。

8.1.3 X射线脉冲星定姿原理与方法

X射线脉冲星导航的定姿原理(见图8.6)与星敏感器类似，区别在于X射线脉冲星导航观测的是X射线而不是可见光，相应地，在信号处理算法上也存在一定差异。

利用X射线成像仪提取脉冲星影像，可得到第j颗脉冲星的影像在成像平面内的位置坐标(x_j, y_j)，进而可以确定该脉冲星在成像坐标系C的方向矢量$\boldsymbol{S}_j^{\mathrm{C}}$：

$$\boldsymbol{S}_j^{\mathrm{C}}=\frac{1}{\sqrt{x_j^2+y_j^2+f^2}}\begin{bmatrix}-x_j\\-y_j\\f\end{bmatrix} \tag{8.16}$$

式中：f为X射线成像仪的焦距。

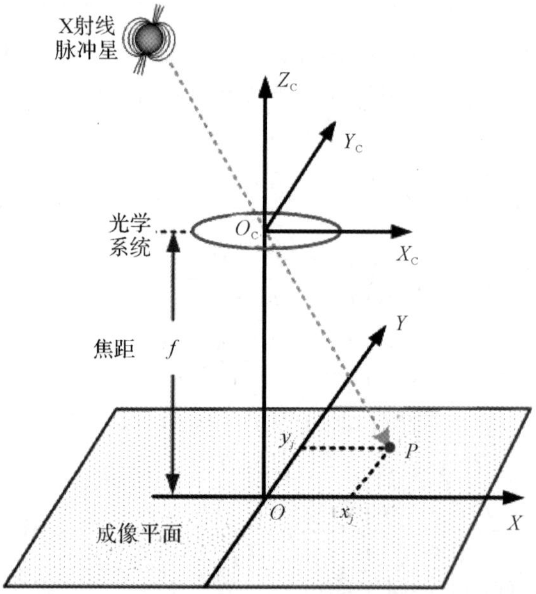

图8.6 X射线成像仪定姿原理

再结合X射线探测器的安装矩阵$\boldsymbol{C}_{\mathrm{b}}^{\mathrm{C}}$，即可得到该脉冲星在载体本体系中的方向矢量$\boldsymbol{S}_j^{\mathrm{b}}$。由于脉冲星导航数据库中已经保存了X射线脉冲星在太阳系质心惯性坐标系中的方向矢量，所以，将累积叠加得到的脉冲轮廓与标准脉冲轮廓进行互相关处理，可以识别出该脉冲星在导航数据库中的编号，进而得到其在太阳系质心惯性坐标系中的视线方向矢量$\boldsymbol{n}_j^{\mathrm{i}}$：

$$\boldsymbol{n}_j^{\mathrm{i}}=\begin{bmatrix}\cos\delta_j\cos\alpha_j\\\cos\delta_j\sin\alpha_j\\\sin\delta_j\end{bmatrix} \tag{8.17}$$

式中：(α_j, δ_j)为该脉冲星的赤经、赤纬信息。

由于$\boldsymbol{S}_j^{\mathrm{C}}$与$n_j^{\mathrm{i}}$之间存在如下转换关系：

$$\boldsymbol{S}_j^{\mathrm{C}}=\boldsymbol{C}_{\mathrm{b}}^{\mathrm{C}}\boldsymbol{C}_{\mathrm{i}}^{\mathrm{b}}\boldsymbol{n}_j^{\mathrm{i}} \tag{8.18}$$

所以，通过观测 $n(n\geqslant 3)$ 颗脉冲星，可构造得到 $\boldsymbol{S}^{\mathrm{C}}=[\boldsymbol{S}_1^{\mathrm{C}}\quad \boldsymbol{S}_2^{\mathrm{C}}\quad \cdots\quad \boldsymbol{S}_n^{\mathrm{C}}]$ 与 $\boldsymbol{n}^{\mathrm{i}}=[\boldsymbol{n}_1^{\mathrm{i}}\quad \boldsymbol{n}_2^{\mathrm{i}}\quad \cdots\quad \boldsymbol{n}_n^{\mathrm{i}}]$。这样，利用最小二乘算法，即可计算得到姿态矩阵 $\boldsymbol{C}_{\mathrm{i}}^{\mathrm{b}}$ 为

$$\boldsymbol{C}_{\mathrm{i}}^{\mathrm{b}}=\boldsymbol{C}_{\mathrm{C}}^{\mathrm{b}}[\boldsymbol{S}^{\mathrm{C}}(\boldsymbol{n}^{\mathrm{i}})^{\mathrm{T}}][\boldsymbol{n}^{\mathrm{i}}(\boldsymbol{n}^{\mathrm{i}})^{\mathrm{T}}]^{-1} \tag{8.19}$$

进而，利用姿态矩阵 $\boldsymbol{C}_{\mathrm{i}}^{\mathrm{b}}$ 便可获得载体的姿态信息。

8.1.4　X 射线脉冲星测速原理与方法

1. 测速原理

由于 X 射线脉冲星是高速旋转的中子星，所以其会周期性地产生电磁辐射。当载体靠近或远离 X 射线源时，其探测到的脉冲频率 f_{SC} 与脉冲星发射的脉冲频率 f_{SSB} 之间存在差异，即存在多普勒频移，这种现象也被称为多普勒效应。X 射线脉冲星测速就是利用多普勒频移效应来实现的，其中，载体接收到的脉冲频率 f_{SC} 可以通过 X 射线探测器测量得到；而脉冲星发射的脉冲频率 f_{SSB} 可以根据脉冲星计时模型[见式(8.5)]预测得到。

如图 8.7 所示，将脉冲信号的测量频率 f_{SC} 与预测频率 f_{SSB} 换算在同一时间系统下，然后根据它们的差值测定多普勒频移量 Δf，进而可以计算出载体沿脉冲星视线方向 $\boldsymbol{n}$ 的运动速率：

$$v_a=c\,\frac{\Delta f}{f_{\mathrm{SSB}}}=c\,\frac{f_{\mathrm{SC}}-f_{\mathrm{SSB}}}{f_{\mathrm{SSB}}} \tag{8.20}$$

另外，v_a 还可以表示为 $v_a=\boldsymbol{n}\cdot\boldsymbol{v}$。因此，利用 3 颗及以上脉冲星的多普勒频移信息，即可求解出载体的三维速度。

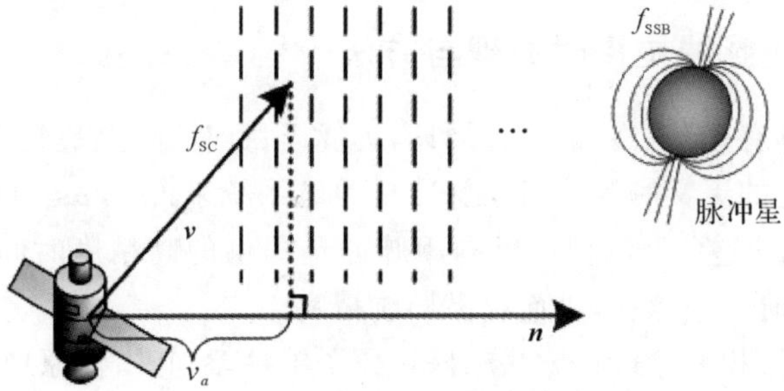

图 8.7　脉冲星多普勒测速原理

2. 测速方法

(1)X 射线脉冲星直接测速。X 射线脉冲星具有稳定的辐射频率，因此，根据航天器相对于脉冲星的多普勒频移 Δf，可以测得航天器沿脉冲星视线方向上的速度信息 v_a。然而，考虑到脉冲星的视线方向误差 $\delta\boldsymbol{n}^i$ 与原子钟钟差 δt_{SC} 对测速精度的影响，多普勒频移直接测速模型可进一步写为

$$v_a^i=c\,\frac{\Delta f^i}{f_{\mathrm{SSB}}^i}+c\,\frac{\delta f_{\mathrm{SC}}}{f_{\mathrm{SSB}}^i}=\boldsymbol{n}^i\cdot\boldsymbol{v}+\delta\boldsymbol{n}^i\cdot\boldsymbol{v}+V_v \tag{8.21}$$

式中：δf_{SC} 为原子钟钟差引起的测量频率系统误差，对于同一历元时刻，认为测量频率系统

误差 δf_{SC} 相同。以 $c\cdot\Delta f^i$ 为观测量 Z_{v0}，则其量测模型可以写为

$$Z_{v0}=c\Delta f^i=f^i_{SSB}(\boldsymbol{n}^i\cdot\boldsymbol{v}+\delta\boldsymbol{n}^i\cdot\boldsymbol{v})-c\delta f_{SC}+V_{v0} \tag{8.22}$$

若某历元时刻 t_k 能同时观测到三颗及以上脉冲星的多普勒频移信息，则可以通过解析法求解式(8.22)，进而确定速度矢量 $\boldsymbol{v}$；也可以将式(8.22)作为量测方程，利用滤波算法进行状态估计，进而估计出航天器的速度矢量 $\boldsymbol{v}$。这种状态估计法不需要同时观测三颗以上脉冲星，而是只要存在脉冲星信息即可对速度矢量等状态进行量测更新。

(2)单差分测速。考虑到未知的测量频率系统误差 δf_{SC} 对速度测量精度的影响，对同一历元时刻不同脉冲星的多普勒频移进行差分，即可消除原子钟钟差引起的测量频率系统误差 δf_{SC}。这样，多普勒频移单差量测模型可以写为

$$Z_{v1}=c\cdot(\Delta f^i-\Delta f^j)=(f^i_{SSB}\boldsymbol{n}^i-f^j_{SSB}\boldsymbol{n}^j)\cdot\boldsymbol{v}+(f^i_{SSB}\delta\boldsymbol{n}^i-f^j_{SSB}\delta\boldsymbol{n}^j)\cdot\boldsymbol{v}+V_{v1} \tag{8.23}$$

式中：V_{v1} 为多普勒频移的单差量测噪声。

式(8.23)表明，通过对脉冲星的多普勒频移进行差分，可以消除原子钟钟差引起的系统误差。与直接测速方法类似，单差分测速时解析法与状态估计法都可以得到航天器的速度信息。然而，由于需要两颗脉冲星多普勒频移的观测数据才能构成一个单差量测量，所以，采用解析法时，至少需要观测 4 颗脉冲星，才能解算得到载体的三维速度坐标。而且，当以某颗脉冲星为基准构造单差量测量时，则各单差分量测量在同一历元时刻是相关的。因此，在采用基于状态估计的滤波算法或者带加权矩阵的解析法时也需要考虑这种相关性。

综上，将脉冲到达时间双差分定位模型与多普勒频移单差分测速模型相结合，可以抑制脉冲星导航的系统误差，进而通过解析法或状态估计法，可以得到更准确的航天器位置、速度信息。

8.1.5 X 射线脉冲星授时原理与方法

毫秒级脉冲星具有极其稳定的脉冲周期，远优于目前国际上最先进的星载铷钟和氢钟，被誉为自然界最稳定的天文时钟。对于脉冲星导航系统来说，1 μs 的时间测量误差就会带来 300 m 的距离测量误差。因此，可以利用脉冲星提供的高精度时间基准，对原子钟钟差进行校正，抑制其随时间的漂移，进而提高导航精度。

通常，采用相位锁相环路修正方法来修正原子钟钟差，其工作原理如图 8.8 所示。从 X 射线探测器提取脉冲信号，经过时钟测量相位预处理器，可以获得脉冲相位 Φ_1 和频率 f_1，再经过鉴相器和环路滤波器处理，便可利用环路滤波器的输出相位来控制数控振荡器(Numerically Controlled Oscillator，NCO)，从而调节原子钟的基本频率，以满足锁相环路的控制门限要求，达到时钟校正的目的。

X 射线脉冲星导航采用 X 射线脉冲星的脉冲信号作为时钟源进行导航定位，能够长期、自主、稳定地为载体提供位置、速度、姿态和时间等高精度自主导航信息。结合脉冲星导航的原理及方法，可知脉冲星导航具有以下优势：

(1)脉冲星导航作为天文导航的分支，具有自主性好、不依赖地面设备、抗干扰能力强、导航误差不随时间累积等优点。

(2)脉冲星导航可以提供高精度的时间基准。时间基准是导航的重要组成部分，现有导航

系统的时间基准大多来自星载时钟和地面校正，长时间工作会导致误差积累。而脉冲星长期稳定性高，可以提供高稳定性和高精度的时间基准，这一优势其他大多导航方法都不具备。

(3)脉冲星导航的适用范围广。近如地球卫星，远至深空探测器都可以利用脉冲星进行导航，这是因为脉冲星相对载体的方向和位置可以看作不变，能够在大范围区域为载体提供导航信息。

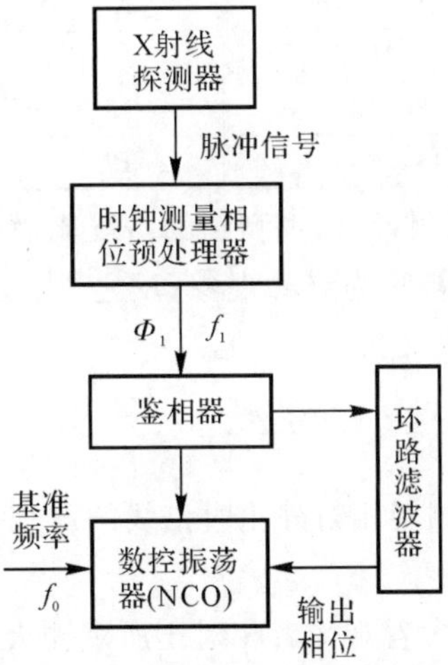

图 8.8　相位锁相环路工作原理

基于以上优势，X 射线脉冲星导航逐渐受到了各领域的广泛关注。X 射线脉冲星导航能够为载体提供完备、高精度的导航信息，包括位置、速度、姿态等，还能提供精确的时间基准。美国提出的“基于 X 射线源的自主导航定位验证”计划已经进入飞行演示验证阶段，DARPA 实验室提出，其最终目标是建立一个能够提供定轨精度 10 m、定时精度 1 ns、测姿精度 3″的脉冲星导航网络，从而满足未来航天任务从近地轨道、深空至星际空间的全程高精度自主导航的应用需求。

8.2　光谱红移测速导航方法

光谱红移测速导航方法以太阳系天体的光信号作为导航信息源，结合太阳系天体星历信息以及航天器的惯性姿态信息，根据光谱红移效应测量得到航天器在惯性坐标系中的飞行速度，进而通过积分获得航天器的位置信息。下面介绍光谱红移基本概念以及光谱红移测速原理与实现方法。

8.2.1　光谱红移基本概念

天体光谱是由连续谱、谱线和各种噪声组成的，其中谱线是由天体中的各种原子、分子等在连续谱基础上吸收或辐射能量所体现出的特征。以太阳光谱为例，德国物理学家约瑟夫·夫琅禾费于 1814 年发现太阳光谱中有一系列暗特征线，后来被称为夫琅禾费线。1859 年，基尔霍夫和罗伯特·本生确认了每一条谱线所对应的化学元素，并推断太阳光谱中的暗线是由太阳上层的元素吸收造成的。主要的夫琅禾费线及其对应的元素和波长见表 8.1。

表 8.1　主要夫琅禾费线及其对应的元素和波长

名　称	元　素	波长/nm	名　称	元　素	波长/nm
A	O_2	759.370	G	Fe	430.790
B	O_2	686.710	h	Hδ	410.175
C	Hα	656.281	H	Ca^+	396.847
D2	Na	588.995	K	Ca^+	393.368
E2	Fe	527.039	L	Fe	382.044
F	Hβ	486.134	N	Fe	358.121
e	Fe	438.355	P	Ti^+	336.112

当天体以一定的速度背离观测者时，观测到的谱线比静止谱线的波长要长，表现为谱线朝红端移动一段距离，这种现象被称为红移现象；反之，则会出现蓝移现象。红移的大小由红移值衡量，红移值用 z 表示，定义为

$$z=\frac{\lambda-\lambda_0}{\lambda_0}=\frac{f_0-f}{f} \tag{8.24}$$

式中：λ_0 和 f_0 分别为天体与观测者相对静止时谱线的波长和频率；λ 和 f 分别为天体与观测者相对运动时谱线的波长和频率。

可见，天体光谱的红移值包含着观测者相对于所观测天体的相对速度信息，因此利用天体光谱的红移特性作为信息源，可得到一种自主导航新方法，即光谱红移测速导航方法。

8.2.2　光谱红移测速原理

图 8.9 所示为光谱红移测速导航的基本原理示意图。假设航天器在空间飞行过程中可探测到包括太阳、木星、地球等若干天体的光信号，由多普勒效应原理可知，航天器接收到的这些天体的光谱将会发生光谱红移现象。

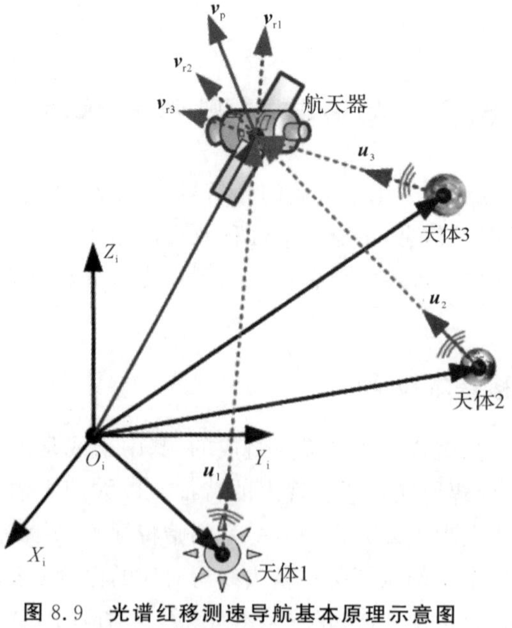

图 8.9　光谱红移测速导航基本原理示意图

根据光谱红移特征频移公式(8.24)，当航天器相对光源运动时，在航天器上接收到的光源频率与地面标称特征频率的关系可表示为

$$f=f_0\frac{\sqrt{1-|\boldsymbol{v}_{\mathrm{r}}|^2/c^2}}{1+(\boldsymbol{v}_{\mathrm{r}}\cdot\boldsymbol{u})/c} \tag{8.25}$$

式中：$\boldsymbol{v}_{\mathrm{r}}$ 表示惯性坐标系 $O_{\mathrm{i}}X_{\mathrm{i}}Y_{\mathrm{i}}Z_{\mathrm{i}}$ 中航天器相对于天体的速度矢量；$\boldsymbol{u}$ 为惯性系中所观测天体指向航天器的单位方向矢量，即为惯性系中的天体方向矢量；c 为真空中光速。

而由式(8.25)可得

$$\frac{f_0}{f}=\frac{(\boldsymbol{v}_{\mathrm{r}}\cdot\boldsymbol{u})+c}{\sqrt{c^2-|\boldsymbol{v}_{\mathrm{r}}|^2}} \tag{8.26}$$

将航天器相对于天体的速度矢量 $\boldsymbol{v}_{\mathrm{r}}=\boldsymbol{v}_{\mathrm{p}}-\boldsymbol{v}_{\mathrm{s}}$ 代入式(8.26)，可得

$$\frac{f_0}{f}=\frac{[(\boldsymbol{v}_{\mathrm{p}}-\boldsymbol{v}_{\mathrm{s}})\cdot\boldsymbol{u}]+c}{\sqrt{c^2-|(\boldsymbol{v}_{\mathrm{p}}-\boldsymbol{v}_{\mathrm{s}})|^2}} \tag{8.27}$$

式中：$\boldsymbol{v}_{\mathrm{p}}$ 和 $\boldsymbol{v}_{\mathrm{s}}$ 分别表示航天器和天体在惯性坐标系中的速度矢量。

进一步，将式(8.24)代入式(8.27)，可得到光谱红移测速导航的量测方程为

$$z=\frac{[(\boldsymbol{v}_{\mathrm{p}}-\boldsymbol{v}_{\mathrm{s}})\cdot\boldsymbol{u}]+c}{\sqrt{c^2-|(\boldsymbol{v}_{\mathrm{p}}-\boldsymbol{v}_{\mathrm{s}})|^2}}-1 \tag{8.28}$$

式中：除光谱红移值 z 为直接量测量之外，天体在惯性坐标系中的速度矢量 $\boldsymbol{v}_{\mathrm{s}}$ 可由星历确定，并且惯性系下的天体方向矢量 $\boldsymbol{u}$ 可由下式计算得到

$$\boldsymbol{u}=\boldsymbol{C}_{\mathrm{b}}^{\mathrm{i}}\boldsymbol{b} \tag{8.29}$$

式中：$\boldsymbol{b}$ 表示在航天器本体坐标系中所观测天体指向航天器的单位方向矢量，即本体系下的天体方向矢量，可由太阳敏感器或行星敏感器测得；$\boldsymbol{C}_{\mathrm{b}}^{\mathrm{i}}$ 表示航天器本体系相对于惯性系的姿态矩阵，可由星敏感器测量得到。因此，式(8.28)中只有航天器在惯性坐标系中的速度矢量 $\boldsymbol{v}_{\mathrm{p}}=[v_{\mathrm{p}x},v_{\mathrm{p}y},v_{\mathrm{p}z}]^{\mathrm{T}}$ 未知，即光谱红移测速导航的量测方程式(8.28)中只含有 $v_{\mathrm{p}x},v_{\mathrm{p}y}$，$v_{\mathrm{p}z}$ 这3个未知量。

当航天器同时测量得到 $n(n\geqslant 3)$ 颗天体的光谱红移值时，便可构造如下非线性方程组：

$$\left.\begin{aligned}
z_1&=\frac{[(\boldsymbol{v}_{\mathrm{p}}-\boldsymbol{v}_{\mathrm{s1}})\cdot\boldsymbol{u}_1]+c}{\sqrt{c^2-|(\boldsymbol{v}_{\mathrm{p}}-\boldsymbol{v}_{\mathrm{s1}})|^2}}-1\\
z_2&=\frac{[(\boldsymbol{v}_{\mathrm{p}}-\boldsymbol{v}_{\mathrm{s2}})\cdot\boldsymbol{u}_2]+c}{\sqrt{c^2-|(\boldsymbol{v}_{\mathrm{p}}-\boldsymbol{v}_{\mathrm{s2}})|^2}}-1\\
&\cdots\cdots\\
z_n&=\frac{[(\boldsymbol{v}_{\mathrm{p}}-\boldsymbol{v}_{\mathrm{sn}})\cdot\boldsymbol{u}_n]+c}{\sqrt{c^2-|(\boldsymbol{v}_{\mathrm{p}}-\boldsymbol{v}_{\mathrm{sn}})|^2}}-1
\end{aligned}\right\} \tag{8.30}$$

这样，通过求解非线性方程组式(8.30)便可得到航天器在惯性坐标系中的速度矢量 $\boldsymbol{v}_{\mathrm{p}}$，进而通过积分便可获得航天器在惯性坐标系中的位置矢量 $\boldsymbol{r}_{\mathrm{p}}$。此外，当航天器无法同时测量得到3颗天体的光谱红移值时，便无法直接利用光谱红移测速导航求解得到航天器的速度、位置等导航参数，但此时仍然可以将测得的光谱红移值作为组合导航滤波器中的量测信息，对航天器的速度、位置等导航参数进行估计。

8.2.3 光谱红移测速实现方法

光谱红移测速导航系统的组成结构如图 8.10 所示。该系统主要包含光谱红移获取模块、天体方向矢量获取模块、光谱红移量测方程构造模块和导航解算模块。

(1)光谱红移获取模块。通过航天器上搭载的光谱仪获取所观测天体的光谱信息,然后经过光谱预处理、特征谱线提取、特征匹配与光谱红移计算等步骤后,即可得到所观测天体的光谱红移值。其中,光谱预处理是为了减弱噪声的影响,并将光谱仪测得的连续光谱进行归一化;特征谱线提取是为了从测得的连续光谱中准确提取出一系列特征谱线;特征匹配与光谱红移计算则是为了建立提取谱线与预先存储的天体谱线之间的一一对应关系,进而计算得到同一谱线的移动距离,即光谱红移值 z。

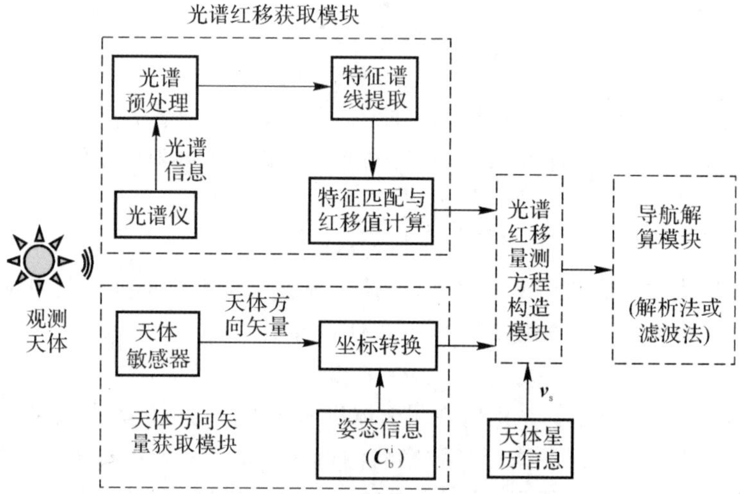

图 8.10 光谱红移测速导航系统组成结构

(2)天体方向矢量获取模块。通过航天器上搭载的天体敏感器获取所观测天体在航天器本体系下的单位方向矢量 $\boldsymbol{b}$,然后利用航天器的姿态信息求得航天器本体坐标系相对于惯性坐标系的姿态矩阵 $\boldsymbol{C}_b^i$,进而利用姿态矩阵 $\boldsymbol{C}_b^i$ 将本体坐标系下的天体单位方向矢量 $\boldsymbol{b}$ 转换为惯性坐标系下的天体单位方向矢量 $\boldsymbol{u}$。

(3)光谱红移量测方程构造模块。利用光谱红移获取模块提供的光谱红移值 z 和天体方向矢量获取模块提供的惯性坐标系下的天体单位方向矢量 $\boldsymbol{u}$,并结合天体星历信息中的天体速度矢量 $\boldsymbol{v}_s$,按照式(8.28)构造得到光谱红移量测方程。

(4)导航解算模块。光谱红移测速导航方法可以分为解析法和滤波法两类。解析法需要航天器同时测量得到 3 颗及以上天体的光谱红移值,此时便可按照式(8.30)构造得到关于航天器在惯性坐标系中速度矢量 $\boldsymbol{v}_p$ 的非线性方程组,然后利用非线性方程组求解方法得到速度矢量 $\boldsymbol{v}_p$ 的解析解,进而通过积分获得航天器在惯性坐标系中的位置矢量 $\boldsymbol{r}_p$;而滤波法对航天器同时观测的天体的红移值数目没有限制,该方法只需要将光谱红移量测方程构造模块所提供的光谱红移量测方程作为组合导航滤波器的量测方程(或者只是其中的一部分),便可对航天器的速度、位置等导航参数进行估计。

可见,与传统的天文导航方式相比,光谱红移获取模块的区别最为显著,而且该模块也是实现光谱红移测速导航的重要环节。

光谱红移获取模块包括光谱预处理、特征谱线提取、特征匹配与光谱红移计算三项关键技术，下面分别对这三项关键技术进行介绍。

1. 光谱预处理

(1)光谱去噪。对于航天器来说，假设理想光谱是 s_0，而光谱仪观测到的光谱是 s，则有

$$s=s_0+b+w+x \tag{8.31}$$

式中：b 表示天光背景，与成像视野里的天体背景有关；w 表示设备噪声；x 表示未知噪声源引起的噪声。天光背景和设备噪声均可在成像阶段由光谱仪的专用硬件进行处理，从而得到初步的消除和抑制，但其残余噪声和其他未知噪声源引起的噪声混合在一起，共同表现为随机白噪声以及波长不固定的干扰噪声。

常用的去噪方法包括高斯滤波、中值滤波、小波阈值法。鉴于光谱信号中的主要噪声是高斯白噪声，而小波阈值法的优点就是可以很好地去除高斯白噪声，因此通常采用小波分层阈值降噪法进行光谱去噪。

小波分层阈值降噪法的具体步骤如下：

1) 对观测信号进行多尺度分解。

$$[a_j, d_j, d_{j-1}, \cdots]=\mathrm{wavedec}(s, j, \mathrm{wname}) \tag{8.32}$$

式中：j 表示多尺度分解的层数；a_j 表示第 $j(j>1)$ 层分解后的低频部分；d_j 表示第 j 层分解后的高频部分，第 j 层分解以 a_{j-1} 为基础；s 表示观测信号；wname 表示采用的小波种类，通常采用 Daubechies 小波系。

2)设置合适的阈值滤除噪声。

$$[a_j, d_j, d_{j-1}, \cdots, d_{k+2}, d_{k+1}, \cdots, d_m, d_t, \cdots]=\mathrm{filter}(a_j, d_j, d_{j-1}, \cdots, d_2, d_1) \tag{8.33}$$

式中：$d_m, d_t, \cdots$表示前 k 阶中系数最大的 p 个小波系数。阈值确定采用的是 Birge-Massart 法则：给定分解层数 k，对 $k+1$ 以及更高层的所有系数保留；对于第 $i(i=1,2,\cdots,k)$ 层保留绝对值最大的 p 个小波系数，其余的置 0。

3)小波重构恢复信号。

$$s'=r(a_j, d_j, d_{j-1}, \cdots, d_{k+2}, d_{k+1}, \cdots, d_m, d_t, \cdots) \tag{8.34}$$

式中：$r(\cdot)$为重构函数；s'为重构后的信号。

这样，通过步骤 1)～3)便可利用小波分层阈值降噪法实现光谱去噪。

(2)连续谱归一化。连续谱的存在使得谱线的强度不能被真实地反映出来，因此必须使光谱中缓慢变化的部分归为零。通常采用的方法是将原始光谱减去连续光谱，该过程被称为连续谱归一化。常采用多项式逼近法、中值滤波、小波变换等方法来进行连续光谱的拟合。多项式逼近实际是多项式拟合，该方法涉及基向量和最小二乘，计算量大；中值滤波是一种典型的非线性滤波，虽简单易行，但对于吸收谱，会由于吸收带的影响造成中值位置与真实连续谱不一致。鉴于此，通常采用小波变换方法进行连续谱归一化，但其缺点在于：生成的谱线光谱中仍然有噪声和部分较弱的吸收谱线混杂在一起，不利于后期的谱线特征提取。因此，需要在谱线光谱的基础上，再次进行光谱归一化，得到新的谱线光谱。假定原始的谱线光谱称为一次光谱，则新得到的谱线光谱称为二次光谱。连续谱归一化的具体步骤如下：

1)对去噪后的光谱信号进行多尺度分解

$$[a_j, d_j, d_{j-1}, \cdots, d_2, d_1] = \text{wavedec}(s', j, \text{wname}) \tag{8.35}$$

2)高频信号全部归零

$$a_j = h_0(a_j, d_j, d_{j-1}, \cdots, d_2, d_1) \tag{8.36}$$

式中:$h_0(\cdot)$函数表示将高频部分全部置零。

3)用低频信号重构连续谱

$$s'' = r(a_j) \tag{8.37}$$

式中:s''是重构后的信号。

4)原始光谱减去连续谱,得到一次光谱

$$s''' = s' - s'' \tag{8.38}$$

5)以一次光谱 s'''为基础,重复步骤 1)~4),便可得到二次光谱 s''''。

这样,通过步骤 1)~5)便可利用小波变换方法实现连续谱归一化。

2. 特征谱线提取

已知太阳光谱中有很多夫琅禾费线,理论上只要准确测定同一条吸收谱线在静止和相对运动状态时所对应的频率值 f_0 和 f,便可以利用式(8.24)精确解算该观测天体的光谱红移值 z。但在实际操作中,需要提取比较明显的多条吸收谱线以减少计算误差。

吸收谱线多为局部极小值,若只采用局部阈值,会导致某些谱线稀疏的地方产生伪谱线;而若只采用整体阈值,又会导致吸收谱线强度弱的地方谱线丢失。因此,需要采用局部阈值和整体阈值相结合的方法。具体步骤如下:

(1)设置局部阈值 t,提取局部极小值点;

(2)设置整体阈值 T,提取低于整体阈值的所有点(由于是在提取吸收谱线,因此取低于整体阈值的谱线点)。

3. 特征匹配与光谱红移计算

对于某一天体的观测光谱而言,由于任一时刻航天器和该天体的速度矢量 $\boldsymbol{v}_{\mathrm{p}}$ 和 $\boldsymbol{v}_{\mathrm{s}}$ 均是确定的,因此任一时刻同一天体的不同吸收谱线的红移值 z 应是相等的。对静止条件下的吸收谱线进行提取,可以获得一个离散的数列$\{\lambda_{0,i}, i=1,2,\cdots,M\}$;而在实际运动过程中,对观测到的吸收谱线进行提取,也可获得一个离散的数列$\{\lambda_j, j=1,2,\cdots,N\}$。由式(8.24)可知,同一谱线的波长应满足 $\lambda=(1+z)\lambda_0$,所以两个离散数列中的对应吸收谱线也应满足此种关系。

为了对吸收谱线进行匹配,可以按照

$$z_k = \lambda_{0,i}/\lambda_j - 1, \quad k=1,2,\cdots,MN \tag{8.39}$$

对两个数列中的元素进行遍历,这样便可得到一个数据集 $z=\{z_k, k=1,2,\cdots,MN\}$。显然,在 $z_k=z$ 处,数据集中的点比较密集。因此,只需找到数据集中最密集的点域,然后进行均值化,就可以得到估计的红移值 z。

综合来看,光谱红移测速导航方法不依赖地面无线电信息,也无须引入航天器轨道动力学,仅需要光谱信息、太阳系天体星历信息和航天器惯性姿态信息即可实现航天器的自主导航,是一种高度自主的天文导航新方法。

8.3　相对论导航方法

星敏感器成像能力及恒星星表精度的不断提升，使得利用恒星观测过程中的相对论效应进行导航成为可能。相对论导航是根据星光引力偏折和恒星光行差这两类相对论效应，建立恒星角距观测量与航天器位置、速度之间的关系模型，然后利用毫角秒星敏感器精确敏感高精度的恒星角距观测量，进而解算得到航天器位置和速度信息的一种导航方法。下面分别介绍相对论导航的基本原理、恒星视线方向的高精度测量方法以及相对论导航系统的模型。

8.3.1　相对论导航原理

1. 星光引力偏折与航天器位置的关系

根据广义相对论，由于受天体引力场的影响，恒星 s 发出的星光经过大质量天体 B 附近时会发生偏折，这种现象被称为星光引力偏折效应，如图 8.11 所示。

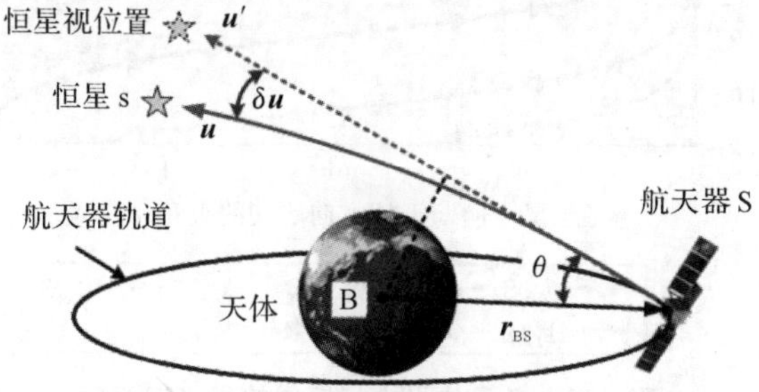

图 8.11　星光引力偏折示意图

星光引力偏折对恒星视线方向的影响可表示为

$$\boldsymbol{u}'=\boldsymbol{u}+\delta\boldsymbol{u} \tag{8.40}$$

式中：$\boldsymbol{u}'$为在天体引力场的作用下，恒星的视线方向矢量；$\boldsymbol{u}$ 为不受天体引力场影响情况下的恒星视线方向矢量；$\delta\boldsymbol{u}$ 为星光引力偏折效应引起的恒星视线方向矢量变化，可表示为

$$\delta\boldsymbol{u}=\frac{2\mu_{\mathrm{B}}}{c^2}\frac{(1-\boldsymbol{u}^{\mathrm{T}}\boldsymbol{r}_{\mathrm{BS}}/\|\boldsymbol{r}_{\mathrm{BS}}\|)(\boldsymbol{I}-\boldsymbol{u}\boldsymbol{u}^{\mathrm{T}})\boldsymbol{r}_{\mathrm{BS}}}{\|(\boldsymbol{I}-\boldsymbol{u}\boldsymbol{u}^{\mathrm{T}})\boldsymbol{r}_{\mathrm{BS}}\|^2} \tag{8.41}$$

式中：μ_{B} 为天体 B 的引力常数；c 为光速；$\|\cdot\|$ 表示矢量的欧几里得范数；$\boldsymbol{r}_{\mathrm{BS}}$ 为航天器 S 相对于天体 B 的位置矢量。

根据式(8.41)可知，星光引力偏折引起的星光偏折角为

$$\delta u=\|\delta\boldsymbol{u}\|=\frac{2\mu_{\mathrm{B}}}{c^2}\frac{(1-\boldsymbol{u}^{\mathrm{T}}\boldsymbol{r}_{\mathrm{BS}}/\|\boldsymbol{r}_{\mathrm{BS}}\|)}{\|(\boldsymbol{I}-\boldsymbol{u}\boldsymbol{u}^{\mathrm{T}})\boldsymbol{r}_{\mathrm{BS}}\|} \tag{8.42}$$

另外，从图 8.11 可以看出，恒星方向与天体方向之间的夹角为

$$\cos\theta=-\boldsymbol{u}^{\mathrm{T}}\boldsymbol{r}_{\mathrm{BS}}/\|\boldsymbol{r}_{\mathrm{BS}}\| \tag{8.43}$$

根据矢量的叉乘运算法则，有

$$\|(\boldsymbol{I}-\boldsymbol{u}\boldsymbol{u}^{\mathrm{T}})\boldsymbol{r}_{\mathrm{BS}}\|=\|\boldsymbol{u}\times(\boldsymbol{r}_{\mathrm{BS}}\times\boldsymbol{u})\|=r_{\mathrm{BS}}\sin\theta \tag{8.44}$$

式中：$r_{\mathrm{BS}}=\|\boldsymbol{r}_{\mathrm{BS}}\|$ 表示航天器 S 到天体 B 的距离。

将式(8.43)和式(8.44)代入式(8.42),则可将星光偏折角 δu 表示为

$$\delta u=\frac{2\mu_B}{c^2}\frac{(1+\cos\theta)}{r_{BS}\sin\theta}=\frac{2\mu_B}{c^2 r_{BS}}\cot\frac{\theta}{2} \tag{8.45}$$

根据式(8.45)可以看出,星光偏折角 δu 的大小与天体的引力常数 μ_B、航天器到天体的距离 r_{BS} 以及恒星方向与天体方向之间的夹角 θ 有关。以地球同步轨道航天器为例,根据式(8.45),可以计算得到不同天体所造成的星光偏折角 δu 的大小,随恒星方向与天体方向之间夹角 θ 的变化曲线,如图 8.12 所示。

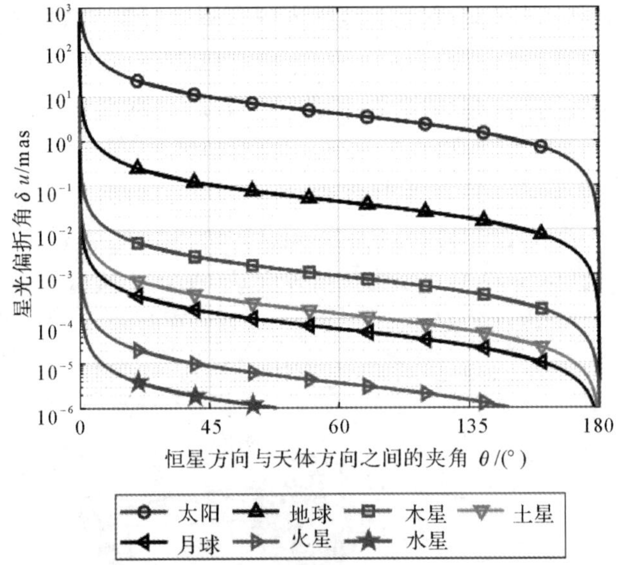

图 8.12 各天体引力场造成的星光偏折角

从图 8.12 可以看出,当恒星方向与天体方向之间的夹角相同时,太阳引力造成的星光偏折角最大,其余依次为地球、木星、土星、月球、火星、水星;而对于同一天体,随着恒星方向与天体方向之间夹角 θ 减小,星光偏折角 δu 会增大。在毫角秒星敏感器测量精度相同(即噪声方差相同)的条件下,星光折射角 δu 越大,则信噪比越高。因此,可选择与天体方向夹角较小的恒星进行观测,以提高星光折射角的测量信噪比,从而实现高精度导航定位。

2. 恒星光行差与航天器速度的关系

根据狭义相对论,在同一位置上,运动的观测者与静止的观测者测量的同一颗恒星 s 的视线方向存在差异,这种现象被称为恒星光行差效应,如图 8.13 所示。

恒星光行差对恒星视线方向的影响可以表示为

$$\boldsymbol{u}''=\boldsymbol{u}'+\delta\boldsymbol{u}' \tag{8.46}$$

式中:$\boldsymbol{u}'$ 为航天器静止时观测到的恒星视线方向矢量;$\boldsymbol{u}''$ 为航天器运动时观测到的恒星视线方向矢量;$\delta\boldsymbol{u}'$ 为恒星光行差引起的恒星视线方向矢量变化,可表示为

$$\delta\boldsymbol{u}'=\frac{1}{c}\left[\boldsymbol{u}'\times(\boldsymbol{v}_{ob}\times\boldsymbol{u}')\right]-\frac{1}{c^2}\left[(\boldsymbol{v}_{ob}^{T}\boldsymbol{u}')\boldsymbol{u}'\times(\boldsymbol{v}_{ob}\times\boldsymbol{u}')+\frac{1}{2}\boldsymbol{v}_{ob}\times(\boldsymbol{u}'\times\boldsymbol{v}_{ob})\right] \tag{8.47}$$

式中:$\boldsymbol{v}_{ob}$ 为航天器相对于太阳系质心的速度矢量,即

$$\boldsymbol{v}_{ob}=\boldsymbol{v}+\boldsymbol{v}_E \tag{8.48}$$

式中：$\boldsymbol{v}$ 为航天器相对于地球的速度矢量；$\boldsymbol{v}_E$ 为地球相对于太阳系质心的速度矢量。

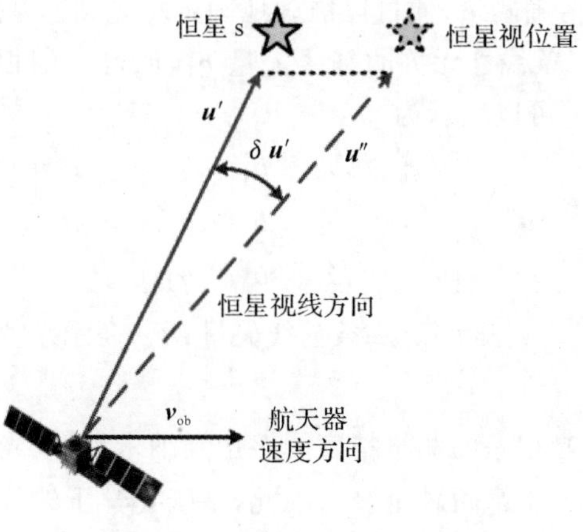

图 8.13　恒星光行差示意图

从式(8.41)可以看出，星光引力偏折是关于航天器位置的函数；而从式(8.47)可以看出，恒星光行差是关于航天器速度的函数。因此，星光引力偏折和恒星光行差中包含了航天器的位置、速度信息，通过测量这两类相对论效应影响下的恒星视线方向矢量，便可以从中提取航天器的位置和速度信息，从而实现自主导航。

8.3.2　恒星视线方向的高精度测量方法

目前，恒星视线方向的高精度测量通常基于光学干涉仪原理来实现。光学干涉仪的工作原理如图 8.14 所示。光学干涉仪利用分布在基线 $\boldsymbol{b}$ 两端的两个收集器 A、B 采集恒星星光，由于恒星星光到达收集器 A、B 的光程不同，因此会产生光程差 d。星光到达基线 $\boldsymbol{b}$ 两端的光程差可以表示为

$$d=\boldsymbol{b}^{\mathrm{T}}\boldsymbol{u}'' \tag{8.49}$$

式中：$\boldsymbol{b}=[b_x \quad b_y \quad b_z]^{\mathrm{T}}$ 表示从收集器 A 指向收集器 B 的基线矢量；$\boldsymbol{u}''=[u''_x \quad u''_y \quad u''_z]^{\mathrm{T}}$ 表示光学干涉仪坐标系下的恒星视线方向矢量。

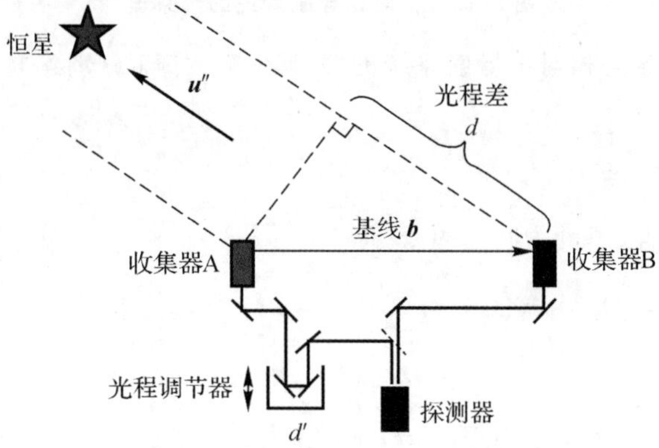

图 8.14　光学干涉仪的工作原理

收集器 A 采集的星光通过光程调节器后，与收集器 B 采集的星光进行叠加，并在探测器平面上形成干涉条纹。当星光到达基线 $\boldsymbol{b}$ 两端的光程差 d 和由光程调节器产生的光程

差 d' 完全相等时，探测器上会出现明亮的干涉条纹。此时，利用激光测量系统对光程调节器产生的光程差 d' 进行精确测量，便可以准确地确定星光到达基线 $\boldsymbol{b}$ 两端的光程差 d。

设光学干涉仪具有三条线性无关的基线矢量 $\boldsymbol{b}_1,\boldsymbol{b}_2,\boldsymbol{b}_3$，则根据式(8.49)可得，测量得到的恒星视线方向矢量 $\boldsymbol{u}''$ 可以表示为

$$\boldsymbol{u}''=\begin{bmatrix}u''_x\\u''_y\\u''_z\end{bmatrix}=\begin{bmatrix}b_{1x}&b_{1y}&b_{1z}\\b_{2x}&b_{2y}&b_{2z}\\b_{3x}&b_{3y}&b_{3z}\end{bmatrix}^{-1}\begin{bmatrix}d_1\\d_2\\d_3\end{bmatrix}\tag{8.50}$$

式中：$\boldsymbol{b}_m=[b_{mx}\quad b_{my}\quad b_{mz}]^{\mathrm{T}}$ 表示第 m 条基线矢量；d_m 表示星光到达基线 $\boldsymbol{b}_m$ 两端的光程差；$m=1,2,3$。

目前，光学干涉仪对光程差的测量精度能够达到纳米级，故光学干涉仪对恒星视线方向的测量精度可以达到 0.1～1 毫角秒量级。因此，基于光学干涉仪原理的星敏感器也被称为毫角秒星敏感器。

8.3.3 相对论导航系统模型

相对论导航系统的工作原理如图 8.15 所示。首先，根据轨道动力学模型，对航天器的位置和速度等导航参数进行一步预测；其次，利用光学干涉仪测量多颗恒星的视线方向矢量，从而计算得到恒星之间的角距信息；最后，将恒星角距作为量测信息，对航天器的位置和速度等导航参数进行量测更新，便可实现高精度的相对论自主导航。

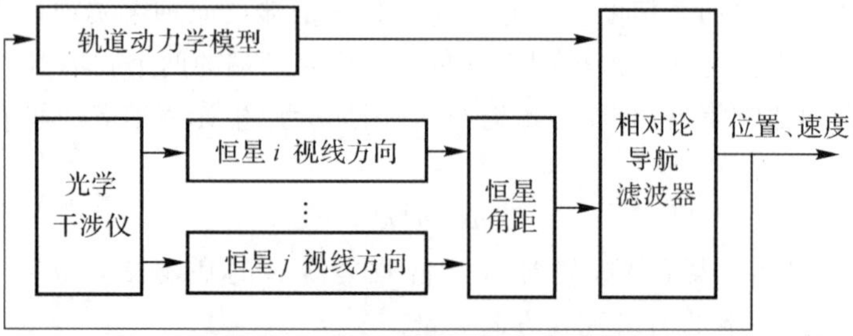

图 8.15　相对论导航系统工作原理

相对论导航滤波器是相对论导航系统的关键环节。下面分别建立相对论导航滤波器的状态模型和量测模型。

1. 状态模型

选取航天器的位置、速度为状态量 $\boldsymbol{x}$，即 $\boldsymbol{x}=[x\quad y\quad z\quad v_x\quad v_y\quad v_z]^{\mathrm{T}}$，则根据航天器轨道动力学模型，可得状态模型为

$$\left.\begin{aligned}&\dot{\boldsymbol{r}}=\boldsymbol{v}\\&\dot{\boldsymbol{v}}=-\mu_{\mathrm{E}}\frac{\boldsymbol{r}}{\|\boldsymbol{r}\|^3}-\sum_B\mu_{\mathrm{B}}\left(\frac{\boldsymbol{r}_{\mathrm{BS}}}{\|\boldsymbol{r}_{\mathrm{BS}}\|^3}+\frac{\boldsymbol{r}_{\mathrm{BE}}}{\|\boldsymbol{r}_{\mathrm{BE}}\|^3}\right)+\Delta\boldsymbol{F}\end{aligned}\right\}\tag{8.51}$$

式中：$\boldsymbol{r}=[x\quad y\quad z]^{\mathrm{T}}$ 和 $\boldsymbol{v}=[v_x\quad v_y\quad v_z]^{\mathrm{T}}$ 分别为航天器相对于地球的位置矢量和速度矢量；$\boldsymbol{r}_{\mathrm{BS}}=[x_{\mathrm{BS}}\quad y_{\mathrm{BS}}\quad z_{\mathrm{BS}}]^{\mathrm{T}}$ 为航天器相对于天体 B 的位置矢量；$\boldsymbol{r}_{\mathrm{BE}}=[x_{\mathrm{BE}}\quad y_{\mathrm{BE}}\quad z_{\mathrm{BE}}]^{\mathrm{T}}$

为地球相对于天体B的位置矢量；μ_E 为地球引力系数；μ_B 为其他天体的引力系数；$\Delta\boldsymbol{F}$ 为其他摄动加速度。

2. 量测模型

将恒星角距作为量测量，则可建立相对论导航系统的量测模型为

$$\boldsymbol{z}=\boldsymbol{h}(\boldsymbol{x})+\boldsymbol{v} \tag{8.52}$$

式中：$\boldsymbol{z}=[\cdots \quad (\widetilde{\boldsymbol{u}''_i})^{\mathrm{T}}\widetilde{\boldsymbol{u}''_j} \quad \cdots]^{\mathrm{T}}$；$\boldsymbol{v}=[\cdots \quad v_{ij} \quad \cdots]^{\mathrm{T}}$；$\boldsymbol{h}(\boldsymbol{x})=[\cdots \quad (\boldsymbol{u}''_i)^{\mathrm{T}}\boldsymbol{u}''_j \quad \cdots \quad]^{\mathrm{T}}$；$(\widetilde{\boldsymbol{u}''_i})^{\mathrm{T}}\widetilde{\boldsymbol{u}''_j}$为第 i 颗和第 j 颗恒星之间的角距测量值；v_{ij} 表示测量噪声；$(\boldsymbol{u}''_i)^{\mathrm{T}}\boldsymbol{u}''_j$为第 i 颗和第 j 颗恒星之间的角距，根据式(8.46)和式(8.47)可得其表达式为

$$\begin{aligned}(\boldsymbol{u}''_i)^{\mathrm{T}}\boldsymbol{u}''_j=&(\boldsymbol{u}'_i)^{\mathrm{T}}\boldsymbol{u}'_j+\frac{1}{c}[1-(\boldsymbol{u}'_i)^{\mathrm{T}}\boldsymbol{u}'_j][(\boldsymbol{v}+\boldsymbol{v}_{\mathrm{E}})^{\mathrm{T}}\boldsymbol{u}'_i+(\boldsymbol{v}+\boldsymbol{v}_{\mathrm{E}})^{\mathrm{T}}\boldsymbol{u}'_j]-\\&\frac{1}{c^2}[1-(\boldsymbol{u}'_i)^{\mathrm{T}}\boldsymbol{u}'_j]\{[(\boldsymbol{v}+\boldsymbol{v}_{\mathrm{E}})^{\mathrm{T}}\boldsymbol{u}'_i]^2+[(\boldsymbol{v}+\boldsymbol{v}_{\mathrm{E}})^{\mathrm{T}}\boldsymbol{u}'_j]^2+\\&[(\boldsymbol{v}+\boldsymbol{v}_{\mathrm{E}})^{\mathrm{T}}\boldsymbol{u}'_i][(\boldsymbol{v}+\boldsymbol{v}_{\mathrm{E}})^{\mathrm{T}}\boldsymbol{u}'_j]-(\boldsymbol{v}+\boldsymbol{v}_{\mathrm{E}})^{\mathrm{T}}(\boldsymbol{v}+\boldsymbol{v}_{\mathrm{E}})\}\end{aligned} \tag{8.53}$$

将量测函数 $h(\boldsymbol{x})$ 对状态量 $\boldsymbol{x}$ 求一阶偏导，可得量测矩阵为

$$\boldsymbol{H}=\begin{bmatrix}\vdots & \vdots\\ \dfrac{\partial((\boldsymbol{u}''_i)^{\mathrm{T}}\boldsymbol{u}''_j)}{\partial\boldsymbol{r}} & \dfrac{\partial((\boldsymbol{u}''_i)^{\mathrm{T}}\boldsymbol{u}''_j)}{\partial\boldsymbol{v}}\\ \vdots & \vdots\end{bmatrix} \tag{8.54}$$

式中

$$\frac{\partial((\boldsymbol{u}''_i)^{\mathrm{T}}\boldsymbol{u}''_j)}{\partial\boldsymbol{r}}=\frac{\partial((\boldsymbol{u}''_i)^{\mathrm{T}}\boldsymbol{u}''_j)}{\partial\boldsymbol{u}'_i}\frac{\partial\boldsymbol{u}'_i}{\partial\boldsymbol{r}}+\frac{\partial((\boldsymbol{u}''_i)^{\mathrm{T}}\boldsymbol{u}''_j)}{\partial\boldsymbol{u}'_j}\frac{\partial\boldsymbol{u}'_j}{\partial\boldsymbol{r}} \tag{8.55}$$

$$\frac{\partial((\boldsymbol{u}''_i)^{\mathrm{T}}\boldsymbol{u}''_j)}{\partial\boldsymbol{u}'_i}\approx(\boldsymbol{u}'_j)^{\mathrm{T}}\approx\boldsymbol{u}_j^{\mathrm{T}} \tag{8.56}$$

$$\frac{\partial((\boldsymbol{u}''_i)^{\mathrm{T}}\boldsymbol{u}''_j)}{\partial\boldsymbol{u}'_j}\approx(\boldsymbol{u}'_i)^{\mathrm{T}}\approx\boldsymbol{u}_i^{\mathrm{T}} \tag{8.57}$$

$$\begin{aligned}\frac{\partial\boldsymbol{u}'_k}{\partial\boldsymbol{r}}=&\sum_B\frac{2\mu_{\mathrm{B}}}{c^2}\frac{1}{\|\boldsymbol{M}_k\boldsymbol{r}_{\mathrm{BS}}\|^2}\left[\left(\frac{1-\boldsymbol{u}_k^{\mathrm{T}}\boldsymbol{r}_{\mathrm{BS}}}{\|\boldsymbol{r}_{\mathrm{BS}}\|}\right)\left(\boldsymbol{I}-\frac{2\boldsymbol{M}_k\boldsymbol{r}_{\mathrm{BS}}\boldsymbol{r}_{\mathrm{BS}}^{\mathrm{T}}\boldsymbol{M}_k^{\mathrm{T}}}{\|\boldsymbol{M}_k\boldsymbol{r}_{\mathrm{BS}}\|^2}\right)\boldsymbol{M}_k-\right.\\&\left.\frac{1}{\|\boldsymbol{r}_{\mathrm{BS}}\|^2}\boldsymbol{M}_k\boldsymbol{r}_{\mathrm{BS}}\boldsymbol{u}_k^{\mathrm{T}}\left(\boldsymbol{I}-\frac{\boldsymbol{r}_{\mathrm{BS}}\boldsymbol{r}_{\mathrm{BS}}^{\mathrm{T}}}{\|\boldsymbol{r}_{\mathrm{BS}}\|^2}\right)\right],\quad k=i,j\end{aligned} \tag{8.58}$$

$$\boldsymbol{M}_k=\boldsymbol{I}-\boldsymbol{u}_k\boldsymbol{u}_k^{\mathrm{T}},\quad k=i,j \tag{8.59}$$

$$\frac{\partial((\boldsymbol{u}''_i)^{\mathrm{T}}\boldsymbol{u}''_j)}{\partial\boldsymbol{v}}=\frac{1}{c}[1-(\boldsymbol{u}'_i)^{\mathrm{T}}\boldsymbol{u}'_j](\boldsymbol{u}'_i+\boldsymbol{u}'_j) \tag{8.60}$$

联合式(8.51)和式(8.52)，即可得到相对论导航滤波器的系统模型。

相对于传统光学成像天文导航、X射线脉冲星导航和光谱红移测速导航而言，相对论导航技术的优势主要有：

(1)可用目标多。与天文测角导航中使用的近天体相比，相对论导航以宇宙中广泛分布

的恒星为观测目标，更容易捕获恒星并进行高精度观测。

(2)辐射信号强。相对论导航在可见光波段对恒星进行观测，避免了 X 射线脉冲星辐射信号弱等问题。

(3)恒星位置稳。恒星在天球上的位置可根据星表精确计算，避免了光谱红移测速导航信号源不稳定等问题。

综合来看，随着未来星敏感器天体测量与成像能力的不断提升，相对论导航方法具有极大的发展潜力和广阔的应用前景。

思考与练习

1. 脉冲星具有哪些基本特征？X 射线脉冲星为何可以作为导航信标？
2. X 射线脉冲星定位方法可分为哪几种？这几种方法有何区别？
3. 简述 X 射线脉冲星定姿原理与方法。
4. X 射线脉冲星测速方法可分为哪几种？这几种方法有何区别？
5. 简述光谱红移的基本概念以及光谱红移测速的原理。
6. 简述光谱红移测速导航系统的组成结构及其工作原理。
7. 获取光谱红移值需要解决哪些关键技术？
8. 简述相对论导航的基本原理。
9. 光学干涉仪的工作原理是什么？它为何能对恒星视线方向进行毫角秒量级的测量？
10. 简述相对论导航系统的工作原理，并建立其状态模型和量测模型。

第9章 天文导航系统数字实现方法

天文导航系统具有隐蔽性好、自主性强、定向定位精度高等优点，已成为组合导航系统的重要组成部分，广泛应用于舰艇、飞机、空间飞行器和导弹等运载体中。

天文导航技术的飞行试验不仅难度大，而且成本高。因此，通过搭建天文导航数字与半物理仿真系统，不仅能够全面验证所设计的天文导航方案与各部分算法的可行性，而且可以缩短开发周期，降低试验成本。

天文导航数字仿真系统，可以实现如下功能：

(1)验证数学模型的正确性。在进行数字仿真时，首先要为系统的数学模型选择机上执行算法，编制好相应的程序。当所选用的数学模型有错误时，仿真结果就会出现异常。而当数学模型不够精确时，系统的误差将不能满足要求，应进一步探讨更精确的数学模型。因此，通过数字仿真，可以验证数学模型的正确性。

(2)系统软件的仿真。这时可将星敏感器或其他天体敏感器看成无误差的理想器件，单独研究由于计算机执行算法所造成的误差，例如星点质心提取算法误差、星图识别算法误差、定姿定位算法误差等。此外，通过系统软件的仿真，还可以对各算法中的阈值、迭代周期等参数进行调节，从而使得软件算法更好地满足导航应用需求。

(3)系统硬件的选取。这时可在计算机中人为地设置星敏感器或其他天体敏感器的误差，从而确定硬件对系统误差的影响。这样就可以根据导航精度的要求，设计或选用适当的天体敏感器。

(4)天文导航系统的仿真。在实现上述各仿真功能的基础上，对整个系统进行数字仿真，可以测试所设计的天文导航系统的整体性能。

由此可见，数字仿真手段对于天文导航系统中天体敏感器误差模型、星点质心提取、星图识别和导航解算等算法测试和性能验证具有重要意义。基于此，本章介绍天文导航数字仿真系统的设计方法，并基于该数字仿真系统对天文导航系统的性能进行仿真验证；进一步，介绍天文导航半物理仿真系统的设计方法，并基于开发的半物理仿真系统，对天文导航系统的性能进行验证。

9.1 天文导航数字仿真系统结构与工作原理

天文导航数字仿真系统的结构如图9.1所示，其主要由轨迹发生器、星图模拟仿真器、星敏感器仿真器、天文导航解算仿真器等四个部分组成。工作过程中，轨迹发生器是根据拟定的飞行轨迹，生成飞行器在每个时刻的位置、姿态等导航参数的理想值；星图模拟仿真器利用轨迹发生器输出的每个时刻的理想导航参数，计算得到星敏感器视轴指向信息，并综合考虑大气折射和星敏感器视场大小的影响，从导航星库中提取出视场内的可成像星，进而模拟生成拍摄星图；星敏感器仿真器对拍摄星图进行星图预处理与星图识别，得到星图中星点的质心位置与其相应的赤经/赤纬信息，并计算折射恒星的折射角；天文导航解算仿真器根据所观测恒星的星点质心位置、赤经/赤纬信息、折射角信息，通过解算即可得到载体的姿态、位置等导航参数。

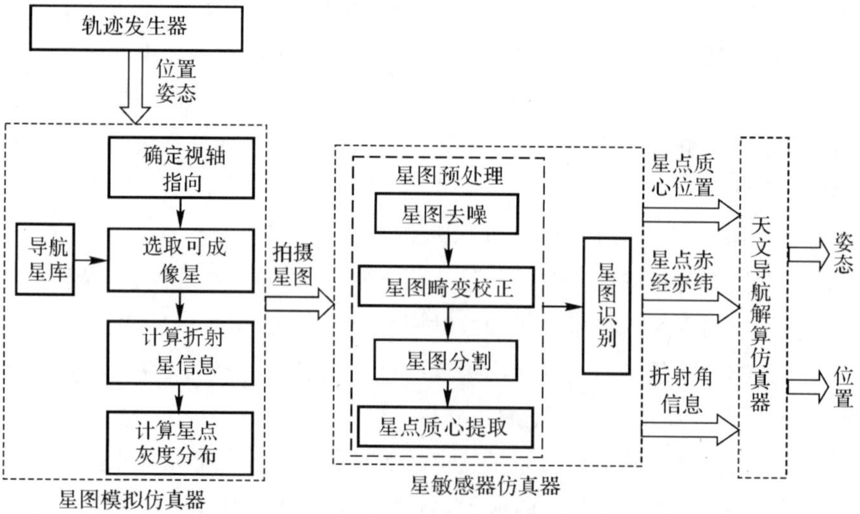

图9.1 天文导航数字仿真系统总体结构

1. 星图模拟仿真器

星图模拟仿真器是对星敏感器的拍摄星图进行模拟，为后续进行星图预处理算法、星图识别算法及天文导航解算算法的性能验证提供仿真星图数据。该模块是根据轨迹发生器生成的载体导航参数(位置、姿态)的理想值，并结合星敏感器相对于载体的安装矩阵，计算出星敏感器的视轴指向信息；然后，综合考虑大气折射影响和星敏感器视场大小，从导航星库中提取出该时刻星敏感器视场范围内可成像星的赤经、赤纬和星等信息；进而，根据星敏感器成像原理，将可成像星的赤经、赤纬和星等信息映射为星点在星敏感器像平面上的坐标及灰度值信息，模拟生成拍摄星图。

2. 星敏感器仿真器

星敏感器仿真器是通过对模拟生成的拍摄星图进行星图预处理与星图识别，获得星图中星点的质心位置、赤经/赤纬及折射星的折射角等信息，输出给天文导航解算仿真器使用。

其中，星图预处理主要包括星图去噪、星图畸变校正、星图分割及星点质心提取等处理过程。经星图预处理后，可以得到亚像素精度的星点质心位置；星图识别则是将拍摄星图中的恒星与导航星库的恒星进行匹配，从而得到拍摄星图中恒星的赤经、赤纬等信息，并计算得到折射星的折射角。

3. 天文导航解算仿真器

天文导航解算仿真器是根据天文导航系统的导航解算方程设计而成的。它以星敏感器仿真器输出的测量结果为输入信息，通过天文定姿、定位算法，解算得到载体的姿态与位置信息。该模块分为定姿与定位两部分：定姿部分是利用直射星的星点质心位置和赤经/赤纬信息，分别计算出星敏感器测量坐标系及惯性坐标系下的星光矢量，从而求解得到星敏感器测量坐标系相对于惯性坐标系的姿态矩阵；定位部分则是利用折射星的赤经/赤纬及折射角信息，通过星光折射间接敏感地平定位算法，求解得到载体的位置信息。

9.2　星图模拟仿真器

星图模拟仿真器是利用星敏感器视轴指向以及导航星库中的恒星位置（赤经、赤纬）和亮度等星历信息，模拟生成星敏感器的拍摄星图。在对星图进行模拟之前，首先需要建立包含恒星的位置（赤经、赤纬）和亮度等信息的导航星库，并对导航星库中的恒星按天区进行划分，从而提高星图模拟及后续星图识别的速度与效率。

9.2.1　导航星库的构建

导航星库装订在星敏感器的存储器中，用来存放恒星的赤经、赤纬和星等信息，是进行星图识别和天文定姿定位的基础。

导航星库所选中的恒星称为导航星，且导航星库中的导航星需要根据一定的原则和经验来选取。在实际应用中，导航星库是综合考虑实际飞行任务和星敏感器的灵敏度等因素而构建的，除此之外，还要考虑导航星的检索速度与效率。通常，构建导航星库的基本原则为：

(1)导航星的分布范围应该略大于星敏感器可能扫过的天区；

(2)导航星的星等范围应该略大于星敏感器所能敏感的星等范围；

(3)由于变星和双星会对星图识别过程产生干扰，所以应排除星等随时间变化的变星，以及视线方向相距较近，在星敏感器成像面上的星点不能互相区分开的双星；

(4)应按所处天区不同，对导航星进行划分并有序排列，以提高导航星的检索速度。

为了快速检索导航星，采用球矩形法对天区进行划分，即按照赤经圈和赤纬圈将天球划分为互不重叠的区域。以视场为 $10° \times 10°$ 的星敏感器为例，可将赤经和赤纬分别划为 36 等分和 18 等分，即整个天区共分为 $36 \times 18 = 648$ 个球矩形，并且每个球矩形的赤经跨度和赤纬跨度均为 $10°$。已知视轴指向时，可直接确定该视轴所在的球矩形。这样，直接检索视轴所在的球矩形及其相邻球矩形，即可得到视场内的恒星。

9.2.2 星图模拟实现方法

星图模拟是在给定星敏感器视轴指向的条件下，将星敏感器视场范围内的导航星映射到星敏感器像平面上，从而模拟生成星敏感器拍摄星图的过程。星图模拟的实现过程分为确定视轴指向、选取可成像星、计算折射星信息、计算星点的灰度分布四个步骤。

1. 确定视轴指向

为了确定载体在飞行过程中所能观测到的导航星，需要知道整个飞行过程中星敏感器的视轴指向，而星敏感器与载体捷联安装，其安装矩阵 $\boldsymbol{C}_b^s$ 是已知的。因此，只要已知载体相对于地心赤道惯性系的姿态矩阵 $\boldsymbol{C}_i^b$，即可得到星敏感器姿态矩阵 $\boldsymbol{C}_i^s$：

$$\boldsymbol{C}_i^s=\boldsymbol{C}_b^s\boldsymbol{C}_i^b \tag{9.1}$$

而载体相对于地心赤道惯性系的姿态矩阵 $\boldsymbol{C}_i^b$，可以通过载体相对于导航系的姿态矩阵 $\boldsymbol{C}_n^b$ 和导航系相对于惯性系的方向余弦矩阵 $\boldsymbol{C}_i^n$ 得到：

$$\boldsymbol{C}_i^b=\boldsymbol{C}_n^b\boldsymbol{C}_i^n \tag{9.2}$$

式中：矩阵 $\boldsymbol{C}_n^b$ 和 $\boldsymbol{C}_i^n$ 的具体形式与选择的导航坐标系有关。

通常，不同载体所选择的导航坐标系是不同的，以弹道导弹为例，一般选择发射点惯性坐标系为导航坐标系，则矩阵 $\boldsymbol{C}_n^b$ 和 $\boldsymbol{C}_i^n$ 的表达式分别为

$$\boldsymbol{C}_n^b=\boldsymbol{C}_x(\gamma)\boldsymbol{C}_y(\psi)\boldsymbol{C}_z(\theta)=\begin{bmatrix}\cos\theta\cos\psi & \sin\theta\cos\psi & -\sin\psi\\ \cos\theta\sin\psi\sin\gamma-\sin\theta\cos\gamma & \sin\theta\sin\psi\sin\gamma+\cos\theta\cos\gamma & \sin\gamma\cos\psi\\ \cos\theta\sin\psi\cos\gamma+\sin\theta\sin\gamma & \sin\theta\sin\psi\cos\gamma-\cos\theta\sin\gamma & \cos\gamma\cos\psi\end{bmatrix} \tag{9.3}$$

$$\boldsymbol{C}_i^n=\boldsymbol{C}_y(-A-90^\circ)\boldsymbol{C}_x(L_0)\boldsymbol{C}_z(S_0+\lambda_0-90^\circ)=$$

$$\begin{bmatrix}-\cos A\sin L_0\cos(\lambda_0+S_0)-\sin A\sin(\lambda_0+S_0) & -\cos A\sin L_0\sin(\lambda_0+S_0)+\sin A\cos(\lambda_0+S_0) & \cos A\cos L_0\\ \cos L_0\cos(\lambda_0+S_0) & \cos L_0\sin(\lambda_0+S_0) & \sin L_0\\ \sin A\sin L_0\cos(\lambda_0+S_0)-\cos A\sin(\lambda_0+S_0) & \sin A\sin L_0\sin(\lambda_0+S_0)+\cos A\cos(\lambda_0+S_0) & -\sin A\cos L_0\end{bmatrix} \tag{9.4}$$

式中：θ,ψ,γ 分别为弹道导弹的俯仰角、航向角和滚转角；A 为发射方位角；S_0 为发射时刻的格林尼治恒星时；λ_0 和 L_0 分别为发射点的经度和纬度。

通过式(9.1)～式(9.4)，即可得到星敏感器测量坐标系相对于地心赤道惯性坐标系的姿态矩阵 $\boldsymbol{C}_i^s$。

由于星敏感器视轴在星敏感器测量坐标系中的坐标为 $\boldsymbol{S}^s=[0\quad 0\quad 1]^T$，所以利用式(9.1)得到的星敏感器姿态矩阵 $\boldsymbol{C}_i^s$ 之后，可以进一步得到星敏感器视轴在地心赤道惯性系中的坐标为

$$\boldsymbol{S}^i=\boldsymbol{C}_s^i\boldsymbol{S}^s \tag{9.5}$$

将式(9.5)求得的结果记为 $\boldsymbol{S}^i=[X_i\quad Y_i\quad Z_i]^T$。此外，由于任意矢量在地心赤道惯性系的坐标可用相应的赤经和赤纬进行描述，所以星敏感器视轴在地心赤道惯性系中的坐标还可以表示为

$$S^{i}=\begin{bmatrix}\cos\alpha_0\cos\delta_0\\ \sin\alpha_0\cos\delta_0\\ \sin\delta_0\end{bmatrix} \tag{9.6}$$

式中：α_0 和 δ_0 分别表示星敏感器视轴所对应的赤经和赤纬，$\alpha_0\in[0°,360°]$，$\delta_0\in[-90°,90°]$。

联合式(9.5)和式(9.6)，便可求得星敏感器视轴所对应的赤经和赤纬的主值为

$$\left.\begin{aligned}\alpha_0&=\arctan\left(\frac{Y_i}{X_i}\right)\\ \delta_0&=\arctan\left(\frac{Z_i}{\sqrt{X_i^2+Y_i^2}}\right)\end{aligned}\right\} \tag{9.7}$$

在式(9.7)的基础上，结合式(9.5)求得的星敏感器视轴在地心赤道惯性系中各坐标分量的正负号，可进一步确定星敏感器视轴所对应的赤经和赤纬的真值。

2. 选取可成像星

在给定星敏感器视轴指向的条件下，只有特定视场范围内的导航星才会在星敏感器像平面上成像。若对导航星库中的全部导航星进行遍历，来判断这些导航星是否会在星敏感器像平面上成像，则显然这样搜索的效率非常低。因此，通常先根据星敏感器的视轴指向和视场半径等参数，初步确定出星敏感器视场内可观测星的赤经/赤纬范围，以缩小搜索空间；进而，对可观测星范围内的导航星进行遍历，最终确定可成像星。

(1)可观测星赤经/赤纬范围的确定。根据星敏感器视轴所对应的赤经和赤纬(α_0，δ_0)，以及星敏感器参数中的圆形视场半径 R，便可确定得到星敏感器视场内可观测星的赤经/赤纬范围，如图 9.2 所示。

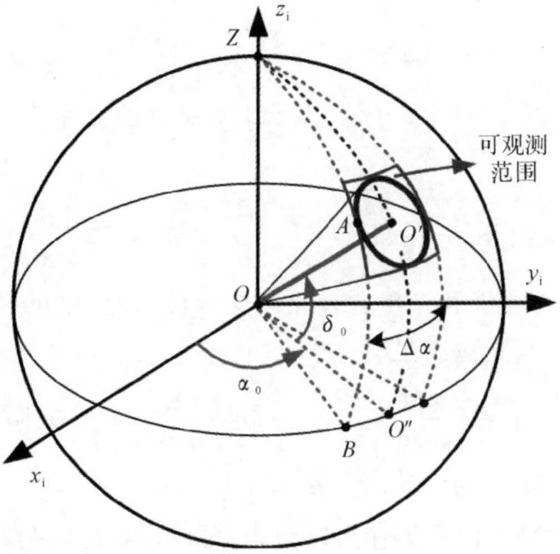

图 9.2　星敏感器视场内可观测星范围的确定

在图 9.2 中，将代表星敏感器圆形视场的圆平面，看作天球的一个圆截面，则该圆截面与天球相交会截得一块球面(即星敏感器圆形视场在天球上的投影面)，并且该投影面对应的半锥角即为星敏感器的圆形视场半径 R。显然，该投影面上分布的恒星都会落在星敏感器的圆形视场内。因此，想要确定星敏感器视场内可观测星的赤经/赤纬范围，就需要找到

与该投影面相切的经线和纬线。

1)确定赤纬范围。对于星敏感器圆形视场内的恒星,其赤纬 δ 与星敏感器视轴所对应的赤纬 δ_0 之间的差值,应小于星敏感器的圆形视场半径 R,即 $|\delta-\delta_0|<R$。因此,星敏感器圆形视场内可观测星的赤纬范围应满足

$$\delta\in(\delta_0-R,\delta_0+R) \tag{9.8}$$

2)确定赤经范围。以星敏感器视轴方向在天赤道以北为例,说明星敏感器圆形视场内可观测星的赤经范围的确定方法:

Ⅰ.星敏感器圆形视场包含天北极,即 $\delta_0>90°-R$。由于天球上的所有经线都会相交于天北极,而此时天北极又处于星敏感器圆形视场内,所以可观测星的赤经范围就是整个天球的赤经范围,即 $\alpha\in[0°,360°)$。

Ⅱ.星敏感器圆形视场未包含天北极,即 $\delta_0\leqslant 90°-R$。在图 9.2 中,O' 为星敏感器视轴在天球上的投影点,Z 为天北极,O'' 为经线 ZO' 与天赤道的交点,经线 ZB 与星敏感器圆形视场在天球上的投影面相切于点 A。在球面三角形 ZAO' 中,$\angle ZAO'=90°$,边 $ZO'=90°-\delta_0$,边 $O'A=R$,则由球面三角正弦定理可得

$$\sin(\angle AZO')=\frac{\sin(O'A)\sin(\angle ZAO')}{\sin(ZO')}=\frac{\sin R}{\cos\delta_0} \tag{9.9}$$

另外,根据球面三角学中角的定义,可知 $\angle AZO'=\angle BOO''$,所以可观测星的赤经跨度 $\Delta\alpha$ 应满足

$$\frac{\Delta\alpha}{2}=\angle BOO''=\angle AZO'=\arcsin\left(\frac{\sin R}{\cos\delta_0}\right) \tag{9.10}$$

这样,星敏感器圆形视场内可观测星的赤经范围为

$$\alpha\in\left[\alpha_0-\frac{\Delta\alpha}{2},\alpha_0+\frac{\Delta\alpha}{2}\right] \tag{9.11}$$

将式(9.10)代入式(9.11),便可得到圆形视场未包含天北极时,可观测星的赤经 α 应满足

$$\alpha\in\left[\alpha_0-\arcsin\left(\frac{\sin R}{\cos\delta_0}\right),\alpha_0+\arcsin\left(\frac{\sin R}{\cos\delta_0}\right)\right] \tag{9.12}$$

综合圆形视场包含天北极和未包含天北极这两种情况,便可得到星敏感器视轴方向在北天球时,可观测星的赤经 α 应满足

$$\alpha\in\begin{cases}\left[\alpha_0-\arcsin\dfrac{\sin R}{\cos\delta_0},\alpha_0+\arcsin\dfrac{\sin R}{\cos\delta_0}\right], & \delta_0\in[0°,90°-R]\\ [0°,360°],\delta_0\in(90°-R,90°]\end{cases} \tag{9.13}$$

同理,当星敏感器视轴方向在天赤道以南时,可以得到可观测星的赤经范围为

$$\alpha\in\begin{cases}\left[\alpha_0-\arcsin\dfrac{\sin R}{\cos\delta_0},\alpha_0+\arcsin\dfrac{\sin R}{\cos\delta_0}\right], & \delta_0\in[-90°+R,0°]\\ [0°,360°],\delta_0\in[-90°,-90°+R)\end{cases} \tag{9.14}$$

因此,综合式(9.13)和式(9.14),可以得到星敏感器视轴在全天球任意指向下,可观测星的赤经范围为

$$\alpha \in \begin{cases} \left[\alpha_0 - \arcsin\dfrac{\sin R}{\cos\delta_0}, \alpha_0 + \arcsin\dfrac{\sin R}{\cos\delta_0}\right], & |\delta_0| \in [0°, 90° - R] \\ [0°, 360°], |\delta_0| \in (90° - R, 90°] \end{cases} \tag{9.15}$$

这样，综合式(9.8)和式(9.15)，便可确定星敏感器圆形视场内可观测星的赤经/赤纬范围。

(2)可成像星的确定。当导航星的赤经和赤纬同时处于星敏感器圆形视场内可观测星的赤经/赤纬范围时，只是该导航星能够在星敏感器像平面内成像的必要条件，因此，需要在可观测范围内做进一步筛选，才能确定一颗导航星是否为可成像星。

如图 9.3 所示，可观测范围内的一部分导航星位于星敏感器圆形视场之外；其余导航星虽然位于星敏感器圆形视场之内，但其中又有一部分导航星位于电荷耦合器件(Charge Coupled Device，CCD)像平面之外。因此，根据星敏感器视轴指向和圆形视场半径，确定得到可观测星的赤经/赤纬范围之后，还需要根据星点坐标是否处于 CCD 像平面内，进一步判断其能否成像。具体方法为：利用星敏感器成像模型，计算得到可观测范围内的导航星 i 在 CCD 像平面上的像素坐标(x_i, y_i)，若满足

$$\left.\begin{aligned} x_i &\in \left(-\frac{N_x}{2}, \frac{N_x}{2}\right) \\ y_i &\in \left(-\frac{N_y}{2}, \frac{N_y}{2}\right) \end{aligned}\right\} \tag{9.16}$$

则导航星 i 为可成像星，否则导航星 i 为不可成像星。其中，N_x 和 N_y 分别为 CCD 像平面沿 x 方向和 y 方向的像元总数。

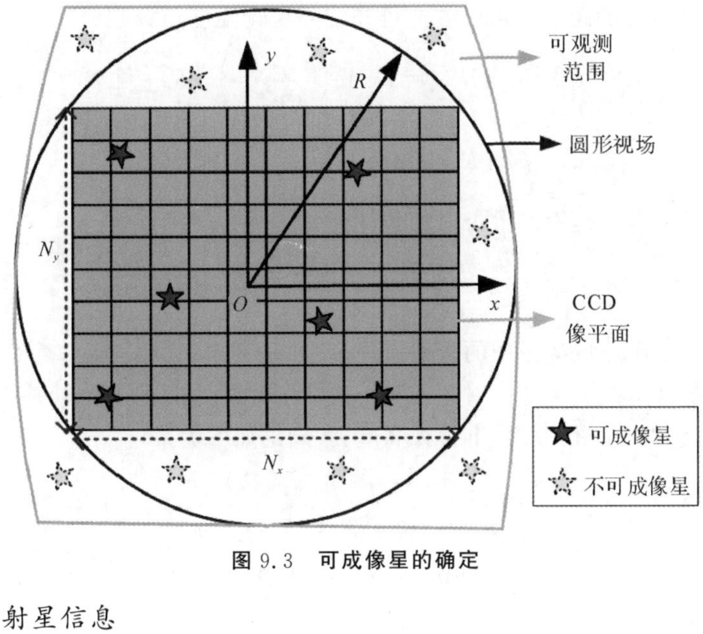

图 9.3　可成像星的确定

3. 计算折射星信息

当星光穿过地球大气时，由于大气是不均匀介质，所以星光的传播方向会因折射效应而发生偏折。为了模拟含折射效应的星图，需要判别出星敏感器视场中的折射星，并计算其折

射后等效的赤经和赤纬信息，以供后续计算星点的灰度分布使用。

（1）折射星的判断。将获得的可成像星的星光矢量设为集合 $\boldsymbol{D}$，根据恒星星光是否发生折射，可以将 $\boldsymbol{D}$ 分为两部分：发生折射的星光矢量集合 $\boldsymbol{D}_1$ 与未发生折射的星光矢量集合 $\boldsymbol{D}_2$。

如图 9.4 所示，$\boldsymbol{u}_1$ 和 $\boldsymbol{u}_2$ 分别为发生折射的临界星光矢量（折射前），$\boldsymbol{u}'_1$ 和 $\boldsymbol{u}'_2$ 分别为对应的发生折射后的星光矢量，$h_1=20\ \text{km}$，$h_2=50\ \text{km}$，$R_{\max}$ 和 $R_{\min}$ 分别为最大星光折射角和最小星光折射角（即 316.32″和 3.00″），β_1 和 β_2 分别为相对应的星光折射高度角。

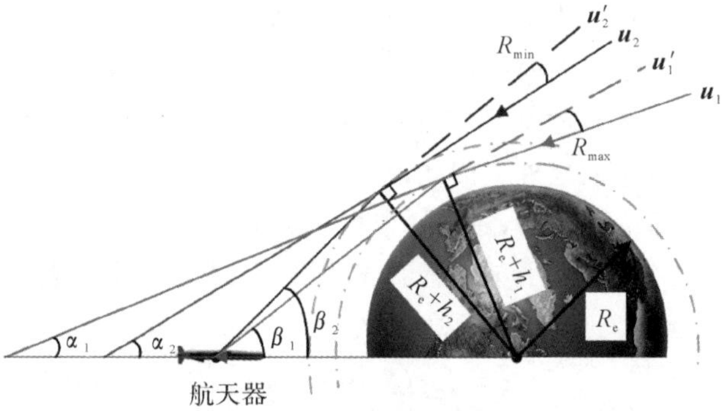

图 9.4　折射星判别原理图

设星光高度角 α 为未发生折射的星光矢量 $\boldsymbol{u}_s$ 与载体的位置矢量 $\boldsymbol{r}_s$ 所夹的角度，其定义式为

$$\alpha=\arccos\left(\frac{\boldsymbol{u}_s\cdot\boldsymbol{r}_s}{r_s}\right) \tag{9.17}$$

式中：r_s 为载体到地心的距离。由图 9.4 可知临界星光高度角分别为

$$\left.\begin{aligned}\alpha_1&=\beta_1-R_{\max}=\arcsin\left(\frac{R_e+h_1}{r_s}\right)-R_{\max}\\ \alpha_2&=\beta_2-R_{\min}=\arcsin\left(\frac{R_e+h_2}{r_s}\right)-R_{\min}\end{aligned}\right\} \tag{9.18}$$

因此，判别可成像星是否发生折射的条件为

$$\left.\begin{aligned}&\alpha_1\leqslant\alpha\leqslant\alpha_2,\boldsymbol{u}_s\in\boldsymbol{D}_1\\ &\alpha\geqslant\alpha_2,\boldsymbol{u}_s\in\boldsymbol{D}_2\end{aligned}\right\} \tag{9.19}$$

至此，即可判别出可成像星中的折射星。

（2）折射角的计算。恒星的入射光线与折射后的光线之间的夹角就是折射角 R。根据星光折射间接敏感地平定位原理，可得视高度 h_a 满足如下关系

$$h_a=[1+k(\lambda)\rho_g]h_g+k(\lambda)\rho_g R_e \tag{9.20}$$

$$h_a=\sqrt{|\boldsymbol{r}_s|^2-u^2}+u\tan R-R_e \tag{9.21}$$

式中：折射角 R 单位为 rad，$u=|\boldsymbol{r}_s\cdot\boldsymbol{u}_s|$，$k(\lambda)$ 为散射系数，由光波波长 λ 决定，ρ_g 为 h_g 处的大气密度（单位：g/m³）。

在 20～50 km 范围内，切线高度 h_g（单位：km）随折射角 R（单位：″）变化的关系为

$$h_g=57.081\,066\,627\,6-6.441\,325\,700\,5\ln R \tag{9.22}$$

将式(9.20)～式(9.22)联立,即可得到折射角 R 与载体位置矢量 $\boldsymbol{r}_s$ 的关系式为

$$[1+k(\lambda)\rho_g](57.081\ 066\ 627\ 6-6.441\ 325\ 700\ 5\ln R+R_e)-\sqrt{|\boldsymbol{r}_s|^2-u^2}-u\tan(R)=0 \tag{9.23}$$

取波长 $\lambda=0.7\ \mu\text{m}$,散射系数 $k(\lambda)=2.25\times10^{-7}$,地球半径 $R_e=6\ 378.14\ \text{km}$。由于 20 km 以上的大气层,$k(\lambda)\rho\ll1$,因此式(9.23)可近似为

$$6.441\ 325\ 700\ 5\ln R+u\tan(R)+\sqrt{|\boldsymbol{r}_s|^2-u^2}-6\ 435.221\ 066\ 627\ 601=0 \tag{9.24}$$

将式(9.24)简记为 $f(R)=0$,则可通过牛顿迭代法,求取折射角 R:

$$R_{k+1}=R_k-\frac{f(R_k)}{f'(R_k)},\quad k=0,1,2,\cdots \tag{9.25}$$

这样利用式(9.25)进行不断迭代,即可求解出各颗折射星的理论折射角。

(3)等效星历信息的计算。求解出折射星的折射角 R 后,还需进一步确定折射后星光矢量 $\boldsymbol{u}_s'$在地心赤道惯性系中的坐标。由于折射后星光矢量 $\boldsymbol{u}_s'$仍在折射前星光矢量 $\boldsymbol{u}_s$ 和位置矢量 $\boldsymbol{r}_s$ 构成的平面内,只是偏转了折射角 R,所以可利用四元数实现星光矢量偏转后的坐标计算。

对于折射前星光矢量 $\boldsymbol{u}_s$ 和位置矢量 $\boldsymbol{r}_s$ 所构成的平面,其单位法向量 $\boldsymbol{n}$(即转轴的单位向量)可表示为

$$\boldsymbol{n}=\frac{\boldsymbol{u}_s\times\boldsymbol{r}_s}{|\boldsymbol{u}_s\times\boldsymbol{r}_s|} \tag{9.26}$$

利用转轴的单位向量 $\boldsymbol{n}$ 和转角 R,可以描述星光矢量折射前后在同一坐标系中的坐标转换关系。用四元数形式可表示为

$$\boldsymbol{q}=[q_0\quad q_1\quad q_2\quad q_3]^{\mathrm{T}}=\left[\cos\frac{\boldsymbol{R}}{2}\quad n_x^{\mathrm{i}}\sin\left(\frac{R}{2}\right)\quad n_y^{\mathrm{i}}\sin\left(\frac{R}{2}\right)\quad n_z^{\mathrm{i}}\sin\left(\frac{R}{2}\right)\right]^{\mathrm{T}} \tag{9.27}$$

式中:n_x^{i}、n_y^{i} 和 n_z^{i} 分别表示转轴的单位向量 $\boldsymbol{n}$ 在地心赤道惯性系中的三个坐标分量。

根据四元数与坐标转换矩阵之间的对应关系,可以得到与该四元数对应的坐标转换矩阵为

$$\boldsymbol{C}=\begin{bmatrix} q_0^2+q_1^2-q_2^2-q_3^2 & 2(q_1q_2-q_0q_3) & 2(q_1q_3+q_0q_2) \\ 2(q_1q_2+q_0q_3) & q_0^2-q_1^2+q_2^2-q_3^2 & 2(q_2q_3-q_0q_1) \\ 2(q_1q_3-q_0q_2) & 2(q_2q_3+q_0q_1) & q_0^2-q_1^2-q_2^2+q_3^2 \end{bmatrix} \tag{9.28}$$

则折射后星光矢量 $\boldsymbol{u}_s'$在地心赤道惯性系中的坐标为

$$(\boldsymbol{u}_s')^{\mathrm{i}}=\boldsymbol{C}(\boldsymbol{u}_s)^{\mathrm{i}} \tag{9.29}$$

式中:$(\boldsymbol{u}_s)^{\mathrm{i}}$ 和 $(\boldsymbol{u}_s')^{\mathrm{i}}$ 分别表示 $\boldsymbol{u}_s$ 和 $\boldsymbol{u}_s'$在地心赤道惯性系下的坐标。

将式(9.29)计算得到的折射后星光矢量在地心赤道惯性系中的坐标记为 $(\boldsymbol{u}_s')^{\mathrm{i}}=[x_s',y_s',z_s']^{\mathrm{T}}$,则可进一步得到第 i 颗折射星折射后等效的赤经 α_i'和赤纬 δ_i'的主值为

$$\left.\begin{aligned} \alpha_i'&=\arctan\left(\frac{y_s'}{x_s'}\right) \\ \delta_i'&=\arcsin(z_s') \end{aligned}\right\} \tag{9.30}$$

在此基础上，结合式(9.29)求得的折射后星光矢量在地心赤道惯性系中各坐标分量的正负号，可进一步确定折射后恒星等效的赤经和赤纬的真值，并用于后续的星点成像过程。

4. 计算星点的灰度分布

星点成像就是在已知星敏感器视轴指向(α_0，δ_0)、视场内第 i 颗恒星的赤经和赤纬(α_i，δ_i)[折射星的等效赤经和赤纬(α_i'，δ_i')]与星等的条件下，将这些信息映射为可成像星在星敏感器成像面上的坐标及灰度值的过程。

(1)由地心赤道惯性坐标系到 CCD 平面坐标系的转换。根据定义，任一恒星[其赤经和赤纬为(α_i，δ_i)]在地心赤道惯性坐标系中的坐标可表示为

$$[U_i \quad V_i \quad W_i]^{\mathrm{T}} = [\cos\alpha_i\cos\delta_i \quad \sin\alpha_i\cos\delta_i \quad \sin\delta_i]^{\mathrm{T}} \tag{9.31}$$

由式(9.1)可以得到星敏感器姿态矩阵 $\boldsymbol{C}_{\mathrm{i}}^{\mathrm{s}}$，所以利用星敏感器姿态矩阵 $\boldsymbol{C}_{\mathrm{i}}^{\mathrm{s}}$ 可计算得到该恒星在星敏感器测量坐标系中的坐标为

$$[X_i \quad Y_i \quad Z_i]^{\mathrm{T}} = \boldsymbol{C}_{\mathrm{i}}^{\mathrm{s}} [U_i \quad V_i \quad W_i]^{\mathrm{T}} \tag{9.32}$$

由 $[X_i \quad Y_i \quad Z_i]^{\mathrm{T}}$ 即可确定该恒星在 CCD 平面坐标系(其坐标系的原点位置位于星图中心)的坐标(x_i，y_i)，其原理如图 9.5 所示。

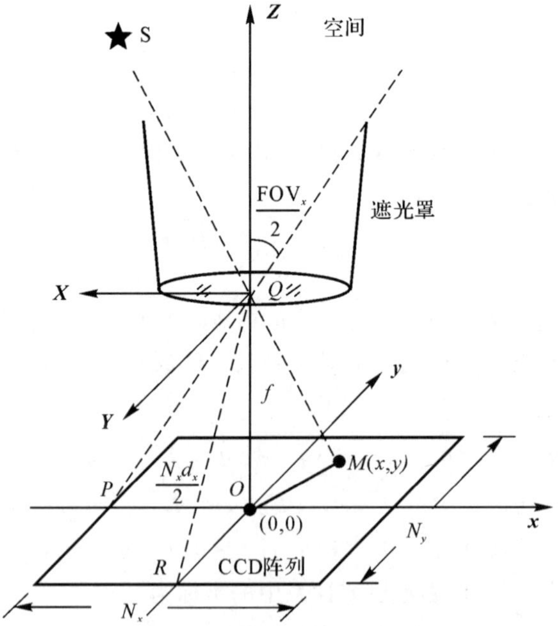

图 9.5 星敏感器成像原理图

根据星敏感器成像原理图中的几何关系，可得

$$\left.\begin{aligned} \frac{x_i \times d_x}{f} &= \frac{X_i}{Z_i} \\ \frac{y_i \times d_y}{f} &= \frac{Y_i}{Z_i} \end{aligned}\right\} \tag{9.33}$$

即

$$\left.\begin{aligned} x_i &= \frac{f \times X_i}{d_x \times Z_i} \\ y_i &= \frac{f \times Y_i}{d_y \times Z_i} \end{aligned}\right\} \tag{9.34}$$

式中：(x_i, y_i)是恒星在CCD平面坐标系上的质心位置；f 为星敏感器光学系统的焦距；d_x, d_y 为像元大小。

将星敏感器视场大小记为 $\mathrm{FOV}_x \times \mathrm{FOV}_y$，CCD面阵像元数记为 N_x、N_y，由图9.5中的三角关系可得

$$\angle PQO = \frac{\mathrm{FOV}_x}{2}, \quad \angle RQO = \frac{\mathrm{FOV}_y}{2}, \quad OP = \frac{N_x \times d_x}{2}$$

$$OR = \frac{N_y \times d_y}{2}, \quad \tan(\angle PQO) = \frac{OP}{f}, \quad \tan(\angle RQO) = \frac{OR}{f}$$

进而，焦距 f 可表示为

$$f = \frac{N_x d_x}{2\tan\left(\frac{\mathrm{FOV}_x}{2}\right)} = \frac{N_y d_y}{2\tan\left(\frac{\mathrm{FOV}_y}{2}\right)} \tag{9.35}$$

根据式(9.31)～式(9.35)，即可求出星点在CCD平面坐标系上的质心位置(x_i, y_i)。

由于计算机屏幕上的坐标原点在左上角（y 轴正方向垂直向下，x 轴正方向水平向右），为了正确显示模拟星图，需进行坐标平移，坐标平移公式为

$$\left.\begin{aligned} x_i' &= N_x/2 + x_i \\ y_i' &= N_y/2 - y_i \end{aligned}\right\} \tag{9.36}$$

这样，可以得到各星点在计算机屏幕中的映射坐标(x_i', y_i')。

(2)由星等到灰度的转换。在计算机屏幕上显示的模拟星图为一幅二维数字图像。因此，除了得到星点在CCD平面上的位置坐标之外，还需要获得每个像素点的灰度值，即将可成像星的星等 m_i 转换为灰度 g_i。星点在星图中的灰度主要与星点本身的亮度及星敏感器的曝光时间有关。

星点的亮度主要由星等来体现，星等值越小，对应的亮度越强，相应的灰度值也就越大。在天文导航中，实际用到的导航星星等往往在0～7之间。在19世纪通过光度计测定，1等星的平均亮度约为6等星的100倍。由于星等每降低一等，亮度增加为前一星等的2.51倍。所以，当星点的灰度值与其亮度成正比时，星等和灰度的基本关系为

$$g = g_0 2.51^{-m} \tag{9.37}$$

式中：m 为恒星的星等；g_0 为0等星的灰度值。

式(9.37)表明，恒星星等越低，亮度越强，星像的灰度值越大。

进一步，考虑星敏感器曝光时间的影响，则星点成像灰度与星等的关系可表示为

$$g = K g_0 2.51^{-m} \tag{9.38}$$

式中：K 为曝光系数，它与曝光时间成正比。

式(9.38)表明，星敏感器的曝光时间越长，曝光系数 K 也就越大，星敏感器接收星点辐射的能量越多，成像亮度也就越高。

星图在计算机中通常表示为 8 位灰度图像，共有 256 个灰度级。因此，星点的灰度值在 0～255 范围内。当星点的灰度值达到上限 255 时，所对应的星等即为饱和星等；而当星点的灰度值降低至无法与背景相区分时，所对应的星等即为星敏感器可识别的阈值星等。

(3)星点成像的点扩散函数。由于光学系统衍射、像差等因素综合作用，所以，恒星在 CCD 平面上所成的像是以质心位置为中心的光斑，质心位置周围的像素都有一定的灰度分布。由于恒星可以看作距离无穷远的天体，近似为点光源，所以其成像的灰度分布可用点扩散函数表示。实际星敏感器光学系统的点扩散函数趋于高斯型，即恒星在 CCD 面阵上的能量分布近似为二维高斯分布。因此，可按照高斯分布进行灰度扩散，来模拟散焦效果。

对于任一可成像星，根据它的赤经和赤纬值，利用式(9.31)～式(9.36)，可以得到其在计算机屏幕中的映射坐标(x_i',y_i')。星像点映射坐标(x_i',y_i')是亚像素级的精确浮点值，故可围绕映射坐标(x_i',y_i')，再进一步做灰度扩散处理。星敏感器中星像的光斑大小通常为 3×3、5×5、7×7 像素等。下面以 3×3 像素为例分析星点成像的点扩散函数，如图 9.6 所示。

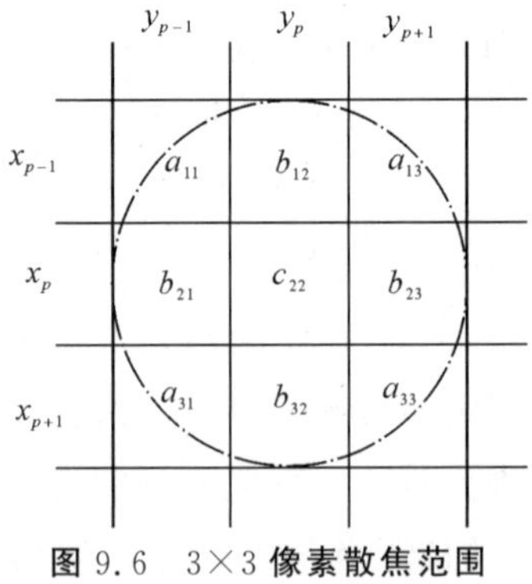

图 9.6　3×3 像素散焦范围

星像点的灰度分布符合以映射坐标(x_i',y_i')为中心的二维高斯分布。对映射坐标(x_i',y_i')四舍五入取整，即可得到散焦星像点的中心像素坐标为(x_p,y_p)。进一步，可得到中心及相邻像素坐标(i,j)的灰度计算公式为：

$$g(i,j)=\frac{g}{2\pi\sigma^2}\exp\left(-\frac{(i-x_i')^2+(j-y_i')^2}{2\sigma^2}\right) \tag{9.39}$$

式中：σ 与散焦程度和像差大小的综合效果有关，当 $\sigma<0.671$ 时，有 95%以上的接收能量落在 3×3 像素范围上；g 为星点的灰度值，与星等及星敏感器的曝光时间有关。

对可成像的每颗恒星都按照式(9.39)进行运算，便可得到待模拟星图中所有星点的灰度分布。

图 9.7 和图 9.8 分别为实拍星图单个星像点的灰度分布和基于二维高斯曲面拟合的星像效果。可以看出，基于二维高斯曲面拟合的星图模拟方法得到的星像效果与实际成像效果基本吻合，可以满足对天文导航系统进行仿真验证的需求。

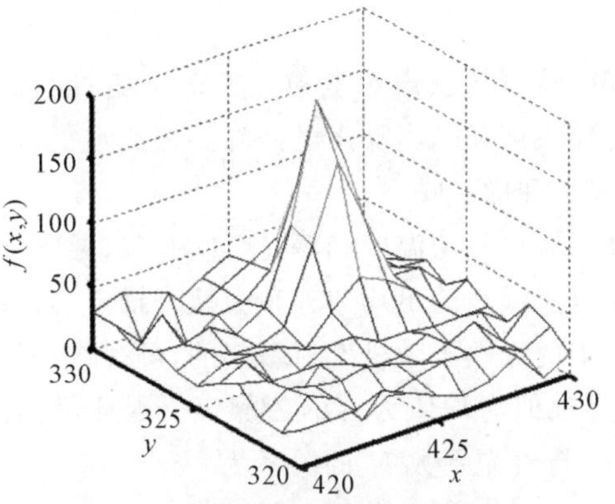

图 9.7　实拍星图单个星像点的灰度分布

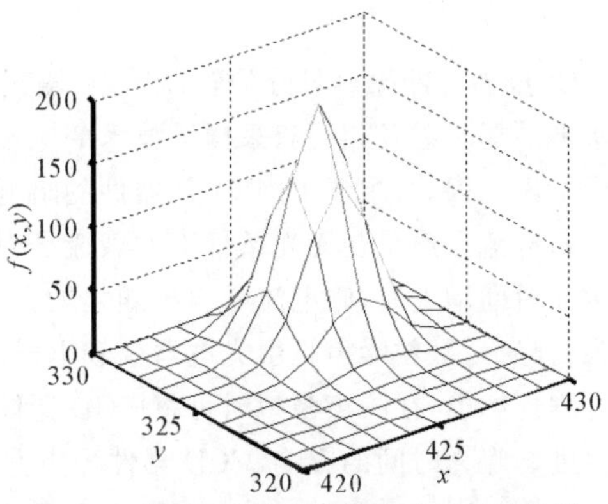

图 9.8　基于二维高斯曲面拟合的星像效果

9.2.3　星图噪声模型

相比杂散光和星敏感器自身噪声，其他影响星图质量的因素都属于个别情况，出现的概率有限。因此，这里主要考虑背景杂散光、星等噪声和星敏感器自身噪声的影响，以便更真实地模拟实拍星图。

星图灰度分布的数学模型为

$$f(i,j)=s(i,j)+b(i,j)+n(i,j) \tag{9.40}$$

式中：$f(i,j)$为星图中第 i 行、第 j 列像素的灰度值；$s(i,j)$为无噪声干扰的星像点灰度值；$b(i,j)$为背景噪声；$n(i,j)$为噪声信号。

1. 背景杂散光

夜晚成像时，背景杂散光可认为是相当于 10 等星的亮度。白天成像时，背景杂散光相对较强，在星图中表现为高亮度。因此，可以在背景图像上加入 100～150 的随机灰度值来模拟杂散光的影响。背景杂散光灰度值的大小会影响可识别星等及天球中可观测星的数量，见表 9.1。

表 9.1　背景光灰度值与可识别星等及整个天球中可观测星数量的关系表

背景光灰度值	90	120	150	180	200	220	230
可识别星等/Mv	5.9	5.8	5.7	5.6	5.5	5.4	5.3
可观测星数量/个	4 510	4 087	3 597	3 233	2 852	2 558	2 310

根据表 9.1 可知，随着背景杂散光灰度值的增加，可识别星等明显降低，整个天球中可观测星的数量也明显减少。

2. 星等噪声

星等的噪声主要受杂散光、宇宙背景辐射以及测量器件自身精度等因素影响。在星图模拟时，将这些因素对星等亮度的影响用高斯噪声来表示，则星等与灰度的转换关系为

$$g=Kg_0 2.51^{-(m+m_\delta)} \tag{9.41}$$

式中：m_δ 为均值为 0，方差为 δ_m^2 的高斯白噪声。

3. CCD 器件噪声

CCD 器件的噪声可分为转移噪声、输出噪声、暗电流噪声和散粒噪声等。随着制造工艺水平的提高以及相关双采样等技术的应用，转移噪声和输出噪声已经降到很低水平，可以不予考虑。因此，主要考虑 CCD 器件的暗电流噪声和散粒噪声。

暗电流噪声是在无光条件下的载流子引发的噪声，只与温度和曝光时间有关，温度升高或曝光时间增大时，暗电流噪声也随之增大。暗电流噪声的不均匀分布会使背景不均，可近似为白噪声；散粒噪声是由光电器件和电子线路中的光电子随机发射引起的，可视作一个泊松过程。综上，在噪声模拟时可将 CCD 器件噪声近似为均值为 0 的白噪声。因此，综合考虑温度与曝光时间的影响，CCD 器件噪声方差 σ_n^2 与曝光系数 K 的关系为

$$\sigma_n^2 = \sqrt{K} \times \sigma(T)^2 \tag{9.42}$$

式中：$\sigma(T)^2$ 为 $K=1$ 时某温度下的噪声方差。

9.3 星敏感器仿真器

星敏感器是天文导航的核心器件，其功能是对拍摄星图进行实时处理，从而获得载体的精确姿态和位置参数。根据星敏感器的工作原理，星敏感器仿真器的主要功能为：对模拟的拍摄星图进行星图预处理，得到星图中星点的质心位置；进一步，对预处理后的星图进行快速星图识别匹配，从而得到星图中星点的星历信息。

9.3.1 星图预处理

星图预处理是进行星图识别的前提，它主要包括星图去噪、星图畸变校正、星图分割及星点质心提取等处理过程，其目的是得到较高精度的星点质心位置。在星敏感器仿真器中，星图预处理的主要流程如下：

(1)采用维纳滤波器或低通滤波器等滤波算法处理星图中的噪声；

(2)综合运用模糊星图复原方法与温度误差补偿方法，处理星图运动模糊与温度变化产生的星图畸变；

(3)对星图进行阈值分割与目标聚类；

(4)采用质心提取算法，求得星图中星点的质心位置。

9.3.2 星图识别

星图识别是将实时拍摄的星图中提取的星点与预先储存在导航星库中的导航星进行匹配，以便确定得到星图中星点与导航星的对应关系。为了实现星光折射间接敏感地平天文定位，搭建的天文导航数字仿真系统除了识别非折射星外，还将基于双星敏感器完成折射星的识别与折射角的求取。具体的过程如下：

(1)星敏感器Ⅰ的视轴指向无折射现象发生的天区，基于 Hausdorff 距离星图识别算法，识别该星图中拍摄的导航星，并获得高精度的姿态信息。

(2)星敏感器Ⅱ的视轴与地球相切，以捕获经过大气折射后的星光。根据两个星敏感器

的安装关系，可以获得星敏感器Ⅱ的视轴指向信息，进而根据星图模拟原理，可以得到相应的未发生折射的“标准星图”，并获得“标准星图”中星点的像素位置。

(3)如图 9.9 所示，通过将星敏感器Ⅱ的实拍星图与“标准星图”中的星点进行匹配，便可得到实拍星点与标准星点之间的对应关系，从而确定得到实拍星点的星历信息；进一步，计算实拍星点与对应标准星点的欧氏距离，若距离大于一定阈值(根据星图的成像质量和星图识别算法的性能来设定)，即认为该星是折射星。

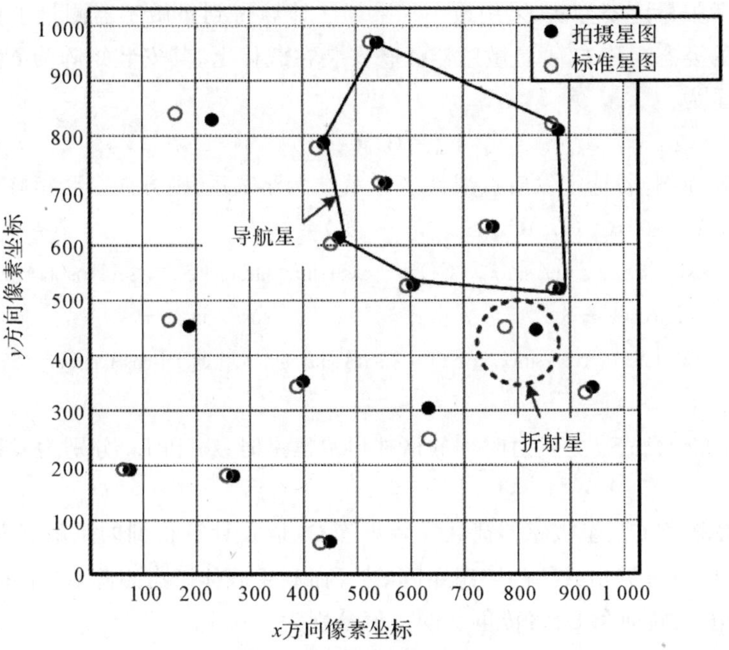

图 9.9　折射星识别原理示意图

(4)计算折射星的折射角。经过星图预处理后，可提取到第 j 颗折射星在星敏感器Ⅱ拍摄星图中的实际成像位置为 (x_{js}, y_{js})。将该折射星在“标准星图”中的对应成像位置记为 (x'_{js}, y'_{js})，则该折射星的折射角为

$$R_j = \arccos(\boldsymbol{W}_j^{\mathrm{T}} \boldsymbol{W}'_j) \tag{9.43}$$

式中：$\boldsymbol{W}'_j$ 表示该恒星未发生折射之前在星敏感器坐标系中的坐标；$\boldsymbol{W}_j$ 表示该折射星在星敏感器坐标系中的坐标。其中，$\boldsymbol{W}'_j$ 和 $\boldsymbol{W}_j$ 的具体形式分别为

$$\boldsymbol{W}'_j = \frac{1}{\sqrt{x'^2_{js} + y'^2_{js} + f^2}} \begin{bmatrix} -x'_{js} \\ -y'_{js} \\ f \end{bmatrix} \tag{9.44}$$

$$\boldsymbol{W}_j = \frac{1}{\sqrt{x^2_{js} + y^2_{js} + f^2}} \begin{bmatrix} -x_{js} \\ -y_{js} \\ f \end{bmatrix} \tag{9.45}$$

至此，经过星图预处理和星图识别后，星敏感器仿真器便可输出拍摄星图中星点的赤经和赤纬等星历信息，以及折射星对应的折射角信息，从而为后续的天文导航解算仿真器提供

输入信息。

9.4 天文导航解算仿真器

9.4.1 姿态确定

根据多参考矢量定姿方法，采用最小二乘算法计算得到星敏感器测量坐标系相对于地心赤道惯性系的姿态矩阵 $\boldsymbol{C}_{\mathrm{s}}^{\mathrm{i}}$。星敏感器捷联安装在载体上，其安装矩阵为 $\boldsymbol{C}_{\mathrm{b}}^{\mathrm{s}}$，所以载体的姿态矩阵可表示为

$$\boldsymbol{C}_{\mathrm{n}}^{\mathrm{b}}=(\boldsymbol{C}_{\mathrm{i}}^{\mathrm{n}}\boldsymbol{C}_{\mathrm{s}}^{\mathrm{i}}\boldsymbol{C}_{\mathrm{b}}^{\mathrm{s}})^{\mathrm{T}} \tag{9.46}$$

以弹道导弹为例，若选定发射点惯性坐标系作为导航系，则方向余弦矩阵可表示为

$$\boldsymbol{C}_{\mathrm{i}}^{\mathrm{n}}=\boldsymbol{C}_{y}(-A-90°)\boldsymbol{C}_{x}(L_0)\boldsymbol{C}_{z}(S_0+\lambda_0-90°)=$$

$$\begin{bmatrix} -\cos A\sin L_0\cos(\lambda_0+S_0)-\sin A\sin(\lambda_0+S_0) & -\cos A\sin L_0\sin(\lambda_0+S_0)+\sin A\cos(\lambda_0+S_0) & \cos A\cos L_0 \\ \cos L_0\cos(\lambda_0+S_0) & \cos L_0\sin(\lambda_0+S_0) & \sin L_0 \\ \sin A\sin L_0\cos(\lambda_0+S_0)-\cos A\sin(\lambda_0+S_0) & \sin A\sin L_0\sin(\lambda_0+S_0)+\cos A\cos(\lambda_0+S_0) & -\sin A\cos L_0 \end{bmatrix} \tag{9.47}$$

式中：A 为发射方位角；S_0 为发射时刻的格林尼治恒星时；λ_0 和 L_0 分别为发射点的地理经度和纬度。

将方向余弦矩阵 $\boldsymbol{C}_{\mathrm{i}}^{\mathrm{n}}$、星敏感器捷联安装矩阵 $\boldsymbol{C}_{\mathrm{b}}^{\mathrm{s}}$ 以及计算得到的星敏感器姿态矩阵 $\boldsymbol{C}_{\mathrm{s}}^{\mathrm{i}}$ 代入式(9.46)，即可解算出载体的姿态矩阵 $\boldsymbol{C}_{\mathrm{n}}^{\mathrm{b}}$。而利用载体姿态矩阵 $\boldsymbol{C}_{\mathrm{n}}^{\mathrm{b}}$ 中的元素，即可求得载体的俯仰角 φ、航向角 ψ、滚转角 γ 的主值分别为

$$\left.\begin{aligned} \varphi&=\arctan\left[\frac{\boldsymbol{C}_{\mathrm{n}}^{\mathrm{b}}(1,2)}{\boldsymbol{C}_{\mathrm{n}}^{\mathrm{b}}(1,1)}\right] \\ \psi&=-\arcsin\left[\boldsymbol{C}_{\mathrm{n}}^{\mathrm{b}}(1,3)\right] \\ \gamma&=\arctan\left[\frac{\boldsymbol{C}_{\mathrm{n}}^{\mathrm{b}}(2,3)}{\boldsymbol{C}_{\mathrm{n}}^{\mathrm{b}}(3,3)}\right] \end{aligned}\right\} \tag{9.48}$$

进一步，根据载体姿态矩阵 $\boldsymbol{C}_{\mathrm{b}}^{\mathrm{n}}$ 中相应元素的正负号，可确定这 3 个姿态角的真值。

9.4.2 位置确定

根据是否建立状态方程，基于星光折射间接敏感地平的天文定位方法可分为两类：基于轨道动力学的定位方法与基于解析求解的定位方法。

基于轨道动力学的定位方法是根据载体运行规律建立状态模型，并以折射星的视高度、折射角等观测信息建立量测模型，进而结合最优估计方法获得载体的位置、速度等导航参数。

基于解析求解的定位方法是通过求解由多个折射星光矢量信息得到的非线性方程组，采用最小二乘等算法不断迭代修正载体的位置矢量，最终得到载体在允许误差范围内的位置参数。

9.5　天文导航系统数字仿真实例

弹道导弹的经度、纬度和高度分别设置为(114.235 8°,36.464 4°, 122.544 5 km),弹道导弹相对于发射点惯性坐标系的俯仰角、航向角、滚转角分别为(19.695 4°,0.186 9°,0.514 4°),星敏感器Ⅰ和星敏感器Ⅱ分别敏感导航星和折射星。星敏感器仿真条件:视场大小 10°×10°,CCD 面阵分辨率为 512×512,像素大小 $d_x = d_y = 20\ \mu m$,透镜焦距 $f = 58.52$ mm,星图像素灰度噪声为 5 灰度值,星等噪声为 0.2 Mv。

在该视轴指向下,星敏感器Ⅰ与星敏感器Ⅱ所拍摄的星图分别如图 9.10 和图 9.11 所示。

图 9.10　星敏感器Ⅰ拍摄星图

图 9.11　星敏感器Ⅱ拍摄星图

对拍摄星图进行滤波去噪、星图分割、星点质心提取等处理后,部分星点的质心提取结果见表 9.2,可以看出,星点的质心提取误差不超过 0.05 个像素。

表 9.2　星点的质心提取位置与实际位置比较

星　号	x 方向/pixel			y 方向/pixel		
	实 际	提 取	误 差	实 际	提 取	误 差
11767	27.637 8	27.678 5	−0.040 7	193.653 1	193.695 5	−0.042 4
9147	54.796 6	54.838 9	−0.042 3	318.478 0	318.470 3	0.007 7
4545	99.241 1	99.193 1	0.048 0	193.943 8	193.959 2	−0.015 4
3463	125.172 8	125.130 5	0.042 3	75.945 2	75.960 6	−0.015 4
11782	144.572 4	144.599 6	−0.027 2	94.424 3	94.408 6	0.015 7

采用 Hausdorff 距离星图识别算法,对拍摄星图中的星点进行匹配识别。由于该星图识别算法具备较强的抗干扰能力,即受质心提取误差的影响较小,所以在 100 次蒙特卡罗仿真实验中,导航星的识别正确率达到了 99%。进一步,经过折射星识别与折射角求解后,折射星的折射角计算结果见表 9.3。通过与理论折射角进行比较可以发现,折射星的折射角计算误差不超过 2.5″。

表 9.3　星图识别折射角与理论折射角比较

星　号	星图识别折射角/(″)	理论折射角/(″)	识别误差/(″)
791	68.973 4	67.302 3	1.671 1
5231	4.695 7	6.337 8	−1.642 1
9882	73.335 0	75.655 4	−2.320 4
10258	118.208 4	118.605 6	−0.397 2

经星图匹配识别后，可分别利用导航星和折射星完成天文定姿和定位，定姿定位误差如图 9.12～图 9.17 所示。可以看出，基于导航星的天文姿态测量精度优于 10″；而星光折射天文定位方法的经度、纬度误差小于 0.02°，高度误差不超过 350 m。

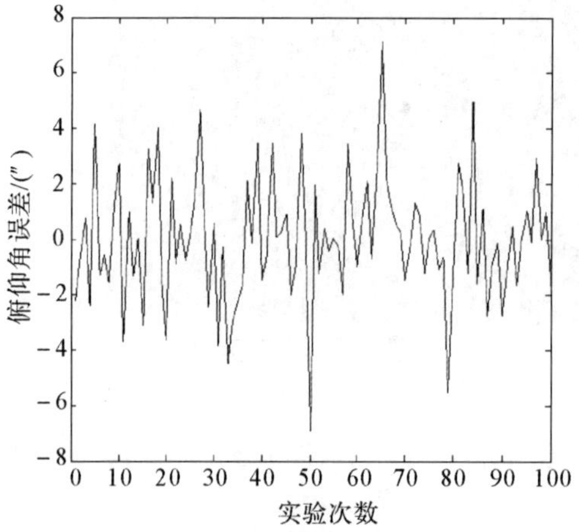

图 9.12　俯仰角误差

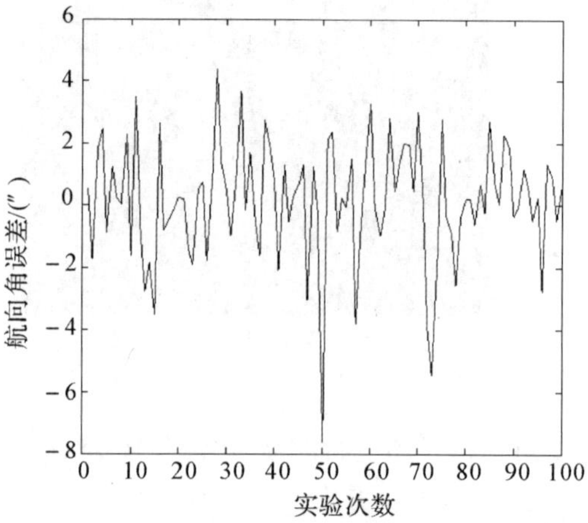

图 9.13　航向角误差

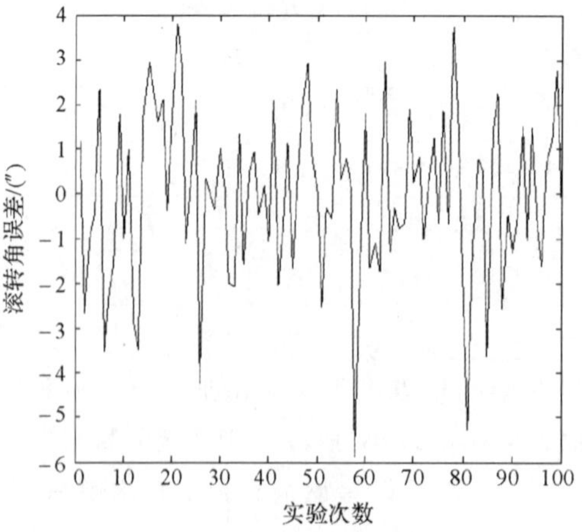

图 9.14　滚转角误差

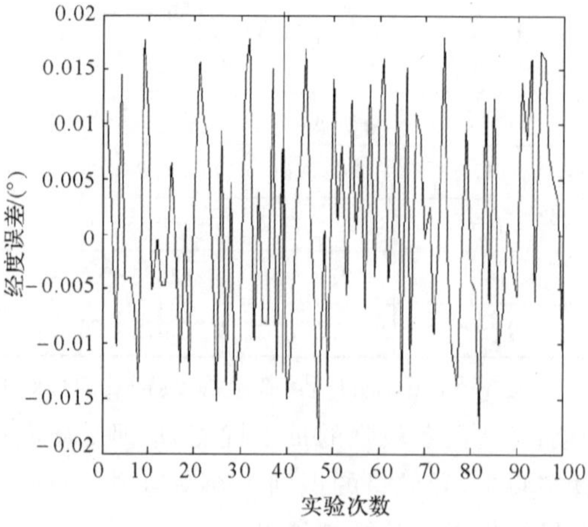

图 9.15　经度误差

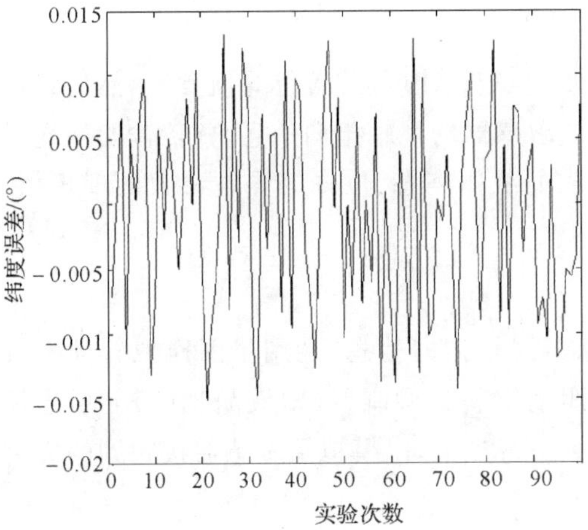

图 9.16　纬度误差

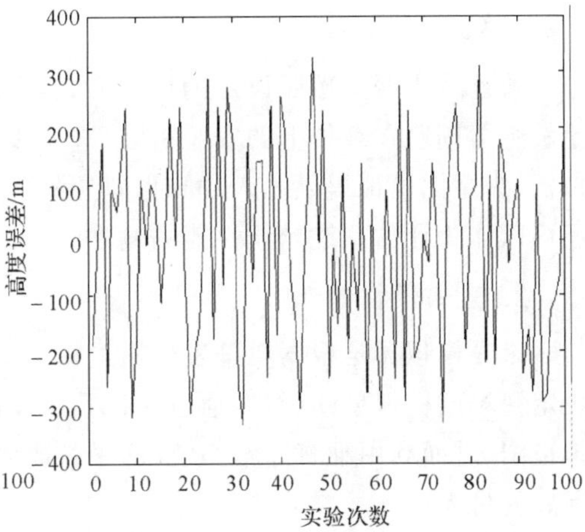

图 9.17　高度误差

9.6　天文导航半物理仿真系统

直接进行天文导航的真实飞行试验不仅难度大，而且成本昂贵。因此，通常采用天文导航半物理仿真系统对天文导航关键技术进行研究。相比于纯计算机数字仿真，天文导航半物理仿真系统是利用星光模拟器模拟星光的实际传输过程，并利用实际的星敏感器对模拟星光进行观测与处理，因而可以更加直观、真实地模拟天文导航系统的量测信息及其误差特性。这样，不仅能够验证天文导航理论方法的性能，而且能够测试并验证天体敏感器(如星敏感器)以及天文导航系统的特性，同时可减少飞行试验次数，降低试验成本，缩短开发周期，保证飞行试验的安全可靠。因此，开发并搭建天文导航半物理仿真系统，对于天文导航理论方法的验证和实际天文导航系统的研制，具有重要的理论意义和工程应用价值。

9.6.1　半物理仿真系统的整体结构

如图 9.18 所示，天文导航半物理仿真系统由以下几部分组成。

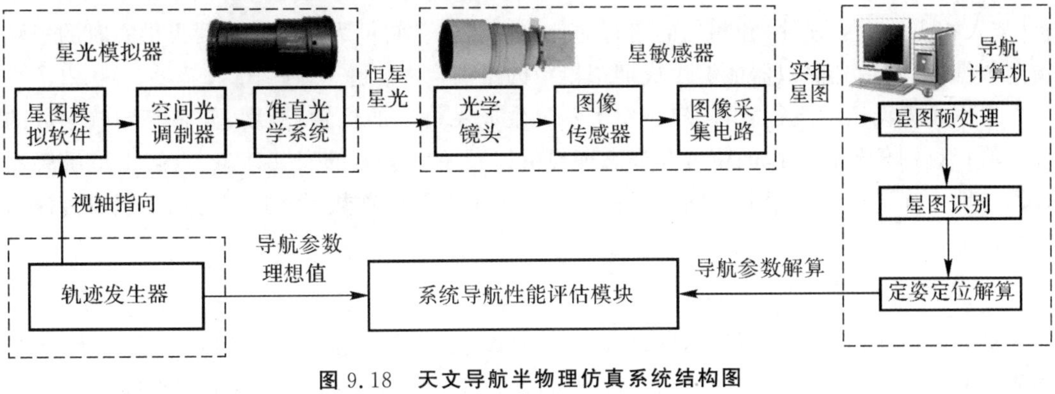

图 9.18　天文导航半物理仿真系统结构图

1. 轨迹发生器

轨迹发生器是按照设定的机动方式，生成载体的姿态、速度、位置等导航参数，然后结合星敏感器固联在载体上的安装矩阵，进一步生成星敏感器的视轴指向信息，并传输给星光模拟器，为星图模拟提供输入；同时，轨迹发生器生成的载体姿态、位置等导航参数的理想值，还可以作为评估系统导航性能的基准。

2. 星光模拟器

星光模拟器是根据轨迹发生器提供的星敏感器视轴指向信息，利用星图模拟软件生成特定视场的模拟星图，然后通过接口及驱动电路驱动空间光调制器（即液晶光阀）显示出模拟星图，进而利用准直光学系统（即平行光管）产生平行光束，以模拟星敏感器接收到的无穷远处的星光。

3. 星敏感器

星敏感器是利用光学镜头和图像传感器对星光模拟器发出的星光进行成像，然后经图像采集电路采集后，生成实拍星图，进而为导航计算机提供实拍星图数据。

4. 导航计算机

导航计算机是通过对实拍星图进行预处理（包含去噪、阈值分割、星点质心提取等步骤）、星图识别和天文定姿定位解算等处理，从而持续解算得到载体的位置、姿态等导航参数。

5. 系统导航性能评估模块

系统导航性能评估模块是将导航计算机输出的包含解算误差的导航结果，与轨迹发生器输出的导航参数的理想值进行比较，从而得到天文导航系统解算的姿态、位置等导航参数的误差。在此基础上，对星光模拟器、星敏感器、星图处理算法和导航解算算法的性能进行分析和评估。

9.6.2 半物理仿真系统原理及实现

1. 轨迹发生器

轨迹发生器作为天文导航半物理仿真研究的基准，在半物理仿真系统中由一台 PC 微机（装入相应的生成软件）和相应的串行通信接口组成。它可为星光模拟器提供实时的视轴指向数据，以便星光模拟器能够生成期望模拟的星图。

根据预先设定的飞行轨迹，轨迹发生器可生成飞行器的位置、速度、姿态等导航参数的理想值；然后，再根据载体的位置和姿态理想值以及星敏感器的安装信息，求解出星敏感器视轴在地心赤道惯性系下的指向数据；最后，将星敏感器视轴数据通过串行通信接口传输给星光模拟器。

2. 星光模拟器

星光模拟器由星图模拟计算机、星图显示系统、滤光片和准直光学系统组成，其组成结构如图 9.19 所示。其中，星图显示系统由电源、LED 背光板和空间光调制器组成。

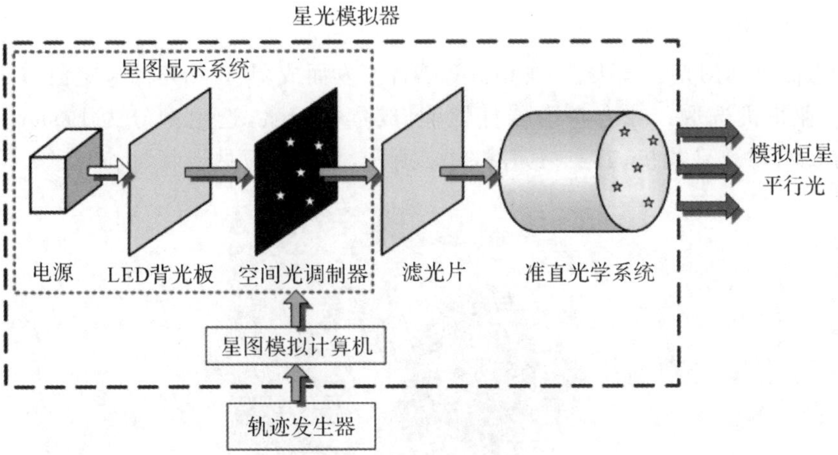

图 9.19　星光模拟器结构图

星光模拟器的工作原理为：星图模拟计算机根据轨迹发生器输出的星敏感器实时视轴指向，生成待模拟的星图参数（如星点质心坐标、灰度值等）；星图显示系统根据待模拟的星图参数，驱动空间光调制器（即液晶光阀）对 LED 背光板发出的均匀光束进行调制。这样，液晶光阀便可在相应位置上生成指定亮度的星点，从而实现模拟星图的显示；滤光片可进一步吸收部分波段的光，从而模拟星光的实际光谱范围；最后，由于液晶光阀放置在准直光学系统的焦平面上，所以经过准直光学系统处理后的星光，即为各模拟星点产生的平行星光。

图 9.20 所示为星光模拟器的实物图。该模拟器具备“折射星光模拟”和“天空背景模拟”功能，能够模拟无穷远处的恒星星光，从而为星敏感器的测试提供输入源。该星光模拟器的参数见表 9.4。

图 9.20　星光模拟器

表 9.4　星光模拟器参数

参　数	数　值	参　数	数　值
视场角	5.23°×5.23°	光学系统口径	Φ67.5mm
分辨率	1 556×1 556	出瞳距离	50 mm
光谱范围	500～750 nm	中心波长	650 nm
焦距	240 mm	星对角距最大误差	±13″
单星张角	13″±3″	光学系统外形尺寸	280 mm×Φ90 mm
刷新频率	20 Hz		

3. 星敏感器

星敏感器可利用光学镜头、工业相机等器件开发而成，其视场角的额定值为 5°×5°。

(1)工业相机选取。综合考虑器件性能、成本等因素，选定型号为 Basler a2A4504 - 18 μm 的 CMOS 工业相机，其实物如图 9.21 所示，具体参数见表 9.5。

图 9.21 Basler a2A4504 - 18 μm 工业相机

表 9.5 Basler a2A4504 - 18 μm 工业相机参数

参数名称	参数指标	参数名称	参数指标
感光芯片	Sony IMX541	快门类型	全 局
靶面尺寸	1.1″	感光芯片尺寸	12.3 mm×12.3 mm
CMOS 分辨率	4 504×4 504	单个像素尺寸	2.74 μm×2.74 μm
帧速率	18 fps	像素位深	8/10/12 bits
量子效率(典型)	65.9%	暗噪声(典型)	2.1e⁻
饱和容量(典型)	9.4ke⁻	动态范围(典型)	70.8 dB
信噪比(典型)	39.7 dB	图像类别	黑白
接口	USB 3.0	镜头接口	C - mount
外壳尺寸	42.8 mm×29 mm×29 mm	质量	85 g

CMOS 尺寸 L_{CMOS}、视场角 $\text{FOV}_{\text{星敏}}$ 与镜头焦距 f 之间的关系见图 9.22。

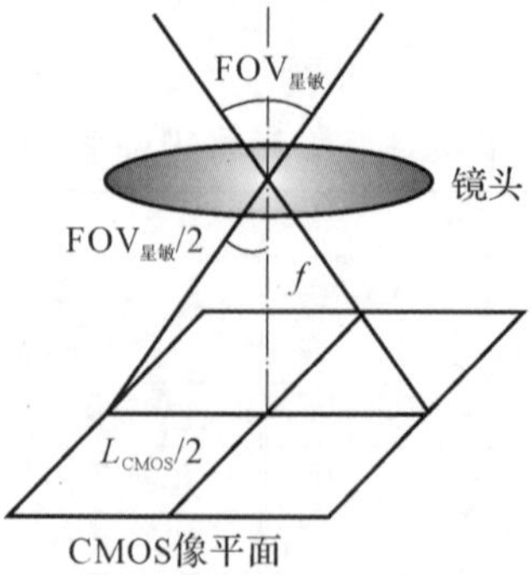

图 9.22 CMOS 参数、视场角与镜头焦距之间的关系

由于选定相机的 CMOS 分辨率为 4 504×4 504，故根据单个像素尺寸，可计算得到 CMOS 尺寸为

$$L_{\mathrm{CMOS}} = 4\ 504 \times 2.74\ \mu\mathrm{m} = 12.340\ 96\ \mathrm{mm} \tag{9.49}$$

将视场角的额定值和 CMOS 尺寸代入焦距的计算公式，可得镜头焦距 f 的额定值为

$$f = \frac{L_{\mathrm{CMOS}}/2}{\tan(\mathrm{FOV}_{星敏}/2)} = \frac{12.340\ 96/2}{\tan(5°/2)}\mathrm{mm} = 141.327\ 2\ \mathrm{mm} \tag{9.50}$$

(2)光学镜头选取。根据计算得到的镜头焦距额定值，选择型号为 SpeedMaster 135mm 的定焦镜头，其实物如图 9.23 所示，具体参数见表 9.6。

图 9.23　SpeedMaster 135 mm **镜头**

表 9.6　SpeedMaster 135 mm **镜头参数**

参数名称	参数指标
焦距	135 mm
入瞳直径	96.43～8.44 mm
入瞳距离	34 mm
光圈	1.4～16
畸变	0.04%
对焦环可旋转角度	88.3°
相机卡口	Nikon F - Mount1
法兰距	46.5 mm
最大直径	111 mm
长度(含镜头盖)	160 mm

(3)光学系统参数计算。根据 CMOS 尺寸 $L_{\mathrm{CMOS}} = 12.340\ 96$ mm 和镜头焦距长度 $f_{星敏} = 135$ mm，可计算得到星敏感器的视场角 $\mathrm{FOV}_{星敏}$ 为

$$\mathrm{FOV}_{星敏} = 2\arctan\left(\frac{L_{\mathrm{CMOS}}/2}{f_{星敏}}\right) = 2\arctan\left(\frac{12.340\ 96/2}{135}\right) = 5.234\ 0° \tag{9.51}$$

4. 导航计算机

导航计算机通过采集星敏感器实拍的星图序列，然后利用事先编制的星图处理算法和天文定姿定位算法，依次完成星图预处理(包含去噪、阈值分割、星点质心提取等步骤)、星图识别和天文定姿定位解算等处理过程，从而解算得到载体的天文定姿定位结果。

5. 系统导航性能评估模块

由导航计算机解算出的包含误差的导航参数，与轨迹发生器生成的导航参数的理想值进行比较，从而得到位置、姿态等导航参数的解算误差。进一步，便可对星光模拟器、星敏感器、星图处理算法和导航解算算法的性能进行验证与评估。

9.6.3　半物理仿真系统性能测试

1. 星光模拟器测试

图 9.24 为星光模拟器的上位机软件界面。利用该软件可设置模拟星光的参数，并实时

显示所模拟的星图。由模拟星图结果可以看出:该星光模拟器能够模拟杂散光背景,并且可以实现对直、折射星光的连续模拟。

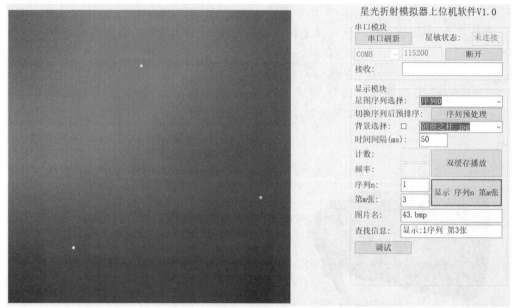

图 9.24 **星光模拟器上位机软件界面**

2. 星敏感器测试

如图 9.25 所示,利用图像采集上位机软件对星敏感器拍摄星图进行采集测试;实际拍摄的星图如图 9.26 所示。测试结果表明,拍摄星图中的星点弥散光斑明显,星点形状无明显畸变,成像质量较好。

图 9.25 **星敏感器图像采集测试场景**

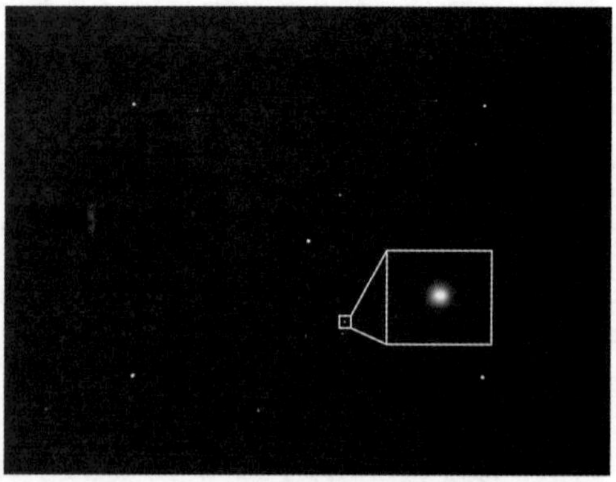

图 9.26 **星敏感器实际拍摄星图**

3. 星光模拟器和星敏感器的联合测试

如图 9.27 所示,将星光模拟器与星敏感器装配于光学隔振平台上,搭建半物理仿真系统,并对其性能进行测试。星敏感器实际拍摄的直射星图和折射星图分别如图 9.28 和图 9.29 所示。导航计算机对实际拍摄的星图进行预处理、星图识别、天文定姿定位解算等处理后,便可得到载体的姿态和位置等导航参数;进一步,将导航计算机解算的导航参数,与轨迹发生器生成的导航参数的理想值进行比较，便可得到天文导航半物理仿真系统的姿态误差和位置误差。图 9.30 和图 9.31 分别为姿态角误差和位置误差曲线，相应的统计结果见表 9.7。

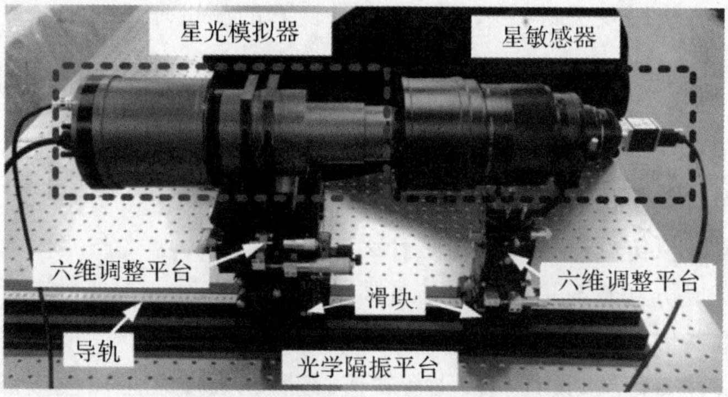

图 9.27　天文导航半物理仿真系统

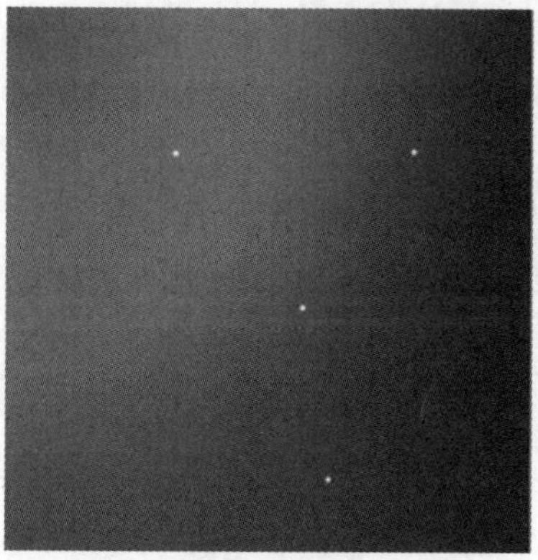

图 9.28　星敏感器拍摄的直射星图

图 9.29　星敏感器拍摄的折射星图

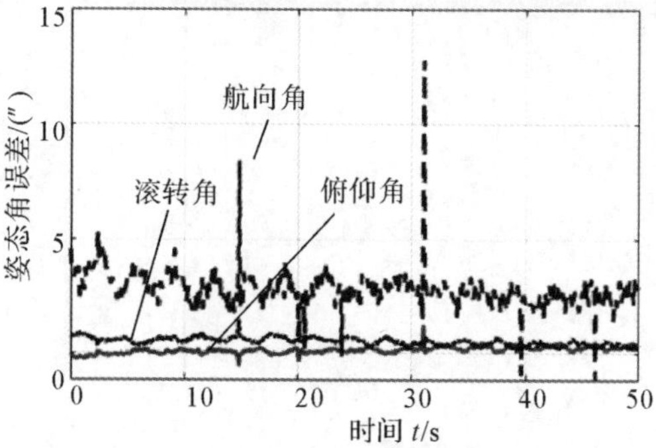

图 9.30　姿态角误差

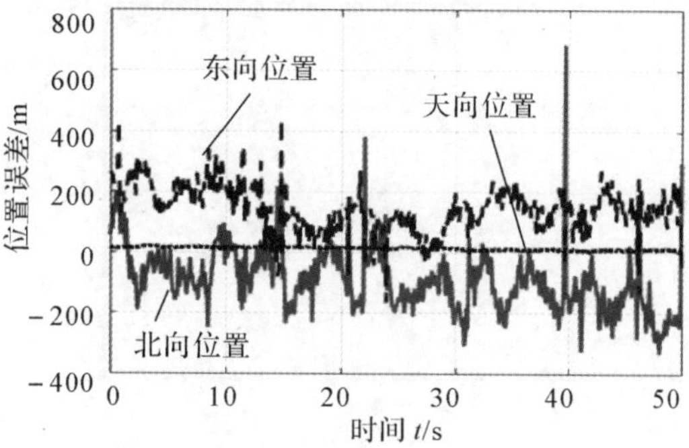

图 9.31　位置误差

表 9.7　系统导航解算误差统计结果

导航参数误差	半物理仿真系统导航误差(1σ)
位置误差/m	195.9
航向误差/(″)	5.25
水平姿态误差/(°)	0.001 2

图 9.30、图 9.31 和表 9.7 中的测试结果表明，天文导航半物理仿真系统的航向误差不超过 10″，水平姿态精度不低于 0.002°，定位误差不超过 200 m。综上，该半物理仿真系统能够为天文导航理论方法以及关键技术的验证提供良好的测试环境。

思考与练习

1. 阐述天文导航数字仿真系统的组成结构及其工作原理。

2. 什么是星图模拟仿真器？其作用是什么？

3. 简述星图模拟仿真器与星敏感器仿真器的关系。

4. 简述星敏感器仿真器与天文导航解算仿真器的关系。

5. 任意选定一种飞行器，设计一段飞行轨迹，编程仿真实现星图模拟仿真器的功能。

6. 编程实现星敏感器仿真器的功能，并对题 5 中所生成的星图进行处理，从而完成星图预处理和星图识别等功能。

7. 编程实现天文导航解算仿真器的功能，并利用题 6 中的星图处理结果完成天文定姿定位解算；进一步，结合题 5 中设计的飞行器理想导航参数，计算天文导航解算误差。

8. 阐述天文导航半物理仿真系统的整体结构及其工作原理。

9. 简述星光模拟器的组成结构与工作原理。如何利用星光模拟器实现折射星光的模拟？如何利用星光模拟器模拟天空背景？

第10章 物理场自主导航系统

地球的地磁场、重力场、地形场、地电场、地温场、核物理场等都是天然存在的地球物理场。在一定时间内，地球物理场不可能被大规模地摧毁或改变，因而可作为一个可靠的导航信息源。地球物理场导航是利用载体上搭载的传感器实时测量地球物理场信息(如磁异常场、重力异常场、地形起伏和地物特征等)，然后与储存在载体导航计算机中的地球物理场基准信息进行匹配，从而确定载体导航参数的方法。常用的地球物理场导航手段包括地磁匹配、重力匹配、地形匹配和景象匹配等。近年来，随着对地球物理学理论的研究不断深入、地球物理场数据日益丰富、物理场精密测量技术、计算机技术，以及信息技术的飞速发展，地球物理场导航技术(特别是地磁导航和重力导航技术)也取得了长足进步。

地磁场作为地球的固有资源，为海、陆、空、天等各类运载体提供了天然的导航信标。地磁匹配导航是利用地磁敏感器件实时测量地磁数据，然后与存储在导航计算机中的地磁基准数据进行匹配，从而确定载体位置的方法。地磁匹配导航是一种新型的全天时、全天候、全地域自主导航方式，不仅具有无源定位、无辐射、抗干扰性强、误差不积累、高精度、低成本等特点，而且可以利用地磁场的多种特征量进行匹配导航，如总磁场强度、水平磁场强度、垂直磁场强度、磁偏角、磁倾角、磁场梯度等。因此，地磁匹配导航系统可满足潜艇、舰船、车辆、无人机、卫星、导弹等运载体对高精度自主导航的应用需求。

地球重力场是近地空间最基本的物理场之一。重力匹配导航是利用重力敏感器件实时测量重力数据，然后与存储在导航计算机中的重力基准数据进行匹配，从而确定载体位置的方法。重力匹配导航系统由于具有全天时、全天候、全地域、高度自主、隐蔽性好、抗干扰性强和精度高等诸多优点，因而在航空/航天/航海/陆地导航、地球遥感测绘、自然资源勘探等军事和民用领域都有着广泛的应用前景。

本章分别从系统组成与工作原理、敏感器件和匹配算法等方面对地磁匹配导航系统和重力匹配导航系统进行介绍。

10.1 地磁匹配导航系统组成及工作原理

地磁场是一个矢量场，具有全天时、全天候、全地域等特征，如图10.1所示。对于近地空间内的任意一点，其所在位置处的地磁场矢量均具有唯一性，即理论上任意位置的地磁场矢量与该点的经度、纬度和高度坐标是一一对应的。因此，只要准确测量得到各点的地磁场矢量，即可实现全球定位，这便是地磁匹配导航的基本原理。

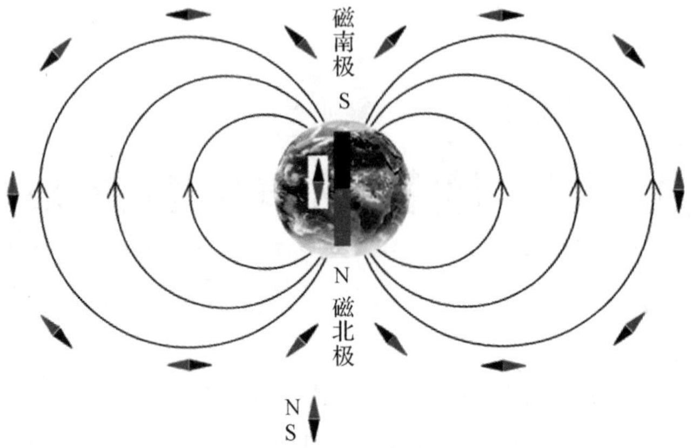

图 10.1　地磁场

在实际应用时，由于地磁敏感器件输出的地磁实测数据中，不可避免地会含有测量误差，所以仅利用单一位置的地磁实测数据进行匹配时，在地磁数据库中可能存在多个相同或相近的地磁场矢量。因此，仅依靠某个点的地磁测量值进行地磁匹配时，容易发生误匹配的情况，进而导致定位误差较大。为了提高定位精度，地磁匹配导航系统通常是将多个连续位置处测得的地磁实测数据构成一个序列，再与事先建好的地磁数据库中的地磁基准数据进行匹配，从而获得更高精度的匹配定位结果。

地磁匹配导航系统由地磁探测模块、地磁数据库模块及地磁匹配模块组成，系统组成如图 10.2 所示，各部分功能为：

(1)地磁探测模块：由地磁敏感器件和数据预处理及干扰补偿软件组成，用于向地磁匹配模块提供地磁实测数据。

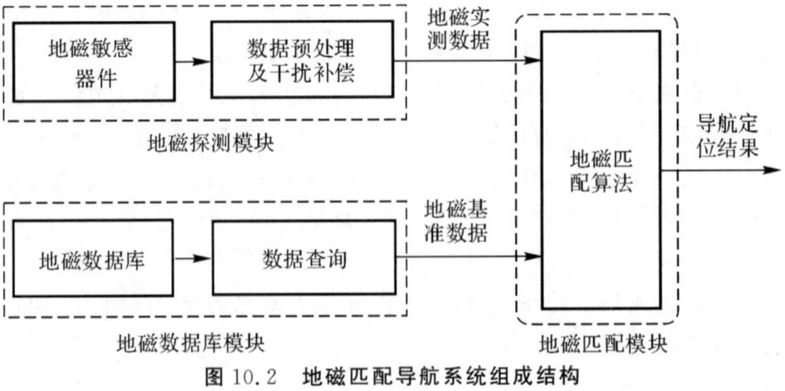

图 10.2　地磁匹配导航系统组成结构

(2)地磁数据库模块：包含地磁数据库(即地磁图)和数据查询软件，用于向地磁匹配模块提供地磁基准数据。

(3)地磁匹配模块：采用相应的地磁匹配算法，对地磁探测模块提供的地磁实测数据以及地磁数据库模块输出的地磁基准数据进行匹配，进而根据匹配结果输出载体的导航定位结果。

10.2　地磁敏感器件

地磁敏感器件是各类地磁导航系统的核心部件，在地磁导航系统中，地磁敏感器件主要有磁通门、霍尔器件和磁阻器件。下面分别对这三类地磁敏感器件进行介绍。

10.2.1　磁通门

磁通门主要由高导磁率铁芯、测量线圈和激励线圈组成，如图 10.3 所示。铁、镍、钴及其合金、某些锰、银、铝合金均属高导磁材料，其磁导率高达 $10^4 \sim 10^5$，在磁场中它们有极强的聚磁能作用。在铁芯外面有两组线圈，一组沿两根铁芯对称顺绕，称为激励线圈，供交变电流 $i_1(t)$；另一组称为测量线圈，它绕制在激励线圈外面。当存在外磁场时，测量线圈两端会出现感应电动势 $e_2(t)$。

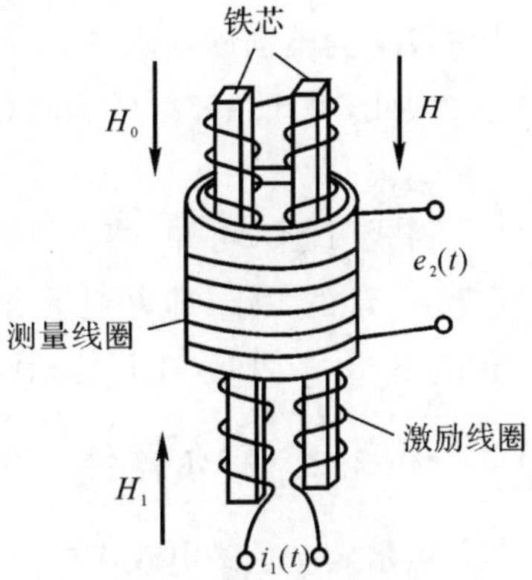

图 10.3　磁通门结构

设激励电流 $i_1(t)$ 在铁芯中产生磁场，其强度 $\boldsymbol{H}_1$ 在两根铁芯中是完全相等的，但方向相反。当存在外磁场 $\boldsymbol{H}_0$ 时，两根铁芯分别处在磁场($\boldsymbol{H}_0-\boldsymbol{H}_1$)和($\boldsymbol{H}_0+\boldsymbol{H}_1$)的作用下。假定这两根铁芯的磁特性是相同的，则磁场在铁芯中产生的磁感应量(磁通量密度)分别为

$$\left.\begin{aligned}\boldsymbol{B}'=B(\boldsymbol{H}_0-\boldsymbol{H}_1)\\ \boldsymbol{B}''=B(\boldsymbol{H}_0+\boldsymbol{H}_1)\end{aligned}\right\} \tag{10.1}$$

式中：B 表示铁芯的磁导率。

这时，测量线圈中感应电动势为

$$e_2(t)=-SW_2\frac{\mathrm{d}}{\mathrm{d}t}(\boldsymbol{B}'+\boldsymbol{B}'') \tag{10.2}$$

式中：S 表示铁芯横截面积；W_2 表示测量线圈匝数。

设铁芯的磁导率为

$$B=a\boldsymbol{H}+b\boldsymbol{H}^3 \tag{10.3}$$

则将式(10.3)代入式(10.1)，可得

$$\left.\begin{aligned}\boldsymbol{B}'=a\boldsymbol{H}_0-a\boldsymbol{H}_1+b\boldsymbol{H}_0^3-3b\boldsymbol{H}_0^2\boldsymbol{H}_1+3b\boldsymbol{H}_0\boldsymbol{H}_1^2-b\boldsymbol{H}_1^3\\ \boldsymbol{B}''=a\boldsymbol{H}_0+a\boldsymbol{H}_1+b\boldsymbol{H}_0^3+3b\boldsymbol{H}_0^2\boldsymbol{H}_1+3b\boldsymbol{H}_0\boldsymbol{H}_1^2+b\boldsymbol{H}_1^3\end{aligned}\right\} \tag{10.4}$$

且有

$$\boldsymbol{B}'+\boldsymbol{B}''=2a\boldsymbol{H}_0+2b\boldsymbol{H}_0^3+6b\boldsymbol{H}_0\boldsymbol{H}_1^2 \tag{10.5}$$

式中：a、b 是与铁芯形状和材料有关的常数。

进而，将式(10.5)代入式(10.2)，可得到由铁芯磁通量密度 $\boldsymbol{B}'+\boldsymbol{B}''$ 在测量线圈两端产生的感应电动势为

$$e_2(t)=6bSW_2\boldsymbol{H}_0\frac{\mathrm{d}}{\mathrm{d}t}[\boldsymbol{H}_1(t)]^2 \tag{10.6}$$

一般来讲，辅助交变磁场 $\boldsymbol{H}_1(t)$ 可以看成是由两个相互独立电流源产生的磁场之和，即

$$\boldsymbol{H}_1(t)=\boldsymbol{H}_{m1}\sin\omega_1 t+\boldsymbol{H}_{m2}\cos\omega_2 t \tag{10.7}$$

式中：$\boldsymbol{H}_{m1}$、$\boldsymbol{H}_{m2}$、ω_1、ω_2 分别是交变磁场的幅度和角频率。

当 $\omega_2=0$ 时，有

$$\boldsymbol{H}_1(t)=\boldsymbol{H}_m\sin\omega_1 t+\boldsymbol{H}_2 \tag{10.8}$$

式中：$\boldsymbol{H}_2$ 为辅助固定磁场。

因此，将式(10.8)代入式(10.6)，可得

$$e_2(t)=6bSW_2\boldsymbol{H}_0(2\boldsymbol{H}_2\boldsymbol{H}_m\cos\omega t+\boldsymbol{H}_m^2\sin\omega t) \tag{10.9}$$

由式(10.9)可知，感应电动势 $e_2(t)$ 正比于被测磁场的强度 $\boldsymbol{H}_0$，因此，通过测量感应电动势 $e_2(t)$ 的大小，即可测量出被测磁场的强度 $\boldsymbol{H}_0$。另外，还可以看出，$e_2(t)$ 正比于交变磁场角频率 ω。因此，在其他相同条件下，可以通过改变 ω 来提高磁通门的灵敏度。

10.2.2 霍尔器件

霍尔效应是磁电效应的一种，是霍尔(A. H. Hall)于1879年在研究金属的导电机理时发现的。但金属的霍尔效应十分微弱，直到20世纪50年代末，随着半导体材料的开发，产生了电子迁移率非常大的新材料，如锑化铟(InSb)、砷化铟(InAs)、砷化镓(GaAs)等，其霍尔效应较金属要强得多，才使霍尔效应器件得到广泛的应用。

霍尔效应器件为四端器件，有两个电流控制端和两个输出端，其原理如图10.4所示，图10.4(a)(b)分别表示N型半导体和P型半导体材料。沿半导体 Z 方向加磁场 B，沿 X 方向通以工作电流 I，则半导体材料中的载流子受到磁场洛伦兹力的作用而向垂直于电流和磁场的某一侧偏转。随着载流子的积累，则在 Y 方向上材料的两端就会产生出霍尔电动势 V_H，这种现象称为霍尔效应。同时，在两侧面间也建立了一个电场，称为霍尔电场 E_H。

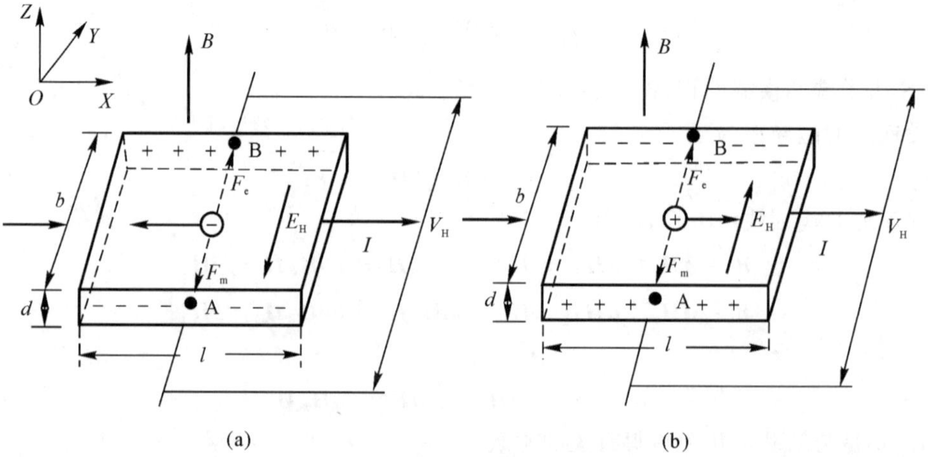

图10.4 霍尔效应原理

产生霍尔效应的原因是，做定向运动的带电粒子，即载流子(N型半导体中的载流子是带负电荷的电子，P型半导体中的载流子是带正电荷的空穴)在磁场中受到洛伦兹力的作用而产生的。

如图10.4(a)所示，一块长为l、宽为b、厚为d的N型单晶薄片，置于沿Z轴方向的磁场B中。在X轴方向通以电流I，则其中的载流子(电子)所受到的洛伦兹力为

$$F_m = qvB = -evB \tag{10.10}$$

式中：v为电子的漂移运动速度，其方向沿X轴的负方向；e为电子的电荷量，$e=1.602\times 10^{-19}$C；F_m指向Y轴的负方向。

自由电子受力偏转后，会向A侧积聚，同时在B侧面上出现同数量的正电荷。由此，在两侧面间形成沿Y轴方向上的电场E_H，即霍尔电场，则运动电子就会受到沿Y轴正方向的电场力F_e。A、B面之间的电动势为V_H，即霍尔电压为V_H，则有

$$F_e = qE_H = -eE_H = -e\frac{V_H}{b} \tag{10.11}$$

霍尔电压将阻碍电荷的积聚，最后达到稳定状态时，有

$$F_m = F_e \tag{10.12}$$

即

$$-evB = -e\frac{V_H}{b} \tag{10.13}$$

得

$$V_H = vBb \tag{10.14}$$

此时，B端电位高于A端电位。

若N型单晶中室外电子浓度为n，则流过样片横截面的电流为

$$I = nebdv \tag{10.15}$$

也即

$$v = \frac{I}{nebd} \tag{10.16}$$

将式(10.16)代入式(10.14)，则

$$V_H = \frac{I}{ned}B = R_H\frac{IB}{d} = K_H IB \tag{10.17}$$

式中：$R_H=1/(ne)$为霍尔系数，它表示材料产生霍尔效应的能力大小；$K_H=1/(ned)$为霍尔元件的灵敏度。

一般来说，灵敏度K_H越大越好，这样可获得较大的霍尔电压V_H。由于灵敏度K_H和载流子浓度n成反比，而半导体的载流子浓度远比金属的载流子浓度小，所以采用半导体材料作霍尔元件灵敏度就会比较高；又因灵敏度K_H和样品厚度d成反比，故霍尔芯片都切得很薄，一般$d\approx 0.2$ mm。

上面讨论的是N型半导体产生的霍尔效应，B侧面电位比A侧面高；对于P型半导体，由于形成电流的载流子是带正电荷的空穴，与N型半导体的情况相反，A侧面积累正电荷，B侧面积累负电荷，如图10.4(b)所示。此时，A侧面电位比B侧面高。由此可知，根据A、B两端电位的高低，就可以判断半导体材料的导电类型是P型还是N型。

由式(10.17)可知，如果霍尔元件的灵敏度K_H已知，并测得控制电流I和产生的霍尔电压V_H，则可进一步测得霍尔元件所在处的磁感应强度为

$$B=\frac{V_{\mathrm{H}}}{K_{\mathrm{H}}I} \tag{10.18}$$

霍尔效应器件便是根据式(10.18)测量磁感应强度的。

严格地说,在半导体中载流子的漂移运动速度并不完全相同,考虑到载流子速度的统计分布,并认为多数载流子的浓度与迁移率之积远大于少数载流子的浓度与迁移率之积,则半导体霍尔系数 R_{H} 的公式中还应引入一个霍尔因子 r_{H},即

$$R_{\mathrm{H}}=\frac{r_{\mathrm{H}}}{ne} \tag{10.19}$$

如果磁感应强度 B 的方向与霍尔器件的法平面交角为 θ,则作用在霍尔器件上的有效磁场为磁场在器件法线方向的分量,此时霍尔电压为

$$V_{\mathrm{H}}=K_{\mathrm{H}}IB\cos\theta \tag{10.20}$$

式(10.20)给出的为理想情形,而实际的情况要复杂得多。在产生霍尔电压 V_{H} 的同时,还往往伴有四种副效应,副效应产生的电压叠加在霍尔电压上,进而造成测量误差。

10.2.3 磁阻器件

许多金属、合金及金属化合物材料在处于磁场中时,传导电子受到强烈磁散射作用,使材料的电阻显著增大,称这种现象为磁阻效应。通常以电阻率的相对改变量来表示磁阻,即

$$M_{\mathrm{R}}=\frac{\Delta\rho}{\rho}=\frac{\rho_{\mathrm{B}}-\rho_{0}}{\rho_{0}}=0.27\mu^{2}B^{2} \tag{10.21}$$

式中:ρ_{B} 和 ρ_0 分别为有磁场和无磁场时的电阻率;μ 为载流子迁移率;B 为磁感应强度。

同霍尔效应一样,磁阻效应也是由载流子在磁场中受到洛伦兹力而产生的。在达到稳态时,某一速度的载流电子所受到的电场力和洛伦兹力相等,载流子在两端聚集产生霍尔电场,比该速度慢的载流子将向电场力方向偏转,比该速度快的载流子则向洛伦兹力方向偏转。这种偏转导致载流子的漂移路径增加,或者说,沿外加电场方向运动的载流子数量减少,从而使电阻增加,由此产生磁阻效应。若外加磁场与外加电场垂直,称为横向磁阻效应;若外加磁场与外加电场平行,则称为纵向磁阻效应。一般情况下,载流子的有效质量的弛豫时间与方向无关,则纵向磁感强度不引起载流子的偏移,因而无纵向磁阻效应。

当材料中仅存在一种载流子时,磁阻效应几乎可以忽略,此时霍尔效应表现得更为强烈。若在材料中存在电子、空穴时,如锑化铟(InSb)材料,则磁阻效应表现得更强烈。

磁阻材料电阻的变化,是由材料电学性质的改变引起的,或者是由材料几何尺寸引起的。

(1)物理磁阻效应。如图 10.5 所示,一个长方形 N 型半导体薄片,施加直流恒定电流。当放置于图示方向的磁场 B 中时,半导体内的载流子将受到洛伦兹力的作用而发生偏转。在 a、b 端产生电荷积聚,从而产生霍尔磁场。如果霍尔电场作用和某一速度的载流子的洛伦兹力刚好抵消,那么小于或大于该速度的载流子将发生偏转。使得沿外加电场方向运动的载流子数目将减少,使该方向的电阻加大,表现为横向磁阻效应。如果将 a、b 端短接,霍

尔电场将不存在，所有电子将偏转向 b 端，则电阻变得更大，阻磁效应增强。因此，霍尔效应比较明显的器件，磁阻效应就小；霍尔效应比较小的器材，则磁阻效应就大。

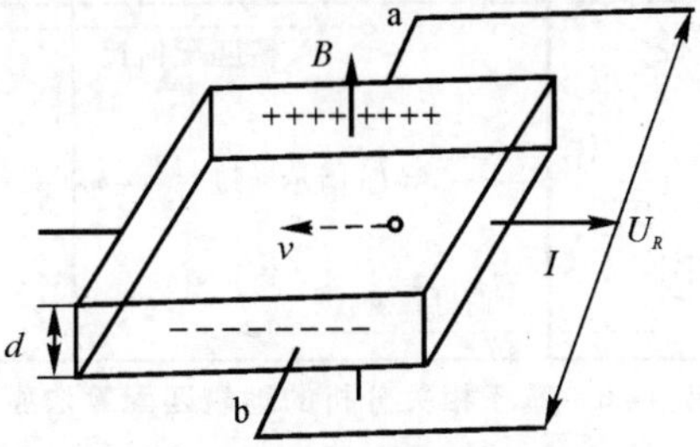

图 10.5　物理磁阻效应原理

(2)几何阻磁效应。磁阻效应也与样品的形状有关，不同几何形状的样品，在同样大小的磁场作用下，其电阻变化不同，此现象称为几何磁阻效应。

在实际测量中，常用磁阻器件的磁电阻相对变量 $\Delta R/R$ 来研究磁阻效应，由于 $\Delta R=R(B)-R(0)$，则

$$\frac{\Delta R}{R}=\frac{R(B)-R(0)}{R} \tag{10.22}$$

式中：$R(B)$为磁场为 B 时的磁电阻；$R(0)$为零磁场时的磁电阻。

理论和实践证明，在弱磁场中时，$\Delta R/R$ 正比于磁感应强度 B 的二次方，而在强磁场中时，$\Delta R/R$ 与磁感应强度 B 呈线性关系。

10.3　地磁匹配算法

地磁匹配是指载体在航行过程中，利用地磁敏感器件实时测得行驶路径上的地磁实测数据，然后通过对地磁实测数据和地磁数据库中存储的地磁基准数据进行比较，并依照一定的准则判断两者的拟合度，从而确定得到最佳匹配航迹的过程。本质上讲，地磁匹配算法是一种数据关联技术，其目的是在三维空间中寻找地磁实测数据与地磁基准数据之间的某种变换关系。由于地磁匹配算法直接决定了载体航迹的匹配精度，所以地磁匹配算法也被称为地磁匹配导航系统的内核。

目前，常见的地磁匹配算法主要有两类：基于相关分析的地磁匹配算法和最近等值线迭代地磁匹配算法。下面分别对这两类地磁匹配算法进行介绍。

10.3.1　基于相关分析的地磁匹配算法

基于相关分析的地磁匹配算法以纯平移模型为基础，其原理如图 10.6 所示。图中 D 为导航指示航迹(通常由惯导系统提供)的长度，U 为不确定范围的宽度，匹配搜索空间的面积为$(D+U)U$。匹配搜索空间的面积大小与导航指示航迹的误差范围有关，通过降低导航指示航迹的不确定范围，能够有效减小匹配计算过程中多解问题出现的概率，提高匹配定位

精度,同时降低计算复杂度。

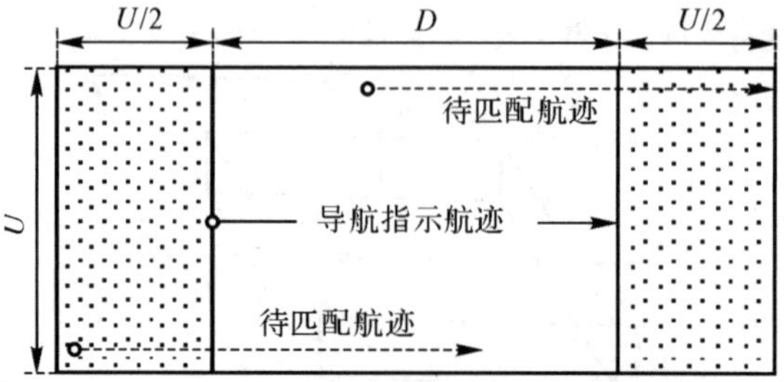

图 10.6　基于相关分析的地磁匹配算法原理

考虑到仅使用单点进行匹配时,容易发生多解和误匹配的情况,因此,基于相关分析的地磁匹配算法通常以一段时间内累积的导航指示轨迹为基础进行序列之间的匹配。通过对匹配搜索空间的所有网格点进行遍历,便可得到一系列待匹配航迹。其中,每条待匹配航迹中除起点之外的其余采样点,是通过采样周期内惯导系统提供的位置增量推算得出的。进而,从地磁数据库中可提取出待匹配航迹所对应的地磁基准数据,并依照一定的准则,计算地磁基准数据与地磁实测数据之间的拟合度,则拟合度最高的航迹即为最佳匹配航迹。

根据选用的拟合度准则的不同,基于相关分析的地磁匹配算法还可细分为两类:一类强调地磁实测数据与地磁基准数据之间的相似程度,如互相关算法和相关系数算法;另一类强调地磁实测数据与地磁基准数据之间的差别程度,如平均绝对差算法、平均二次方差算法。因此,在求最佳匹配航迹时,前一类算法应求极大值,而后一类应取极小值。

1. 强调相似度的算法

(1)互相关算法(Cross Correlation Algorithm, CCA)。对于任意两组待匹配序列 $X=\{x_i\}$ 和 $Y=\{y_i\}$,其互相关的度量值被定义为

$$C_{\mathrm{CA}}(X,Y)=\frac{1}{N}\sum_{i=1}^{N}x_i y_i \tag{10.23}$$

由式(10.23)可知,地磁实测数据与地磁基准数据之间的互相关度量值可表示为

$$J_{\mathrm{CCA}}=\frac{1}{N}\sum_{i=1}^{N}m_{\mathrm{m}}(i)m_{\mathrm{t}}(i) \tag{10.24}$$

式中:$m_{\mathrm{t}}(i)$为地磁敏感器件输出的地磁实测数据;$m_{\mathrm{m}}(i)$为地磁数据库中存储的地磁基准数据。

当采用互相关算法时,使得互相关度量值 J_{CCA} 最大的航迹即为最佳匹配航迹。

(2)相关系数算法(Correlation Coefficient, CC)。对于任意两组待匹配序列 $X=\{x_i\}$ 和 $Y=\{y_i\}$,其相关系数被定义为

$$C_{\mathrm{C}}(X,Y)=\frac{\sum_{i=1}^{N}(x_i-\overline{x})(y_i-\overline{y})}{\sqrt{\sum_{i=1}^{N}(x_i-\overline{x})^2}\sqrt{\sum_{i=1}^{N}(y_i-\overline{y})^2}} \tag{10.25}$$

由式(10.25)可知,地磁实测数据与地磁基准数据之间的相关系数可表示为

$$J_{\mathrm{CC}}=\frac{\sum_{i=1}^{N}[m_{\mathrm{m}}(i)-\overline{m}_{\mathrm{m}}][m_{\mathrm{t}}(i)-\overline{m}_{\mathrm{t}}]}{\sqrt{\sum_{i=1}^{N}[m_{\mathrm{m}}(i)-\overline{m}_{\mathrm{m}}]^{2}}\sqrt{\sum_{i=1}^{N}[m_{t}(i)-\overline{m}_{\mathrm{t}}]^{2}}} \tag{10.26}$$

式中：$\overline{m}_{\mathrm{t}}$ 为地磁实测数据的平均值；$\overline{m}_{\mathrm{m}}$ 为地磁基准数据的平均值。最佳匹配结果应使得 J_{CC} 最大。

当采用相关系数算法时，使得相关系数 J_{CC} 最大的航迹即为最佳匹配航迹。

2. 强调差别度的算法

(1)平均绝对差算法(Mean Absolute Deviation, MAD)。对于任意两组待匹配序列 $X=\{x_i\}$ 和 $Y=\{y_i\}$，其平均绝对差被定义为

$$M_{\mathrm{AD}}(X,Y)=\frac{1}{N}\sum_{i=1}^{N}|x_i-y_i| \tag{10.27}$$

由式(10.27)可知，地磁实测数据与地磁基准数据之间的平均绝对差可表示为

$$J_{\mathrm{MAD}}=\frac{1}{N}\sum_{i=1}^{N}|m_{\mathrm{m}}(i)-m_{\mathrm{t}}(i)| \tag{10.28}$$

当采用平均绝对差算法时，使得平均绝对差 J_{MAD} 最小的航迹即为最佳匹配航迹。

(2)平均平方差算法(Mean Square Deviation, MSD)。对于任意两组待匹配序列 $X=\{x_i\}$ 和 $Y=\{y_i\}$，其平均二次方差被定义为

$$M_{\mathrm{SD}}(X,Y)=\frac{1}{N}\sum_{i=1}^{N}(x_i-y_i)^2 \tag{10.29}$$

由式(10.29)可知，地磁实测数据与地磁基准数据之间的平均二次方差可表示为

$$J_{\mathrm{MSD}}=\frac{1}{N}\sum_{i=1}^{N}[m_{\mathrm{m}}(i)-m_{\mathrm{t}}(i)]^2 \tag{10.30}$$

当采用平均二次方差算法时，使得平均二次方差 J_{MSD} 最小的航迹即为最佳匹配航迹。

在基于相关分析的地磁匹配算法中，待匹配航迹仅支持导航指示航迹的平移。但在实际导航过程中，除平移误差之外，导航指示航迹也会存在旋转误差、缩放误差等。

综合来看，基于相关分析的地磁匹配算法仅考虑了平移变换，原理简单、操作易行。但当导航指示航迹存在较大的航向误差时，匹配定位结果也会出现较大的偏移，使得定位结果不稳定。因此，基于相关分析的地磁匹配算法适用于载体航向精度较高的场景。此外，这类匹配算法的时效性与搜索区域有关，搜索区域越大，待匹配航迹越多，所需的计算量越大，实时性也就越差。

10.3.2　最近等值线迭代地磁匹配算法

等值线是制图对象(如地形图、地磁图等)中某一指标值相等的各点连接而成的平滑曲线。由于地磁图通常构成一个平滑曲面，并且其中没有任何不连续的磁场值存在，所以在地磁图中等值线具有较好的形状稳定性。此外，等值线所含的特征很丰富，可以抽取任意数目

的等值线作为匹配的可靠条件。因此，在地磁匹配中，等值线的形状稳定性使其成为了可靠的匹配单元，而且随着等值线长度的增加，误匹配的概率也会降低。

以等值线为匹配单元的地磁匹配算法，也称为最近等值线迭代(Iterated Closest Contour Point，ICCP)地磁匹配算法。ICCP 地磁匹配算法是一种基于几何学原理的匹配方法，其原理如图 10.7 所示。

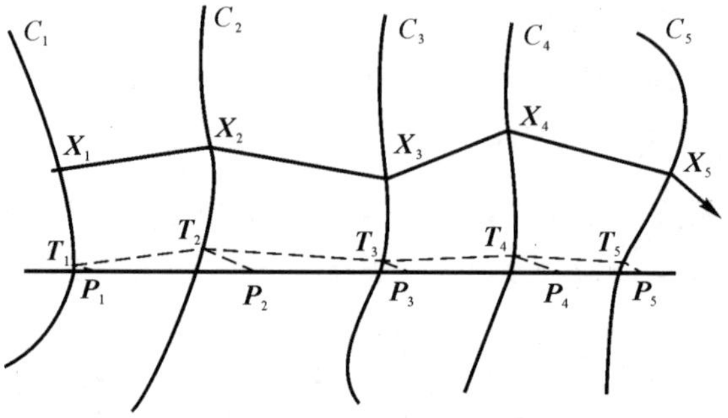

图 10.7　最近等值线迭代地磁匹配算法原理

在图 10.7 中，载体的真实航迹为 $\boldsymbol{X}_i(i=1,2,\cdots,N)$，$N$ 为航迹上的总点数；在航行过程中，由地磁敏感器件测量得到的对应位置的地磁实测序列为 C_i；而由惯导系统输出的导航指示航迹为 $\boldsymbol{P}_i$。在不考虑地磁敏感器件的测量误差的前提下，真实航迹 $\boldsymbol{X}_i$ 必定位于根据地磁实测序列 C_i 生成的地磁等值线上。而受初始对准误差、惯性器件误差等影响，惯导系统输出的导航指示航迹 $\boldsymbol{P}_i$ 会偏离真实航迹 $\boldsymbol{X}_i$。但通常情况下，惯导系统输出的导航指示航迹 $\boldsymbol{P}_i$ 在一定的误差容限内是可靠的，所以导航指示航迹 $\boldsymbol{P}_i$ 可被视为初始待匹配航迹。从地磁图中可以读出与导航指示航迹 $\boldsymbol{P}_i$ 相对应的地磁基准序列。但由于导航指示航迹 $\boldsymbol{P}_i$ 与真实航迹 $\boldsymbol{X}_i$ 之间存在一定偏差，所以该地磁基准序列与地磁实测序列 C_i 也会存在一定偏差。此时，就需要通过 ICCP 地磁匹配算法，在地磁图中寻找地磁基准值为 C_i 且与导航指示航迹 $\boldsymbol{P}_i$ 距离最近的等值线点序列 $\boldsymbol{T}_i$。显然，经过一次寻找，很难使导航指示航迹 $\boldsymbol{P}_i$ 上的每一个点都与等值线点序列 $\boldsymbol{T}_i$ 完全对应。因此，需要将 $\boldsymbol{T}_i$ 作为新的待匹配航迹，然后进行不断迭代，直至满足迭代终止条件或达到最大迭代次数，从而得到最佳匹配航迹。

下面介绍 ICCP 地磁匹配算法的具体实现过程。

1. 采集地磁实测序列

载体航行过程中，地磁敏感器件可按固定的采样频率采集得到一系列磁场强度值。这样，经过数据预处理后，便可得到地磁实测序列，记为 $C_i(i=1,2,\cdots,N)$。

2. 提取等值线

由于地磁图中存储的地磁基准数据通常是以离散的网格点的形式进行表示的，所以根据地磁实测序列 C_i 在地磁图上提取对应的等值线时，通常采用双向线性内插法对相邻网格点的磁场值进行内插，从而准确提取得到等值线。

3. 寻找最近等值线点

将惯导系统输出的导航指示航迹记为$\boldsymbol{P}_i(i=1,2,\cdots,N)$。在较短的导航时间内，由于惯导系统的导航误差累积较小，所以载体的真实航迹$\boldsymbol{X}_i(i=1,2,\cdots,N)$应在导航指示航迹$\boldsymbol{P}_i$的附近。这样，将导航指示航迹$\boldsymbol{P}_i$作为初始待匹配航迹，然后令待匹配航迹中的各点向地磁图中的等值线作垂线，那么得到的垂足即为最近等值线点$\boldsymbol{T}_i(i=1,2,\cdots,N)$。

4. 求解刚性变换

待匹配航迹$\boldsymbol{P}_i$与最近等值线点序列$\boldsymbol{T}_i$之间的转换关系，可利用如下刚性变换进行描述：

$$\boldsymbol{T}_i \approx \boldsymbol{R}\boldsymbol{P}_i + \boldsymbol{b} \tag{10.31}$$

式中，$\boldsymbol{R}$和$\boldsymbol{b}$分别表示旋转变换矩阵和平移变换矩阵。

显然，经过一次刚性变换，很难使待匹配航迹$\boldsymbol{P}_i$上的每一个点都与最近等值线点序列$\boldsymbol{T}_i$完全对应。为此，通常定义欧氏距离D为目标函数

$$D=\frac{1}{N}\sum_{i=1}^{N}\|\boldsymbol{T}_i-\boldsymbol{R}\boldsymbol{P}_i-\boldsymbol{b}\|^2 \tag{10.32}$$

这样，通过对刚性变换（包括旋转变换矩阵$\boldsymbol{R}$和平移变换矩阵$\boldsymbol{b}$）进行不断迭代求解，便可使目标函数D取得最小值。在对刚性变换进行优化求解时，常采用的方法有最速下降法、变化梯度法、单纯形法、奇异值分解法和四元数法等。

5. 判断匹配结果是否收敛

ICCP地磁匹配算法是通过不断地做旋转和平移变换，从而将待匹配航迹$\boldsymbol{P}_i$迭代到真实航迹$\boldsymbol{X}_i$附近的，因此停止迭代的条件关系到该算法能否匹配成功或者精度是否达到要求。通常，从以下两个方面来判断匹配结果是否收敛：

(1)欧氏距离D是评价匹配精度的最直观指标，距离越小，说明待匹配航迹$\boldsymbol{P}_i$越接近真实航迹。因此，当欧氏距离D小于给定阈值时，便可认为该算法从绝对意义上符合“待匹配航迹点已全部落在了等值线上”这一要求。

(2)在相邻的两次迭代中，若同一位置点的迭代结果相差足够小，则可认为算法从相对意义上讲已达到了局部收敛。

综上，ICCP地磁匹配算法是基于地磁敏感器件输出的地磁实测序列，在地磁图中提取出多条等值线；然后，将惯导系统输出的导航指示航迹作为初始待匹配航迹，并以“欧式距离最小”为目标函数进行刚性变换；进而，通过反复迭代求取最接近真实航迹的最近等值线点序列，便可得到最佳的匹配结果。

与基于相关分析的地磁匹配算法相比，最近等值线迭代地磁匹配算法由于同时考虑了旋转和平移两个因素，所以该算法的匹配精度有所提高，全局性较好。但由于最近等值线迭代地磁匹配算法以等值线为基础，所以该算法对测量噪声的容忍度较差，即对地磁敏感器件的测量精度要求较高。可见，这两类地磁匹配算法均有各自的优缺点，因此不同的载体需要根据自身的航行环境与特点，选取合适的地磁匹配算法。

由于地磁场是较为显著的地球物理场，在平原、沙漠、海面等地形和重力特征不明显的地区均含有丰富的地磁特征，所以地磁场的幅值和方向信息均可作为导航信标，对于提升现有导航系统的自主性和稳定性具有重要意义。随着地磁场理论研究的不断深入、各种磁测手段的不断进步以及地磁匹配算法的不断发展，地磁匹配导航作为一种新型的无源自主导航手段，必将在未来得到进一步的发展和应用。

10.4 重力匹配导航系统组成及工作原理

如图 10.8 所示，地球重力场是地球的固有资源，具有连续性好、稳定性强的特点。由于地球重力场特征一般不随时间变化，且具有良好的时空分布特性，所以利用地球重力场特征获得的导航定位信息具有自主性，且导航精度不随时间增加而发散。

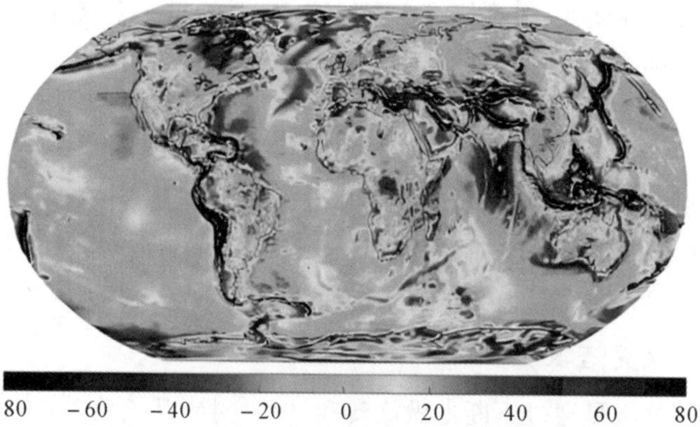

图 10.8 地球重力场

重力匹配导航系统是以高分辨率的重力数据库提供的重力基准值为基础，结合由惯性导航系统提供的位置信息和重力敏感器件输出的重力实测值，再根据一定的匹配算法进行匹配，将匹配结果反馈给惯导系统以抑制其导航误差的累积，从而提高导航系统的精度。

如图 10.9 所示，重力匹配导航系统主要由惯性导航系统、重力数据库、重力敏感器件以及导航计算机四部分组成。

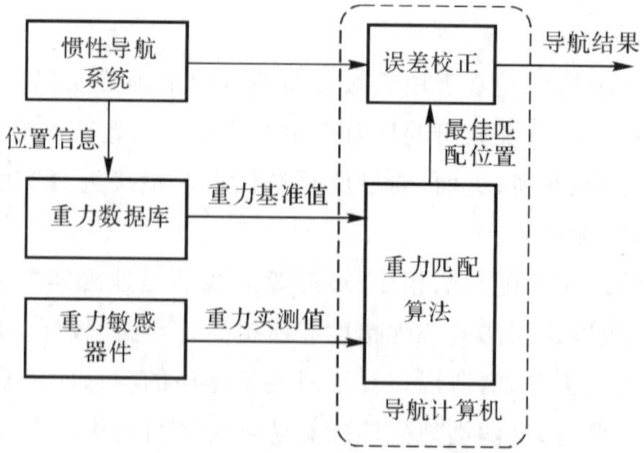

图 10.9 重力匹配导航系统组成结构

重力匹配导航系统的具体工作过程为：在载体的航行过程中，由重力仪或重力梯度仪等重力敏感器件对重力特征数据进行实时测量；同时，根据惯性导航系统提供的载体位置信息，从重力数据库中读取相应位置处的重力基准数据；进一步，将重力敏感器件输出的重力实测值和重力数据库提供的重力基准值都发送给导航计算机，然后利用重力匹配算法即可得到最佳匹配位置；这样，根据重力匹配结果对惯性导航系统的导航参数进行校正，便可获得更高精度的导航结果。

10.5　重力敏感器件

重力敏感器件是各类重力导航系统的核心部件。目前，常用的重力敏感器件主要有绝对重力仪、相对重力仪和重力梯度仪。下面分别对这三类重力敏感器件进行介绍。

10.5.1　绝对重力仪

绝对重力仪是测定绝对重力值的仪器，其原理是根据自由落体定律。如图 10.10 所示，在任意时刻自由落体的运动方程式为

$$h=h_0+v_0t+\frac{gt^2}{2} \tag{10.33}$$

式中：h_0 为落体的起始高度；t 为从起始高度起算的下落时间；v_0 为下落时的初速度；g 为重力。

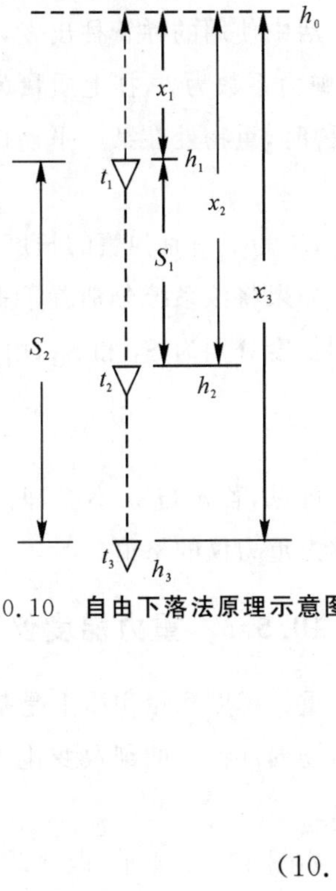

图 10.10　自由下落法原理示意图

由于式(10.33)中含有 h_0、v_0 和 g 三个未知数，所以必须测定三组 h_i 和 t_i 值，才能解出 g 的值。设自由落体在三个位置上的参数分别为 (t_1,h_1)、(t_2,h_2) 和 (t_3,h_3)，并令 $x_1=h_1-h_0$、$x_2=h_2-h_0$ 和 $x_3=h_3-h_0$，按式(10.33)可得

$$\left.\begin{aligned}x_1=v_0t_1+\frac{gt_1^2}{2}\\ x_2=v_0t_2+\frac{gt_2^2}{2}\\ x_3=v_0t_3+\frac{gt_3^2}{2}\end{aligned}\right\} \tag{10.34}$$

将式(10.34)中的第二、第三式分别减去第一式，再令 $S_1=x_2-x_1$、$S_2=x_3-x_2$、$T_1=t_2-t_1$ 和 $T_2=t_3-t_2$，在消除 v_0 后可简化求得

$$g=\frac{2\left(\dfrac{S_2}{T_2}-\dfrac{S_1}{T_1}\right)}{T_2-T_1} \tag{10.35}$$

式(10.35)即是自由落体法求 g 值的实用公式。其中,为了精确地测定 S 值,通常采用激光干涉系统进行测量。

10.5.2 相对重力仪

相对重力测量,指通过两个不同点上所获取的物理信息的差异,推算出两点之间的重力差。通过重力基点已知的重力信息,将绝对重力值传递到各个测点。由于一个具有恒定质量的物体在重力场中的重量随重力 g 值的变化而变化,如果用另外一种力或力矩(如弹力、电磁力等)来平衡这种重力或重力矩的变化,则通过对该物体平衡状态的观测,就有可能测量出重力的变化或两点间的重力差值。用于相对重力测量的重力仪就是根据物体平衡状态的观测来测量重力的变化。

按物体受力而产生位移方式的不同,重力仪可分为平移式和旋转式两大类。这里从日常生活中使用的弹簧秤出发,简要说明平移式重力仪的工作原理。若设弹簧的原始长度为 S_0,弹力系数为 k,挂上质量为 m 的物体后,其重量与弹簧形变产生的弹力大小相等(方向相反)时,重物处在某一平衡位置上,其平衡方程式为

$$mg=k(S-S_0) \tag{10.36}$$

式中,S 为平衡时弹簧的长度。

如果将该系统分别置于重力值为 g_1 和 g_2 的两点上,则弹簧的伸长量不同,平衡时弹簧的长度分别为 S_1 和 S_2,由此可得同式(10.36)一样的两个方程式,将它们相减便有

$$\Delta g=g_2-g_1=\frac{k}{m}(S_2-S_1)=C\Delta S \tag{10.37}$$

可见,若 k 与 m 不变,两点间的重力差 Δg 就与重物的线位移差 ΔS 成正比。比例系数 C 称为重力仪的格值。

10.5.3 重力梯度仪

重力梯度测量实质上是基于差分加速度测量的思想,它感知的是重力变化率,能够反映重力场局部特征的细致变化,即具有比重力本身高的分辨率,这也是重力梯度测量最主要的优点。

如图 10.11 所示,设地球空间中存在坐标系 a,以角速度 $\boldsymbol{\omega}_{ia}^{a}$ 绕惯性坐标系(i 系)旋转,a 坐标系中两加速度计分别固定于 A,B 两点处,其位置矢量分别为 $\boldsymbol{r}_1^a$,$\boldsymbol{r}_2^a$。则加速度计运动方程为

$$\ddot{\boldsymbol{r}}^{i}=\boldsymbol{C}_a^i[\ddot{\boldsymbol{r}}^a+2\boldsymbol{\omega}_{ia}^a\times\dot{\boldsymbol{r}}^a+\dot{\boldsymbol{\omega}}_{ia}^a\times\boldsymbol{r}^a+\boldsymbol{\omega}_{ia}^a\times(\boldsymbol{\omega}_{ia}^a\times\boldsymbol{r}^a)] \tag{10.38}$$

式中:$\boldsymbol{r}^a$ 为 $\boldsymbol{r}_1^a$ 或 $\boldsymbol{r}_2^a$;$\dot{\boldsymbol{\omega}}_{ia}^a$ 为 a 系相对 i 系的旋转角加速度;$\boldsymbol{C}_a^i$ 为 i 系相对 a 系的坐标转换矩阵。

在 i 系中,根据牛顿第二定律可得

$$\ddot{\boldsymbol{r}}^{i}=\boldsymbol{C}_a^i(\boldsymbol{f}^a+\boldsymbol{g}^a) \tag{10.39}$$

式中：$\boldsymbol{f}^{a}$ 为 a 坐标系下 $\boldsymbol{r}$ 处加速度计输出的比力信息；$\boldsymbol{g}^{a}$ 为 a 坐标系下 $\boldsymbol{r}$ 处的地球重力加速度。

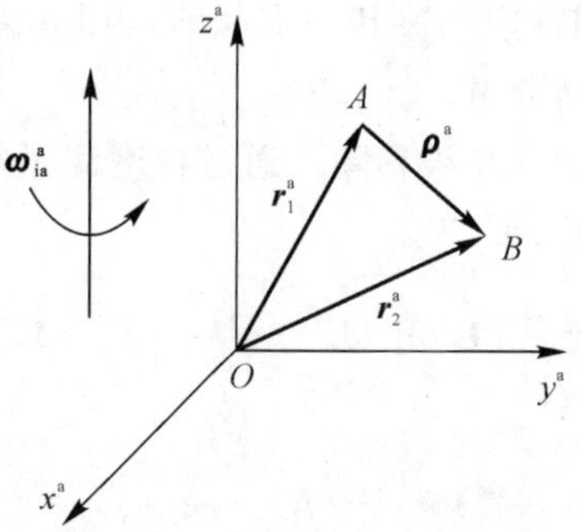

图 10.11　加速度计位置示意图

将式(10.39)代入式(10.38)得

$$\boldsymbol{f}^{a}=\ddot{\boldsymbol{r}}^{a}+2\boldsymbol{\omega}_{ia}^{a}\times\dot{\boldsymbol{r}}^{a}+\dot{\boldsymbol{\omega}}_{ia}^{a}\times\boldsymbol{r}^{a}+\boldsymbol{\omega}_{ia}^{a}\times(\boldsymbol{\omega}_{ia}^{a}\times\boldsymbol{r}^{a})-\boldsymbol{g}^{a} \tag{10.40}$$

设$\boldsymbol{\rho}^{a}=\boldsymbol{r}_{2}^{a}-\boldsymbol{r}_{1}^{a}$，式(10.40)中除地球重力加速度外，其余分量均与距离呈线性关系。因此

$$\boldsymbol{f}_{2}^{a}-\boldsymbol{f}_{1}^{a}=\ddot{\boldsymbol{\rho}}^{a}+2\boldsymbol{\omega}_{ia}^{a}\times\dot{\boldsymbol{\rho}}^{a}+\dot{\boldsymbol{\omega}}_{ia}^{a}\times\boldsymbol{\rho}^{a}+\boldsymbol{\omega}_{ia}^{a}\times(\boldsymbol{\omega}_{ia}^{a}\times\boldsymbol{\rho}^{a})-(\boldsymbol{g}_{2}^{a}-\boldsymbol{g}_{1}^{a}) \tag{10.41}$$

由于加速度计固连于 a 坐标系中，则 $\ddot{\boldsymbol{\rho}}^{a}=\dot{\boldsymbol{\rho}}^{a}=\mathbf{0}$，且 A、B 两处角速度与角加速度相同。式(10.41)可以简化为

$$\boldsymbol{f}_{2}^{a}-\boldsymbol{f}_{1}^{a}=\dot{\boldsymbol{\omega}}_{ia}^{a}\times\boldsymbol{\rho}^{a}+\boldsymbol{\omega}_{ia}^{a}\times(\boldsymbol{\omega}_{ia}^{a}\times\boldsymbol{\rho}^{a})-(\boldsymbol{g}_{2}^{a}-\boldsymbol{g}_{1}^{a}) \tag{10.42}$$

式(10.42)中 $\boldsymbol{\rho}$ 被称为加速度计之间的基线。基线越长，重力信号变化越大。由于典型重力梯度仪基线距离小于 1 m，而重力梯度的相关距离在千米的数量级上。因此，可设两个加速度计之间的重力呈线性变化，即

$$\boldsymbol{g}_{2}^{a}-\boldsymbol{g}_{1}^{a}=\boldsymbol{\Gamma}^{a}(\boldsymbol{r}_{2}^{a}-\boldsymbol{r}_{1}^{a})=\boldsymbol{\Gamma}^{a}\boldsymbol{\rho}^{a} \tag{10.43}$$

式中，$\boldsymbol{\Gamma}^{a}$ 为 a 坐标系下的重力梯度张量矩阵。

将式(10.43)代入式(10.42)可得

$$\boldsymbol{f}_{2}^{a}-\boldsymbol{f}_{1}^{a}=[-\boldsymbol{\Gamma}^{a}+(\dot{\boldsymbol{\omega}}_{ia}^{a}\times)+(\boldsymbol{\omega}_{ia}^{a}\times)(\boldsymbol{\omega}_{ia}^{a}\times)]\boldsymbol{\rho}^{a}=(-\boldsymbol{\Gamma}^{a}+\dot{\boldsymbol{\Omega}}_{ia}^{a}+\boldsymbol{\Omega}_{ia}^{a}\boldsymbol{\Omega}_{ia}^{a})\boldsymbol{\rho}^{a}=\boldsymbol{L}'^{a}\boldsymbol{\rho}^{a} \tag{10.44}$$

即

$$\boldsymbol{L}'^{a}=-\boldsymbol{\Gamma}^{a}+\dot{\boldsymbol{\Omega}}_{ia}^{a}+\boldsymbol{\Omega}_{ia}^{a}\boldsymbol{\Omega}_{ia}^{a} \tag{10.45}$$

式中，$\dot{\boldsymbol{\Omega}}_{ia}^{a}$ 和 $\boldsymbol{\Omega}_{ia}^{a}$ 分别为 $\dot{\boldsymbol{\omega}}_{ia}^{a}$ 和 $\boldsymbol{\omega}_{ia}^{a}$ 的反对称阵。

设 $\boldsymbol{\omega}_{ia}^{a}=[\omega_{x},\omega_{y},\omega_{z}]^{\mathrm{T}}$，将$\boldsymbol{L}'^{a}$ 展开，得

$$\boldsymbol{L}'^{a}=-\boldsymbol{\Gamma}^{a}+\dot{\boldsymbol{\Omega}}_{ia}^{a}+\boldsymbol{\Omega}_{ia}^{a}\boldsymbol{\Omega}_{ia}^{a}=$$

$$\begin{bmatrix}-(\Gamma_{xx}+\omega_{y}^{2}+\omega_{z}^{2}) & -\dot{\omega}_{z}-(\Gamma_{xy}-\omega_{x}\omega_{y}) & \dot{\omega}_{y}-(\Gamma_{xz}-\omega_{x}\omega_{z})\\ \dot{\omega}_{z}-(\Gamma_{xy}-\omega_{x}\omega_{y}) & -(\Gamma_{yy}+\omega_{x}^{2}+\omega_{z}^{2}) & -\dot{\omega}_{x}-(\Gamma_{yz}-\omega_{y}\omega_{z})\\ -\dot{\omega}_{y}-(\Gamma_{xz}-\omega_{x}\omega_{z}) & \dot{\omega}_{x}-(\Gamma_{yz}-\omega_{y}\omega_{z}) & -(\Gamma_{zz}+\omega_{x}^{2}+\omega_{y}^{2})\end{bmatrix} \tag{10.46}$$

式(10.46)便是采用差分加速度计测量重力梯度的基本方程。从式(10.46)可以看出,重力梯度张量不能被直接测量出来,重力梯度值与旋转角速度、角加速度融合在一起,且$\dot{\boldsymbol{\Omega}}_{\mathrm{ia}}^{\mathrm{a}}$和$\boldsymbol{\Omega}_{\mathrm{ia}}^{\mathrm{a}}$是由重力梯度仪相对惯性空间旋转而引起的,因此统称旋转分量。为了得到当前重力梯度值,就需要剔除这些旋转分量。

理论上,角加速度的分量很容易被移除。通过梯度测量矩阵和它的转置矩阵的求和平均,便可以消除角加速度的影响,即

$$\boldsymbol{L}^{\mathrm{a}}=\frac{1}{2}[\boldsymbol{L}'^{\mathrm{a}}+(\boldsymbol{L}'^{\mathrm{a}})^{\mathrm{T}}]=-\boldsymbol{\Gamma}^{\mathrm{a}}+\boldsymbol{\Omega}_{\mathrm{ia}}^{\mathrm{a}}\boldsymbol{\Omega}_{\mathrm{ia}}^{\mathrm{a}} \tag{10.47}$$

展开,可得

$$\boldsymbol{L}^{\mathrm{a}}=\begin{bmatrix}-(\Gamma_{xx}+\omega_y^2+\omega_z^2) & -(\Gamma_{xy}-\omega_x\omega_y) & -(\Gamma_{xz}-\omega_x\omega_z)\\ -(\Gamma_{xy}-\omega_x\omega_y) & -(\Gamma_{yy}+\omega_x^2+\omega_z^2) & -(\Gamma_{yz}-\omega_y\omega_z)\\ -(\Gamma_{xz}-\omega_x\omega_z) & -(\Gamma_{yz}-\omega_y\omega_z) & -(\Gamma_{zz}+\omega_x^2+\omega_y^2)\end{bmatrix} \tag{10.48}$$

提取式(10.48)中6个独立分量,$\boldsymbol{L}^{\mathrm{a}}$可以以矢量形式写成

$$\boldsymbol{L}^{\mathrm{a}}=\begin{bmatrix}L_{11}\\ L_{12}\\ L_{13}\\ L_{21}\\ L_{22}\\ L_{23}\end{bmatrix}=\begin{bmatrix}-(\Gamma_{xx}+\omega_y^2+\omega_z^2)\\ -(\Gamma_{xy}-\omega_x\omega_y)\\ -(\Gamma_{xz}-\omega_x\omega_z)\\ -(\Gamma_{yy}+\omega_x^2+\omega_z^2)\\ -(\Gamma_{yz}-\omega_y\omega_z)\\ -(\Gamma_{zz}+\omega_x^2+\omega_y^2)\end{bmatrix} \tag{10.49}$$

从式(10.47)中可以看出,通过梯度测量矩阵的简单运算,可以将测量矩阵(10.46)中对称部分和非对称部分分离。式(10.47)还表明,由于重力梯度仪的测量结果与旋转分量混合在一起,旋转分量的精度严重影响了重力梯度的测量精度。因此,这里将$\boldsymbol{L}'^{\mathrm{a}}$作为含有误差的原始观测结果,而将$\boldsymbol{L}^{\mathrm{a}}$作为重力梯度仪的主要测量结果。

10.6 重力匹配算法

重力匹配算法是重力导航系统的核心技术之一。该算法借鉴了目前较为成熟的地形匹配算法,主要分为序列迭代和递推滤波两种算法。序列相关匹配算法是当观测采样序列采样达到一定长度之后,才进行一次匹配,匹配完成之后,将修正信息提供给惯导系统,主要包括相关极值算法、最近等值线迭代算法(Iterated Closest Contour Point, ICCP)等;递推滤波算法以桑迪亚惯性地形辅助导航(Sandia Inertial Terrain-Aided Navigation, STAN)算法为典型代表,借助于扩展卡尔曼滤波算法对每一个采样点都进行匹配,以抑制惯性导航误差的增长。

10.6.1 序列相关极值的匹配算法

根据苏联学者 A. A. KpacoacKufi 的相关极值导航系统原理,在进行重力异常相关匹配

时，由于地球重力场的连续、随机、等值(多个地理点的重力异常值相等)特性，基于单个重力异常观测量无法唯一确定运载体的位置，因而要求对沿运动航迹方向的重力异常进行连续观测采样，使序列达到一定的长度。假定时间序列 $t_i, t_{i+1}, \cdots, t_{i+N-1}$ 时刻有 n 个重力异常观测向量，表示为 $\Delta \boldsymbol{g}_{ti}=[\Delta g_i, \Delta g_{i+1}, \cdots, \Delta g_{i+N-1}]^{\mathrm{T}}$；然后，根据每个时间的惯导系统指示位置，在一定置信区间内，从事先存储在计算机内的重力异常基准图上搜索、提取若干与观测重力向量等长度(或选择与惯导系统指示位置序列近似平行)的参考重力向量序列，记作 $\Delta \boldsymbol{g}_{Mk}^{j}=[\Delta g_i^j, \Delta g_{i+1}^j, \cdots, \Delta g_{i+N-1}^j]^{\mathrm{T}}$；最后，两者之间通过某种相关极值匹配算法，来获取运载体当前位置的最佳估计。常用相关分析算法包括互相关(Cross Correlation, CC)，平均绝对差相关法(Mean Absolute Deviation, MAD)和平均二次方差相关算法(Mean Square Deviation, MSD)，各种算法的数学模型可表示为

互相关算法：

$$J_{\mathrm{CC}}(L_j, \lambda_j)=\frac{1}{N} \Delta \boldsymbol{g}_{ti} \cdot \Delta \boldsymbol{g}_{Mk}^{j} \tag{10.50}$$

平均绝对差相关算法：

$$J_{\mathrm{MAD}}(L_j, \lambda_j)=\frac{1}{N}\left\| \Delta \boldsymbol{g}_{ti}-\Delta \boldsymbol{g}_{Mk}^{j}\right\| \tag{10.51}$$

平均二次方差相关算法：

$$J_{\mathrm{MSD}}(L_j, \lambda_j)=\frac{1}{N}(\Delta \boldsymbol{g}_{ti}-\Delta \boldsymbol{g}_{Mk}^{j})^{\mathrm{T}}(\Delta \boldsymbol{g}_{ti}-\Delta \boldsymbol{g}_{Mk}^{j}) \tag{10.52}$$

最优匹配的准则就是使 $J_{\mathrm{CC}}(L_j, \lambda_j)$ 取最大值，$J_{\mathrm{MAD}}(L_j, \lambda_j)$、$J_{\mathrm{MSD}}(L_j, \lambda_j)$ 取最小值，并以它们所对应的重力异常观测序列的航迹代替惯性导航系统的指示航迹。

10.6.2 基于递推滤波的重力匹配算法

由于地球重力场的随机性与不规则性，基于重力序列的相关匹配算法为了达到较高的匹配精度，一般以对应多个等值点的连续惯性导航输出点为一组进行搜索匹配，其运算量巨大，匹配速度较慢，影响导航的实时性；同时，序列匹配算法是对重力异常观测序列作验后的相关分析，得到的正确位置会存在一定的延迟。

因此，考虑采用基于递推滤波的重力匹配方法，由于滤波算法本身已相当成熟，其核心问题是如何建立精确的状态模型和观测模型。

1. 状态方程

取状态量 $\boldsymbol{X}=[\delta L, \delta\lambda, \delta h, \delta v_{\mathrm{N}}, \delta v_{\mathrm{E}}]^{\mathrm{T}}$，$\delta L, \delta\lambda, \delta h$ 表示运载体的位置误差，$\delta v_{\mathrm{N}}, \delta v_{\mathrm{E}}$ 表示运载体在北、东方向的速度误差。假定 R 为地球平均半径，L 为纬度，λ 为经度，则有

$$v_{\mathrm{N}}=-R\dot{L} \tag{10.53}$$

$$v_{\mathrm{E}}=R\dot{\lambda}\cos L \tag{10.54}$$

系统状态方程可以表示为

$$\dot{\boldsymbol{X}}=\boldsymbol{A}\boldsymbol{X}+\boldsymbol{W} \tag{10.55}$$

式中：$\boldsymbol{A}$ 为系统矩阵；$\boldsymbol{W}$ 为系统噪声。且有

$$\boldsymbol{A}=\begin{bmatrix} 0 & 0 & 0 & -1/R & 0 \\ 0 & 0 & 0 & 0 & 1/(R\cos L) \\ 0 & 0 & 0 & 0 & 0 \\ 0 & 0 & 0 & 0 & 0 \\ 0 & 0 & 0 & 0 & 0 \end{bmatrix} \tag{10.56}$$

$$\boldsymbol{W}=[W_L, W_\lambda, W_h, W_{v_N}, W_{v_E}]^{T} \tag{10.57}$$

假设滤波周期为 T，则离散化后的状态方程为

$$\boldsymbol{X}_k=\boldsymbol{\Phi}_{k,k-1}\boldsymbol{X}_{k-1}+\boldsymbol{W}_{k-1} \tag{10.58}$$

式中：状态转移阵$\boldsymbol{\Phi}_{k,k-1}$ 为

$$\boldsymbol{\Phi}_{k,k-1}=\begin{bmatrix} 1 & 0 & 0 & -T/R & 0 \\ 0 & 1 & 0 & 0 & T/(R\cos L) \\ 0 & 0 & 1 & 0 & 0 \\ 0 & 0 & 0 & 1 & 0 \\ 0 & 0 & 0 & 0 & 1 \end{bmatrix} \tag{10.59}$$

2. 量测方程

(1)以重力异常之差为观测量。

1)观测方程。对于 t 时刻重力异常观测量，其量测方程为

$$L=\Delta g_M(L_i,\lambda_i)-[g(L_t,\lambda_t)-\lambda(L_i)+E(L_i,v_N,v_E)] \tag{10.60}$$

式中：$\Delta g_M(L_i,\lambda_i)$ 为根据惯导系统的指示位置(L_i,λ_i)从重力图中读出的重力异常；$g(L_t,\lambda_t)$为运载体在实际位置(L_t,λ_t)处重力仪输出经预处理后测得的重力值；$\lambda(L_i)$和$E(L_i,v_N,v_E)$分别为根据惯导系统输出计算的相应椭球面上的正常重力值和厄特弗斯改正值。

式(10.60)经线性化处理后，可得

$$L_k=\begin{bmatrix} \dfrac{\partial \Delta g_M}{\partial L}+\dfrac{\partial \gamma}{\partial L}-\dfrac{\partial E}{\partial L} & \dfrac{\partial \Delta g_M}{\partial \lambda} & 0 & \dfrac{\partial E}{\partial v_N} & \dfrac{\partial E}{\partial v_E} \end{bmatrix}\begin{bmatrix} \delta L \\ \delta \lambda \\ \delta h \\ \delta v_N \\ \delta v_E \end{bmatrix}+V_k \tag{10.61}$$

式中：V_k 为观测误差(包括重力图误差、测量误差与模型线性化误差等)，正常重力的纬向梯度依据索米里安公式求导得到，即

$$\left.\begin{aligned} &\frac{\partial \gamma}{\partial L}=\frac{(2k_2+k_1k_3)\sin L\cos L-k_2k_3\sin^3 L\cos L}{(1-k_3\sin^2 L)^{\frac{3}{2}}} \\ &k_1=\gamma_e, k_2=\frac{b\gamma_p-a\gamma_e}{a}, k_3=\frac{a^2-b^2}{a^2} \end{aligned}\right\} \tag{10.62}$$

式中：γ_e，γ_p 分别为赤道与两极处的正常重力；a，b 分别为椭球的长、短半径。

椭球近似下厄特弗斯改正 $E(L_i,v_N,v_E)$ 可表示为

$$E(L_i,v_N,v_E)=(R-h)\left(\frac{2\omega_{ie}v_E\cos L}{R}+\frac{v_E^2+v_N^2}{R^2}\right) \tag{10.63}$$

式中，ω_{ie} 为地球自转角速率。

式(10.63)对纬度、速度求导，得到

$$\left.\begin{aligned}&\frac{\partial E}{\partial L}=-\frac{2(R-h)\omega_{ie}v_E\sin L}{R}\\&\frac{\partial E}{\partial v_E}=2(R-h)\left[\frac{\omega_{ie}\cos L}{R}+\frac{v_E}{R^2}\right]\\&\frac{\partial E}{\partial v_N}=\frac{2(R-h)v_N}{R^2}\end{aligned}\right\} \tag{10.64}$$

由此看出，在量测模型式(10.60)中，正常重力纬向梯度与厄特弗斯纬向、速度梯度依据地球参考椭球参数及惯性导航输出可以计算得到，关键问题是如何求取$\partial\Delta g_M/\partial L$ 和$\partial\Delta g_M/\partial\lambda$。

2)随机线性化。重力匹配导航系统的本质就是利用重力异常图数据与重力传感器数据的匹配来消除惯导系统的系统误差。由于重力异常是位置的非线性函数，所以采用扩展卡尔曼滤波算法进行匹配时，首先要建立重力异常与位置的线性化关系。

观测方程的线性化处理关键是求取$\partial\Delta g_M/\partial L$ 和$\partial\Delta g_M/\partial\lambda$。因此，所谓重力异常的随机线性化，可以归结为实时求取重力异常图水平方向梯度参数$\partial\Delta g_M/\partial L$ 和$\partial\Delta g_M/\partial\lambda$。

严格来说，$\partial\Delta g_M/\partial L$ 和$\partial\Delta g_M/\partial\lambda$ 的计算应该基于斯托克斯理论，利用移去-恢复技术实现，即

$$\begin{aligned}&\frac{\partial\Delta g_M}{\partial L}=-\left(\frac{\partial^2 T}{\partial r\partial L}+\frac{2}{r}\frac{\partial T}{\partial L}\right)\\&\frac{\partial\Delta g_M}{\partial\lambda}=-\left(\frac{\partial^2 T}{\partial r\partial\lambda}+\frac{2}{r}\frac{\partial T}{\partial\lambda}\right)\\&T(r,L,\lambda)=\frac{1}{4\pi}\iint_\sigma\Delta gS(r,\psi)\mathrm{d}\sigma\end{aligned} \tag{10.65}$$

式中：T 为扰动位函数；r 为向径；S 为广义托克斯函数；ψ 为球心角距；$\mathrm{d}\sigma$ 为球面元素。

但斯托克斯积分法涉及的计算量大，计算时间长，不能满足实时性的要求。一种可行的方法是事先依据重力异常图，按上述理论计算每个网点的扰动二阶梯度与一阶梯度，存储在计算机里，然后在重力匹配时从已知数据库中调出数据，内插出匹配点的$(\partial\Delta g_M/\partial L,\partial\Delta g_M/\partial\lambda)_{L_i,\lambda_i}$。但这种方法的缺点是要进行海量数据的计算，另外，数据存储要占据大量的计算机内存。为了实时且有效地获取重力图上待匹配点的重力异常水平梯度，因此，选择局域重力异常进行拟合逼近不失为一个好方法。

假定在匹配点(L_0,λ_0)的邻域 Ω 内，$\Delta g(L,\lambda)$存在直到 $n+1$ 阶的连续偏导数，那么$\Delta g(L,\lambda)$在 Ω 内可表示为

$$\Delta g(L,\lambda)=\sum_{n=0}^{N}\frac{1}{n!}\left[(L-L_0)\frac{\partial}{\partial L}+(\lambda-\lambda_0)\right]^{n}\Delta g(L_0,\lambda_0)+$$
$$\frac{1}{(N+1)!}\left[(L-L_0)\frac{\partial}{\partial L}+(\lambda-\lambda_0)\right]^{N+1}\cdot$$
$$\Delta g[L_0+\theta(L-L_0),\lambda_0+\theta(\lambda-\lambda_0)] \tag{10.66}$$

式中:右端第一项为泰勒级数展开逼近,第二项为逼近截断误差,且有

$$\left[(L-L_0)\frac{\partial}{\partial L}+(\lambda-\lambda_0)\right]^{n}\Delta g(L_0,\lambda_0)=$$
$$\sum_{r=0}^{n}C_n^r(L-L_0)^{n-r}(\lambda-\lambda_0)^r\frac{\partial^n\Delta g(L,\lambda)}{\partial(L^{n-r}\partial\lambda^r)}\Big|_{L=L_0,\lambda=\lambda_0} \tag{10.67}$$

由于 $\Delta g(L,\lambda)$ 的函数表达并不知道,这也正是我们想要寻找的函数。在式(10.66)中,已知的是等式左边一些离散点值,如何利用这些离散点的值求取式(10.66)右端的未知系数,也正是我们要做的工作。显然,当 $N=1$ 时为平面拟合;当 $N=2$ 时,为双二次曲面拟合;如存在有多余观测,则用最小二乘法求解。需要注意的是多项式插值的阶次不能太高,否则容易产生振荡不稳定现象。

拟合逼近是在重力异常图上匹配点 (L_0,λ_0) 周围的区域 Ω 上进行的。区域 Ω 原则上越大越好,但会以损失计算实时性为代价。由于地球重力场水平梯度具有受局部贡献大、远区贡献小的特点,所以拟合逼近总在以 (L_0,λ_0) 为中心的局部区域进行,如图 10.12 所示。至于区间大小依据局部地形变化趋势而定,地形变化剧烈,则区间选择大一点,地形变化平缓区域则区间选择小一点。

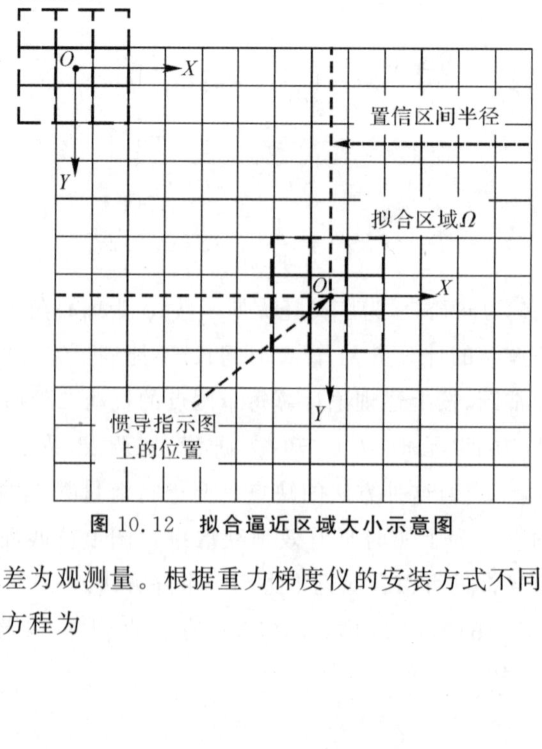

图 10.12　拟合逼近区域大小示意图

(2)以重力梯度之差为观测量。根据重力梯度仪的安装方式不同,当重力梯度仪捷联安装于载体之上时,量测方程为

$$\boldsymbol{Z}(t)=\hat{\boldsymbol{L}}^{\mathrm{b}}-\tilde{\boldsymbol{L}}^{\mathrm{b}}=\boldsymbol{C}_{\mathrm{n}}^{\mathrm{b}}\left[\frac{\partial\boldsymbol{\Gamma}^{\mathrm{n}}}{\partial\boldsymbol{r}^{\mathrm{n}}}\right]\delta\boldsymbol{r}^{\mathrm{n}}+\boldsymbol{C}_{\mathrm{n}}^{\mathrm{b}}\left[\frac{\partial\boldsymbol{L}_{\psi}^{\mathrm{n}}}{\partial\boldsymbol{\psi}^{\mathrm{n}}}\right]\boldsymbol{\psi}^{\mathrm{n}}-\left[\frac{\partial\boldsymbol{L}_{\omega}^{\mathrm{n}}}{\partial\boldsymbol{\omega}_{\mathrm{ib}}^{\mathrm{b}}}\right]\delta\boldsymbol{\omega}_{\mathrm{ib}}^{\mathrm{b}}+\boldsymbol{v}_L=$$

$$\boldsymbol{H}_1(t)\boldsymbol{X}(t)+\boldsymbol{V}(t) \tag{10.68}$$

当重力梯度仪平台安装于载体之上时，量测方程为

$$\boldsymbol{Z}(t)=\hat{\boldsymbol{L}}^{i}-\tilde{\boldsymbol{L}}^{i}=\boldsymbol{C}_{\mathrm{n}}^{\mathrm{i}}\left\{\left[\frac{\partial\boldsymbol{\Gamma}^{\mathrm{n}}}{\partial\boldsymbol{r}^{\mathrm{n}}}\right]+\left[\frac{\partial\boldsymbol{L}_{\psi}^{\mathrm{n}}}{\partial\boldsymbol{\psi}^{\mathrm{n}}}\right]\left[\frac{\partial\boldsymbol{\psi}^{\mathrm{n}}}{\partial\boldsymbol{r}^{\mathrm{n}}}\right]\right\}\delta\boldsymbol{r}^{\mathrm{n}}+\boldsymbol{C}_{\mathrm{n}}^{\mathrm{i}}\left[\frac{\partial\boldsymbol{L}_{\psi}^{\mathrm{n}}}{\partial\boldsymbol{\psi}^{\mathrm{n}}}\right]\left[\frac{\partial\boldsymbol{\psi}^{\mathrm{n}}}{\partial t}\right]\delta t+\boldsymbol{v}_L=$$

$$\boldsymbol{H}_2(t)\boldsymbol{X}(t)+\boldsymbol{V}(t) \tag{10.69}$$

式(10.68)和式(10.69)中，$\boldsymbol{Z}(t)=[\delta L_{11},\delta L_{12},\delta L_{13},\delta L_{21},\delta L_{22},\delta L_{33}]^{\mathrm{T}}$；量测矩阵$\boldsymbol{H}(t)$根据梯度仪的安装方式不同有不同的表达形式；$\boldsymbol{V}(t)$为零均值的量测噪声。

在建立状态方程式(10.58)与量测方程式(10.60)、式(10.68)和式(10.69)，就可利用扩展卡尔曼滤波算法，得到系统误差的最优估计量，实现重力匹配导航。

思考与练习

1. 简述地磁匹配系统的组成及工作原理。
2. 请列举几种常用的地磁敏感器件，并简述其测量原理。
3. 请列举几种基于相关分析的地磁匹配算法，并对比分析这些算法的特点。
4. 简述最近等值线迭代地磁匹配算法的原理。
5. 简述重力匹配系统的组成及工作原理。
6. 请列举几种常用的重力敏感器件，并简述其测量原理。
7. 请列举几种重力序列相关极值匹配算法，并对比分析这些算法的特点。
8. 简述基于递推滤波的重力匹配算法的原理。

第 11 章　捷联惯性/北斗组合导航系统设计理论与方法

捷联惯性导航系统(Strapdown Inertial Navigation System,SINS)是一种自主性强、隐蔽性好、抗干扰能力强、短时精度高的导航系统,能够独立提供载体所需的全部导航参数,但其最大缺点是导航误差随时间积累;北斗卫星导航系统(BeiDou Navigation Satellite System,BDS)能够为海、陆、空、天、地的用户,全天候、全天时地提供高精度的三维位置、三维速度和时间信息,但其存在着易受干扰、在动态环境中可靠性差以及数据输出频率较低等不足之处。可见,SINS 与 BDS 各有所长,在性能上具有很强的互补性。以适当的方式将两者进行组合,可以取长补短,使组合后导航系统的精度、可靠性、适用范围等较单个系统得到明显提高。随着组合程度的加深,SINS/BDS 组合系统的总体性能要远优于各独立系统,被认为是目前导航领域最为理想的组合方式。因此,SINS/BDS 组合导航在国防工业以及国民经济的各个领域得到了广泛应用。

目前,根据组合深度的不同,SINS 和 BDS 组合模式可以分为松组合、紧组合、超紧组合和深组合模式。本章主要介绍不同 SINS/BDS 组合模式的工作原理、实现方法以及系统数学模型。

11.1　捷联惯性/北斗松组合模式

11.1.1　松组合系统结构及工作原理

松组合是一种最简单的 SINS/北斗组合模式,该模式直接利用北斗接收机输出的位置和速度与 SINS 组合,对 SINS 随时间累积的导航误差进行估计与修正,从而使 SINS 能够保持较高的导航精度。

在 SINS/北斗松组合导航系统中,SINS 和北斗接收机各自独立工作,组合算法融合两者的数据并给出最优的估计结果,最后反馈给 SINS 进行校正。该组合模式可以提供比单独北斗接收机或 SINS 更好的导航结果,但 SINS/北斗松组合导航系统中的 SINS 只有采用较高精度的惯性器件才能发挥较佳的性能。若使用精度较低的惯性器件,则当北斗接收机失锁而不能定位时,系统的组合就被完全破坏,系统的整体性能将会因无法对 SINS 误差进行校正而迅速恶化。图 11.1 为 SINS/北斗松组合导航系统的结构。

SINS/北斗松组合导航系统中采用的量测信息是位置和速度，直接利用北斗接收机得到的位置、速度与 SINS 解算出的位置、速度之差作为组合导航滤波器的输入，组合导航滤波器的输出采用反馈校正，陀螺仪/加速度计常值偏差的校正在 SINS 中进行，而估计得到的位置误差和速度误差则直接对 SINS 的解算结果进行校正。这种组合模式的优点是工作比较简单，便于工程实现，而且两个系统各自仍独立工作，使导航信息具有冗余度。其缺点是北斗接收机提供的量测信息是位置和速度等导航参数，由于位置误差和速度误差是与时间相关的，因此组合导航滤波器的估计精度将受到影响；另外，当导航卫星少于 4 颗使北斗接收机无法定位解算时，系统的组合将被完全破坏，整个导航系统的性能就会迅速恶化。

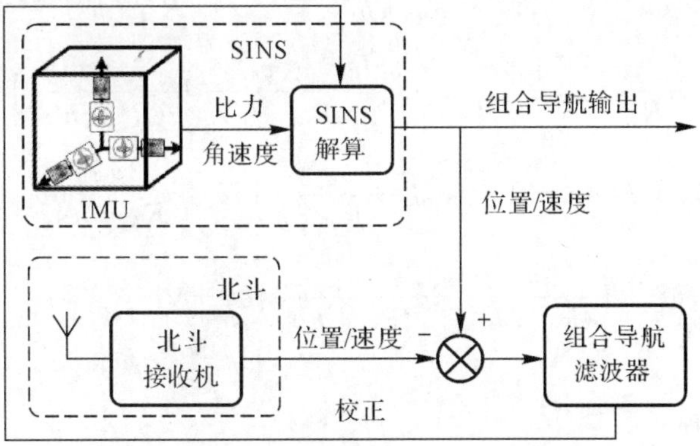

图 11.1　SINS/北斗松组合导航系统结构

11.1.2　松组合系统数学模型

1. 状态方程

SINS/北斗松组合导航系统的状态方程是由 SINS 的姿态误差方程、速度误差方程、位置误差方程以及惯性传感器的误差方程组成的。下面对这些误差方程分别进行简要说明。

(1)姿态误差方程。选择东-北-天地理坐标系作为导航坐标系，则 SINS 的姿态误差方程可以写成

$$\left.\begin{aligned}
\dot{\phi}_E &= -\frac{\delta v_N}{R_M+h}+\left(\omega_{ie}\sin L+\frac{v_E}{R_N+h}\tan L\right)\phi_N-\left(\omega_{ie}\cos L+\frac{v_E}{R_N+h}\right)\phi_U+\\
&\quad \frac{v_N}{(R_M+h)^2}\delta h-\varepsilon_E\\
\dot{\phi}_N &= \frac{\delta v_E}{R_N+h}-\left(\omega_{ie}\sin L+\frac{v_E}{R_N+h}\tan L\right)\phi_E-\frac{v_N}{R_M+h}\phi_U-\\
&\quad \omega_{ie}\sin L\,\delta L-\frac{v_E}{(R_N+h)^2}\delta h-\varepsilon_N\\
\dot{\phi}_U &= \frac{\delta v_E}{R_N+h}\tan L+\left(\omega_{ie}\cos L+\frac{v_E}{R_N+h}\right)\phi_E+\frac{v_N}{R_M+h}\phi_N-\frac{v_E\tan L}{(R_N+h)^2}\delta h+\\
&\quad \left(\omega_{ie}\cos L+\frac{v_E}{R_N+h}\sec^2 L\right)\delta L-\varepsilon_U
\end{aligned}\right\}\qquad(11.1)$$

(2)速度误差方程。

$$\left.\begin{aligned}
\delta\dot{v}_{\mathrm{E}}=&f_{\mathrm{N}}\phi_{\mathrm{U}}-f_{\mathrm{U}}\phi_{\mathrm{N}}+\left(\frac{v_{\mathrm{N}}\tan L}{R_{\mathrm{N}}+h}-\frac{v_{\mathrm{U}}}{R_{\mathrm{N}}+h}\right)\delta v_{\mathrm{E}}+\left(2\omega_{\mathrm{ie}}\sin L+\frac{v_{\mathrm{E}}\tan L}{R_{\mathrm{N}}+h}\right)\delta v_{\mathrm{N}}-\\
&\left(2\omega_{\mathrm{ie}}\cos L+\frac{v_{\mathrm{E}}}{R_{\mathrm{N}}+h}\right)\delta v_{\mathrm{U}}+\frac{v_{\mathrm{E}}v_{\mathrm{U}}-v_{\mathrm{E}}v_{\mathrm{N}}\tan L}{(R_{\mathrm{N}}+h)^{2}}\delta h+\\
&\left(2\omega_{\mathrm{ie}}\cos L v_{\mathrm{N}}+\frac{v_{\mathrm{E}}v_{\mathrm{N}}}{R_{\mathrm{N}}+h}\sec^{2}L+2\omega_{\mathrm{ie}}\sin L v_{\mathrm{U}}\right)\delta L+\nabla_{\mathrm{E}}\\
\delta\dot{v}_{\mathrm{N}}=&f_{\mathrm{U}}\phi_{\mathrm{E}}-f_{\mathrm{E}}\phi_{\mathrm{U}}-2\left(\omega_{\mathrm{ie}}\sin L+\frac{v_{\mathrm{E}}}{R_{\mathrm{N}}+h}\tan L\right)\delta v_{\mathrm{E}}-\frac{v_{\mathrm{U}}}{R_{\mathrm{M}}+h}\delta v_{\mathrm{N}}-\frac{v_{\mathrm{N}}}{R_{\mathrm{M}}+h}\delta v_{\mathrm{U}}-\\
&\left(2\omega_{\mathrm{ie}}\cos L+\frac{v_{\mathrm{E}}}{R_{\mathrm{N}}+h}\sec^{2}L\right)v_{\mathrm{E}}\delta L+\left(\frac{v_{\mathrm{N}}v_{\mathrm{U}}}{(R_{\mathrm{M}}+h)^{2}}+\frac{v_{\mathrm{E}}^{2}\tan L}{(R_{\mathrm{N}}+h)^{2}}\right)\delta h+\nabla_{\mathrm{N}}\\
\delta\dot{v}_{\mathrm{U}}=&f_{\mathrm{E}}\phi_{\mathrm{N}}-f_{\mathrm{N}}\phi_{\mathrm{E}}+2\left(\omega_{\mathrm{ie}}\cos L+\frac{v_{\mathrm{E}}}{R_{\mathrm{N}}+h}\right)\delta v_{\mathrm{E}}+\frac{2v_{\mathrm{N}}}{R_{\mathrm{M}}+h}\delta v_{\mathrm{N}}-\\
&2\omega_{\mathrm{ie}}\sin L v_{\mathrm{E}}\delta L-\left(\frac{v_{\mathrm{N}}^{2}}{(R_{\mathrm{M}}+h)^{2}}+\frac{v_{\mathrm{E}}^{2}}{(R_{\mathrm{N}}+h)^{2}}\right)\delta h+\nabla_{\mathrm{U}}
\end{aligned}\right\}\tag{11.2}$$

(3)位置误差方程。

$$\left.\begin{aligned}
\delta\dot{L}&=\frac{\delta v_{\mathrm{N}}}{R_{\mathrm{M}}+h}-\frac{v_{\mathrm{N}}^{\mathrm{n}}}{(R_{\mathrm{M}}+h)^{2}}\delta h\\
\delta\dot{\lambda}&=\frac{\delta v_{E}}{R_{\mathrm{N}}+h}\sec L+\frac{v_{\mathrm{E}}}{R_{\mathrm{N}}+h}\sec L\tan L\,\delta L-\frac{v_{\mathrm{E}}}{(R_{\mathrm{N}}+h)^{2}}\sec L\,\delta h\\
\delta\dot{h}&=\delta v_{\mathrm{U}}
\end{aligned}\right\}\tag{11.3}$$

式中:下标 E,N,U 分别代表东向、北向和天向。

(4)惯性传感器误差方程。

1)陀螺仪误差模型。式(11.1)中的陀螺仪漂移,是沿东-北-天地理坐标系的陀螺仪漂移。对于平台式惯导系统,该陀螺仪漂移即为实际陀螺仪的漂移;而对于 SINS,该陀螺仪漂移为载体坐标系变换到地理坐标系的等效陀螺仪漂移。

通常取陀螺仪漂移为

$$\boldsymbol{\varepsilon}=\boldsymbol{\varepsilon}_{\mathrm{b}}+\boldsymbol{\varepsilon}_{\mathrm{r}}+\boldsymbol{\omega}_{\mathrm{g}}\tag{11.4}$$

式中:$\boldsymbol{\varepsilon}_{\mathrm{b}}$ 为随机常数;$\boldsymbol{\varepsilon}_{\mathrm{r}}$ 为一阶马尔可夫过程;$\boldsymbol{\omega}_{\mathrm{g}}$ 为白噪声。

假定三个轴向的陀螺仪漂移误差模型相同,均为

$$\left.\begin{aligned}
\dot{\boldsymbol{\varepsilon}}_{\mathrm{b}}&=\mathbf{0}\\
\dot{\boldsymbol{\varepsilon}}_{\mathrm{r}}&=-\frac{1}{T_{\mathrm{g}}}\boldsymbol{\varepsilon}_{\mathrm{r}}+\boldsymbol{\omega}_{\mathrm{b}}
\end{aligned}\right\}\tag{11.5}$$

式中:T_{g} 为相关时间;$\boldsymbol{\omega}_{\mathrm{b}}$ 为白噪声。

2)加速度计误差模型。考虑为一阶马尔可夫过程,且假定三个轴的加速度计误差模型

相同，均为

$$\dot{\nabla}_{a}=-\frac{1}{T_{a}}\nabla_{a}+\boldsymbol{\omega}_{a} \tag{11.6}$$

式中：T_a 为相关时间；$\boldsymbol{\omega}_a$ 为白噪声。

因此，将式(11.1)～式(11.6)综合在一起，可得系统的状态方程为

$$\dot{\boldsymbol{X}}_{I}=\boldsymbol{F}_{I}\boldsymbol{X}_{I}+\boldsymbol{G}_{I}\boldsymbol{W}_{I} \tag{11.7}$$

$$\boldsymbol{X}_{I}=[\delta L \quad \delta\lambda \quad \delta h \quad \delta v_{E} \quad \delta v_{N} \quad \delta v_{U} \quad \phi_{E} \quad \phi_{N} \quad \phi_{U} \quad \varepsilon_{bx} \quad \varepsilon_{by} \quad \varepsilon_{bz} \quad \varepsilon_{rx} \quad \varepsilon_{ry} \quad \varepsilon_{rz} \quad \nabla_{ax} \quad \nabla_{ay} \quad \nabla_{az}]^{T} \tag{11.8}$$

$$\boldsymbol{W}_{I}=[w_{gx} \quad w_{gy} \quad w_{gz} \quad w_{bx} \quad w_{by} \quad w_{bz} \quad w_{ax} \quad w_{ay} \quad w_{az}]^{T} \tag{11.9}$$

$$\boldsymbol{G}_{I}=\begin{bmatrix} \boldsymbol{0}_{3\times3} & \boldsymbol{0}_{3\times3} & \boldsymbol{0}_{3\times3} \\ \boldsymbol{0}_{3\times3} & \boldsymbol{0}_{3\times3} & \boldsymbol{C}_{b}^{n} \\ -\boldsymbol{C}_{b}^{n} & -\boldsymbol{C}_{b}^{n} & \boldsymbol{0}_{3\times3} \\ \boldsymbol{0}_{3\times3} & \boldsymbol{0}_{3\times3} & \boldsymbol{0}_{3\times3} \\ \boldsymbol{0}_{3\times3} & \boldsymbol{I}_{3\times3} & \boldsymbol{0}_{3\times3} \\ \boldsymbol{0}_{3\times3} & \boldsymbol{0}_{3\times3} & \boldsymbol{I}_{3\times3} \end{bmatrix}_{18\times9} \tag{11.10}$$

$$\boldsymbol{F}_{I}=\begin{bmatrix} \boldsymbol{F}_{N} & \boldsymbol{F}_{s} \\ \boldsymbol{0} & \boldsymbol{F}_{M} \end{bmatrix}_{18\times18} \tag{11.11}$$

$\boldsymbol{F}_N$ 为对应 9 个基本导航参数的系统矩阵，其非零元素为

$$\boldsymbol{F}_{N}(1,3)=-\frac{v_{N}}{(R+h)^{2}},\quad \boldsymbol{F}_{N}(1,5)=\frac{1}{R+h}$$

$$\boldsymbol{F}_{N}(2,1)=\frac{v_{E}}{R+h}\sec L\tan L,\quad \boldsymbol{F}_{N}(2,3)=-\frac{v_{E}}{(R+h)^{2}}\sec L$$

$$\boldsymbol{F}_{N}(2,4)=\frac{\sec L}{R+h},\quad \boldsymbol{F}_{N}(3,6)=1$$

$$\boldsymbol{F}_{N}(4,1)=2\omega_{ie}v_{N}\cos L+\frac{v_{E}v_{N}}{R+h}\sec^{2}L+2\omega_{ie}v_{U}\sin L,$$

$$\boldsymbol{F}_{N}(4,3)=\frac{v_{E}v_{U}-v_{E}v_{N}\tan L}{(R+h)^{2}}$$

$$\boldsymbol{F}_{N}(4,4)=\frac{v_{N}}{R+h}\tan L-\frac{v_{U}}{R+h},\quad \boldsymbol{F}_{N}(4,5)=2\omega_{ie}\sin L+\frac{v_{E}}{R+h}\tan L$$

$$\boldsymbol{F}_{N}(4,6)=-2\omega_{ie}\cos L-\frac{v_{E}}{R+h},\quad \boldsymbol{F}_{N}(4,8)=-f_{U}$$

$$\boldsymbol{F}_{N}(4,9)=f_{N},\quad \boldsymbol{F}_{N}(5,1)=-2\omega_{ie}v_{E}\cos L-\frac{v_{E}^{2}}{R+h}\sec^{2}L$$

$$\boldsymbol{F}_{N}(5,3)=\frac{v_{N}v_{U}+v_{E}^{2}\tan L}{(R+h)^{2}},\quad \boldsymbol{F}_{N}(5,4)=-2\omega_{ie}\sin L-\frac{2v_{E}}{R+h}\tan L$$

$$\boldsymbol{F}_{\mathrm{N}}(5,5)=-\frac{v_{\mathrm{U}}}{R+h},\quad \boldsymbol{F}_{\mathrm{N}}(5,6)=-\frac{v_{\mathrm{N}}}{R+h}$$

$$\boldsymbol{F}_{\mathrm{N}}(5,7)=f_{\mathrm{U}},\quad \boldsymbol{F}_{\mathrm{N}}(5,9)=-f_{\mathrm{E}}$$

$$\boldsymbol{F}_{\mathrm{N}}(6,1)=-2\omega_{\mathrm{ie}}v_{\mathrm{E}}\sin L,\quad \boldsymbol{F}_{\mathrm{N}}(6,3)=-\frac{v_{\mathrm{N}}^2+v_{\mathrm{E}}^2}{(R+h)^2}$$

$$\boldsymbol{F}_{\mathrm{N}}(6,4)=2\omega_{\mathrm{ie}}\cos L+2\frac{v_{\mathrm{E}}}{R+h},\quad \boldsymbol{F}_{\mathrm{N}}(6,5)=\frac{2v_{\mathrm{N}}}{R+h}$$

$$\boldsymbol{F}_{\mathrm{N}}(6,7)=-f_{\mathrm{N}},\quad \boldsymbol{F}_{\mathrm{N}}(6,8)=f_{\mathrm{E}}$$

$$\boldsymbol{F}_{\mathrm{N}}(7,3)=\frac{v_{\mathrm{N}}}{(R+h)^2},\quad \boldsymbol{F}_{\mathrm{N}}(7,5)=-\frac{1}{R+h}$$

$$\boldsymbol{F}_{\mathrm{N}}(7,8)=\omega_{\mathrm{ie}}\sin L+\frac{v_{\mathrm{E}}}{R+h}\tan L,\quad \boldsymbol{F}_{\mathrm{N}}(7,9)=-\omega_{\mathrm{ie}}\cos L-\frac{v_{\mathrm{E}}}{R+h}$$

$$\boldsymbol{F}_{\mathrm{N}}(8,1)=-\omega_{\mathrm{ie}}\sin L,\quad \boldsymbol{F}_{\mathrm{N}}(8,3)=-\frac{v_{\mathrm{E}}}{(R+h)^2}$$

$$\boldsymbol{F}_{\mathrm{N}}(8,4)=\frac{1}{R+h},\quad \boldsymbol{F}_{\mathrm{N}}(8,7)=-\omega_{\mathrm{ie}}\sin L-\frac{v_{\mathrm{E}}}{R+h}\tan L$$

$$\boldsymbol{F}_{\mathrm{N}}(8,9)=-\frac{v_{\mathrm{N}}}{R+h},\quad \boldsymbol{F}_{\mathrm{N}}(9,1)=\omega_{\mathrm{ie}}\cos L+\frac{v_{\mathrm{E}}}{R+h}\sec^2 L$$

$$\boldsymbol{F}_{\mathrm{N}}(9,3)=-\frac{v_{\mathrm{E}}\tan L}{(R+h)^2},\quad \boldsymbol{F}_{\mathrm{N}}(9,4)=\frac{\tan L}{R+h}$$

$$\boldsymbol{F}_{\mathrm{N}}(9,7)=\omega_{\mathrm{ie}}\cos L+\frac{v_{\mathrm{E}}}{R+h},\quad \boldsymbol{F}_{\mathrm{N}}(9,8)=\frac{v_{\mathrm{N}}}{R+h} \tag{11.12}$$

式中:忽略了卯酉圈半径 R_{N} 和子午圈半径 R_{M} 的差别,统一用 R 表示。$\boldsymbol{F}_{\mathrm{s}}$ 和 $\boldsymbol{F}_{\mathrm{M}}$ 分别为

$$\boldsymbol{F}_{\mathrm{s}}=\begin{bmatrix}\boldsymbol{0}_{3\times3} & \boldsymbol{0}_{3\times3} & \boldsymbol{0}_{3\times3}\\ \boldsymbol{0}_{3\times3} & \boldsymbol{0}_{3\times3} & \boldsymbol{C}_{\mathrm{b}}^{\mathrm{n}}\\ -\boldsymbol{C}_{\mathrm{b}}^{\mathrm{n}} & -\boldsymbol{C}_{\mathrm{b}}^{\mathrm{n}} & \boldsymbol{0}_{3\times3}\end{bmatrix}_{9\times9} \tag{11.13}$$

$$\boldsymbol{F}_{\mathrm{M}}=\mathrm{diag}\begin{pmatrix}0 & 0 & 0 & -\frac{1}{T_{\mathrm{r}x}} & -\frac{1}{T_{\mathrm{r}y}} & -\frac{1}{T_{\mathrm{r}z}} & -\frac{1}{T_{\mathrm{a}x}} & -\frac{1}{T_{\mathrm{a}y}} & -\frac{1}{T_{\mathrm{a}z}}\end{pmatrix} \tag{11.14}$$

2. 量测方程

在 SINS/北斗松组合导航系统中,量测值有两组:一组为位置量测值,即 SINS 给出的经纬度和高度信息与北斗接收机给出的相应信息的差值,而另一组量测值为两个系统给出的速度信息的差值。

SINS 输出的位置信息可表示为

$$\left.\begin{aligned}L_{\mathrm{I}}&=L_{\mathrm{t}}+\delta L\\ \lambda_{\mathrm{I}}&=\lambda_{\mathrm{t}}+\delta\lambda\\ h_{\mathrm{I}}&=h_{\mathrm{t}}+\delta h\end{aligned}\right\} \tag{11.15}$$

北斗接收机输出的位置信息可表示为

$$\left.\begin{aligned}L_G&=L_t-\Delta N/R\\ \lambda_G&=\lambda_t-\Delta E/(R\cos L)\\ h_G&=h_t-\Delta U\end{aligned}\right\}\tag{11.16}$$

式中：L_t,λ_t,h_t 为载体的真实位置；$\Delta E,\Delta N,\Delta U$ 分别为北斗接收机沿东、北、天方向的位置误差。

位置量测矢量定义如下：

$$\boldsymbol{Z}_P=\begin{bmatrix}(L_I-L_G)R\\ (\lambda_I-\lambda_G)R\cos L\\ h_I-h_G\end{bmatrix}=\begin{bmatrix}R\delta L+\Delta N\\ R\cos L\,\delta\lambda+\Delta E\\ \delta h+\Delta U\end{bmatrix}=\boldsymbol{H}_P\boldsymbol{X}+\boldsymbol{V}_P\tag{11.17}$$

式中

$$\boldsymbol{H}_P=[\mathrm{diag}(R\quad R\cos L\quad 1)\ \vdots\ \boldsymbol{0}_{3\times15}]\tag{11.18}$$

$$\boldsymbol{V}_P=[\Delta N\quad \Delta E\quad \Delta U]^T\tag{11.19}$$

SINS 输出的速度信息可以表示为地理坐标系下的真值与相应的速度误差之和：

$$\begin{bmatrix}v_{IE}\\ v_{IN}\\ v_{IU}\end{bmatrix}=\begin{bmatrix}v_E+\delta v_E\\ v_N+\delta v_N\\ v_U+\delta v_U\end{bmatrix}\tag{11.20}$$

式中：v_E,v_N,v_U 是载体的真实速度在地理坐标系各轴上的分量。

北斗接收机输出的速度信息可表示为

$$\begin{bmatrix}v_{GE}\\ v_{GN}\\ v_{GU}\end{bmatrix}=\begin{bmatrix}v_E-\Delta v_E\\ v_N-\Delta v_N\\ v_U-\Delta v_U\end{bmatrix}\tag{11.21}$$

式中：$\Delta v_E,\Delta v_N,\Delta v_U$ 为北斗接收机测速误差。

定义速度量测矢量为

$$\boldsymbol{Z}_V=\begin{bmatrix}v_{IE}-v_{GE}\\ v_{IN}-v_{GN}\\ v_{IU}-v_{GU}\end{bmatrix}=\begin{bmatrix}\delta v_E+\Delta v_E\\ \delta v_N+\Delta v_N\\ \delta v_U+\Delta v_U\end{bmatrix}=\boldsymbol{H}_V\boldsymbol{X}+\boldsymbol{V}_V\tag{11.22}$$

式中

$$\boldsymbol{H}_V=[\boldsymbol{0}_{3\times3}\ \vdots\ \mathrm{diag}(1\quad 1\quad 1)\ \vdots\ \boldsymbol{0}_{3\times12}]\tag{11.23}$$

$$\boldsymbol{V}_V=[\Delta v_E\quad \Delta v_N\quad \Delta v_U]^T\tag{11.24}$$

将位置量测矢量式(11.17)和速度量测矢量式(11.22)合并到一起，得到 SINS/北斗松组合导航系统量测方程为

$$\boldsymbol{Z}=\begin{bmatrix}\boldsymbol{H}_P\\ \boldsymbol{H}_V\end{bmatrix}\boldsymbol{X}+\begin{bmatrix}\boldsymbol{V}_P\\ \boldsymbol{V}_V\end{bmatrix}=\boldsymbol{HX}+\boldsymbol{V}\tag{11.25}$$

以上给出了 SINS/北斗松组合导航系统的状态方程和量测方程，根据这两组方程再加上必要的初始条件即可进行卡尔曼滤波。

11.2 捷联惯性/北斗紧组合模式

11.2.1 紧组合系统结构及工作原理

与松组合相比，紧组合是一种相对复杂的SINS/北斗组合模式，它是从北斗接收机中提取原始的伪距和伪距率信息，并通过观测卫星的星历数据，将SINS的累积误差映射成用户接收机至导航卫星的视距误差，建立基于伪距和伪距率残差的SINS/北斗组合导航系统量测方程，进而实现对SINS误差状态的估计与修正。

在SINS/北斗紧组合导航系统中，北斗接收机提供给组合导航滤波器融合算法的是接收机用于定位、测速的原始信息，即伪距和伪距率。由于北斗接收机提供的伪距、伪距率为各跟踪通道独立输出的原始观测信息，所以各个伪距、伪距率信息的误差相互独立、互不相关，这有利于组合导航滤波器的设计与实现；另外，由于将伪距、伪距率作为量测信息，所以当可见卫星数少于4颗时，也能为组合导航滤波器提供量测输入，因此，这种紧组合模式比松组合模式的可用性更好。图11.2为SINS/北斗紧组合导航系统的结构。

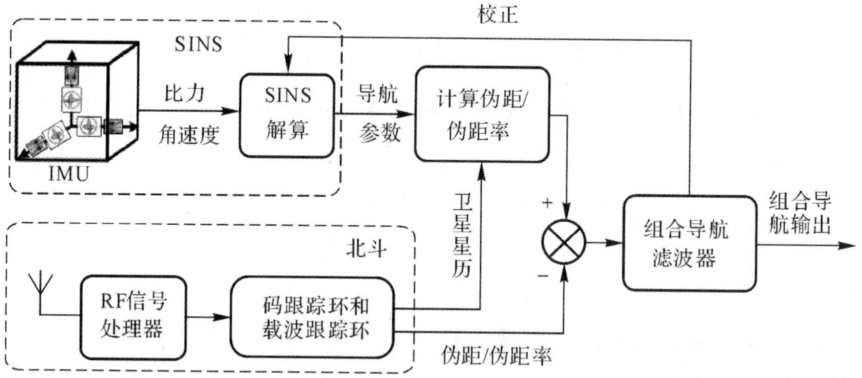

图11.2 SINS/北斗紧组合导航系统结构

SINS/北斗紧组合导航系统主要由SINS子系统、北斗子系统和组合导航滤波器三部分组成。其中，在SINS子系统中，SINS解算模块接收IMU输出的比力和角速度信息，产生SINS的导航输出信息，即位置和速度等，并结合北斗接收机提供的卫星星历，可以计算出SINS的伪距和伪距率；将SINS推算的伪距和伪距率与北斗接收机测量得到的伪距和伪距率的差值作为组合导航滤波器的输入，得到SINS误差状态的估计值。再将误差状态估计值中的陀螺仪常值漂移和加速度计零偏反馈给SINS对其进行校正，并将误差状态估计值中的位置/速度误差对SINS解算后的位置和速度信息进行校正，校正后的输出即为SINS/北斗紧组合导航系统的最终结果。

11.2.2 紧组合系统数学模型

1. 状态方程

在SINS/北斗紧组合导航系统中，组合导航滤波器的状态由两部分组成，一部分是

SINS 的误差状态，其状态方程为式(11.7)，即

$$\dot{\boldsymbol{X}}_{\mathrm{I}}=\boldsymbol{F}_{\mathrm{I}}\boldsymbol{X}_{\mathrm{I}}+\boldsymbol{G}_{\mathrm{I}}\boldsymbol{W}_{\mathrm{I}} \tag{11.26}$$

另一部分是北斗接收机的误差状态，通常取两个：一个是与时钟误差等效的距离误差 b_{clk}，即时钟误差与光速的乘积；另一个是与时钟频率误差等效的距离率误差 d_{clk}，即时钟频率误差与光速的乘积。因此，北斗接收机的误差状态方程可以表示为

$$\left.\begin{aligned}\dot{b}_{\mathrm{clk}}&=d_{\mathrm{clk}}+\omega_{\mathrm{b}}\\ \dot{d}_{\mathrm{clk}}&=-\frac{1}{T_{\mathrm{clk}}}d_{\mathrm{clk}}+\omega_{\mathrm{d}}\end{aligned}\right\} \tag{11.27}$$

式中：T_{clk} 为相关时间；ω_{b}、ω_{d} 均为白噪声。

式(11.27)表示成矩阵形式为

$$\dot{\boldsymbol{X}}_{\mathrm{G}}=\boldsymbol{F}_{\mathrm{G}}\boldsymbol{X}_{\mathrm{G}}+\boldsymbol{G}_{\mathrm{G}}\boldsymbol{W}_{\mathrm{G}} \tag{11.28}$$

$$\boldsymbol{X}_{\mathrm{G}}=\begin{bmatrix}b_{\mathrm{clk}} & d_{\mathrm{clk}}\end{bmatrix}^{\mathrm{T}} \tag{11.29}$$

$$\boldsymbol{F}_{\mathrm{G}}=\begin{bmatrix}1 & 0\\ 0 & -\dfrac{1}{T_{\mathrm{clk}}}\end{bmatrix} \tag{11.30}$$

$$\boldsymbol{G}_{\mathrm{G}}=\boldsymbol{I}_{2} \tag{11.31}$$

$$\boldsymbol{W}_{\mathrm{G}}=\begin{bmatrix}\omega_{b} & \omega_{d}\end{bmatrix}^{\mathrm{T}} \tag{11.32}$$

合并式(11.26)和式(11.28)，可得 SINS/北斗紧组合导航系统的状态方程为

$$\begin{bmatrix}\dot{\boldsymbol{X}}_{\mathrm{I}}\\ \dot{\boldsymbol{X}}_{\mathrm{G}}\end{bmatrix}=\begin{bmatrix}\boldsymbol{F}_{\mathrm{I}} & \boldsymbol{0}\\ \boldsymbol{0} & \boldsymbol{F}_{\mathrm{G}}\end{bmatrix}\begin{bmatrix}\boldsymbol{X}_{\mathrm{I}}\\ \boldsymbol{X}_{\mathrm{G}}\end{bmatrix}+\begin{bmatrix}\boldsymbol{G}_{\mathrm{I}} & \boldsymbol{0}\\ \boldsymbol{0} & \boldsymbol{G}_{\mathrm{G}}\end{bmatrix}\begin{bmatrix}\boldsymbol{W}_{\mathrm{I}}\\ \boldsymbol{W}_{\mathrm{G}}\end{bmatrix} \tag{11.33}$$

即

$$\dot{\boldsymbol{X}}=\boldsymbol{F}\boldsymbol{X}+\boldsymbol{G}\boldsymbol{W} \tag{11.34}$$

式中

$$\begin{aligned}\boldsymbol{X}=[&\delta L\quad \delta\lambda\quad \delta h\quad \delta v_{\mathrm{E}}\quad \delta v_{\mathrm{N}}\quad \delta v_{\mathrm{U}}\quad \phi_{\mathrm{E}}\quad \phi_{\mathrm{N}}\quad \phi_{\mathrm{U}}\quad \varepsilon_{\mathrm{b}x}\quad \varepsilon_{\mathrm{b}y}\quad \varepsilon_{\mathrm{b}z}\\ &\varepsilon_{\mathrm{r}x}\quad \varepsilon_{\mathrm{r}y}\quad \varepsilon_{\mathrm{r}z}\quad \nabla_{\mathrm{a}x}\quad \nabla_{\mathrm{a}y}\quad \nabla_{\mathrm{a}z}\quad b_{\mathrm{clk}}\quad d_{\mathrm{clk}}]^{\mathrm{T}}\end{aligned} \tag{11.35}$$

2. 量测方程

(1)伪距量测方程。在地心地固坐标系中，设载体的真实位置为(x,y,z)，而经过 SINS 解算得到的载体位置为$(x_{\mathrm{I}},y_{\mathrm{I}},z_{\mathrm{I}})$，由卫星星历给出的卫星位置为$(x_{\mathrm{s}},y_{\mathrm{s}},z_{\mathrm{s}})$。因此，由 SINS 推算的载体至卫星 S_i 的伪距 $\rho_{\mathrm{I}i}$ 为

$$\rho_{\mathrm{I}i}=\sqrt{(x_{\mathrm{I}}-x_{\mathrm{s}}^{i})^{2}+(y_{\mathrm{I}}-y_{\mathrm{s}}^{i})^{2}+(z_{\mathrm{I}}-z_{\mathrm{s}}^{i})^{2}} \tag{11.36}$$

载体到卫星 S_i 的真实距离 r_i 为

$$r_{i}=\sqrt{(x-x_{\mathrm{s}}^{i})^{2}+(y-y_{\mathrm{s}}^{i})^{2}+(z-z_{\mathrm{s}}^{i})^{2}} \tag{11.37}$$

将式(11.36)在(x,y,z)处进行泰勒级数展开，取一次项误差，可得

$$\rho_{\mathrm{I}i}=r_{i}+\frac{x-x_{\mathrm{s}}^{i}}{r_{i}}\delta x+\frac{y-y_{\mathrm{s}}^{i}}{r_{i}}\delta y+\frac{z-z_{\mathrm{s}}^{i}}{r_{i}}\delta z \tag{11.38}$$

令$\frac{x-x_s^i}{r_i}=l_i$，$\frac{y-y_s^i}{r_i}=m_i$，$\frac{z-z_s^i}{r_i}=n_i$，为载体至卫星 S_i 之间视线矢量的方向余弦。将其代入式(11.38)可以得到

$$\rho_{Ii}=r_i+l_i\delta x+m_i\delta y+n_i\delta z \tag{11.39}$$

载体上北斗接收机测量得到的伪距 ρ_{Gi} 可以表示为

$$\rho_{Gi}=r_i+b_{clk}+\upsilon_{\rho i} \tag{11.40}$$

根据式(11.39)和式(11.40)，可得伪距差量测方程为

$$\delta\rho_i=\rho_{Ii}-\rho_{Gi}=l_i\delta x+m_i\delta y+n_i\delta z-b_{clk}-\upsilon_{\rho i} \tag{11.41}$$

在实际应用时，可以根据可用卫星的数目，选择卫星数量。在此，以选择 4 颗卫星为例加以说明，即 $i=1,2,3,4$。则伪距量测方程具体为

$$\delta\boldsymbol{\rho}=\begin{bmatrix} l_1 & m_1 & n_1 & -1 \\ l_2 & m_2 & n_2 & -1 \\ l_3 & m_3 & n_3 & -1 \\ l_4 & m_4 & n_4 & -1 \end{bmatrix}\begin{bmatrix} \delta x \\ \delta y \\ \delta z \\ b_{clk} \end{bmatrix}-\begin{bmatrix} \upsilon_{\rho 1} \\ \upsilon_{\rho 2} \\ \upsilon_{\rho 3} \\ \upsilon_{\rho 4} \end{bmatrix} \tag{11.42}$$

式(11.42)中的各种测量值均是在地心地固坐标系中得到的，而紧组合导航系统状态变量中的位置误差是在大地坐标系(λ,L,h)中得到的，因此需要将式(11.42)中的位置误差转换到大地坐标系中。

两个坐标系之间的转换关系为

$$\left.\begin{aligned} x&=(R+h)\cos\lambda\cos L \\ y&=(R+h)\sin\lambda\cos L \\ z&=[R(1-k^2)+h]\sin L \end{aligned}\right\} \tag{11.43}$$

式中：k 为地球的一阶偏心率。

对式(11.43)中各等式两边取微分，可以得到

$$\left.\begin{aligned} \delta x&=-(R+h)\cos\lambda\sin L\,\delta L-(R+h)\cos L\sin\lambda\,\delta\lambda+\cos L\cos\lambda\,\delta h \\ \delta y&=-(R+h)\sin\lambda\sin L\,\delta L+(R+h)\cos\lambda\cos L\,\delta\lambda+\cos L\sin\lambda\,\delta h \\ \delta z&=[R(1-k^2)+h]\cos L\,\delta L+\sin L\,\delta h \end{aligned}\right\} \tag{11.44}$$

将式(11.44)代入式(11.42)，整理得到伪距量测方程为

$$\boldsymbol{Z}_\rho=\boldsymbol{H}_\rho\boldsymbol{X}+\boldsymbol{V}_\rho \tag{11.45}$$

$$\boldsymbol{H}_\rho=[\boldsymbol{H}_{\rho 1}\quad \boldsymbol{0}_{4\times 15}\quad \boldsymbol{H}_{\rho 2}] \tag{11.46}$$

式中

$$\boldsymbol{H}_{\rho 1}=\begin{bmatrix} l_1 & m_1 & n_1 \\ l_2 & m_2 & n_2 \\ l_3 & m_3 & n_3 \\ l_4 & m_4 & n_4 \end{bmatrix}\boldsymbol{C}_c^e \tag{11.47}$$

$$\boldsymbol{C}_c^e=\begin{bmatrix} -(R+h)\cos\lambda\sin L & -(R+h)\cos L\sin\lambda & \cos\lambda\cos L \\ -(R+h)\sin\lambda\sin L & (R+h)\cos\lambda\cos L & \cos L\sin\lambda \\ [R(1-k^2)+h]\cos L & 0 & \sin L \end{bmatrix} \tag{11.48}$$

$$\boldsymbol{H}_{\rho 2}=\begin{bmatrix}-1 & 0\\ -1 & 0\\ -1 & 0\\ -1 & 0\end{bmatrix} \tag{11.49}$$

(2)伪距率量测方程。SINS与卫星 S_i 之间的伪距率在地心地固坐标系中可以表示为

$$\dot{\rho}_{\mathrm{I}i}=l_i(\dot{x}_{\mathrm{I}}-\dot{x}_{\mathrm{s}}^i)+m_i(\dot{y}_{\mathrm{I}}-\dot{y}_{\mathrm{s}}^i)+n_i(\dot{z}_{\mathrm{I}}-\dot{z}_{\mathrm{s}}^i) \tag{11.50}$$

式中:SINS给出的速度等于真实值与其解算误差之和,因此,式(11.50)可表示为

$$\dot{\rho}_{\mathrm{I}i}=l_i(\dot{x}-\dot{x}_{\mathrm{s}}^i)+m_i(\dot{y}-\dot{y}_{\mathrm{s}}^i)+n_i(\dot{z}-\dot{z}_{\mathrm{s}}^i)+l_i\delta\dot{x}+m_i\delta\dot{y}+n_i\delta\dot{z} \tag{11.51}$$

北斗接收机测量得到的伪距率可以表示为

$$\dot{\rho}_{\mathrm{G}i}=l_i(\dot{x}-\dot{x}_{\mathrm{s}}^i)+m_i(\dot{y}-\dot{y}_{\mathrm{s}}^i)+n_i(\dot{z}-\dot{z}_{\mathrm{s}}^i)+d_{\mathrm{clk}}+\upsilon_{\dot{\rho}i} \tag{11.52}$$

根据式(11.51)和式(11.52),可以得到伪距率差量测方程

$$\delta\dot{\rho}_i=\dot{\rho}_{\mathrm{I}i}-\dot{\rho}_{\mathrm{G}i}=l_i\delta\dot{x}+m_i\delta\dot{y}+n_i\delta\dot{z}-d_{\mathrm{clk}}-\upsilon_{\dot{\rho}i} \tag{11.53}$$

取 $i=1,2,3,4$,则伪距率量测方程具体为

$$\delta\dot{\boldsymbol{\rho}}=\begin{bmatrix}l_1 & m_1 & n_1 & -1\\ l_2 & m_2 & n_2 & -1\\ l_3 & m_3 & n_3 & -1\\ l_4 & m_4 & n_4 & -1\end{bmatrix}\begin{bmatrix}\delta\dot{x}\\ \delta\dot{y}\\ \delta\dot{z}\\ d_{\mathrm{clk}}\end{bmatrix}-\begin{bmatrix}\upsilon_{\dot{\rho}1}\\ \upsilon_{\dot{\rho}2}\\ \upsilon_{\dot{\rho}3}\\ \upsilon_{\dot{\rho}4}\end{bmatrix} \tag{11.54}$$

与伪距的情况类似,需要把地心地固坐标系中的速度误差转换到地理坐标系中。因此,伪距率量测方程为

$$\boldsymbol{Z}_{\dot{\rho}}=\boldsymbol{H}_{\dot{\rho}}\boldsymbol{X}+\boldsymbol{V}_{\dot{\rho}} \tag{11.55}$$

式中

$$\boldsymbol{H}_{\dot{\rho}}=[\boldsymbol{0}_{4\times 3}\quad \boldsymbol{H}_{\dot{\rho}1}\quad \boldsymbol{0}_{4\times 12}\quad \boldsymbol{H}_{\dot{\rho}2}] \tag{11.56}$$

$$\boldsymbol{H}_{\dot{\rho}1}=\begin{bmatrix}l_1 & m_1 & n_1\\ l_2 & m_2 & n_2\\ l_3 & m_3 & n_3\\ l_4 & m_4 & n_4\end{bmatrix}\boldsymbol{C}_{\mathrm{n}}^{\mathrm{e}} \tag{11.57}$$

$$\boldsymbol{C}_{\mathrm{n}}^{\mathrm{e}}=\begin{bmatrix}-\sin\lambda & -\sin L\cos\lambda & \cos L\cos\lambda\\ \cos\lambda & -\sin L\sin\lambda & \cos L\sin\lambda\\ 0 & \cos L & \sin L\end{bmatrix} \tag{11.58}$$

$$\boldsymbol{H}_{\dot{\rho}2}=\begin{bmatrix}0 & -1\\ 0 & -1\\ 0 & -1\\ 0 & -1\end{bmatrix} \tag{11.59}$$

将伪距量测方程式(11.45)与伪距率量测方程式(11.55)合并,可以得到紧组合导航系统的量测方程为

$$Z=\begin{bmatrix}H_{\rho}\\H_{\dot{\rho}}\end{bmatrix}X+\begin{bmatrix}V_{\rho}\\V_{\dot{\rho}}\end{bmatrix}=HX+V \tag{11.60}$$

式(11.33)和式(11.60)即为建立的SINS/北斗紧组合导航系统状态方程和量测方程，根据这两组方程再加上必要的初始条件即可进行卡尔曼滤波。

11.2.3 松、紧组合模式特点分析

由于SINS/北斗松组合和紧组合的原理比较简单，并且便于工程实现，所以，目前大多数SINS/北斗组合导航系统都采用松组合或紧组合模式，将北斗接收机和SINS的测量信息组合在一起，以达到提高组合导航系统整体性能的目的。但由于这两种组合模式具有不同的组合结构、信息交换方式及组合程度，因此，两者也具有不同的导航性能。下面对SINS/北斗松、紧组合模式的性能进行对比分析。

1. 松组合模式特点

(1)松组合模式的优点。对于SINS/北斗松组合模式，其优点为：

1)工作比较简单，便于工程实现；

2)SINS与北斗接收机各自独立工作，可以输出北斗接收机的导航参数，使导航信息具有冗余度。

(2)松组合模式的缺点。对于SINS/北斗松组合模式，其缺点为：

1)存在级联滤波问题，降低组合导航精度。通常，北斗接收机内部的定位和测速解算均是基于卡尔曼滤波进行的。因此，北斗定位/测速滤波器与松组合导航滤波器构成级联滤波结构，如图11.3所示。

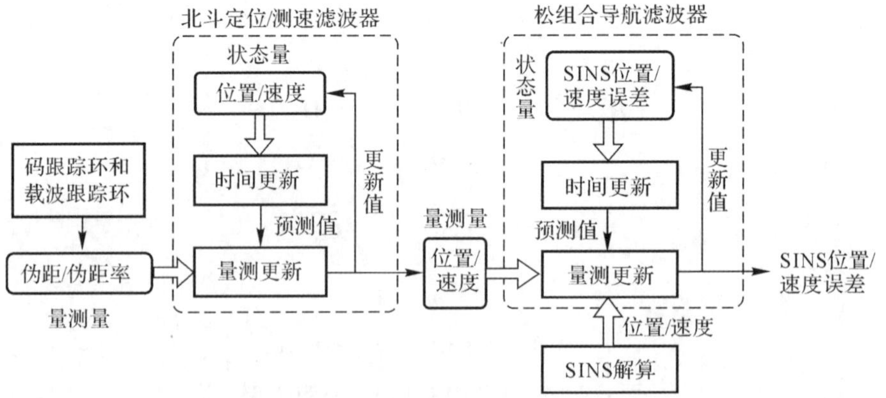

图11.3 松组合级联滤波结构

可以看出，北斗定位/测速滤波器将用户位置和速度作为状态量，将北斗码跟踪环和载波跟踪环输出的伪距/伪距率作为量测信息进行最优估计，则估计结果为

$$\hat{P}_G=P+\delta P_G \tag{11.61}$$

$$\hat{V}_G=V+\delta V_G \tag{11.62}$$

式中：$\hat{P}_G$ 和 $\hat{V}_G$ 为用户位置和速度的估计值；P 和 V 为用户位置和速度的真实值；δP_G 和 δV_G 为位置和速度的估计误差。

由卡尔曼滤波理论可知，估计误差 $\delta\boldsymbol{P}_{\mathrm{G}}$ 和 $\delta\boldsymbol{V}_{\mathrm{G}}$ 的均方差阵为

$$\boldsymbol{P}_k=(\boldsymbol{I}-\boldsymbol{K}_k\boldsymbol{H}_k)\boldsymbol{P}_{k,k-1} \tag{11.63}$$

式中：$\boldsymbol{P}_{k,k-1}$ 为一步预测误差的均方差阵，有

$$\boldsymbol{P}_{k,k-1}=\boldsymbol{\Phi}_{k,k-1}\boldsymbol{P}_{k-1}\boldsymbol{\Phi}_{k,k-1}^{\mathrm{T}}+\boldsymbol{Q}_k \tag{11.64}$$

将式(11.64)代入式(11.63)，可得

$$\boldsymbol{P}_k=(\boldsymbol{I}-\boldsymbol{K}_k\boldsymbol{H}_k)\boldsymbol{\Phi}_{k,k-1}\boldsymbol{P}_{k-1}\boldsymbol{\Phi}_{k,k-1}^{\mathrm{T}}+(\boldsymbol{I}-\boldsymbol{K}_k\boldsymbol{H}_k)\boldsymbol{Q}_k \tag{11.65}$$

由式(11.65)可知，k 时刻估计误差的均方差阵 $\boldsymbol{P}_k$ 与 $k-1$ 时刻估计误差的均方差阵 $\boldsymbol{P}_{k-1}$ 相关，表明估计误差的均方差阵 $\boldsymbol{P}_k$ 是与时间相关的，即估计误差 $\delta\boldsymbol{P}_{\mathrm{G}}$ 和 $\delta\boldsymbol{V}_{\mathrm{G}}$ 为与时间相关的噪声。

在北斗定位/测速滤波器实现对用户位置和速度的最优估计以后，松组合导航滤波器将 SINS 的位置误差 $\delta\boldsymbol{P}_{\mathrm{I}}$ 和速度误差 $\delta\boldsymbol{V}_{\mathrm{I}}$ 作为状态量，并将由北斗接收机提供的用户位置和速度的最优估计结果 $\hat{\boldsymbol{P}}_{\mathrm{G}}$ 和 $\hat{\boldsymbol{V}}_{\mathrm{G}}$，以及 SINS 输出的位置 $\boldsymbol{P}_{\mathrm{I}}$ 和速度 $\boldsymbol{V}_{\mathrm{I}}$ 的差值作为量测量，则量测方程为

$$\boldsymbol{Z}_1=\boldsymbol{P}_{\mathrm{I}}-\hat{\boldsymbol{P}}_{\mathrm{G}}=(\boldsymbol{P}+\delta\boldsymbol{P}_{\mathrm{I}})-(\boldsymbol{P}+\delta\boldsymbol{P}_{\mathrm{G}})=\delta\boldsymbol{P}_{\mathrm{I}}-\delta\boldsymbol{P}_{\mathrm{G}} \tag{11.66}$$

$$\boldsymbol{Z}_2=\boldsymbol{V}_{\mathrm{I}}-\hat{\boldsymbol{V}}_{\mathrm{G}}=(\boldsymbol{V}+\delta\boldsymbol{V}_{\mathrm{I}})-(\boldsymbol{V}+\delta\boldsymbol{V}_{\mathrm{G}})=\delta\boldsymbol{V}_{\mathrm{I}}-\delta\boldsymbol{V}_{\mathrm{G}} \tag{11.67}$$

由式(11.66)和式(11.67)可知，$\delta\boldsymbol{P}_{\mathrm{I}}$ 和 $\delta\boldsymbol{V}_{\mathrm{I}}$ 为松组合导航滤波器的状态量，$\delta\boldsymbol{P}_{\mathrm{G}}$ 和 $\delta\boldsymbol{V}_{\mathrm{G}}$ 为松组合导航滤波器的量测噪声。而由于 $\delta\boldsymbol{P}_{\mathrm{G}}$ 和 $\delta\boldsymbol{V}_{\mathrm{G}}$ 为与时间相关的噪声，则说明松组合导航滤波器的量测噪声是与时间相关的，不满足卡尔曼滤波要求量测噪声为白噪声的条件，这将导致松组合导航滤波器的估计结果并非最优估计结果，进而造成其估计精度显著下降。

2)当导航卫星数少于 4 颗时退化为纯 SINS 解算模式，导航系统性能恶化。

北斗接收机分别利用伪距和伪距率测量值进行位置和速度的解算。以北斗定位为例进行说明。北斗定位、定时算法的本质是求解以下四元非线性方程组：

$$\left.\begin{array}{c}\sqrt{(x_1-x)^2+(y_1-y)^2+(z_1-z)^2}+\delta t_{\mathrm{u}}=\rho_1\\ \sqrt{(x_2-x)^2+(y_2-y)^2+(z_2-z)^2}+\delta t_{\mathrm{u}}=\rho_2\\ \cdots\cdots\\ \sqrt{(x_n-x)^2+(y_n-y)^2+(z_n-z)^2}+\delta t_{\mathrm{u}}=\rho_n\end{array}\right\} \tag{11.68}$$

式中：ρ_i 为第 i 颗导航卫星的伪距测量值，其中 $i=1,2,\cdots,n$；x_i,y_i,z_i 为第 i 颗导航卫星的位置坐标；x,y,z 为待求的接收机位置坐标；δt_{u} 为待求的接收机钟差。

由式(11.68)可知，待求未知量一共有 4 个，即接收机位置坐标 x,y,z 和接收机钟差 δt_{u}。因此，北斗接收机至少需要 4 颗导航卫星才可以进行定位；同理可知，北斗测速也至少需要 4 颗导航卫星。当导航卫星数少于 4 颗使北斗接收机无法进行定位、测速解算时，接收机无法为组合导航滤波器提供位置和速度信息，松组合模式便退化为纯 SINS 解算模式，整个导航系统性能就会发生恶化。

2. 紧组合模式特点

(1)紧组合模式的优点。

1)避免了级联滤波问题,组合导航精度显著提高。与松组合模式的结构不同,紧组合模式中不再存在级联滤波结构。图 11.4 为紧组合模式中组合导航滤波器的结构。

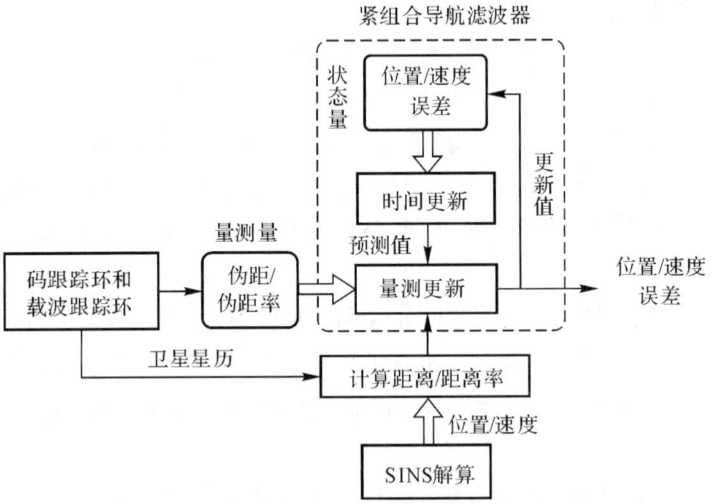

图 11.4　紧组合模式中组合导航滤波器结构

可以看出,紧组合导航滤波器仍然以 SINS 的位置误差 $\delta \boldsymbol{P}_{\mathrm{I}}$ 和速度误差 $\delta \boldsymbol{V}_{\mathrm{I}}$ 作为状态量。但与松组合模式不同的是,紧组合导航滤波器直接将码跟踪环和载波跟踪环输出的伪距/伪距率作为量测信息,则量测方程为

$$\boldsymbol{Z}_1=\rho_{\mathrm{I}}-\rho_{\mathrm{G}}=\boldsymbol{L}_i\cdot\delta \boldsymbol{P}_{\mathrm{I}}-\delta t_{\mathrm{u}}+\delta\rho_i \tag{11.69}$$

$$\boldsymbol{Z}_2=\dot{\rho}_{\mathrm{I}}-\dot{\rho}_{\mathrm{G}}=\boldsymbol{L}_i\cdot\delta \boldsymbol{V}_{\mathrm{I}}-\delta f_{\mathrm{u}}+\delta\dot{\rho}_i \tag{11.70}$$

式中:ρ_{I} 和 $\dot{\rho}_{\mathrm{I}}$ 为 SINS 推算的接收机至卫星的伪距和伪距率;ρ_{G} 和 $\dot{\rho}_{\mathrm{G}}$ 为接收机测量得到的伪距和伪距率;$\boldsymbol{L}_i$ 为接收机至卫星的单位视线矢量;δt_{u} 和 δf_{u} 为接收机的钟差和钟漂;$\delta\rho_i$ 和 $\delta\dot{\rho}_i$ 为伪距和伪距率的测量随机误差。

由式(11.69)和式(11.70)可知,$\delta \boldsymbol{P}_{\mathrm{I}}$、$\delta \boldsymbol{V}_{\mathrm{I}}$、$\delta t_{\mathrm{u}}$、$\delta f_{\mathrm{u}}$ 为紧组合导航滤波器的状态量,而 $\delta\rho_i$ 和 $\delta\dot{\rho}_i$ 为紧组合导航滤波器的量测噪声。由于北斗接收机各跟踪通道之间是相互独立的,因此 $\delta\rho_i$ 和 $\delta\dot{\rho}_i$ 均可视作相互独立的白噪声。可见,SINS/北斗紧组合模式避免了由量测噪声与时间相关而导致的级联滤波问题,从而提高了组合导航的精度。

2)当导航卫星数少于 4 颗而北斗接收机无法进行定位、测速解算时,紧组合模式仍可以将北斗接收机输出的伪距、伪距率测量值输入至组合导航滤波器中,估计并校正 SINS 误差,从而使 SINS 能够保持较高的导航精度。

可见,紧组合模式比松组合模式具有更高的组合导航精度和更强的鲁棒性。

(2)紧组合模式的缺点。由于紧组合模式需要利用北斗接收机输出的伪距和伪距率进行组合导航,但在实际中并非所有接收机都可以输出伪距和伪距率测量值,所以紧组合模式对接收机具有一定的要求,其工程实现难度较松组合模式而言更大一些。

11.2.4 仿真实例

在相同的初始条件下，分别采用 SINS/北斗松组合和紧组合模式对 SINS 的导航结果进行校正。飞机初始位置为东经 116°，北纬 40°，海拔高度 1 000 m；导航坐标系为当地地理坐标系，飞行过程为 300 s；陀螺仪的常值漂移为 0.1°/h，白噪声标准差为 0.01°/h；加速度计的常值零偏为 1 mg，白噪声标准差为 0.1 mg；伪距、伪距率的白噪声标准差分别为 20 m 和 0.03 m/s。为了对松、紧两种组合模式在可用卫星数目不足情况下的性能进行对比，假设在 90～140 s 期间，北斗可用卫星数目减小为 2 颗，随后恢复成 4 颗。

图 11.5 和图 11.6 分别为松组合与紧组合的位置误差曲线。图 11.7 和图 11.8 分别为松组合与紧组合的速度误差曲线。

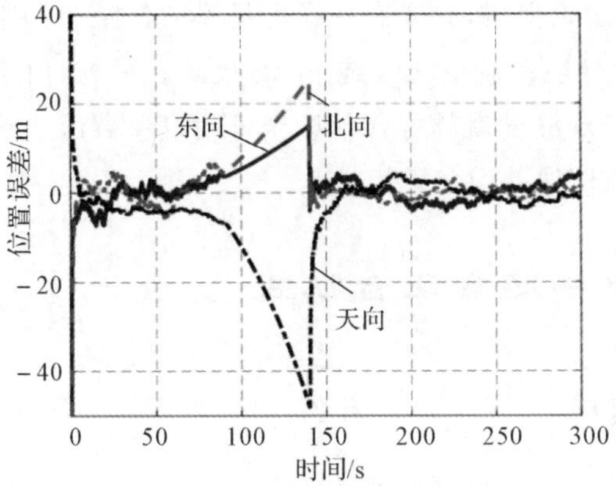

图 11.5　松组合位置误差

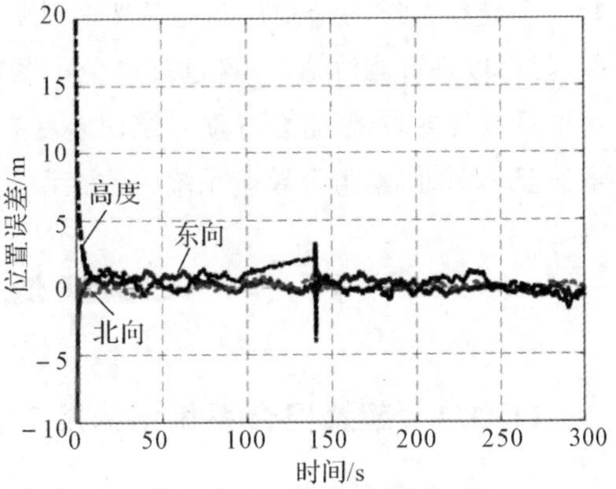

图 11.6　紧组合位置误差

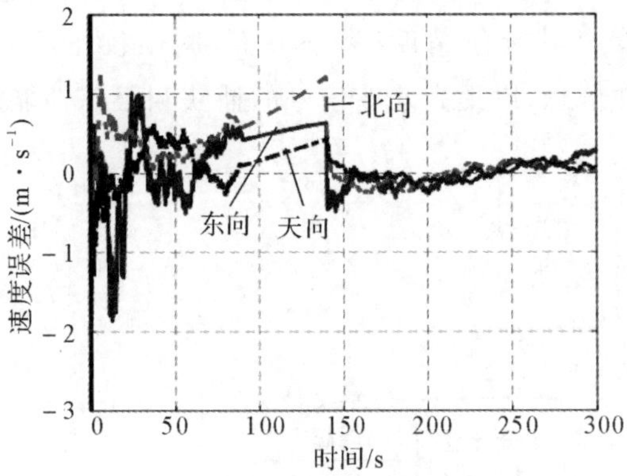

图 11.7　松组合速度误差

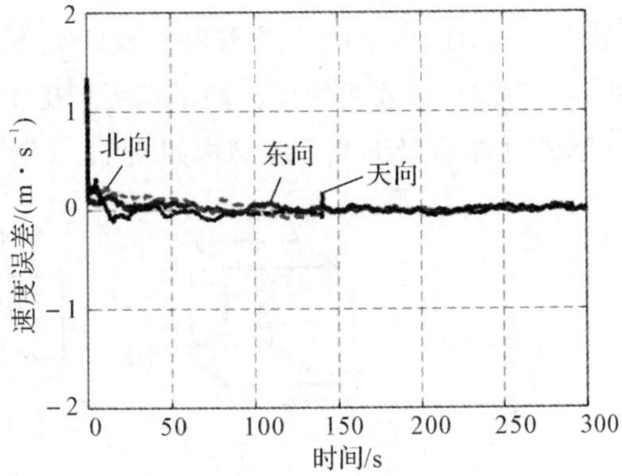

图 11.8　紧组合速度误差

由图 11.5 和图 11.7 可以看出，松组合导航系统在可用卫星数不足期间，位置误差和速度误差会持续发散，直至可用卫星数目恢复 4 颗后，导航误差才变小；而由图 11.6 和图 11.8 可知，紧组合导航系统在可用卫星数不足时，也可以维持导航系统的性能，导航误差比松组合小得多。

表 11.1 为可用卫星数目不足的情况下，松/紧组合导航误差统计结果。

表 11.1 可用卫星数目不足情况下，松/紧组合导航误差统计结果

误差类型	可用卫星数为 2 颗		可用卫星数为 3 颗	
	松组合	紧组合	松组合	紧组合
位置误差均值/m	5.43	0.68	5.43	0.42
位置误差标准差/m	3.34	0.93	3.34	0.71
速度误差均值/(m·s^{-1})	0.37	0.03	0.37	0.02
速度误差标准差/(m·s^{-1})	0.36	0.06	0.36	0.04

当北斗可用卫星数不足 4 颗时，由于北斗接收机无法解算出位置和速度信息，所以，这时的松组合导航系统就退化为纯 SINS 模式，使得组合导航误差随时间累积而逐渐发散；而紧组合导航系统的量测信息是伪距和伪距率，理论上讲，只要有一颗可见星的伪距和伪距率，就可以进行滤波估计，这也就避免了紧组合导航系统退化为纯 SINS 模式。另外，由于可见星数目越多，紧组合导航系统误差状态的可观测度就越好，所以，当可用卫星数由 2 颗增加至 3 颗时，紧组合导航系统的位置误差和速度误差均会显著减小。

11.3 捷联惯性/北斗超紧组合模式

11.3.1 超紧组合系统结构及工作原理

松组合和紧组合模式的实质均为北斗接收机对 SINS 的辅助，而缺少 SINS 对北斗接收机的辅助。当组合系统中北斗接收机的捕获、跟踪性能下降时，会影响 SINS/北斗组合导航系统的性能。而 SINS/北斗超紧组合模式则是对 SINS 和北斗接收机进行更深层次的信息融合：一方面，为 SINS 提供误差校正信息以提高其导航精度；另一方面，利用校正后的 SINS 为北斗接收机的捕获和跟踪环节提供辅助信息，以提高北斗信号的捕获和跟踪性能。SINS/北斗超紧组合系统结构如图 11.9 所示。

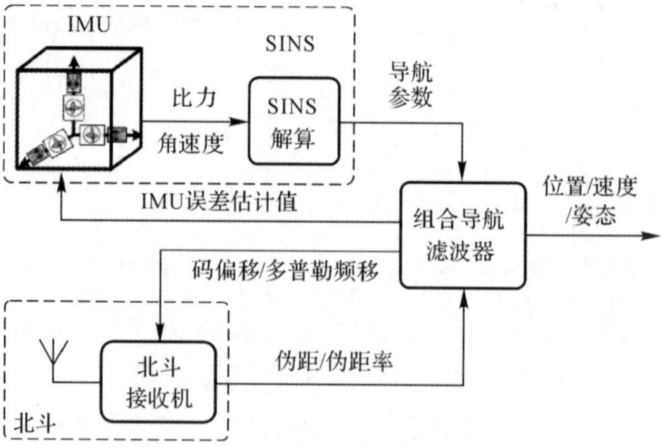

图 11.9 SINS/北斗超紧组合系统结构

SINS/北斗超紧组合导航系统中 SINS 和北斗接收机相互辅助的优势如图 11.10 所示。可以看出,SINS/北斗超紧组合导航系统实现了 SINS 和北斗接收机之间的相互辅助,既可以实现对 SINS 误差的校正,又增强了北斗信号的捕获和跟踪性能。其优势具体表现如下:

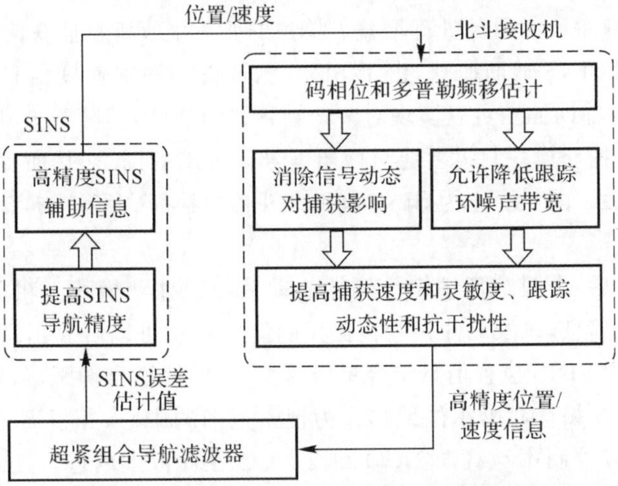

图 11.10　SINS 和北斗接收机相互辅助的优势

(1)利用 SINS 辅助信息可以实现对码偏移和多普勒频移的补偿,消除绝大部分信号动态变化对捕获的影响,以便进行更长时间的相关累积来提高信号处理增益,从而提高信号捕获的快速性、灵敏度和可靠性,有效地解决高动态和弱信号对传统北斗信号捕获算法的要求相互矛盾的问题。

(2)SINS 的辅助反馈中包含的载体动态信息,不仅可以减小北斗接收机码环和载波环所跟踪载体的动态,从而增大码环和载波环的等效带宽,提高整个系统在高动态环境下的动态跟踪性能,还可以降低环路滤波器的实际带宽,达到抑制热噪声和干扰的目的。这就有效地解决了传统跟踪环设计中存在的动态跟踪性能与抗干扰能力之间的矛盾。

(3)SINS/北斗超紧组合模式不仅对多路径效应有较好的抑制作用,而且在高动态和强干扰条件下性能优异。

(4)SINS/北斗超紧组合模式使得较低精度等级的惯性测量单元与北斗接收机的组合应用成为可能。

(5)在存在人为或无意干扰的情况下,SINS/北斗超紧组合系统仍可以输出可靠的导航结果。

11.3.2　SINS 辅助北斗信号捕获方法

SINS 辅助北斗信号捕获是 SINS/北斗超紧组合导航系统的关键技术之一。利用 SINS 提供的速度和位置辅助信息,可以实现对北斗信号多普勒频移和码偏移的补偿,消除绝大部分信号动态变化对捕获的影响,从而提高信号捕获的快速性、灵敏度和可靠性。下面主要介绍在高动态和微弱信号环境中,利用 SINS 位置和速度信息辅助北斗信号码相位和载波频率捕获的方法。

1. SINS 辅助北斗信号捕获方案

高动态和弱信号对北斗信号捕获的要求相矛盾。在高动态条件下，为了减小大的多普勒频移对相关能量的衰减，要求相关累积时间尽量短；而为了捕获弱信号，则必须进行长时间的相关累积，以获得所需要的处理增益。单独的北斗接收机在捕获信号时，很难兼顾这两方面要求。而利用 SINS 辅助捕获，由于 SINS 测量得到的加速度信息不存在误差累积效应，所以利用 SINS 辅助捕获可以实现对多普勒频移的补偿，消除绝大部分信号动态变化对捕获的影响。这样捕获模块只需要应对微弱信号所带来的困难，从而提高信号捕获的快速性、灵敏度和可靠性。图 11.11 为 SINS 辅助北斗信号捕获方案结构，该方案由粗捕获和精捕获模块构成。

北斗信号失锁后，由跟踪环锁定检测器启动信号粗捕获模块。粗捕获模块根据 SINS 提供的速度和位置信息，以及北斗接收机提供的星历信息可以解算出载体和卫星之间的载波多普勒频移；利用 SINS 位置信息结合星历信息，可以计算出伪距，从而得到码相位偏移。将估计的载波多普勒频移和码相位偏移作为搜索范围的中心，并根据 SINS 信息的不确定性设定搜索边界，以控制本地载波 NCO 和码 NCO 在此范围内进行搜索，从而可以大大减小载波频率和码相位这两个维度的搜索范围，避免将大量时间浪费在无信号区域的搜索，以提高信号捕获的速度。另外，为了克服传统非相干累积算法的二次方损耗，增加处理增益，粗捕获模块采用差分相干对信号进行累积。获得所有频率和码相位搜索点对应的相关结果后，取最大幅值所对应的载波频率和码相位作为初次捕获结果，进而利用差分相干累积值对初次捕获结果进行首次频率修正，完成粗捕获过程，并将结果送给精捕获模块。

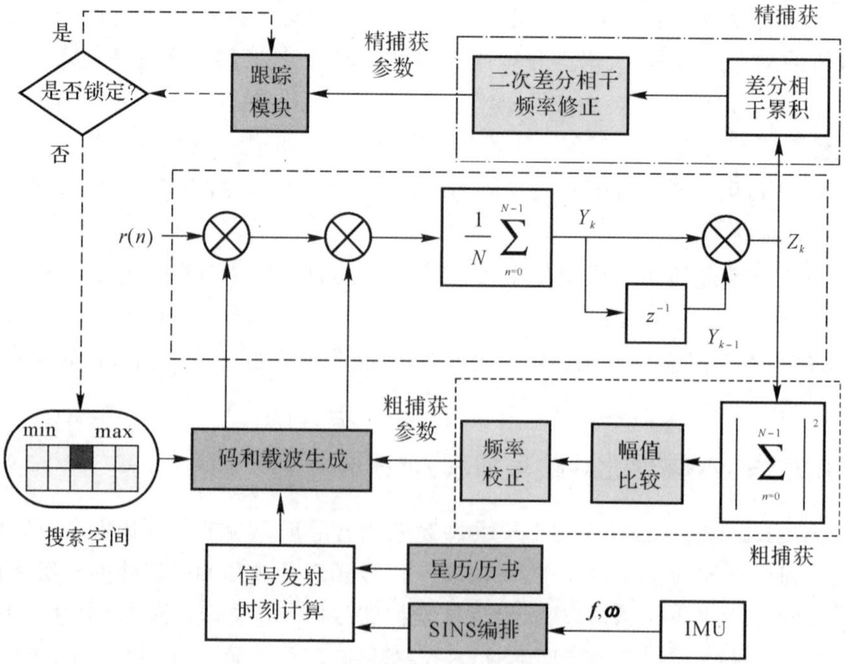

图 11.11　SINS 辅助北斗信号捕获方案结构

为了提高精捕获参数落在捕获带内的置信水平，采用基于二次差分相干频率修正的精捕获策略。由于粗捕获模块输出的码相位估计值通常可以满足跟踪环初始化要求，所以在精捕获模块无须对码相位进行细化。在搜索多普勒频移时，采用比粗捕获更小的频率步进、更长的相干累积时间，在 SINS 预测的多普勒频点附近进行差分相干累积，继而进行二次差分相干频率修正，得到分辨率较高的多普勒频移结果，并将该结果传送给后续的跟踪模块，至此完成整个快速捕获过程。

整个捕获过程由跟踪环锁定检测器控制，若锁定检测器指示跟踪环失锁，则返回捕获环节，直至跟踪环稳定。

2. SINS 辅助北斗信号捕获实现方法

(1)粗捕获。相干累积时间受导航数据位翻转、频率步进、多普勒频移变化率以及接收机晶振不稳定的限制，而非相干累积又存在严重的二次方损耗，差分相干累积则既没有相干累积所受到的限制，又能够在弱信号条件下获得较非相干累积更高的处理增益。因此，基于差分相干累积设计 SINS 辅助北斗信号粗捕获算法。

在 SINS 辅助北斗信号捕获中，可以确定视线内所需捕获的卫星号，因而无须对视线外的卫星号进行搜索。这样，SINS 辅助北斗信号捕获与冷启动情况不同，此时捕获下降为对载波多普勒频移和码相位这两个维度的搜索。

在捕获过程中，本地产生的载波信号为

$$S_1(t_n)=\exp\{-\mathrm{j}2\pi[f_{\mathrm{IF}}+\hat{f}_{\mathrm{d,k}}(t_n)]t_n\} \tag{11.71}$$

式中：$t_n=t_0+nT_s$，t_0 为累积的初始时刻，n 为采样点序号；T_s 为采样时间间隔，多普勒频移由 SINS 预测得到

$$\hat{f}_{\mathrm{d,0}}=\frac{1}{\lambda_{\mathrm{L}}}(\boldsymbol{V}_{\mathrm{R}}-\boldsymbol{V}_{\mathrm{s}})\cdot\boldsymbol{e} \tag{11.72}$$

式中：λ_{L} 为北斗信号的载波波长；$\boldsymbol{V}_{\mathrm{R}}$ 为接收机天线速度，可以由 SINS 提供；$\boldsymbol{V}_{\mathrm{s}}$ 为卫星速度，可由卫星星历数据计算得到；$\boldsymbol{e}$ 为接收机到卫星的单位视线矢量，可由 SINS 位置和卫星位置计算得到。

设频率搜索空间为$[-f_{\max},+f_{\max}]$，频率步进为 Δf_{d}，则总的搜索频率点数为

$$L=2\left[\frac{f_{\max}}{\Delta f_{\mathrm{d}}}\right] \tag{11.73}$$

式中：$[\cdot]$表示取整运算。本地信号需要搜索的频率点分别为

$$\hat{f}_{\mathrm{d,k}}(t_n)=\hat{f}_{\mathrm{d,0}}(t_n)+k\Delta f_{\mathrm{d}},\quad k=-\frac{L}{2},\cdots,\frac{L}{2} \tag{11.74}$$

本地码信号则由 SINS 预测的视线距离计算得到。设在本地时刻 t_n，SINS 解算的位置为 $P_{\mathrm{I}}(t_n)$，则 t_n 时刻对应的信号发射时刻为

$$t_{\mathrm{tr}}=t_n-t_{\mathrm{p}} \tag{11.75}$$

式中：t_{p} 为信号传播时间，可以利用本地时刻 t_n 的 SINS 位置 $P_{\mathrm{I}}(t_n)$和发射时刻 t_{tr} 的卫星位置 $P_{\mathrm{G}}(t_{\mathrm{tr}})$计算得到，具体计算过程如下：

北斗卫星导航系统的参考坐标系为 CGSC2000 坐标系。由于地球的自转，北斗信号在传播过程中，参考坐标系已经发生了变化，即在发射时刻的地心地固坐标系($\mathrm{ECEF_{tr}}$ 系)和

接收时刻的地心地固坐标系（$ECEF_n$ 系）之间发生了角度的变化，所以信号传播时间的计算是一个循环迭代的过程。

设发射时刻卫星在 $ECEF_{tr}$ 系中的位置为 $\boldsymbol{P}_G(t_{tr})=[X_{tr},Y_{tr},Z_{tr}]^T$，发射时刻卫星位置转换到 $ECEF_n$ 系中为 $\boldsymbol{P}_G'(t_{tr})=[X_n,Y_n,Z_n]^T$，本地时刻 t_n 的 SINS 位置为 $\boldsymbol{P}_I(t_n)=[x,y,z]^T$，则有以下关系式成立：

$$t_p=\frac{R(t_{tr},t_n)}{c}=t_n-t_{tr} \tag{11.76}$$

$$R(t_{tr},t_n)=\sqrt{(X_n-x)^2+(Y_n-y)^2+(Z_n-z)^2} \tag{11.77}$$

$$\begin{bmatrix} X_n \\ Y_n \\ Z_n \end{bmatrix}=\begin{bmatrix} \cos(\omega_{ie}t_p) & \sin(\omega_{ie}t_p) & 0 \\ -\sin(\omega_{ie}t_p) & \cos(\omega_{ie}t_p) & 0 \\ 0 & 0 & 1 \end{bmatrix}\begin{bmatrix} X_{tr} \\ Y_{tr} \\ Z_{tr} \end{bmatrix} \tag{11.78}$$

式中：ω_{ie} 为地球自转角速率；c 为光速；$\omega_{ie}t_p$ 为信号传输过程中地球转过的角度；$R(t_{tr},t_n)$ 为接收机和卫星之间的视线距离。

式(11.78)中发射时刻的卫星位置 $\boldsymbol{P}_G(t_{tr})=[X_{tr},Y_{tr},Z_{tr}]^T$ 可通过卫星星历计算得到。根据式(11.76)～式(11.78)可对信号传播时间进行迭代求解，直至相邻两次的信号传播时间差落入规定的门限范围内。

因此，根据计算所得的信号发射时刻，得到本地码信号为

$$G_{replica}(t_n)=c(t_{tr}-\Delta\tau_k) \tag{11.79}$$

式中：$\Delta\tau_k$ 为搜索范围$[-\tau_{max},+\tau_{max}]$内的码相位搜索点。

对于弱信号捕获，为避免数据调制效应的影响，采用 1 ms 的相干累积操作。设由本地信号和接收信号计算得到的相干累积值为 Y_m，则由相继的 Y_m 得到差分相干累积值为

$$Z_h=\sum_{m=1}^{M}Y_mY_{m-1}^* \tag{11.80}$$

进而对载波多普勒频移和码相位搜索空间的所有差分相干累积值进行幅值比较，其中最大值所对应的 $\hat{f}_{d,0}(t_n)+k\Delta f_d$ 和 $\Delta\tau_k$ 即为初次捕获结果。为方便起见，将得到的 $k\Delta f_d$ 和 $\Delta\tau_k$ 分别记为 $\bar{f}_{d,c1}$ 和 $\Delta\bar{\tau}_{c1}$。

由 SINS 得到的加速度信息不存在误差累积效应，在较短的相干累积时间段内，可认为 SINS 预测的多普勒频移信息 $\hat{f}_{d,0}(t_n)$ 不受多普勒频移估计误差的影响。设由粗捕获的频率分辨率不足导致的对 $\bar{f}_{d,c1}$ 的估计误差为 $\delta\bar{f}_{d,c1}$，则 $\bar{f}_{d,c1}$ 对应的差分相干累积值可重新表示为

$$Z_{c1}=AR(\delta\tau)\cdot\mathrm{sinc}^2(\pi\delta\bar{f}_{d,c1}T_{coh})\cdot\exp(2\pi\delta\bar{f}_{d,c1}T_{coh}) \tag{11.81}$$

式中：T_{coh} 表示相干累积时间。

当相干累积时间为 1 ms 时，可能出现的导航数据位翻转对 Z_{c1} 的影响较小，不会明显改变式(11.81)的表达形式。因此，由式(11.81)可知，差分相干累积值 Z_{c1} 的相角是频率估计残差 $\delta\bar{f}_{d,c1}$ 的函数，则可根据式(11.81)对 $\bar{f}_{d,c1}$ 进行频率修正，得到粗捕获模块的多普勒频移估计值为

$$\bar{f}_{\mathrm{d,c2}}=\bar{f}_{\mathrm{d,c1}}-\frac{\arg(Z_{\mathrm{c1}})}{2\pi T_{\mathrm{coh}}} \tag{11.82}$$

最后，将所得到的多普勒频移估计值 $\bar{f}_{\mathrm{d,c2}}$ 和码相位估计值 $\Delta\bar{\tau}_{\mathrm{c1}}$ 传递给精捕获模块，完成信号的粗捕获。

可以看出，这种 SINS 辅助北斗信号粗捕获方法实质上包含了位置辅助、速度辅助和加速度辅助。位置辅助用于减小码相位搜索的不确定范围；速度辅助用于减小载波多普勒频移搜索的不确定范围以及码多普勒频移对相关能量的衰减；而加速度辅助则用于减小载波多普勒频移变化对相关能量的衰减。

(2)精捕获。由于粗捕获的频率分辨率通常为几百赫兹，所以粗捕获过程只能提供对载波频率的粗略估计。可见，在激活载波跟踪模块之前，有必要通过精捕获来改善频率估计精度，以使捕获得到的载波频率落入载波跟踪环的捕获带内。捕获带表征了载波锁相(PLL)能够进入锁定状态、允许本地载波频率偏离接收信号频率的最大频差，其表达式为

$$\Delta\omega_{1}\approx 2\zeta\omega_{\mathrm{n}}=\frac{16\zeta^{2}B_{\mathrm{L}}}{4\zeta^{2}+1} \tag{11.83}$$

式中：B_{L} 为载波锁相环带宽；ω_{n} 为自然振荡频率；ζ 为阻尼系数，通常取 0.707。可以看出，跟踪环的带宽越窄，对捕获的精度要求就越高。SINS/北斗超紧组合系统中载波锁相环的典型带宽为 3 Hz，对应的捕获带仅有 8 Hz。

考虑到在弱信号条件下跟踪环对捕获的精度要求较高，相应地必须要有足够的信号累积增益来达到所需要的精度，因此应该选择延长相干累积时间以提高差分相干累积的处理增益。可见，精捕获所采用的相干累积时间应该大于粗捕获过程。另外，为了得到更高精度的多普勒频移估计值，精捕获的频率步进还应该小于粗捕获过程。

设精捕获的频率搜索点 $\Delta f_{\mathrm{d,e}}$ 对应的相干累积值为

$$Y_{\mathrm{e},k}=\sum_{n=0}^{20N_{\mathrm{s}}} r(t_{n})\cdot\exp[-\mathrm{j}2\pi(f_{\mathrm{IF}}+\hat{f}_{\mathrm{d,0}}(t_{n})+\bar{f}_{\mathrm{d,c2}}+\Delta f_{\mathrm{d,e}})t_{n}]\cdot c(t_{\mathrm{tr}}-\Delta\bar{\tau}_{\mathrm{c1}}) \tag{11.84}$$

式中：N_{s} 为 1 个伪码周期的采样点数。

假设 $\Delta f_{\mathrm{d,e}}$ 对应的频率误差为 $\delta f_{\mathrm{d,e}}$，则有

$$Y_{\mathrm{e},k}=AR(\delta\tau)\cdot\mathrm{sinc}(\pi\delta f_{\mathrm{d,e}}T_{\mathrm{D}})\exp[\mathrm{j}(\theta_{0}+2\pi\delta f_{\mathrm{d,e}}kT_{\mathrm{D}})] \tag{11.85}$$

式中：T_{D} 为精捕获采用的相干累积时间，其大小应大于粗捕获采用的相干累积时间 T_{coh}；$\delta\tau$ 为码相位估计误差，由于粗捕获的码相位估计精度较高，所以 $\delta\tau$ 一般较小；θ_{0} 为累积开始时刻的载波相位。

进一步，可以得到差分乘积项为

$$Z_{\mathrm{e},k}=Y_{\mathrm{e},k}Y_{\mathrm{e},k-1}^{*}=A^{2}R(\delta\tau)\cdot\mathrm{sinc}^{2}(\pi\delta f_{\mathrm{d,e}}T_{\mathrm{D}})\exp[\mathrm{j}2\pi\delta f_{\mathrm{d,e}}T_{\mathrm{D}}] \tag{11.86}$$

式(11.86)表明，差分相干累积值 $Z_{\mathrm{e},k}$ 的相角是频率误差 $\delta f_{\mathrm{d,e}}$ 的函数。因此，可以根据式(11.86)对频率搜索点 $\Delta f_{\mathrm{d,e}}$ 进行二次差分相干频率修正，即

$$\Delta\bar{f}_{\mathrm{d,e}}=\Delta f_{\mathrm{d,e}}-\frac{\arg(Z_{\mathrm{e},k})}{2\pi T_{\mathrm{D}}} \tag{11.87}$$

则精捕获得到的最终载波多普勒频移为

$$\bar{f}_{\mathrm{dopp}}=\hat{f}_{\mathrm{d},0}(t_{\mathrm{n}})+\bar{f}_{\mathrm{d},\mathrm{c2}}+\Delta\bar{f}_{\mathrm{d},\mathrm{e}} \tag{11.88}$$

式中：$\hat{f}_{\mathrm{d},0}(t_{\mathrm{n}})$为由 SINS 预测的多普勒频移；$\bar{f}_{\mathrm{d},\mathrm{c2}}$ 为粗捕获模块提供的多普勒频移估计值。

11.3.3 SINS 辅助北斗信号跟踪方法

SINS 辅助北斗信号跟踪是 SINS/北斗超紧组合导航系统的核心环节。利用 SINS 提供的速度信息辅助载波环和码环，不仅可以提高北斗接收机对信号的动态跟踪性能，还能减小信号跟踪环路的带宽，以达到抑制噪声和信号干扰的目的，从而增强接收机在高动态、强干扰等恶劣环境中的鲁棒性。

1. SINS 辅助载波环跟踪方法

在高动态环境中，载体动态会使北斗信号产生较大的多普勒频移。当多普勒频移足够大时，接收机的载波跟踪环路便无法保持锁定，致使载波跟踪环路失锁。由于载波跟踪环路可以提供精确的伪距率测量信息，因此，当载波跟踪环路失锁后，接收机就无法解算得到与伪距率相对应的速度信息。另外，载波跟踪环路失锁还会使本地载波无法准确跟踪输入信号的载波频率，从而无法为码环的输入信号剥离载波，致使导航电文数据无法恢复，最终导致北斗接收机难以独立获得导航参数。因此，为了保证 SINS/北斗组合导航系统的可靠性，SINS/北斗超紧组合通过引入 SINS 辅助信息，来提高北斗接收机载波跟踪环路的动态跟踪性能和抗干扰能力。

(1)SINS 辅助 PLL 实现方法。载波锁相环(PLL)是北斗接收机的薄弱环节，它受载体动态引起的多普勒频移影响较大。当多普勒频移超出捕获带时，就会导致载波跟踪失锁。而 SINS 速度信息的辅助能够有效地增大环路等效带宽，消除载体动态对 PLL 的影响，从而增强环路的动态跟踪能力，降低环路的失锁概率。除动态性能外，测量误差也是影响 PLL 跟踪性能的重要因素。PLL 的主要误差源是热噪声和动态应力误差。当设置环路带宽时，在抑制热噪声和动态应力误差之间存在矛盾，减小环路带宽会降低热噪声，但同时也会导致动态应力误差增大。而加入 SINS 辅助信息则可有效地解决上述矛盾，一方面，SINS 辅助信息的引入能够增加环路等效带宽，从而降低动态应力误差；另一方面，在保证 PLL 动态跟踪范围的同时，能够降低 PLL 中环路滤波器的实际带宽，从而达到抑制热噪声的目的。

SINS/北斗超紧组合导航系统中的 SINS 辅助 PLL 结构如图 11.12 所示，其中包括信息融合及辅助和载波跟踪两个回路。在信息融合及辅助回路中，组合系统利用组合导航滤波器对 SINS 和北斗接收机的导航信息进行融合，并根据校正后的 SINS 导航参数计算载波多普勒频移。将计算得到的载波多普勒频移与组合导航滤波器估计得到的振荡器频率偏差作和，作为 PLL 辅助信息，以增大环路等效带宽，去除载体动态对 PLL 的影响；而在载波跟踪回路中，数控振荡器(NCO)根据环路滤波器的输出和 SINS 辅助频率，调节本地载波频率，使 PLL 只需跟踪剩余的频率辅助误差。另外，PLL 通过降低环路滤波器带宽以抑制环路噪声，从而提高跟踪精度。

在 SINS/北斗超紧组合导航系统开始工作后，由于 SINS 具有一定的误差，需要先利用北斗接收机的输出信息来校正 SINS 误差，而当 SINS 的导航参数达到一定精度时，才能为北斗接收机的 PLL 提供频率辅助。在载波跟踪环路中，常规 PLL 与超紧组合 PLL 之间的切换可以通过转换开关来实现。当组合系统能够得到精确可靠的多普勒频移和接收机的钟频误差估计信息时，跟踪环路就可以从常规的环路滤波器支路切换到超紧组合支路。超紧组合支路中包含外部辅助信息以及新的环路滤波器。外部辅助信息包括多普勒频移和接收机的钟频误差估计信息，而新的环路滤波器则根据 PLL 的跟踪需求设置相应的带宽。

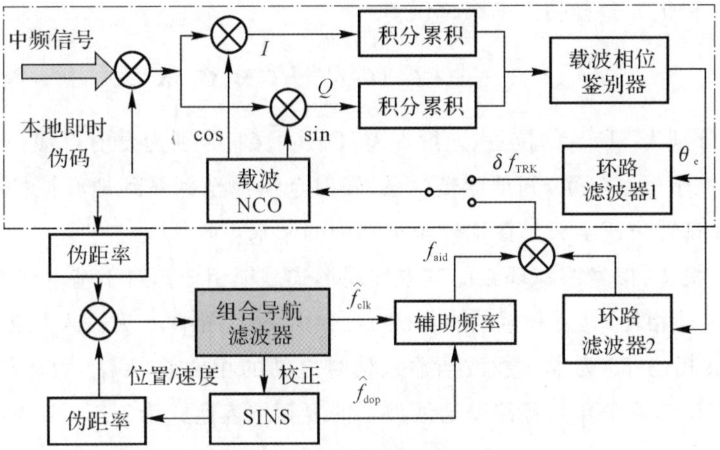

图 11.12　SINS 辅助 PLL 结构

(2)PLL 误差分析与处理。如图 11.13 所示，SINS 速度辅助信息的引入会导致载波环的相位误差、频率误差等量测信息与 SINS 误差状态相关。如果忽略了量测信息与状态变量之间的这种相关性，将可能导致系统不稳定。因此，为消除这种相关性，需要对 PLL 跟踪误差进行建模，将 PLL 相位和频率误差扩充为状态变量，进而利用组合导航滤波器对其进行估计。

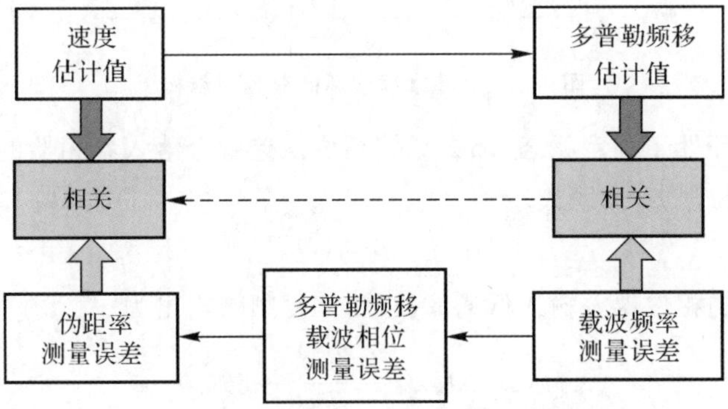

图 11.13　载波环量测信息与 SINS 辅助信息之间的关系

设第 i 颗卫星在地心地固坐标系(e 系)中的位置、速度分别为 $\boldsymbol{X}_s^e$、$\boldsymbol{V}_s^e$，接收机的位置、速度分别为 $\boldsymbol{X}_r^e$、$\boldsymbol{V}_r^e$，$\boldsymbol{L}_i$ 为卫星和接收机视线方向上的单位矢量，则 SINS 辅助速度为

$$\boldsymbol{V}_{\text{aid}}=\frac{(\boldsymbol{X}_s^e-\boldsymbol{X}_r^e)(\boldsymbol{V}_s^e-\boldsymbol{V}_r^e)}{\|\boldsymbol{X}_s^e-\boldsymbol{X}_r^e\|}=(\boldsymbol{V}_s^e-\boldsymbol{V}_r^e)\cdot\boldsymbol{L}_i \tag{11.89}$$

由此，可以得到 SINS 对 PLL 的多普勒辅助频率为

$$f_{\mathrm{aid}}=-\frac{f_{\mathrm{carr}}}{c}\cdot \boldsymbol{V}_{\mathrm{aid}}=-\frac{f_{\mathrm{carr}}}{c}(\boldsymbol{V}_{\mathrm{s}}^{\mathrm{e}}-\boldsymbol{V}_{\mathrm{r}}^{\mathrm{e}})\cdot \boldsymbol{L}_i \tag{11.90}$$

式中：f_{carr} 为北斗信号的载波频率。

以发射点惯性系(li 系)为导航坐标系，则由 SINS 误差引起的速度辅助误差可表示为

$$\delta \boldsymbol{V}_{\mathrm{aid}}=\delta \boldsymbol{V}^{\mathrm{e}}\cdot \boldsymbol{L}_i=\boldsymbol{L}_i^{\mathrm{T}}(\boldsymbol{C}_{\mathrm{li}}^{\mathrm{e}}\delta \boldsymbol{V}^{\mathrm{li}}-\boldsymbol{C}_{\mathrm{i}}^{\mathrm{e}}\boldsymbol{W}_{\mathrm{e}}\boldsymbol{C}_{\mathrm{li}}^{\mathrm{i}}\delta \boldsymbol{X}^{\mathrm{li}}) \tag{11.91}$$

将速度辅助误差转化为多普勒辅助频率误差：

$$\delta f_{\mathrm{aid}}=-\frac{f_{\mathrm{carr}}}{c}\cdot \boldsymbol{L}_i^{\mathrm{T}}(\boldsymbol{C}_{\mathrm{li}}^{\mathrm{e}}\delta \boldsymbol{V}^{\mathrm{li}}-\boldsymbol{C}_{\mathrm{i}}^{\mathrm{e}}\boldsymbol{W}_{\mathrm{e}}\boldsymbol{C}_{\mathrm{li}}^{\mathrm{i}}\delta \boldsymbol{X}^{\mathrm{li}}) \tag{11.92}$$

式中：$\delta \boldsymbol{X}^{\mathrm{li}}$、$\delta \boldsymbol{V}^{\mathrm{li}}$ 分别为 SINS 的位置、速度误差；$\boldsymbol{C}_{\mathrm{li}}^{\mathrm{e}}$、$\boldsymbol{C}_{\mathrm{i}}^{\mathrm{e}}$、$\boldsymbol{C}_{\mathrm{li}}^{\mathrm{i}}$ 分别为发射点惯性坐标系到地球坐标系、地心惯性坐标系(i 系)到地球坐标系、发射点惯性坐标系到地心惯性坐标系的转换矩阵；$\boldsymbol{W}_{\mathrm{e}}$ 为地球自转角速度矢量在地球坐标系中的叉乘矩阵。

在北斗接收机中，信号跟踪环路的基本实现形式是锁相环。对于基本载波环而言，通常选取二阶 Costas 锁相环，其复频域结构如图 11.14 所示。图中，θ 为输入北斗信号的载波相位，$\hat{\theta}$ 为本地载波相位，$\delta\theta$ 为本地载波与输入信号之间的相位差，K_{PLL} 为环路增益(包括鉴相器增益和数控振荡器增益)，环路低通滤波器的复频域表达式为

$$F(s)=\frac{T_2 s+1}{T_1 s} \tag{11.93}$$

式中：T_1、T_2 为环路滤波器参数。

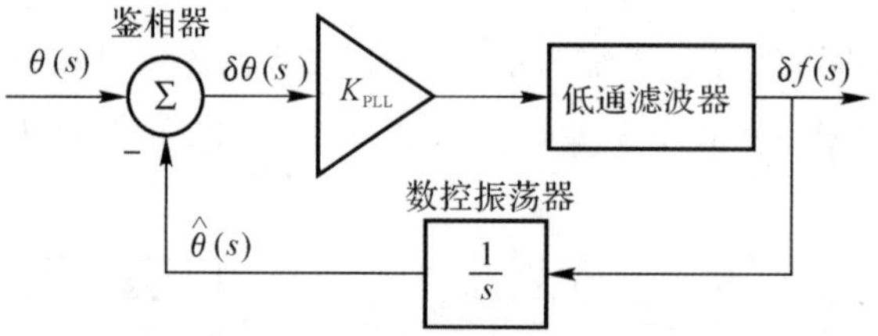

图 11.14 基本载波环的复频域结构

假设载波锁相环处于锁定状态，那么载波相位误差就会落入鉴相器的线性工作区间内，则鉴相器输出的相位误差 $\delta\theta$ 可表示为

$$\delta\theta(s)=\theta(s)-\hat{\theta}(s) \tag{11.94}$$

将鉴相器输出的相位误差输入低通滤波器，其复频域输出为

$$\delta f(s)=K_{\mathrm{PLL}}\frac{2\pi T_2 s+1}{T_1 s}\delta\theta(s) \tag{11.95}$$

将复频域输出表达式(11.95)转化为时域形式，则有

$$\delta \dot{f}=K_{\mathrm{PLL}}\frac{2\pi T_2 \delta\dot{\theta}+\delta\theta}{T_1} \tag{11.96}$$

将环路低通滤波器输出的频率跟踪误差 δf 输入到载波 NCO 中，载波 NCO 便会对载波基准频率 f_0 进行相应的调整，并对其进行积分，即可得到本地载波相位 $\hat{\theta}$。其实现过程可简化为

$$\hat{\theta}=\int 2\pi(f_0+\delta f)\mathrm{d}t=\int 2\pi\hat{f}\,\mathrm{d}t \tag{11.97}$$

在载波环中引入 SINS 频率辅助信息后，其结构如图 11.15 所示。

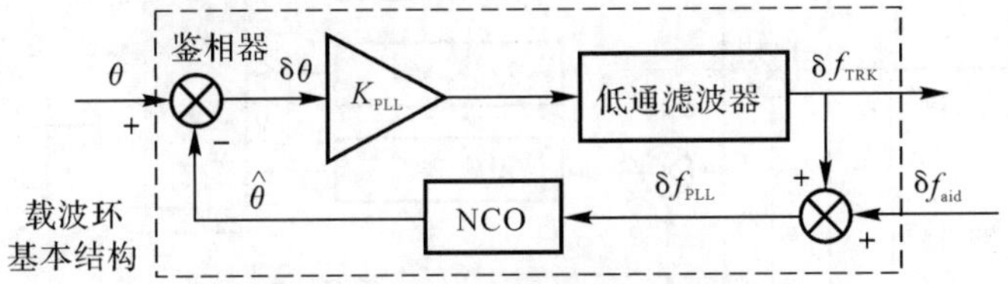

图 11.15　SINS 辅助载波环的结构

在基本的载波跟踪环中，频率跟踪误差就是环路滤波器的输出值；而在引入 SINS 辅助信息的载波环中，PLL 频率误差 δf_{PLL} 则为环路滤波器的输出 δf_{TRK} 与 SINS 辅助频率误差 δf_{aid} 之和，即就是

$$\delta f_{PLL}=\delta f_{TRK}+\delta f_{aid} \tag{11.98}$$

根据 PLL 相位跟踪误差与频率跟踪误差之间的转换关系，并将基本载波环误差模型表达式(11.96)中的 δf 用 δf_{TRK} 代替，即可得到引入 SINS 辅助信息的载波环跟踪误差方程：

$$\left.\begin{aligned}\delta\dot{\theta}&=2\pi(\delta f_{TRK}+\delta f_{aid})\\ \delta\dot{f}_{TRK}&=\left[2\pi\frac{T_2}{T_1}(\delta f_{TRK}+\delta f_{aid})+\frac{\delta\theta}{T_1}\right]K_{PLL}\end{aligned}\right\} \tag{11.99}$$

这样，将 PLL 跟踪误差 $\delta\theta$、δf_{TRK} 扩充为组合导航滤波器的状态变量，并从伪距率误差中去除 PLL 跟踪误差的影响，以提高量测信息的准确度，从而使组合导航滤波器能够得到更为准确的误差估计信息。可见，PLL 跟踪误差的引入能够提高组合导航滤波器的估计精度。

另外，将组合导航滤波器输出的 PLL 跟踪误差估计值反馈到载波 NCO 中，并对载波频率进行调整，还可以提高 PLL 的跟踪精度。

2. SINS 辅助码环跟踪方法

在北斗接收机中，伪码延迟锁定环(DLL)的作用是跟踪北斗信号中的伪码。对于 DLL 而言，除了生成即时码对输入信号进行码混频外，还可以根据本地伪码的相位参数确定接收机与卫星之间的伪距，用来解算接收机的位置。为了保证组合导航系统的可靠性和稳定性，防止在恶劣环境下载波环工作性能下降对码环造成污染，在 SINS/北斗超紧组合系统中，设计了两条辅助路径为码环提供辅助，这两条路径之间利用转换开关进行切换，判断标准为载波环是否失锁。如果载波环正常工作，那么利用载波环对码环进行辅助；如果载波环由于干扰或其他原因发生异常甚至失锁，则将载波环对码环的辅助通道断开，利用 SINS 提供的辅助信息去除码环的动态应力。

(1)基于速率辅助的 DLL。在 SINS/北斗超紧组合导航系统中，为了充分利用载波跟踪环路提供的辅助信息，伪码跟踪环路采用了一种 DLL 的扩展结构——基于速率辅助的 DLL。基于速率辅助 DLL 的基本原理是利用噪声量级较低的 PLL 频率估计信息来辅助伪码跟踪环路，其结构如图 11.16 所示。

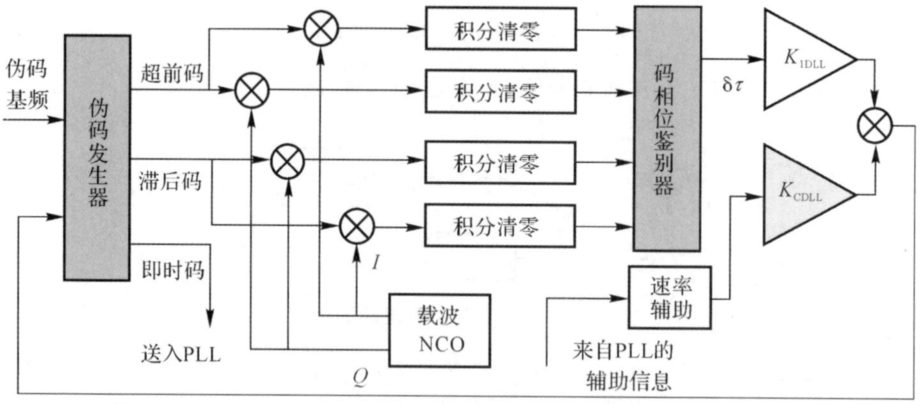

图 11.16　基于速率辅助的 DLL 结构

在伪码跟踪环路中，误差信号是经同相、正交载波信号混频后得到的超前、滞后伪码的归一化功率差，也就是码相位鉴别器输出的码相位误差。DLL 中本地伪码发生器产生的即时码作为 PLL 的输入，用于剥离输入信号中的伪码。PLL 环路滤波器输出的载波辅助频率 f_{PLL} 经过比例因子 K_{CDLL} 的转换后，得到辅助 DLL 的码速率，用于维持 DLL 锁定。与此同时，可以降低 DLL 的环路带宽，从而提高码跟踪环路的抗干扰能力。但是，闭环结构的 DLL 仍需跟踪由载波辅助误差所导致的变化缓慢且不可预测的漂移误差。此外，在北斗信号短暂中断的情况下，只要外部的载波辅助频率没有中断，并且载波跟踪与伪码跟踪没有出现明显的分离，那么基于速率辅助的 DLL 仍能提供有效的即时码。

(2)SINS 辅助 DLL 实现方法。在载体机动及噪声干扰环境中，码跟踪误差是衡量环路抗干扰性能的重要指标。使用标准的超前滞后归一化包络鉴别器作为码跟踪环的鉴相器时，码跟踪误差的容限是正负一个码片。当码跟踪误差超过容限时，鉴相器便无法为环路提供有效的误差鉴别信息，从而导致跟踪环路失锁。因此，减小码跟踪误差将降低环路失锁概率。在高动态、强干扰环境中，SINS/北斗超紧组合导航系统利用北斗接收机校正 SINS 的累积误差，同时利用 SINS 辅助北斗接收机码环，以提高码环的动态跟踪性能与抗干扰能力。

SINS 辅助码环的结构如图 11.17 所示，经组合导航滤波器校正后的 SINS 速度信息(转换成伪距率信息)与码环的环路滤波器输出量相加，形成环路 NCO 的驱动信号，使码环只跟踪剩余的 SINS 辅助误差。

SINS 辅助码环的结构实质上是一个处理接收机信息的低通滤波器与一个处理 SINS 信息的高通滤波器的结合。当码环带宽降低时，受辅助环路的伪距信息主要来自 SINS 辅助速度的积分，同时环路会产生一个伪距估计值 $\hat{\rho}$。在环路增益 K_{DLL} 为零的极限情况下，环路的伪距估计值完全取决于 SINS 辅助信息。在包含组合导航滤波器的辅助环路中，伪距估计值用于闭合码环，同时输入组合导航滤波器中作为量测信息。组合导航滤波器对 SINS 和北斗接收机的伪距信息进行融合后，得到 SINS 的导航误差估计值，并对 SINS 导航参数进行校正。利用校正后的 SINS 速度参数与卫星的位置、速度信息，计算得到卫星和接收机之间的径向速度，从而为码环提供辅助信息。在 SINS 辅助码环结构中存在两个环路：

第一个环路即码环，通过环路增益及噪声带宽闭合；第二个环路即 SINS 辅助环路，通过组合导航滤波器闭合。

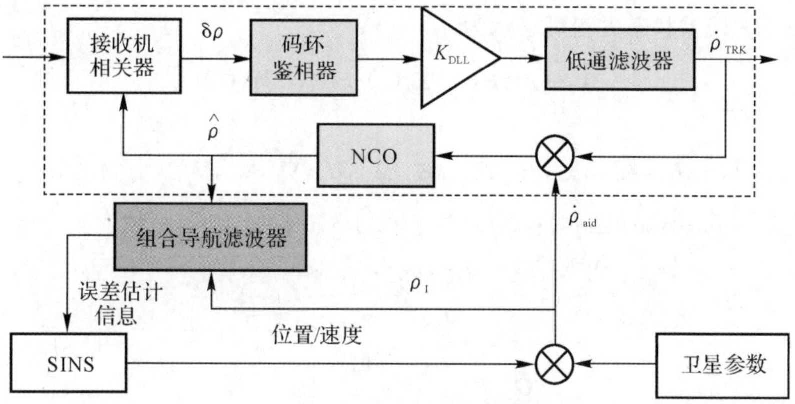

图 11.17　SINS 辅助码环结构

组合导航滤波器适用于处理与状态变量不相关的量测信息。然而，在 SINS 辅助码环跟踪结构中，由于 SINS 辅助速度误差会产生码环跟踪误差，从而导致伪距测量误差和 SINS 速度误差相关，因此组合导航滤波器所处理的是与状态变量相关的量测信息。如果忽略这种相关性，则可能导致系统不稳定。为减小由 SINS 速度辅助误差引起的伪距测量误差，在 SINS/北斗超紧组合导航系统中需要考虑伪距测量误差和 SINS 速度误差之间的相关性，将伪距测量误差（即码环跟踪误差）扩充为状态变量，引入组合导航滤波器中。这样，便可消除伪距测量误差与 SINS 速度误差之间的相关性，有助于提高 SINS 速度辅助信号跟踪的精度，并减小码环跟踪误差，从而避免码环失锁，使组合导航系统能稳定地工作，并提高组合导航系统的导航精度。SINS 辅助一阶码环的结构如图 11.18 所示。

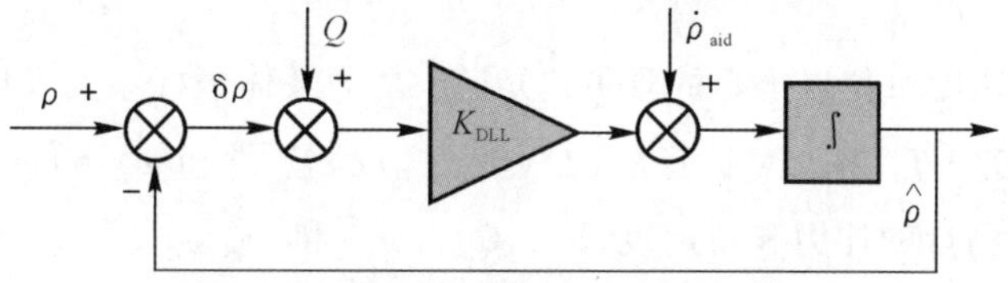

图 11.18　SINS 辅助一阶码环的结构

码环的跟踪误差方程可以表示为

$$\delta\dot{\rho}_{DLL} = -K_{DLL}\delta\rho_{DLL} + \delta V_{aid} + K_{DLL}Q \tag{11.100}$$

式中：$\delta\rho_{DLL}$ 为伪距测量误差；K_{DLL} 为码环增益；Q 为由热噪声及干扰等引起的驱动噪声。

11.3.4　超紧组合系统数学模型

1. 状态方程

SINS/北斗超紧组合系统的状态方程是由 SINS 误差状态方程、北斗接收机误差状态方程、码跟踪环路跟踪误差状态方程以及载波跟踪环路跟踪误差状态方程组成的。下面对这些误差状态方程进行简要说明。

（1）SINS 误差状态方程。SINS 误差状态包括位置误差 δx，δy，δz、速度误差 δv_x，δv_y，

δv_z、平台失准角 ϕ_x,ϕ_y,ϕ_z、加速度计零偏$\nabla_x,\nabla_y,\nabla_z$、加速度计的一次项和二次项误差系数 $k_{a1x},k_{a1y},k_{a1z},k_{a2x},k_{a2y},k_{a2z}$、陀螺仪常值漂移 $\varepsilon_x,\varepsilon_y,\varepsilon_z$ 以及陀螺仪的一次项误差系数 k_{g1x}，k_{g1y},k_{g1z}。SINS 误差状态方程可表示为

$$\dot{\boldsymbol{X}}_{\mathrm{I}}(t)=\boldsymbol{F}_{\mathrm{I}}(t)\boldsymbol{X}_{\mathrm{I}}(t)+\boldsymbol{G}_{\mathrm{I}}(t)\boldsymbol{W}_{\mathrm{I}}(t) \tag{11.101}$$

式中

$$\boldsymbol{X}_{\mathrm{I}}=[\delta x,\delta y,\delta z,\delta v_x,\delta v_y,\delta v_z,\phi_x,\phi_y,\phi_z,\nabla_x,\nabla_y,\nabla_z,k_{a1x},k_{a1y},k_{a1z},$$
$$k_{a2x},k_{a2y},k_{a2z},\varepsilon_x,\varepsilon_y,\varepsilon_z,k_{g1x},k_{g1y},k_{g1z}]^{\mathrm{T}}$$

$$\boldsymbol{W}_{\mathrm{I}}=[w_{ax},w_{ay},w_{az},w_{gx},w_{gy},w_{gz}]^{\mathrm{T}}$$

$$\boldsymbol{G}_{\mathrm{I}}=\begin{bmatrix}\boldsymbol{0}_{3\times3} & \boldsymbol{0}_{3\times3}\\ \boldsymbol{C}_{\mathrm{b}}^{\mathrm{li}} & \boldsymbol{0}_{3\times3}\\ \boldsymbol{0}_{3\times3} & -\boldsymbol{C}_{\mathrm{b}}^{\mathrm{li}}\\ \boldsymbol{0}_{15\times3} & \boldsymbol{0}_{15\times3}\end{bmatrix}_{24\times6}$$

在发射点惯性坐标系(li 系)下，状态矩阵 $\boldsymbol{F}_{\mathrm{I}}(t)$ 的具体形式如下：

$$\boldsymbol{F}_{\mathrm{I}}=\begin{bmatrix}\boldsymbol{0}_{3\times3} & \boldsymbol{I}_{3\times3} & \boldsymbol{0}_{3\times3} & \boldsymbol{0}_{3\times3} & \boldsymbol{0}_{3\times3} & \boldsymbol{0}_{3\times3} & \boldsymbol{0}_{3\times3} & \boldsymbol{0}_{3\times3}\\ \boldsymbol{F}_{\mathrm{g}} & \boldsymbol{0}_{3\times3} & \boldsymbol{B} & \boldsymbol{C}_{\mathrm{b}}^{\mathrm{li}} & \boldsymbol{C}_1 & \boldsymbol{C}_2 & \boldsymbol{0}_{3\times3} & \boldsymbol{0}_{3\times3}\\ \boldsymbol{0}_{3\times3} & \boldsymbol{0}_{3\times3} & \boldsymbol{0}_{3\times3} & \boldsymbol{0}_{3\times3} & \boldsymbol{0}_{3\times3} & \boldsymbol{0}_{3\times3} & -\boldsymbol{C}_{\mathrm{b}}^{\mathrm{li}} & \boldsymbol{C}_3\\ \multicolumn{8}{c}{\boldsymbol{0}_{15\times24}}\end{bmatrix}_{24\times24}$$

$$\boldsymbol{C}_1=\boldsymbol{C}_{\mathrm{b}}^{\mathrm{li}}\begin{bmatrix}f_x & 0 & 0\\ 0 & f_y & 0\\ 0 & 0 & f_z\end{bmatrix},\quad \boldsymbol{C}_2=\boldsymbol{C}_{\mathrm{b}}^{\mathrm{li}}\begin{bmatrix}(f_x)^2 & 0 & 0\\ 0 & (f_y)^2 & 0\\ 0 & 0 & (f_z)^2\end{bmatrix},\quad \boldsymbol{C}_3=-\boldsymbol{C}_{\mathrm{b}}^{\mathrm{li}}\begin{bmatrix}\omega_x & 0 & 0\\ 0 & \omega_y & 0\\ 0 & 0 & \omega_z\end{bmatrix}$$

式中：$\boldsymbol{F}_{\mathrm{g}}$ 为引力加速度对位置坐标的雅可比矩阵；$\boldsymbol{C}_{\mathrm{b}}^{\mathrm{li}}$ 为载体坐标系到发射点惯性坐标系的坐标转换阵；$\boldsymbol{B}$ 为 $\boldsymbol{C}_{\mathrm{b}}^{\mathrm{li}}\cdot\boldsymbol{f}^{\mathrm{b}}$ 的反对称矩阵；$\boldsymbol{f}^{\mathrm{b}}=[f_x,f_y,f_z]^{\mathrm{T}}$ 和 $\boldsymbol{\omega}_{\mathrm{ib}}^{\mathrm{b}}=[\omega_x,\omega_y,\omega_z]^{\mathrm{T}}$ 分别为加速度计和陀螺仪测量的比力和角速度；w_{ax},w_{ay},w_{az} 和 w_{gx},w_{gy},w_{gz} 分别为加速度计和陀螺仪的测量噪声。

(2)北斗接收机误差状态方程。北斗接收机的误差状态通常取两个与时间有关的误差：一个是与时钟误差等效的距离误差 δl_{u}，另一个是与时钟频率误差等效的距离率误差 δl_{ru}，其误差模型表达式为

$$\left.\begin{aligned}\delta\dot{l}_{\mathrm{u}}&=\delta l_{\mathrm{ru}}+w_{\mathrm{u}}\\ \delta\dot{l}_{\mathrm{ru}}&=-\frac{\delta l_{\mathrm{ru}}}{T_{\mathrm{ru}}}+w_{\mathrm{ru}}\end{aligned}\right\} \tag{11.102}$$

式中：T_{ru} 为相关时间；w_{u} 和 w_{ru} 为白噪声。

北斗接收机的误差状态方程可表示为

$$\dot{\boldsymbol{X}}_{\mathrm{G}}(t)=\boldsymbol{F}_{\mathrm{G}}(t)\boldsymbol{X}_{\mathrm{G}}(t)+\boldsymbol{G}_{\mathrm{G}}(t)\boldsymbol{W}_{\mathrm{G}}(t) \tag{11.103}$$

式中

$$\boldsymbol{X}_{\mathrm{G}}=[\delta l_{\mathrm{u}},\delta l_{\mathrm{ru}}]^{\mathrm{T}},\quad \boldsymbol{W}_{\mathrm{G}}=[w_{\mathrm{u}},w_{\mathrm{ru}}]^{\mathrm{T}},\quad \boldsymbol{F}_{\mathrm{G}}=\begin{bmatrix}0 & 1\\ 0 & -\dfrac{1}{T_{\mathrm{ru}}}\end{bmatrix},\quad \boldsymbol{G}_{\mathrm{G}}=\begin{bmatrix}1 & 0\\ 0 & 1\end{bmatrix}$$

(3)码跟踪环路跟踪误差状态方程。以跟踪 4 颗北斗卫星为例，码跟踪环路(DLL)的跟踪误差取 $\boldsymbol{X}_{\mathrm{D}}=[\delta\rho_{\mathrm{DLL1}},\delta\rho_{\mathrm{DLL2}},\delta\rho_{\mathrm{DLL3}},\delta\rho_{\mathrm{DLL4}}]^{\mathrm{T}}$，其中 $\delta\rho_{\mathrm{DLL}i}$ $(i=1,2,3,4)$ 为卫星 i 对应的伪距误差。码跟踪环路的跟踪误差状态方程为

$$\dot{\boldsymbol{X}}_{\mathrm{D}}(t)=\boldsymbol{F}_{\mathrm{D}}(t)\boldsymbol{X}_{\mathrm{D}}(t)+\boldsymbol{G}_{\mathrm{D}}(t)\boldsymbol{W}_{\mathrm{D}}(t) \tag{11.104}$$

式中：$\boldsymbol{W}_{\mathrm{D}}=[Q_1,Q_2,Q_3,Q_4]^{\mathrm{T}}$ 为码跟踪环路的驱动噪声。状态矩阵 $\boldsymbol{F}_{\mathrm{D}}$ 和系统噪声驱动矩阵 $\boldsymbol{G}_{\mathrm{D}}$ 分别为

$$\boldsymbol{F}_{\mathrm{D}}=-\begin{bmatrix}K_{\mathrm{DLL1}} & 0 & 0 & 0\\ 0 & K_{\mathrm{DLL2}} & 0 & 0\\ 0 & 0 & K_{\mathrm{DLL3}} & 0\\ 0 & 0 & 0 & K_{\mathrm{DLL4}}\end{bmatrix},\quad \boldsymbol{G}_{\mathrm{D}}=\begin{bmatrix}K_{\mathrm{DLL1}} & 0 & 0 & 0\\ 0 & K_{\mathrm{DLL2}} & 0 & 0\\ 0 & 0 & K_{\mathrm{DLL3}} & 0\\ 0 & 0 & 0 & K_{\mathrm{DLL4}}\end{bmatrix}$$

$K_{\mathrm{DLL}i}$ 表示 DLL 的环路增益。

(4)载波跟踪环路跟踪误差状态方程。一个通道内载波跟踪环路的跟踪误差状态方程为

$$\begin{bmatrix}\delta\dot{\theta}\\ \delta\dot{f}_{\mathrm{TRK}}\end{bmatrix}_i=\begin{bmatrix}0 & 2\pi\\ \dfrac{K_{\mathrm{PLL}}}{T_1} & \dfrac{2\pi K_{\mathrm{PLL}}T_2}{T_1}\end{bmatrix}\begin{bmatrix}\delta\theta\\ \delta f_{\mathrm{TRK}}\end{bmatrix}_i+\begin{bmatrix}2\pi\\ \dfrac{2\pi K_{\mathrm{PLL}}T_2}{T_1}\end{bmatrix}\delta f_{\mathrm{aid}} \tag{11.105}$$

则将 4 个通道的跟踪误差状态方程合并，可得到载波跟踪环路的跟踪误差状态方程为

$$\dot{\boldsymbol{X}}_{\mathrm{P}}(t)=\boldsymbol{F}_{\mathrm{P}}(t)\boldsymbol{X}_{\mathrm{P}}(t)+\boldsymbol{G}_{\mathrm{P}}(t)\boldsymbol{W}_{\mathrm{P}}(t) \tag{11.106}$$

式中：状态变量 $\boldsymbol{X}_{\mathrm{P}}=[\delta\theta_1,\delta\theta_2,\delta\theta_3,\delta\theta_4,\delta f_{\mathrm{TRK1}},\delta f_{\mathrm{TRK2}},\delta f_{\mathrm{TRK3}},\delta f_{\mathrm{TRK4}}]^{\mathrm{T}}$；$\boldsymbol{W}_{\mathrm{P}}$ 为系统噪声；$\boldsymbol{G}_{\mathrm{P}}$ 为系统噪声驱动矩阵；$\boldsymbol{F}_{\mathrm{P}}$ 为状态矩阵，具体为

$$\boldsymbol{F}_{\mathrm{P}}=\begin{bmatrix}\boldsymbol{0}_{4\times4} & 2\pi\boldsymbol{I}_{4\times4}\\ K_{\mathrm{PLL}}/T_1\boldsymbol{I}_{4\times4} & 2\pi K_{\mathrm{PLL}}T_2/T_1\boldsymbol{I}_{4\times4}\end{bmatrix}$$

因此，将式(11.101)、式(11.103)、式(11.104)和式(11.106)合并，即可得到 SINS/北斗超紧组合导航系统的误差状态方程为

$$\begin{bmatrix}\dot{\boldsymbol{X}}_{\mathrm{I}}(t)\\ \dot{\boldsymbol{X}}_{\mathrm{G}}(t)\\ \dot{\boldsymbol{X}}_{\mathrm{D}}(t)\\ \dot{\boldsymbol{X}}_{\mathrm{P}}(t)\end{bmatrix}=\begin{bmatrix}\boldsymbol{F}_{\mathrm{I}}(t) & \boldsymbol{0}_{24\times2} & \boldsymbol{0}_{24\times4} & \boldsymbol{0}_{24\times8}\\ \boldsymbol{0}_{2\times24} & \boldsymbol{F}_{\mathrm{G}}(t) & \boldsymbol{0}_{2\times4} & \boldsymbol{0}_{2\times8}\\ \boldsymbol{F}_{\mathrm{ID}}(t) & \boldsymbol{0}_{4\times2} & \boldsymbol{F}_{\mathrm{D}}(t) & \boldsymbol{0}_{4\times8}\\ \boldsymbol{F}_{\mathrm{IP}}(t) & \boldsymbol{0}_{8\times2} & \boldsymbol{0}_{8\times4} & \boldsymbol{F}_{\mathrm{P}}(t)\end{bmatrix}\begin{bmatrix}\boldsymbol{X}_{\mathrm{I}}(t)\\ \boldsymbol{X}_{\mathrm{G}}(t)\\ \boldsymbol{X}_{\mathrm{D}}(t)\\ \boldsymbol{X}_{\mathrm{P}}(t)\end{bmatrix}+$$

$$\begin{bmatrix}\boldsymbol{G}_{\mathrm{I}}(t) & \boldsymbol{0}_{24\times2} & \boldsymbol{0}_{24\times4} & \boldsymbol{0}_{24\times4}\\ \boldsymbol{0}_{2\times6} & \boldsymbol{G}_{\mathrm{G}}(t) & \boldsymbol{0}_{2\times4} & \boldsymbol{0}_{2\times4}\\ \boldsymbol{0}_{4\times6} & \boldsymbol{0}_{4\times2} & \boldsymbol{G}_{\mathrm{D}}(t) & \boldsymbol{0}_{4\times4}\\ \boldsymbol{0}_{8\times6} & \boldsymbol{0}_{8\times2} & \boldsymbol{0}_{8\times4} & \boldsymbol{G}_{\mathrm{P}}(t)\end{bmatrix}\begin{bmatrix}\boldsymbol{W}_{\mathrm{I}}(t)\\ \boldsymbol{W}_{\mathrm{G}}(t)\\ \boldsymbol{W}_{\mathrm{D}}(t)\\ \boldsymbol{W}_{\mathrm{P}}(t)\end{bmatrix} \tag{11.107}$$

$$\dot{\boldsymbol{X}}(t)=\boldsymbol{F}(t)\boldsymbol{X}(t)+\boldsymbol{G}(t)\boldsymbol{W}(t) \tag{11.108}$$

式中：状态矩阵 $\boldsymbol{F}(t)$ 中的 $\boldsymbol{F}_{\mathrm{ID}}(t)$ 和 $\boldsymbol{F}_{\mathrm{IP}}(t)$ 分别为

$$\boldsymbol{F}_{\mathrm{ID}}=\begin{bmatrix}-\boldsymbol{L}_1^{\mathrm{T}}\boldsymbol{C}_{\mathrm{i}}^{\mathrm{e}}\boldsymbol{W}_{\mathrm{e}}\boldsymbol{C}_{\mathrm{li}}^{\mathrm{i}} & \boldsymbol{L}_1^{\mathrm{T}}\boldsymbol{C}_{\mathrm{li}}^{\mathrm{e}} & \boldsymbol{0}_{1\times 18}\\ -\boldsymbol{L}_2^{\mathrm{T}}\boldsymbol{C}_{\mathrm{i}}^{\mathrm{e}}\boldsymbol{W}_{\mathrm{e}}\boldsymbol{C}_{\mathrm{li}}^{\mathrm{i}} & \boldsymbol{L}_2^{\mathrm{T}}\boldsymbol{C}_{\mathrm{li}}^{\mathrm{e}} & \boldsymbol{0}_{1\times 18}\\ -\boldsymbol{L}_3^{\mathrm{T}}\boldsymbol{C}_{\mathrm{i}}^{\mathrm{e}}\boldsymbol{W}_{\mathrm{e}}\boldsymbol{C}_{\mathrm{li}}^{\mathrm{i}} & \boldsymbol{L}_3^{\mathrm{T}}\boldsymbol{C}_{\mathrm{li}}^{\mathrm{e}} & \boldsymbol{0}_{1\times 18}\\ -\boldsymbol{L}_4^{\mathrm{T}}\boldsymbol{C}_{\mathrm{i}}^{\mathrm{e}}\boldsymbol{W}_{\mathrm{e}}\boldsymbol{C}_{\mathrm{li}}^{\mathrm{i}} & \boldsymbol{L}_4^{\mathrm{T}}\boldsymbol{C}_{\mathrm{li}}^{\mathrm{e}} & \boldsymbol{0}_{1\times 18}\end{bmatrix}_{4\times 24},\quad \boldsymbol{F}_{\mathrm{IP}}=-2\pi\frac{f_{\mathrm{carr}}}{c}\begin{bmatrix}\boldsymbol{F}_{\mathrm{ID}}\\ \boldsymbol{F}_{\mathrm{ID}}\cdot\dfrac{T_2}{T_1}\cdot K_{\mathrm{PLL}}\end{bmatrix}_{8\times 24}$$

式中：$\boldsymbol{L}_i$ 为北斗卫星和接收机视线方向上的单位矢量；$\boldsymbol{C}_{\mathrm{li}}^{\mathrm{e}}$、$\boldsymbol{C}_{\mathrm{i}}^{\mathrm{e}}$、$\boldsymbol{C}_{\mathrm{li}}^{\mathrm{i}}$ 分别为发射点惯性坐标系到地球坐标系（e 系）、地心惯性坐标系（i 系）到地球坐标系、发射点惯性坐标系到地心惯性坐标系的坐标转换矩阵；$\boldsymbol{W}_{\mathrm{e}}$ 为地球自转角速度矢量在地球坐标系中的叉乘矩阵。

2. 量测方程

SINS/北斗超紧组合导航系统的量测方程由伪距量测方程和伪距率量测方程组成。伪距量测方程和伪距率量测方程可分别表示为

$$\left.\begin{aligned}\delta\rho&=\rho_{\mathrm{I}}-\rho_{\mathrm{G}}=\delta\rho_{\mathrm{I}}-(\delta t_{\mathrm{u}}+v_{\rho}+\delta\rho_{\mathrm{DLL}})\\ \delta\dot{\rho}&=\dot{\rho}_{\mathrm{I}}-\dot{\rho}_{\mathrm{G}}=\delta\dot{\rho}_{\mathrm{I}}-(\delta t_{\mathrm{ru}}+v_{\dot{\rho}}+\delta\dot{\rho}_{\mathrm{PLL}})\end{aligned}\right\} \tag{11.109}$$

因此，将伪距量测方程和伪距率量测方程合并，即可得到 SINS/北斗超紧组合导航系统的量测方程为

$$\boldsymbol{Z}(t)=\boldsymbol{H}(t)\boldsymbol{X}(t)+\boldsymbol{V}(t) \tag{11.110}$$

式中

$$\boldsymbol{Z}(t)=[\delta\rho_1,\delta\rho_2,\delta\rho_3,\delta\rho_4,\delta\dot{\rho}_1,\delta\dot{\rho}_2,\delta\dot{\rho}_3,\delta\dot{\rho}_4]^{\mathrm{T}},$$

$$\boldsymbol{V}(t)=[v_{\rho 1},v_{\rho 2},v_{\rho 3},v_{\rho 4},v_{\dot{\rho}1},v_{\dot{\rho}2},v_{\dot{\rho}3},v_{\dot{\rho}4}]^{\mathrm{T}}$$

$$\boldsymbol{H}(t)=\begin{bmatrix}\boldsymbol{L}^{\mathrm{T}}\boldsymbol{C}_{\mathrm{li}}^{\mathrm{e}} & \boldsymbol{0}_{4\times 21} & -\boldsymbol{I}_{4\times 1} & \boldsymbol{0}_{4\times 1} & -\boldsymbol{I}_{4\times 4} & \boldsymbol{0}_{4\times 4} & \boldsymbol{0}_{4\times 4}\\ \boldsymbol{0}_{4\times 3} & \boldsymbol{0}_{4\times 21} & \boldsymbol{0}_{4\times 1} & -\boldsymbol{I}_{4\times 1} & \boldsymbol{0}_{4\times 4} & \boldsymbol{0}_{4\times 4} & c/f_{\mathrm{carr}}\boldsymbol{I}_{4\times 4}\end{bmatrix}_{8\times 38}$$

式(11.108)和式(11.110)即为 SINS/北斗超紧组合导航系统的状态方程和量测方程，根据这两组方程再加上必要的初始条件即可进行卡尔曼滤波。

11.3.5 仿真实例

选择发射点惯性坐标系为导航坐标系。利用三轴加速度计和陀螺仪为 SINS 导航计算机提供测量信息，惯性器件误差为：陀螺仪常值漂移为 0.3 °/h，白噪声标准差为 0.02 °/h，一次项误差系数为 5×10^{-6}；加速度计零偏为 100 μg，白噪声标准差为 10 μg，一次项误差系数为 1×10^{-4}，二次项误差系数为 10 μg。在弹道导弹轨迹的主动段，SINS 单独运行，自 117 s 关机点开始切换到超紧组合模式下工作。

在北斗软件接收机信号处理模块中，相干累积时间为 1 ms，采样频率为 30 MHz，采样后信号中频为 7 MHz。在 300～500 ms 施加信噪比 SNR 为 −30 dB 的噪声干扰，分析系统

的抗干扰能力。

将紧组合导航系统与超紧组合导航系统的性能进行对比，这两种组合模式的多普勒频移误差和北斗测速误差曲线分别如图 11.19 和图 11.20 所示。

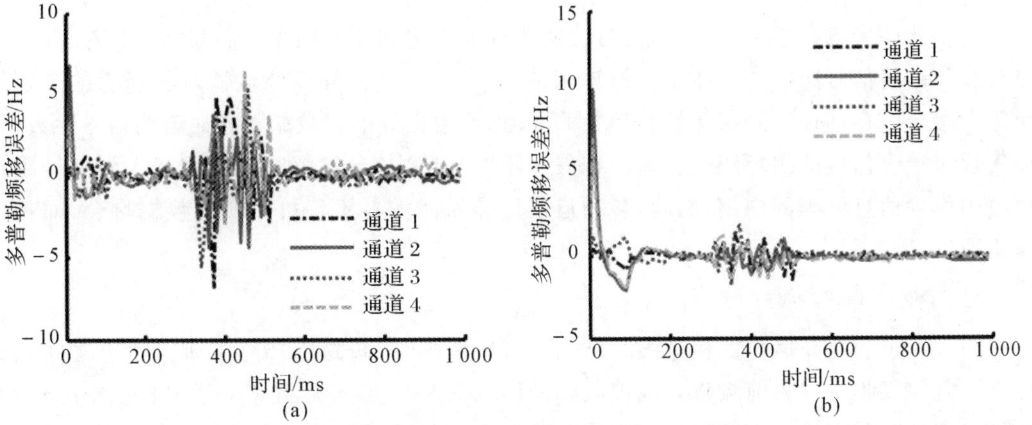

图 11.19　组合导航系统多普勒频移误差

(a)紧组合多普勒频移误差；(b)超紧组合多普勒频移误差

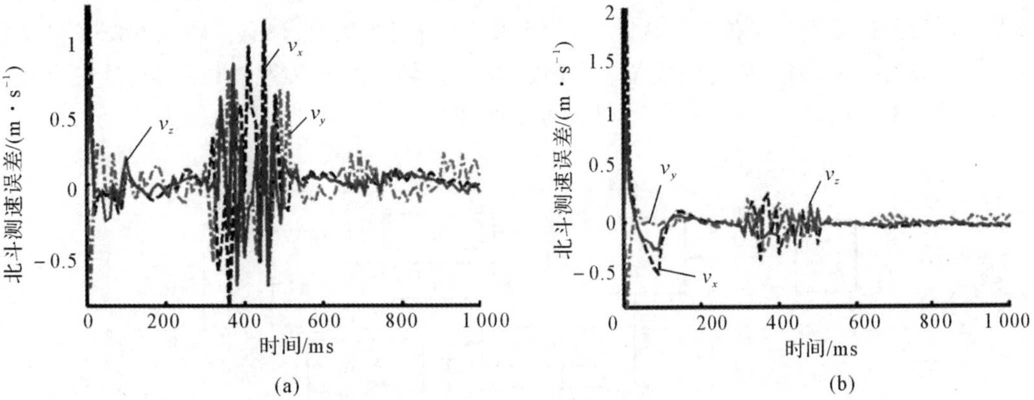

图 11.20　组合导航系统的北斗测速误差

(a)紧组合导航系统北斗测速误差；(b)超紧组合导航系统北斗测速误差

可以看出，SINS/北斗超紧组合导航系统的多普勒频移误差和北斗测速误差都明显小于 SINS/北斗紧组合导航系统。在 SINS/北斗紧组合导航系统中，北斗接收机的跟踪环路因缺少 SINS 信息的辅助而独立运行。在强干扰情况下，由于进入跟踪环路的噪声增多，所以其多普勒频移跟踪误差显著增大，进而导致北斗接收机的测速误差也随之增大；而 SINS/北斗超紧组合导航系统可以利用校正后的 SINS 导航参数为接收机的跟踪环路提供辅助信息，消除了载体动态变化对跟踪环路的影响，降低了动态跟踪性能对环路带宽的要求，所以超紧组合导航系统能够降低环路带宽，提高了跟踪环路的抗干扰能力，从而有效提升了北斗接收机的导航性能。

11.4 捷联惯性/北斗深组合模式

11.4.1 北斗信号的矢量跟踪

传统北斗接收机通常采用标量跟踪,各跟踪通道之间相互独立。而与标量跟踪不同,矢量跟踪环路将信号跟踪与导航定位解算相结合,利用公共的导航滤波器对各通道的鉴别结果进行融合。在估计得到载体导航参数的同时,又根据导航参数调整各通道的信号参数,从而实现对接收信号的闭环跟踪。由于在矢量跟踪环路中,导航解算模块被嵌入到信号跟踪模块中作为信息处理的中枢,因此,各通道通过导航滤波器不仅可以实现数据融合,而且可以实现信息共享。

1. 矢量跟踪结构

图 11.21 为北斗信号的标量跟踪结构。可以看出,标量跟踪环路中所有通道之间相互独立。北斗接收机射频前端将天线接收到的信号下变频至中频,并将其送入标量跟踪环路。标量跟踪环路首先将该中频信号与本地载波和本地伪码信号相关并累加,然后通过鉴相器计算出载波相位误差和码相位误差,并经环路滤波后输出给载波 NCO 和码 NCO,用来调节振荡器频率,以使本地信号与输入信号的频率和相位保持一致。另外,标量跟踪环路还可根据本地信号的频率和相位获得伪距、伪距率和载波相位等测量信息。将这些测量信息提供给后续导航处理部分,便可完成位置、速度和姿态解算。SINS/北斗松组合、紧组合和超紧组合系统中的信号跟踪环路采用的即是标量跟踪方式。

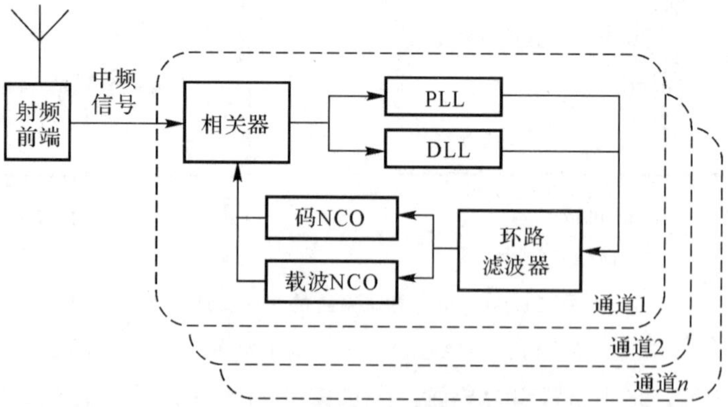

图 11.21 北斗信号标量跟踪结构

北斗信号的矢量跟踪结构如图 11.22 所示,在该跟踪方式中,不同卫星的伪码跟踪和载波跟踪是在导航滤波器中共同完成的。矢量跟踪是利用导航滤波器(即卡尔曼滤波器)估计得到载体位置、速度以及接收机的钟差、钟漂等信息,同时根据这些信息并结合卫星星历数据,来估计伪码相位、载波频率等跟踪参数,用于更新本地信号发生器的伪码和载波。

根据卡尔曼滤波器状态变量选取的不同,矢量跟踪可以分为两类方法。

一类方法是以本地信号与输入信号之间的伪码相位差、载波频率差或载波相位差等跟踪误差作为卡尔曼滤波器的状态变量。在根据相关器的累积输出进行量测更新后,将状态估计结果直接送回本地信号发生器，调节载波和伪码 NCO，以生成新的本地载波、伪码。

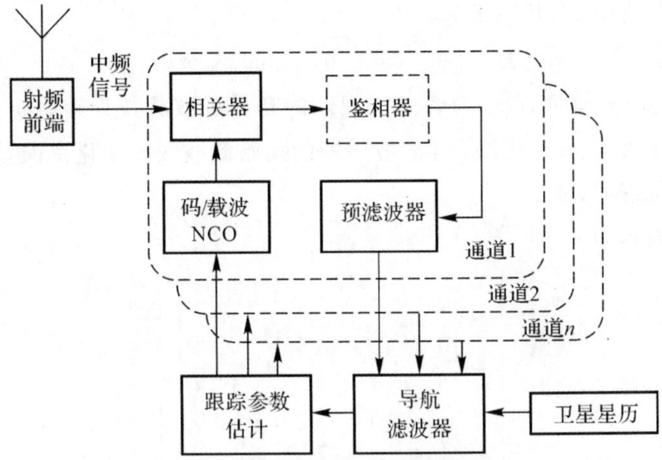

图 11.22　北斗信号矢量跟踪结构

另一类方法则是以载体的位置、速度误差以及接收机的钟差、钟漂等作为状态变量，用同一个滤波器完成跟踪和导航解算工作。在积分清零周期末端，利用鉴相器函数对相关器的同相、正交累积输出进行相应计算，得到伪码相位差、载波频率差或载波相位差，并将其作为量测信息输入到卡尔曼滤波器中，对状态变量进行量测更新。同时，利用状态估计结果对载体的导航参数进行修正，并计算相应的伪码相位、载波频率（相位）信息，反馈回本地信号发生器，从而对本地信号进行调节。

与传统的标量跟踪相比，矢量跟踪的主要优点表现在以下几个方面。

（1）矢量跟踪可以充分利用信号跟踪与导航参数解算之间的内在耦合关系，实现强信号通道对弱信号通道的辅助。同时，在所跟踪的通道中，矢量跟踪能够减小环路噪声带宽，进而有效降低噪声的影响，使鉴相器（或鉴频器）不容易进入非线性区，从而提高北斗接收机在低载噪比环境（信号衰减、受到偶然或故意干扰等）中的跟踪性能。

（2）矢量跟踪实现了信号跟踪与导航参数解算的一体化设计，因而较标量跟踪环路更易优化。

（3）在一颗或数颗卫星发生短暂信号中断的情况下，矢量跟踪环路仍能维持跟踪正常运行，并且在信号恢复后，能够根据导航滤波器的估计信息预测出伪码相位和载波频率信息，从而迅速实现信号重捕。

（4）矢量跟踪能够对不同精度的量测信息进行加权处理。在高载噪比条件下得到的量测信息可以取较大的权值，而对于低载噪比或信号中断条件下得到的量测信息，则取较小的权值，甚至可以忽略其影响。

矢量跟踪也存在着一个根本的缺陷：所有通道的跟踪都通过导航滤波器联系在一起，任何一个通道的误差都有可能反过来影响到其他跟踪通道。

2. 矢量跟踪算法

矢量跟踪环路中预滤波器模型的选择直接决定了北斗接收机的整体性能。在矢量跟踪环路中，导航滤波器的量测量通常取为伪距误差和伪距误差变化率，二者均由各通道的预滤

波器提供。因此，预滤波器选择与伪距误差和伪距误差变化率相关的码相位、载波跟踪误差等作为待估计的状态量，取状态量为

$$\boldsymbol{X}=[A \quad \delta\varphi_0 \quad \delta f_0 \quad \delta a_0 \quad \delta\tau]^{\mathrm{T}} \tag{11.111}$$

式中：A 为归一化信号幅值；$\delta\varphi_0$ 为各滤波周期的初始载波相位误差，rad；δf_0 为各滤波周期的初始载波频率误差，rad/s；δa_0 各滤波周期的初始载波频率变化率误差，rad/s^2；$\delta\tau$ 为各滤波周期的码相位误差，chip。

状态方程可表示为

$$\begin{bmatrix} \dot{A} \\ \delta\dot{\varphi}_0 \\ \delta\dot{f}_0 \\ \delta\dot{a}_0 \\ \delta\dot{\tau} \end{bmatrix}=\begin{bmatrix} 0 & 0 & 0 & 0 & 0 \\ 0 & 0 & 1 & 0 & 0 \\ 0 & 0 & 0 & 1 & 0 \\ 0 & 0 & 0 & 0 & 0 \\ 0 & 0 & \lambda_{\mathrm{carr}}/\lambda_{\mathrm{code}} & 0 & 0 \end{bmatrix}\begin{bmatrix} A \\ \delta\varphi_0 \\ \delta f_0 \\ \delta a_0 \\ \delta\tau \end{bmatrix} \tag{11.112}$$

式中：λ_{carr} 为载波的波长；λ_{code} 为伪码的码长。

量测量取伪码相位鉴别器和载波相位鉴别器的输出结果，则量测方程为

$$\boldsymbol{Z}=\begin{bmatrix} \delta\tau \\ \delta\varphi_0 \end{bmatrix}=\begin{bmatrix} 0 & 0 & 0 & 0 & 1 \\ 0 & 1 & 0 & 0 & 0 \end{bmatrix}\cdot\begin{bmatrix} A \\ \delta\varphi_0 \\ \delta f_0 \\ \delta a_0 \\ \delta\tau \end{bmatrix}=\begin{bmatrix} \dfrac{\sqrt{I_{\mathrm{E}}^2+I_{\mathrm{L}}^2}-\sqrt{Q_{\mathrm{E}}^2+Q_{\mathrm{L}}^2}}{\sqrt{I_{\mathrm{E}}^2+I_{\mathrm{L}}^2}+\sqrt{Q_{\mathrm{E}}^2+Q_{\mathrm{L}}^2}} \\ \arctan\dfrac{Q_{\mathrm{P}}}{I_{\mathrm{P}}} \end{bmatrix}+\begin{bmatrix} v_1 \\ v_2 \end{bmatrix} \tag{11.113}$$

式中：v_1 和 v_2 分别为码相位和载波相位的量测噪声。

解算载体位置需要已知 4 颗或 4 颗以上北斗卫星位置以及载体到各个卫星的伪距。假设北斗卫星的编号为 $j(j=1,2,\cdots,N)$，$N\geqslant 4$ 表示可见卫星总数，i 时刻卫星 j 的位置坐标为 $\boldsymbol{R}_i^j=[x_i^j,y_i^j,z_i^j]^{\mathrm{T}}$，载体到第 j 颗卫星的伪距为 ρ_i^j，载体位置坐标为 $\boldsymbol{R}_i=[x_i,y_i,z_i]^{\mathrm{T}}$，则可以写出 i 时刻的伪距量测方程：

$$\begin{aligned} \rho_i^j &= |\boldsymbol{R}_i^j-\boldsymbol{R}_i|+c\delta t_i= \\ &\sqrt{(x_i^j-x_i)^2+(y_i^j-y_i)^2+(z_i^j-z_i)^2}+c\delta t_i \end{aligned} \tag{11.114}$$

式中：δt_i 为接收机的钟差。

式(11.114)是非线性的，使用泰勒展开并迭代求解。在事先给定的位置 $\boldsymbol{R}_{i0}=[x_{i0},y_{i0},z_{i0}]^{\mathrm{T}}$ 处将式(11.114)展开，可得

$$\rho_i^j=\boldsymbol{R}_{i0}^j-[l_i^j \quad m_i^j \quad n_i^j \quad -1]\begin{bmatrix} \delta x_i \\ \delta y_i \\ \delta z_i \\ c\delta t_i \end{bmatrix} \tag{11.115}$$

式中

$$R_{i0}^j = |\boldsymbol{R}_i^j - \boldsymbol{R}_{i0}| = \sqrt{(x_i^j - x_{i0})^2 + (y_i^j - y_{i0})^2 + (z_i^j - z_{i0})^2} \tag{11.116}$$

联合 i 时刻全部 N 颗可见卫星的伪距量测方程，并将其写成矢量形式，整理可得

$$\boldsymbol{a}_i \delta \boldsymbol{T}_i = \boldsymbol{l}_i \tag{11.117}$$

式中

$$\boldsymbol{a}_i = \begin{bmatrix} l_i^1 & m_i^1 & n_i^1 & -1 \\ l_i^2 & m_i^2 & n_i^2 & -1 \\ \vdots & \vdots & \vdots & \vdots \\ l_i^j & m_i^j & n_i^j & -1 \\ \vdots & \vdots & \vdots & \vdots \\ l_i^N & m_i^N & n_i^N & -1 \end{bmatrix} \tag{11.118}$$

$$\left.\begin{aligned} l_i^j &= -\frac{\partial \rho_i^j}{\partial x_i} = \frac{x_i^j - x_{i0}}{R_{i0}^j} \\ m_i^j &= -\frac{\partial \rho_i^j}{\partial y_i} = \frac{y_i^j - y_{i0}}{R_{i0}^j} \\ n_i^j &= -\frac{\partial \rho_i^j}{\partial z_i} = \frac{z_i^j - z_{i0}}{R_{i0}^j} \end{aligned}\right\} \tag{11.119}$$

$$\delta \boldsymbol{T}_i = [\delta x_i \quad \delta y_i \quad \delta z_i \quad c\delta t_i]^{\mathrm{T}} \tag{11.120}$$

$$\boldsymbol{l}_i = [L_i^1 \quad L_i^2 \quad \cdots \quad L_i^j \quad \cdots \quad L_i^N]^{\mathrm{T}} \tag{11.121}$$

$$L_i^j = R_{i0}^j - \rho_i^j \tag{11.122}$$

根据式(11.117)～式(11.122)可以解出

$$\delta \boldsymbol{T}_i = (\boldsymbol{a}_i^{\mathrm{T}} \boldsymbol{a}_i)^{-1} (\boldsymbol{a}_i^{\mathrm{T}} \boldsymbol{l}_i) \tag{11.123}$$

使用 $\delta\boldsymbol{T}_i$ 对 $\boldsymbol{T}_i = [x_{i0}, y_{i0}, z_{i0}, c\delta t_{i0}]^{\mathrm{T}}$ 进行修正，通过迭代即可计算出载体位置。

11.4.2　深组合系统结构及工作原理

在 SINS/北斗深组合导航系统中，北斗接收机内部去除了传统的标量跟踪环路，而是采用矢量跟踪方法对多个通道内的北斗信号进行并行跟踪；组合导航滤波器不仅输出导航信息，而且同时计算各通道相应的伪码和载波跟踪参数，用来驱动本地伪码和载波 NCO，以维持本地信号对输入信号的同步。图 11.23 为 SINS/北斗深组合导航系统结构。

北斗接收机通过射频前端将天线接收到的信号下变频至中频，然后利用相关器将输入信号与本地信号进行相关处理。相关器的累积输出记为 I_s 和 Q_s，其为北斗接收机到 SINS/北斗组合导航滤波器的输入信息。北斗接收机利用 NCO 来控制本地信号，使其伪码相位和载波频率与输入信号保持一致。NCO 的控制指令是根据一系列参数生成的，主要包括校正后的 SINS 导航参数（位置和速度）、卫星星历参数、卫星和接收机的钟差估计参数以及电离层、对流层延迟估计参数等。SINS/北斗组合导航滤波器对 SINS 的导航参数进行校正，从而构成组合系统的导航解。

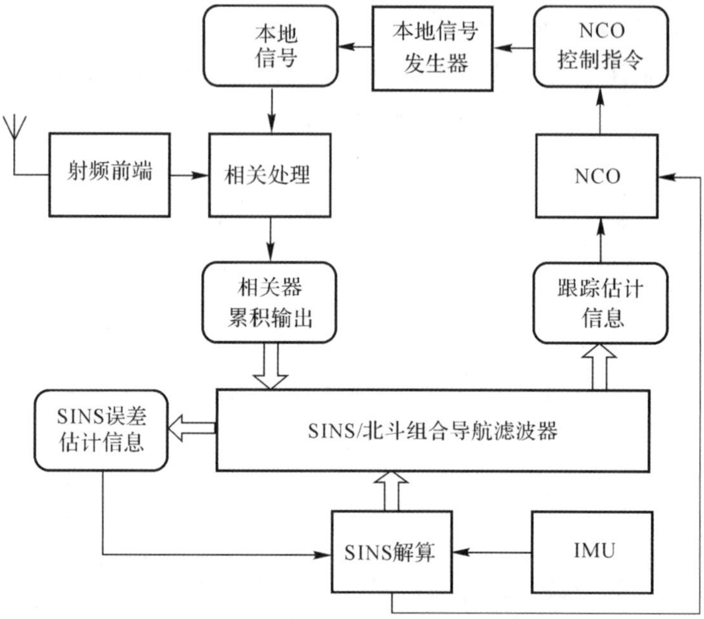

图 11.23 SINS/北斗深组合导航系统结构

11.4.3 深组合数据处理方法

SINS/北斗深组合算法可以分为相干深组合算法和非相干深组合算法两大类。

1. 相干深组合算法

相干深组合算法将接收机相关器的累积输出作为量测信息，直接输入组合导航滤波器中；而非相干深组合算法则先利用鉴相器(或鉴频器)对相关器累积输出进行处理，这类似于传统的信号跟踪方法。采用相干算法的深组合又可以进一步分为集中式滤波和分散式滤波两种处理方式。

图 11.24 为采用集中式滤波的相干深组合系统的数据流程。这种处理方法的一个主要特点是滤波器更新率高。对于北斗信号来讲，产生相关器累积值的最小频率为 50 Hz，这取决于导航电文比特流的传播速率。因此，相关器累积输出传输到组合导航滤波器的速率需要大于或等于 50 Hz。这种处理方法的另一个主要特点是量测矢量维数较大。若以每个通道内采用超前、滞后、即时三个相关器，每个相关器又产生同相、正交两路信号来计算，那么量测矢量维数为所跟踪卫星数量的 6 倍。

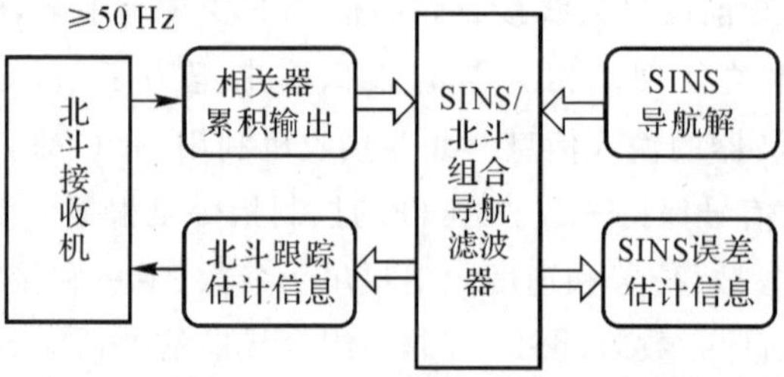

图 11.24 采用集中式滤波的相干深组合系统的数据流程

为了维持载波跟踪，组合导航滤波器处理完每组 I_s、Q_s 数据后，需要将校正信息反馈回跟踪环路中，以使接收机内的本地信号载波相位与输入信号保持同步。

在采用集中式滤波的相干深组合系统中，由于滤波器更新率高、状态矢量和量测矢量维数高而导致的大计算量是一个亟待解决的问题，因此，在实际应用的相干深组合系统中，大都采用分散式滤波结构，其数据流程如图 11.25 所示。在对卫星信号进行跟踪时，每个预滤波器都对应一颗可见卫星，它以 I_s、Q_s(50 Hz)为量测信息，对码相位跟踪误差、载波频率跟踪误差以及本地信号的载波相位偏移等状态量进行估计。进一步，根据码相位、载波频率与伪距、伪距率的比例关系，将每个通道预滤波器的估计结果转化为伪距和伪距率信息，并将这些信息以较低的频率(1 Hz 或 2 Hz)输入组合导航滤波器进行综合处理。相较于集中式滤波结构，分散式滤波结构中每个滤波器的状态矢量和量测矢量的维数显著降低，从而减小了计算量。

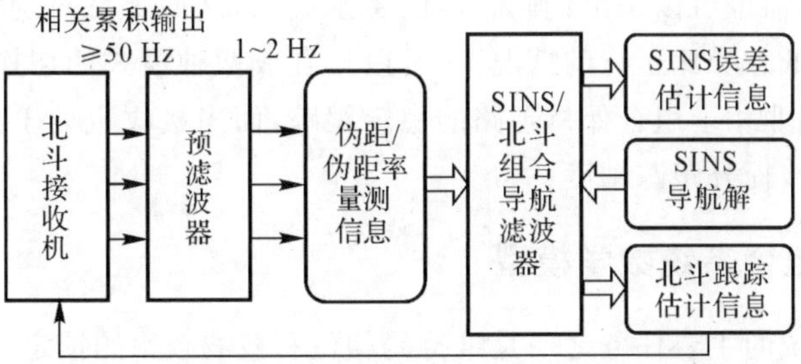

图 11.25　采用分散式滤波的相干深组合系统的数据流程

为了防止预滤波器与组合导航滤波器之间发生信息分配冲突，当量测信息输入组合导航滤波器时，将预滤波器中码相位和载波频率的状态估计结果置零。这就保证了相同的信息不会同时出现在两个滤波器中。

相干深组合系统的主要优点在于取消了鉴相器，从而在输入预滤波器(或组合导航滤波器)的量测信息中消除了无法建模的非线性误差。由于量测噪声的协方差不再受限于鉴相器的非线性范围，这使得预滤波器(或组合导航滤波器)可以获得很高的增益。另外，相干伪码跟踪的抗噪性能也要优于非相干伪码跟踪。然而，相干深组合系统最大的缺点在于：为了从 I_s、Q_s 量测信息中提取伪码跟踪信息，必须已知本地信号的载波相位偏移，故预滤波器必须对载波相位保持跟踪，才能够维持伪码跟踪。而载波相位锁定环路对外界环境噪声更加敏感，在低载噪比环境中比伪码跟踪环路更容易失锁，因此，在低载噪比环境中，相干深组合系统不再适用。

2. 非相干深组合算法

图 11.26 为非相干深组合系统的数据流程。在未去除导航电文的情况下，利用鉴相器以不小于 50 Hz 的频率对相关器累积输出进行鉴别，得到伪码相位和载波频率。由于伪码鉴相器的输出与载波相位无关，即使载噪比水平很低而无法跟踪载波相位，伪码鉴相器也可以输出伪码相位的鉴别结果。因此，非相干深组合与相干深组合相比，能够在更低的载噪比条件下保持伪码跟踪。

伪码/载波鉴相器的输出分别通过比例因子转换为伪距/伪距率量测信息，该量测信息经过平均，由 50 Hz 转换到 1～10 Hz，以降低组合导航滤波器的更新频率。

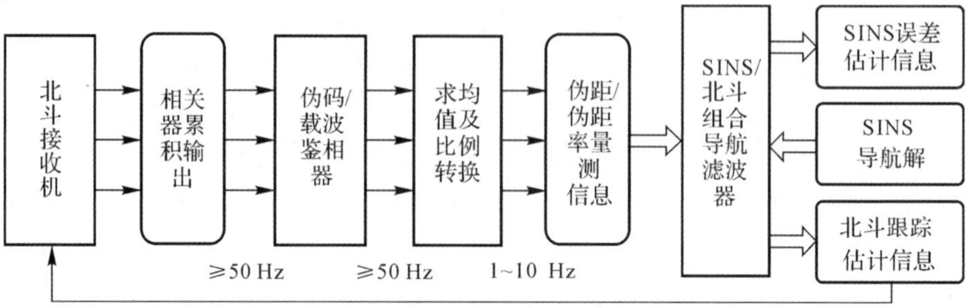

图 11.26　非相干深组合系统的数据流程

相干深组合因取消鉴相器而消除了量测信息中的非线性误差，具有更高的跟踪精度；而非相干深组合由于伪码鉴相器的输出与载波相位无关，即使载噪比水平很低而无法跟踪载波相位时，伪码鉴相器也可以输出伪码相位的鉴别结果，从而保持对伪码的跟踪。因此，在同时要求高精度和低载噪比运行的情况下，可以设置成两种模式的切换。当接收机处于低载噪比环境时，采用非相干组合保持环路的稳定跟踪；而当接收机处于高载噪比环境时，则采用相干组合进一步提升跟踪精度。

11.4.4　深组合系统数学模型

深组合导航系统的主要任务之一是维持码相位和载波频率的锁定。由于相关器的输出为相位误差的三角函数，因此相干深组合系统能够估计出接收信号与本地信号之间的相位误差。相干深组合算法需要维持接收信号与本地信号的载波相位锁定，从而估计出载波相位误差；而非相干深组合算法则不需要估计载波相位误差，只需对每颗卫星的伪码相位和载波频率进行跟踪即可。与载波相位跟踪相比，伪码相位和载波频率的跟踪能够在更低的载噪比环境中运行。综合考虑，SINS/北斗深组合导航系统多采用非相干深组合模式，以提高组合导航系统在低载噪比环境中的工作性能。

下面以常用的 SINS/北斗非相干深组合系统为例，介绍深组合系统的建模方法。非相干深组合系统主要包括矢量跟踪环节和深组合导航信息处理两部分。在矢量跟踪环节中，通道滤波器和组合导航滤波器都用于北斗信号的跟踪，而组合导航滤波器还承担着导航信息处理的任务。相关器输出的同相、正交信号经过鉴相器鉴别后，作为通道滤波器的量测信息，用来估计伪码相位和载波频率等跟踪误差；而通道滤波器的状态估计值经过比例转换后，作为量测信息输入到组合导航滤波器中，用于估计 SINS 的导航误差状态。经过误差校正后的 SINS 位置、速度参数与卫星星历数据等一起用于跟踪参数的估计，用来驱动接收机每个跟踪通道的 NCO，以生成本地信号。组合导航滤波器将北斗接收机跟踪通道与 SINS 输出的伪距、伪距率进行信息融合，并将 SINS 的误差状态估计值反馈回 SINS 加以校正。

1. 信号矢量跟踪环节

在矢量跟踪环节中，只对北斗信号的伪码相位和载波频率进行跟踪。信号跟踪环路的闭合是通过组合导航滤波器完成的。该组合导航滤波器根据组合导航参数(即经校正后的 SINS 位置和速度)以及卫星星历数据对接收信号的伪距和伪距率进行估计，并将估计结果送入本地信号发生器的载波 NCO 与伪码 NCO。其中，估计的伪距用来调整伪码 NCO 的伪码相位，而估计的伪距率用来调整载波 NCO 与伪码 NCO 的频率。由于并未估计载波相位，所以载波 NCO 中的载波相位不加调整，仍然按独立 Costas 载波相位跟踪环的方式运行。每个积分清零周期的相关器累积输出作为估计伪码相位、载波频率等跟踪误差的量测信息，对通道滤波器进行更新。而通道滤波器得到伪码相位、载波频率等跟踪误差的估计结果后，将其转化为伪距、伪距率信息输入组合导航滤波器中，用于对 SINS 误差状态进行估计与校正。

(1)相关器累积输出建模。在不考虑噪声的情况下，接收机天线接收的北斗信号经射频前端下变频处理后，得到的中频信号模型为

$$S_{\mathrm{IF}}=AD(t)C(t)\cos(\omega_{\mathrm{IF}}t+\varphi) \tag{11.124}$$

式中：A 为中频信号的幅值，$D(t)$为导航数据；$C(t)$为伪码；ω_{IF} 为中频信号的载波角频率；φ 为初始载波相位。

本地载波 NCO 输出的同相、正交支路信号为

$$L_{\mathrm{I}}=\cos(\omega_{\mathrm{L}}t+\varphi_{\mathrm{L}}) \tag{11.125}$$

$$L_{\mathrm{Q}}=\sin(\omega_{\mathrm{L}}t+\varphi_{\mathrm{L}}) \tag{11.126}$$

式中：ω_{L} 为本地载波角频率；φ_{L} 为本地初始载波相位。

将输入的中频信号与同相支路(I)、正交支路(Q)的本地载波信号分别进行相关处理，以实现载波剥离，则载波剥离后的结果为

$$\begin{aligned}S_{\mathrm{I}}&=A\cdot D(t)\cdot C(t)\cdot\cos(\omega_{\mathrm{IF}}t+\varphi)\cdot\cos(\omega_{\mathrm{L}}t+\varphi_{\mathrm{L}})=\\&\frac{1}{2}A\cdot D(t)\cdot C(t)\cdot[\cos(\omega_{\mathrm{IF}}t+\omega_{\mathrm{L}}t+\varphi+\varphi_{\mathrm{L}})+\cos\varphi_{\mathrm{e}}]\end{aligned} \tag{11.127}$$

$$\begin{aligned}S_{\mathrm{Q}}&=A\cdot D(t)\cdot C(t)\cdot\cos(\omega_{\mathrm{IF}}t+\varphi)\sin(\omega_{\mathrm{L}}t+\varphi_{\mathrm{L}})=\\&\frac{1}{2}A\cdot D(t)\cdot C(t)\cdot[\sin(\omega_{\mathrm{IF}}t+\omega_{\mathrm{L}}t+\varphi+\varphi_{\mathrm{L}})+\sin\varphi_{\mathrm{e}}]\end{aligned} \tag{11.128}$$

式中：$\varphi_{\mathrm{e}}=(\omega_{\mathrm{IF}}-\omega_{\mathrm{L}})t+(\varphi-\varphi_{\mathrm{L}})$为本地信号与输入信号之间的载波相位差；$\varphi_{\mathrm{e}}=(\omega_{\mathrm{IF}}-\omega_{\mathrm{L}})kt_{\mathrm{s}}+(\varphi-\varphi_{\mathrm{L}})$为其离散化形式。

经过低通滤波器，将同相、正交支路信号中的高频成分滤除后，可得

$$S_{\mathrm{I}}=\frac{1}{2}A\cdot D(t)\cdot C(t)\cdot\cos\varphi_{\mathrm{e}} \tag{11.129}$$

$$S_{\mathrm{Q}}=\frac{1}{2}A\cdot D(t)\cdot C(t)\cdot\sin\varphi_{\mathrm{e}} \tag{11.130}$$

本地伪码发生器生成的即时码(P)、超前码(E)和滞后码(L)可表示为

$$C_{\mathrm{P}}=C(kt_{\mathrm{s}}) \tag{11.131}$$

$$C_{\mathrm{E}}=C(kt_{\mathrm{s}}-\delta) \tag{11.132}$$

$$C_{\mathrm{L}}=C(kt_{\mathrm{s}}+\delta) \tag{11.133}$$

式中：t_{s} 为采样时间间隔；k 为计数点；δ 为本地伪码超前滞后的间隔，由于输入信号为离散信号，所以该间隔可以表示为离散的采样点数。

伪码的相关函数为

$$R(\tau)=\begin{cases}1-\dfrac{(L+1)}{Lt_c}|\tau|, & |\tau|\leqslant t_c\\ -1/L, & |\tau|>t_c\end{cases} \tag{11.134}$$

式中:L 为伪码序列长度;t_c 为码元宽度;τ 为相关间隔。

剥离载波后的同相、正交支路信号分别与本地产生的 P 码、E 码和 L 码进行相关。假设在 1 ms 的积分清零间隔内,载波频率差和相位差都近似不变,则相关器累积输出为

$$\begin{aligned}
I_{\mathrm{PS}}&=\frac{1}{2}A\cdot D_i\cdot R(\varepsilon_i)\cdot\frac{\sin(\pi\delta fT)}{\pi\delta fT}\cdot\cos(\pi\delta fT+\delta\varphi)\\
I_{\mathrm{ES}}&=\frac{1}{2}A\cdot D_i\cdot R(\varepsilon_i-\delta)\cdot\frac{\sin(\pi\delta fT)}{\pi\delta fT}\cdot\cos(\pi\delta fT+\delta\varphi)\\
I_{\mathrm{LS}}&=\frac{1}{2}A\cdot D_i\cdot R(\varepsilon_i+\delta)\cdot\frac{\sin(\pi\delta fT)}{\pi\delta fT}\cdot\cos(\pi\delta fT+\delta\varphi)\\
Q_{\mathrm{PS}}&=\frac{1}{2}A\cdot D_i\cdot R(\varepsilon_i)\cdot\frac{\sin(\pi\delta fT)}{\pi\delta fT}\cdot\sin(\pi\delta fT+\delta\varphi)\\
Q_{ES}&=\frac{1}{2}A\cdot D_i\cdot R(\varepsilon_i-\delta)\cdot\frac{\sin(\pi\delta fT)}{\pi\delta fT}\cdot\sin(\pi\delta fT+\delta\varphi)\\
Q_{\mathrm{LS}}&=\frac{1}{2}A\cdot D_i\cdot R(\varepsilon_i+\delta)\cdot\frac{\sin(\pi\delta fT)}{\pi\delta fT}\cdot\sin(\pi\delta fT+\delta\varphi)
\end{aligned} \tag{11.135}$$

式中:T 为预检测积分时间;δf 和 $\delta\varphi$ 分别为载波的频率误差和相位误差;ε 为伪码相位误差。

(2)鉴相器函数。在矢量跟踪环节中,选择归一化超前减滞后包络鉴相器,以消除幅度敏感性。该鉴相器的鉴别结果可以表示为

$$e=\frac{\sqrt{(I_{\mathrm{ES}}^2+Q_{\mathrm{ES}}^2)}-\sqrt{(I_{\mathrm{LS}}^2+Q_{\mathrm{LS}}^2)}}{\sqrt{(I_{\mathrm{ES}}^2+Q_{\mathrm{ES}}^2)}+\sqrt{(I_{\mathrm{LS}}^2+Q_{\mathrm{LS}}^2)}} \tag{11.136}$$

将式(11.135)代入式(11.136),并经过整理,式(11.136)可近似表示为

$$e=\frac{R(\varepsilon-\delta)-R(\varepsilon+\delta)}{R(\varepsilon-\delta)+R(\varepsilon+\delta)} \tag{11.137}$$

当 $\varepsilon\leqslant\delta$ 时,即伪码相位误差 ε 在超前滞后间隔范围内,鉴相结果与伪码相位误差成比例关系,即

$$e=\frac{L+1}{Lt_c-(L+1)\delta}\varepsilon \tag{11.138}$$

而对于载波跟踪环路,选择二象限反正切鉴相器对相关器的累积输出进行鉴相,该鉴相器的鉴别结果可表示为

$$\varphi_e=\tan^{-1}\left(\frac{Q_{\mathrm{PS}}}{I_{\mathrm{PS}}}\right) \tag{11.139}$$

当本地载波与输入信号之间的频率差为 0,相位差为 0 或 $\pm\pi$ 时,鉴相器的输出均为 0。可见,载波跟踪环路对相位的反转不敏感,所以当导航电文发生相位跳变时,载波跟踪环路

仍然能够保持对载波信号的跟踪。

(3)通道滤波器。利用鉴相器函数对超前、滞后、即时三路相关器的累积输出进行相应的计算后，将鉴别结果作为量测信息输入通道滤波器。由于量测信息与状态变量之间为非线性关系，所以通道滤波器采用扩展卡尔曼滤波算法。将通道内的跟踪误差作为通道滤波器的状态量，主要包括伪码相位误差、载波相位误差和载波频率误差，另外，还包括载波幅值和载波频率变化率误差。通道滤波器的状态模型即为通道跟踪误差的动态模型，可表示为

$$\dot{\boldsymbol{X}}=\boldsymbol{F}\boldsymbol{X}+\boldsymbol{W} \tag{11.140}$$

$$\frac{\mathrm{d}}{\mathrm{d}t}\begin{bmatrix}\varepsilon\\ \delta\varphi\\ \delta f\\ \delta a\\ A\end{bmatrix}=\begin{bmatrix}0&0&f_{\text{code}}/f_{\text{carr}}\cdot k&0&0\\ 0&0&2\pi&0&0\\ 0&0&0&1&0\\ 0&0&0&0&0\\ 0&0&0&0&0\end{bmatrix}\begin{bmatrix}\varepsilon\\ \delta\varphi\\ \delta f\\ \delta a\\ A\end{bmatrix}+\begin{bmatrix}w_1\\ w_2\\ w_3\\ w_4\\ w_5\end{bmatrix} \tag{11.141}$$

式中：$\boldsymbol{X}=[\varepsilon,\delta\varphi,\delta f,\delta a,A]^{\mathrm{T}}$ 为通道滤波器的状态矢量，ε 为以采样点数为单位的伪码相位误差，$\delta\varphi$ 为载波相位误差，δf 为载波频率误差，δa 为载波频率变化率误差，A 为载波幅值；$\boldsymbol{F}$ 为状态矩阵；k 为一个伪码码元对应的采样点数，与采样频率有关；$\boldsymbol{W}=[w_1,w_2,\cdots,w_5]^{\mathrm{T}}$ 为系统噪声矢量，表征了通道跟踪误差的动态模型误差。

通道滤波器的量测量为伪码和载波跟踪环路鉴相器的鉴别结果，即

$$\left.\begin{aligned}Z_1&=\frac{L+1}{Lt_{\mathrm{c}}-(L+1)\delta}\\ Z_2&=\tan^{-1}\left(\frac{Q_{\mathrm{PS}}}{I_{\mathrm{PS}}}\right)\end{aligned}\right\} \tag{11.142}$$

在积分清零间隔内，载波相位误差的平均值可近似表示为

$$\bar{\varphi}_{\mathrm{e}}=\delta\varphi+2\pi\delta fT+\pi\delta aT^2 \tag{11.143}$$

因此，量测方程可以表示为

$$\begin{bmatrix}Z_1\\ Z_2\end{bmatrix}=\begin{bmatrix}\dfrac{L+1}{Lt_{\mathrm{c}}-(L+1)\delta}&0&0&0&0\\ 0&1&2\pi T&\pi T^2&0\end{bmatrix}\boldsymbol{X}+\boldsymbol{V} \tag{11.144}$$

式中：$\boldsymbol{V}$ 为量测噪声矢量，由伪码和载波跟踪环路鉴相器的鉴别误差构成。

2. 组合导航滤波器

在 SINS/北斗深组合导航系统中，各通道滤波器得到跟踪误差状态估计值后，根据伪码相位、载波频率误差等估计信息，以及载波 NCO 与伪码 NCO 中的基准信息计算相应的伪距、伪距率并作为量测信息，输入组合导航滤波器中；同时，利用 SINS 输出的位置、速度等导航参数，并结合接收机提供的卫星星历数据，计算得到卫星与接收机之间的伪距、伪距率，也作为量测信息输入组合导航滤波器中；组合导航滤波器对接收机和 SINS 输出的伪距、伪距率信息作差，作为量测量对导航误差状态进行更新。信息融合过程完成后，一方面组合导航滤波器将 SINS 误差状态估计值反馈回 SINS，对相应的器件误差、导航参数进行校正；另一方面，组合导航系统则根据误差校正后的 SINS 位置、速度等导航参数，结合卫星星历来

计算接收机与各卫星之间的伪距、伪距率信息，并将其传送到伪码 NCO 与载波 NCO 中，对本地伪码相位和载波频率进行调整，而本地载波相位则根据通道滤波器估计得到的相位误差进行调整。

(1)深组合导航系统误差状态模型。深组合导航系统中组合导航滤波器的系统模型与紧组合模式的组合导航滤波器相似，系统误差状态模型包括 SINS 误差状态方程和北斗接收机误差状态方程。

1)SINS 误差状态方程。SINS 误差状态包括位置误差 $\delta x,\delta y,\delta z$、速度误差 $\delta v_x,\delta v_y,\delta v_z$、平台失准角 ϕ_x,ϕ_y,ϕ_z、加速度计零偏$\nabla_x,\nabla_y,\nabla_z$、加速度计的一次项和二次项误差系数 $k_{a1x},k_{a1y},k_{a1z},k_{a2x},k_{a2y},k_{a2z}$、陀螺仪常值漂移 $\varepsilon_x,\varepsilon_y,\varepsilon_z$ 以及陀螺仪的一次项误差系数 k_{g1x},k_{g1y},k_{g1z}。SINS 误差状态方程可表示为

$$\dot{\boldsymbol{X}}_{\mathrm{I}}(t)=\boldsymbol{F}_{\mathrm{I}}(t)\boldsymbol{X}_{\mathrm{I}}(t)+\boldsymbol{G}_{\mathrm{I}}(t)\boldsymbol{W}_{\mathrm{I}}(t) \tag{11.145}$$

2)北斗接收机误差状态方程。北斗接收机的误差状态通常取两个与时间有关的误差：一个是与时钟误差等效的距离误差 δl_{u}，另一个是与时钟频率误差等效的距离率误差 δl_{ru}，其误差模型表达式为

$$\left.\begin{aligned}\delta\dot{l}_{\mathrm{u}}&=\delta l_{\mathrm{ru}}+w_{\mathrm{u}}\\ \delta\dot{l}_{\mathrm{ru}}&=-\frac{\delta l_{\mathrm{ru}}}{T_{\mathrm{ru}}}+w_{\mathrm{ru}}\end{aligned}\right\} \tag{11.146}$$

式中：T_{ru} 为相关时间；w_{u}、w_{ru} 为白噪声。

北斗接收机的误差状态方程可以表示为

$$\dot{\boldsymbol{X}}_{\mathrm{G}}(t)=\boldsymbol{F}_{\mathrm{G}}(t)\boldsymbol{X}_{\mathrm{G}}(t)+\boldsymbol{G}_{\mathrm{G}}(t)\boldsymbol{W}_{\mathrm{G}}(t) \tag{11.147}$$

式中：$\boldsymbol{X}_{\mathrm{G}}$ 为误差状态矢量；$\boldsymbol{W}_{\mathrm{G}}$ 为系统噪声矢量；$\boldsymbol{F}_{\mathrm{G}}$ 为系统状态矩阵；$\boldsymbol{G}_{\mathrm{G}}$ 为系统噪声驱动矩阵，具体为

$$\boldsymbol{X}_{\mathrm{G}}=[\delta l_{\mathrm{u}},\delta l_{\mathrm{ru}}]^{\mathrm{T}},\quad \boldsymbol{W}_{\mathrm{G}}=[w_{\mathrm{u}},w_{\mathrm{ru}}]^{\mathrm{T}},\quad \boldsymbol{F}_{\mathrm{G}}=\begin{bmatrix}0&1\\0&-\dfrac{1}{T_{\mathrm{ru}}}\end{bmatrix},\boldsymbol{G}_{\mathrm{G}}=\begin{bmatrix}1&0\\0&1\end{bmatrix} \tag{11.148}$$

将 SINS 误差状态方程式(11.145)与北斗接收机误差状态方程式(11.147)合并，得到深组合系统的状态模型：

$$\begin{bmatrix}\dot{\boldsymbol{X}}_{\mathrm{I}}(t)\\ \dot{\boldsymbol{X}}_{\mathrm{G}}(t)\end{bmatrix}=\begin{bmatrix}\boldsymbol{F}_{\mathrm{I}}(t)&\boldsymbol{0}\\ \boldsymbol{0}&\boldsymbol{F}_{\mathrm{G}}(t)\end{bmatrix}\begin{bmatrix}\boldsymbol{X}_{\mathrm{I}}(t)\\ \boldsymbol{X}_{\mathrm{G}}(t)\end{bmatrix}+\begin{bmatrix}\boldsymbol{G}_{\mathrm{I}}(t)&\boldsymbol{0}\\ \boldsymbol{0}&\boldsymbol{G}_{\mathrm{G}}(t)\end{bmatrix}\begin{bmatrix}\boldsymbol{W}_{\mathrm{I}}(t)\\ \boldsymbol{W}_{\mathrm{G}}(t)\end{bmatrix} \tag{11.149}$$

$$\dot{\boldsymbol{X}}(t)=\boldsymbol{F}(t)\boldsymbol{X}(t)+\boldsymbol{G}(t)\boldsymbol{W}(t) \tag{11.150}$$

(2)深组合导航系统量测模型。在协议地球坐标系(e)中，设载体的真实位置为(x,y,z)，而经过 SINS 解算得到的载体位置为$(x_{\mathrm{I}},y_{\mathrm{I}},z_{\mathrm{I}})$，由卫星星历给出的卫星位置为$(x_{\mathrm{S}},y_{\mathrm{S}},z_{\mathrm{S}})$，则可以得到 SINS 位置、速度对应的伪距和伪距率分别为 ρ_{I}、$\dot{\rho}_{\mathrm{I}}$，而北斗接收机测得的伪距、伪距率分别为 ρ_{G}、$\dot{\rho}_{\mathrm{G}}$，因此可以选择 SINS 和北斗接收机的伪距差和伪距率差作为深组合导航系统的量测量。

1)伪距量测方程。由 SINS 推算的载体到北斗卫星的伪距 ρ_{I} 可表示为

$$\rho_I=[(x_I-x_S)^2+(y_I-y_S)^2+(z_I-z_S)^2]^{\frac{1}{2}} \tag{11.151}$$

令 $r=[(x-x_S)^2+(y-y_S)^2+(z-z_S)^2]^{\frac{1}{2}}$，在载体真实位置处将式(11.151)进行泰勒展开，且取到一阶误差项，则有 $\rho_I=r+e_1\delta x+e_2\delta y+e_3\delta z$，其中，$e_1=\dfrac{x-x_S}{r}$，$e_2=\dfrac{y-y_S}{r}$，$e_3=\dfrac{z-z_S}{r}$。

北斗接收机测得的伪距为

$$\rho_G=r+\delta l_u+v_\rho \tag{11.152}$$

对北斗接收机测得的伪距 ρ_G 和相应的 SINS 伪距 ρ_I 作差，得到伪距量测方程为

$$\delta\rho=\rho_I-\rho_G=e_1\delta x+e_2\delta y+e_3\delta z-\delta l_u-v_\rho \tag{11.153}$$

2)伪距率量测方程。SINS 与卫星之间的伪距率可以表示为

$$\begin{aligned}\dot{\rho}_I=&e_1(\dot{x}_I-\dot{x}_S)+e_2(\dot{y}_I-\dot{y}_S)+e_3(\dot{z}_I-\dot{z}_S)=\\&e_1(\dot{x}-\dot{x}_S)+e_2(\dot{y}-\dot{y}_S)+e_3(\dot{z}-\dot{z}_S)+e_1\delta\dot{x}+e_2\delta\dot{y}+e_3\delta\dot{z}\end{aligned} \tag{11.154}$$

式中：$\dot{x}_I=\dot{x}+\delta\dot{x}$，$\dot{y}_I=\dot{y}+\delta\dot{y}$，$\dot{z}_I=\dot{z}+\delta\dot{z}$。

北斗接收机测得的伪距率为

$$\dot{\rho}_G=e_1(\dot{x}-\dot{x}_S)+e_2(\dot{y}-\dot{y}_S)+e_3(\dot{z}-\dot{z}_S)+\delta l_{ru}+v_{\dot{\rho}} \tag{11.155}$$

对 SINS 和北斗接收机的伪距率作差，得到伪距率量测方程为

$$\delta\dot{\rho}=\dot{\rho}_I-\dot{\rho}_G=e_1\delta\dot{x}+e_2\delta\dot{y}+e_3\delta\dot{z}-\delta l_{ru}-v_{\dot{\rho}} \tag{11.156}$$

3)坐标转换。由于 SINS 的导航解算是在发射点惯性坐标系(li)下进行的，而北斗接收机则以协议地球坐标系(e)为基准坐标系，因此在建立量测模型时需考虑坐标转换问题，将所有的量测量转换到协议地球坐标系中。

将发射点惯性坐标系下的位置、速度转换到协议地球坐标系中，可表示为

$$\boldsymbol{X}_e=\boldsymbol{C}_i^e(\boldsymbol{C}_{li}^i\boldsymbol{X}_{li}+\boldsymbol{X}_0) \tag{11.157}$$

$$\boldsymbol{V}_e=\boldsymbol{C}_{li}^e\boldsymbol{V}_{li}-\boldsymbol{C}_i^e\boldsymbol{W}_e(\boldsymbol{C}_{li}^i\boldsymbol{X}_{li}+\boldsymbol{X}_0) \tag{11.158}$$

式中：$\boldsymbol{X}_{li}$、$\boldsymbol{V}_{li}$ 分别为发射点惯性坐标系下的载体位置和速度；$\boldsymbol{X}_0$ 为发射点在地心惯性坐标系(i)中的位置坐标；$\boldsymbol{C}_{li}^e$ 为发射点惯性坐标系到地球坐标系的转换矩阵；$\boldsymbol{C}_i^e$ 为地心惯性坐标系到地球坐标系的转换矩阵；C_{li}^i 为发射点惯性坐标系到地心惯性坐标系的转换矩阵；$\boldsymbol{W}_e$ 为地球自转角速度矢量在地球坐标系中的叉乘矩阵。

因此，协议地球坐标系中的位置、速度误差为

$$\delta\boldsymbol{X}_e=\boldsymbol{C}_{li}^e\delta\boldsymbol{X}_{li} \tag{11.159}$$

$$\delta\boldsymbol{V}_e=\boldsymbol{C}_{li}^e\delta\boldsymbol{V}_{li}-\boldsymbol{C}_i^e\boldsymbol{W}_e\boldsymbol{C}_{li}^i\delta\boldsymbol{X}_{li} \tag{11.160}$$

4)深组合导航系统量测模型。假设北斗接收机同时观测 4 颗导航卫星，则伪距、伪距率量测方程各为 4 个。深组合导航系统的量测模型可以表示为

$$\boldsymbol{Z}=\boldsymbol{H}\boldsymbol{X}+\boldsymbol{V} \tag{11.161}$$

式中：$\boldsymbol{Z}$ 为量测矢量；$\boldsymbol{H}$ 为量测矩阵；$\boldsymbol{V}$ 为量测噪声矢量，具体为

$$\boldsymbol{Z}=[\rho_1,\rho_2,\rho_3,\rho_4,\dot{\rho}_1,\dot{\rho}_2,\dot{\rho}_3,\dot{\rho}_4]^T \tag{11.162}$$

$$\boldsymbol{V}=[v_{\rho1},v_{\rho2},v_{\rho3},v_{\rho4},v_{\dot{\rho}1},v_{\dot{\rho}2},v_{\dot{\rho}3},v_{\dot{\rho}4}]^{\mathrm{T}} \tag{11.163}$$

$$\boldsymbol{H}=\begin{bmatrix}\boldsymbol{H}_{\rho}\\ \boldsymbol{H}_{\dot{\rho}}\end{bmatrix}=\begin{bmatrix}\boldsymbol{E}\boldsymbol{C}_{\mathrm{li}}^{\mathrm{e}} & \boldsymbol{0}_{4\times3} & \boldsymbol{0}_{4\times18} & -\boldsymbol{I}_{4\times1} & \boldsymbol{0}_{4\times1}\\ -\boldsymbol{E}\boldsymbol{C}_{\mathrm{i}}^{\mathrm{e}}\boldsymbol{W}_{\mathrm{e}}\boldsymbol{C}_{\mathrm{li}}^{\mathrm{i}} & \boldsymbol{E}\boldsymbol{C}_{\mathrm{li}}^{\mathrm{e}} & \boldsymbol{0}_{4\times18} & \boldsymbol{0}_{4\times1} & -\boldsymbol{I}_{4\times1}\end{bmatrix}_{8\times26} \tag{11.164}$$

$$\boldsymbol{E}=\begin{bmatrix}e_{11} & e_{12} & e_{13}\\ e_{21} & e_{22} & e_{23}\\ e_{31} & e_{32} & e_{33}\\ e_{41} & e_{42} & e_{43}\end{bmatrix} \tag{11.165}$$

11.4.5 仿真实例

选择发射点惯性坐标系为导航坐标系。弹道导弹的惯性器件误差为:陀螺仪常值漂移为 0.3°/h,白噪声标准差为 0.02°/h,一次项误差系数为 5×10^{-6};加速度计零偏为 100μg,白噪声标准差为 10μg,一次项误差系数为 1×10^{-4},二次项误差系数为 10μg。在弹道导弹轨迹的主动段,SINS 单独运行,自 117 s 关机点开始,导航系统切换到深组合模式下工作。在北斗软件接收机信号处理模块中,预检积分时间为 1 ms,采样频率为 30 MHz,采样后信号中频为 7 MHz。

图 11.27 和图 11.28 分别为 SINS/北斗深组合系统的位置误差和速度误差曲线。可以看出,深组合系统开始工作后,位置和速度误差迅速收敛,并且稳定在很小的误差范围内。在稳定状态下,三个方向的位置误差保持在 2 m 范围内,速度误差小于 0.05 m/s,表明深组合系统通过对所有通道的联合跟踪,可实现较高的定位、定速精度。

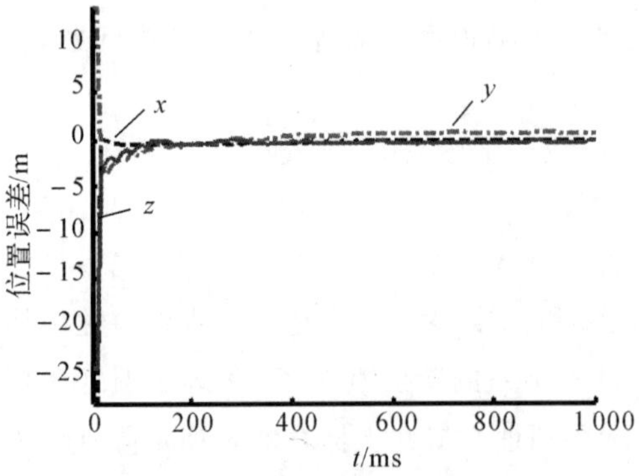

图 11.27 深组合系统位置误差

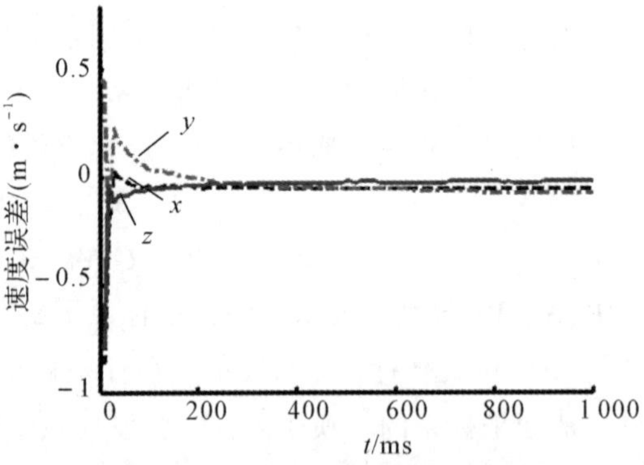

图 11.28 深组合系统速度误差

在 300～500 ms 期间,设置所有北斗卫星信号同时中断,则 SINS/北斗深组合系统的伪距误差和位置误差曲线分别如图 11.29 和图 11.30 所示。在卫星信号中断期间,由于北斗接收机无法接收卫星信号,因此伪码跟踪受到影响,此时深组合系统不再对 SINS 导航信息与北斗接收机的测量信息进行数据融合,而是将 SINS 导航参数作为最终输出;同时,根据 SINS 位置、速度参数及接收机中保存的卫星星历,计算伪码相位参数,用来维持矢量跟踪环路的运行,并为信号重捕获做好准备。由图 11.29 和图 11.30 可以看出,利用 SINS 位置、速度参数与卫星星历计算得到的跟踪参数能够维持矢量跟踪环路的运行,信号中断期间,伪距跟踪误差最大仅为 5 m、定位误差最大仅为 3 m,所得结果与正常情况下北斗接收机的跟踪精度相差较小。

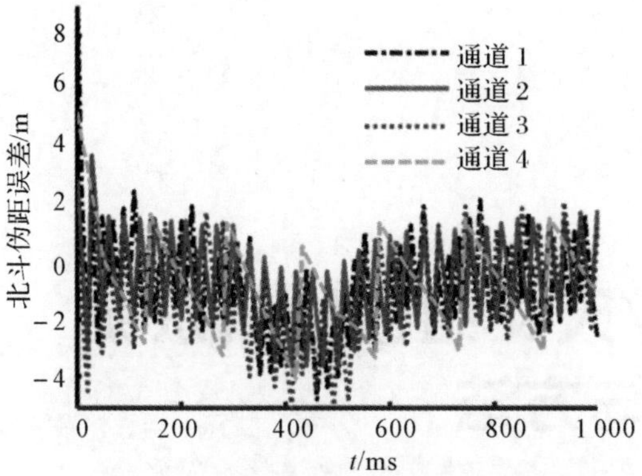

图 11.29　信号中断条件下深组合伪距误差

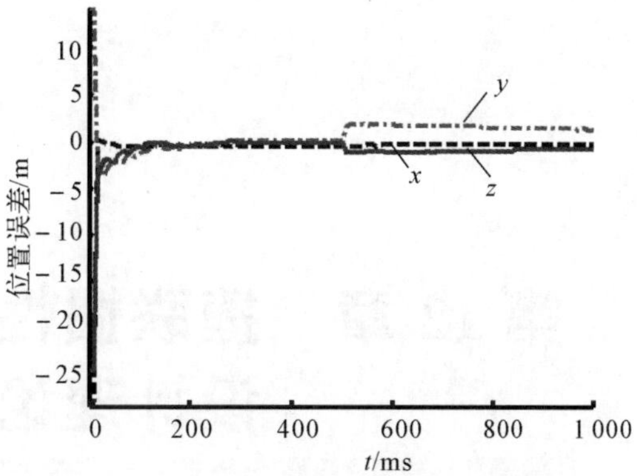

图 11.30　信号中断条件下深组合位置误差

综合来看，SINS/北斗深组合系统不仅能够在正常情况下实现高精度定位，而且在信号中断情况下，也能够维持较高的定位精度，具有较强的环境适应能力。

思考与练习

1. 相比于单独的捷联惯性导航系统和北斗卫星导航系统，捷联惯性/北斗组合导航系统有哪些优势？

2. 简述 SINS/北斗松组合模式的原理，并分析该模式的特点。

3. 请分析说明 SINS/北斗松组合模式中为何存在级联滤波的问题？

4. 简述 SINS/北斗紧组合模式的原理，并对比分析紧组合模式与松组合模式的区别和联系。

5. 简述 SINS/北斗超紧组合模式的原理。

6. 与紧组合模式相比，SINS/北斗超紧组合模式具有哪些优势？

7. 简述 SINS 辅助北斗信号捕获方法的基本原理。

8. 简述 SINS 辅助北斗信号跟踪方法的基本原理。

9. 请对比分析北斗信号标量跟踪与矢量跟踪的异同点。

10. SINS/北斗深组合模式可以分为哪几类？这些深组合模式分别具有怎样的特点？

11. 简述 SINS/北斗非相干深组合模式的原理。

第 12 章　捷联惯性/天文组合导航系统设计理论与方法

捷联惯性导航系统(SINS)是一种完全自主的导航定位系统,具有短时精度高、输出信息连续、抗干扰能力强、导航信息完备等其他导航系统无法比拟的优点。但是其导航误差随时间积累,难以长时间独立工作,需要与其他导航系统进行组合导航以提高导航性能;天文导航系统(Celestial Navigation System,CNS)通过观测自然天体进行导航,自主性强,且导航精度不受时间、距离长短的限制,但其输出导航信息的频率低且不连续。

由于捷联惯性导航系统(SINS)、天文导航系统(CNS)各有其优缺点,将两者结合起来进行 SINS/CNS 组合导航,可以实现优势互补。目前,按照组合方式的不同,SINS/CNS 组合导航有四种模式,分别是:直接校正组合模式、陀螺仪漂移校正组合模式、深组合模式以及全面最优校正组合模式。

本章主要从 SINS/CNS 不同组合模式的工作原理及其数学模型的角度,介绍不同组合导航模式的特点。

12.1　捷联惯性/天文直接校正组合模式

12.1.1　系统结构及工作原理

在直接校正组合模式下,惯导系统独立工作,提供位置、速度、姿态等导航信息;天文导航系统自主确定载体相对于惯性空间的姿态,并利用惯导系统提供的基准信息获取载体的位置信息;然后,采用输出校正的方式直接修正惯导系统的导航结果,而不影响惯导系统内部的导航解算过程。

直接校正组合模式下,SINS/CNS 组合导航方案如图 12.1 所示。

在基于直接校正组合模式的 SINS/CNS 组合导航系统中,SINS 子系统利用惯性测量单元(Inertial Measurement Unit,IMU)中陀螺仪和加速度计测量的角速度与比力信息,通过捷联惯性导航解算得到载体相对于导航坐标系的姿态、位置信息;CNS 子系统首先利用星敏感器捕获与识别恒星信息,进而获取载体相对于惯性系的姿态,然后利用来自 SINS 的基准信息(即位置矩阵和姿态矩阵),得到载体相对于导航坐标系的姿态和位置信息。最后,利用 CNS 子系统获得的位置和姿态信息对 SINS 导航参数进行修正。

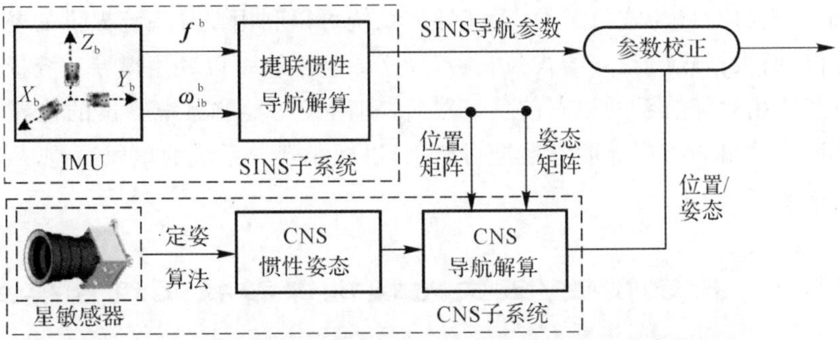

图 12.1　直接校正组合模式的 SINS/CNS 组合导航方案

由于基于直接校正组合模式的 SINS/CNS 组合导航系统仅利用天文导航信息对惯性导航系统的姿态误差和位置误差进行修正，不能校正惯性器件的误差，且天文导航输出的位置信息依赖于惯导系统提供的姿态矩阵，所以这种组合导航系统的误差依旧是发散的，精度提高效果不明显。

12.1.2　系统数学模型

利用大视场星敏感器观测多颗恒星后，天文导航系统可以直接输出载体相对于惯性空间的姿态信息$\tilde{\boldsymbol{C}}_{i}^{b}$，与惯导系统输出的姿态矩阵 $\hat{\boldsymbol{C}}_{b}^{n}$ 相结合，可以得到包含位置信息的矩阵$\tilde{\boldsymbol{C}}_{e}^{n}$：

$$\tilde{\boldsymbol{C}}_{e}^{n}=\hat{\boldsymbol{C}}_{b}^{n}\tilde{\boldsymbol{C}}_{i}^{b}\boldsymbol{C}_{e}^{i} \tag{12.1}$$

式中：$\tilde{\boldsymbol{C}}_{e}^{n}$ 为地球坐标系与导航坐标系之间的转换矩阵；$\boldsymbol{C}_{e}^{i}$ 为地球坐标系与惯性坐标系之间的转换矩阵，它可根据时间基准得到。

进而，根据矩阵$\tilde{\boldsymbol{C}}_{e}^{n}$ 的定义，可以得到载体的经、纬度坐标(λ,L)的主值为

$$\left.\begin{aligned}\lambda&=\arctan[\tilde{\boldsymbol{C}}_{e}^{n}(3,2)/\tilde{\boldsymbol{C}}_{e}^{n}(3,1)]\\L&=\arcsin[\tilde{\boldsymbol{C}}_{e}^{n}(3,3)]\end{aligned}\right\} \tag{12.2}$$

再根据矩阵$\tilde{\boldsymbol{C}}_{e}^{n}$ 中元素的正负号，可以得到经、纬度坐标的真值。

利用天文导航系统解算的载体相对于惯性空间的姿态矩阵$\tilde{\boldsymbol{C}}_{i}^{b}$，与惯导系统输出的位置矩阵 $\hat{\boldsymbol{C}}_{e}^{n}$ 相结合，可以得到载体相对于导航坐标系的姿态矩阵$\tilde{\boldsymbol{C}}_{b}^{n}$ 为

$$\tilde{\boldsymbol{C}}_{b}^{n}=\hat{\boldsymbol{C}}_{e}^{n}\boldsymbol{C}_{i}^{e}\tilde{\boldsymbol{C}}_{b}^{i}=\hat{\boldsymbol{C}}_{e}^{n}(\tilde{\boldsymbol{C}}_{i}^{b}\boldsymbol{C}_{e}^{i})^{\mathrm{T}} \tag{12.3}$$

根据姿态矩阵$\tilde{\boldsymbol{C}}_{b}^{n}$ 的定义，可以得到载体的俯仰角 θ、航向角 ψ、滚转角 γ 的主值为

$$\left.\begin{aligned}\theta&=\arcsin[\tilde{\boldsymbol{C}}_{b}^{n}(3,2)]\\\psi&=\arctan\left[-\frac{\tilde{\boldsymbol{C}}_{b}^{n}(1,2)}{\tilde{\boldsymbol{C}}_{b}^{n}(2,2)}\right]\\\gamma&=\arctan\left[-\frac{\tilde{\boldsymbol{C}}_{b}^{n}(3,1)}{\tilde{\boldsymbol{C}}_{b}^{n}(3,3)}\right]\end{aligned}\right\} \tag{12.4}$$

再根据姿态矩阵$\widetilde{C}_b^n$中元素的正负号，可得到俯仰角、航向角、滚转角的真值。

这样，根据式(12.1)与式(12.2)，天文导航系统可以利用惯导系统提供的姿态矩阵信息完成天文定位；而根据式(12.3)与式(12.4)，天文导航系统可以利用惯导系统提供的位置矩阵信息获得载体相对导航系的姿态信息。然后，利用天文导航系统输出的位置、姿态信息，直接对惯导系统输出的相应导航参数进行修正，以减小惯导系统的累积误差，从而提高组合导航系统的精度。

12.2 捷联惯性/天文陀螺仪漂移校正组合模式

12.2.1 系统结构及工作原理

在陀螺仪漂移校正组合模式中，天文导航系统利用惯导系统提供的位置信息得到载体相对于导航系的姿态信息，再与惯导系统输出的姿态信息进行信息融合，估计并补偿惯导系统中的陀螺仪漂移，以修正惯导系统的误差，最终的导航输出结果就是惯导系统的输出。

陀螺仪漂移校正组合模式下，SINS/CNS组合导航方案如图12.2所示。

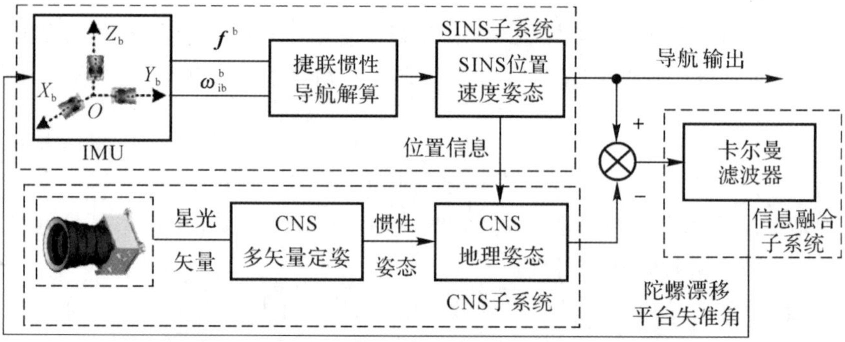

图12.2 陀螺仪漂移校正SINS/CNS组合导航方案

(1)SINS子系统。SINS子系统利用惯性测量器件输出的角速度和比力，解算得到载体的位置、速度和姿态信息；并利用信息融合子系统提供的平台失准角和陀螺仪漂移的估计结果对惯导解算过程进行校正。同时，该子系统为信息融合模块提供地理系姿态信息，向CNS子系统提供位置信息。

(2)CNS子系统。CNS子系统利用大视场星敏感器观测多颗恒星，然后根据多矢量定姿算法计算得到载体相对于惯性系的姿态信息，进而在SINS提供的位置信息的辅助下，输出地理系下的姿态信息。该子系统可以为信息融合子系统提供地理系姿态信息。

(3)信息融合子系统。信息融合子系统采用卡尔曼滤波算法进行信息融合。以惯导系统误差方程为状态方程，以SINS和CNS的姿态角差值为量测进行卡尔曼滤波，得到数学平台失准角和陀螺仪漂移的估计值，并利用这些误差估计值对惯导解算过程进行校正。

陀螺仪漂移校正组合导航系统修正了陀螺仪漂移，可以有效提高组合导航系统的精度；但天文导航系统无法提供位置信息，而且加速度计零偏会累积位置误差，最终仍会导致组合导航系统的导航误差发散。

12.2.2 系统数学模型

1. 状态方程

选择东-北-天地理坐标系作为导航坐标系，SINS 姿态误差方程可以写成：

$$
\left.\begin{aligned}
\dot{\phi}_E &= -\frac{\delta v_N}{R_M+h}+\left(\omega_{ie}\sin L+\frac{v_E}{R_N+h}\tan L\right)\phi_N-\left(\omega_{ie}\cos L+\frac{v_E}{R_N+h}\right)\phi_U \\
&\quad +\frac{v_N}{(R_M+h)^2}\delta h-\varepsilon_E \\
\dot{\phi}_N &= \frac{\delta v_E}{R_N+h}-\left(\omega_{ie}\sin L+\frac{v_E}{R_N+h}\tan L\right)\phi_E-\frac{v_N}{R_M+h}\phi_U-\omega_{ie}\sin L\,\delta L \\
&\quad -\frac{v_E}{(R_N+h)^2}\delta h-\varepsilon_N \\
\dot{\phi}_U &= \frac{\delta v_E}{R_N+h}\tan L+\left(\omega_{ie}\cos L+\frac{v_E}{R_N+h}\right)\phi_E+\frac{v_N}{R_M+h}\phi_N-\frac{v_E\tan L}{(R_N+h)^2}\delta h \\
&\quad +\left(\omega_{ie}\cos L+\frac{v_E}{R_N+h}\sec^2 L\right)\delta L-\varepsilon_U
\end{aligned}\right\} \tag{12.5}
$$

根据姿态误差方程(12.5)，可以得到系统的状态方程为

$$
\dot{\boldsymbol{X}}=\boldsymbol{F}\boldsymbol{X}+\boldsymbol{G}\boldsymbol{W} \tag{12.6}
$$

式中：状态矢量 $\boldsymbol{X}=[\phi_E,\phi_N,\phi_U,\varepsilon_x,\varepsilon_y,\varepsilon_z]^T$，包括平台失准角 ϕ_E,ϕ_N,ϕ_U 和陀螺仪漂移误差 $\varepsilon_x,\varepsilon_y,\varepsilon_z$；$\boldsymbol{F}$ 为状态矩阵，有

$$
\boldsymbol{F}=\begin{bmatrix}\boldsymbol{F}_\varphi & -\boldsymbol{C}_b^n \\ \boldsymbol{0}_{3\times3} & \boldsymbol{0}_{3\times3}\end{bmatrix}
$$

$\boldsymbol{F}_\varphi$ 是平台失准角对应的状态矩阵，即

$$
\boldsymbol{F}_\varphi=\begin{bmatrix}
0 & \omega_{ie}\sin L+\dfrac{v_E}{R_N+h}\tan L & -\omega_{ie}\cos L-\dfrac{v_E}{R_N+h} \\
-\omega_{ie}\sin L-\dfrac{v_E}{R_N+h}\tan L & 0 & -\dfrac{v_N}{R_M+h} \\
\omega_{ie}\cos L+\dfrac{v_E}{R_N+h} & \dfrac{v_N}{R_M+h} & 0
\end{bmatrix}
$$

$\boldsymbol{G}$ 为系统噪声驱动矩阵，有

$$
\boldsymbol{G}=\begin{bmatrix}-\boldsymbol{C}_b^n \\ \boldsymbol{0}_{3\times3}\end{bmatrix}
$$

$\boldsymbol{W}=[W_{gx},W_{gy},W_{gz}]^T$ 为系统噪声，且 W_{gx},W_{gy},W_{gz} 为陀螺仪随机噪声。

2. 量测方程

以捷联惯导子系统与天文导航子系统的姿态角之差作为量测量。

由于 SINS 输出的捷联矩阵 $\hat{\boldsymbol{C}}_n^b$ 中含有平台失准角 $\boldsymbol{\varphi}$，所以 SINS 解算得到的姿态角 $\hat{\theta}$，$\hat{\psi}$，$\hat{\gamma}$ 也包含姿态误差角 $\delta\theta,\delta\psi,\delta\gamma$，即

$$\left.\begin{aligned}\hat{\theta}&=\theta+\delta\theta\\\hat{\psi}&=\psi+\delta\psi\\\hat{\gamma}&=\gamma+\delta\gamma\end{aligned}\right\}\tag{12.7}$$

CNS 解算得到的姿态角 $\tilde{\theta},\tilde{\psi},\tilde{\gamma}$ 可以表示为理想值叠加量测噪声的形式，即

$$\left.\begin{aligned}\tilde{\theta}&=\theta+V_\theta\\\tilde{\psi}&=\psi+V_\psi\\\tilde{\gamma}&=\gamma+V_\gamma\end{aligned}\right\}\tag{12.8}$$

设惯导系统输出的捷联矩阵为 $\hat{\boldsymbol{C}}_\mathrm{n}^\mathrm{b}$，真实的捷联矩阵为 $\boldsymbol{C}_\mathrm{n}^\mathrm{b}$，$\boldsymbol{\varphi}=[\phi_\mathrm{E},\phi_\mathrm{N},\phi_\mathrm{U}]^\mathrm{T}$ 为平台失准角，则根据定义有

$$\boldsymbol{C}_\mathrm{n}^\mathrm{b}=\hat{\boldsymbol{C}}_\mathrm{n}^\mathrm{b}\boldsymbol{C}_\mathrm{n}^{\hat{\mathrm{n}}}=\begin{bmatrix}C_{11}&C_{12}&C_{13}\\C_{21}&C_{22}&C_{23}\\C_{31}&C_{32}&C_{33}\end{bmatrix}=\begin{bmatrix}\hat{C}_{11}&\hat{C}_{12}&\hat{C}_{13}\\\hat{C}_{21}&\hat{C}_{22}&\hat{C}_{23}\\\hat{C}_{31}&\hat{C}_{32}&\hat{C}_{33}\end{bmatrix}\begin{bmatrix}1&\phi_\mathrm{U}&-\phi_\mathrm{N}\\-\phi_\mathrm{U}&1&\phi_\mathrm{E}\\\phi_\mathrm{N}&-\phi_\mathrm{E}&1\end{bmatrix}\tag{12.9}$$

根据捷联矩阵的定义，可知 $\sin\theta=C_{23}$、$\tan\psi=-C_{21}/C_{22}$、$\tan\gamma=-C_{13}/C_{33}$，联立式(12.7)和式(12.9)，可得

$$\sin(\hat{\theta}-\delta\theta)=-\phi_\mathrm{N}\hat{C}_{21}+\phi_\mathrm{E}\hat{C}_{22}+\hat{C}_{23}\tag{12.10}$$

$$\tan(\hat{\psi}-\delta\psi)=-\frac{\hat{C}_{21}-\phi_\mathrm{U}\hat{C}_{22}+\phi_\mathrm{N}\hat{C}_{23}}{\phi_\mathrm{U}\hat{C}_{21}+\hat{C}_{22}-\phi_\mathrm{E}\hat{C}_{23}}\tag{12.11}$$

$$\tan(\hat{\gamma}-\delta\gamma)=-\frac{-\phi_\mathrm{N}\hat{C}_{11}+\phi_\mathrm{E}\hat{C}_{12}+\hat{C}_{13}}{-\phi_\mathrm{N}\hat{C}_{31}+\phi_\mathrm{E}\hat{C}_{32}+\hat{C}_{33}}\tag{12.12}$$

将式(12.10)～式(12.11)按泰勒级数展开，并忽略二阶及以上小量，可得

$$\delta\theta=-\phi_\mathrm{E}\cos\hat{\psi}-\phi_\mathrm{N}\sin\hat{\psi}\tag{12.13}$$

$$\delta\psi=-\phi_\mathrm{E}\sin\hat{\psi}\tan\hat{\theta}+\phi_\mathrm{N}\cos\hat{\psi}\tan\hat{\theta}-\phi_\mathrm{U}\tag{12.14}$$

$$\delta\gamma=\phi_\mathrm{E}\frac{\sin\hat{\psi}}{\cos\hat{\theta}}-\phi_\mathrm{N}\frac{\cos\hat{\psi}}{\cos\hat{\theta}}\tag{12.15}$$

式(12.13)～式(12.15)给出了平台失准角 $\varphi_\mathrm{E},\varphi_\mathrm{N},\varphi_\mathrm{U}$ 与 SINS 姿态误差角 $\delta\theta,\delta\psi,\delta\gamma$ 之间的转换关系，写成矩阵形式为

$$\begin{bmatrix}\delta\theta\\\delta\psi\\\delta\gamma\end{bmatrix}=\begin{bmatrix}-\cos\hat{\psi}&-\sin\hat{\psi}&0\\-\sin\hat{\psi}\tan\hat{\theta}&\cos\hat{\psi}\tan\hat{\theta}&-1\\\dfrac{\sin\hat{\psi}}{\cos\hat{\theta}}&-\dfrac{\cos\hat{\psi}}{\cos\hat{\theta}}&0\end{bmatrix}\begin{bmatrix}\phi_\mathrm{E}\\\phi_\mathrm{N}\\\phi_\mathrm{U}\end{bmatrix}\tag{12.16}$$

将 SINS 和 CNS 解算得到的姿态角 $\hat{\theta},\hat{\psi},\hat{\gamma}$ 和 $\tilde{\theta},\tilde{\psi},\tilde{\gamma}$ 的差值作为量测向量 $\boldsymbol{Z}$，则联立式(12.7)和式(12.8)可得

$$\boldsymbol{Z}=\begin{bmatrix}\hat{\theta}-\tilde{\theta}\\\hat{\psi}-\tilde{\psi}\\\hat{\gamma}-\tilde{\gamma}\end{bmatrix}=\begin{bmatrix}(\theta+\delta\theta)-(\theta+V_\theta)\\(\psi+\delta\psi)-(\psi+V_\psi)\\(\gamma+\delta\gamma)-(\gamma+V_\gamma)\end{bmatrix}=\begin{bmatrix}\delta\theta-V_\theta\\\delta\psi-V_\psi\\\delta\gamma-V_\gamma\end{bmatrix}\tag{12.17}$$

将式(12.16)代入式(12.17),便可得到量测方程

$$\boldsymbol{Z}=\boldsymbol{H}\boldsymbol{X}+\boldsymbol{V}=[\boldsymbol{H}_{\varphi}\quad \boldsymbol{0}_{3\times 3}]\boldsymbol{X}+\boldsymbol{V} \tag{12.18}$$

式中:$\boldsymbol{H}$ 为量测矩阵;$\boldsymbol{V}=-[V_{\theta},V_{\psi},V_{\gamma}]^{\mathrm{T}}$ 为量测噪声;$\boldsymbol{H}_{\varphi}$ 为

$$\boldsymbol{H}_{\varphi}=\begin{bmatrix} -\cos\hat{\psi} & -\sin\hat{\psi} & 0 \\ -\sin\hat{\psi}\tan\hat{\theta} & \cos\hat{\psi}\tan\hat{\theta} & -1 \\ \dfrac{\sin\hat{\psi}}{\cos\hat{\theta}} & -\dfrac{\cos\hat{\psi}}{\cos\hat{\theta}} & 0 \end{bmatrix} \tag{12.19}$$

联合式(12.6)和式(12.18),便可得到捷联惯性/天文陀螺仪漂移校正组合模式的系统模型。

12.3 捷联惯性/天文深组合模式

12.3.1 系统结构及工作原理

深组合模式中,惯性导航系统与天文导航系统相互辅助,进而完成导航信息的融合。惯性导航系统在天文导航系统的辅助下输出高精度的地平信息;天文导航系统在惯性导航系统提供的地平信息的辅助下,输出高精度的位置、姿态信息;再将惯性导航系统和天文导航系统的位置、姿态输出作为量测值,利用卡尔曼滤波算法对惯性导航系统的位置误差、姿态误差进行估计、校正,以提高组合导航系统的精度。

深组合模式下,SINS/CNS 组合导航方案如图 12.3 所示。

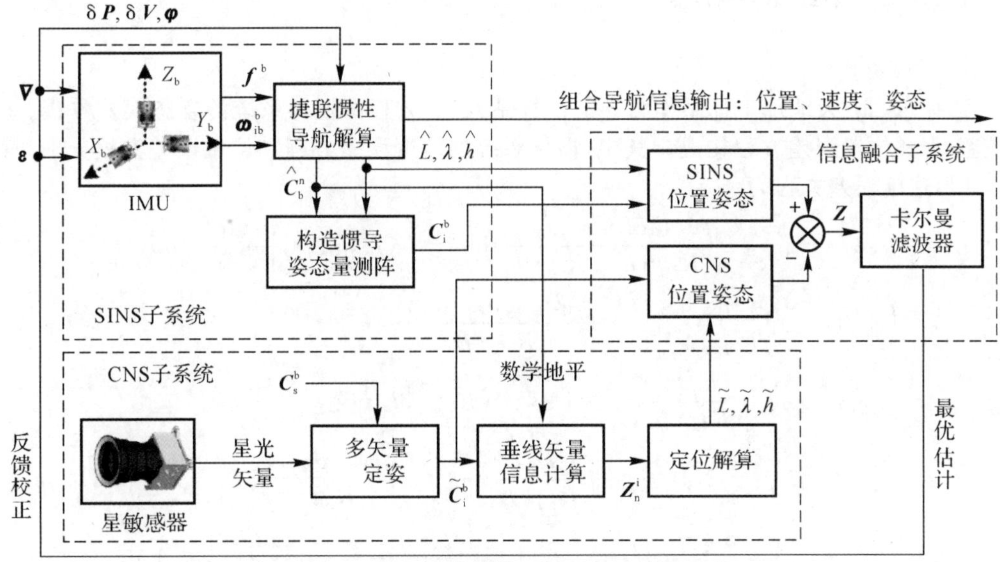

图 12.3 深组合模式的 SINS/CNS 导航方案

SINS/CNS 深组合导航模式在基于数学地平(由捷联惯导系统提供)进行天文定位的基础上,引入天文位置信息辅助 SINS,进一步减小载体长航时位置误差积累对水平基准的影响,并最终实现高精度的组合导航定位。

SINS/CNS 深组合导航系统主要由 SINS 子系统、CNS 子系统和信息融合子系统三部分组成。

(1)SINS子系统。SINS根据惯性器件的测量信息(比力和角速度),通过捷联惯性导航解算得到载体的位置 $\hat{L}$,$\hat{\lambda}$,$\hat{h}$、速度和姿态 $\hat{\psi}$,$\hat{\theta}$,$\hat{\gamma}$;但由于SINS中陀螺仪漂移、加速度计零偏以及平台失准角等各种误差因素的影响,SINS的导航误差随时间积累。

(2)CNS子系统。大视场星敏感器可直接输出高精度的惯性姿态矩阵 $\widetilde{\boldsymbol{C}}_{\mathrm{i}}^{\mathrm{b}}$,结合CNS辅助下的SINS输出的高精度数学地平 $\hat{\boldsymbol{C}}_{\mathrm{b}}^{\mathrm{n}}$,可得到当地垂线矢量 $\boldsymbol{Z}_{\mathrm{n}}^{\mathrm{i}}$,从而实现CNS定位,获取天文定位信息 $\widetilde{L}$,$\widetilde{\lambda}$,$\widetilde{h}$。

(3)信息融合子系统。SINS、CNS分别能够提供载体的位置信息 $\hat{L}$,$\hat{\lambda}$,$\hat{h}$、$\widetilde{L}$,$\widetilde{\lambda}$,$\widetilde{h}$ 和惯性姿态矩阵 $\hat{\boldsymbol{C}}_{\mathrm{i}}^{\mathrm{b}}$、$\widetilde{\boldsymbol{C}}_{\mathrm{i}}^{\mathrm{b}}$,将位置和惯性姿态矩阵的差值作为量测信息,并利用卡尔曼滤波算法进行信息融合,可以估计出陀螺仪漂移、位置误差及平台失准角误差等。将卡尔曼滤波估计得到的SINS误差反馈回SINS子系统,并对导航参数和惯性器件误差进行校正补偿后,能够实现高精度的SINS位置和姿态确定,进一步提高了SINS数学地平 $\hat{\boldsymbol{C}}_{\mathrm{b}}^{\mathrm{n}}$ 的精度,在此基础上,CNS的导航精度也将得到提高。

通过SINS、CNS两者之间相互辅助,可以实现载体的高精度导航,SINS的最终输出即为SINS/CNS深组合导航系统的位置、速度和姿态信息。

基于深组合模式的SINS/CNS组合导航系统,利用天文子系统输出的姿态信息校正惯导的陀螺仪漂移和平台失准角,同时利用天文定位信息对惯导位置累积误差进行修正,从而提高了组合导航系统的精度。但是,由于天文子系统采用的地平基准耦合了惯导误差,随着惯导误差的累积,地平基准误差也会累积,最终将导致深组合导航系统误差的发散。

12.3.2 系统数学模型

1.状态方程

选择东-北-天地理坐标系作为导航坐标系,状态方程由惯导系统的姿态误差方程、速度误差方程和位置误差方程构成。其中,惯导系统的速度误差方程和位置误差方程分别为:

(1)速度误差方程为

$$\left.\begin{aligned}
\delta\dot{v}_{\mathrm{E}}=&f_{\mathrm{N}}\phi_{\mathrm{U}}-f_{\mathrm{U}}\phi_{\mathrm{N}}+\left(\frac{v_{\mathrm{N}}\tan L}{R_{\mathrm{N}}+h}-\frac{v_{\mathrm{U}}}{R_{\mathrm{N}}+h}\right)\delta v_{\mathrm{E}}+\left(2\omega_{\mathrm{ie}}\sin L+\frac{v_{\mathrm{E}}\tan L}{R_{\mathrm{N}}+h}\right)\delta v_{\mathrm{N}}-\\
&\left(2\omega_{\mathrm{ie}}\cos L+\frac{v_{\mathrm{E}}}{R_{\mathrm{N}}+h}\right)\delta v_{\mathrm{U}}+\frac{v_{\mathrm{E}}v_{\mathrm{U}}-v_{\mathrm{E}}v_{\mathrm{N}}\tan L}{(R_{\mathrm{N}}+h)^2}\delta h+\\
&\left(2\omega_{\mathrm{ie}}\cos L v_{\mathrm{N}}+\frac{v_{\mathrm{E}}v_{\mathrm{N}}}{R_{\mathrm{N}}+h}\sec^2 L+2\omega_{\mathrm{ie}}\sin L v_{\mathrm{U}}\right)\delta L+\nabla_{\mathrm{E}}\\
\delta\dot{v}_{\mathrm{N}}=&f_{\mathrm{U}}\phi_{\mathrm{E}}-f_{\mathrm{E}}\phi_{\mathrm{U}}-2\left(\omega_{\mathrm{ie}}\sin L+\frac{v_{\mathrm{E}}}{R_{\mathrm{N}}+h}\tan L\right)\delta v_{\mathrm{E}}-\frac{v_{\mathrm{U}}}{R_{\mathrm{M}}+h}\delta v_{\mathrm{N}}-\frac{v_{\mathrm{N}}}{R_{\mathrm{M}}+h}\delta v_{\mathrm{U}}-\\
&\left(2\omega_{\mathrm{ie}}\cos L+\frac{v_{\mathrm{E}}}{R_{\mathrm{N}}+h}\sec^2 L\right)v_{\mathrm{E}}\delta L+\left[\frac{v_{\mathrm{N}}v_{\mathrm{U}}}{(R_{\mathrm{M}}+h)^2}+\frac{v_{\mathrm{E}}^2\tan L}{(R_{\mathrm{N}}+h)^2}\right]\delta h+\nabla_{\mathrm{N}}\\
\delta\dot{v}_{\mathrm{U}}=&f_{\mathrm{E}}\phi_{\mathrm{N}}-f_{\mathrm{N}}\phi_{\mathrm{E}}+2\left(\omega_{\mathrm{ie}}\cos L+\frac{v_{\mathrm{E}}}{R_{\mathrm{N}}+h}\right)\delta v_{\mathrm{E}}+\frac{2v_{\mathrm{N}}}{R_{\mathrm{M}}+h}\delta v_{\mathrm{N}}-\\
&2\omega_{\mathrm{ie}}\sin L v_{\mathrm{E}}\delta L-\left[\frac{v_{\mathrm{N}}^2}{(R_{\mathrm{M}}+h)^2}+\frac{v_{\mathrm{E}}^2}{(R_{\mathrm{N}}+h)^2}\right]\delta h+\nabla_{\mathrm{U}}
\end{aligned}\right\}\tag{12.20}$$

(2)位置误差方程为

$$\left.\begin{aligned}\delta\dot{L}&=\frac{\delta v_{\mathrm{N}}}{R_{\mathrm{M}}+h}-\frac{v_{\mathrm{N}}}{(R_{\mathrm{M}}+h)^{2}}\delta h\\\delta\dot{\lambda}&=\frac{\delta v_{\mathrm{E}}}{R_{\mathrm{N}}+h}\sec L+\frac{v_{\mathrm{E}}}{R_{\mathrm{N}}+h}\sec L\tan L\,\delta L-\frac{v_{\mathrm{E}}}{(R_{\mathrm{N}}+h)^{2}}\sec L\,\delta h\\\delta\dot{h}&=\delta v_{\mathrm{U}}\end{aligned}\right\}\tag{12.21}$$

将速度、位置误差方程与姿态误差方程式(12.5)相结合,可以得到系统的状态方程为

$$\dot{\boldsymbol{X}}=\boldsymbol{FX}+\boldsymbol{GW}\tag{12.22}$$

式中:状态矢量 $\boldsymbol{X}=[\phi_{\mathrm{E}},\phi_{\mathrm{N}},\phi_{\mathrm{U}},\delta v_{\mathrm{E}},\delta v_{\mathrm{N}},\delta v_{\mathrm{U}},\delta L,\delta\lambda,\delta h,\varepsilon_x,\varepsilon_y,\varepsilon_z,\nabla_x,\nabla_y,\nabla_z]^{\mathrm{T}}$,包括平台失准角 $\phi_{\mathrm{E}},\phi_{\mathrm{N}},\phi_{\mathrm{U}}$、速度误差 $\delta v_{\mathrm{E}},\delta v_{\mathrm{N}},\delta v_{\mathrm{U}}$、位置误差 $\delta L,\delta\lambda,\delta h$、陀螺仪常值漂移 $\varepsilon_x,\varepsilon_y,\varepsilon_z$ 和加速度计零偏$\nabla_x,\nabla_y,\nabla_z$;$\boldsymbol{F}$ 为惯导系统误差方程对应的状态矩阵,有

$$\boldsymbol{F}=\begin{bmatrix}\boldsymbol{F}_{\mathrm{N}} & \boldsymbol{F}_{\mathrm{S}}\\\boldsymbol{0}_{6\times9} & \boldsymbol{0}_{6\times6}\end{bmatrix},\quad \boldsymbol{F}_{\mathrm{S}}=\begin{bmatrix}-\boldsymbol{C}_{\mathrm{b}}^{\mathrm{n}} & \boldsymbol{0}_{3\times3}\\\boldsymbol{0}_{3\times3} & \boldsymbol{C}_{\mathrm{b}}^{\mathrm{n}}\\\boldsymbol{0}_{3\times3} & \boldsymbol{0}_{3\times3}\end{bmatrix}$$

$\boldsymbol{F}_{\mathrm{N}}$ 是平台失准角、速度误差和位置误差对应的系统矩阵,其非零元素为

$$\boldsymbol{F}(1,2)=\omega_{\mathrm{ie}}\sin L+\frac{v_{\mathrm{E}}}{R_{\mathrm{N}}+h}\tan L,\quad \boldsymbol{F}(1,3)=-\left(\omega_{\mathrm{ie}}\cos L+\frac{v_{\mathrm{E}}}{R_{\mathrm{N}}+h}\right)$$

$$\boldsymbol{F}(1,5)=-\frac{1}{R_{\mathrm{M}}+h},\quad \boldsymbol{F}(1,9)=\frac{v_{\mathrm{N}}}{(R_{\mathrm{M}}+h)^{2}}$$

$$\boldsymbol{F}(2,1)=-\omega_{\mathrm{ie}}\sin L-\frac{v_{\mathrm{E}}}{R_{\mathrm{N}}+h}\tan L,\quad \boldsymbol{F}(2,3)=-\frac{v_{\mathrm{N}}}{R_{\mathrm{M}}+h}$$

$$\boldsymbol{F}(2,4)=\frac{1}{R_{\mathrm{N}}+h},\quad \boldsymbol{F}(2,7)=-\omega_{\mathrm{ie}}\sin L$$

$$\boldsymbol{F}(2,9)=-\frac{v_{\mathrm{E}}}{(R_{\mathrm{N}}+h)^{2}},\quad \boldsymbol{F}(3,1)=\omega_{\mathrm{ie}}\cos L+\frac{v_{\mathrm{E}}}{R_{\mathrm{N}}+h}$$

$$\boldsymbol{F}(3,2)=\frac{v_{\mathrm{N}}}{R_{\mathrm{M}}+h},\quad \boldsymbol{F}(3,4)=\frac{1}{R_{\mathrm{N}}+h}\tan L$$

$$\boldsymbol{F}(3,7)=\omega_{\mathrm{ie}}\cos L+\frac{v_{\mathrm{E}}}{R_{\mathrm{N}}+h}\sec^{2}L,\quad \boldsymbol{F}(3,9)=-\frac{v_{\mathrm{E}}\tan L}{(R_{\mathrm{N}}+h)^{2}}$$

$$\boldsymbol{F}(4,2)=-f_{\mathrm{U}},\quad \boldsymbol{F}(4,3)=f_{\mathrm{N}}$$

$$\boldsymbol{F}(4,4)=\frac{v_{\mathrm{N}}}{R_{\mathrm{N}}+h}\tan L-\frac{v_{\mathrm{U}}}{R_{\mathrm{N}}+h},\quad \boldsymbol{F}(4,5)=2\omega_{\mathrm{ie}}\sin L+\frac{v_{\mathrm{E}}}{R_{\mathrm{N}}+h}\tan L$$

$$\boldsymbol{F}(4,6)=-\left(2\omega_{\mathrm{ie}}\cos L+\frac{v_{\mathrm{E}}}{R_{\mathrm{N}}+h}\right),\quad \boldsymbol{F}(4,9)=\frac{v_{\mathrm{E}}v_{\mathrm{U}}-v_{\mathrm{E}}v_{\mathrm{N}}\tan L}{(R_{\mathrm{N}}+h)^{2}}$$

$$\boldsymbol{F}(4,7)=2\omega_{\mathrm{ie}}\cos L v_{\mathrm{N}}+\frac{v_{\mathrm{E}}v_{\mathrm{N}}}{R_{\mathrm{N}}+h}\sec^{2}L+2\omega_{\mathrm{ie}}\sin L v_{\mathrm{U}},\quad \boldsymbol{F}(5,1)=f_{\mathrm{U}}$$

$$\boldsymbol{F}(5,3)=-f_{\mathrm{E}},\quad \boldsymbol{F}(5,4)=-2\left(\omega_{\mathrm{ie}}\sin L+\frac{v_{\mathrm{E}}}{R_{\mathrm{N}}+h}\tan L\right)$$

$$\boldsymbol{F}(5,5)=-\frac{v_{\mathrm{U}}}{R_{\mathrm{M}}+h},\quad \boldsymbol{F}(5,6)=-\frac{v_{\mathrm{N}}}{R_{\mathrm{M}}+h}$$

$$\boldsymbol{F}(5,7)=-\left(2\omega_{\mathrm{ie}}\cos L+\frac{v_{\mathrm{E}}}{R_{\mathrm{N}}+h}\sec^2 L\right)v_{\mathrm{E}},\quad \boldsymbol{F}(5,9)=\frac{v_{\mathrm{N}}v_{\mathrm{U}}}{(R_{\mathrm{M}}+h)^2}+\frac{v_{\mathrm{E}}^2\tan L}{(R_{\mathrm{N}}+h)^2}$$

$$\boldsymbol{F}(6,1)=-f_{\mathrm{N}},\quad \boldsymbol{F}(6,2)=f_{\mathrm{E}}$$

$$\boldsymbol{F}(6,4)=2\left(\omega_{\mathrm{ie}}\cos L+\frac{v_{\mathrm{E}}}{R_{\mathrm{N}}+h}\right),\quad \boldsymbol{F}(6,5)=\frac{2v_{\mathrm{N}}}{R_{\mathrm{M}}+h}$$

$$\boldsymbol{F}(6,7)=-2v_{\mathrm{E}}\omega_{\mathrm{ie}}\sin L,\quad \boldsymbol{F}(6,9)=-\frac{v_{\mathrm{N}}^2}{(R_{\mathrm{M}}+h)^2}-\frac{v_{\mathrm{E}}^2}{(R_{\mathrm{N}}+h)^2}$$

$$\boldsymbol{F}(7,5)=\frac{1}{R_{\mathrm{M}}+h},\quad \boldsymbol{F}(7,9)=-\frac{v_{\mathrm{N}}}{(R_{\mathrm{M}}+h)^2}$$

$$\boldsymbol{F}(8,4)=\frac{\sec L}{R_{\mathrm{N}}+h},\quad \boldsymbol{F}(8,7)=\frac{v_{\mathrm{E}}}{R_{\mathrm{N}}+h}\sec L\tan L$$

$$\boldsymbol{F}(8,9)=-\frac{v_{\mathrm{E}}}{(R_{\mathrm{N}}+h)^2}\sec L,\quad \boldsymbol{F}(9,6)=1$$

$\boldsymbol{G}$ 为系统噪声驱动矩阵，有

$$\boldsymbol{G}=\begin{bmatrix}-\boldsymbol{C}_{\mathrm{b}}^{\mathrm{n}} & \boldsymbol{0}_{3\times3}\\ \boldsymbol{0}_{3\times3} & \boldsymbol{C}_{\mathrm{b}}^{\mathrm{n}}\\ \boldsymbol{0}_{9\times3} & \boldsymbol{0}_{9\times3}\end{bmatrix}$$

$\boldsymbol{W}=[W_{gx},W_{gy},W_{gz},W_{ax},W_{ay},W_{az}]^{\mathrm{T}}$ 为系统噪声，包括陀螺仪随机噪声 W_{gx},W_{gy},W_{gz} 和加速度计随机噪声 W_{ax},W_{ay},W_{az}。

2. 量测方程

(1)姿态量测方程。星敏感器可以直接测量本体系相对于惯性系的姿态矩阵，若想获取载体相对于导航系的姿态信息，需要惯导系统提供位置矩阵进行辅助。然而，这样会引入累积的惯导位置误差，降低导航精度。因此，SINS/CNS 深组合导航系统以惯性姿态矩阵误差为量测，并建立相应的姿态量测方程。

惯导系统的位置误差可以写作 $\delta\boldsymbol{P}=[-\delta L \quad \delta\lambda\cdot\cos L \quad \delta\lambda\cdot\sin L]^{\mathrm{T}}$，则可以得到惯导系统输出的姿态矩阵 $\hat{\boldsymbol{C}}_{\mathrm{b}}^{\mathrm{n}}$ 和惯性系相对于导航系的转换矩阵 $\hat{\boldsymbol{C}}_{\mathrm{i}}^{\mathrm{n}}$ 的表达式为

$$\hat{\boldsymbol{C}}_{\mathrm{b}}^{\mathrm{n}}=(\boldsymbol{I}-[\boldsymbol{\varphi}\times])\boldsymbol{C}_{\mathrm{b}}^{\mathrm{n}} \tag{12.23}$$

$$\hat{\boldsymbol{C}}_{\mathrm{i}}^{\mathrm{n}}=(\boldsymbol{I}-[\delta\boldsymbol{P}\times])\boldsymbol{C}_{\mathrm{i}}^{\mathrm{n}} \tag{12.24}$$

式中：$\hat{\boldsymbol{C}}_{\mathrm{b}}^{\mathrm{n}}$ 为惯导系统输出的姿态矩阵；$\hat{\boldsymbol{C}}_{\mathrm{i}}^{\mathrm{n}}$ 为惯导系统输出的惯性系相对于导航系的转换矩阵，而 $\boldsymbol{C}_{\mathrm{b}}^{\mathrm{n}}$ 和 $\boldsymbol{C}_{\mathrm{i}}^{\mathrm{n}}$ 分别为相应矩阵的真值；$[\boldsymbol{\varphi}\times]$、$[\delta\boldsymbol{P}\times]$为平台失准角 $\boldsymbol{\varphi}$ 和位置误差 $\delta\boldsymbol{P}$ 的叉乘矩阵。

根据式(12.23)和式(12.24)，姿态误差矩阵 $\boldsymbol{Z}_{\mathrm{s}}$ 可以写成

$$\boldsymbol{Z}_{\mathrm{s}}=\hat{\boldsymbol{C}}_{\mathrm{i}}^{\mathrm{b}}-\tilde{\boldsymbol{C}}_{\mathrm{i}}^{\mathrm{b}}=\hat{\boldsymbol{C}}_{\mathrm{n}}^{\mathrm{b}}\hat{\boldsymbol{C}}_{\mathrm{i}}^{\mathrm{n}}-(\boldsymbol{C}_{\mathrm{i}}^{\mathrm{b}}+\boldsymbol{v}_{\mathrm{s}})=\boldsymbol{C}_{\mathrm{n}}^{\mathrm{b}}[\boldsymbol{\varphi}\times]\boldsymbol{C}_{\mathrm{i}}^{\mathrm{n}}-\boldsymbol{C}_{\mathrm{n}}^{\mathrm{b}}[\delta\boldsymbol{P}\times]\boldsymbol{C}_{\mathrm{i}}^{\mathrm{n}}-\boldsymbol{v}_{\mathrm{s}} \tag{12.25}$$

式中：$\boldsymbol{v}_{\mathrm{s}}$ 是由星敏感器的量测噪声矢量所构成的反对称矩阵。

利用矩阵 $\boldsymbol{Z}_{s(3\times3)}$ 的三个列向量组成姿态量测矢量 $\boldsymbol{Z}_{1(9\times1)}$，并建立姿态量测矢量 $\boldsymbol{Z}_1$ 与状态矢量之间的关系，可以得到姿态量测方程为

$$\boldsymbol{Z}_1=\boldsymbol{H}_1\boldsymbol{X}+\boldsymbol{v}_1 \tag{12.26}$$

式中：$\boldsymbol{H}_1$ 为姿态量测矩阵，有

$$\boldsymbol{H}_1=\begin{bmatrix}\boldsymbol{H}_{11} & \boldsymbol{0}_{3\times3} & \boldsymbol{H}_{11}\boldsymbol{H}_{\mathrm{p}} & \boldsymbol{0}_{3\times7}\\ \boldsymbol{H}_{12} & \boldsymbol{0}_{3\times3} & \boldsymbol{H}_{12}\boldsymbol{H}_{\mathrm{p}} & \boldsymbol{0}_{3\times7}\\ \boldsymbol{H}_{13} & \boldsymbol{0}_{3\times3} & \boldsymbol{H}_{13}\boldsymbol{H}_{\mathrm{p}} & \boldsymbol{0}_{3\times7}\end{bmatrix}$$

式中：

$$\boldsymbol{H}_{11}=\begin{bmatrix}\boldsymbol{C}_{\mathrm{n},1}^{\mathrm{b}}\times\boldsymbol{C}_{\mathrm{i},1}^{\mathrm{n}}{}^{\mathrm{T}}\\ \boldsymbol{C}_{\mathrm{n},1}^{\mathrm{b}}\times\boldsymbol{C}_{\mathrm{i},2}^{\mathrm{n}}{}^{\mathrm{T}}\\ \boldsymbol{C}_{\mathrm{n},1}^{\mathrm{b}}\times\boldsymbol{C}_{\mathrm{i},3}^{\mathrm{n}}{}^{\mathrm{T}}\end{bmatrix},\quad \boldsymbol{H}_{12}=\begin{bmatrix}\boldsymbol{C}_{\mathrm{n},2}^{\mathrm{b}}\times\boldsymbol{C}_{\mathrm{i},1}^{\mathrm{n}}{}^{\mathrm{T}}\\ \boldsymbol{C}_{\mathrm{n},2}^{\mathrm{b}}\times\boldsymbol{C}_{\mathrm{i},2}^{\mathrm{n}}{}^{\mathrm{T}}\\ \boldsymbol{C}_{\mathrm{n},2}^{\mathrm{b}}\times\boldsymbol{C}_{\mathrm{i},3}^{\mathrm{n}}{}^{\mathrm{T}}\end{bmatrix}$$

$$\boldsymbol{H}_{13}=\begin{bmatrix}\boldsymbol{C}_{\mathrm{n},3}^{\mathrm{b}}\times\boldsymbol{C}_{\mathrm{i},1}^{\mathrm{n}}{}^{\mathrm{T}}\\ \boldsymbol{C}_{\mathrm{n},3}^{\mathrm{b}}\times\boldsymbol{C}_{\mathrm{i},2}^{\mathrm{n}}{}^{\mathrm{T}}\\ \boldsymbol{C}_{\mathrm{n},3}^{\mathrm{b}}\times\boldsymbol{C}_{\mathrm{i},3}^{\mathrm{n}}{}^{\mathrm{T}}\end{bmatrix},\quad \boldsymbol{H}_{\mathrm{p}}=\begin{bmatrix}1 & 0\\ 0 & -\cos L\\ 0 & -\sin L\end{bmatrix}$$

式中：$\boldsymbol{C}_{\mathrm{n},k}^{\mathrm{b}}$ 表示 $\boldsymbol{C}_{\mathrm{n}}^{\mathrm{b}}$ 的第 k 行，$\boldsymbol{C}_{\mathrm{i},k}^{\mathrm{n}}$ 表示 $\boldsymbol{C}_{\mathrm{i}}^{\mathrm{n}}$ 的第 k 列，$k=1,2,3$；$\boldsymbol{v}_{1(9\times1)}$ 是与 $\boldsymbol{v}_{s(3\times3)}$ 对应的量测噪声矢量。

(2)位置量测方程。选择惯导系统与天文导航系统输出位置的差值作为位置量测矢量，则其量测方程为

$$\boldsymbol{Z}_2=\boldsymbol{H}_2\boldsymbol{X}+\boldsymbol{v}_2 \tag{12.27}$$

式中：$\boldsymbol{Z}_2=[\hat{L}-\tilde{L}\quad \hat{\lambda}-\tilde{\lambda}\quad \hat{h}-\tilde{h}]^{\mathrm{T}}$ 为位置量测矢量，$\hat{L},\hat{\lambda},\hat{h}$ 为惯导系统输出的位置信息；$\tilde{L},\tilde{\lambda},\tilde{h}$ 为天文导航系统输出的位置信息；$\boldsymbol{H}_2=[\boldsymbol{0}_{3\times6}\quad \boldsymbol{I}_{3\times3}\quad \boldsymbol{0}_{3\times6}]$为位置量测矩阵；$\boldsymbol{v}_2$ 为天文导航系统位置信息的噪声。

根据式(12.26)和式(12.27)，可得到深组合模式的量测方程为

$$\boldsymbol{Z}=\boldsymbol{H}\boldsymbol{X}+\boldsymbol{v} \tag{12.28}$$

式中：$\boldsymbol{Z}=[\boldsymbol{Z}_1^{\mathrm{T}}\quad \boldsymbol{Z}_2^{\mathrm{T}}]^{\mathrm{T}}$；$\boldsymbol{H}=[\boldsymbol{H}_1^{\mathrm{T}}\quad \boldsymbol{H}_2^{\mathrm{T}}]^{\mathrm{T}}$；$\boldsymbol{v}=[\boldsymbol{v}_1^{\mathrm{T}}\quad \boldsymbol{v}_2^{\mathrm{T}}]^{\mathrm{T}}$。

联合式(12.22)和式(12.28)，便可得到捷联惯性/天文深组合模式的系统模型。

12.4　捷联惯性/天文全面最优校正组合模式

12.4.1　系统结构及工作原理

惯导/天文全面最优校正组合模式中，天文导航系统定位所依赖的地平基准不是来自惯导系统的，而是来自精度更高且保持稳定的星光折射间接敏感地平法，该地平信息精度保持稳定，且误差不随时间漂移。天文导航利用高精度的地平信息确定载体相对于导航系的姿态、位置信息，进而与惯导系统输出的姿态、位置信息进行融合，全面估计惯导系统的误差。因此，该组合模式不仅可以校正惯导系统的姿态误差、位置误差，补偿惯性器件误差，而且可

以补偿初始对准等其他因素引起的误差。

在全面最优校正组合模式下，SINS/CNS 组合导航方案如图 12.4 所示。

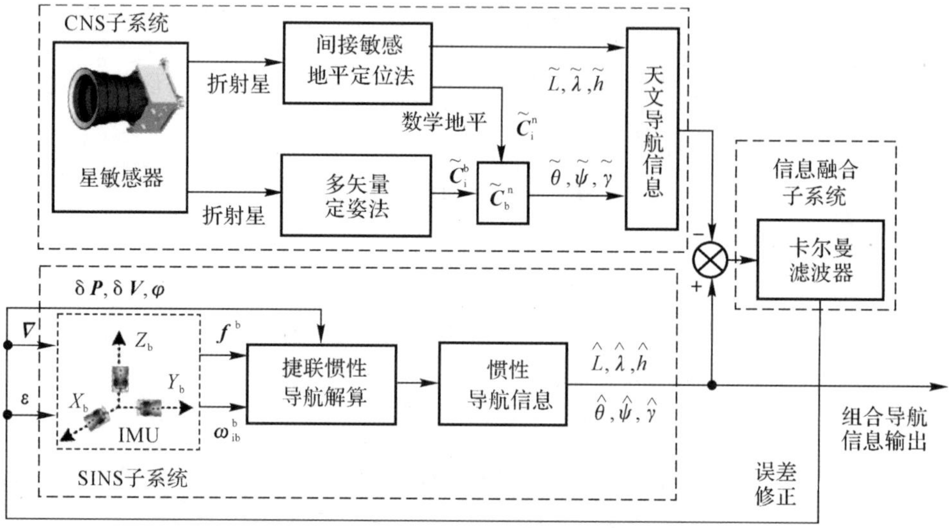

图 12.4　SINS/CNS 全面最优校正组合方案

(1)SINS 子系统。SINS 子系统利用惯性测量器件输出的角速度和比力解算出载体的位置、速度和姿态信息；并利用信息融合子系统提供的误差估计信息(平台失准角、陀螺仪漂移和位置误差)对惯导系统的解算过程进行校正。同时，SINS 子系统也为信息融合子系统提供导航系姿态信息和位置信息。

(2)CNS 子系统。利用基于星光折射间接敏感地平的天文定位方法确定载体的三维位置和地平信息，大视场星敏感器在地平信息的辅助下，输出载体相对于导航系的姿态信息。该子系统同样可为信息融合子系统提供导航系姿态信息和位置信息。

(3)信息融合子系统。信息融合子系统采用卡尔曼滤波算法进行信息融合。以惯导系统误差方程为状态方程，以 SINS 子系统和 CNS 子系统的姿态差值和位置差值为量测进行卡尔曼滤波，得到惯导系统误差的估计值，并利用估计结果对 SINS 子系统的解算过程进行校正。

在全面最优校正组合系统中，天文导航系统的地平基准不再依赖于惯导系统，而是通过星光折射间接敏感地平得到不随时间发散的高精度地平基准，真正实现了高精度的定位和定姿，进而实现了对惯导系统位置、姿态的全面校正，有效解决了惯导误差发散的问题，导航精度高且稳定性好。

12.4.2　系统数学模型

1. 基于星光折射的数学地平获取方法

恒星星光在通过地球大气时，由于大气层密度不均匀，星光会向地心发生偏折。从飞行器上看，当恒星的真实位置已经下沉时，其视位置还保持在地平线之上。折射星光的偏折量反映了飞行器与地球之间的位置关系，因此可以根据这个偏折量确定飞行器的地平信息。

图 12.5 为星光折射间接敏感地平的基本原理示意图。

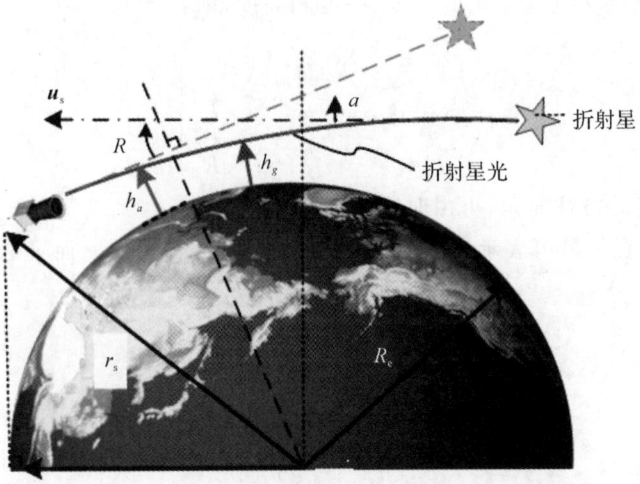

图 12.5　星光折射间接敏感地平基本原理示意图

飞行器上观测到的折射星光相对于地球的视高度为 h_a，实际上折射星光距地球表面的高度为一个略低的高度 h_g，称为切向高度。恒星折射前真实方向与视方向之间的角距为星光折射角 R。根据大气折射模型，切向高度 h_g、星光折射角 R 与视高度 h_a 之间满足以下关系：

$$\left.\begin{aligned} h_g &= h_0 - H\ln(R) + H\ln\left[k(\lambda)\rho_0\left(\frac{2\pi R_e}{H}\right)^{\frac{1}{2}}\right] \\ h_a &= h_g + R\left(\frac{HR_e}{2\pi}\right)^{\frac{1}{2}} \end{aligned}\right\} \tag{12.29}$$

式中：ρ_0 为高度 h_0 处的大气密度；H 是密度标尺高度；$k(\lambda)$ 为与波长 λ 有关的散射参数，它们均可视为已知量。

此外，由图 12.5 中的几何关系可以得出：

$$h_a = \sqrt{|\boldsymbol{r}_s|^2 - u^2} + u\tan(R) - R_e - a \tag{12.30}$$

式中：$u = |\boldsymbol{r}_s \cdot \boldsymbol{u}_s|$，$\boldsymbol{u}_s$ 为折射星折射前的星光矢量；a 的量值较小，通常可以忽略。

可见，式(12.29)与式(12.30)建立了折射角 R 与飞行器的位置矢量 $\boldsymbol{r}_s$ 之间的函数关系。由于飞行器的位置矢量 $\boldsymbol{r}_s$ 包含三个未知分量(r_x，r_y，r_z)，所以当利用星敏感器观测到 3 颗及以上的折射星时，便可通过求解非线性方程组而得到载体的位置矢量 $\boldsymbol{r}_s$。实际应用中，可以采用最小二乘微分校正定位法，通过迭代不断修正载体的位置矢量，使折射视高度的计算值在最小二乘意义下逐渐逼近折射视高度的观测值，最终得到载体在允许误差范围内的精确位置。

根据计算得到的位置矢量 $\boldsymbol{r}_s$，可以直接确定飞行器在地心赤道惯性系下的赤经、赤纬(α_d，δ_d)的主值：

$$\begin{cases} \alpha_d = \arctan(r_y / r_x) \\ \delta_d = \arctan(r_z / \sqrt{r_x^2 + r_y^2}) \end{cases} \tag{12.31}$$

再根据(r_x, r_y, r_z)的正负号可得到赤经、赤纬的真值。然后，将地心赤道惯性系下的赤经、赤纬(α_d, δ_d)转换为地理系下的经度、纬度和高度，即：

$$\left.\begin{aligned}\tilde{\lambda} &= \alpha_d - t_G \\ \tilde{L} &= \delta_d \\ \tilde{h} &= \sqrt{r_x^2 + r_y^2 + r_z^2} - R_e\end{aligned}\right\} \tag{12.32}$$

式中：t_G 为春分点的格林时角，可由时间基准得到。

此外，单位位置矢量可表示为 $\boldsymbol{p} = \boldsymbol{r}_s / |\boldsymbol{r}_s| = [p_x \quad p_y \quad p_z]^T$，而 $\boldsymbol{p}$ 包含了地平信息，即矩阵 $\boldsymbol{C}_i^n$：

$$\tilde{\boldsymbol{C}}_i^n = \begin{bmatrix} -\dfrac{p_y}{\sqrt{1-p_z^2}} & \dfrac{p_x}{\sqrt{1-p_z^2}} & 0 \\ -\dfrac{p_x p_z}{\sqrt{1-p_z^2}} & -\dfrac{p_y p_z}{\sqrt{1-p_z^2}} & \sqrt{1-p_z^2} \\ p_x & p_y & p_z \end{bmatrix} \tag{12.33}$$

至此，完成了基于星光折射间接敏感地平的解析天文定位，并得到了精确的地平信息。可见，采用基于星光折射的数学地平获取方法后，天文导航系统的地平基准不再依赖于惯导系统，真正实现了高精度定位和定姿。

2. 滤波系统模型

全面最优校正组合模式的状态方程与深组合模式的状态方程相同，选择平台失准角、速度误差、位置误差、陀螺仪漂移和加速度计零偏作为状态矢量，以式(12.22)为状态方程。

将 CNS 解算得到的姿态角和位置可以表示为理想值叠加量测噪声，选择 SINS 和 CNS 解算得到的姿态角差值以及位置差值作为量测矢量 $\boldsymbol{Z}$：

$$\boldsymbol{Z} = \begin{bmatrix} \hat{\theta} - \tilde{\theta} \\ \hat{\psi} - \tilde{\psi} \\ \hat{\gamma} - \tilde{\gamma} \\ \hat{L} - \tilde{L} \\ \hat{\lambda} - \tilde{\lambda} \\ \hat{h} - \tilde{h} \end{bmatrix} = \begin{bmatrix} (\theta + \delta\theta) - (\theta + V_\theta) \\ (\psi + \delta\psi) - (\psi + V_\psi) \\ (\gamma + \delta\gamma) - (\gamma + V_\gamma) \\ (L + \delta L) - (L + V_L) \\ (\lambda + \delta\lambda) - (\lambda + V_\lambda) \\ (h + \delta h) - (h + V_h) \end{bmatrix} = \begin{bmatrix} \delta\theta - V_\theta \\ \delta\psi - V_\psi \\ \delta\gamma - V_\gamma \\ \delta L - V_L \\ \delta\lambda - V_\lambda \\ \delta h - V_h \end{bmatrix} \tag{12.34}$$

式中：$\hat{\theta}, \hat{\psi}, \hat{\gamma}$ 为 SINS 解算得到的姿态角；$\tilde{\theta}, \tilde{\psi}, \tilde{\gamma}$ 为 CNS 解算得到的姿态角；$\hat{L}, \hat{\lambda}, \hat{h}$ 为 SINS 解算得到的位置信息；$\tilde{L}, \tilde{\lambda}, \tilde{h}$ 为 CNS 解算得到的位置信息。

建立量测矢量 $\boldsymbol{Z}$ 与状态矢量之间的关系，可以得到全面最优校正组合模式的量测方程为

$$\boldsymbol{Z} = \boldsymbol{HX} + \boldsymbol{v} \tag{12.35}$$

式中：$\boldsymbol{v}$ 为向量噪声，量测矩阵为

$$\boldsymbol{H} = \begin{bmatrix} \boldsymbol{H}_\varphi & \boldsymbol{0}_{3\times3} & \boldsymbol{0}_{3\times3} & \boldsymbol{0}_{3\times6} \\ \boldsymbol{0}_{3\times3} & \boldsymbol{0}_{3\times3} & \boldsymbol{I}_{3\times3} & \boldsymbol{0}_{3\times6} \end{bmatrix}$$

联合式(12.22)和式(12.35),便可得到捷联惯性/天文全面最优校正组合模式的系统模型。

12.5　捷联惯性/天文组合系统性能仿真实例

飞行器的初始位置为东经 100°,北纬 40°,高度为 30 km,初始东向、北向位置误差为 100 m;东向初始速度为 141.4 m/s,北向初始速度为 141.4 m/s,东向、北向初始速度误差均为 0.141 m/s;初始滚转角和俯仰角为 0°,初始航向角为 45°,俯仰角、航向角和滚转角的初始姿态误差角依次为 10″、60″和 10″。

陀螺仪常值漂移为 0.01°/h,加速度计零偏为 10 μg,陀螺仪随机噪声标准差为 0.005°/h,加速度计随机噪声标准差为 5 μg;星敏感器量测噪声标准差为 3″,星光折射视高度噪声标准差为 80 m。惯导系统的采样时间为 0.02 s,天文导航系统的采样时间为 1 s,卡尔曼滤波周期为 1 s,仿真共进行 4 h。

图 12.6 为纯惯导模式下输出的位置、姿态误差曲线。从图中可以看出,由于陀螺仪和加速度计测量误差、导航参数初始误差的影响,纯惯导系统的导航误差随时间发散。4 h 内,整体位置误差发散至 6 873.6 m,姿态误差发散至 369.8″。

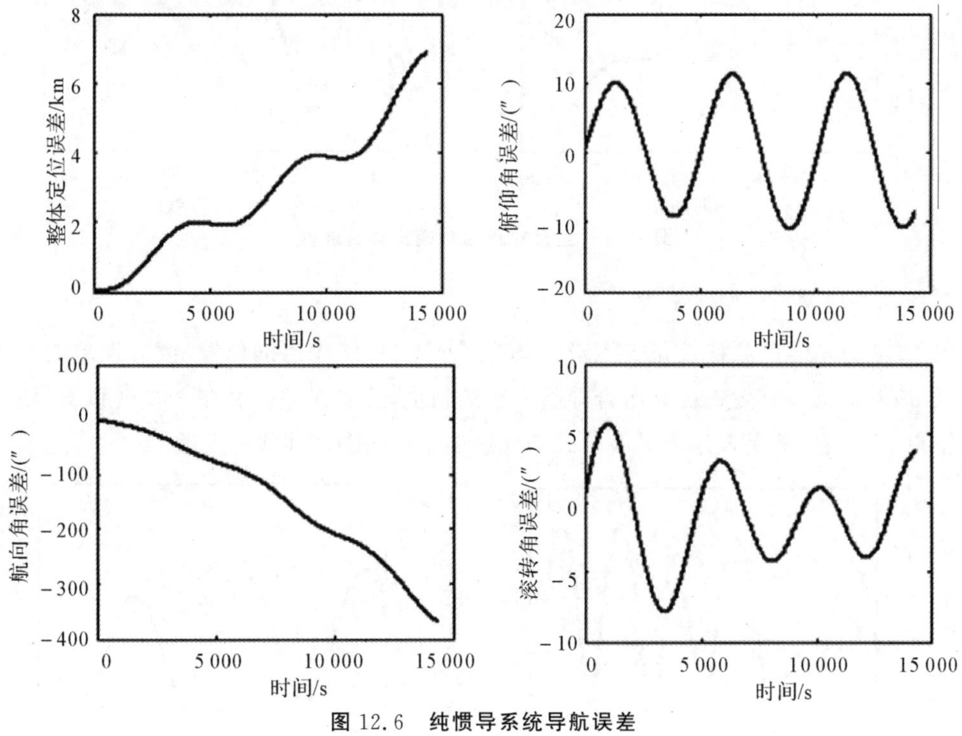

图 12.6　纯惯导系统导航误差

1. 直接校正组合模式

图 12.7 为基于直接校正组合模式的 SINS/CNS 组合导航系统输出的位置、姿态误差曲线。从图中可以看出,直接校正组合模式可以减缓惯导系统误差的发散,最大位置误差为

672.6 m，最大姿态误差为 199.2″。由于直接校正组合模式仅利用天文导航输出的位置信息对惯导系统的位置输出进行修正，无法对陀螺仪漂移和加速度计零偏进行校正，因此其导航误差依旧发散；同时，由于天文导航系统的定位结果含有较大的随机噪声，因此该模式下导航系统的位置误差波动较大。

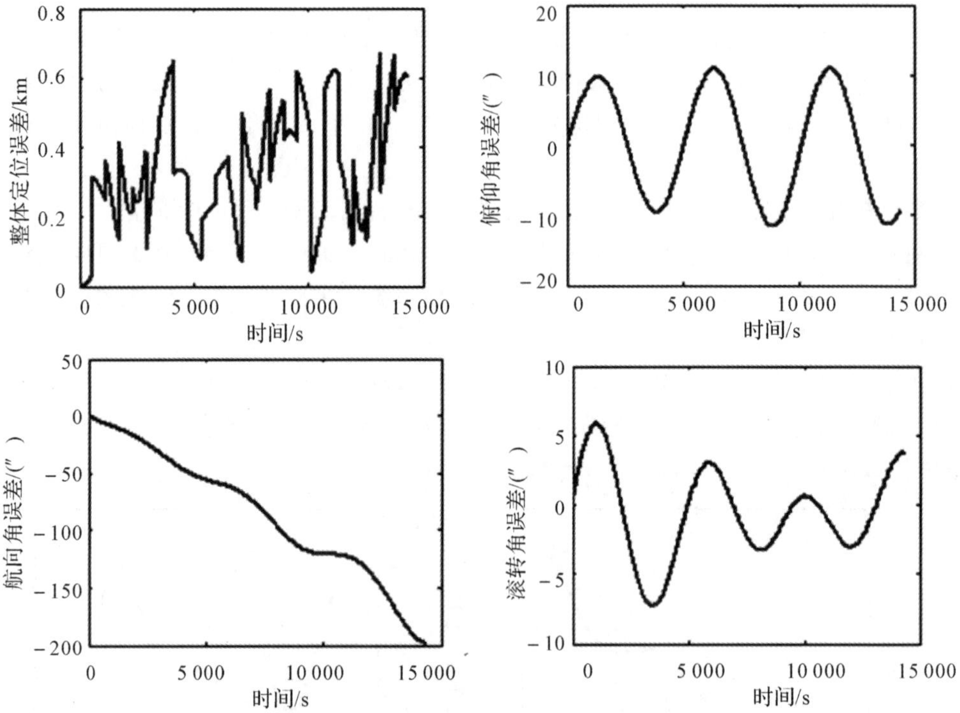

图 12.7 直接校正组合模式导航误差

2. 陀螺仪漂移校正组合模式

图 12.8 为陀螺仪漂移校正 SINS/CNS 组合导航系统输出的位置、姿态误差曲线。由图可见，该模式可以有效地提高组合导航系统的精度，位置误差控制在 350 m 以下，姿态误差保持在 10″左右；但是该组合导航模式的导航误差依旧随时间缓慢发散。

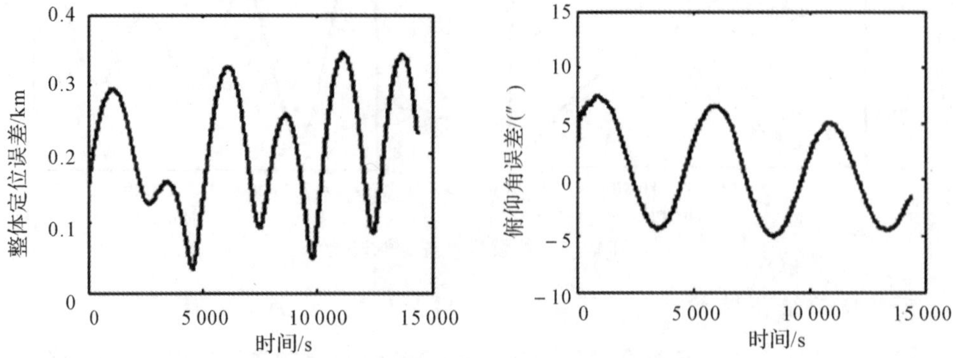

图 12.8 陀螺仪漂移校正组合模式导航误差

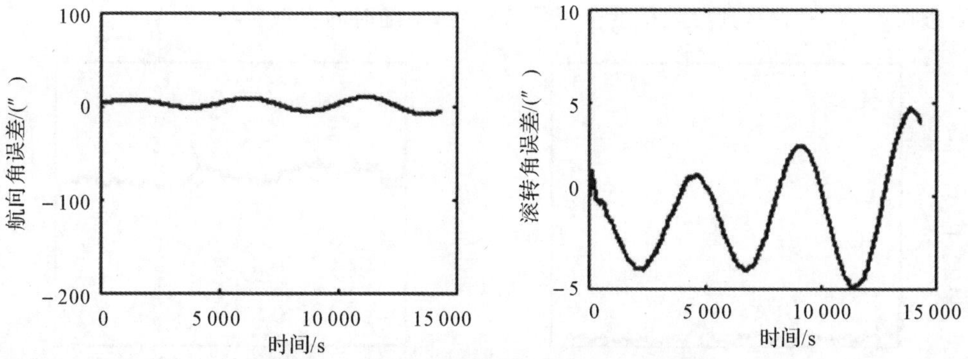

续图 12.8　陀螺仪漂移校正组合模式导航误差

3. 深组合模式

图 12.9 为基于深组合模式的 SINS/CNS 组合导航系统输出的位置、姿态误差曲线。从图中可以看出，利用深组合模式进行惯性/天文组合导航，可以得到高精度的导航结果，位置误差小于 200 m，姿态误差小于 7.8″。与陀螺仪漂移校正组合模式相比，显著地提高了组合导航系统的精度。

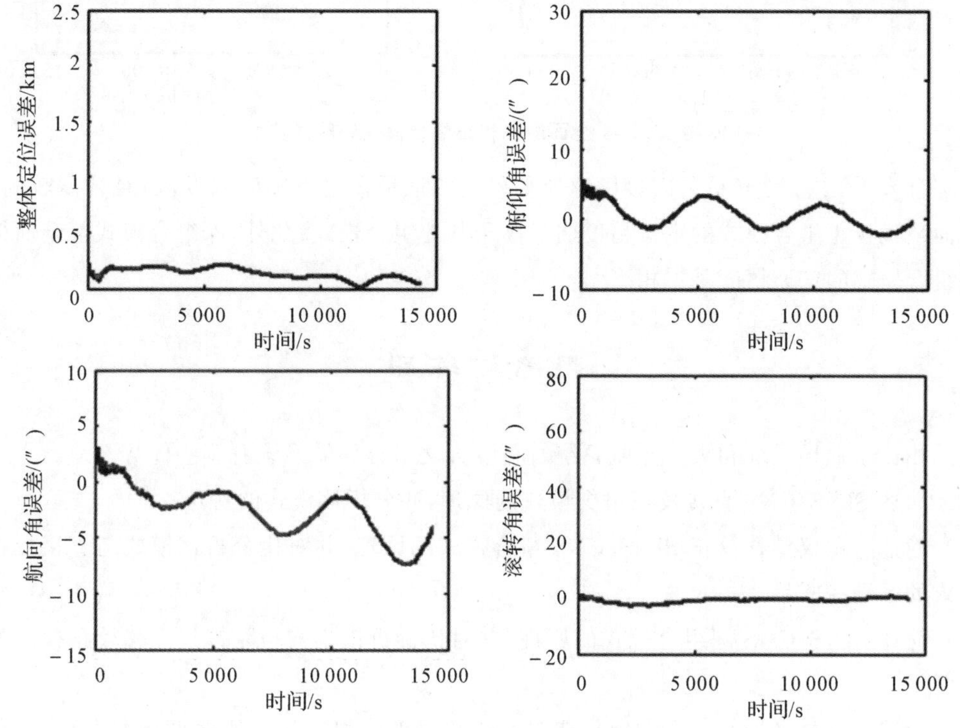

图 12.9　深组合模式导航误差

4. 全面最优校正组合模式

图 12.10 为 SINS/CNS 全面最优校正组合导航系统输出的位置、姿态误差曲线。从图中可以看出，利用全面最优校正组合模式进行组合导航，滤波稳定后位置误差在 100 m 以

内,姿态误差小于 7.4″,且导航精度全程保持稳定,不随时间发散。

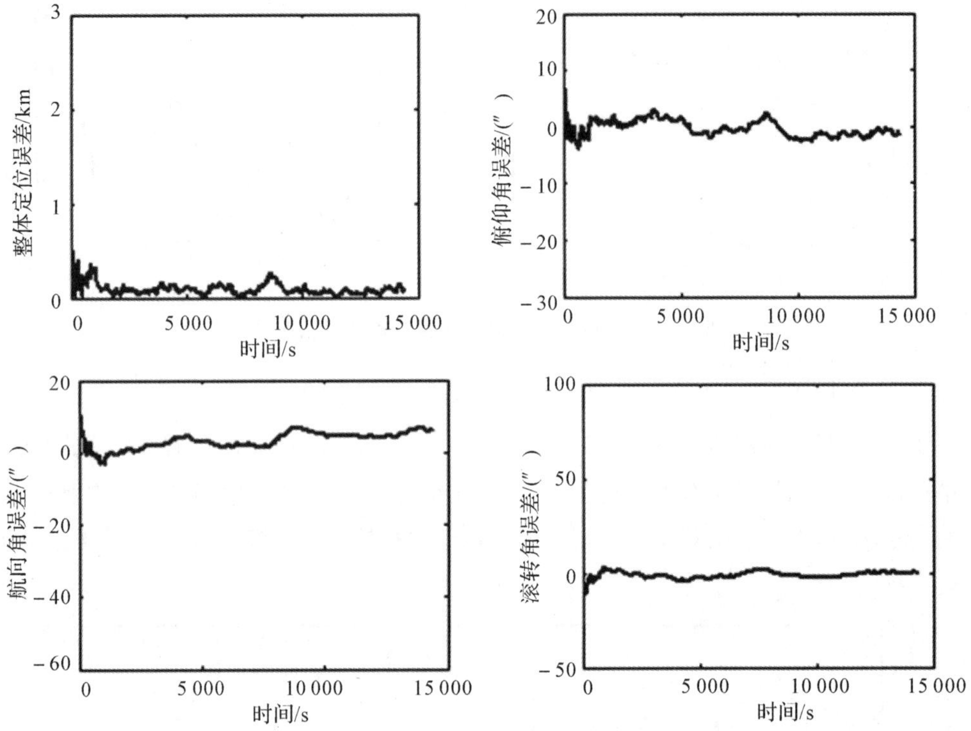

图 12.10　全面最优校正组合模式导航误差

综合来看,由于星光折射间接敏感地平得到的地平信息不随时间发散,且精度较高,所以全面最优校正组合模式的定位精度明显高于其他组合模式;此外,深组合模式与全面最优校正组合模式的定姿精度基本相当。

思考与练习

1. 相比于惯导系统和天文导航系统,惯性/天文组合导航系统有哪些优势?

2. 简述 SINS/CNS 直接校正组合模式的原理,并分析该模式的特点。

3. 简述陀螺仪漂移校正 SINS/CNS 组合模式的原理,并对比分析该模式与直接校正组合模式的区别和联系。

4. 简述 SINS/CNS 深组合模式的原理,并对比分析该模式与陀螺仪漂移校正模式的区别和联系。

5. 简述基于星光折射的数学地平获取方法的原理。相比于其他地平获取方法,这种地平获取方法有何特点?

6. 简述 SINS/CNS 全面最优校正组合模式的原理,并分析该模式的特点。

第 13 章 智能信息融合方法及其在组合导航中的应用

信息融合是协同利用多源信息,以获得对同一事物或目标的更客观、更本质认识的信息综合处理技术。它是通过采集并集成多种信息源的信息,从而生成更完整、准确、及时和有效的综合信息。将信息融合技术用于组合导航系统中,就产生了多传感器组合导航系统。因此,多传感器组合导航系统是一个信息融合系统,它将各导航传感器之间的数据或传感器数据与系统内部已有信息进行相关及融合处理,以便得到更全面、更准确、更可靠的导航信息。人工智能信息融合是将人工智能应用于多传感器信息融合,对于解决信息融合中的不精确、不确定信息有着很大优势,因此已经成为信息融合的发展方向。

本章主要介绍信息融合基本理论、智能信息融合方法以及智能信息融合技术在组合导航中的应用方法。

13.1 信息融合概述

多源信息融合(Multi-Source Information Fusion,MSIF)技术是研究对多源不确定性信息进行综合处理及利用的理论和方法,即对来自多个信息源的信息进行多级别、多方面、多层次的处理,产生新的有意义的信息。

信息融合最早应用于军事领域,它是指组合多源信息和数据完成目标检测、关联、状态评估的多层次、多方面的过程。这种信息融合的目的是获得准确的目标识别、完整而及时的战场态势和威胁评估。

随着传感器技术、计算机技术和信息技术的发展,各种面向复杂应用背景的多传感器系统大量涌现,使得多渠道的信息获取、处理和融合成为可能,并且在自动控制、导航制导、金融管理、心理评估和预测、医疗诊断、气象预报、组织管理决策、机器人视觉、交通管制、遥感遥测等诸多领域,人们都认识到把多个信息源中的信息综合起来能够提高工作的效果。因此,多源信息融合技术在军事领域和民用领域均得到了广泛的重视和成功的应用,其理论和方法已成为智能信息处理及控制的一个重要研究方向。

13.1.1 信息融合的来源

多源信息融合是人类和其他生物系统进行观察的一种基本功能，自然界中人和动物感知客观对象，不是单纯依靠一种感官，而是多个感官的综合。人类的视觉、听觉、味觉、嗅觉和触觉，实际上是通过不同感官获取客观对象不同质的信息，或通过同类传感器(如双目)获取同质而不同量的信息，然后由大脑对这些信息进行交融，得到一种综合的感知信息。也就是说人本身就是一个高级的信息融合系统，大脑这个融合中心协同眼(视觉)、耳(听觉)、口(味觉)、鼻(嗅觉)、手(触觉)等多类“传感器”去感觉事物各个侧面的信息，并根据人脑的经验与知识进行相关分析、去粗取精，从而做出判决，获得对周围事物性质和本质的全面认识。

这种把多个感官获得的信息进行交融的过程就是多传感器信息融合或称多源信息融合。最初人们把信息融合也称为数据融合。

对于在不同的空间范围内发生的不同物理现象，人类的感官是采用不同的测量特征来进行度量的，因此这个处理过程是很复杂且自适应的。例如，当不同观察者观察同一个对象时，由于他们观察物体的角度和观点不同，所以他们获得的观察结果是具有歧义性和不完整性的。寓言中讲到：三个盲人把一头大象分别辨认成了一根柱子、一面墙和一把扇子，为了得到一个统一的综合观察结果就必须对他们的结果进行综合，这个过程也是一个信息的融合过程。

自 20 世纪 70 年代末多传感器信息融合问题出现以来，多传感器信息融合技术就被列为军事高技术研究和发展领域中的一个重要专题。数据融合技术首先应用于军事领域，包括水下和航空目标的探测、识别和跟踪，以及战场监视、战术态势估计和威胁估计等。进入 20 世纪 80 年代以后，传感器技术的飞速发展和传感器投资的大量增加，使得在军事系统中所使用的传感器数量急剧增加，因而要求处理更多的信息和数据，更加强调速度和实时性。1988 年，美国国防部将多传感器信息融合技术列为 20 世纪 90 年代重点研究开发的 20 项关键技术之一。进入 21 世纪以后，信息融合技术逐渐成为信息领域研究的重点和热点。

13.1.2 信息融合的定义

由于信息融合研究内容的广泛性和多样性，很难对信息融合给出一个统一的定义。目前普遍接受的有关信息融合的定义，是在 1991 年由美国三军组织——实验室理事联合会(Joint Directors of Laboratories，JDL)提出，并于 1994 年由澳大利亚防御科学技术委员会(Defense Science and Technology Organization，DSTO)加以扩展的。它将信息融合定义为这样一个过程，即把来自多传感器和信息源的数据和信息加以联合(Association)、相关(Correlation)和组合(Combination)，以获得精确的位置估计(Position Estimation)和身份估计(Identity Estimation)，以及对战场情况、威胁及其重要程度进行适时的完整评价。也有专家认为，信息融合就是由多种信息源如传感器、数据库、知识库和人类本身获取的相关信息，进行滤波、相关和集成，从而形成一个表示架构。这种架构适用于获得有关决策，如对信息的解释，达到系统目标(例如识别、跟踪或态势评估)，传感器管理和系统控制等。

根据近年来的不断发展，信息融合的定义可概括为：信息融合技术是一种利用计算机技术，对来自多种信息源的多个传感器观测的信息，在一定准则下进行自动分析、综合，以获得单个或多类信息源所无法获得的有价值的综合信息，进而完成其最终任务的信息处理技术。这一处理过程称为融合，表示把多源信息“综合或混合成一个整体”的处理过程。在商业、民事和军事系统中，许多重要的任务都需要多源信息的智能融合。这种信息综合处理过程有多种名称，诸如多传感器数据融合、多传感器或多源相关、多传感器信息融合等。

13.1.3　信息融合的优势

信息融合技术是综合利用多源信息，以获得对同一事物或目标的更客观、更本质认识的信息综合处理技术。多源信息融合是人类的一项基本功能，人类的眼、耳、鼻、舌、皮肤等感官就相当于多个传感器，能够获取视觉、听觉、嗅觉、味觉、触觉等多源信息。人脑非常自然地运用信息融合把这些信息综合起来，结合先验知识，估计、判断和理解周围的环境以及正在发生的事件，并进行态势分析和威胁评估。其中“融合”是指采集并集成各种信息源的信息，从而生成完整、准确、及时和有效的综合信息。它比直接从各信息源得到的信息更简洁、更准确、更有用。从目前发展来看，无论是军用系统、还是民用系统，都趋向于采用信息融合技术来进行信息的综合处理。

多传感器数据融合的基本原理就是，模拟人脑的综合处理信息能力，充分利用多个传感器共同或联合处理的优势，依据某种准则综合多个传感器在空间或时间上的冗余或互补信息，产生新的有价值的信息，从而得到被测对象的一致性解释或描述，以提高传感器系统的有效性。

与单传感器信号处理方式相比，多传感器数据融合可以在更大程度上获得被探测目标和环境的信息量，从而更有效地利用多传感器资源，其优势主要体现在如下六个方面：

(1)扩展空间覆盖范围。由于各传感器可能分布在不同的空间上，并且一种传感器有可能探测到其他传感器探测不到的地方，所以通过传感器作用区域的交叉覆盖，能够扩展多传感器的空间覆盖范围。

(2)扩展时间覆盖范围。由于某个传感器在某个时间段上可能探测到其他传感器在该时间段不能顾及的目标或事件，所以利用多个传感器的协同作用能够提高检测概率。此外，多传感器还可分时工作，如可见光传感器与红外传感器构成的多传感器系统，可在白天和夜晚分时工作。

(3)增强系统的生存能力。对于布设多个传感器的系统，当某些传感器不能正常使用或受到干扰毁坏时，仍然会有其他传感器提供可用信息，即个别传感器的毁伤不影响整个系统的能力。

(4)提高系统的可靠性。多传感器相互配合，从而具有内在的冗余度，能够弱化系统故障，提高系统的容错性能。

(5)提高信息的可信度。多种传感器对同一目标/事件加以确认，降低了目标/事件的不确定性，减少了信息的模糊性，从而提高了信息的可信度。

(6)提高空间分辨率。多传感器的组合可以获得比任何单一传感器更高的分辨率和测量精度。

13.1.4 信息融合的分类

1.按信息融合的层次

按信息融合处理层次分类，多源信息融合可以分为数据级信息融合、特征级信息融合和决策级信息融合。

(1)数据级信息融合。图 13.1 是数据级融合结构，这种融合是最低层次的融合，它直接对传感器的观测数据进行融合处理，然后基于融合后的结果进行特征提取和判断决策。这种融合处理方法的主要优点是：只有较少数据量的损失，能够提供其他融合层次所不能提供的细微信息，所以精度最高。它的局限性包括：

1)所要处理的传感器数据量大，故处理代价高，处理时间长，实时性差；

2)这种融合是在信息的最底层进行的，传感器信息的不确定性、不完全性和不稳定性要求在融合时需具备较高的纠错处理能力；

3)它要求传感器是同类的，即仅能处理对同一观测对象的同类观测数据；

4)数据通信量大，抗干扰能力差。

此级别的数据融合，通常用于多源图像复合、图像分析和理解以及同类雷达波形的直接合成等方面。

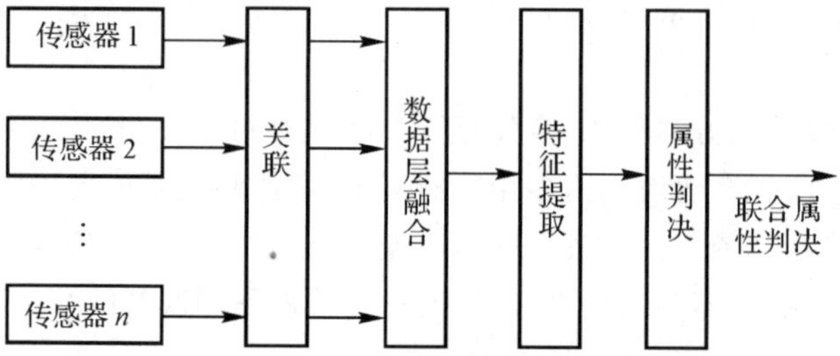

图 13.1 数据级融合结构

(2)特征级信息融合。图 13.2 是特征级融合的结构。特征级融合属于中间层次的融合，先由每个传感器抽象出自己的特征向量(可以是目标的边缘、方向和速度等信息)，然后由融合中心完成特征向量的融合处理。一般说来，提取的特征信息应是数据信息的充分表示量或充分统计量。这种融合方式的优点在于实现了可观的数据压缩，降低了对通信带宽的要求，有利于实时处理，但由于损失了一部分有用信息，所以融合性能有所降低。

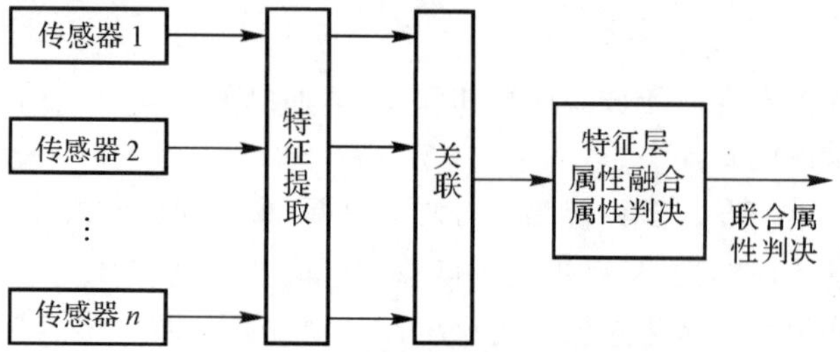

图 13.2 特征层融合结构

特征级融合可分为目标状态信息融合和目标特征信息融合两大类。其中目标状态信息融合主要用于多传感器组合导航与目标跟踪领域，它首先对多传感数据进行处理以完成数据配准，然后进行数据关联和状态估计。具体数学处理方法包括卡尔曼滤波理论、联合概率数据关联、多假设法、交互式多模型法和序贯处理理论等；目标特征信息融合实际上属于模式识别问题，常见的数学处理方法有参量模板法、特征压缩和聚类方法以及神经网络方法等。

(3)决策级信息融合。图 13.3 是决策层属性融合结构。决策级融合是一种高层次的融合，它是在各传感器和各底层信息融合中心已经完成各自决策的基础上，根据一定准则和每个传感器的决策与决策可信度再执行综合评判，给出一个统一的最终决策，其结果可为检测、控制、指挥、决策提供依据。其中，I/D_i 是来自第 i 个传感器的属性判决结果。

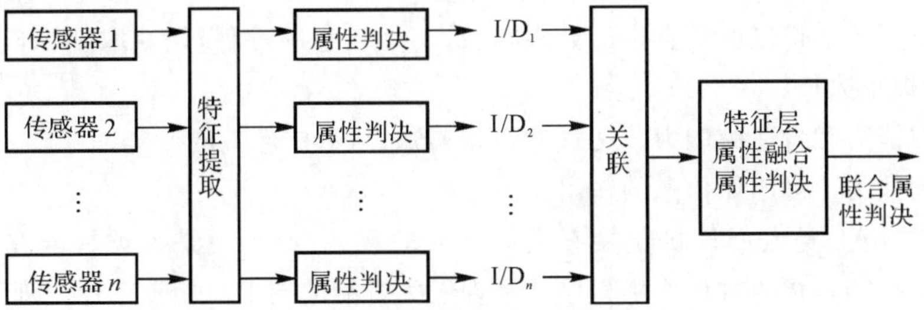

图 13.3　决策层融合结构

这种融合方式的优点是不要求是同质传感器、灵活性好；通信量小，融合中心处理代价低；抗干扰能力强；当一个或几个传感器出现错误时，通过适当融合，系统还能获得正确结果，具有较强的容错性。但其缺点是信息损失量大，精度相对较低。常见算法有贝叶斯推断、专家系统、Dempster-Shafer 证据推理、模糊集理论等。

特征级和决策级的融合不要求多传感器是同类的。另外，由于不同融合级别的融合算法各有利弊，所以为了提高信息融合的速度和精度，需要开发高效的局部传感器处理策略以及优化融合中心的融合规则。

2. 按信息融合的方法

目前，常用的信息融合方法主要可分为以下两类：

(1)随机类融合。这类融合方法是以数理统计与假设检验理论为基础，通过选择某种最优化假设检验判决准则，进而执行多传感器数据假设检验处理过程，以获得信息融合结果。随机类融合方法主要包括最小二乘估计、卡尔曼滤波、贝叶斯估计、统计决策理论、Dempster-Shafer 证据理论等。

(2)智能型融合。智能型信息融合方法是将人工智能技术应用于多传感器信息融合，对于解决信息融合中的不精确、不确定信息有着很大优势，因此成为信息融合的发展方向。智能型信息融合方法主要有专家系统(Expert System，ES)融合方法、模糊逻辑(Fuzzy Logic，FL)融合方法、神经网络(Neural Networks，NN)融合方法、生物技术(Biotechnology，BT)融合方法等。

13.2 智能信息融合方法

下面对智能信息处理的基本概念以及常用的智能信息融合方法进行介绍。

13.2.1 智能信息处理基本概念

智能可以认为是知识和智力的总和,知识是一切智能行为的基础,而智力是获取知识并运用知识求解问题的能力,即在任意给定的环境和目标的条件下,正确制定决策和实现目标的能力。智能具有如下特征:

(1)感知能力。感知是获取外部信息的基本途径。

(2)记忆和思维能力。记忆用于存储由感觉器官感知到的外部信息,以及由思维所产生的知识;思维用于对记忆的信息进行处理,它是一个动态的过程,是获取知识以及运用知识求解问题的根本途径。

(3)学习能力和自适应能力。通过学习积累知识,适应环境的变化。

(4)行为能力。可用作信息的输出。

人工智能(AI)是人们使机器具有类似于人的智能,或者说是人类智能在机器上的模拟,通常人工智能是指通过计算机程序来呈现人类智能的技术。相较于经典理论和方法,人工智能技术的关键优势在于其可通过海量数据,提取复杂随机非确定系统的运行机理与规律及功能要素,并快速做出合理判断和决策。

如今,人工智能已经成为一门专门研究如何构造智能机器或智能系统,使其能够模拟、延伸、扩展人类智能的学科,并且该学科在社会生产生活的诸多方面发挥着越来越大的作用,也被认为是21世纪三大尖端技术(基因工程、纳米科学、人工智能)之一。

通常,在信息处理中,信息的获取、传输、存储、加工处理及应用所采用的技术、理论方法和系统都需要由计算机来完成。目前的电子计算机硬件仍有很大的局限性,要模拟人的信息处理能力还很困难。因此,需要研究一种新的“软处理”“软计算”的理论方法和技术,来弥补电子计算机硬件系统的不足。在此背景下,人工智能信息处理技术被提出并得到了广泛的研究和发展。

可见,人工智能信息处理是通过模拟人与自然界其他生物处理信息的行为,从而建立处理复杂系统信息的理论、算法及技术。人工智能信息处理主要面对的是不确定性系统和不确定性现象的处理问题。

13.2.2 智能信息融合方法

1.基于模糊推理的信息融合方法

为描述客观世界中大量事物和现象的不确定性和模糊性,自从1965年Zadeh提出模糊集理论以来,模糊集理论已在工业控制、医疗诊断、经济决策、模式识别等领域得到广泛应用。随着模糊逻辑和可能性原理的提出和深入研究,它们在不确定推理模型的设计和多传感器信息融合中显示出越来越强大的优势,而且在多传感器数据融合中也得到了应用。

对于许多采集、处理和集成多源信息的系统来说，需要通过某种方法，将一种传感器提供的不完备、不一致或不准确数据与其他传感器提供的数据进行融合，以得到更有用的信息。传感器融合问题的实质是一种推理机制，通过它可以将通常以概率密度函数或模糊关系函数形式给出的两个(或多个)不同知识源或传感器的评价指标变换为单值评价指标，该指标不仅能反映每一种传感器所提供的信息，而且能反映仅从单个传感器无法得到的知识。

模糊推理是以模糊判断为前提，使用模糊推理规则，以模糊判断为结论的推理。模糊推理在许多方面与人类的模糊思维、决策和推理十分类似，能更好地模拟人的逻辑思维能力。在实际应用中，模糊推理也具有一些独特的优势：

(1)对模糊信息的处理功能。模糊理论通过定义隶属度和隶属函数，能够有效地表示模糊信息以及不确定性，从而使建立的系统模型更贴近生活实际。

(2)方便易懂，透明度高。模糊推理的核心是模糊规则，由于这些规则是以人类语言表示的，所以这些规则易被人们接受。

(3)模糊推理是一种反映人类智慧的智能方法。模糊推理所使用的模糊推理规则，是通过不同领域专家的知识而确定的，所以从某种程度来说，模糊推理规则是人类智慧的结晶。

(4)非线性映射能力。模糊推理系统也是一种输入-输出映射，通过模糊合成算法也可以实现非线性映射。

基于模糊推理的信息融合过程如图 13.4 所示。

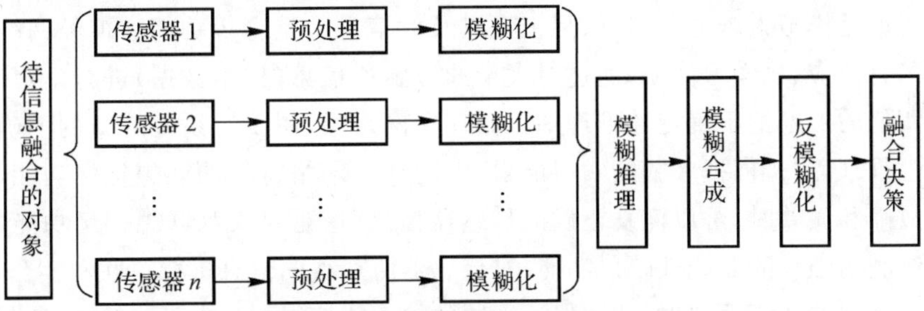

图 13.4　基于模糊推理的信息融合过程

2. 基于神经网络的信息融合方法

信息融合的实质就是利用智能化的思想来处理复杂信息，所以信息融合的重要原型就是人的大脑。英国著名神经生理学家 Sherrington 就大脑的神经机制提出了信息整合的概念："整合"就是中枢神经系统把来自各方面的刺激经过协调、加工处理，得出一个完整的活动，做出适应性的反应，即人的意识就是在先验知识的指导下，由耳、鼻、眼等传感器所获得的信息在大脑皮层上刺激、整合的结果。有理由认为，信息在大脑中的整合过程就是大脑的先验信息库中相关信息与外来信息比较、优化从而更新大脑的信息库的过程。

神经网络是模拟人脑的神经元结构，完成记忆、形象思维和抽象思维的整个过程。神经网络使用大量的简单处理单元(即神经元)处理信息，神经元按层次结构的形式进行组织，每层上的神经元以加权的方式与其他层上的神经元连接起来，采用并行结构和并行处理机制，因而神经网络具有很强的容错性以及自学习、自组织及自适应能力，能够模拟复杂的非线性映射。因此，神经网络具有如下主要特点：

(1)具有高度并行性和非线性处理功能,以非线性并行处理单元来模拟人脑神经元,以各处理单元复杂而灵活的连接关系来模拟人脑中的突触功能,它具有高速协调和复杂运算能力。

(2)具有自学习、自组织能力,这种能力来自于神经网络的训练过程。在学习过程中,可随机改变权值,适应复杂多变的环境,并且对环境做出不同的反应。

(3)具有分布存储方式和容错能力。系统善于联想、概括、类比与推广,具有语言、图像识别能力。

由于神经网络的这些特点和强大的非线性处理能力,恰好满足了多源信息融合技术的处理要求,所以神经网络以其泛化能力强、稳定性高、容错性好、快速有效的优势,在信息融合中的应用日益受到重视。

从信息融合角度来看,神经网络是一个具有高度非线性的超大规模并行信息融合处理系统,也可看作是实现多输入信号的某种函数变换的一种信息融合系统。在多传感器系统中,各信息源所提供的环境信息都具有一定程度的不确定性,对这些不确定信息的融合过程实质上是一个不确定性推理过程。神经网络可根据当前系统所接收的样本的相似性,确定分类标准,这种确定方法主要表现在网络的权值分布,同时可以采用特定的神经网络学习算法来获取知识,得到不确定性的推理机制。

神经网络技术是模拟人类大脑而产生的一种信息处理技术。用神经网络进行信息融合的基本思想就是模拟人脑的学习、联想记忆以及对信息的整合等功能。神经网络系统利用神经网络的自适应、自学习能力,通过对大量的传感器信息(样本数据)进行学习,以网络连接权值和阈值的形式把不确定性推理知识储存在网络中,用于对系统的新的不确定信息进行不确定性推理,这是模拟人脑的学习能力;借助神经网络特有的联想记忆功能,在某些传感器出现故障和误差时,可以恢复正确的传感器信息,这是对人脑联想记忆功能的模拟;神经网络系统利用强大的非线性映射功能,对传感器所获得的信息进行关联和整合,实现系统输入和输出之间的非线性映射,从而保证不同的输入能获得相应的正确输出,这是对人脑信息整合功能的模拟。

图 13.5 所示为基于神经网络的信息融合过程。

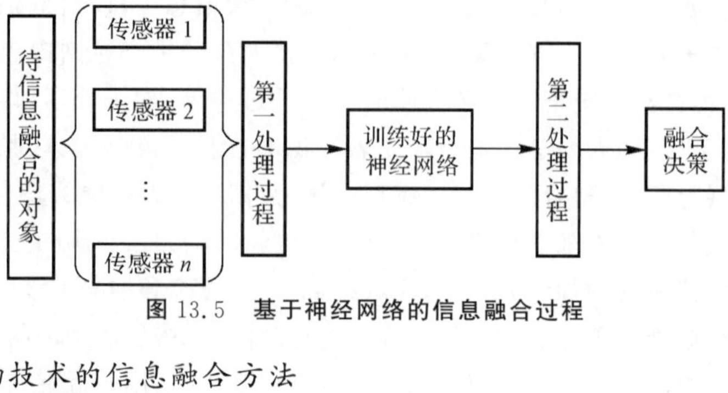

图 13.5　基于神经网络的信息融合过程

3. 基于生物技术的信息融合方法

人自身的信息处理能力具有以下特点:

(1)自适应性(信息的多样性);

(2)高智能化处理(各种解决手段);

(3)丰富的先验知识(先验知识越丰富,综合信息处理能力越强)。

以生物技术为基础的信息融合方法就是模仿人处理信息的特点,利用多传感器资源把多传感器在空间或时间上的冗余或互补信息,依据某种准则来进行组合,获得被测对象的一致性描述。以生物系统为基础的信息融合处理过程如图 13.6 所示。

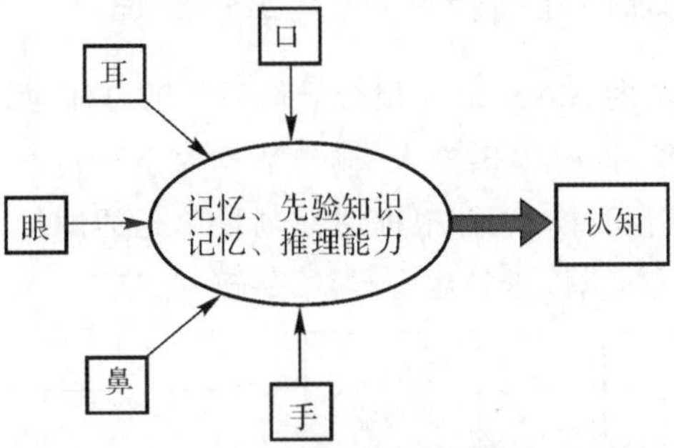

图 13.6　基于生物技术的信息融合处理

生物技术是 21 世纪的高新技术之一,其原理已被用于军用传感器信息融合硬件、软件的开发,以提高传感器对微弱目标的探测能力和反应能力。近年来,美国的传感器融合技术专家与神经网络专家一起开发了一种独特的传感器融合电路芯片,并将其推广应用到海军的信号探测和信息融合等关键领域。

人工智能信息融合技术是今后有待开发的关键技术,涉及许多学科领域。预计今后会在扩大运用基于知识的专家系统的基础上,使传感器信息融合技术研究向神经网络、生物技术和综合智能技术方面发展,从而使未来的指挥作战系统、决策支持系统能够顺应复杂多变的战场环境要求。

将人工智能信息融合技术用于组合导航系统中,就产生了多传感器智能组合导航系统。它将各导航传感器的数据与系统内部已有信息进行相应处理,提取特征信息,从而得到更精确、可靠的导航信息。

13.3　智能信息融合在捷联惯性/北斗组合导航中的应用

我们知道,SINS 具有完全自主、导航参数完备、数据输出率高、隐蔽性好和不受电磁干扰等优点,但其导航误差会随时间累积而发散;北斗导航卫星系统简称北斗,具有全球性、全天候、高精度、误差不随时间累积等优点,但其存在易受干扰、在动态环境中可靠性差以及数据输出频率较低等问题。因此,SINS/北斗组合导航系统通常以 SINS 为主系统,并在北斗信号可用时对 SINS 误差进行估计与校正,从而解决 SINS 误差随系统工作时长增加而不断累积的问题。

然而,当北斗信号受干扰和遮挡时北斗信号不可用,SINS/北斗组合导航系统便退化为纯 SINS,严重影响了组合导航系统的精度和可靠性。为解决北斗信号不可用时造成 SINS/

北斗组合导航系统导航精度急剧下降以及系统工作不可靠的问题，可以利用神经网络(Neural Network，NN)优良的自学习功能和强非线性拟合能力对 SINS 导航参数与 SINS 的导航误差、北斗导航参数之间的耦合关系进行学习训练，从而在北斗信号不可用时对 SINS 误差进行校正。

13.3.1 神经网络辅助捷联惯性/北斗工作原理

如图 13.7 所示，NN 辅助 SINS/北斗组合导航系统的总体思路为：在北斗信号可用时，北斗与 SINS 进行组合导航，同时提供输入-输出数据对 NN 进行训练；而当北斗信号失效时，NN 由训练模式切换至预测模式，并根据惯性测量单元的测量信息或 SINS 的解算信息给出系统所需的辅助导航信息，以维持组合导航系统的精度。

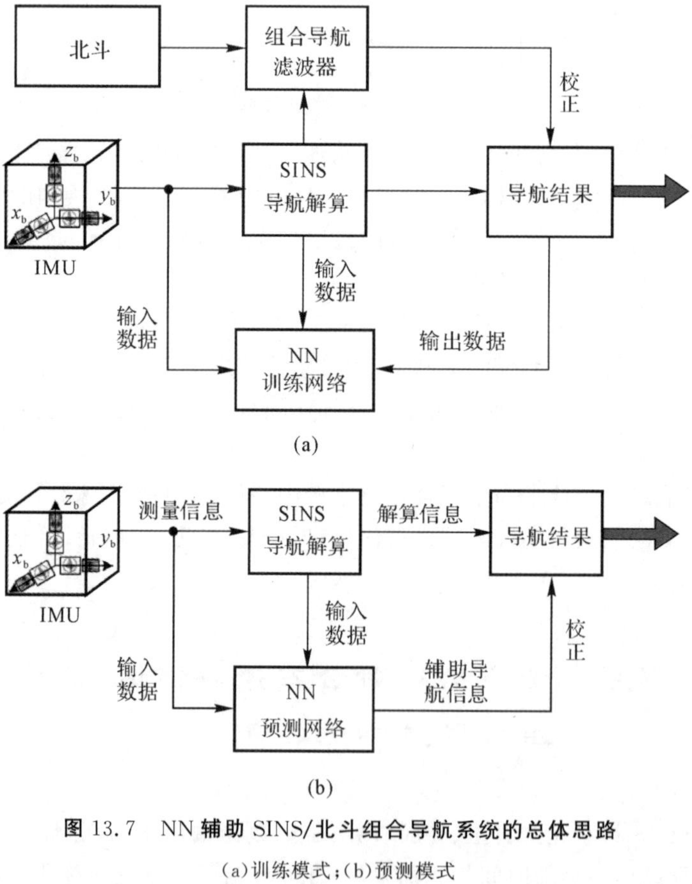

图 13.7 NN 辅助 SINS/北斗组合导航系统的总体思路

(a)训练模式；(b)预测模式

根据 NN 与 SINS/北斗组合导航滤波器的关系，可以将 NN 辅助 SINS/北斗组合导航系统的方式分为两类。第一类：当北斗信号失效时，NN 直接取代 SINS/北斗组合导航滤波器，并由 NN 依据 IMU 测量信息或 SINS 解算信息输出 SINS 误差，进而对 SINS 进行修正，以达到维持导航精度的目的；第二类：NN 并不提供 SINS 误差的预测值，而是给出北斗失效期间组合导航滤波器所需量测信息的预测值，以保障组合导航滤波器量测更新的正常进行，从而达到维持导航精度的目的。这两种辅助方式的系统结构分别如图 13.8 和图 13.9 所示。

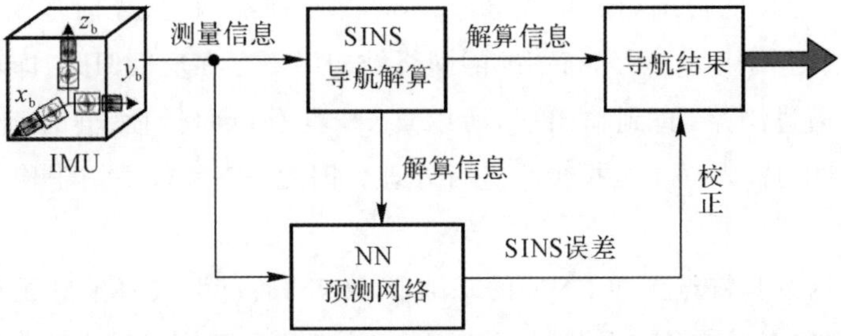

图 13.8　以 SINS 误差为输出的 NN 辅助 SINS/北斗组合导航系统结构图

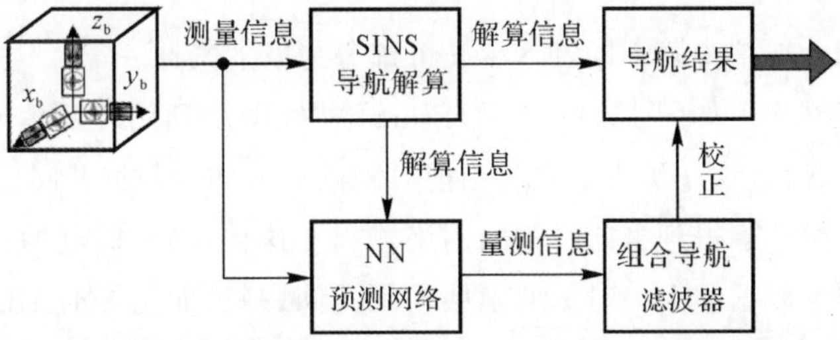

图 13.9　以量测信息为输出的 NN 辅助 SINS/北斗组合导航系统结构图

另外，根据 NN 给出组合导航滤波器所需量测信息的不同方式，第二类方法还可细分为直接法和间接法两种。直接法是由 NN 直接根据 IMU 测量信息或 SINS 解算信息给出组合导航滤波器所需量测量的预测值。以 SINS/北斗松组合导航为例，NN 会直接给出 SINS 和北斗的位置差值和速度差值。间接法则由 NN 给出北斗位置和速度信息的预测值，然后将此预测值与 SINS 解算的位置、速度信息作差，进而得到组合导航滤波器所需的量测量。

13.3.2　神经网络在捷联惯性/北斗中的应用方法

1. 神经网络分类与特点

根据网络连接结构的不同，NN 可分为前馈神经网络(Feed-forward Neural Network，FNN)和循环神经网络(Recurrent Neural Network，RNN)两大类。

(1)FNN 结构及其特点。如图 13.10 所示，FNN 通常包含输入层、隐层和输出层，每层神经元只与相邻两层的神经元全连接，而同层的神经元之间不存在连接。

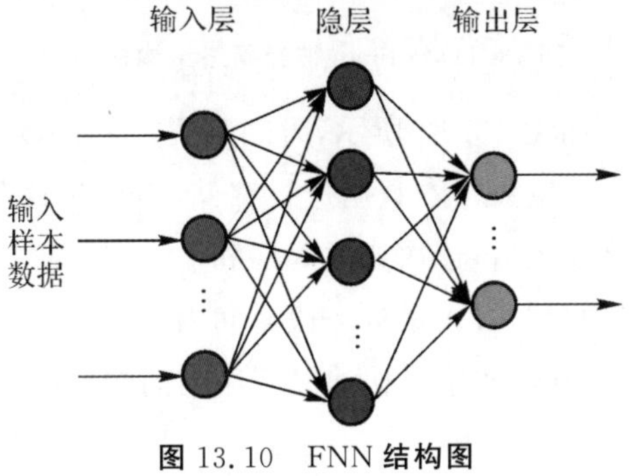

图 13.10　FNN 结构图

常见的 FNN 有反向传播(Back Propagation,BP)神经网络、径向基函数(Radial Basis Function,RBF)神经网络等。由于 FNN 的网络结构中不存在反馈回路,即输入样本数据从输入层开始逐层通过网络,直到输出层,所以 FNN 具有单向传播、静态响应的特点,且在 FNN 中,不同时刻的输入样本数据独立进行处理。因此,FNN 仅适用于输入样本数据互相独立的情况。

(2)RNN 结构及其特点。在 FNN 的基础上,RNN 通过引入时延单元来构建网络的反馈回路,以加强网络对时变规律特性的适应能力,从而使得网络对历史信息具有记忆和联想功能。

根据时延单元的连接位置不同,RNN 又可细分为以下三种。

1)Elman 神经网络。如图 13.11 所示,Elman 神经网络利用时延单元对上一时刻的隐层输出进行存储,然后将这一历史信息与当前时刻的输入样本数据共同作为网络输入,再依次通过隐层和输出层计算得到当前时刻的网络输出。这样,当前时刻的网络输出便同时受当前时刻的输入样本数据和上一时刻的隐层输出共同影响,而上一时刻的隐层输出又与上一时刻的输入样本数据和上上时刻的网络输出有关,以此类推,当前时刻的网络输出与过去所有的输入样本数据都存在着相关性。因此,Elman 神经网络通过时延单元将相邻时刻的隐层进行连接,使网络具有了适应时变特性的能力,可以对非线性动态系统进行建模与预测。

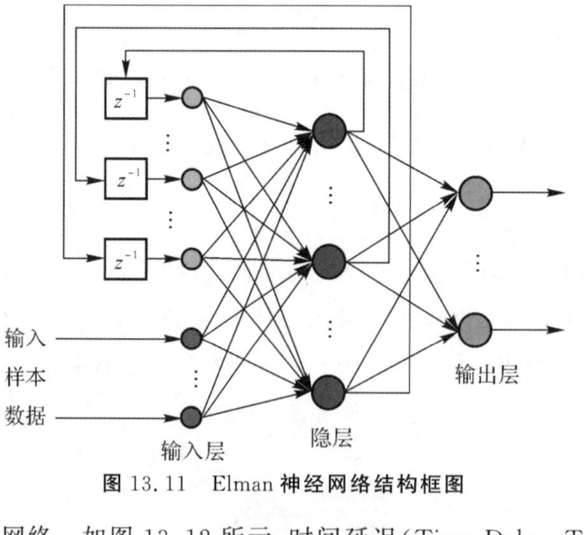

图 13.11 Elman 神经网络结构框图

2)时间延迟神经网络。如图 13.12 所示,时间延迟(Time-Delay,TD)神经网络利用时延单元直接对之前若干时刻的输入样本数据进行存储,然后将这些历史信息与当前时刻的输入样本数据共同作为网络输入,再依次通过隐层和输出层计算得到当前时刻的网络输出。这样,当前时刻的网络输出便只与过去最近一段时间内的输入样本数据存在相关性。因此,与 Elman 神经网络相比,TD 神经网络对快速时变序列的响应能力更强,但也存在长期记忆能力下降的问题。

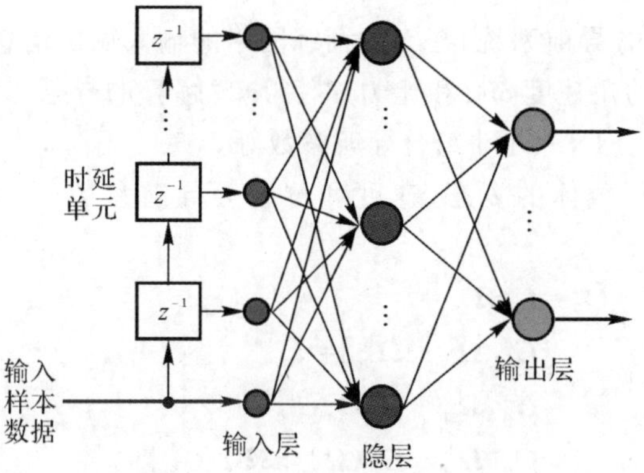

图 13.12　TD 神经网络结构框图

3)带外源输入的非线性自回归神经网络。如图 13.13 所示，带外源输入的非线性自回归(Nonlinear Auto Regressive with eXogenous input，NARX)神经网络则是利用时延单元对之前若干时刻的输入样本数据和网络输出进行同时存储，然后将这些历史信息与当前时刻的输入样本数据共同作为网络输入，再依次通过隐层和输出层计算得到当前时刻的网络输出。这样，当前时刻的网络输出便与过去最近一段时间内的输入样本数据和网络输出均存在相关性。与 Elman 神经网络和 TD 神经网络相比，NARX 神经网络同时包含多步输入、输出时延，故其能够反映更丰富的历史状态信息，进而更好地学习复杂非线性动态系统的输入-输出关系。

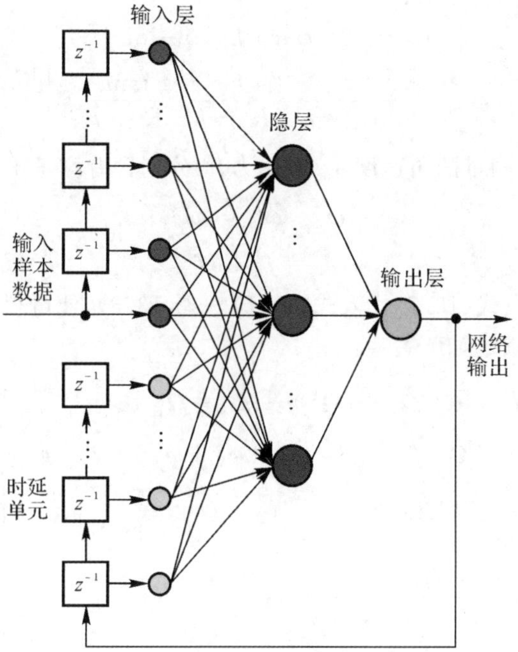

图 13.13　NARX 神经网络结构框图

2.神经网络类型与输入输出信息的选择

对于 SINS/北斗组合导航系统，在 NN 训练网络的输入输出信息选择方面，可供选择的输入信息有 IMU 测量的角速度 $\boldsymbol{\omega}_{ib}^{b}$ 和比力 $\boldsymbol{f}^{b}$、SINS 解算的导航参数等，而可供选择的输出信息有北斗导航参数、SINS/北斗组合导航参数等。

根据惯性导航原理，载体的姿态、速度和位置等导航参数的真值分别满足以下微分方程：

$$\begin{aligned}\dot{\boldsymbol{C}}_{b}^{n}=&\boldsymbol{C}_{b}^{n}\boldsymbol{\Omega}_{nb}^{b}=\\&\boldsymbol{C}_{b}^{n}[\boldsymbol{\Omega}_{ib}^{b}-\boldsymbol{\Omega}_{in}^{b}]=\\&\boldsymbol{C}_{b}^{n}[\boldsymbol{\Omega}_{ib}^{b}-\boldsymbol{C}_{n}^{b}\boldsymbol{\Omega}_{in}^{n}\boldsymbol{C}_{b}^{n}]=\\&\boldsymbol{C}_{b}^{n}[\boldsymbol{\Omega}_{ib}^{b}-\boldsymbol{C}_{n}^{b}(\boldsymbol{\Omega}_{ie}^{n}+\boldsymbol{\Omega}_{en}^{n})\boldsymbol{C}_{b}^{n}]=\\&\boldsymbol{C}_{b}^{n}\boldsymbol{\Omega}_{ib}^{b}-(\boldsymbol{\Omega}_{ie}^{n}+\boldsymbol{\Omega}_{en}^{n})\boldsymbol{C}_{b}^{n}\end{aligned}\tag{13.1}$$

$$\dot{\boldsymbol{v}}^{n}=\boldsymbol{C}_{b}^{n}\boldsymbol{f}^{b}-[(2\boldsymbol{\omega}_{ie}^{n}+\boldsymbol{\omega}_{en}^{n})\times\boldsymbol{v}^{n}-\boldsymbol{g}^{n}]\tag{13.2}$$

$$\left.\begin{aligned}\dot{L}&=\frac{v_{N}}{R_{M}+h}\\\dot{\lambda}&=\frac{\sec L}{R_{N}+h}v_{E}\\\dot{h}&=v_{U}\end{aligned}\right\}\tag{13.3}$$

式中：v_{E}, v_{N}, v_{U} 分别表示东、北、天三个方向的速度分量；L,λ,h 分别表示纬度、经度和高度；$\boldsymbol{g}^{n}$ 为重力加速度；R_{M} 和 R_{N} 分别表示地球的子午圈半径和卯酉圈半径；地球自转角速度 $\boldsymbol{\omega}_{ie}^{n}$ 和位移角速度 $\boldsymbol{\omega}_{en}^{n}$ 可分别表示为

$$\boldsymbol{\omega}_{ie}^{n}=[0\quad \omega_{ie}\cos L\quad \omega_{ie}\sin L]^{T}\tag{13.4}$$

$$\boldsymbol{\omega}_{en}^{n}=\left[-\frac{v_{N}}{R_{M}+h}\quad \frac{v_{E}}{R_{N}+h}\quad \frac{\tan L}{R_{N}+h}v_{E}\right]^{T}\tag{13.5}$$

陀螺仪和加速度计测量的角速度 $\tilde{\boldsymbol{\omega}}_{ib}^{b}$ 和比力 $\tilde{\boldsymbol{f}}^{b}$ 分别含有测量误差 $\delta\boldsymbol{\omega}_{ib}^{b}$ 和 $\delta\boldsymbol{f}^{b}$，即

$$\tilde{\boldsymbol{\omega}}_{ib}^{b}=\boldsymbol{\omega}_{ib}^{b}+\delta\boldsymbol{\omega}_{ib}^{b}\tag{13.6}$$

$$\tilde{\boldsymbol{f}}^{b}=\boldsymbol{f}^{b}+\delta\boldsymbol{f}^{b}\tag{13.7}$$

这样，将式(13.6)～式(13.7)代入式(13.1)～式(13.3)，便可得到载体导航参数的变化率与 IMU 测量值之间满足如下关系：

$$\left.\begin{aligned}&\dot{\boldsymbol{C}}_{b}^{n}=\boldsymbol{C}_{b}^{n}(\tilde{\boldsymbol{\Omega}}_{ib}^{b}-\delta\boldsymbol{\Omega}_{ib}^{b})-(\boldsymbol{\Omega}_{ie}^{n}+\boldsymbol{\Omega}_{en}^{n})\boldsymbol{C}_{b}^{n}\\&\dot{\boldsymbol{v}}^{n}=\boldsymbol{C}_{b}^{n}(\tilde{\boldsymbol{f}}^{b}-\delta\boldsymbol{f}^{b})-[(2\boldsymbol{\omega}_{ie}^{n}+\boldsymbol{\omega}_{en}^{n})\times\boldsymbol{v}^{n}-\boldsymbol{g}^{n}]\\&\dot{L}=\frac{v_{N}}{R_{M}+h}\\&\dot{\lambda}=\frac{\sec L}{R_{N}+h}v_{E}\\&\dot{h}=v_{U}\end{aligned}\right\}\tag{13.8}$$

式中：$\tilde{\boldsymbol{\Omega}}_{ib}^{b}$ 和 $\delta\boldsymbol{\Omega}_{ib}^{b}$ 分别表示陀螺仪测量值 $\tilde{\boldsymbol{\omega}}_{ib}^{b}$ 及其测量误差 $\delta\boldsymbol{\omega}_{ib}^{b}$ 对应的反对称矩阵。

将式(13.6)在第 k 时间段内($t_{k-1} \leqslant t < t_k$)进行积分，则该时间段的姿态增量 $\Delta \boldsymbol{C}_b^n$、速度增量 $\Delta \boldsymbol{v}^n$ 和位置增量 $\Delta L, \Delta\lambda, \Delta h$ 分别为

$$\left.\begin{aligned}
\Delta \boldsymbol{C}_b^n(t_k) &= \int_{t_{k-1}}^{t_k} [\boldsymbol{C}_b^n(\widetilde{\boldsymbol{\Omega}}_{ib}^b - \delta\boldsymbol{\Omega}_{ib}^b) - (\boldsymbol{\Omega}_{ie}^n + \boldsymbol{\Omega}_{en}^n)\boldsymbol{C}_b^n]\mathrm{d}t \\
\Delta \boldsymbol{v}^n(t_k) &= \int_{t_{k-1}}^{t_k} \{\boldsymbol{C}_b^n(\widetilde{\boldsymbol{f}}^b - \delta\boldsymbol{f}^b) - [(2\boldsymbol{\omega}_{ie}^n + \boldsymbol{\omega}_{en}^n)\times\boldsymbol{v}^n - \boldsymbol{g}^n]\}\,\mathrm{d}t \\
\Delta L(t_k) &= \int_{t_{k-1}}^{t_k} \frac{v_N}{R_M + h}\mathrm{d}t \\
\Delta\lambda(t_k) &= \int_{t_{k-1}}^{t_k} \frac{\sec L}{R_N + h} v_E \mathrm{d}t \\
\Delta h(t_k) &= \int_{t_{k-1}}^{t_k} v_U \mathrm{d}t
\end{aligned}\right\} \tag{13.9}$$

进一步，对式(13.9)进行离散化处理，即可得到载体的导航参数增量与 IMU 测量值增量之间的关系，即

$$\left.\begin{aligned}
\Delta \boldsymbol{C}_b^n(t_k) \approx\ & \boldsymbol{C}_b^n(t_{k-1})\int_{t_{k-1}}^{t_k}(\widetilde{\boldsymbol{\Omega}}_{ib}^b - \delta\boldsymbol{\Omega}_{ib}^b)\mathrm{d}t - (\boldsymbol{\Omega}_{ie}^n + \boldsymbol{\Omega}_{en}^n)\boldsymbol{C}_b^n(t_{k-1})T = \\
& \boldsymbol{C}_b^n(t_{k-1})\Delta\widetilde{\boldsymbol{\Omega}}_{ib}^b(t_k) - \boldsymbol{C}_b^n(t_{k-1})\int_{t_{k-1}}^{t_k}\delta\boldsymbol{\Omega}_{ib}^b\mathrm{d}t - \\
& [\boldsymbol{\Omega}_{ie}^n(t_{k-1}) + \boldsymbol{\Omega}_{en}^n(t_{k-1})]\boldsymbol{C}_b^n(t_{k-1})T \\
\Delta \boldsymbol{v}^n(t_k) \approx\ & \boldsymbol{C}_b^n(t_{k-1})\int_{t_{k-1}}^{t_k}(\widetilde{\boldsymbol{f}}^b - \delta\boldsymbol{f}^b)\mathrm{d}t - [(2\boldsymbol{\omega}_{ie}^n + \boldsymbol{\omega}_{en}^n)\times\boldsymbol{v}^n(t_{k-1}) - \boldsymbol{g}^n]T = \\
& \boldsymbol{C}_b^n(t_{k-1})\Delta\widetilde{\boldsymbol{f}}^b(t_k) - \boldsymbol{C}_b^n(t_{k-1})\int_{t_{k-1}}^{t_k}\delta\boldsymbol{f}^b\mathrm{d}t - \\
& \{[2\boldsymbol{\omega}_{ie}^n(t_{k-1}) + \boldsymbol{\omega}_{en}^n(t_{k-1})]\times\boldsymbol{v}^n(t_{k-1}) - \boldsymbol{g}^n\}T \\
\Delta L(t_k) \approx\ & \frac{v_N(t_{k-1})}{R_M + h(t_{k-1})}T \\
\Delta\lambda(t_k) \approx\ & \frac{\sec L(t_{k-1})}{R_N + h(t_{k-1})}v_E(t_{k-1})T \\
\Delta h(t_k) \approx\ & v_U(t_{k-1})T
\end{aligned}\right\} \tag{13.10}$$

式中：$\Delta\widetilde{\boldsymbol{\Omega}}_{ib}^b(t_k)$为$\Delta\widetilde{\boldsymbol{\omega}}_{ib}^b(t_k)$对应的反对称矩阵，而$\Delta\widetilde{\boldsymbol{\omega}}_{ib}^b(t_k) = \int_{t_{k-1}}^{t_k}\widetilde{\boldsymbol{\omega}}_{ib}^b\mathrm{d}t$ 为第 k 时间段内陀螺仪测量值对时间的积分；$\Delta\widetilde{\boldsymbol{f}}^b(t_k) = \int_{t_{k-1}}^{t_k}\widetilde{\boldsymbol{f}}^b\mathrm{d}t$ 为第 k 时间段内加速度计测量值对时间的积分；$T = t_k - t_{k-1}$ 为第 k 时间段的时间间隔。

由式(13.10)可知：载体在第 k 时间段内的姿态增量 $\Delta\boldsymbol{C}_b^n(t_k)$、速度增量 $\Delta\boldsymbol{v}^n(t_k)$和位置增量 $\Delta L(t_k), \Delta\lambda(t_k), \Delta h(t_k)$，与该时间段内陀螺仪和加速度计测量值对时间的积分 $\Delta\widetilde{\boldsymbol{\omega}}_{ib}^b(t_k)$和 $\Delta\widetilde{\boldsymbol{f}}^b(t_k)$以及第 $k-1$ 时刻的姿态 $\boldsymbol{C}_b^n(t_{k-1})$、速度 $\boldsymbol{v}^n(t_{k-1})$和位置 $L(t_{k-1}), \lambda(t_{k-1}), h(t_{k-1})$有关；同理，载体在第 $k-1$ 时刻的导航参数又与第 $k-2$ 时刻的导航参数和第 $k-1$ 时间段的

导航参数增量有关，而载体在第 $k-1$ 时间段内的导航参数增量与该时间段内陀螺仪和加速度计测量值对时间的积分以及第 $k-2$ 时刻的导航参数有关；以此类推可知，载体在第 k 时间段内的导航参数增量与第 $1,2,\cdots,k$ 时间段内的 IMU 测量值对时间的积分、第 $1,2,\cdots,k-1$ 时间段内的导航参数增量以及 t_0 时刻的导航参数初值之间都存在着复杂的非线性关系。

可见，载体在任意时间段内的导航参数增量不仅与当前时间段内的 IMU 测量值有关，还与之前各时间段的 IMU 测量值以及导航参数增量有关。为了在北斗信号不可用时，利用 NN 预测载体的位置和速度等导航参数，进而替代北斗导航信息对 SINS 误差进行校正，可利用 NN 的强非线性拟合功能对 IMU 测量值和导航参数增量之间的关系进行拟合。鉴于 NARX 神经网络同时包含多步输入、输出时延，能够反映更丰富的历史状态信息，因此，选用 NARX 神经网络对 IMU 测量值和导航参数增量之间的复杂非线性动态关系进行拟合，在北斗信号不可用时根据 IMU 测量值对当前时间段的导航参数增量进行预测，进而对 SINS 误差进行校正。

另外，根据式(13.10)可知：导航参数的增量 $\Delta\boldsymbol{C}_{\mathrm{b}}^{\mathrm{n}}(t_k)$、$\Delta\boldsymbol{v}^{\mathrm{n}}(t_k)$ 和 $\Delta L(t_k)$，$\Delta\lambda(t_k)$，$\Delta h(t_k)$ 与 IMU 测量值对时间的积分 $\Delta\tilde{\boldsymbol{\omega}}_{\mathrm{ib}}^{\mathrm{b}}(t_k)$ 和 $\Delta\tilde{\boldsymbol{f}}^{\mathrm{b}}(t_k)$ 之间存在非线性关系。因此，可将第 k 时间段内陀螺仪和加速度计测量值对时间的积分 $\Delta\tilde{\boldsymbol{\omega}}_{\mathrm{ib}}^{\mathrm{b}}(t_k)$ 和 $\Delta\tilde{\boldsymbol{f}}^{\mathrm{b}}(t_k)$ 作为 NARX 神经网络的输入，并将第 k 时间段内载体导航参数的增量 $\Delta\boldsymbol{C}_{\mathrm{b}}^{\mathrm{n}}(t_k)$、$\Delta\boldsymbol{v}^{\mathrm{n}}(t_k)$ 和 $\Delta L(t_k)$，$\Delta\lambda(t_k)$，$\Delta h(t_k)$ 作为 NARX 神经网络的输出。由于姿态矩阵 $\boldsymbol{C}_{\mathrm{b}}^{\mathrm{n}}$ 中含有 9 个元素，而这 9 个元素满足 6 个约束条件，为减少网络的输出个数而降低其复杂性，可采用 3 个独立的欧拉角(即俯仰角 θ、滚转角 γ 和航向角 ψ)代替姿态矩阵 $\boldsymbol{C}_{\mathrm{b}}^{\mathrm{n}}$。这样，NARX 神经网络的输入 $\boldsymbol{x}$ 和输出 $\boldsymbol{y}$ 可分别选取为

$$\boldsymbol{x}=[\Delta\tilde{\omega}_{\mathrm{ib}x}^{\mathrm{b}},\Delta\tilde{\omega}_{\mathrm{ib}y}^{\mathrm{b}},\Delta\tilde{\omega}_{\mathrm{ib}z}^{\mathrm{b}},\Delta\tilde{f}_x^{\mathrm{b}},\Delta\tilde{f}_y^{\mathrm{b}},\Delta\tilde{f}_z^{\mathrm{b}}]^{\mathrm{T}} \tag{13.11}$$

$$\boldsymbol{y}=[\Delta\theta,\Delta\gamma,\Delta\psi,\Delta v_{\mathrm{E}},\Delta v_{\mathrm{N}},\Delta v_{\mathrm{U}},\Delta L,\Delta\lambda,\Delta h]^{\mathrm{T}} \tag{13.12}$$

式中：$\Delta\tilde{\omega}_{\mathrm{ib}x}^{\mathrm{b}},\Delta\tilde{\omega}_{\mathrm{ib}y}^{\mathrm{b}},\Delta\tilde{\omega}_{\mathrm{ib}z}^{\mathrm{b}}$ 和 $\Delta\tilde{f}_x^{\mathrm{b}},\Delta\tilde{f}_y^{\mathrm{b}},\Delta\tilde{f}_z^{\mathrm{b}}$ 分别表示陀螺仪和加速度计测量值沿 x,y,z 三个轴向的增量；$\Delta\theta,\Delta\gamma,\Delta\psi$ 为俯仰角、滚转角和航向角的增量，$\Delta v_{\mathrm{E}},\Delta v_{\mathrm{N}},\Delta v_{\mathrm{U}}$ 为东、北、天方向的速度增量。

在 NARX 神经网络的实际训练过程中，通过对 IMU 测量的角速度和比力进行积分，便可获得所需的网络输入；对于网络输出，由于 SINS/北斗组合导航系统可以获得比单一导航系统精度更高的姿态、速度和位置信息，因此，通过对 SINS/北斗组合导航系统的输出参数进一步差分处理，进而可获得载体高精度的位置、速度和姿态增量信息作为网络的期望输出。

3. NARX 神经网络的数学模型

根据 NARX 神经网络的结构(见图 13.13)，将不同时间段陀螺仪和加速度计测量的角速度和比力增量作为网络的输入信息 $\boldsymbol{x}(k),\boldsymbol{x}(k-1),\cdots,\boldsymbol{x}(k-n_x)$，并将 SINS/北斗组合导航系统的位置、速度和姿态增量作为网络的输出信息 $\boldsymbol{y}(k),\boldsymbol{y}(k-1),\cdots,\boldsymbol{y}(k-n_y)$，便可建立具体的 NARX 神经网络结构如图 13.14 所示。

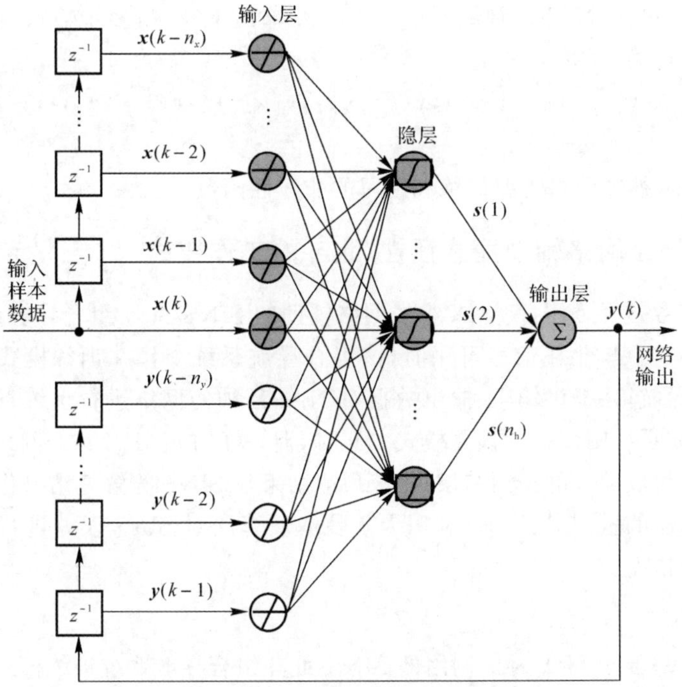

图 13.14　NARX 神经网络的具体结构图

在该 NARX 神经网络中，对多步输入、输出时延信号进行加权求和，并经隐层神经元的激活函数处理后，可得 k 时刻第 i 个隐层神经元的输出 $\boldsymbol{s}(i)$ 为

$$\boldsymbol{s}(i)=f_{\text{sig}}\left[\sum_{p=0}^{n_x}\boldsymbol{w}_{ip}\boldsymbol{x}(k-p)+\sum_{q=1}^{n_y}\boldsymbol{w}'_{iq}\boldsymbol{y}(k-q)+\boldsymbol{b}_i\right] \tag{13.13}$$

式中：p 为输入时延步数；n_x 为输入时延的最长步数；$\boldsymbol{w}_{ip}$ 为第 i 个隐层神经元与输入信号第 p 个时延节点间的权值矩阵；q 为输出时延步数，n_y 为输出时延的最长步数，$\boldsymbol{w}_{iq}'$为第 i 个隐层神经元与输出信号第 q 个时延节点间的权值矩阵；$\boldsymbol{b}_i$ 为第 i 个隐层神经元的阈值向量；f_{sig} 为 Sigmoid 激活函数，其表达式为

$$f_{\text{sig}}(x)=\frac{1}{1+\exp(-x)} \tag{13.14}$$

这样，经 Sigmoid 函数处理后，隐层神经元的输出 $\boldsymbol{s}(i)$便被映射到 0～1 区间。

对各隐层神经元的输出进行加权求和后，便可得到 NARX 神经网络在 k 时刻的输出 $\boldsymbol{y}(k)$为

$$\boldsymbol{y}(k)=\sum_{i=1}^{n_\text{h}}\boldsymbol{w}_{\text{o}i}\boldsymbol{s}(i)+\boldsymbol{b}_\text{o} \tag{13.15}$$

式中：n_h 为隐层神经元的总数；$\boldsymbol{w}_{\text{o}i}$ 为输出节点与第 i 个隐层神经元间的权值矩阵；$\boldsymbol{b}_\text{o}$ 为输出节点的阈值向量。

将式(13.13)代入式(13.15)，可得到 k 时刻输出 $\boldsymbol{y}(k)$与多步输入、输出时延信号之间的关系为

$$\boldsymbol{y}(k)=\sum_{i=1}^{n_\text{h}}\left\{\boldsymbol{w}_{\text{o}i}\cdot f_{\text{sig}}\left[\sum_{p=0}^{n_x}\boldsymbol{w}_{ip}\boldsymbol{x}(k-p)+\sum_{q=1}^{n_y}\boldsymbol{w}'_{iq}\boldsymbol{y}(k-q)+\boldsymbol{b}_i\right]\right\}+\boldsymbol{b}_\text{o} \tag{13.16}$$

由式(13.16)可知,NARX 神经网络的 k 时刻输出 $\boldsymbol{y}(k)$ 与多步输入、输出时延信号之间的非线性关系可简写为

$$\boldsymbol{y}(k)=f[\boldsymbol{x}(k),\boldsymbol{x}(k-1),\cdots,\boldsymbol{x}(k-n_x),\boldsymbol{y}(k-1),\boldsymbol{y}(k-2),\cdots,\boldsymbol{y}(k-n_y)] \tag{13.17}$$

式中:f 为 NARX 神经网络需要训练和学习的非线性函数。

13.3.3 神经网络辅助捷联惯性/北斗的工作模式

针对北斗信号是否可用,NARX 神经网络辅助的 SINS/北斗组合导航系统主要包括训练和预测两种模式。当北斗信号可用时,该组合导航系统工作在训练模式。此时,北斗与 SINS 进行组合导航,并提供输入-输出数据对 NARX 神经网络进行训练;而当北斗信号失效时,该组合导航系统则切换为预测模式。此时,训练好的 NARX 神经网络根据 IMU 的测量信息输出导航参数增量的预测结果;将该预测结果与 SINS 的解算结果作差,便可得到组合导航滤波器所需的量测量;进而,利用卡尔曼滤波算法对 SINS 误差进行估计与校正,以维持组合导航的精度。

1. 训练模式

图 13.15 为基于 NARX 神经网络的 SINS/北斗组合导航系统训练模式结构框图。

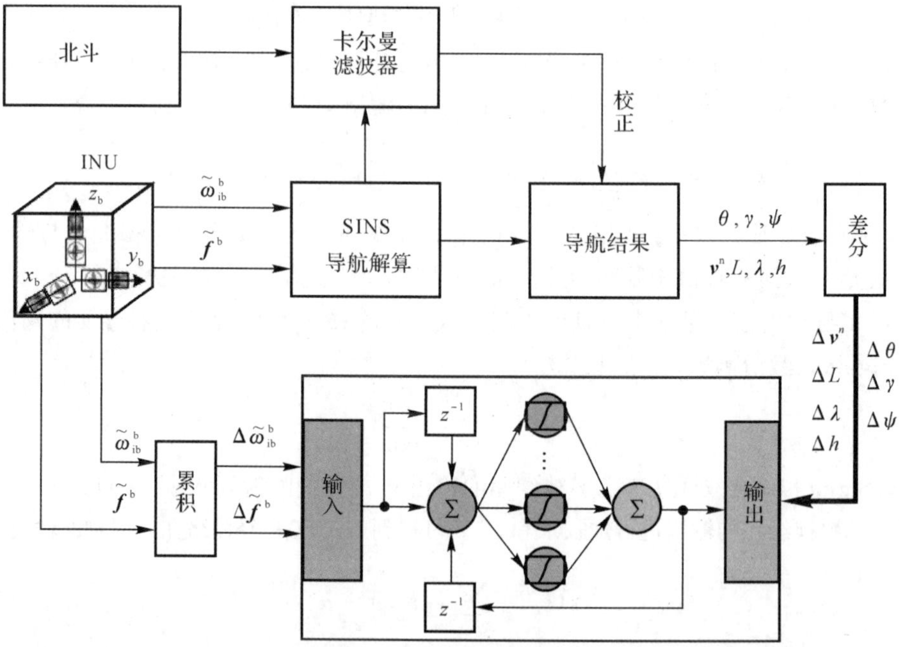

图 13.15 基于 NARX 神经网络的 SINS/北斗组合导航系统训练模式结构框图

在如图 13.15 所示的训练模式下,首先需要借助 SINS/北斗组合导航系统,获得训练神经网络所需的输入数据和期望输出数据,具体过程为:将 IMU 输出的角速度 $\tilde{\boldsymbol{\omega}}_{ib}^b$ 和比力 $\tilde{\boldsymbol{f}}^b$ 输入到 SINS 导航解算模块中,解算得到姿态角、速度和位置等导航参数;将 SINS 解算的位置/速度与北斗解算的位置/速度作差,并将差值作为卡尔曼滤波器的量测量,以便得到 SINS 的姿态失准角、速度误差、位置误差等状态量的估计结果;进而,利用卡尔曼滤波器的

状态估计结果对 SINS 解算的导航参数进行校正后，便可获得更为精确的组合导航参数。这样，将 IMU 输出的角速度$\tilde{\boldsymbol{\omega}}_{ib}^{b}$和比力$\tilde{\boldsymbol{f}}^{b}$在$t_{k-1}\sim t_k$时间段内对时间进行积分，可以获得第 k 时间段内的网络输入$\Delta\tilde{\boldsymbol{\omega}}_{ib}^{b}(t_k)$和$\Delta\tilde{\boldsymbol{f}}^{b}(t_k)$；而将$t_k$时刻与$t_{k-1}$时刻的组合导航参数进行差分，即可获得当前时刻的网络期望输出$\Delta\theta(t_k)$，$\Delta\gamma(t_k)$，$\Delta\psi(t_k)$，$\Delta v_E(t_k)$，$\Delta v_N(t_k)$，$\Delta v_U(t_k)$，$\Delta L(t_k)$，$\Delta\lambda(t_k)$，$\Delta h(t_k)$。

进一步，利用获取的输入数据和期望输出数据，并选取合适的网络学习算法，便可对 NARX 神经网络进行训练。常用的网络学习算法有梯度下降法、牛顿法、Levenberg-Marquardt 算法、贝叶斯正则化算法、共轭梯度算法等。其中，梯度下降法最为基础和简单，它通过学习率的一个超参数对步长进行修正以达到学习速度和精确度之间的平衡，属于一阶收敛算法，但算法存在学习效率较低且易陷入局部极小值的问题；牛顿法在梯度下降法的基础上进一步利用了目标函数的二阶偏导数，学习效率有所提高，但是对目标函数要求严格，要求 Hessian 矩阵必须正定，且计算量巨大；Levenberg-Marquardt 算法又称衰减最小二次方法，其综合了梯度下降法和牛顿法的优点，对于过参数化的问题不敏感，避免了代价函数陷入局部极小值的情况，也不再需要计算 Hessian 矩阵，使得其收敛速度快、效率高，非常适用于对采用均方误差作为性能指标的神经网络进行训练。

2. 预测模式

北斗信号失效造成的直接结果就是北斗位置和速度信息的缺失，因此当北斗信号不可用时，训练好的 NARX 神经网络可切换至预测模式，并给出北斗位置和速度增量的预测值。这样，将该预测值与 SINS 解算信息作差，便可得到组合导航滤波器所需的量测量，进而保证卡尔曼滤波量测更新的正常进行。

如图 13.16 所示为基于 NARX 神经网络的 SINS/北斗组合导航系统预测模式结构框图。

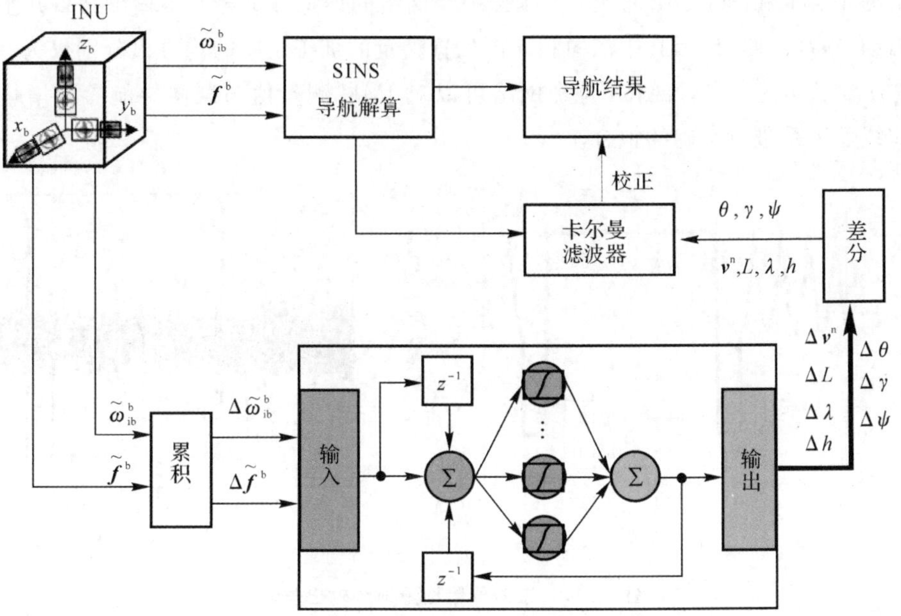

图 13.16　基于 NARX 神经网络的 SINS/北斗组合导航系统预测模式结构框图

在图 13.16 所示的预测模式下，可将训练好的 NARX 神经网络与 SINS 组成组合导航系统，具体过程为：将 IMU 输出的角速度$\tilde{\boldsymbol{\omega}}_{ib}^{b}$和比力$\tilde{\boldsymbol{f}}^{b}$输入到 SINS 导航解算模块中，解算得到姿态角、速度和位置等导航参数；同时，将 IMU 输出的角速度$\tilde{\boldsymbol{\omega}}_{ib}^{b}$和比力$\tilde{\boldsymbol{f}}^{b}$进行累加，以获得网络在当前时刻的输入$\Delta\tilde{\boldsymbol{\omega}}_{ib}^{b}$和$\Delta\tilde{\boldsymbol{f}}^{b}$，进而通过网络输出载体的导航参数增量$\Delta\theta$，$\Delta\gamma$，$\Delta\psi$，$\Delta v_{E}$，$\Delta v_{N}$，$\Delta v_{U}$，$\Delta L$，$\Delta\lambda$，$\Delta h$；进一步，对导航参数的增量进行累加，以得到北斗位置和速度的预测值，然后将 SINS 解算的位置和速度与网络预测的导航参数之间的差值作为卡尔曼滤波器的量测量，从而保证组合导航滤波器量测更新的正常进行；最后，利用卡尔曼滤波器的状态估计结果，对 SINS 解算的导航参数进行校正，可以达到维持导航精度的目的。

13.3.4 仿真实例

某无人机初始的经度、纬度和高度分别为 116°E、40°N 和 1 000 m。初始的俯仰角、滚转角和航向角均为 0°，飞行时长为 2 h。为了模拟北斗信号失效的情况，设置 5 020～5 320 s 为北斗信号中断区间。IMU 采样频率为 100 Hz。陀螺仪常值漂移为 0.02°/h，陀螺仪随机游走为$0.002°/\sqrt{\text{h}}$；加速度计零偏为 100 μg，加速度计随机游走为 10 $\mu g/\sqrt{\text{Hz}}$。北斗的速度和位置参数输出频率为 1 Hz，在东、北、天三个方向的速度测量噪声标准差分别为 0.05 m/s、0.05 m/s 和 0.08 m/s，在东、北、天三个方向的位置测量噪声标准差分别为 5 m、5 m 和 8 m。

在北斗信号可用条件下，这时 NARX 神经网络辅助的 SINS/北斗组合导航系统工作在训练模式。东向和北向位置增量的训练输出及其相应训练输出的误差分别如图 13.17 和图 13.18 所示。

由图 13.17 和图 13.18 可见，NARX 神经网络的训练输出与期望输出结果几乎完全重合，即具有很高的吻合度，其中东向和北向位置增量的训练误差的均方根分别仅为 0.059 m 和 0.057 m。由此可见，NARX 神经网络可以对 IMU 测量值与载体导航参数增量之间的复杂非线性关系进行精确的拟合。

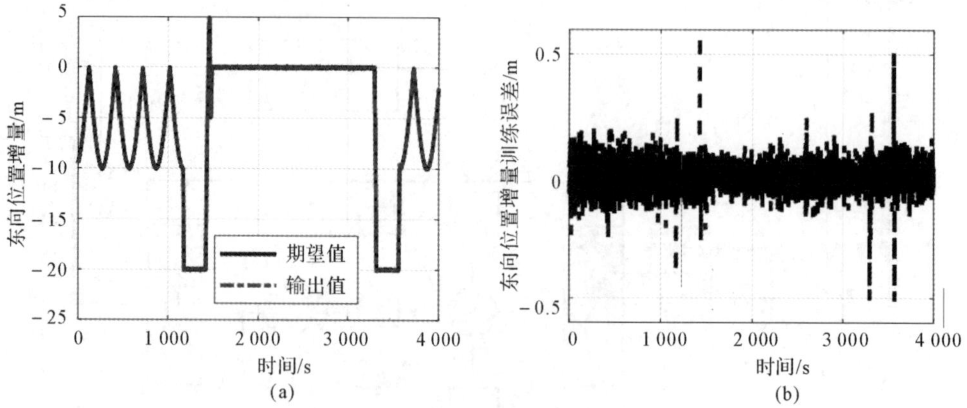

图 13.17　东向位置增量训练输出与误差

(a)东向位置增量训练输出；(b)东向位置增量训练误差

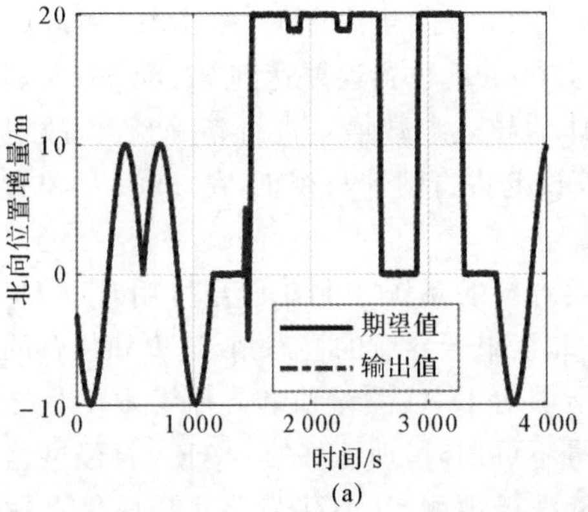

(a)

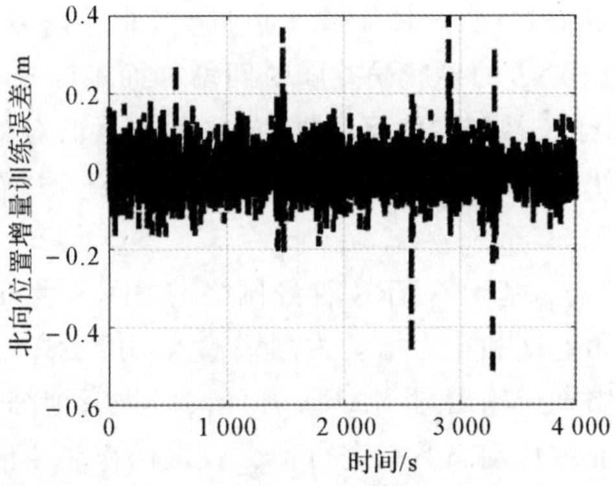

(b)

图 13.18　北向位置增量训练输出与误差曲线

(a)北向位置增量训练输出；(b)北向位置增量训练误差

当北斗信号在 5 020～5 320 s 发生中断时，这时 NARX 神经网络辅助的 SINS/北斗组合导航系统工作在预测模式，NARX 神经网络辅助下的 SINS/北斗组合导航系统与纯 SINS 解算的载体轨迹如图 13.19 所示，相应的位置误差分别如图 13.20 和图 13.21 所示。

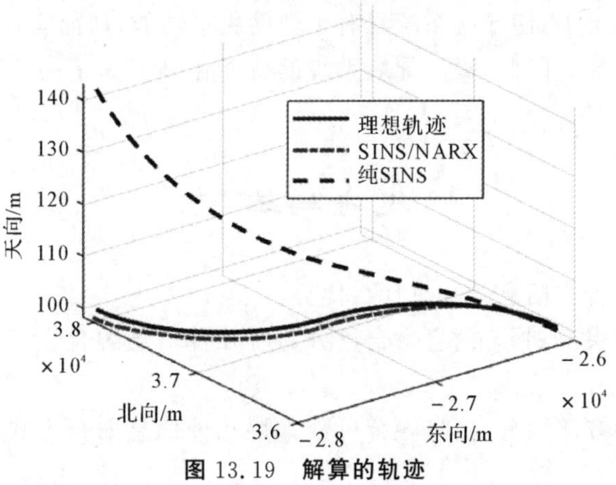

图 13.19　解算的轨迹

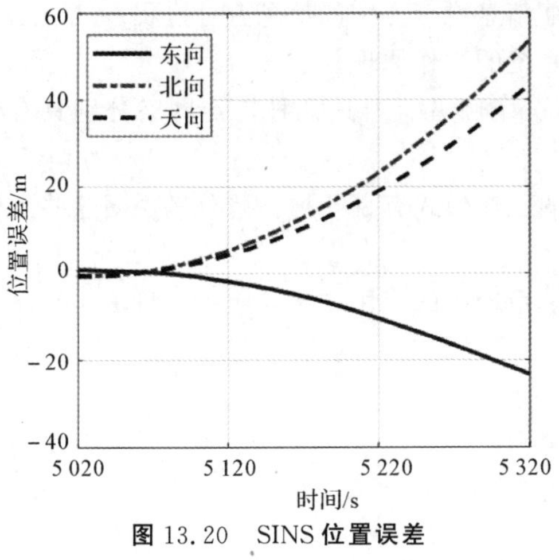

图 13.20　SINS 位置误差

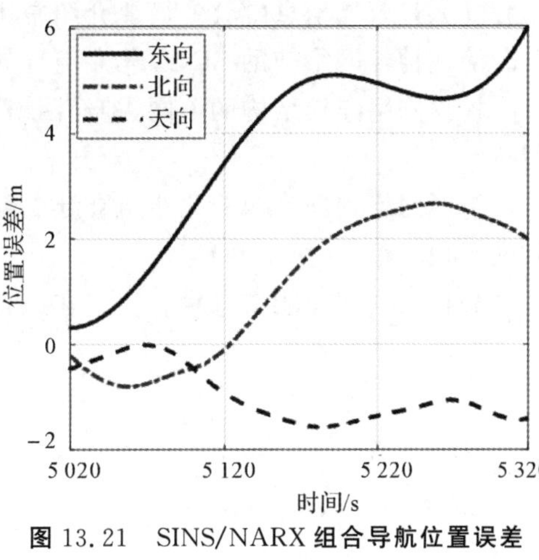

图 13.21　SINS/NARX 组合导航位置误差

由图 13.19～图 13.21 可见：当北斗信号在 5 020 s 发生中断时，受 IMU 测量误差影响，纯 SINS 的导航误差随时间增加而不断累积，300 s 后位置误差达到 72.84 m；而训练好的 NARX 神经网络可根据 IMU 的测量值对载体的导航参数增量进行精确预测，故组合导航系统可利用这一预测信息进一步对 SINS 解算误差进行估计与校正，在 300 s 后位置误差只有 6.52 m。

综上，基于 NARX 神经网络的 SINS/北斗组合导航系统在北斗信号可用时以 IMU 测量的角速度和比力增量为网络输入，并以 SINS/北斗组合导航的姿态角、速度和位置的增量为网络期望输出对 NARX 神经网络进行训练，能够对 IMU 测量值和导航参数增量之间的复杂非线性动态关系进行拟合。这样在北斗信号不可用时，训练好的 NARX 神经网络便可根据 IMU 测量值对当前时间段的导航参数增量进行预测，从而代替北斗导航信息输入至组合导航滤波器对 SINS 误差进行精确估计与校正，能够有效消减北斗失效对组合导航系统造成的影响，大大提高 SINS/北斗组合导航的精度及可靠性。随着理论研究的进一步深入和应用领域的进一步扩展，神经网络必将在组合导航与智能信息融合领域发挥越来越重要的作用。

为了满足未来应用环境对导航系统的要求，将人工智能、神经网络与信息融合技术相结合运用到组合导航系统中，使导航系统具有了辅助决策功能，从而实现导航系统的智能化和导航设备的自动化管理。因此，提高导航系统的智能化已成为下一代组合导航系统的发展趋势。

思考与练习

1. 什么是信息融合？信息融合有什么优势？

2. 按信息融合的层次划分，信息融合可分为哪几种信息融合方式？请分别说明这些信息融合方式的特点。

3. 按信息融合的方法划分，信息融合可分为哪几种信息融合方式？请分别说明这些信息融合方式的特点。

4. 什么是智能信息融合？简要介绍常用智能信息融合方法的信息融合过程。

5. 简述神经网络辅助 SINS/北斗组合导航系统的工作原理。

6. 根据网络连接结构的不同，神经网络可以分为哪几类？这几种神经网络分别具有什么特点？

7. 神经网络辅助 SINS/北斗组合导航系统的工作模式有哪几种？请分别说明这些工作模式的原理。

8. 分析与展望智能信息融合技术在组合导航系统中的应用方法与应用前景。

参考文献

[1] 胡小平.导航技术基础[M].2版.北京:国防工业出版社,2021.

[2] 刘建业,曾庆化,赵伟,等.导航系统理论与应用[M].西安:西北工业大学出版社,2010.

[3] 吴德伟.导航原理[M].2版.北京:电子工业出版社,2020.

[4] 王国臣,齐昭,张卓.水下组合导航系统[M].北京:国防工业出版社,2016.

[5] 中国编辑学会.中国科技之路:航天卷　北斗导航[M].北京:国防工业出版社,2022.

[6] 查峰,覃方君,常路宾,等.光纤陀螺旋转惯导系统误差抑制技术[M].北京:科学出版社,2021.

[7] 赵琳,吴发林,刘杨.高精度卫星导航技术[M].北京:北京航空航天大学出版社,2016.

[8] 谢军,常进,丛飞.北斗导航卫星[M].北京:国防工业出版社,2022.

[9] 黄文德,康娟,张利云,等.北斗卫星导航定位原理与方法[M].北京:科学出版社,2019.

[10] 范录宏,皮亦鸣,李晋.北斗卫星导航原理与系统[M].北京:电子工业出版社,2020.

[11] 杨俊,陈建云,明德祥,等.卫星导航信号模拟源理论与技术[M].北京:国防工业出版社,2015.

[12] 谢钢.GPS原理与接收机设计[M].北京:电子工业出版社,2017.

[13] 张守信.GPS卫星测量定位理论与应用[M].长沙:国防科技大学出版社,1996.

[14] 秦永元,张洪钺,汪叔华.卡尔曼滤波与组合导航原理[M].3版.西安:西北工业大学出版社,2015.

[15] 房建成,宁晓琳.天文导航原理及应用[M].北京:北京航空航天大学出版社,2006.

[16] 吴伟仁,王大轶,宁晓琳.深空探测器自主导航原理与技术[M].北京:中国宇航出版社,2011.

[17] 崔平远,高艾,朱圣英.深空探测器自主导航与制导[M].北京:中国宇航出版社,2016.

[18] 帅平.脉冲星宇宙航行的灯塔[M].北京:国防工业出版社,2016.

[19] 郑伟,王奕迪,汤国建,等. X 射线脉冲星导航理论与应用[M]. 北京:科学出版社,2015.

[20] 杨晓东,王炜. 地磁导航原理[M]. 北京:国防工业出版社,2009.

[21] 张晓明. 地磁导航理论与实践[M]. 北京:国防工业出版社,2016.

[22] 全伟,刘百奇,宫晓琳,等. 惯性/天文/卫星组合导航技术[M]. 北京:国防工业出版社,2011.

[23] 鄂加强,左红艳,罗周全. 神经网络模糊推理智能信息融合及其工程应用[M]. 北京:中国水利水电出版社,2012.

[24] 蒋海峰,王宝华. 智能信息处理技术原理与应用[M]. 北京:清华大学出版社,2019.

[25] 孙红. 智能信息处理导论[M]. 北京:清华大学出版社,2013.

[26] 杨露菁,余华. 多源信息融合理论与应用[M]. 2 版. 北京:北京邮电大学出版社,2011.

[27] 张伟,陈晓,尤伟,等. 光谱红移自主导航新方法[J]. 上海航天,2013,30(2):32-33.

[28] 王永,赵剡,杨奎. 基于小波分析和密度估计的红移测速导航研究[J]. 航空兵器,2014,21(6):3-7.

[29] 陆一,魏东岩,纪新春,等. 地磁定位方法综述[J]. 导航定位与授时,2022,9(2):118-130.

[30] 王雪砚,佘世刚,朱雅,等. NARX 神经网络在北斗组合导航失锁时的应用[J]. 火力与指挥控制,2022,47(6):38-44.

[31] 张帅,郑龙江,侯培国. 基于 NARX 神经网络辅助组合导航方法研究[J]. 测控技术,2022,41(11):119-125.

[32] 魏晓凯. 弹载半捷联惯性基组合导航系统关键技术研究[D]. 太原:中北大学,2022.

[33] 王新龙. 惯性导航基础[M]. 3 版. 西安:西北工业大学出版社,2023.

[34] 王新龙,杨洁,卢克文. 捷联惯性/卫星组合导航系统实验教程[M]. 北京:电子工业出版社,2022.

[35] 王新龙,杨洁,赵雨楠. 捷联惯性/天文组合导航技术[M]. 北京:北京航空航天大学出版社,2020.

[36] 王新龙,李亚峰,纪新春. SINS/GPS 组合导航技术[M]. 北京:北京航空航天大学出版社,2015.

[37] WANG X L. Fast alignment and calibration algorithms for inertial navigation system [J]. Aerospace Science and Technology,2009,13:204-209.

[38] WANG X L,GUO L H. An intelligentized and fast calibration method of SINS on moving base for planed missiles[J]. Aerospace Science and Technology,2009,13:216-223.

[39] WANG X L,LI Y F. Study on adaptability of GPS ionospheric error correction

models[J]. Aircraft Engineering and Aerospace Technology,2009,81(4):316 – 322.

[40] WANG X L,JI J X,LI Y F. The applicability analysis of troposphere delay error model in GPS positioning[J]. Aircraft Engineering and Aerospace Technology,2009,81(5):445 – 451.

[41] WANG X L, MA S. A celestial analytic positioning method by stellar horizon atmospheric refraction[J]. Chinese Journal of Aeronautics,2009,22(3):293 – 300.

[42] WANG X L,XIE J. Starlight atmospheric refraction model for a continuous range of height[J]. Journal of Guidance Control and Dynamics,2010,33(2):634 – 637.

[43] YU J,WANG X L,JI J X. Design and analysis for an innovative scheme of SINS/GPS ultra-tight integration[J]. Aircraft Engineering and Aerospace Technology,2010,82(1):4 – 14.

[44] WANG X L,SHEN L L. Solution of transfer alignment problem of SINS on moving bases via neural networks[J]. Engineering Computations: International Journal for Computer-Aided Engineering and Software,2011,28(4):372 – 388.

[45] WU X J,WANG X L. A SINS/CNS deep integrated navigation method based on mathematical horizon reference[J]. Aircraft Engineering and Aerospace Technology,2011,83(1):26 – 34.

[46] WU X J,WANG X L. Multiple blur of star image and the restoration under dynamic conditions[J]. Acta Astronautica,2011,68:1903 – 1913.

[47] WANG X L,LI Y F. An innovative scheme for SINS/GPS ultra-tight integration system with low-grade IMU[J]. Aerospace Science and Technology,2012,23:452 – 460.

[48] WANG X L, WANG B, LI H N. An autonomous navigation scheme based on geomagnetic and starlight for small satellites[J]. Acta Astronautica,2012,81:40 – 50.

[49] WANG X L,WANG B,WU X J. A rapid and high precise calibration method for long-distance cruise missiles[J]. Aerospace Science and Technology,2013,27:1 – 9.

[50] GUAN X J,WANG X L,FANG J C,et al. An innovative high accuracy autonomous navigation method for the Mars rovers[J]. Acta Astronautica,2014,104:266 – 275.

[51] HE Z, WANG X L, FANG J C. An innovative high-precision SINS/CNS deep integrated navigation scheme for the Mars Rover [J]. Aerospace Science and Technology,2014,39:559 – 566.

[52] WANG X L,JI X C,FENG S J. A scheme for weak GPS signal acquisition aided by SINS information[J]. GPS Solutions,2014,18(2):243 – 252.

[53] WANG X L, ZHANG Q, LI H N. An autonomous navigation scheme based on starlight, geomagnetic and gyros with information fusion for small satellites[J]. Acta Astronautica, 2014, 94(2): 708 - 717.

[54] WANG X L, GUAN X J, FANG J C, et al. A high accuracy multiplex two-position alignment method based on SINS with the aid of star sensor[J]. Aerospace Science and Technology, 2015, 42: 66 - 73.

[55] WANG X L, JI X C, FENG S J, et al. A high-sensitivity GPS receiver carrier-tracking loop design for high-dynamic applications[J]. GPS Solutions, 2015, 19(2): 225 - 236.

[56] WANG X L, SONG S. Design and realization of adaptive tracking loops for GPS receiver[J]. Aircraft Engineering and Aerospace Technology, 2015, 87(4): 368 - 375.

[57] SUN Z Y, WANG X L, FENG S J, et al. Design of an adaptive GPS vector tracking loop with the detection and isolation of contaminated channels[J]. GPS Solutions, 2017, 21(2): 701 - 713.

[58] WANG X L, WANG X, ZHU J F, et al. A hybrid fuzzy method for performance evaluation of fusion algorithms for integrated navigation system [J]. Aerospace Science and Technology, 2017, 69: 226 - 235.

[59] ZHU J F, WANG X L, LI H N, et al. A high-accuracy SINS/CNS integrated navigation scheme based on overall optimal correction[J]. Journal of Navigation, 2018, 71(6): 1567 - 1588.

[60] ZHAO Y N, WANG X L, LI Q S, et al. A high-accuracy autonomous navigation scheme for the Mars rover[J]. Acta Astronautica, 2019, 154: 18 - 32.

[61] NIE G H, WANG X L, SHEN L L, et al. A fast method for the acquisition of weak long-code signal[J]. GPS Solutions, 2020, 24(4): 104.

[62] JIAO C Y, WANG X L, WANG D, et al. An adaptive vector tracking scheme for high-orbit degraded GNSS signal[J]. Journal of Navigation, 2021, 74(1): 105 - 124.

[63] YANG J, WANG X L, SHEN L L, et al. Availability analysis of GNSS signals above GNSS constellation[J]. Journal of Navigation, 2021, 74(2): 446 - 466.

[64] LU K W, WANG X L, SHEN L L, et al. A GPS signal acquisition algorithm for the high orbit space[J]. GPS Solutions, 2021, 25(3): 92.

[65] YANG J, WANG X L, DING X K, et al. A fast and accurate transfer alignment method without relying on the empirical model of angular deformation[J]. Journal of Navigation, 2022, 75(4): 878 - 900.

[66] LU K W, WANG X L, WANG B, et al. A high-precision online compensation method for random errors of optical gyroscope[J]. Measurement, 2023, 222: 113616.

[67] ZHAN X J, WANG X L, HU X D, et al. A new method for high-precision starlight refraction indirect horizon-sensing positioning of atmospheric flight vehicles [J]. Advances in Space Research, 2024, 73(8): 3884 - 3895.

[68] YANG J, WANG X L, JI X C, et al. A new high-accuracy transfer alignment method for distributed INS on moving base[J]. Measurement, 2024, 227: 114302.

[69] YANG J, WANG X L, WANG B, et al. A high-accuracy system model and accuracy evaluation method for transfer alignment[J]. Measurement Science and Technology, 2024, 35(7): 076306.

[70] YANG J, WANG X L, WANG B, et al. An autonomous and high-accuracy gravity disturbance compensation scheme for rotary inertial navigation system [J]. Measurement Science and Technology, 2024, 35(8): 086302.

[71] 王新龙，马闪. 高空长航时无人机高精度自主定位方法[J]. 航空学报，2008，29(B05)：39 - 45.

[72] 于洁，王新龙. SINS 辅助 GPS 跟踪环路超紧耦合系统设计[J]. 北京航空航天大学学报，2010，36(5)：606 - 609.

[73] 吴小娟，王新龙. 星图运动模糊及其复原方法[J]. 北京航空航天大学学报，2011，37(11)：1338 - 1342.

[74] 王君帅，王新龙. GPS/INS 超紧组合系统综述[J]. 航空兵器，2013(4)：25 - 30.

[75] 孙兆妍，王新龙. GPS/SINS 深组合导航技术综述[J]. 航空兵器，2014 (6)：14 - 19.

[76] 王新龙. 太空战略的“北极星”：深空探测自主导航技术的发展趋势预测[J]. 人民论坛 · 学术前沿，2017 (5)：48 - 55.

[77] 赵雨楠，王新龙. 星光折射间接敏感地平定位模型的误差分析[J]. 航空兵器，2017(1)：33 - 38.

[78] 杨洁，王新龙，陈鼎，等. GNSS 定姿技术发展综述[J]. 航空兵器，2018(6)：16 - 25.

[79] 周兆丰，王新龙，蔡远文. 双轴旋转调制最优转位次序的设计方案[J]. 航空兵器，2020，27(1)：81 - 88.

[80] 聂光皓，申亮亮，王新龙，等. 北斗卫星信号结构及其特性分析[J]. 航空兵器，2020，27(5)：73 - 80.

[81] 杨洁，王新龙，陈鼎. 一种适用于高轨空间的 GNSS 矢量跟踪方案设计[J]. 北京航空航天大学学报，2021，47(9)：1799 - 1806.

[82] 卢克文,王新龙,申亮亮,等.高轨 GNSS 信号可用性分析[J].航空兵器,2021,28(1):77－86.

[83] 杨洁,申亮亮,王新龙,等.RSINS/里程计容错组合导航方案设计与性能验证[J].航空兵器,2021,28(2):93－99.

[84] 詹先军,王新龙,胡晓东,等.大气层内载体星光折射间接敏感地平定位可行性分析[J].航空兵器,2022,29(1):107－112.

[85] 詹先军,王新龙,孙秀聪,等.一种近地空间航天器相对论自主天文导航新方法[J/OL].现代防御技术,2024.[2024－04－26].https://link.cnki.net/urlid/11.3019.tj.20240425.1059.002.

[86] 卢克文,王新龙,李群生,等.基于陀螺仪/BDS 的多飞行器编队相对定姿方法[J].航空兵器,2022,29(2):80－86.

[87] 刘宇鑫,王新龙,王勋,等.基于球谐模型与多传感器融合的高精度重力扰动补偿方法[J].航空兵器,2023,30(1):104－113.

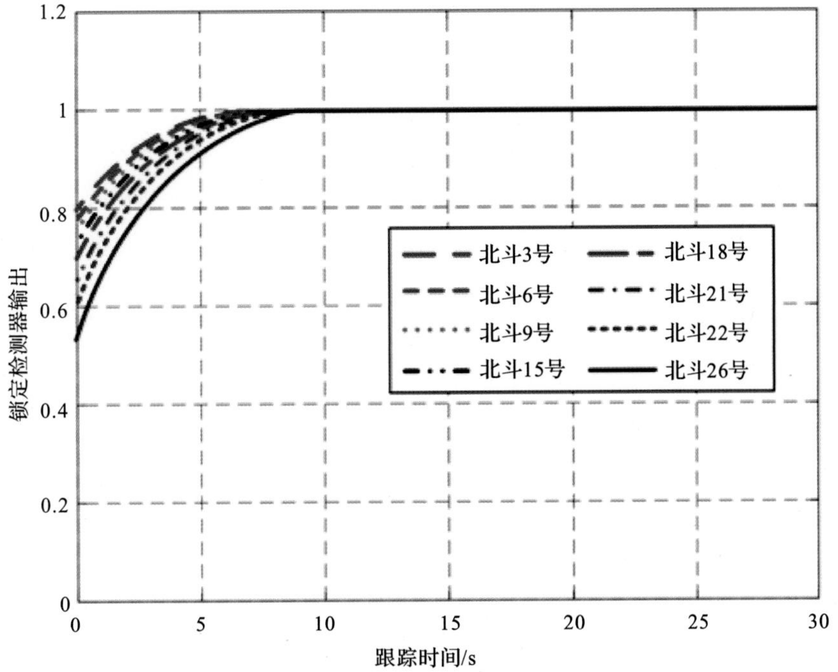

图6.16　锁定检测器输出结果

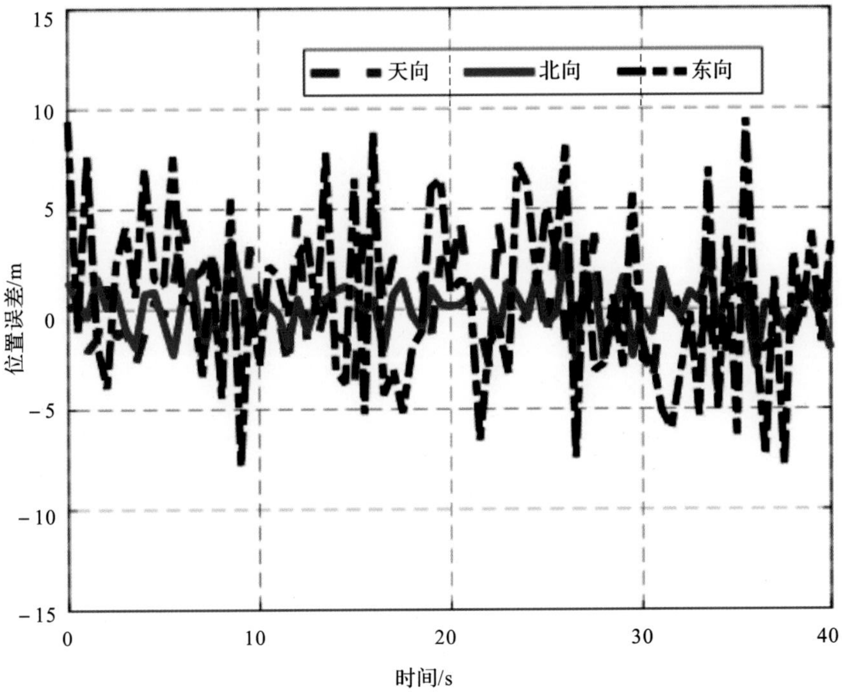

图6.20　导航定位误差

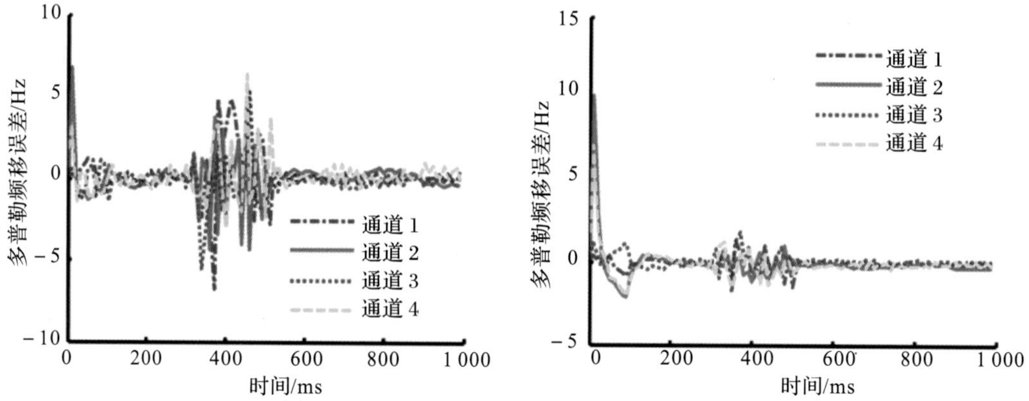

(a) (b)

图11.19 组合导航系统多普勒频移误差

(a)紧组合多普勒频移误差; (b)超紧组合多普勒频移误差

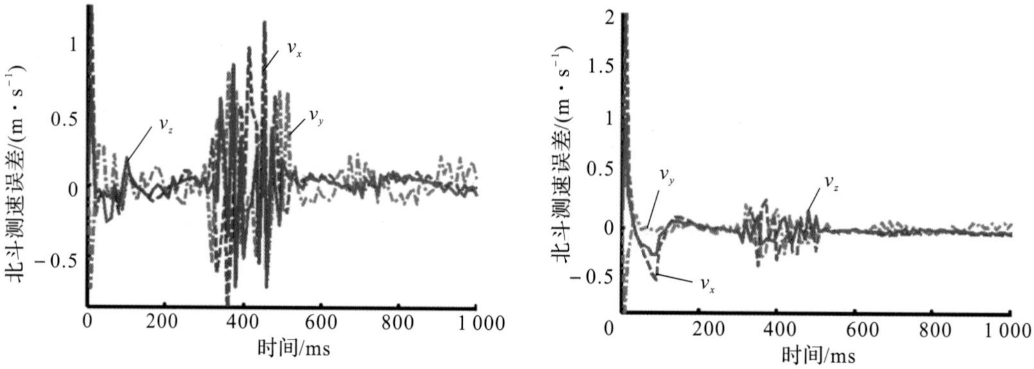

(a) (b)

图11.20 组合导航系统的北斗测速误差

(a)紧组合导航系统北斗测速误差; (b)超紧组合导航系统北斗测速误差

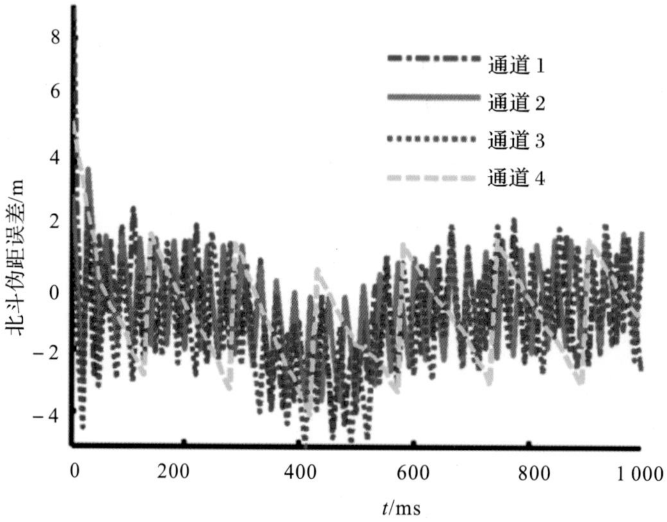

图11.29 信号中断条件下深组合伪距误差